出入境检验检疫行业标准汇编

化工品、矿产品及金属材料卷

化工品（下）

国家认证认可监督管理委员会 编

中国质检出版社
中国标准出版社

北京

图书在版编目(CIP)数据

出入境检验检疫行业标准汇编. 化工品、矿产品及金属材料卷. 化工品. 下/国家认证认可监督管理委员会编. —北京:中国标准出版社,2012
ISBN 978-7-5066-6702-9

Ⅰ.①出… Ⅱ.①国… Ⅲ.①国境检疫:卫生检疫-行业标准-汇编-中国②化工产品-国境检疫-行业标准-汇编-中国 Ⅳ.①R185.3-65②TQ07-65

中国版本图书馆 CIP 数据核字(2012)第 021093 号

中国质检出版社
中国标准出版社 出版发行
北京市朝阳区和平里西街甲 2 号(100013)
北京市西城区三里河北街 16 号(100045)
网址:www.spc.net.cn
总编室:(010)64275323 发行中心:(010)51780235
读者服务部:(010)68523946
中国标准出版社秦皇岛印刷厂印刷
各地新华书店经销
*
开本 880×1230 1/16 印张 47 字数 1 264 千字
2012 年 6 月第一版 2012 年 6 月第一次印刷
*
定价 240.00 元

《出入境检验检疫行业标准汇编》

总 编 委 会

主　任　孙大伟

副主任　王大宁　陈洪俊　史小卫

编　委　（按姓氏笔画排序）

马吉湘　马　萍　冯增健　刘仲书　孙颖杰　朱韦静

毕玉国　江　丽　汤礼军　吴　彤　张志华　张顺合

杜　飞　杨锡佺　邹兴伟　陈冬东　周　超　郑自强

郑建国　桂家祥　梁　均　戴建平

《出入境检验检疫行业标准汇编　化工品、矿产品及金属材料卷》

编　委　会

序

检验检疫标准化工作始于上世纪二十年代末，由于进出口贸易的需要，品质检验机构开始制定部分商品的品质和检测方法标准。新中国成立后，为促进和规范我国商品进出口工作，国家规定进出口商品检验部门可制定外贸标准。1992年，为配合《中华人民共和国标准化法》的实施，进出口商品检验部门将原外贸标准和专业标准调整为进出口商品检验行业标准，代号SN。1998年，原国家进出口商品检验局、动植物检疫局和卫生检疫局"三检"合并，进出口商品检验行业标准随之更名为检验检疫行业标准。2001年底，国家质量监督检验检疫总局成立，检验检疫标准化工作整体划归国家认证认可监督管理委员会管理，由此开启了检验检疫标准化工作新篇章。

时光荏苒，不知不觉中检验检疫标准化工作已经走过了八十多个年头。2003年我曾主持编写了《出入境检验检疫行业标准汇编》，八年来，检验检疫标准化工作又有了长足的发展：行业标准数量从当初的1484项发展到现在的3181项；标准的质量也稳步提升，方法标准验证要求已比肩国际权威机构，规程标准也已开始向国际通行的合格评定程序靠拢；国际地位显著提升；标准制修订各个环节管理更加科学系统；与检验检疫业务和科技工作的联动机制逐渐成熟；检验检疫标准对检验检疫业务的覆盖日趋完善，检验检疫标准体系不断健全。今天，我非常高兴地看到检验检疫标准化工作不断推进，检验检疫行业标准再次修订汇编成册，作为检验检疫行政执法的技术依据，行业标准多年来在保国安民、服务外贸、服务质检事业发展等方面发挥着越来越重要的作用，成为检验检疫业务工作不可或缺的技术支撑。

作为一个在检验检疫部门工作了几十年的老兵，我衷心希望检验检疫标准化工作能够在继承和发扬老一辈优良作风和传统的基础上，站在国家和社会的高度，开拓创新，不断进取，持之以恒，再创辉煌；也祝愿检验检疫行业标准进一步提升国际地位，更好地为检验检疫业务工作服务，在严把国门、促进外贸，推动检验检疫事业科学发展方面做出更大贡献。

2011年9月

序

前 言

出入境检验检疫行业标准是检验检疫系统技术执法的主要依据，自1992年起，检验检疫系统已发布的行业标准达3753项，现行有效的3181项。一直以来，检验检疫行业标准受到了系统内外相关部门的普遍关注和使用。为了便于检验检疫技术执法，更好地服务外贸，也便于生产部门和相关单位的人员在工作中及时掌握、查找和使用检验检疫行业标准，组织出版《出入境检验检疫行业标准汇编》丛书，它在一定程度上反映了检验检疫行业标准化事业发展的基本情况和主要成就。

《出入境检验检疫行业标准汇编》是我国检验检疫行业标准化方面的一套大型丛书，按专业分类分别立卷。本套丛书收录了截至2011年7月1日前发布并有效的出入境检验检疫行业标准3181项，其中有36项标准因各种原因仅收录了标准名称。本套丛书由中国标准出版社陆续出版，分卷情况如下：

——动物检疫卷；

——纺织检验卷；

——化工品、矿产品及金属材料卷；

——机电卷；

——鉴定卷；

——轻工检验卷；

——食品、化妆品检验卷；

——卫生检疫卷；

——危险品包装检验卷；

——植物检疫卷；

——管理卷。

本卷为化工品、矿产品及金属材料卷，收集了截至2011年7月1日批准发布的化工品、矿产品及金属材料方面行业标准464项。化工品、矿产品及金属材料卷分为化工品分册、矿产品分册、金属及金属材料分册和食品接触材料及制品分册。

化工品分册分为(上)和(下)，(上)内容包括：化矿金通用标准，化工品通用标准，无机化工品标准，有机化工品标准，塑料和合成树脂标准，橡胶标准，涂料、染料和颜料标准；(下)内容包括：日化和林化产品标准，农药标准，化肥标准，石油及其产品标准。

本汇编可供出入境检验检疫行业管理部门、科研机构、技术部门、出口企业的技术人员，各级出入境检验检疫局、检验机构、检测机构的相关人员使用。

编 者

2011年9月

目　　录

日化和林化产品标准

农药标准

注：本汇编收集的标准年代号用四位数字表示。

化肥标准

石油及其产品标准

日化和林化产品标准

中华人民共和国进出口商品检验行业标准

出口八角茴香油

SN/T 0039—92

Oil of star anise for export

1 主题内容与适用范围

本标准规定了出口八角茴香油的主要特征、技术要求以及检验方法。

本标准适用于对出口八角茴香油的品质评定。

2 引用标准

ZB Y40 001 出口芳香油、单离和合成香料 相对密度的测定

ZB Y40 002 出口芳香油、单离和合成香料 折光指数测定方法

ZB Y40 004 出口芳香油、单离和合成香料 乙醇溶解度的测定

ZB Y40 005 出口芳香油、单离和合成香料 冻点测定法

QB 843 精油——试样的制备

3 定义

八角茴香油系用水蒸气蒸馏法从八角树(Illicium verum Hook. f.)的果实、枝叶中所提取的精油。

4 技术要求

4.1 外观

流动性液体或结晶体。

4.2 色泽

无色透明或淡黄色。

4.3 香气

具有八角茴香的特征香气。

4.4 相对密度 20/20℃

最低：0.975 0；

最高：0.992 0。

4.5 折光指数 20℃

最低：1.553 0；

最高：1.560 0。

4.6 在 90％(*V*/*V*)乙醇中的溶解度，25℃。

在 25℃，1 体积八角茴香油全溶于 3 体积 90％(*V*/*V*)乙醇中，应呈澄清溶液。

4.7 冻点

最低：15.0℃。

4.8 反式茴香脑含量(毛细管柱气相色谱法测定，归一化法)

最低：87％。

中华人民共和国国家进出口商品检验局1992-11-05批准 1993-01-01实施

4.9 草蒿脑含量(毛细管柱气相色谱法测定,归一化法)

最高:7%。

5 试验方法

5.1 试样的制备

见 QB 843。

5.2 相对密度 25/25℃

见 ZB Y40 001。

5.3 折光指数 20℃

见 ZB Y40 002。

5.4 在 90%(V/V)乙醇中的溶解度,25℃

见 ZB Y40 004。

5.5 冻点

见 ZB Y40 005。

5.6 主要成分含量的毛细管柱气相色谱测定

5.6.1 仪器

5.6.1.1 气相色谱仪配备毛细管柱接口(分流式),FID 检测器,记录仪,数据处理机。

5.6.1.2 弹性石英毛细管柱:长 25~50 m,内径 0.2~0.3 mm,内涂 OV-101,理论塔板数在 25 000 块以上。

5.6.1.3 弹性石英毛细管柱:长 25~50 m,内径 0.2~0.3 mm,内涂 PEG-20 M,理论塔板数在 25 000 块以上。

5.6.1.4 微量注射器:1 μL,10 μL。

5.6.2 色谱条件:所选择的色谱参数见表 1。

表 1 色谱操作参数

色谱柱起始温度	70℃ (进样后保持 1 min)	载气:氮气(高纯)	50~80 mL/min (柱内流量 0.5~0.8 mL/min)
升温速率	2~3℃/min		
色谱柱最终温度	200℃ (保持 10 min 以上)	补偿气流量	50~70 mL/min
进样口温度	250℃		
检测器温度	250℃	燃烧气:氢气	45~50 mL/min
分流比	1∶100	助燃气:压缩空气	450~500 mL/min

5.6.3 天然八角茴香油典型的毛细管柱色谱分离图见图 1、图 2。

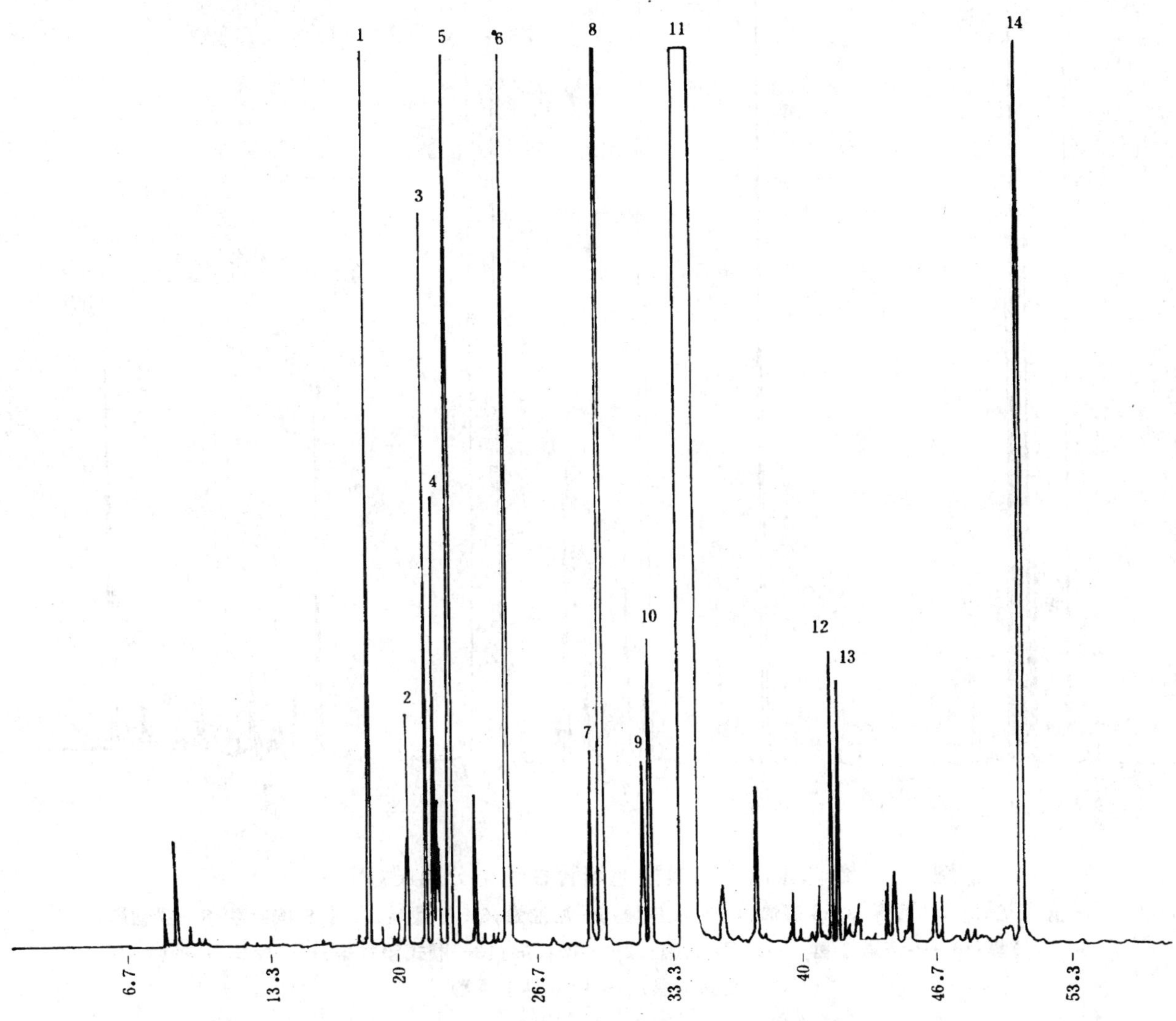

图 1 天然八角茴香油典型毛细管柱色谱分离图(OV-101)

1—α-蒎烯；2—香叶烯；3—α-水芹烯；4—Δ^3-蒈烯；5—柠檬烯；6—芳樟醇；7—α-松油醇；8—草蒿脑；9—顺式茴香脑；10—大茴香醛；11—反式茴香脑；12—顺式石竹烯；13—β-香柠檬烯；14—对丙烯基苯酚异戊烯醚

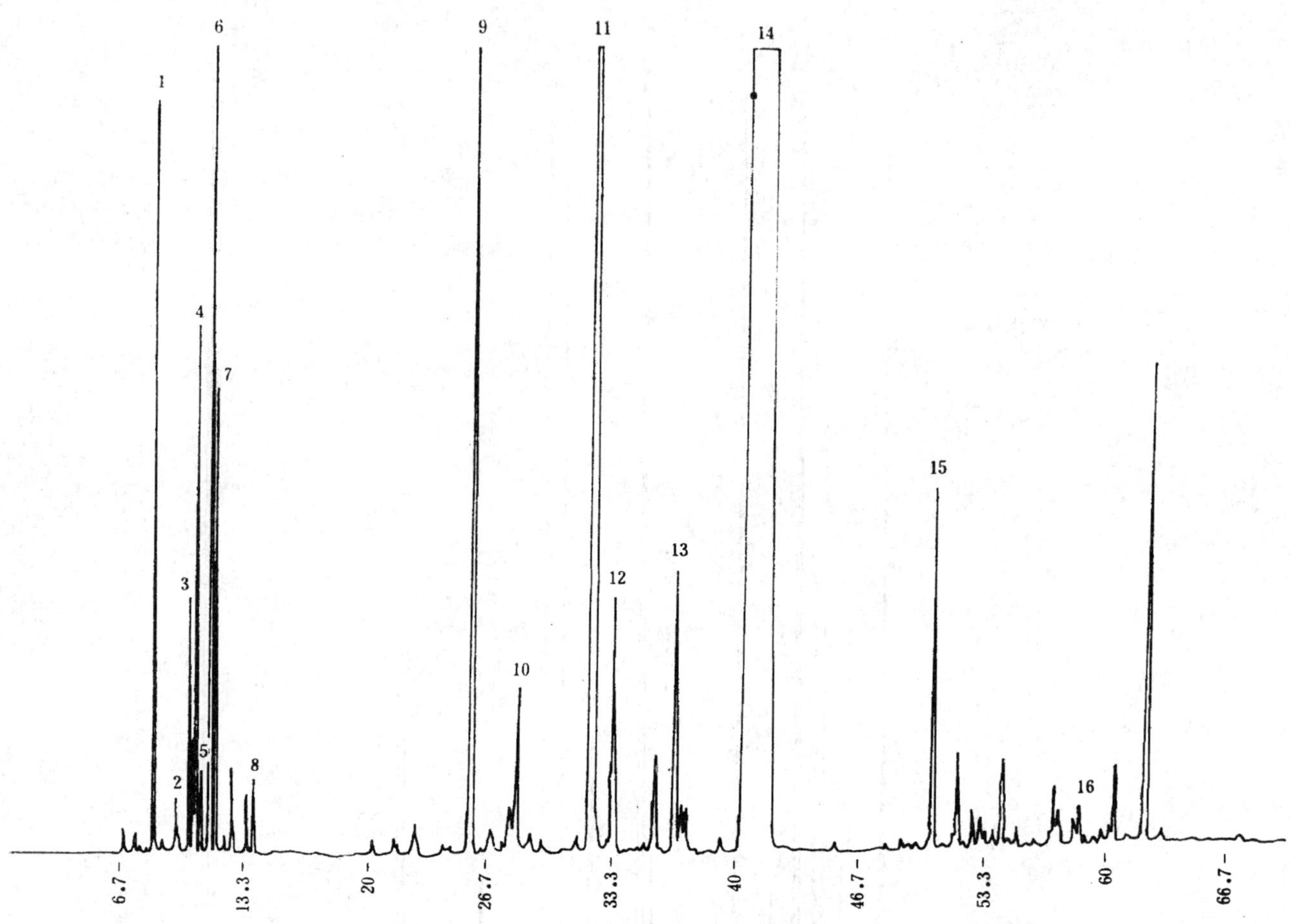

图 2 天然八角茴香油典型毛细管柱色谱分离图(PEG-20 M)

1—α-蒎烯;2—Δ^3-蒈烯;3—β-蒎烯;4—α-水芹烯;5—松油烯;6—柠檬烯;7—1,8-桉叶素;8—罗勒烯;9—芳樟醇;10—P-孟烯-1-醇-4;11—草蒿脑;12—α-松油醇;13—顺式茴香脑;14—反式茴香脑;15—大茴香醛;16—甲基异丁香酚

5.6.4 操作方法

视色谱仪响应值的高低,用注射器(5.6.1.4)吸取适量(0.2～2 μL)八角茴香油注入气相色谱仪,在上述色谱条件下,天然八角茴香油中各主要成分典型的色谱分离图见图 1、图 2;根据典型的天然八角茴香油色谱图的出峰顺序并与之对照比较,鉴别被测定的各主要成分。

5.6.5 计算

样品中各被测定成分的含量,用色谱数据处理机,按面积归一化方法进行计算,也可以按式(1)计算:

$$P_i(\%) = \frac{A_i}{\Sigma A_n} \times 100 \qquad \cdots\cdots(1)$$

式中:P_i——被测组分 i 的百分含量;

A_i——被测组分 i 的色谱峰面积;

ΣA_n——n 个组分峰面积的总和。

5.6.6 精密度

用以下数值来判断结果的可靠性(95%置信概率)。

a. 重复性

同一操作者，对同一试样，用同一台色谱仪，两个重复测定值的容许差为重复性“r”。小于容许差，测定精密度合格，取平均值为最终值。大于或等于容许差，测定精密度不合格，要查原因重做。

b. 再现性

由两个不同实验室，不同操作者对同一试样各重复测定二次，得到平均值 $\overline{Y}_1$ 与 $\overline{Y}_2$，比较其容许差为 $\sqrt{R^2-\frac{r^2}{2}}$。

小于容许差，测定精密度合格，取 $\overline{Y}_1$ 与 $\overline{Y}_2$ 的平均值为最终值。

大于或等于容许差，测定精密度不合格，要查明原因，重做试验。

c. 八角茴香油主要成分测定结果的重复性和再现性见表 2。

5.6.7 报告

试样中两个成分含量的测定结果各用平行测定两次结果的算术平均值表示，报告结果精确到 0.01%。

表 2 八角茴香油主要成分测定结果的重复性和再现性 %

主要成分名称	水平范围	重复性 r	再现性 R
草蒿脑	0.7～2	0.08	0.13
	3～5	0.24	0.34
	6～8	0.40	0.55
反式茴香脑	70～75	0.68	1.90
	76～79	0.68	1.70
	80～85	0.68	1.30
	86～92	0.68	1.00

6 检验规则

6.1 取样数量

按生产批号分别取样，按下列数量随机开启货件。

每批内总件数	开启件数
20 件以下	3 件
21～60 件	4 件
61～80 件	5 件
81～120 件	6 件
120 件以上	20 件增开 1 件(不足 20 件以 20 件计)

每件取100～150 mL。

6.2 取样工具

下述取样工具均应事先洗净、烘干。

6.2.1 玻璃吸管：长 110 cm，外径 2 cm。

6.2.2 混样瓶：500 mL 或 1 000 mL 磨口玻璃瓶。

6.2.3 试样瓶：250 mL 小口径磨口玻璃瓶。

6.3 取样方法

开启件盖，用玻璃管徐徐插至桶底，使玻璃吸管盛满，用手指捏紧吸管上口，迅速取出。将样品注入混样瓶内，盖上瓶盖。待全部取毕，迅速混匀，将代表性混合样装入试样瓶至约 240 mL 处，盖紧瓶盖。代表性混合样一般为一式二份，一份供测试，一份供保留备查。也可根据需要增加样品份数。

6.4 样品的标签

标签上应标明下述内容：

a. 样品编号；

b. 品名；

c. 代表样件数，包装型别(桶、缸、听等)；

d. 取样日期；

e. 取样地点；

f. 取样员姓名。

6.5 取样工作的注意事项

a. 八角茴香油在空气中易于挥发或氧化，取样应迅速进行，以免影响品质，并应注意环境清洁，以免混入杂质。

b. 如发现同批内各件之间，样品外观有显著差异，应分别单独取样，并详细注明批号、桶号及差异的存在程度。

c. 如八角茴香油为凝固状态，应先融化摇匀后，再按上法取样。

d. 整批货件必须包装完好，以取得代表性样品。

7 包装和标记

7.1 包装

八角茴香油的包装容器有桶、罐等型，由镀锌铁皮制成，应为新的、结实，耐长途运输、清洁干燥，不带任何可能改变八角茴香油品质、组成或香气的物质。

7.2 标记

包装容器上的标记一般用油漆喷刷在容器壁上。标记要求明显、清晰、耐久，不应随着贮藏运输过程而脱落。

标记的内容：

a. 品名。可以根据需要注明通用的商业名称、商标、植物的提取部位以及生产方法等。

b. 出口公司名称，或根据需要加生产厂厂名。

c. 毛重、皮重及净重。

d. 出运口岸、抵达口岸。

e. 除另有规定者外，一般应标明“中国生产”或“中国产品”。

附加说明：

本标准由中华人民共和国国家进出口商品检验局提出。

本标准由中华人民共和国广西进出口商品检验局起草。

本标准主要起草人傅雪夫、田继军、陈永明。

中华人民共和国进出口商品检验行业标准

出口天然冬青油中水杨酸甲酯含量测定方法　气相色谱法

SN/T 0513—95

Natural wintergreen oil for export—Determination of methyl salicylate content —Gas chromatographic method

1　主题内容与适用范围

本标准规定了天然冬青油主成分——水杨酸甲酯含量的气相色谱测定方法。

本标准适用于从石南科植物冬青树叶片和嫩枝中采用水蒸气蒸馏法所获得的粗制和精制天然冬青油的质量分析。

2　引用标准

GB 2307　气相色谱分析法标准格式

GB/T 11538　精油　毛细管柱气相色谱分析通用法

GB/T 14455.2　精油　取样方法

3　方法提要

在规定的色谱条件下，注入微量待测样品，与典型天然冬青油色谱峰对照，由保留时间确定水杨酸甲酯峰，采用面积归一化法定量。

4　试剂和材料

4.1　试剂

无水硫酸钠或无水硫酸镁，经 700℃灼烧 3h，放入干燥器中冷却备用。

4.2　燃烧气及辅助气体[1)]

4.2.1　燃烧气：氢气[2)]，纯度 99.99%或由氢气发生器电解水产生。

4.2.2　载气：氮气，纯度 99.99%。

4.2.3　助燃气：压缩空气。

注：1）氢气、压缩空气需干燥处理。

2）使用氢气时，要严格遵守易燃易爆气体使用安全规则。

5　仪器和用具

5.1　气相色谱仪：带分流/不分流进样装置；程序升温装置；氢火焰离子化检测器。

5.2　色谱柱：弹性石英毛细管柱，柱长 25～50m，内径 0.2～0.3mm，固定相 OV-101（二甲基硅酮），柱效能按 GB 11538 中 8.1 条与 8.2 条指定的方法试验，并符合要求。

5.3　记录仪和电子积分仪，其功能应与仪器的其余部分相适应。

5.4　进样器：微量注射器，1μL～5μL（分度值 1/10μL）。

中华人民共和国国家进出口商品检验局 1995-12-15 批准　　1996-05-01 实施

6 试样的制备

按 GB/T 14455.2 中的规定制备。

注：必要时，可用无水硫酸钠或无水硫酸镁(4.1)干燥。

7 操作程序

7.1 色谱条件(线性程序升温)：

色谱柱起始温度：80℃，保持 1min；

升温速率：3～5℃/min；

柱温：200℃，保持 5min；

检测器温度：250℃；

载气流速：50mL/min；

补偿气流速：50mL/min；

分流比：1∶100；

氢气流速：45mL/min；

空气流速：450～500mL/min；

进样量：0.3～0.5μL。

7.2 测定

在 7.1 条给定的条件下，定量注入 0.3～0.5μL 样品，记录水杨酸甲酯及其微量杂质峰的峰面积。

天然冬青油中水杨酸甲酯峰在 7.1 条给定条件下的保留时间为 14.47±0.3min。

天然冬青油典型毛细管柱气相色谱分离图见附录 A(参考件)。

8 结果的计算与报告

8.1 结果的计算

样品中水杨酸甲酯百分含量可用色谱数据处理机按面积归一化法直接给出。该峰面积的百分比即为其样品中水杨酸甲酯含量。若用记录仪记录，则用下式计算：

$$P(\%)=\frac{A}{\Sigma A_i}\times 100$$

式中：P——天然冬青油中水杨酸甲酯的百分含量；

A——水杨酸甲酯的峰面积；

ΣA_i——天然冬青油中主要组分及杂质峰峰面积总和。

8.2 结果的报告

对精密度符合第 9 章要求的结果，取平行试验结果的算术平均值作结果报告。

分析结果数值修约至小数点后第二位。

9 精密度

用以下数值来判断结果的可靠性(95%置信概率)。

9.1 重复性 r：

同一样品连续两次测得的两个结果之间的差值小于或等于 0.20，取平均值为最终值。如果超过，则测定精密度不合格，要查明原因，重做试验。

9.2 再现性 R：

同一样品在不同试验室测得的两个结果之间的差值如大于 0.50，则认为该两结果可疑，需查找原因，重做试验。

附 录 A
天然冬青油典型气相色谱图
（参考件）

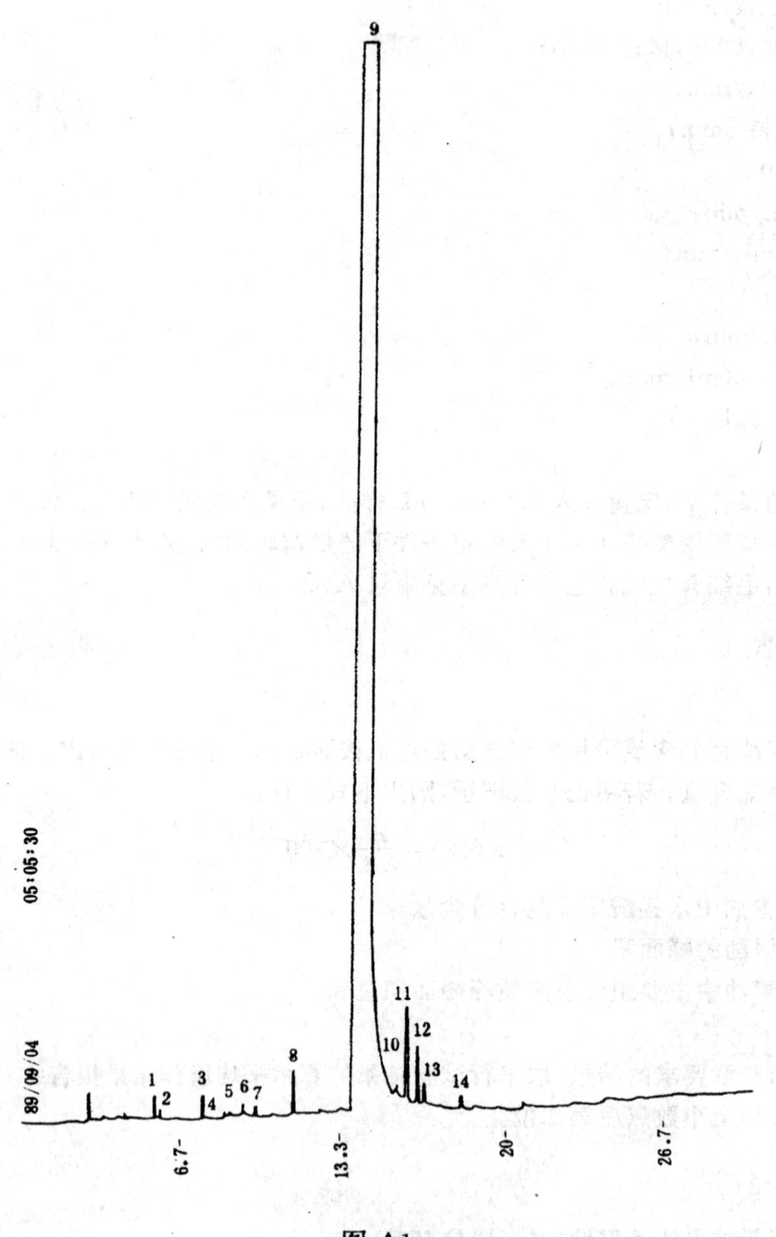

图 A1

气相色谱条件：

样品：天然冬青油。

柱：毛细管柱，柱长 25～50m，内径 0.2～0.3mm。

固定相：OV-101。

色谱炉温度：线性程序升温，从 80℃至 200℃。

速率：3～5℃/min。

进样口温度：200℃。

检测器温度：250℃。

载气流速：氮气 50mL/min。

检测器：氢火焰离子化检测器。

进样量：0.3～0.5μL。

纸速：2.5mm/min。

附加说明：

本标准由中华人民共和国国家进出口商品检验局提出。

本标准由中华人民共和国云南进出口商品检验局负责起草。

本标准主要起草人：句赤江、张东婺、马晓刚、肖清、何静。

前　　言

本标准是对ZB Y40 003—86《出口芳香油、单离和合成香料　旋光度测定法》的修订，原ZB Y40 003—86等效采用国际标准ISO 592：1981《香精油——旋光度的测定》。

ZB Y40 003—86由上海进出口商品检验局姚信君、陈懋英起草。

本标准与前版无技术内容的改变，仅在标准格式上按照GB/T 1.1—1993《标准化工作导则　第一单元：标准的起草与表述规则　第一部分：标准编写的基本规定》的要求进行了修订。

本标准由中华人民共和国国家进出口商品检验局提出。

本标准由中华人民共和国上海进出口商品检验局负责修订。

本标准主要起草人：杨勇、李晓琪。

中华人民共和国进出口商品检验行业标准

出口芳香油、单离和合成香料旋光度的测定

SN/T 0735.1—1997

Essential oils, perfumery isolates and synthetics for export —Determination of optical rotation

代替 ZB Y40 003—86

1 范围

本标准规定了出口芳香油、液体单离和合成香料旋光度以及比旋光度的测定方法。

本标准适用于出口芳香油、液体单离和合成香料旋光度的测定，以及深色或固体、半固体试样比旋光度的测定。

2 引用标准

下列标准所包含的条文，通过在本标准中引用而构成为本标准的条文。本标准出版时，所示版本均为有效。所有标准都会被修订，使用本标准的各方应探讨使用下列标准最新版本的可能性。

GB/T 14454.1—93 香料 试样制备

GB/T 14455.2—93 精油 取样方法

3 定义

本标准采用下列定义。

3.1 旋光度(α_D^t) optical rotation

在规定温度下，用与钠的 D 线相一致波长为 589.3nm±0.3nm 的光线通过试样液层厚度为 100mm 而产生偏转面的角度数，即为旋光度。若测定在其他厚度进行时，其 α_D^t 值应换算为 100mm 的值来表示。

3.2 比旋光度($[\alpha]_D^t$)specific optical rotation

试样溶液的旋光度(α_D^t)除以单位容积中该物质的质量而得到的商。

旋光度和比旋光度的测定温度规定为 20℃。特殊类别的芳香油应加注说明测定温度。

4 试剂

所用试剂除说明外均为分析纯。

溶剂(仅用于需要在溶液中测定的试样)：95%乙醇(V/V)或四氯化碳，其旋光度为 0。

5 仪器

5.1 旋光仪

通用型或电子型旋光仪，可读准至 0.01°。

旋光仪应该用已知旋光度的标准石英片进行校正。或用每 100mL 含 26.00g 无水蔗糖的蒸馏水溶液校正，使在 20℃及液层厚 200mm 时得到的旋光度为＋34.62°。

5.2 光源

中华人民共和国国家进出口商品检验局 1997-12-22 批准　　1998-05-01 实施

任何波长为 589.3nm±0.3nm 的光源。最好是钠蒸气灯。

5.3 旋光管

旋光管长度为 100mm±0.5mm，当测试低旋光度浅色样品时，可使用长度为 200mm±0.5mm 的管子。当测试深色样品时，可使用长度为 50mm±0.5mm 的管子，必要时可使用更短的管子。当需要定温测定时，用双壁旋光管使恒温水流循环通过夹套，使管内试样处在测试所需要的温度。

5.4 恒温水浴

通过恒温水流循环，使双壁旋光管处在测试所需的温度(控温精度为±1℃)。

6 取样

按 GB/T 14455.2 进行。

7 操作程序

7.1 试样的制备

按 GB/T 14454.1 进行。

浅色油样可直接测试。深色油样、固态香料按指定溶剂和浓度配成溶液进行测试。

7.2 测定

接通光源，待仪器稳定并达到充分亮度。将试样(7.1)温度调节至 20℃±1℃。注满旋光管排出气泡。将旋光管放入旋光仪，按仪器说明书的规定进行操作，读记旋光度，准确至 0.01°，左旋以负号表示，右旋以正号表示。

如试样系含多量高旋光萜烯的芳香油，如柑桔油等，使用双壁旋光管通入恒温水流，在 20℃±1℃下测定。

试样重复测定三次，三次数值互相之差不大于 0.08°。取三次平均值为测定结果。

8 结果计算和表述

8.1 旋光度(α_D^t)按式(1)计算：

$$\alpha_D^t = \frac{A}{L} \times 100 \quad \cdots\cdots (1)$$

式中：A——旋光度读数(°)；

L——旋光管长度，mm。

8.2 比旋光度($[\alpha]_D^t$)按式(2)计算：

$$[\alpha]_D^t = \frac{\alpha_D^t}{c} \quad \cdots\cdots (2)$$

式中：α_D^t——溶液的旋光度。按 8.1 计算；

c——芳香油溶液的浓度，g/mL。

平行试验的结果允许差为 0.2°。

前　　言

本标准是对 ZB Y40 017—88《出口芳香油、单离和合成香料熔点测定法(晶体类)》的修订。

本标准与前版无技术内容的改变,仅在标准格式上按照 GB/T 1.1—1993《标准化工作导则　第 1 单元:标准的起草与表述规则　第 1 部分:标准编写的基本规定》的要求进行修订。

本标准由中华人民共和国国家进出口商品检验局提出。

本标准由中华人民共和国江苏进出口商品检验局负责修订。

本标准起草人:古有源。

中华人民共和国进出口商品检验行业标准

出口芳香油、单离和合成香料熔点的测定法　晶体类

SN/T 0735.2—1997

代替 ZB Y40 017—88

Essential oils, perfumery isolates and synthetics for export—Determination of melting point—Crystals

1　范围

本标准规定了出口晶体类单离和合成香料熔点的测定方法。

本标准适用于出口晶体类单离和合成香料熔点的测定。

2　引用标准

下列标准所包含的条文，通过在本标准中引用而构成为本标准的条文。本标准出版时，所示版本均为有效。所有标准都会被修订，使用本标准的各方应探讨使用下列标准最新版本的可能性。

GB 6678—86　化工产品采样总则

GB 6679—86　固体化工产品采样通则

3　定义

本标准采用下列定义。

3.1　熔点

晶体物质熔解时的温度。

3.2　初熔点

在毛细管测定法中，待测物质明显崩离管壁时的温度。

除另有规定外，一般均用初熔点表示熔点。

3.3　终熔点

待测物质在毛细管中全部液化(试样澄明)时的温度。

3.4　熔程

待测物质在毛细管内液化过程中，自初熔至终熔的一段温度。又称为熔距。

4　仪器

4.1　测定装置

装置如图，具有相同准确度的一些仪器装置均可以应用。

4.1.1　加热容器系一个直径约 8 cm、高约 12 cm 的玻璃烧杯，内有带绝缘玻璃套管的电加热丝，通过调压器控制其升温速度。也可以采用其他适宜的玻璃容器。

4.1.2　磁力搅拌器或其他适宜的能使传热介质迅速混匀的搅拌装置。

4.1.3　传热介质选用甲基硅油或其他适宜的液体，如 80℃以下可用蒸馏水，150℃以下可用甘油，

中华人民共和国国家进出口商品检验局 1997-12-22 批准　　1998-05-01 实施

220℃以下可用液体石蜡等。

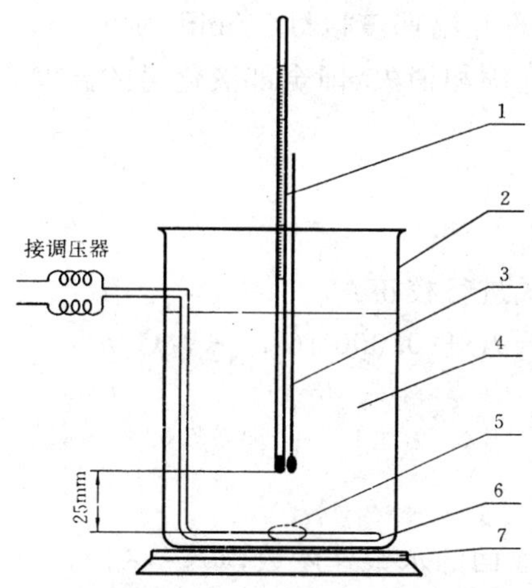

1—精密温度计；2—玻璃烧杯；3—毛细管；4—传热介质；
5—磁棒；6—内加热器；7—磁力搅拌器

图1　熔点测定装置图

4.2　精密温度计

分刻度0.1℃或0.2℃，并经校正。

4.3　辅助温度计

0～100℃或0～50℃，分刻度1℃。

4.4　玻璃毛细管

中性硬质玻璃，壁厚0.1～0.15 mm，内径0.9～1.1 mm，长约10 cm。

另有要求时可选用其他规格的毛细管。

5　试验方法

5.1　试验准备

5.1.1　将毛细管(4.4)洗净并经干燥，一端熔封，置干燥剂中。

5.1.2　取少量试样用研钵研成粉末置于干燥器中干燥24 h或至恒重。

5.1.3　将试样(5.1.2)填塞入毛细管(5.1.1)中，在坚硬的表面上轻击，使之压紧，试样高度约3 mm。

5.2　试验步骤

将精密温度计(4.2)放入盛有传热介质(4.1.3)的加热容器(4.1.1)中，使温度计汞球底部与加热容器底部内加热器表面之间的距离约为25 mm。在毛细管(5.1.3)放入前，将加热容器中的传热介质以适当的速度加热，连续搅拌。当温度上升至低于待测物质规定的熔点10℃时，将装填样品的毛细管浸入传热介质，贴附在温度计上，使毛细管中样品柱适在温度计汞球中部，继续加热，控制升温速度为1℃/min，不断搅拌使温度保持均匀。

记录观察到的初熔点或熔程，重复测定三次，取其平均值为测定结果。

使用局浸式温度计测定，在接近熔点温度时，须调整温度计浸没深度，使其浸没线恰与加热后的传热介质液面齐平；使用全浸式温度计测定时须附加辅助温度计(3.3)，辅助温度计水银球贴近全浸式温度计外露传热介质部分的水银柱中部(即自传热介质液面至预计熔点的中间)，在记录初熔点或熔程的同时，记录辅助温度计的温度。

5.3 易分解试样熔点的测定

对易分解试样，传热介质(4.1.3)的升温速度以3℃/min为宜。试样明显崩离管壁或开始产生气泡，即物质分解时的温度为初熔点，试样固相消失，即全部液化时的温度为终熔点。其余操作按5.2条进行。

6 校正

使用全浸式温度计测定时应按下式进行校正：

$$t = t_1 + 0.000\,16(t_1 - t_2) \cdot h$$

式中：t——校正后的熔点温度，℃；

t_1——精密温度计的读数，℃；

t_2——辅助温度计的读数，℃；

h——辅助温度计外露传热介质液面的水银柱度数，℃。

使用局浸式温度计测定时，通常此项校正值可忽略不计。

7 允许差

当熔点为100℃以下时，测定结果允许差应不超过0.2℃；当熔点为100℃以上时，测定结果允许差不超过0.5℃。

前　　言

本标准是对ZB Y40 002—86《出口芳香油、单离和合成香料　折光指数测定法》的修订，原ZB Y40 002—86等效采用国际标准ISO 280:1976《香精油——折光指数的测定》。

ZB Y40 002—86由上海进出口商品检验局姚信君、陈懋英起草。

本标准与前版无技术内容的改变，仅在标准格式上按照GB/T 1.1—1993《标准化工作导则　第一单元：标准的起草与表述规则　第一部分：标准编写的基本规定》的要求进行修订。

本标准由中华人民共和国国家进出口商品检验局提出。

本标准由中华人民共和国上海进出口商品检验局负责修订。

本标准主要起草人：杨勇、李晓琪。

中华人民共和国进出口商品检验行业标准

出口芳香油、单离和合成香料折光指数的测定法

SN/T 0735.3—1997

代替 ZB Y40 002—86

Essential oils, perfumery isolates and synthetics for export —Determination of refractive index

1 范围

本标准规定了出口芳香油、液体单离和合成香料折光指数的测定方法。

本标准适用于测定出口芳香油、液体单离和合成香料折光指数。

2 引用标准

下列标准所包含的条文,通过在本标准中引用而构成为本标准的条文。本标准出版时,所示版本均为有效。所有标准都会被修订,使用本标准的各方应探讨使用下列标准最新版本的可能性。

GB/T 14454.1—93　香料　试样制备

GB/T 14455.2—93　精油　取样方法

3 定义

本标准采用下列定义。

折光指数(n_D^t) refractive index

在一定温度下,当具有一定波长的光线从空气射入被测物质时,其入射角正弦与折射角正弦之比值或空气中的光速与被测物质中的光速之比值。规定波长为589.3nm±0.3nm,相当于钠光谱的D_1与D_2线。测定温度规定为20℃,对于在此温度时不呈液态的试样允许根据它们的熔点采用25℃或30℃。

4 仪器

4.1 折光仪

阿贝型折光仪或同类型仪器,可直读1.3000至1.7000的折光指数。精确度±0.0002,使用前,用已知折光指数的标准玻璃片进行校正。也可用下列折光级标准试剂校准仪器,使在20℃时得到如下的折光指数:

蒸馏水	1.3330
对异丙基苯甲烷	1.4906
苯甲酸苄酯	1.5685
1-溴萘	1.6585

4.2 恒温水浴

通过恒温水流循环,使折光仪处在测试所需的温度(精度为±0.2℃)。

5 取样

按GB/T 14455.2进行。

中华人民共和国国家进出口商品检验局1997-12-22批准　　1998-05-01实施

6 操作程序

6.1 试样的制备

按 GB/T 14454.1 进行。

6.2 测定

调节恒温水浴的温度，使仪器与规定的测试温度相差不超过±0.2℃，并且保持水流温度偏差在±0.2℃之内。将预先已调节至接近测试温度的试样，置入仪器进行测定。静止数分钟，待温度稳定，记录读数。

7 结果的表述及计算

在规定温度 t 时的折光指数(n_D^t)，按式(1)计算：

$$n_D^t = n_D^{t'} + 0.0004(t' - t) \qquad (1)$$

式中：$n_D^{t'}$——温度 t' 时折光指数读数，读至小数后第四位；

0.0004——相差 1℃时折光指数的校正系数。

平行试验结果的允许差为 0.0002。

10℃以下或 30℃以上时，不可按式(1)换算。

前　　言

本标准是对 ZB Y40 005—86《出口芳香油、单离和合成香料　冻点测定法》的修订，原 ZB Y40 005—86等效采用国际标准 ISO 1041：1973《香精油——冻点的测定》。

ZB Y40 005—86 由上海进出口商品检验局姚信君、陈懋英起草。

本标准与前版无技术内容的改变，仅在标准格式上按照 GB/T 1.1—1993《标准化工作导则　第 1 单元：标准的起草与表述规则　第 1 部分：标准编写的基本规定》的要求进行修订。

本标准由中华人民共和国国家进出口商品检验局提出。

本标准由中华人民共和国上海进出口商品检验局负责修订。

本标准主要起草人：杨勇、李晓琪。

中华人民共和国进出口商品检验行业标准

出口芳香油、单离和合成香料冻点测定方法

SN/T 0735.4—1997

代替 ZB Y40 005—86

Essential oils, perfumery isolates and synthetics for export—Determination of congealing point

1 范围

本标准规定了出口芳香油、单离和合成香料冻点的测定方法。

本标准适用于出口芳香油、单离和合成香料冻点的测定。

本标准不适用于玫瑰油。

2 引用标准

下列标准所包含的条文，通过在本标准中引用而构成为本标准的条文。本标准出版时，所示版本均为有效。所有标准都会被修订，使用本标准的各方应探讨使用下列标准最新版本的可能性。

GB/T 14454.1—93 香料 试样制备

GB/T 14455.2—93 精油 取样方法

3 定义

本标准采用下列定义。

3.1 冻点 congealing point

过冷的液态芳香油、单离和合成香料释放其熔化潜热时达到的恒定温度或者最高温度。此温度即为冻点。

4 原理

缓慢并逐步地冷却液态试样。当样品从液态转化为固态时，观察其温度的变化。

5 仪器

5.1 温度计：

5.1.1 精密温度计经校正并符合下列要求：

水银球长度：10 mm～20 mm；

水银球直径：5 mm～6 mm；

分刻度：0.1℃；

这套温度计应能测定在－20℃～＋50℃之间的任何温度。

5.1.2 普通温度计：0～100℃，分刻度 1℃。

5.2 结晶试管：直径约 20 mm，长度不小于 100 mm。

5.3 厚壁试管：直径约 30 mm，长度约 125 mm。

中华人民共和国国家进出口商品检验局 1997-12-22 批准　　　　1998-05-01 实施

5.4 冻点测定装置(见图1):包括一个约500 mL的广口容器,配备一个打过孔的软木塞或盖板,并带普通温度计(5.1.2),通过塞孔插入厚壁试管(5.3)。用另一个打过孔的软木塞将结晶试管(5.2)固定在厚壁试管中,将精密温度计(5.1.1)插入到试管中,使水银球位于液体的中心。广口容器用于盛水作为冷却浴。

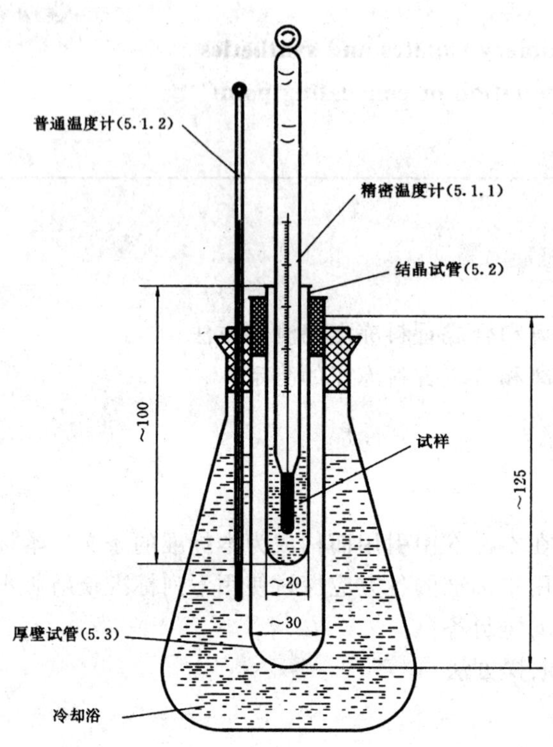

图1 组合装置示意图

6 取样

按GB/T 14455.2进行。

7 操作程序

7.1 试样的制备

按GB/T 14454.1进行。

7.2 初步试验

在进行冻点测定之前,先将试样温热液化。取数毫升在小试管中冷却,并用温度计搅拌直至固化。观察此时温度,此温度为预测冻点。

7.3 测定

取10 mL或10 g干燥试样置于结晶试管中(试样若为固体,微热熔化)。将精密温度计插入试管,使其水银球位于液体中心。将试管插入到测定装置中,冷却浴的温度须在预测冻点以下约5℃,使试样温度逐渐下降，待温度下降到接近预测冻点时，用温度计搅拌试样使引起结晶[1)]，当有些微结晶出现且温度开始上升时，停止搅拌，仔细观察温度变化。待温度继续上升到最高点或至少保持1 min时。记下观察到的温度，即为试样的冻点。熔化后重复测定，直至二次结果相差不超过0.1℃为止。

平行试验的允许差为0.2℃。

1）不易凝固的试样，如黄樟油、松油醇等可在到达预测冻点时，引入微量晶种，加速其结晶。

前　言

本标准是对 ZB Y40 004—86《出口芳香油、单离和合成香料　乙醇溶解度的测定》的修订。

ZB Y40 004—86 由上海进出口商品检验局姚信君、陈懋英起草。

本标准与前版无技术内容的改变，仅在标准格式上按照 GB/T 1.1—1993《标准化工作导则　第 1 单元：标准的起草与表述规则　第 1 部分：标准编写的基本规定》的要求进行修订。

本标准由中华人民共和国国家进出口商品检验局提出。

本标准由中华人民共和国上海进出口商品检验局负责修订。

本标准主要起草人：杨勇、李晓琪。

中华人民共和国进出口商品检验行业标准

出口芳香油、单离和合成香料乙醇溶解度的测定方法

SN/T 0735.5—1997

代替 ZB Y40 004—86

Essential oils, perfumery isolates and synthetics for export —Determination of solubility in ethyl alcohol

1 范围

本标准规定了出口芳香油、单离和合成香料在不同浓度的乙醇中溶解度的测定方法。

本标准适用于出口芳香油、单离和合成香料在不同浓度的乙醇中溶解度的测定。

2 引用标准

下列标准所包含的条文，通过在本标准中引用而构成为本标准的条文。本标准出版时，所示版本均为有效。所有标准都会被修订，使用本标准的各方应探讨使用下列标准最新版本的可能性。

GB/T 14454.1—93 香料 试样制备

GB/T 14455.2—93 精油 取样方法

3 定义

本标准采用下列定义。

试样的溶解度 solubility

在 25℃时，1mL 芳香油、单离和合成香料（如为固体时，应为 1g）于一指定浓度的乙醇中达到澄清溶解时，该乙醇用量的毫升数即为试样的溶解度。

4 试剂

4.1 乙醇：分析纯。

各浓度乙醇溶液的制备，可参照表 1 将蒸馏水加入到 95%（V/V）乙醇中。测定相对密度（d_{20}^{20}），核对并调整其浓度，使符合规定。

表 1

乙醇浓度 %（V/V）	配制 1000mL 溶液时，95%（V/V）乙醇的用量，mL	相对密度 d_{20}^{20}
95	1000	0.8124～0.8132
90	948	0.8303～0.8310
80	842	0.8605～0.8611
70	737	0.8869～0.8874
60	632	0.9105～0.9119
50	526	0.9316～0.9320

4.2 无水硫酸镁或无水硫酸钠：分析纯，经干燥并研细。

中华人民共和国国家进出口商品检验局 1997-12-22 批准 1998-05-01 实施

5 仪器

5.1 比色管:容积25mL;

5.2 移液管:1.0mL;

5.3 滴定管:10mL,分刻度0.05mL;

5.4 恒温水浴;

5.5 温度计:0℃～50℃,分刻度为0.2℃或0.1℃。

6 取样

按GB/T 14455.2进行。

7 操作程序

7.1 试样的制备

按GB/T 14454.1进行。

7.2 测定

用移液管(5.2)量取1.0mL预经无水硫酸镁或无水硫酸钠(4.2)干燥的液体试样至比色管(5.1)中(如为固体试样可称取1g,准确至0.001g),用滴定管(5.3)缓缓加入一定浓度的乙醇(4.1)[1),每次加入少量并进行振摇。在25℃±0.2℃恒温水浴中保温。当开始获得澄清溶液时,记录所需乙醇的毫升数(精确到0.1mL)。必要时,应继续加入乙醇,直至总加入量达10mL止,记录此后溶液是否出现乳光或浑浊的现象。

8 结果表述

获得澄清溶液时所需指定浓度乙醇的毫升数,即为该试样的乙醇溶解度。若在进一步稀释过程中出现乳光或浑浊,应在结果内注明。

平行试验结果允许差为0.2mL。

1)在测定时如加入某种浓度的乙醇,不能得到澄清溶液,可试用浓度高一级的乙醇重测。

前　　言

本标准是对 ZB Y40 001—86《出口芳香油、单离和合成香料相对密度的测定》的修订，原 ZB Y40 001—86等效采用国际标准ISO 279:1981《香精油——在 20℃时相对密度的测定》。

ZB Y40 001—86 由上海进出口商品检验局姚信君、陈懋英起草。

本标准与前版无技术内容的改变，仅在标准格式上按照 GB/T 1.1—1993《标准化工作导则　第1单元:标准的起草与表述规则　第1部分:标准编写的基本规定》的要求进行修订。

本标准由中华人民共和国国家进出口商品检验局提出。

本标准由中华人民共和国上海进出口商品检验局负责修订。

本标准主要起草人:杨勇、李晓琪。

中华人民共和国进出口商品检验行业标准

出口芳香油、单离和合成香料相对密度的测定法

SN/T 0735.6—1997

代替 ZB Y40 001—86

Essential oils, perfumery isolates and synthetics for export —Determination of relative density

1 范围

本标准规定了出口芳香油、液体单离和合成香料相对密度的测定方法。

本标准适用于出口芳香油、液体单离和合成香料相对密度的测定。

2 引用标准

下列标准所包含的条文，通过在本标准中引用而构成为本标准的条文。本标准出版时，所示版本均为有效。所有标准都会被修订，使用本标准的各方应探讨使用下列标准最新版本的可能性。

GB/T 14454.1—93　香料　试样制备

GB/T 14455.2—93　精油　取样方法

3 定义

本标准采用下列定义。

试样在 20℃时的相对密度　relative density

在 20℃时，一定容积芳香油或液体单离和合成香料的质量与 20℃时同样体积的蒸馏水的质量比，即为该试样 20℃时相对密度，它等同于比重。

这个量值没有单位，其表示符号为 d_{20}^{20}。

注：相对密度亦可按出口规格要求在其指定的温度下测定。

4 仪器

4.1　比重瓶：10mL，25mL，50mL 附侧管小帽和具磨塞温度计。

4.2　水浴：控温精度±0.2℃。

4.3　精密温度计：温度范围 10℃～30℃，分刻度 0.2℃，经校正。

5 取样

按 GB/T 14455.2 进行。

6 操作程序

6.1　试样的制备

按 GB/T 14454.1 进行。

6.2　比重瓶的准备

中华人民共和国国家进出口商品检验局 1997-12-22 批准　　1998-05-01 实施

清洗比重瓶(4.1),再依次用乙醇和丙酮进行淋洗,用干燥空气流干燥比重瓶的内壁,并擦干外壁。待比重瓶与天平室之间的温度达到平衡时,称取比重瓶的质量(准确至0.000 2g)。

6.3 比重瓶的水值

将经煮沸冷却至20℃以下的蒸馏水注满比重瓶,插入温度计,浸入到20℃±0.2℃水浴(4.2)中,经30min,待比重瓶内温度恒定,擦掉毛细管上端多余的水,戴上小帽,取出比重瓶,擦干瓶的外部。待比重瓶与天平室之间的温度达到平衡时称取其质量(准确至0.000 2g)。

6.4 试样的称量

将测水重的比重瓶倒空,按6.2洗净并干燥,取20℃以下,经过滤的试样(如试样澄清的可不过滤),小心注满于比重瓶中,插入温度计,按6.3恒温,擦干并称重。

7 结果的表述及计算

相对密度(d_{20}^{20})按式(1)计算:

$$d_{20}^{20}=\frac{m_2-m_0}{m_1-m_0} \qquad (1)$$

式中:m_0——比重瓶的质量,g;

m_1——水和比重瓶的质量,g;

m_2——试样和比重瓶的质量,g。

平行试验结果的允许差为0.000 4。

如果需要求取试样的视密度(每毫升质量),则可将相对密度乘以20℃时水的视密度(即0.998 23g/mL)。

前　　言

本标准是对 ZB Y40 012—86《出口芳香油、单离和合成香料　黄樟油中黄樟油素含量测定法》的修订。

ZB Y40 012—86 由上海进出口商品检验局姚信君、陈懋英起草。

本标准与前版无技术内容的改变，仅在标准格式上按照 GB/T 1.1—1993《标准化工作导则　第 1 单元：标准的起草与表述规则　第 1 部分：标准编写的基本规定》的要求进行修订。

本标准由中华人民共和国国家进出口商品检验局提出。

本标准由中华人民共和国上海进出口商品检验局负责修订。

本标准主要起草人：杨勇、李晓琪。

中华人民共和国进出口商品检验行业标准

出口芳香油、单离和合成香料 黄樟油中黄樟油素含量测定法

SN/T 0735.7—1997

代替 ZB Y40 012—86

Essential oils, perfumery isolates and synthetics for export—Determination of safrole content in sassafras oil

1 范围

本标准规定了出口黄樟油中黄樟油素含量的测定方法。

本标准适用于出口黄樟油中黄樟油素含量的测定。

2 引用标准

下列标准所包含的条文，通过在本标准中引用而构成为本标准的条文。本标准出版时，所示版本均为有效。所有标准都会被修订，使用本标准的各方应探讨使用下列标准最新版本的可能性。

GB/T 14454.1—93 香料 试样制备

GB/T 14455.2—93 精油 取样方法

3 原理

测定黄樟油的冻点，其冻点与黄樟油中黄樟油素的含量有关。

4 仪器

4.1 温度计：

4.1.1 精密温度计经校正并符合下列要求：

水银球长度：10 mm～20 mm；

水银球直径：5 mm～6 mm；

分刻度：0.1℃；

温度范围：－20℃～＋10℃及－10℃～＋30℃。

4.1.2 普通温度计：0～100℃，分刻度 1℃。

4.2 结晶用试管：直径约 20 mm，长度不小于 100 mm。

4.3 厚壁试管：直径约 30 mm，长度约 125 mm。

4.4 冻点测定装置(见图 1)：包括一个约 800 mL 的广口容器，配备一个打过孔的软木塞或盖板，通过塞孔插入厚壁试管(4.3)，并在其旁插入一支普通温度计(4.1.2)，以测定冷却浴温度。用另一个打过孔的软木塞将结晶试管(4.2)固定在厚壁试管中，将精密温度计(4.1.1)插入到试管中，使水银球位于液体的中心。广口容器盛以盐冰水作为冷却浴。

中华人民共和国国家进出口商品检验局 1997-12-22 批准　　1998-05-01 实施

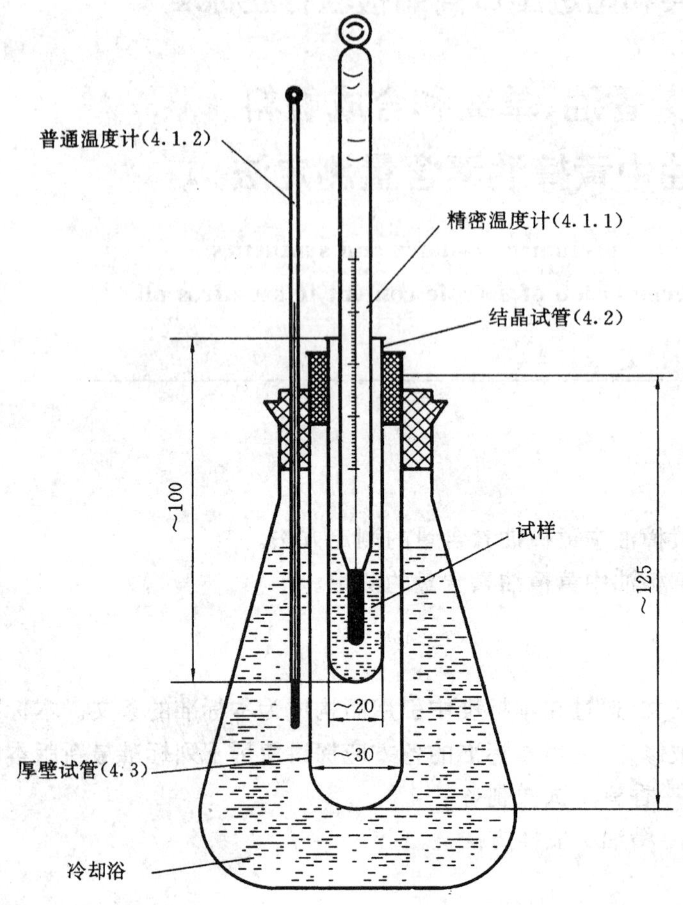

图 1　组合装置示意图

5　取样

按 GB/T 14455.2 进行。

6　操作程序

6.1　试样的制备

按 GB/T 14454.1 进行。

6.2　测定

取适量样品，加入为样品重量约 15%的经干燥并研细的无水硫酸镁或无水硫酸钠脱水，过滤。取 10 mL干燥试样，置于试管中，将精密温度计插入试管，使其水银球位于液体的中心，将试管插入到测定装置中。冷却浴的温度须在预期冻点以下约 5℃，使试样温度逐渐下降，待温度下降至接近预期冻点时，引入微量晶种[1]，用温度计搅拌试样使引起结晶，当有些微结晶出现且温度开始上升时，停止搅拌，仔细观察温度变化，待温度继续上升到最高点或保持约 1 min 恒定时，记下观察到的温度，即为试样的冻点。熔化后重复测定，直至二次结果相差不超过 0.2℃时为止。取二次结果的平均值。

1）晶种可按下法制备：取黄樟油素（或黄樟油）数毫升于小试管中，置入温度为－20℃左右的干冰-乙醇冷浴中，搅拌下使结晶，将试管加塞塞紧，置入温度约－10℃冰箱内保存备用。

7 结果表述及计算

按表1换算求得黄樟油素含量的质量百分数。

表1 冻点温度与黄樟油素含量换算表

冻点温度,℃	.0	.1	.2	.3	.4	.5	.6	.7	.8	.9
2					69.1	69.4	69.8	70.2	70.5	70.9
3	71.2	71.6	72.0	72.3	72.6	73.0	73.4	73.7	74.0	74.4
4	74.8	75.1	75.4	75.8	76.2	76.6	76.9	77.3	77.6	78.0
5	78.3	78.7	79.0	79.4	79.7	80.1	80.4	80.8	81.2	81.5
6	81.9	82.2	82.6	83.0	83.3	83.6	84.0	84.3	84.7	85.0
7	85.4	85.8	86.1	86.4	86.8	87.2	87.5	87.9	88.2	88.6
8	89.0	89.3	89.6	90.0	90.3	90.6	91.0	91.4	91.8	92.1
9	92.4	92.8	93.1	93.4	93.8	94.2	94.6	94.9	95.2	95.6
10	96.0	96.3	96.6	97.0	97.4	97.8	98.1	98.4	98.8	99.1
11	99.5	99.8								

平行试验结果允许差为1%。

前　　言

本标准是对 ZB Y40 011—86《出口芳香油、单离和合成香料　桉叶精含量测定法》的修订，原 ZB Y40 011—86等效采用国际标准 ISO 1202：1981《香精油—1,8-桉叶精含量的测定》。

ZB Y40 011—86 由上海进出口商品检验局姚信君、陈懋英起草。

本标准与前版无技术内容的改变，仅在标准格式上按照 GB/T 1.1—1993《标准化工作导则　第1单元：标准的起草与表述规则　第1部分：标准编写的基本规定》的要求进行修订。

本标准由中华人民共和国国家进出口商品检验局提出。

本标准由中华人民共和国上海进出口商品检验局负责修订。

本标准主要起草人：杨勇、李晓琪。

中华人民共和国进出口商品检验行业标准

出口芳香油、单离和合成香料 桉叶精含量测定法

SN/T 0735.8—1997

代替 ZB Y40 011—86

Essential oils, perfumery isolates and synthetics for export—Determination of cineol content

1 范围

本标准规定了出口芳香油中1,8-桉叶精含量的测定方法。

本标准适用于以桉叶精和萜烯类碳氢化合物为主要成份的芳香油品种。

2 引用标准

下列标准所包含的条文,通过在本标准中引用而构成为本标准的条文。本标准出版时,所示版本均为有效。所有标准都会被修订,使用本标准的各方应探讨使用下列标准最新版本的可能性。

GB/T 14454.1—93 香料 试样制备

GB/T 14455.2—93 精油 取样方法

3 原理

测定芳香油与邻甲酚混合物的结晶温度,该温度的高低与芳香油中桉叶精的含量多少有关。

4 试剂

4.1 邻甲酚:无水、冻点不低于30℃。用时需经蒸馏,取其在191℃～192℃的馏分,贮存在干燥具玻塞小瓶中,置干燥器内避光存放。

当邻甲酚质量达不到上述要求时,可按下法提纯:熔化一定量邻甲酚,加入其质量的5%的蒸馏水,搅拌使溶解。在25℃让其结晶,排除晶体中水分后,移入装有分馏柱的瓶中进行蒸馏,弃去蒸馏出的第一个10%(V/V)的馏分,另换一相同式样的干燥分馏柱,蒸馏出80%(V/V),弃去瓶中残留物,让主馏分结晶,测定其冻点,如低于30℃,则重复蒸馏如前,直至所得冻点不低于30℃,熔化时须呈无色。

邻甲酚用前须核对桉叶精和邻甲酚等分子量比(按154.74/108.13比数)。混合物的冻点应不低于55.2℃。

4.2 桉叶精:分析纯,在20℃时折光指数应在1.4550～1.4600之间。

4.3 无水硫酸镁或无水硫酸钠:分析纯,经干燥并研细。

5 仪器

5.1 温度计:

5.1.1 精密温度计经校正并符合下列要求:

水银球长度:10 mm～20 mm;

水银球直径:5 mm～6 mm;

中华人民共和国国家进出口商品检验局1997-12-22批准 1998-05-01实施

分刻度:0.1℃;

这套温度计应能测定在-20℃~+60℃之间的任何温度。

5.1.2 普通温度计:0~100℃,分刻度1℃。

5.2 结晶试管:直径约20 mm,长度不小于100 mm。

5.3 厚壁试管:直径约30 mm,长度约125 mm。

5.4 冻点测定装置(见图1):包括一个约500 mL的广口容器,配备一个打过孔的软木塞或盖板,并带普通温度计(5.1.2),通过塞孔插入厚壁试管(5.3)。用另一个打过孔的软木塞将结晶试管(5.2)固定在厚壁试管中,将精密温度计(5.1.1)插入到试管中,使水银球位于液体的中心。广口容器用于盛水作为冷却浴。

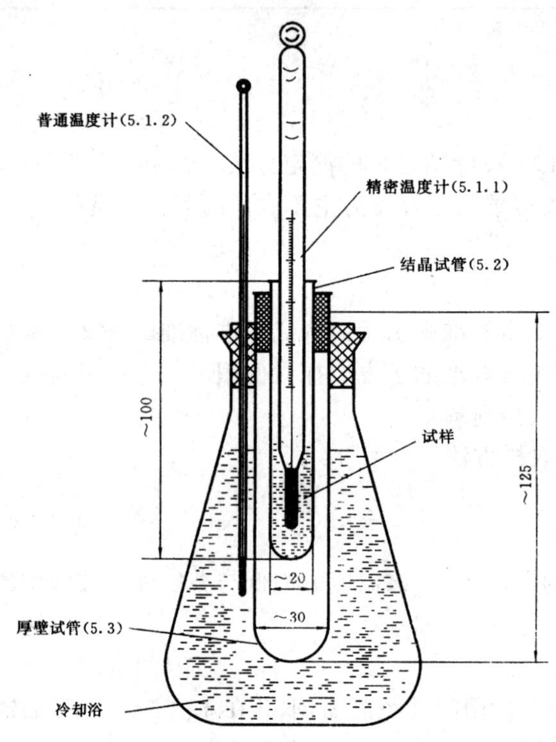

图1 组合装置示意图

6 取样

按GB/T 14455.2进行。

7 操作程序

7.1 试样的制备

按GB/T 14454.1进行。

7.2 含量在50%以上试样的测定

称取邻甲酚2.1 g(准确至0.000 2 g),置于结晶试管中,再称入经无水硫酸镁或无水硫酸钠(4.3)干燥的试样3 g(准确至0.000 2 g)。插入精密温度计,搅拌至完全凝固,记下回升到最高点的温度。置入不超过冻点5℃的热水中使试管内容物液化，将试管插入到测定装置中(冷却浴的温度须在预期冻点以下约5℃)。让内容物缓缓冷却直至有些微结晶出现，或至预期冻点时，即加搅拌，使其迅速凝固，记下回升到最高点的温度。重复熔化后，置装置中，冷却至低于第二次测得的温度或结晶开始出现时，即开始搅拌如前。读取回升到最高点的温度，直至二次结果相差不超过0.2℃时为止，按表1换算桉叶精含量的质量百分数。如测得的温度有小数时，可在表1数据中用内推法求得其相应的桉叶精含量。

表1　结晶温度与桉叶精含量换算表

结晶温度 ℃	桉叶精含量 %	结晶温度 ℃	桉叶精含量 %	结晶温度 ℃	桉叶精含量 %	结晶温度 ℃	桉叶精含量 %
24	45.5	32	56	40	67	48	82
25	47	33	57	41	68.5	49	84
26	48.5	34	58.5	42	70.5	50	86
27	49.5	35	60	43	72.5	51	88.5
28	50.5	36	61	44	74	52	91
29	52	37	62.5	45	76	53	93.5
30	53.5	38	63.5	46	78	54	96
31	54.5	39	65	47	80	55	99

7.3　含量在50%以下试样的测定

称取邻甲酚2.1 g(准确至0.000 2 g)置于结晶试管中，再分别称入预经无水硫酸镁或无水硫酸钠干燥的试样和桉叶精(4.2)各1.5 g(准确至0.000 2 g)，测定其冻点如前法，并按表1换算得混合试样桉叶精含量的百分数。

8　结果表述及计算

8.1　含量在50%以上的试样，按结晶温度与桉叶精含量换算表换算桉叶精含量的质量百分数。

8.2　含量在50%以下的试样，按下式计算桉叶精含量百分数(x)：

$$x = 2 \times (A - 50)$$

式中：A——混合试样桉叶精含量的百分数，报告至小数后一位。平行试验结果允许差为0.5%。

前　言

本标准是对 ZB Y40 006—86《出口芳香油、单离和合成香料　酯的测定》的修订。

ZB Y40 006—86 由上海进出口商品检验局姚信君、陈懋英起草。

本标准与前版无技术内容的改变，仅在标准格式上按照 GB/T 1.1—1993《标准化工作导则　第 1 单元：标准的起草与表述规则　第 1 部分：标准编写的基本规定》的要求进行修订。

本标准由中华人民共和国国家进出口商品检验局提出。

本标准由中华人民共和国上海进出口商品检验局负责修订。

本标准主要起草人：杨勇、李晓琪。

中华人民共和国进出口商品检验行业标准

SN/T 0735.9—1997

代替 ZB Y40 006—86

出口芳香油、单离和合成香料酯的测定

Essential oils, perfumery isolates and synthetics for export —Determination of esters

1 范围

本标准规定了出口芳香油、单离和合成香料中酯的测定方法。

本标准适用于出口芳香油、单离和合成香料中酯的测定。

本标准不适用于含内酯的、或含醛量较多的芳香油。

2 引用标准

下列标准所包含的条文，通过在本标准中引用而构成为本标准的条文。本标准出版时，所示版本均为有效。所有标准都会被修订，使用本标准的各方应探讨使用下列标准最新版本的可能性。

GB/T 14454.1—93　香料　试样制备

GB/T 14455.2—93　精油　取样方法

3 原理

试样以氢氧化钾乙醇溶液皂化，从所消耗氢氧化钾的量计算试样中酯的含量或酯值。

4 试剂

所用试剂除注明外均为分析纯。

4.1 中性乙醇，95%(*V*/*V*)

取适量 95%(*V*/*V*)乙醇，在有酚酞指示剂存在下，用氢氧化钾乙醇溶液(4.3)中和。

4.2 氢氧化钾乙醇溶液〔*c*(KOH)＝0.5mol/L〕

取 30g 氢氧化钾，溶于 1L 95%(*V*/*V*)乙醇中，放置使澄清，过滤上层清液备用。溶液呈黄色时，应重新配制。

4.3 氢氧化钾乙醇溶液〔*c*(KOH)－0.1mol/L〕

溶解 6g 氢氧化钾于 1L 95%(*V*/*V*)乙醇中，配制同 4.2。

4.4 酚酞指示剂：1g 酚酞溶于 100mL 95%(*V*/*V*)中性乙醇中。

4.5 甲基橙指示剂：0.1%水溶液。

4.6 无水碳酸钠：基准试剂。

4.7 盐酸标准溶液〔*c*(HCl)＝0.5mol/L〕

量取 42mL 盐酸(比重 1.19)，缓缓注入蒸馏水中，稀释至 1L，并按下法标定其摩尔浓度：称取在 260℃～270℃预经干燥 0.5h 的无水碳酸钠(4.6)0.8g～1.0g(称准至 0.0002g)。置于 250mL 锥形瓶中，用 50mL 刚经煮沸并冷却的蒸馏水溶解，加二滴甲基橙指示剂(4.5)，用盐酸标准溶液滴定至橙色，并按式(1)计算其浓度(*M*)。

中华人民共和国国家进出口商品检验局 1997-12-22 批准　　1998-05-01 实施

$$M=\frac{m}{V/1000\times106/2} \quad \cdots\cdots(1)$$

式中：M——碳酸钠溶液的浓度，mol/L；

m——无水碳酸钠质量，g；

V——盐酸标准溶液的用量，mL；

106——碳酸钠分子量。

5 仪器

5.1 皂化装置：250mL 抗碱性玻璃锥形瓶，连接一根长约 1m，直径约 10mm 的磨口空气冷凝管。

5.2 移液管：25mL，50mL。

5.3 滴定管：50mL，分刻度 0.1mL。

5.4 水浴。

6 取样

按 GB/T 14455.2 进行。

7 操作程序

7.1 试样的制备

按 GB/T 14454.1 进行。

7.2 测定

称取试样约 2g（准确至 0.0002g）[1)]置于 250mL 锥形瓶（5.1）中，用 10mL 中性乙醇（4.1）溶解，继加 2 滴酚酞指示剂（4.4），以氢氧化钾乙醇溶液（4.3）中和游离酸，用移液管（5.2）准确加入氢氧化钾乙醇溶液（4.2）25mL[2)]，连接空气冷凝管，在沸水浴上加热皂化 1h[3)]，取下冷却后，加 10 滴酚酞指示剂[4)]，以盐酸标准溶液（4.7）滴定至粉红色消失为止。同时按上述操作程序，做空白试验。

8 结果的表述和计算

8.1 酯含量（以指定酯计）的质量百分数（X），按式（2）计算：

$$X=\frac{(V_0-V_1)\times M\times E/1000}{m}\times100 \quad \cdots\cdots(2)$$

式中：V_0——空白试验所耗盐酸标准溶液的体积，mL；

V_1——滴定试样所耗盐酸标准溶液的体积，mL；

M——盐酸标准溶液的浓度，mol/L；

E——指定酯的分子量；

m——试样的质量，g。

8.2 酯值（EV_1）以每克试样所耗氢氧化钾的毫克数表示，按式（3）计算：

$$EV_1=\frac{(V_0-V_1)\times M\times56.1}{m} \quad \cdots\cdots(3)$$

1）视试样酯含量的高低减少或增加称取量，以使滴定试样所耗盐酸的毫升数，略大于空白滴定所耗盐酸的毫升数的一半。

2）测定柳酸，苯甲酸及苯二甲酸酯时，应在加热皂化前，先加入 5mL 的蒸馏水，以防止这些酸的盐在皂化过程中析出。

3）某些酯不易皂化完全，必须延长加热时间，如乙酸柏木酯需 2h，乙酸松油酯需 4h。

4）遇组分中含有酚基的芳香油，应改用酚红指示剂（0.4g/L 的 20%（V/V）中性乙醇溶液）。

式中：56.1——氢氧化钾的分子量；

V_0,V_1,M,m 见式(2)的说明。

酯含量平行试验结果的允许差为0.5％。

前　　言

本标准是对ZB Y40 009—86《出口芳香油、单离和合成香料　醛和酮的测定　中性亚硫酸钠法》的修订，原ZB Y40 009—86等效采用美国精油协会标准EOA No.1-J(1979)《醛和酮的测定—中性亚硫酸钠法》。

ZB Y40 009—86由上海进出口商品检验局姚信君、陈懋英起草。

本标准与前版无技术内容的改变，仅在标准格式上按照GB/T 1.1—1993《标准化工作导则　第1单元：标准的起草与表述规则　第1部分：标准编写的基本规定》的要求进行修订。

本标准由中华人民共和国国家进出口商品检验局提出。

本标准由中华人民共和国上海进出口商品检验局负责修订。

本标准主要起草人：杨勇、李晓琪。

中华人民共和国进出口商品检验行业标准

SN/T 0735.10—1997

代替 ZB Y40 009—86

出口芳香油、单离和合成香料 醛和酮的测定 中性亚硫酸钠法

Essential oils, perfumery isolates and synthetics for export —Determination of aldehydes and ketones—Neutral sulfite method

1 范围

本标准规定了醛和酮含量比较高的芳香油和液体单离香料中醛和酮的测定方法。

本标准适用于醛和酮含量比较高的芳香油和液体单离香料，主要如留兰香油、桂油、香芹酮等。当有水溶性非羰基物质存在时，对测定有干扰。

2 引用标准

下列标准包含的条文，通过在本标准中引用而构成为本标准的条文。本标准出版时，所示版本均为有效。所有标准都会被修订，使用本标准的各方应探讨使用下列标准最新版本的可能性。

GB/T 14454.1—93　香料　试样制备

GB/T 14455.2—93　精油　取样方法

3 原理

试样中醛和酮与中性亚硫酸钠反应生成水溶性加成物引起试样原容积的减少，从其减少量计算醛和酮的含量。

4 试剂

所用试剂除注明外均为分析纯。

4.1　中性亚硫酸钠饱和溶液：在亚硫酸钠饱和溶液中，用酚酞为指示剂，以乙酸溶液(1：1)中和至呈中性，该试剂在应用时配制。

4.2　乙酸溶液(1：1)：冰乙酸与等体积蒸馏水相混合。

4.3　酚酞指示剂：1g 酚酞溶于 100mL 95%(V/V)中性乙醇中。

4.4　无水硫酸镁或无水硫酸钠：经干燥和研细。

5 仪器

5.1　醛瓶：经校正 150mL 醛瓶，颈部有 0～10mL 刻度，分刻度 0.1mL。颈长至少 150mm。

5.2　移液管：10mL。

6 取样

按 GB/T 14455.2 进行。

中华人民共和国国家进出口商品检验局 1997-12-22 批准　　　　1998-05-01 实施

7 操作程序

7.1 试样的制备

按GB/T 14454.1进行。

7.2 测定

用移液管(5.2)将预先用无水硫酸镁或无水硫酸钠(4.4)干燥过的试样[1]10mL注入醛瓶(5.1)中，加入75mL中性亚硫酸钠饱和溶液(4.1)，摇动使混合，加入2滴酚酞指示剂(4.3)，即置入剧烈沸腾的沸水浴中，不断振荡。当红色显现时，加入数滴乙酸溶液(4.2)，使瓶内混合液的红色褪去。重复上述操作直至红色不再显现，再加入数滴酚酞指示剂，继续加热15min。如不再有红色显现时，取出冷却至室温。如仍有红色显现则重复操作，直至红色不再出现。

当油层与溶液完全分离后，加入足量的中性亚硫酸钠饱和溶液，使油层完全升至瓶颈刻度中间。如有油滴粘附瓶壁时，可将瓶置于掌心快速旋转或轻敲瓶壁，使油滴全部上升至瓶颈。有时油层与溶液层间有少量亚硫酸盐加成物，影响读数。可沿瓶内壁加数滴水，使分层清晰，记录剩余油体积的毫升数。

8 结果的表述和计算

醛(或酮)含量的容量百分数(X)，按式(1)计算：

$$X=\frac{(V-V_1)}{V}\times 100 \qquad (1)$$

式中：V——试样的体积；mL；

V_1——剩余油的体积，mL。

平行试验结果的允许差为1%。

1) 如试样含有金属杂质，则可先取混匀试样50mL，加约0.5g酒石酸搅和，静置后过滤备用。

前　言

本标准是对 ZB Y40 010—86《出口芳香油、单离和合成香料　醛和酮的测定　羟胺法》的修订，原 ZB Y40 010—86 等效采用国际标准 ISO 1271—1983《香精油　羰基化合物的测定　游离羟胺法》。

ZB Y40 010—86 由上海进出口商品检验局姚信君，陈懋英起草。

本标准与前版无技术内容的改变，仅在标准格式上按照 GB/T 1.1—1993《标准化工作导则　第 1 单元：标准的起草与表述规则　第 1 部分：标准编写的基本规定》的要求进行修订。

本标准由中华人民共和国国家进出口商品检验局提出。

本标准由中华人民共和国上海进出口商品检验局负责修订。

本标准主要起草人：杨勇、李晓琪。

中华人民共和国进出口商品检验行业标准

出口芳香油、单离和合成香料醛和酮的测定 羟胺法

SN/T 0735.11—1997

代替 ZB Y40 010—86

Essential oils, perfumery isolates and synthetics for export —Determination of aldehydes and ketones—Hydroxylamine method

1 范围

本标准规定了含羰基化合物醛和酮的测定方法。

本标准适用于含羰基化合物醛和酮,尤其是对于采用盐酸羟胺法不易转化为肟化合物的芳香油品种。

本标准不适用于含有大量酯类或其他对碱有敏感成分的芳香油,也不适用于含有大量低分子量醛的高分子醛类试样。

2 引用标准

下列标准所包含的条文,通过在本标准中引用而构成为本标准的条文。本标准出版时,所示版本均为有效。所有标准都会被修订,使用本标准的各方应探讨使用下列标准最新版本的可能性。

GB/T 14454.1—93 香料 试样制备

GB/T 14455.2—93 精油 取样方法

3 原理

醛和酮化合物与由盐酸羟胺和氢氧化钾混合物所释放出游离羟胺反应,转化为肟。用盐酸标准溶液滴定剩余的羟胺。从用去的羟胺量计算醛酮含量。

4 试剂

所用试剂除注明外均为分析纯。

4.1 乙醇:95%(V/V)。

4.2 氢氧化钾乙醇溶液〔c(KOH)=0.5mol/L〕:取 30g 氢氧化钾,溶于 1L 95%(V/V)乙醇中,放置使澄清,过滤上层清液备用。溶液呈黄色时,应重新配制。

4.3 溴酚蓝指示剂:0.1g 溴酚蓝与 3mL 0.05mol/L 氢氧化钾溶液研磨,当溶解完全后,用蒸馏水稀释至 25mL。

4.4 无水碳酸钠:基准试剂。

4.5 羟胺溶液:溶解 20g 盐酸羟胺于 40mL 蒸馏水,用 95%(V/V)乙醇稀释至 400mL,加 300mL 0.5mol/L氢氧化钾乙醇溶液(4.2),将溶液搅匀后,加入溴酚蓝指示剂(4.3)2.5mL,静置半小时,过滤,此溶液应在使用前新鲜配制。

4.6 甲基橙指示剂:0.1%水溶液。

4.7 盐酸:比重 1.19。

中华人民共和国国家进出口商品检验局1997-12-22批准 1998-05-01实施

4.8 盐酸标准溶液〔$c(HCl)=0.5mol/L$〕:取45mL盐酸(4.7),注入1000mL蒸馏水中并按下法标定其浓度:称取在270～300℃灼烧至恒重的无水碳酸钠(4.4)0.8～1.0g(称准至0.0002g),置于250mL锥形瓶中,用50mL蒸馏水溶解,加二滴甲基橙指示剂(4.6),用盐酸标准溶液滴定至橙色,煮沸2min,冷却后继续滴定至溶液呈橙色,并按式(1)计算其浓度(M)。

$$M=\frac{m}{V/1000\times 106/2} \qquad (1)$$

式中:m——无水碳酸钠质量,g;

V——盐酸标准溶液的用量,mL;

106——碳酸钠分子量。

5 仪器

5.1 锥形烧瓶:抗碱性玻璃,容量150～200mL,磨砂颈口,配有磨口玻璃塞,或长约1m,内径约10mm的磨口空气冷凝管。

5.2 移液管:25mL和50mL。

5.3 加热水浴。

5.4 电位滴定仪或pH计:手动型或自动记录型附玻璃电极-甘汞电极。

5.5 电磁搅拌器。

5.6 滴定管:50mL和100mL,分刻度0.1mL。

5.7 高型烧杯:150mL。

6 取样

按GB/T 14455.2进行。

7 操作程序

7.1 试样的制备

按GB/T 14454.1进行。

7.2 肟化

按表1或表2称取一定量试样(准确至0.0002g)[1),置于锥形烧瓶(5.1)中,用移液管加入75mL羟胺溶液(4.5),摇动至试样完全溶解。按表1或表2的反应时间。在室温静置或加热回流,放冷,并按上述程序进行空白试验。

7.3 滴定

浅色试样用比色滴定法,深色试样用电位滴定法。

表1 芳香油试样质量及反应时间

芳香油名称	所含主要羟基化合物	试样质量,g	反应时间,h
山苍子油	柠檬醛	1.2～1.5	1(室温)
香茅油	香茅醛	1.6～2.5	1(室温)
柠檬草油	柠檬醛	1.2～1.5	1(室温)
柠檬桉油	香茅醛	1.2～1.5	1(室温)
薄荷油	薄荷酮	1.7	1(加热回流)

1) 试样量可根据样品实际情况适当改变,但须使滴定试样所耗盐酸的毫升数略大于空白滴定所耗盐酸毫升数的一半。

表 2　单离和合成香料试样质量及反应时间

单离和合成香料名称	试样质量,g	反应时间,h
柠　檬　醛	1.0	1(室温)
香　茅　醛	1.0	1(室温)
洋茉莉醛	1.0	1(室温)
薄　荷　酮	1.0	1(加热回流)
紫罗兰酮	1.2	1(加热回流)
甲位戊基桂醛	1.2	1(加热回流)
羟基香草醛	1.0	1(加热回流)

7.3.1　比色滴定法

用盐酸标准溶液(4.8)进行滴定,直至呈绿黄色为止。终点的颜色应与空白试验相一致。滴定应在良好自然光光线下进行。

7.3.2　电位滴定法

将滴定液转移至150mL高型烧杯(5.7)中,在电磁搅拌器(5.5)搅拌下,用盐酸标准溶液(4.8)在电位滴定仪(或pH计)(5.4)上进行电位滴定。从滴定曲线的等当点,或从pH变化读数中,记录盐酸标准溶液的体积。

8　结果的表述和计算

8.1　试样中醛和酮的含量,以指定的醛和酮表示的质量百分数(X)按式(2)计算:

$$X=\frac{(V_0-V_1)\times M\times E/1000}{m}\times 100 \qquad (2)$$

式中:V_0——空白试验所耗盐酸标准溶液的体积,mL;

V_1——滴定试样所耗盐酸标准溶液的体积,mL;

M——盐酸标准溶液的浓度;

E——指定醛(或酮)的分子量;

m——试样的质量,g。

8.2　羰值(c),以每克试样所耗氢氧化钾的毫克数表示,按式(3)计算:

$$c=\frac{(V_0-V_1)\times M\times 56.1}{m} \qquad (3)$$

式中:56.1—— 氢氧化钾的分子量;

V_0,V_1,M,m见式(2)中的说明。

醛或酮含量平行试验结果的允许差为0.5%。

前　　言

本标准是对 ZB Y40 008—86《出口芳香油、单离和合成香料　芳樟醇的测定　二甲基苯胺/氯化乙酰法》的修订。

ZB Y40 008—86 由上海进出口商品检验局姚信君、陈懋英起草。

本标准与前版无技术内容的改变，仅在标准格式上按照 GB/T 1.1—1993《标准化工作导则　第 1 单元：标准的起草与表述规则　第 1 部分：标准编写的基本规定》的要求进行修订。

本标准由中华人民共和国国家进出口商品检验局提出。

本标准由中华人民共和国上海进出口商品检验局负责修订。

本标准主要起草人：杨勇、李晓琪。

中华人民共和国进出口商品检验行业标准

出口芳香油、单离和合成香料芳樟醇的测定 二甲基苯胺-氯化乙酰法

SN/T 0735.12—1997

代替 ZB Y40 008—86

Essential oils, perfumery isolates and synthetics for export —Determination of linalool—Dimethyl aniline/acetyl chloride method

1 范围

本标准规定了出口芳香油、单离和合成香料芳樟醇的测定方法。

本标准适用于出口芳香油、单离和合成香料芳樟醇的含量测定，主要用于芳油、芳樟油和单离或合成的芳樟醇。

2 引用标准

下列标准所包含的条文，通过在本标准中引用而构成为本标准的条文。本标准出版时，所示版本均为有效。所有标准都会被修订，使用本标准的各方应探讨使用下列标准最新版本的可能性。

GB/T 14454.1—93 香料 试样制备

GB/T 14455.2—93 精油 取样方法

3 原理

试样加入二甲基苯胺进行稀释，氯化乙酰在乙酸酐的存在下，使试样中的叔醇乙酰化。以氢氧化钾乙醇溶液皂化乙酰化的试样，从所耗碱的量，计算试样中的芳樟醇含量。

4 试剂

所用试剂除注明外均为分析纯。

4.1 二甲基苯胺：不含一甲基苯胺。

4.2 乙酸酐：浓度98%以上。

4.3 酚酞指示剂：1g 酚酞溶于100mL95%(V/V)中性乙醇中。

4.4 甲基橙指示剂：0.1%水溶液。

4.5 苯二甲酸氢钾：基准试剂。

4.6 无水碳酸钠：基准试剂。

4.7 氯化乙酰：99%以上，按下法测定其纯度：取25mL～30mL蒸馏水，置入具玻璃塞的100mL锥形瓶中，称重(准确至0.0002g)，在摇动混合下滴加0.8g～0.9g氯化乙酰，冷至室温后再称重(准确至0.0002g)。加酚酞指示剂(4.3)数滴，用氢氧化钠标准溶液(4.8)滴定至终点。按式(1)计算氯化乙酰含量百分数(y)：

$$y=\frac{M\times V\times 78.5/2\times 1000}{m}\times 100 \qquad (1)$$

中华人民共和国国家进出口商品检验局 1997-12-22 批准　　1998-05-01 实施

式中：M——氢氧化钠标准溶液的浓度，mol/L；

V——滴定所耗氢氧化钠标准溶液体积，mL；

78.5——氯化乙酰分子量；

m——氯化乙酰的质量，g。

4.8 氢氧化钠标准溶液〔$c(NaOH)=0.5mol/L$〕：将氢氧化钠配制成饱和溶液（约 19mol/L），冷却后注入聚乙烯塑料瓶中，放置至溶液澄清。取 28mL 澄清的氢氧化钠饱和液于 1L 容量瓶中，以刚经煮沸冷却的蒸馏水稀释至刻度，摇匀。按下法标定其浓度：称取于 105℃～110℃烘至恒重的苯二甲酸氢钾(4.5)3g（准确至 0.0002g），置于 250mL 锥形瓶中，用 75mL 刚经煮沸冷却的蒸馏水溶解。加入 2 滴酚酞指示剂(4.3)，用氢氧化钠标准溶液滴定至粉红色。按式(2)计算氢氧化钠标准溶液的浓度(M)：

$$M=\frac{m}{V\times 204.2/1000} \qquad (2)$$

式中：m——苯二甲酸氢钾的质量，g；

V——滴定所耗氢氧化钠标准溶液体积，mL；

204.2——苯二甲酸氢钾分子量。

4.9 无水硫酸镁或无水硫酸钠：经干燥并研细。

4.10 硫酸溶液：5%(V/V)。

4.11 碳酸钠溶液：10%(W/V)。

4.12 氯化钠饱和溶液。

4.13 氢氧化钾乙醇溶液〔$c(KOH)=0.5mol/L$〕：取 30g 氢氧化钾溶于 1L95%(V/V)乙醇中，放置使澄清，小心倾出上层透明澄清液，储于玻璃瓶中。溶液呈黄色时，应重新配制。

4.14 盐酸标准溶液〔$c(HCl)=0.5mol/L$〕：量取 42mL 盐酸（比重 1.19），缓缓注入蒸馏水中稀释至 1000mL 并按下法标定其浓度：称取在 260℃～270℃预经干燥半小时的无水碳酸钠(4.6)0.8g～1.0g（称准至 0.0002g）。置于 250mL 锥形瓶中，用 50mL 刚经煮沸并冷却的蒸馏水溶解，加二滴甲基橙指示剂(4.4)，用盐酸标准溶液滴定至橙色，并按式(3)计算其摩尔浓度(M)。

$$M=\frac{m}{V/1000\times 106/2} \qquad (3)$$

式中：m——无水碳酸钠质量，g；

V——滴定所耗盐酸标准溶液的体积，mL；

106——碳酸钠分子量。

5 仪器

5.1 100mL 具塞磨口锥形玻璃瓶。

5.2 水浴。

5.3 量筒：100mL，20mL，10mL。

5.4 皂化装置：250mL 抗碱性玻璃锥形瓶，通过磨口接头连接一根长约 1m，直径约 10mm 的空气冷凝管。

5.5 移液管：50mL。

5.6 分液漏斗：250mL。

5.7 滴定管：50mL，分刻度 0.1mL。

6 取样

按 GB/T 14455.2 进行。

7 操作程序

7.1 试样的制备

按 GB/T 14454.1 进行。

7.2 测定

量取预先用无水硫酸镁或无水硫酸钠(4.9)干燥过的 10mL 试样,置入具玻璃塞的 100mL 锥形瓶中,置冰水浴中进行冷却,向已冷却的试样中加入 20mL 二甲基苯胺(4.1),摇匀,仍置于冰水浴中。加入 8mL 氯化乙酰及 5mL 乙酸酐,继续冷却数分钟,移至室温放置半小时,再浸入 40℃±1℃的水浴中 3h(瓶底离浴底不少于 10mm,而液面须低于水面 20mm~30mm)。取出,倾入分液漏斗,用冰水洗涤三次,每次用 75mL。继续依次用 25mL 5%硫酸(4.10)洗涤三次(可将洗涤分出的酸液与适量的碱作用,如不放出二甲基苯胺,即表明已洗净),10mL 10%碳酸钠溶液(4.11)洗涤一次,50mL 氯化钠饱和溶液(4.12)洗涤三次,最后用蒸馏水洗涤一次(水洗时应轻摇)。分层后,弃去下层水溶液。将所得乙酰化油置于 25mL 的锥形瓶内,加入无水硫酸镁或无水硫酸钠 3g,将瓶塞塞紧,不时振荡,待油层澄清,过滤。称取脱水乙酰化试样约 2g(准确至 0.0002g)于 250mL 锥形瓶(5.4)中,用移液管(5.5)准确加入氢氧化钾乙醇溶液(4.13)50mL,接上空气冷凝管,置沸水浴上加热皂化 1h。取下冷却后,加入蒸馏水 30mL 及酚酞指示剂(4.3)10 滴,以盐酸标准溶液(4.14)滴定。同时按上述操作程序做空白试验。

8 结果的表述和计算

8.1 芳樟醇含量的质量百分数(X_1),按式(4)计算:

$$X_1=\frac{(V_0-V_1)\times M\times 154.3/1000}{m-(V_0-V_1)\times M\times 42/1000}\times 100 \quad\cdots\cdots(4)$$

式中:V_0——空白试验所耗盐酸标准溶液的体积,mL;

V_1——滴定试样所耗盐酸标准溶液的体积,mL;

M——盐酸标准溶液的浓度,mol/L;

154.3——芳樟醇的分子量;

42——乙酸芳樟酯与芳樟醇分子量的差数;

m——乙酰化试样的质量,g。

8.2 当试样含有一定量的酯时,以总芳樟醇含量表示的质量百分数(X_2)可按式(5)计算:

$$X_2=\frac{(V_0-V_1)\times M\times 154.3/1000}{m-(V_0-V_1)\times M\times 42/1000}\times(1-0.21\times e/100)\times 100 \quad\cdots\cdots(5)$$

式中:0.21——乙酰基与乙酸芳樟酯质量的比数;

e——试样酯含量(以乙酸芳樟酯计)的百分数;

V_0,V_1,M,m,154.3,42 见式(4)的说明。

平行试验结果的允许差为 0.5%。

前　言

本标准是对 ZB Y40 007—86《出口芳香油、单离和合成香料总醇的测定　乙酰化法》的修订，原 ZB Y 40 007—86 等效采用国际标准 ISO 1241:1981《香精油—乙酰化后酯值的测定以及游离醇含量和醇总含量的估定》。

ZB Y40 007—86 由上海进出口商品检验局姚信君，陈懋英起草。

本标准与前版无技术内容的改变，仅在标准格式上按照 GB/T 1.1—1993《标准化工作导则　第 1 单元:标准的起草与表述规则　第 1 部分:标准编写的基本规定》的要求进行修订。

本标准由中华人民共和国国家进出口商品检验局提出。

本标准由中华人民共和国上海进出口商品检验局负责修订。

本标准主要起草人:杨勇、李晓琪。

中华人民共和国进出口商品检验行业标准

出口芳香油、单离和合成香料总醇的测定 乙酰化法

SN/T 0735.13—1997

代替 ZB Y40 007—86

Essential oils, perfumery isolates and synthetics for export —Determination of total alcohols—Acetylation method

1 范围

本标准规定了用乙酰化法测定出口芳香油、单离和合成香料中总醇量的方法。

本标准适用于薄荷油、香茅油、香叶油等芳香油以及香叶醇、香茅醇、苯乙醇等单离和合成醇类。

本标准不适用于含有叔醇的芳香油。

2 引用标准

下列标准所包含的条文，通过在本标准中引用而构成为本标准的条文。本标准出版时，所示版本均为有效。所有标准都会被修订，使用本标准的各方应探讨使用下列标准最新版本的可能性。

GB/T 14454.1—93 香料 试样制备

GB/T 14455.2—93 精油 取样方法

3 原理

在乙酸钠存在下，乙酸酐对试样进行乙酰化。以氢氧化钾乙醇溶液皂化乙酰化后的试样，从所消耗氢氧化钾的量计算试样中的总醇含量。

4 试剂

所用试剂除注明外均为分析纯。

4.1 乙酸酐：纯度不低于 98%。

4.2 无水乙酸钠：经熔融并研细。

4.3 氯化钠饱和溶液。

4.4 碳酸钠-饱和氯化钠溶液：称取 20g 无水碳酸钠，用饱和氯化钠溶液溶解并稀释至 1 升。

4.5 无水硫酸镁或无水硫酸钠：经干燥并研细。

4.6 氢氧化钾乙醇溶液〔c(KOH)＝0.5mol/L〕：取 30g 氢氧化钾，溶于 1L 95%(V/V)乙醇中，放置使澄清，过滤上层清液备用。溶液呈黄色时，应重新配制。

4.7 酚酞指示剂：1g 酚酞溶于 100mL 95%(V/V)中性乙醇中。

4.8 甲基橙指示剂：0.1%水溶液。

4.9 无水碳酸钠：基准试剂。

4.10 石蕊试纸。

4.11 盐酸：比重 1.19。

4.12 盐酸标准溶液〔c(HCl)＝0.5mol/L〕：量取 45mL 盐酸(4.11)，注入 1 000mL 蒸馏水中并按下法

中华人民共和国国家进出口商品检验局 1997-12-22 批准　　　　1998-05-01 实施

标定其浓度：称取在 270℃～300℃灼烧至恒重的无水碳酸钠(4.9)0.8g～1.0g(称准至 0.000 2g)。置于 250mL 锥形瓶中，用 50mL 蒸馏水溶解，加二滴甲基橙指示剂(4.8)，用盐酸标准溶液滴定至橙色，煮沸 2min，冷却后继续滴定至溶液呈橙色，并按式(1)计算其浓度(M)。

$$M=\frac{m}{V/1\,000\times106/2} \qquad (1)$$

式中：m——无水碳酸钠质量，g；

V——盐酸标准溶液的用量，mL；

106——碳酸钠分子量。

5 仪器

5.1 乙酰化装置：一个 100mL 圆底乙酰化烧瓶，连接一根长约 1m，内径约 10mm 的磨口空气冷凝管，用前须干燥。

5.2 加热装置：油浴或其他适当装置，能保持试样沸腾而不发生局部过热。

5.3 皂化装置：250mL 抗碱性锥形瓶，连接一根长约 1m，直径约 10mm 的磨口空气冷凝管。

5.4 移液管：50mL。

5.5 分液漏斗：250mL。

5.6 滴定管：50mL，分刻度 0.1mL。

6 取样

按 GB/T 14455.2 进行。

7 操作程序

7.1 试样的制备

按 GB/T 14454.1 进行。

7.2 测定

取试样 10mL，乙酸酐(4.1)10mL(如试样中醇的分子量较低时，需适当增加乙酸酐用量，如苯乙醇用 12mL，苄醇用 14mL)及无水乙酸钠(4.2)2g，置于乙酰化烧瓶(5.1)中，接上冷凝管，在加热装置(5.2)上加热，缓慢沸腾 60min(薄荷油于 145℃±3℃加热 75min；香茅油于 160℃±5℃加热 120min)。然后取出冷却，加蒸馏水 50mL，置 40℃～50℃水浴上加热 15min，并时时振摇。冷却后全部移至分液漏斗(5.5)，分层后，弃去下层酸液，加氯化钠饱和溶液(4.3)50mL，充分振荡混合，静置后弃去下层水溶液，用碳酸钠-饱和氯化钠溶液(4.4)及氯化钠饱和溶液各 50mL，依次洗涤，最后用蒸馏水洗涤数次，每次为 50mL(水洗时应轻摇)，直至以石蕊试纸(4.10)测洗液呈中性为止。分出油层，置于 25mL 锥形瓶内，加入无水硫酸镁或无水硫酸钠(4.5)3g，将瓶塞紧，不时振荡，待油层澄清，过滤。

称取脱水乙酰化试样 2g～3g(准确至 0.000 2g)于锥形瓶(5.3)中，用移液管(5.4)准确加入 0.5mol/L氢氧化钾乙醇溶液(4.6)50mL，接上空气冷凝管，置沸水浴上加热皂化 1h，取下冷却后加入蒸馏水 30mL 及酚酞指示剂(4.7)10 滴，以 0.5mol/L 盐酸标准溶液(4.12)滴定。同时按上述操作程序做空白试验。

8 结果的表述和计算

8.1 总醇含量(以指定醇计)的质量百分数(X_1)，按式(2)计算：

$$X_1=\frac{(V_0-V_1)\times M\times E/1\,000}{m-(V_0-V_1)\times M\times42/1\,000}\times(1-0.21\times e/100)\times100 \qquad (2)$$

式中：V_0——空白试验所耗盐酸标准溶液的体积，mL；

V_1——滴定试样所耗盐酸标准溶液的体积，mL；

M——盐酸标准溶液的浓度，mol/L；

E——指定醇的分子量；

0.21——乙酰基与乙酸酯重量的比数；

42——乙酸酯与醇分子量的差数；

e——试样酯含量的百分数；

m——乙酰化试样的质量；

$1-0.21\times e/100$——酯校正系数，香茅油的总醇含量（以香叶醇计），不将此系数项列入计算。

8.2 游离醇含量（以指定醇计）的质量百分数（X_2）

当试样酯的含量甚少，可以略而不计时，按式（3）计算：

$$X_2=\frac{(V_0-V_1)\times M\times E/1\,000}{m-(V_0-V_1)\times M\times 0.042}\times 100 \quad\cdots\cdots\cdots(3)$$

式中：V_0，V_1，M，m 见式（2）的说明。

当试样中含有相当量的酯时，则应按式（4）计算：

$$X_2=\frac{(EV_2-EV_1)\times M}{561-0.42EV_2} \quad\cdots\cdots\cdots(4)$$

式中：EV_2——试样乙酰化后酯值；

EV_1——试样的酯值；

M——指定醇的分子量。

8.3 乙酰化酯值（EV_2）以每克乙酰化试样所耗氢氧化钾的毫克数表示，按式（5）计算：

$$EV_2=\frac{(V_0-V_1)\times M\times 56.1}{m} \quad\cdots\cdots\cdots(5)$$

式中：56.1——氢氧化钾的分子量；

V_0，V_1，M，m 见式（2）的说明。

平行试验结果的允许差为0.5%。

前　言

本标准是对原专业标准ZB Y40 014—1988《出口芳香油、单离和合成香料——馏程测定法》的修订。

本标准与前版无技术内容的改变，仅在标准格式上按照GB/T 1.1—1993《标准化工作导则　第1单元：标准的起草与表述规则　第1部分：标准编写的基本规定》的要求进行修订。原标准技术路线合理，方法实用可行，能满足出口商品的检验工作需要。

本标准自实施之日起代替ZB Y40 014—1988。

本标准由中华人民共和国国家出入境检验检疫局提出并归口。

本标准主要起草单位：中华人民共和国安徽出入境检验检疫局。

本标准主要起草人：吕小斌。

中华人民共和国出入境检验检疫行业标准

出口芳香油、单离和合成香料馏程测定法

SN/T 0735.14—1999

代替 ZB Y40 014—1988

Essential oils, perfumery isolates and synthetics for export—Determination of distillation range

1 范围

本标准规定了出口芳香油、单离和合成香料的馏程测定方法。

本标准适用于能适应常压蒸馏的芳香油、单离和合成香料的馏程测定。

2 引用标准

下列标准所包含的条文，通过在本标准中引用而构成为本标准的条文。本标准出版时，所示版本均为有效。所有标准都会被修订，使用本标准的各方应探讨使用下列标准最新版本的可能性。

GB/T 14454.1—1993 香料 试样制备

3 定义

本标准采用下列定义。

3.1 馏程测定

在标准状态下，测定在规定温度范围内所馏出的馏出液体积，或测定馏出液达到规定体积时的温度范围。

3.2 初馏点

在标准状态下，当第一滴冷凝液从冷凝管下端落下时的温度。

3.3 干点

在标准状态下，在烧瓶底部最后的液滴蒸发气化时的温度。

4 仪器

蒸馏装置如图 1 所示。

中华人民共和国国家出入境检验检疫局 1999-12-30 批准　　2000-05-01 实施

单位:mm

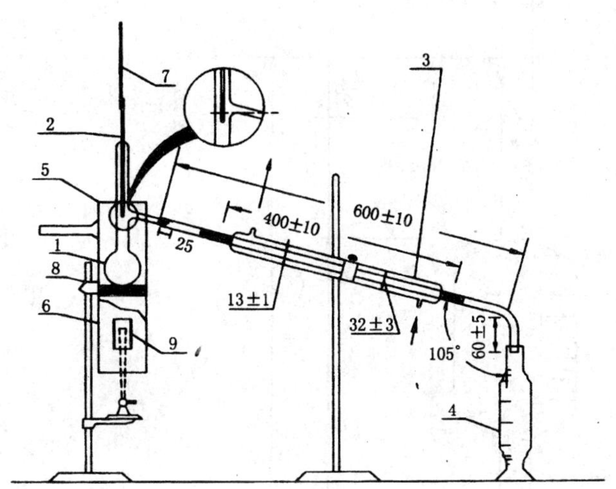

1—支管蒸馏烧瓶;2—温度计;3—冷凝管;4—接受器;5,6—金属外罩;
7—辅助温度计;8—接合装置;9—热源

图 1 蒸馏装置

4.1 支管蒸馏瓶(见图 2)的球部玻璃壁厚 0.5 mm～1.0 mm,颈部玻璃壁厚 0.8 mm～1.2 mm。

单位:mm

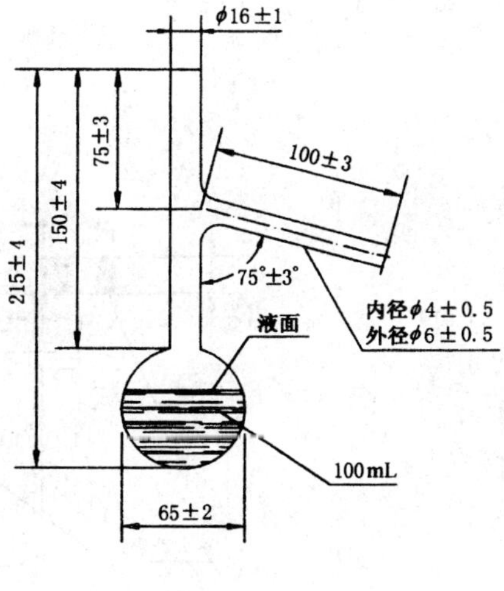

图 2 支管蒸馏瓶装置图

4.2 单球温度计:分度值为 0.1℃的内标式单球温度计,使用前须经校正。

4.3 冷凝管:被测样品的馏程低于 150℃时,采用水冷凝;高于 150℃,采用空气冷凝。

4.4 接受器(见图 3):容积 100 mL,两端分度值为 0.5 mL。

单位:mm

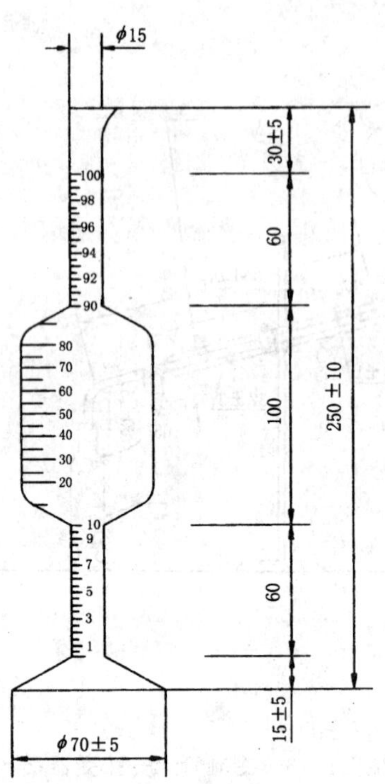

图 3　接受器装置图

4.5　蒸馏瓶的金属外罩见图 4。

4.6　热源的金属外罩见图 5。

单位:mm

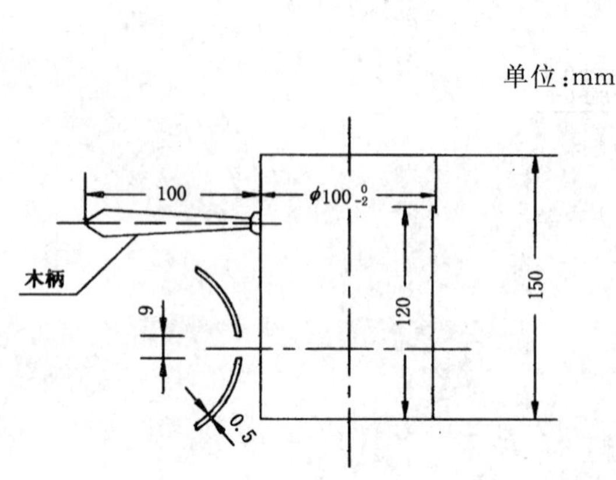

图 4　蒸馏瓶的金属外罩

单位:mm

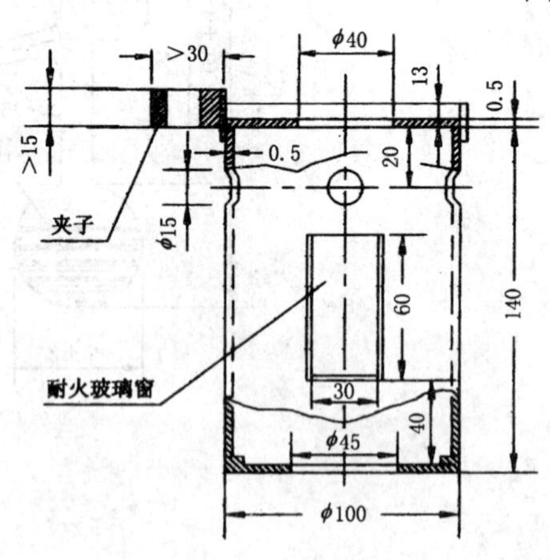

图 5　热源的金属外罩

4.7　辅助温度计:分度值显 1℃,附着于温度计,使其水银球位于温度计塞上露出水银柱部分的中部。

4.8　接合装置见图 6。

单位:mm

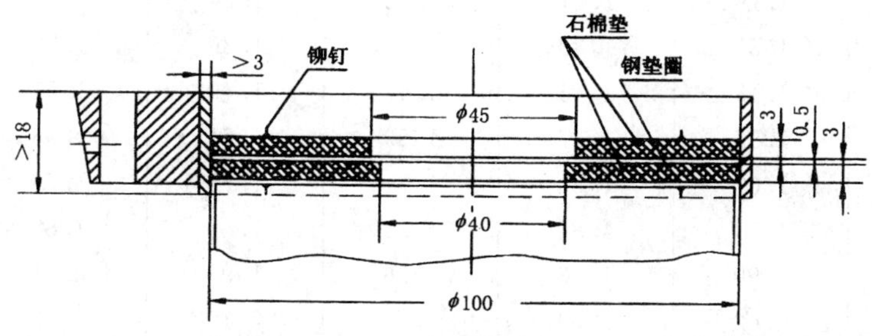

图 6 接合装置

4.9 热源:可调节温度的电加热器或本生灯。

5 操作程序

5.1 试样的制备

按 GB/T 14454.1 进行。

5.2 测定

5.2.1 按图 1 装好蒸馏装置,用干燥的接受器量取 100 mL 样品,置于干燥的蒸馏瓶中,将此接受器置于冷凝管下端,使冷凝管下端进入接受器部分不少于 25 mm,也不低于 100 mL 刻度线,接受器口塞以棉塞。在蒸馏瓶中放入沸石,安装好温度计,使水银球上端与蒸馏瓶支管下壁在同一水平面上。

5.2.2 调节升温速度,使初馏点低于 100℃的被测样品自开始加热至冷凝管下端滴下第一滴的时间在 5 min～10 min 之间;而初馏点在 100℃以上的被测样品则为 10 min～15 min。控制蒸馏速度为 3 mL/min～4 mL/min。

5.2.3 记录下列数据:

a) 初馏点;

b) 自蒸馏开始至观测温度范围下限时馏出液的体积;

c) 自蒸馏开始至观测温度范围上限时馏出液的体积;

d) 干点。

6 气压与温度校正值的计算

6.1 将标准中所规定的馏程温度换算至观测气压下的馏程温度。记录气压和室温并按式(1)换算 0℃时的气压:

$$p_0 = p_t - \Delta p \qquad \cdots\cdots(1)$$

式中:p_0——0℃时的气压,mmHg;

p_t——室温时的气压,mmHg;

Δp——由室温时的气压换算至 0℃时气压的校正值(见表 1),mmHg。

注:本标准中的气压单位使用 mmHg,1 mmHg=133.322 4 Pa。

表 1　气压由室温换算至 0℃的校正值

室温,℃	室温时气压,mmHg						
	720	730	740	750	760	770	780
10	1.17	1.19	1.21	1.22	1.24	1.26	1.27
11	1.29	1.31	1.33	1.35	1.36	1.38	1.40
12	1.41	1.43	1.45	1.47	1.49	1.51	1.53
13	1.53	1.55	1.57	1.59	1.61	1.63	1.65
14	1.64	1.67	1.69	1.71	1.73	1.76	1.80
15	1.76	1.78	1.81	1.83	1.86	1.88	1.91
16	1.88	1.90	1.93	1.96	1.98	2.01	2.03
17	1.99	2.02	2.05	2.08	2.10	2.13	2.16
18	2.11	2.14	2.17	2.20	2.23	2.26	2.29
19	2.23	2.26	2.29	2.32	2.35	2.38	2.41
20	2.34	2.38	2.41	2.44	2.47	2.51	2.54
21	2.46	2.50	2.53	2.56	2.60	2.63	2.67
22	2.58	2.61	2.65	2.69	2.72	2.76	2.79
23	2.69	2.73	2.77	2.81	2.84	2.88	2.92
24	2.81	2.85	2.89	2.93	2.97	3.01	3.05
25	2.93	2.97	3.01	3.05	3.09	3.13	3.17
26	3.04	3.09	3.13	3.17	3.21	3.26	3.30
27	3.16	3.20	3.25	3.29	3.34	3.38	3.42
28	3.28	3.32	3.37	3.41	3.46	3.51	3.55
29	3.39	3.44	3.49	3.54	3.58	3.63	3.68
30	3.51	3.56	3.61	3.66	3.71	3.76	3.80
31	3.64	3.69	3.74	3.79	3.84	3.89	3.94
32	3.76	3.81	3.86	3.91	3.96	4.02	4.07
33	3.87	3.93	3.98	4.03	4.09	4.14	4.20
34	3.99	4.05	4.10	4.16	4.21	4.27	4.32
35	4.11	4.16	4.22	4.28	4.34	4.39	4.45
36	4.23	4.28	4.34	4.40	4.46	4.52	4.58
37	4.34	4.40	4.46	4.52	4.58	4.64	4.70
38	4.46	4.52	4.58	4.65	4.71	4.77	4.83
39	4.58	4.64	4.70	4.77	4.83	4.89	4.96
40	4.69	4.76	4.82	4.89	4.96	5.02	5.09

注：气压值在 720 mmHg 以下的，每低 2.7 mmHg 应将温度加上 0.1℃；在 780 mmHg 以上的，每高 2.7 mmHg 应将温度减去 0.1℃。

根据 0℃时气压与标准气压之差数及有关标准中规定的馏程温度，按表 2 求出相应的温度校正值。当 0℃时气压高于 760 mmHg 时，自己规定的馏程温度加上此校正值，反之则减。

表 2　气压每相差 1 mmHg 时对馏程温度的校正值

标准中规定的馏程温度,℃	气压相差 1 mmHg 的校正值
10～30	0.035
30～50	0.038
50～70	0.040
70～90	0.042

表 2(完)

标准中规定的馏程温度,℃	气压相差 1 mmHg 的校正值
90～110	0.045
110～130	0.047
130～150	0.050
150～170	0.052
170～190	0.054
190～210	0.057
210～230	0.059
230～250	0.062
250～270	0.064
270～290	0.066

6.2 在测定样品时,按式(2)求出单球温度计(4.2 条)水银柱露出塞上部分的校正值 Δt:

$$\Delta t = 0.000\,16h(t_1 - t_2) \qquad \cdots\cdots(2)$$

式中:h——单球温度计(4.2 条)露出塞上部分的水银柱高度,℃;

t_1——观测温度,℃;

t_2——附着于$\frac{1}{2}h$处的辅助温度计温度,℃。

将 6.1 条中校正后的温度减去此校正值,即得到观测时气压下的馏程温度。

前　　言

本标准是对原专业标准 ZB Y40 016—1988《出口芳香油、单离和合成香料闪点测定法(闭口杯法)》的修订。

本标准与 ZB Y40 016—1988 相比在技术内容上没有改变,仅在标准格式上按照 GB/T 1.1—1993《标准化工作导则　第 1 单元:标准的起草与表述规则　第 1 部分:标准编写的基本规定》的要求进行了修订。

本标准自实施之日起,代替 ZB Y40 016—1988。

本标准由中华人民共和国国家出入境检验检疫局提出并归口。

本标准起草单位:中华人民共和国广东出入境检验检疫局。

本标准主要起草人:熊淑兰。

中华人民共和国出入境检验检疫行业标准

出口芳香油、单离和合成香料闪点测定法(闭口杯法)

SN/T 0735.15—1999

代替 ZB Y40 016—1988

Essential oils, perfumery isolates and synthetics for export —Determination of flash point —Closed cup method

1 范围

本标准规定了出口芳香油、单离和合成香料闪点的测定方法。

本标准适用于出口芳香油、单离和合成香料闪点的测定。

2 引用标准

下列标准所包含的条文,通过在本标准中引用而构成为本标准的条文。本标准出版时,所示版本均为有效。所有标准都会被修订,使用本标准的各方应探讨使用下列标准最新版本的可能性。

GB/T 14454.1—1993 香料 试样制备

GB/T 14455.2—1993 精油 取样方法

3 定义

本标准采用下列定义。

闪点 flash point

用闭口杯在规定的试验条件下,导入火源使样品蒸气与空气的混合气发生闪火时的最低温度。

4 仪器

4.1 测定器

宾斯基-马丁(Pensky-Martens)闭口闪点测定仪。

如使用自动闪点仪,必须按照使用说明书对仪器进行校准、调试和操作。

4.2 温度计

符合宾斯基-马丁(Pensky-Martens)闭口闪点液体温度计技术条件。

5 抽样与制样

按 GB/T 14455.2 和 GB/T 14454.1 进行。

6 测试步骤

6.1 测定准备

测定前,油杯要洗涤干净并干燥。

闪点测定仪要放在避风和光线较暗的地方,便于观察闪火。

中华人民共和国国家出入境检验检疫局 1999-12-30 批准　　2000-05-01 实施

6.2 测定

将试样注入油杯至环状标记处，装置妥善后，以 4℃/min～6℃/min 的速度加热并进行搅拌。加热至低于预计闪点 30℃时，加热速度减到 2℃/min～3℃/min。当温度低于预计闪点 10℃时，每经 3℃进行点火试验一次。当温度低于预计闪点 5℃时，每经 1℃进行点火试验一次。点火试验时，停止搅拌，打开盖孔约 1 s，火焰约为直径 3 mm～4 mm 的球形。如不闪火，则重新搅拌试样，重复进行点火试验。以试样液面上方最初呈现蓝色火焰时，温度计上所示的温度为闪点。在获得最初点火后，继续升高 1℃～2℃，重复进行点火，如此时不闪火，应更换试样按上述方法重新进行试验，取此两次试验中获得的最低闪点，作为检验结果。

7 允许差

两次试验结果的允许差不大于 2℃。

前　　言

本标准是对原专业标准 ZB Y40 015—1988《出口芳香油、单离和合成香料水分测定法(蒸馏法)》的修订。

本标准与 ZB Y40 015—1988 相比无技术内容上的改变,仅在标准格式上按照 GB/T 1.1—1993《标准化工作导则　第 1 单元:标准的起草与表述规则　第 1 部分:标准编写的基本规定》的要求进行了修订。原标准技术路线合理,方法实用可行,能满足出口商品检验工作的需要。

本标准自实施之日起代替 ZB Y40 015—1988。

本标准由中华人民共和国国家出入境检验检疫局提出并归口。

本标准主要起草单位:中华人民共和国安徽出入境检验检疫局。

本标准起草人:黄君如。

中华人民共和国出入境检验检疫行业标准

出口芳香油、单离和合成香料水分测定法(蒸馏法)

SN/T 0735.16—1999

代替 ZB Y40 015—1988

Eseential oils,perfumery isolates and synthetics for export—Determination of water content—Distillation method

1 范围

本标准规定了出口芳香油、单离和合成香料水分含量的测定方法。

本标准适用于含水量大于0.5%并能适应常压蒸馏的芳香油、单离和合成香料的水分测定。

2 引用标准

下列标准所包含的条文,通过在本标准中引用而构成为本标准的条文。本标准出版时,所示版本均为有效。所有标准都会被修订,使用本标准的各方应探讨使用下列标准最新版本的可能性。

GB/T 14454.1—1993 香料 试样制备

GB/T 14455.2—1993 精油 取样方法

3 原理

芳香油、单离和合成香料与不溶于水的试剂混合后,经蒸馏测定其分出的水分含量。

4 仪器

4.1 水分测定器

装置如图1,各部连接处均为玻璃磨口。使用前,仪器需用铬酸洗液洗净并烘干。

4.1.1 短颈圆底烧瓶:容量500 mL。

4.1.2 水分收集管:具有弯成75°的连接管,水分收集管的狭细部分容量5 mL,具有0.1 mL的分刻度。

4.1.3 回流冷凝管:外管长400 mm。

4.2 加热装置:电热套或油浴。

5 试剂

甲苯:化学纯。先加少量蒸馏水,充分振荡后,放置,将水层分离弃去。甲苯经蒸馏后使用。

6 取样

按GB/T 14455.2进行。

中华人民共和国国家出入境检验检疫局1999-12-30批准 2000-05-01实施

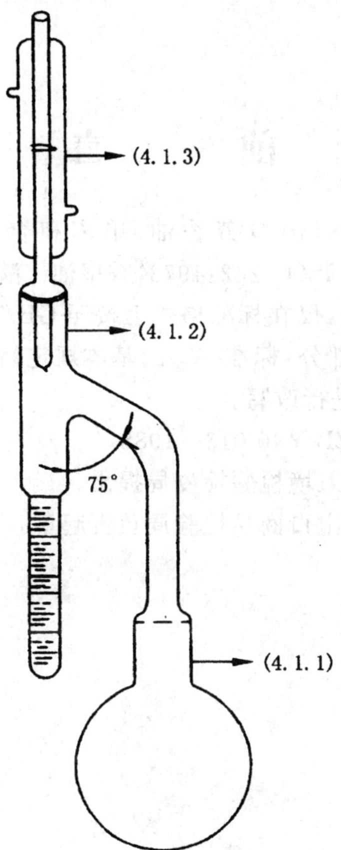

图 1 水分测定器装置图

7 操作程序

7.1 试样的制备

按 GB/T 14454.1 进行。

7.2 测定

称取试样约 100 mL(精确至 0.01 g),置于烧瓶中,加入约 200 mL 甲苯,并加入数粒玻璃珠。连接好仪器,在烧瓶上端与收集管的连接管之间用石棉绳包裹好,自冷凝管顶端加入甲苯至充满收集管的狭细部分,将烧瓶置电热套或油浴上缓缓加热 15 min,当瓶内甲苯开始沸腾时,调节温度控制回流速度,使冷凝管下端每秒滴下 2～4 滴冷凝液。当水分完全馏出,即收集管刻度部分中水量不再增加时,停止加热。将冷凝管内壁先用甲苯冲洗,同时用缚在一根金属丝上的试管刷蘸取甲苯洗刷冷凝管,继续蒸馏 5 min,移去热源,冷却至室温。如有水滴粘附在收集管的管壁上,则用包有橡皮圈的玻璃棒用甲苯湿润后碰橡管壁使水滴落下。在水分与甲苯完全分层后,读取水分的体积。若收集管中的溶剂呈混浊,则将收集管放入热水中浸数分钟使其澄清。

8 分析结果的计算

水分百分率(X)按下式计算:

$$X(\%) = \frac{V}{m} \times 100$$

式中:V——收集管中水分的体积,mL;

m——试样质量,g。

前　　言

本标准是对ZB Y40 013—1988《出口芳香油、单离和合成香料　酸值测定法》的修订，原ZB Y40 013—1988等效采用国际标准ISO 1242:1973《香精油　酸值的测定》。

本标准与前版无技术内容的改变，仅在标准格式上按照GB/T 1.1—1993《标准化工作导则　第1单元:标准的起草与表述规则　第1部分:标准编写的基本规定》和GB/T 1.4—1988《标准化工作导则　化学分析方法标准编写规定》要求进行改写。

本标准自生效之日起，同时代替ZB Y40 013—1988。

本标准由中华人民共和国国家出入境检验检疫局提出。

本标准由中华人民共和国福建进出口商品检验局负责起草。

本标准主要起草人:林岱玲。

中华人民共和国出入境检验检疫行业标准

出口芳香油、单离和合成香料酸值测定法

SN/T 0776—1999
eqv ISO 1242:1973
代替 ZB Y40 013—1988

Essential oils, perfumery isolates and synthetics for export—Determination of acid value

1 范围

本标准规定了出口芳香油、单离和合成香料中酸值的测定方法。

本标准适用于芳香油、单离和合成香料中酸值的测定，不适用于含内酯的芳香油、单离和合成香料。

2 引用标准

下列标准所包含的条文，通过在本标准中引用而构成为本标准的条文。本标准出版时，所示版本均为有效。所有标准都会被修订，使用本标准的各方应探讨使用下列标准最新版本的可能性。

GB/T 14454.1—1993　香料　试样制备

GB/T 14454.14—1993　香料　标准溶液、试液和指示剂的制备

GB/T 14455.2—1993　香料　取样方法

3 方法提要

用碱的标准溶液中和游离酸。每中和 1 g 芳香油、单离和合成香料中所含的游离酸时所需氢氧化钾的毫克数为酸值。

4 试剂

所用试剂除注明外均为分析纯。

4.1　中性乙醇：95%(v/v)(20℃时)，用酚酞(4.4)作指示剂，以氢氧化钾溶液[c(KOH)＝0.1 mol/L](4.3)新鲜中和，如待测芳香油、单离或合成香料中含有酚基团时，则用酚红(4.5)作指示剂。

4.2　邻苯二甲酸氢钾：基准试剂。

4.3　氢氧化钾标准溶液[c(KOH)＝0.1 mol/L]：溶解 6 g 氢氧化钾于 1 L 刚经煮沸而冷却的蒸馏水中。按 GB/T 14454.14—1993 的 3.1.2 进行标定。

4.4　酚酞溶液：1 g 酚酞溶于 100 mL 中性乙醇(4.1)中。

4.5　酚红溶液：0.4 g 酚红溶于 1 L20%(v/v)的中性乙醇中。

5 仪器

5.1　锥形瓶：150 mL。

5.2　量筒：10 mL。

5.3　碱式滴定管：分刻度为 0.05 mL。

中华人民共和国国家出入境检验检疫局 1999-05-05 批准　　1999-08-01 实施

6 取样和试样制备

按 GB/T 14455.2 和 GB/T 14454.1 进行。

7 分析步骤

称取试样(2±0.05) g(精确至 0.2 mg)于锥形瓶(5.1)中,用 10 mL 中性乙醇(4.1)溶解。于上述溶液中加入 3～5 滴酚酞溶液(4.4)作指示剂(含酚基试样除外),用装在滴定管(5.3)中的氢氧化钾标准溶液(4.3)滴定至溶液呈粉红色,保持 10 s 以上不褪色,即为终点。

如待测试样中含醛类化合物,则掌握粉红色呈现即为终点。

如待测试样中含酚类或带酚基团的化合物,则要用酚红溶液(4.5)代替酚酞作指示剂,这应在该产品标准中加以说明。

如滴定所耗氢氧化钾标准溶液小于 3 mL 或大于 10 mL,可酌情增加或减少试样的重量,重复试验。

8 分析结果的计算

酸值按式(1)计算:

$$酸值=\frac{56.11\times V\times c}{m} \quad \cdots\cdots(1)$$

式中:V——滴定所耗氢氧化钾标准溶液的体积,mL;

c——氢氧化钾标准溶液的浓度,mol/L;

m——试样质量,g;

56.11——氢氧化钾的摩尔质量。

9 精密度

9.1 重复性

如果同一操作者进行连续两次平行测定,其结果允许差不得大于 0.2。

9.2 再现性

如在两个不同的实验室之间所得的结果,其允许差不得大于 0.5。

10 试验报告

取连续两个平行测定结果的算术平均值,作为试样的测定结果。

前　言

本标准是对原专业标准 ZB Y41 010—1988《出口桂油》的修订。本标准与前版无技术路线的改变，仅在标准格式上按照 GB/T 1.1—1993《标准化工作导则　第1单元:标准的起草与表述规则　第1部分:标准编写的基本规定》的要求进行了修订。

本标准从实施之日起,同时代替 ZB Y41 010—1988。

本标准由中华人民共和国国家出入境检验检疫局提出并归口。

本标准由中华人民共和国广西出入境检验检疫局负责起草。

本标准主要起草人:田继军、傅雪夫、余敏、杨丽珍、杨雪辉、黄志红、罗爱民。

中华人民共和国出入境检验检疫行业标准

SN/T 0905—2000

出　口　桂　油

代替 ZB Y41 010—1988

Oil of cassia for export

1　范围

本标准规定了中国天然桂油的主要特征、技术要求及检验方法。

本标准适用于对中国天然桂油的质量评定。

2　引用标准

下列标准所包含的条文，通过在本标准中引用而构成为本标准的条文。本标准出版时，所示版本均为有效。所有标准都会被修订，使用本标准的各方应探讨使用下列标准最新版本的可能性。

SN/T 0735.3—1997　出口芳香油、单离和合成香料　折光指数的测定法

SN/T 0735.5—1997　出口芳香油、单离和合成香料　乙醇溶解度的测定方法

SN/T 0735.6—1997　出口芳香油、单离和合成香料　相对密度的测定法

SN/T 0735.10—1997　出口芳香油、单离和合成香料　醛和酮的测定　中性亚硫酸钠法

SN/T 0776—1999　出口芳香油、单离和合成香料　酸值测定法

3　定义

本标准采用下列定义。

桂油

用水蒸气蒸馏法从肉桂树[*Cinnamomum cassia*（Nees）ex Blume，亦称：*Cinnamomum aromaticum* C.G.Nees]的叶片、叶梗和细枝中所取得的精油。

4　技术要求

4.1　外观

流动性液体。

4.2　色泽

淡黄至红棕色。

4.3　香气

具有中国天然桂油的特征香气。

4.4　味觉

辛香的辣味。

4.5　相对密度（20/20℃）

最低：1.052；

最高：1.070。

4.6　折光指数（20℃）

中华人民共和国国家出入境检验检疫局 2000-06-22 批准　　　　2000-11-01 实施

最低:1.6000;

最高:1.6140。

4.7 在70%(V/V)乙醇中的溶解度(20℃)

20℃时,1体积桂油在3体积的70%(V/V)乙醇中,应呈澄清溶液。

4.8 酸值

最高:20。

4.9 羰基化合物含量

4.9.1 用毛细管柱气相色谱法测定

a) 苯甲醛含量:

最高:2.1%;

最低:0.65%。

b) 水杨醛含量:

最高:1.0%;

最低:0.2%。

c) 反式肉桂醛含量:

最高:88%;

最低:65%。

d) 反式邻甲氧基肉桂醛含量:

最高:12.5%;

最低:3%。

e) 香豆素含量:

最高:4%;

最低1.4%。

以气相色谱法测定结果,上述化合物含量的总和不得低于80%。

4.9.2 用中性亚硫酸钠法测定

最低:80%(以容量计)。

5 取样方法

5.1 取样数量

按生产批号分别取样。取样数量见表1。

表1 开件数量

每批内总件数	开 启 件 数
20件以下	3件
21~60件	4件
61~80件	5件
81~120件 120件以上	6件 每20件增开1件

每件取(50~100) mL。

5.2 取样工具

下述取样工具均应事先洗净烘干。

5.2.1 玻璃吸管(见图1)

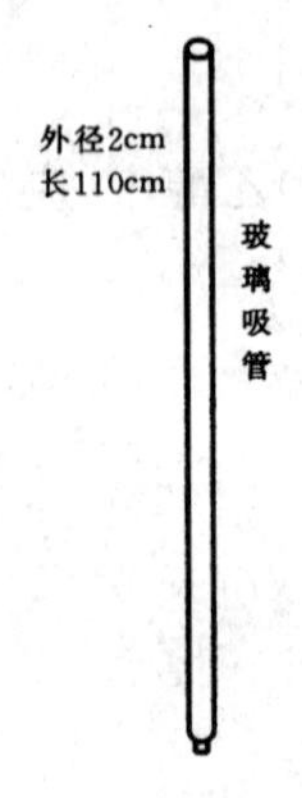

图 1

5.2.2 勺子(见图 2)。

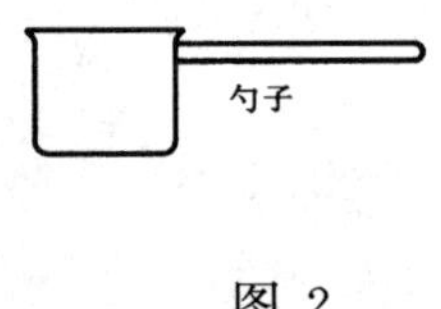

图 2

5.2.3 混样瓶:500 或 1 000 mL 磨口玻璃瓶。

5.2.4 试样瓶:150 mL 小口玻璃瓶。

5.3 取样方法

开启样品包装容器盖,用玻璃管徐徐插至桶底,使玻璃吸管盛满,用手指捏紧吸管上口,取出。将样品注入混样瓶内,盖上瓶盖。待全部取毕,迅速混匀。将代表性混合样装入试样瓶至约 140 mL 处。盖紧瓶盖。代表性样品一般为一式二份,一份供测试,一份供保留备查。也可根据需要增加样品份数。

5.4 样品的标签

标签上应标明下述内容:

a) 样品编号;

b) 品名:

c) 代表样件数,包装型别(桶、缸、听等);

d) 取样日期;

e) 取样地点;

f) 取样员姓名;

g) 备注。

5.5 取样工作的注意事项

5.5.1 桂油易于挥发或吸水分,取样应迅速进行,以免影响品质(雨天更应注意),并应注意环境清洁,以免混入杂质。

5.5.2 如发现同批内各件之间样品外观有显著差异,应分别取样。

5.5.3 开启件必须外包装完好,以取得代表性样品。

6 分析步骤

6.1 相对密度

见 SN/T 0735.6。

6.2 折光指数(20℃)

见 SN/T 0735.3—1997。

6.3 在 70%(*V*/*V*)乙醇中的溶解度

见 SN/T 0735.5—1997。

6.4 酸值

见 SN/T 0776。

鉴于有酚类的存在,本测定中应在有酚红(Phenoi red)存在下进行。

6.5 羰基化合物含量的测定

6.5.1 毛细管柱气相色谱法

6.5.1.1 仪器

a)气相色谱仪配备毛细管柱接口(分流式)、FID 检测器、记录仪、数据处理机。

b)弹性石英毛细管柱:长(25~50) m,内径(0.2~0.3) mm。内涂 OV-101。理论塔板数在 25 000 块以上。

c)微量注射器:1,10μL。

6.5.1.2 试剂

a)苯甲醛:分析纯。含量不低于 98%。

b)水杨醛:分析纯。含量不低于 98%。

c)无水乙醇:分析纯。含量不低于 99%。

d)苯甲醛、水杨醛标准溶液:取适量的苯甲醛、水杨醛,用无水乙醇配成含苯甲醛 1%,水杨醛 0.5%的标准溶液。

6.5.1.3 气相色谱条件

a)色谱柱起始温度:80℃(进样后保持 1 min)。

b)升温速率:3℃/min(亦可采用 2℃~4℃/min)。

c)色谱柱最终温度:220℃(保持 10 min 以上)。

d)进样口温度:250℃。

e)检测器温度:250℃。

f)载气:高纯氮气。

g)载气流量:(50~80)mL/min[柱内流量(0.5~0.8)mL/min]。

h)补偿气流量:(50~70)mL/min。

i)分流比:1∶100。

j)燃烧气:氢气,流量(45~50)mL/min。

k)助燃气:压缩空气,流量(450~500)mL/min。

6.5.1.4 天然桂油的典型毛细管柱色谱分离图见图 3。

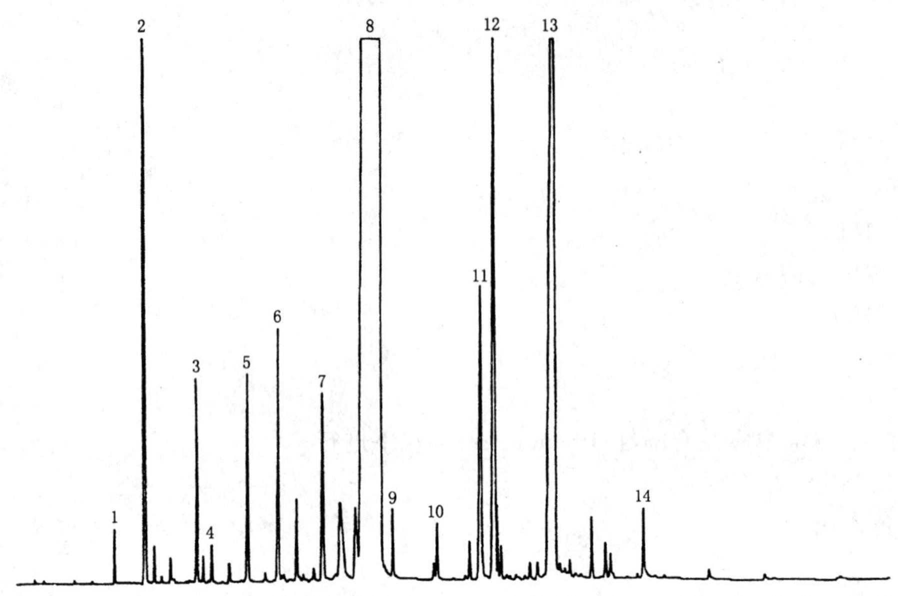

1—苯乙烯；2—苯甲醛；3—水杨醛；4—苯乙酮；5—苯乙醇；6—氢化肉桂醛；7—顺式肉桂醛；8—反式肉桂醛；9—肉桂醇；10—丁香酚；11—香豆素；12—乙酸肉桂酯；13—反式邻甲氧基肉桂醛；14—乙酸甲氧基肉桂酯

图 3　天然桂油典型毛细管柱色谱分离图

6.5.1.5　天然桂油中各主要成分典型的相对保留时间(见表 2)。

表 2　天然桂油中各主要成分典型的相对保留时间

物　质　名　称	相对保留时间
苯甲醛(benz aldehyde)	1
水杨醛(salicyl aldehyde)	1.43
顺式肉桂醛(cis-cinnamic aldehyde)	2.67
反式肉桂醛(trans-cinnamic aldehyde)	3.28
香豆素(coumarin)	4.45
反式邻甲氧基肉桂醛(trans-ortho-cinnamic aldehyde)	5.4

6.5.1.6　气相色谱定性分析

用注射器吸取(0.2～2) μL 桂油样品注入气相色谱柱。同时与苯甲醛、水杨醛标准溶液进行气相色谱测定。按各被测定组分的相对保留时间(表 2)进行定性，并与典型天然桂油的色谱分离图(图 3)进行对照比较。

6.6.1.7　气相色谱定量分析

样品中各被测组分的含量，用色谱数据处理机按面积归一化方法进行计算。也可以按式(1)进行计算：

$$P_i(\%) = A_i/\Sigma A_n = 100 \qquad \cdots\cdots(1)$$

式中：P_i——被测组分 i 的百分含量。

A_i——被测组分 i 的色谱峰面积。

A_n——n 个组分峰面积的总和。

6.5.1.8　精密度

用以下数值来判断结果的可靠性(95％置信概率)。

a）重复性 r

同一操作者，重复测定两个结果的允许差为重复性 r。小于允许差，测定精密度合格，取平均值为最终值；大于或等于允许差，测定精密度不合格，要查明原因，重做试验。

b）再现性 R

两个实验室各重复测定二次，得到平均值 Y_1 与 Y_2，比较其允许差为 $\sqrt{R^2-r^2/2}$。

小于允许差，测定精密度合格，取 Y_1 与 Y_2 的平均值为最终值。

大于或等于允许差，测定精密度不合格，查明原因，重做试验。

c）桂油中各主要组分测定结果的重复性和再现性

各主要组分测定结果的重复性和再现性见表 3。

表 3　桂油中各主要组分测定结果的重复性和再现性

各主要组分名称	水平范围	重复性	再现性
苯甲醛	2～1.5	0.2	0.3
	1.4～0.8	0.1	0.2
水杨醛	1～0.6	0.1	0.4
	0.5～0.2	0.1	0.2
反式肉桂醛	85～80	1	3
	79～76	1	4
	75～70	1	4
香豆素	4～3	0.2	1.5
	2.5～1.5	0.2	0.7
反式邻甲氧基肉桂醛	12～8	0.9	1.8
	7～4	0.7	1.2

6.5.1.9　报告

取平行测定两次结果的算术平均值作为试样中各主要组分含量的测定结果。报告结果取到 0.01%。

6.5.2　中性亚硫酸钠法

见 SN/T 0735.10。

产品确认为天然桂油后，方能采用本标准。

7　包装和标记

7.1　包装

桂油的包装容器有桶、罐、听等型。由镀锡铁皮或铝制成，应为新的、结实、耐长途运输、清洁干燥，不带任何可能改变桂油品质、组成或香气的物质。

7.2　标记

包装容器上的标记是用来区别并说明内容物。一般用油漆喷刷在容器上。标记要求明显、清晰、耐久，不应随着贮藏运输过程而脱落。

标记至少应具有以下内容：

a）品名。可以根据需要注明通用的商业名称、商标、植物的提取部位以及生产方法等。

b）出口公司名称，或根据需要加工生产厂厂名。

c）毛重、皮重及净重。

d）出运口岸、抵达口岸。

e）除另有规定者外，一般应标明“中国生产”或“中国产品”。

前　　言

本标准是按照GB/T 1.1—1993《标准化工作导则　第1单元:标准的起草与表述规则　第1部分:标准编写的基本规定》的要求进行编写的。

本标准是根据出口月见草油的检验需要进行编写制定的。

本标准规定了出口月见草油的色泽、气味、酸价、过氧化值、溶剂残留量、γ-亚麻酸含量的检验方法和抽样、制样方法。

其中γ-亚麻酸含量测定方法是参考国内外有关文献,经研究、改进和验证后而制定的。

本标准的附录A是提示的附录。

本标准由国家认证认可监督管理委员会提出并归口。

本标准起草单位:中华人民共和国吉林出入境检验检疫局。

本标准主要起草人:荣会、赵志明、姜丽、李升日、张树瑛。

本标准首次发布。

中华人民共和国出入境检验检疫行业标准

出口月见草油检验方法

SN/T 0998—2001

Method for the determination of evening primrose oil for export

1 范围

本标准规定了出口月见草油的色泽、气味、酸价、过氧化值、溶剂残留量、γ-亚麻酸含量的检验方法和抽样、制样方法。

本标准适用于出口月见草油的检验。

2 引用标准

下列标准所包含的条文，通过在本标准中引用而构成为本标准的条文。本标准出版时，所示版本均为有效。所有标准都会被修订，使用本标准的各方应探讨使用下列标准最新版本的可能性。

GB/T 5009.37—1996 食用植物油卫生标准的分析方法

GB/T 5524—1985 植物油脂检验 扦样、分样法

GB/T 5525—1985 植物油脂检验 透明度、色泽、气味、滋味鉴定法

GB/T 15687—1995 油脂试样制备

3 定义

本标准采用下列定义。

月见草油：月见草种籽经压榨或浸提取得到的液态油脂。

4 抽样和制样

4.1 扦样工具

用扦样管，内径 1.5 cm～2.5 cm，长度不小于 120 cm，材质为无色、透明玻璃。

4.2 抽样方法

样品不允许有沉淀物，按 GB/T 5524 规定进行。

4.3 制样方法

已抽取的样品按 GB/T 15687 规定进行。

4.4 样品保存

样品必须充氮、密封，于－18℃以下避光存放。

5 检验方法

5.1 感官检验

5.1.1 气味检验

按 GB/T 5009.37—1996 中 3.2 规定进行。

5.1.2 色泽鉴定(罗维朋比色计法)

按 GB/T 5525—1985 中 2.1 规定进行。

中华人民共和国国家质量监督检验检疫总局 2001-12-30 批准　　　　2002-06-01 实施

5.2 品质检验

5.2.1 酸价(酸值)检验

按 GB/T 5009.37—1996 中 4.1 规定进行。

5.2.2 过氧化值检验

按 GB/T 5009.37—1996 中 4.2 规定进行。

5.2.3 残留溶剂检验

按 GB/T 5009.37—1996 中 4.8 规定进行。

5.2.4 γ-亚麻酸含量检验

5.2.4.1 方法原理

样品经与甲酯化试剂反应后,通过色谱柱分离,用配有氢火焰离子化检测器的气相色谱仪测定,采用面积归一化法定量。

5.2.4.2 试剂和材料

除另有规定外,所用试剂均为分析纯,水为重蒸馏水。

a) 石油醚;

b) 氢氧化钾(优级纯);

c) 甲醇(优级纯);

d) 氢氧化钾-甲醇溶液:0.4 mol/L;

e) 盐酸溶液:1.0 mol/L;

f) 具塞试管:10 mL;

g) 无水硫酸钠;

h) γ-亚麻酸甲酯标准品。

5.2.4.3 仪器和设备

a) 配有氢火焰离子检测器的气相色谱仪;

b) 色谱柱:25 m×0.53 mm(内径)×0.5 μm(膜厚) 固定相 FFAP 色谱柱或相当柱;

c) 进样口温度:250℃;

d) 检测器温度:260℃;

e) 柱温:150℃恒温 5 min 后,以 5℃/min 速度升至 240℃,保持 10 min;

f) 载气:氮气(纯度≥99.99%),3 mL/min;

g) 氢气:30 mL/min;

h) 空气:350 mL/min;

i) 高速离心机:≥2 000 r/min;

j) 微量进样器:10 μL;

k) 进样量:1.0 μL。

5.2.4.4 分析步骤

用滴管移取样品约 0.1 g 于具塞试管中,加入 2 mL 石油醚溶解,然后边振荡边滴加氢氧化钾-甲醇溶液约 1 mL,密封,继续振荡 1 min 后,静置 10 min,加适量盐酸溶液至中性,混匀,离心,移取上层于另一试管中,加入无水硫酸钠,供气相色谱分析。

5.2.4.5 色谱测定

根据样液中 γ-亚麻酸含量情况,选定浓度相近的标准工作液。并且响应值应在仪器能够检测的范围内。对衍生化的样液和标准工作液分别进样进行定性测定,面积归一化法定量计算,在上述色谱条件下,γ-亚麻酸甲酯的保留时间约为 19 min。标准品及样品色谱图见附录 A(提示的附录)。

5.2.4.6 结果计算和表述

按式(1)计算 γ-亚麻酸的百分含量:

$$X(\%) = \frac{A_{\gamma}}{\Sigma A} \times 100 \quad \cdots\cdots\cdots\cdots(1)$$

式中：X——γ-亚麻酸的百分含量；

A_{γ}——γ-亚麻酸甲酯组分的峰面积；

ΣA——各组分峰面积的总和。

采用二次平行试验的算术平均值作为测定结果。

注：计算时须将溶剂峰面积扣除。

5.2.4.7 允许误差

两次平行结果之间的差值，γ-亚麻酸百分含量误差不大于 0.05%。

附 录 A

（提示的附录）

γ-亚麻酸甲酯及月见草油经甲酯化后的气相色谱图

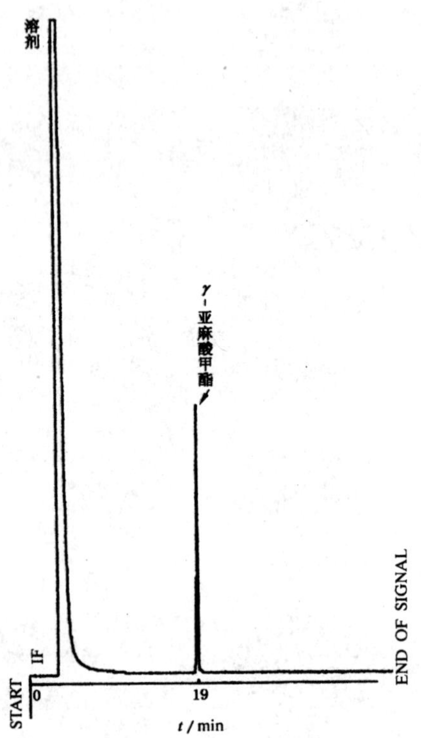

γ-亚麻酸甲酯标准气相色谱图

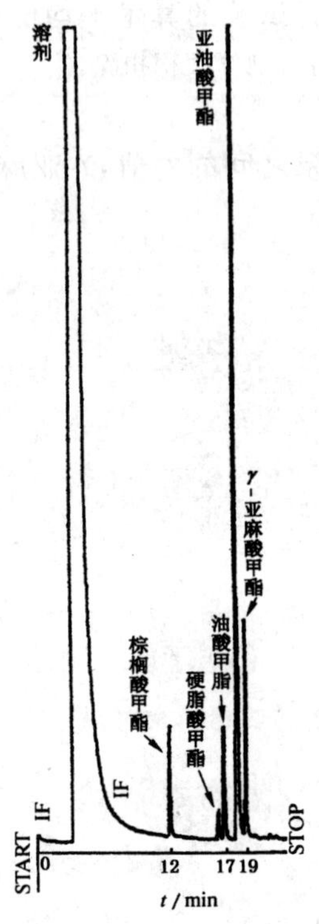

月见草油中 γ-亚麻酸甲酯气相色谱图

前　言

本标准是按照GB/T 1.1—1993《标准化工作导则　第1单元:标准的起草与表述规则　第1部分:标准编写的基本规定》及GB/T 11538—1989《精油　毛细管柱气相色谱分析通用法》的要求编写的。

中国云南兰桉叶油主要成分有桉叶素、蒎烯、萜烯、松油醇等,这些都是香料工业的重要原料。出口桉叶油中1,8-桉叶素含量在80%以上。本标准的制定是为兰桉叶油的出口提供质量保证。

本标准的附录A是标准的附录。

本标准由国家认证认可监督管理委员会提出并归口。

本标准起草单位:中华人民共和国云南出入境检验检疫局。

本标准主要起草人:何静、唐莉、句赤江。

本标准系首次发布的检验检疫行业标准。

中华人民共和国出入境检验检疫行业标准

出口天然兰桉叶油中1,8-桉叶素含量的测定　气相色谱法

SN/T 1044—2002

Determination of 1,8-cineol content in natural oil of eucalyptus globulus labillardiere for export—Gas chromatography

1　范围

本标准规定了出口兰桉叶油中1,8-桉叶素含量的测定方法。

本标准适用于出口以兰桉(eucalyptus globulus labillardiere)为原料提制的桉叶素含量为80%以上的兰桉叶油产品。

2　引用标准

下列标准所包含的条文,通过在本标准中引用而构成为本标准的条文。本标准出版时,所示版本均为有效。所有标准都会被修订,使用本标准的各方应探讨使用下列标准最新版本的可能性。

GB/T 11538—1989　精油　毛细管柱气相色谱分析　通用法

GB/T 14454.1—1993　香料　试样制备

GB/T 14455.2—1993　精油　取样方法

3　定义

本标准采用以下定义。

3.1　兰桉叶油

用水蒸气蒸馏法从兰桉的枝和叶中取得的精油。

4　试剂和材料

4.1　载气:高纯氮气,纯度不低于99.995%。

4.2　辅助气:氢气,纯度不低于99.7%。

压缩空气。

5　仪器

5.1　色谱仪:记录仪和微处理机。

5.2　色谱柱:弹性石英毛细管柱,50 m×0.25 mm。

5.3　固定相:FFAP。

5.4　检测器:氢火焰离子化检测器。

5.5　微量注射器:1 μL。

中华人民共和国国家质量监督检验检疫总局2002-01-16批准　　　　2002-06-01实施

6 取样和试样制备

按 GB/T 14454.1 和 GB/T 14455.2 进行。

7 分析步骤

7.1 操作条件

7.1.1 温度

7.1.1.1 色谱炉:70℃恒温 5 min,然后线性程序升温至 220℃,速率 8℃/min。

7.1.1.2 进样口:240℃。

7.1.1.3 检测器:280℃。

7.1.2 流速

载气流速:50 mL/min。

7.1.3 分流比:1∶100。

7.1.4 进样量:0.14 μL～0.16 μL。

7.2 柱效能的测定

7.2.1 化学惰性试验:按 GB/T 11538—1989 中 8.1 指定方法进行试验,应符合要求。

7.2.2 柱效:按 GB/T 11538—1989 中 8.2 指定方法测定柱效,应符合要求。

7.3 测定

用内部归一化法:按 GB/T 11538—1989 中 10.4 指定方法测定出口兰桉叶油中 1,8-桉叶素含量。

进样量控制在 0.14 μL～0.16 μL。

典型气相色谱图见附录 A(标准的附录)。

8 分析结果的表示

8.1 计算

兰桉叶油中 1,8-桉叶素含量采用内部归一化法用式(1)进行计算。

$$C_x(\%) = \frac{A_x}{\Sigma A} \times 100 \qquad \cdots\cdots(1)$$

式中:C_x——待测成分的百分含量,%;

A_x——待测成分的峰面积积分单位;

ΣA——所有峰面积积分单位之和。

8.2 结果与重复性

与同一试样几次(至少三次)测定所得结果的平均值作为响应因于 K 和待测成分的含量 C_x 的结果。计算所用数值不应偏离平均值±2.5%。

附 录 A
（标准的附录）
典型色谱图

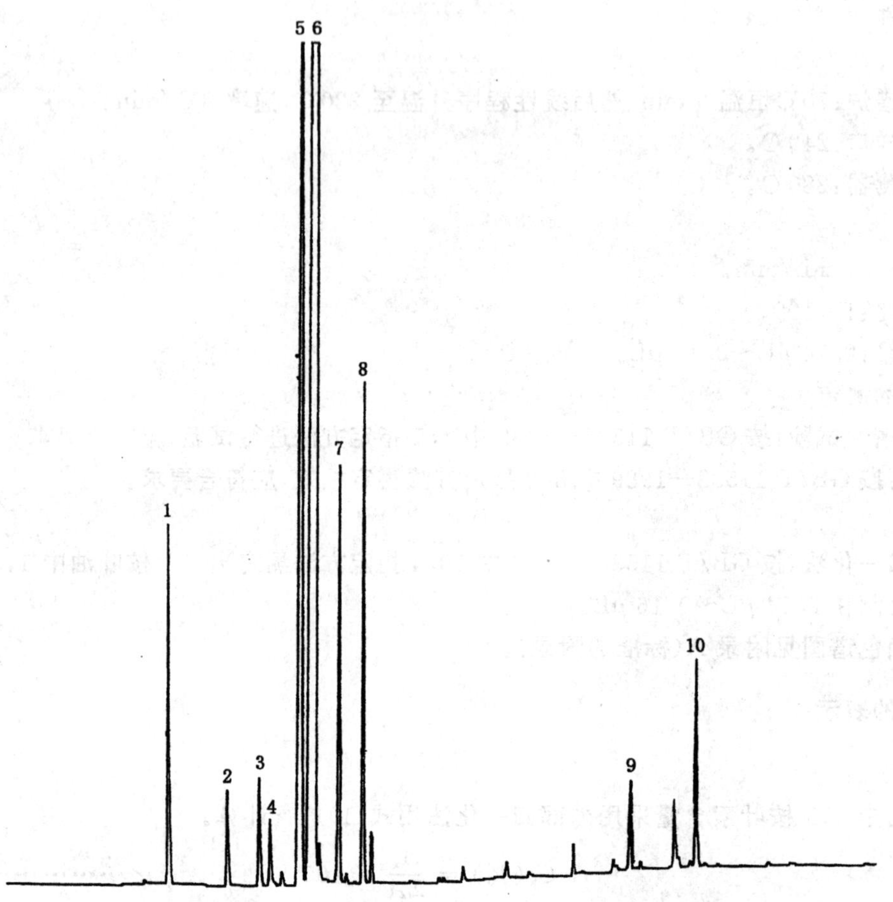

1—α-蒎烯；2—β-蒎烯；3—月桂烯；4—α-水芹烯；5—柠檬烯；6—1,8-桉叶素；
7—萜烯-4；8—对聚伞花素；9—松油烯-4 醇；10—α-松油醇

兰桉叶油气相色谱图

中华人民共和国出入境检验检疫行业标准

SN/T 1098—2010
代替 SN/T 1098—2002

进出口松油和松油醇中α-松油醇含量的测定　气相色谱法

Determination of α-terpineol content in pine oil and terpineol for import and export—Gas chromatography method

2010-05-27 发布　　2010-12-01 实施

中华人民共和国
国家质量监督检验检疫总局　发布

前　言

本标准代替 SN/T 1098—2002《进出口松油和松油醇中 α-松油醇含量的测定　毛细管柱气相色谱法》，主要变化如下：

——按 GB/T 1.1—2009《标准化工作导则　第 1 部分：标准的结构和编写》和 SN/T 1831—2006《进出口化矿金商品化学分析方法标准编写基本规定》的要求编写本标准；

——调整条款编排；

——删除名称中的毛细管柱；

——将第 6 章样品改为试样；

——删除了试验报告的相关内容。

请注意本文件的某些内容可能涉及专利。本文件的发布机构不承担识别这些专利的责任。

本标准由国家认证认可监督管理委员会提出并归口。

本标准起草单位：中华人民共和国福建出入境检验检疫局。

本标准主要起草人：梁鸣、翁若荣、姜晓黎、唐熙。

进出口松油和松油醇中α-松油醇含量的测定　气相色谱法

1　范围

本标准规定了进出口松油和松油醇中α-松油醇含量的毛细管柱气相色谱测定方法。

本标准适用于进出口合成的松油和松油醇中α-松油醇含量的测定。

2　规范性引用文件

下列文件对于本文件的应用是必不可少的。凡是注日期的引用文件，仅注日期的版本适用于本文件。凡是不注日期的引用文件，其最新版本(包括所有的修改单)适用于本文件。

GB/T 11538　精油　毛细管柱气相色谱分析　通用法(GB/T 11538—2006，ISO 7609：1985，IDT)

GB/T 14454.1　香料　试样制备(GB/T 14454.1—2008，ISO 356：1996，MOD)

3　方法提要

用毛细管柱气相色谱对松油和松油醇中各组分进行分离，氢火焰离子化检测器检测，以内标法对α-松油醇含量进行定量。

4　试剂和材料

除另有说明外，所用试剂均为分析纯。

4.1　无水乙醇：按7.1条件测定无干扰峰。

4.2　α-松油醇标准物质：纯度不低于99.0%。

4.3　内标物：香芹酮(Carvone)，CAS号99-49-0，纯度不低于99.0%。

4.4　载气：氮气，纯度不低于99.99%。

4.5　燃烧气：氢气，纯度不低于99.99%。

4.6　助燃气：空气。

5　仪器和设备

5.1　气相色谱仪：配有氢火焰离子化检测器(FID)，具有分流/不分流毛细管柱用进样口，能控制程序升温的色谱仪。

5.2　微量注射器：1 μL、5 μL。

5.3　容量瓶：10.0 mL。

6　试样

6.1　要求

按GB/T 14454.1规定制备。

6.2 α-松油醇标准工作液的配制

称取 60 mg α-松油醇(4.2)和 50 mg 香芹酮(4.3)(精确至 0.1 mg),于容量瓶(5.3)中,用乙醇(4.1)溶解,并定容至 10.0 mL。

6.3 试样的制备

称取适量试样(内含 α-松油醇约 50 mg)和 50 mg 香芹酮(4.3)(精确至 0.1 mg),于容量瓶(5.3)中,用乙醇(4.1)溶解,并定容至 10.0 mL。

7 分析步骤

7.1 色谱操作条件

a) 色谱柱:内壁涂渍键合有 SE-54 固定液的石英毛细管柱,30 m×0.32 mm×0.5 μm,或相当者;
b) 柱温:初温 70 ℃,保留 0 min;以 1.5 ℃/min 程序升温至 120 ℃,再以 5 ℃/min 程序升温至 160 ℃,再以 10 ℃/min 程序升温至 220 ℃,保持 5 min;
c) 进样口温度:250 ℃;
d) 检测器温度:280 ℃;
e) 柱流量:1 mL/min;
f) 分流比:50∶1;
g) 进样量:1 μL。

7.2 测定方法

7.2.1 松油和松油醇的典型色谱图

按 7.1 规定设定的色谱条件操作,待仪器稳定后,注入适量按第 6 章规定制备的试样,得到松油醇和松油典型色谱图,参见附录 A 中图 A.1 和图 A.2。参照附录 B 中给出的松油和松油醇中总醇含量的测定方法。

7.2.2 内标法定量

7.2.2.1 按 7.1 色谱条件操作,注入试样(6.3)1 μL,记录松油醇试样及内标(4.3)的色谱图,参见附录 A 中图 A.3。

7.2.2.2 校正因子的测定:按 GB/T 11538 中规定,注入适量测试参比的标准工作液(6.2),按 7.1 进行分析。

按式(1)计算相对内标的 α-松油醇的校正因子 K:

$$K=\frac{A_i \times m_s}{A_s \times M_i} \tag{1}$$

式中:

K——校正因子;

A_i——标准工作液中内标的峰面积;

m_s——标准工作液中 α-松油醇的质量,单位为毫克(mg);

A_s——标准工作液中 α-松油醇的峰面积;

M_i——标准工作液中内标的质量,单位为毫克(mg)。

7.2.2.3　柱温稳定后，注入适量的试样（10^{-6} g 数量级），按 7.1 规定的条件进行分析。

8　结果计算

按式(2)计算试样中 α-松油醇的含量，以质量分数 C_x 表示：

$$C_x = \frac{A_x \times M_i \times K}{A_i \times M} \times 100\% \quad \cdots\cdots(2)$$

式中：

C_x——试样中 α-松油醇的质量分数；

A_x——试样中 α-松油醇的峰面积；

M_i——试样中内标的质量，单位为毫克(mg)；

K——α-松油醇相对内标的校正因子；

A_i——试样中内标的峰面积；

M——松油或松油醇试样的质量，单位为毫克(mg)。

计算结果精确到小数点后两位。

9　精密度

以同一试样几次(至少 2 次)测定所得结果的平均值作为校正因子 K 和 α-松油醇的含量 C_x 的结果；精密度见表 1。

表 1　精密度　　%

规格水平	重复性限 r	重复性标准差 S_r	再现性限 R	再现性标准差 S_R
65%松油	0.20	0.072	0.90	0.32
85%松油	0.19	0.066	1.57	0.56
松油醇	0.59	0.21	1.89	0.67

附 录 A
（资料性附录）
松油醇和松油典型色谱图

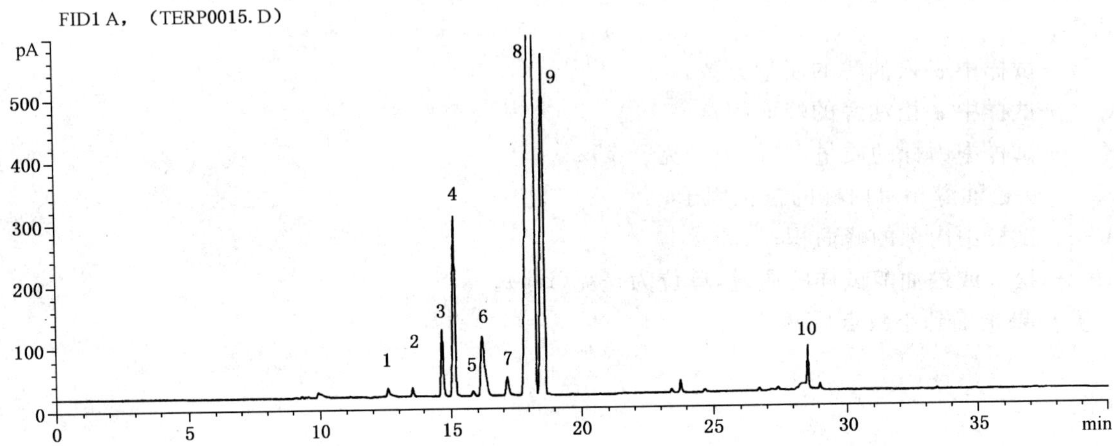

1——异松油烯（α-Terpinolene）；
2——葑醇（Fenchol）；
3——1-松油醇（1-Terpinenol）；
4——反式-β-松油醇（trans-β-Terpineol）；
5——龙脑（Borneol）；
6——顺式-β-松油醇（cis-β-Terpineol）；
7——4-松油醇（4-Terpineol）；
8——α-松油醇（α-Terpineol）；
9——γ-松油醇（γ-Terpineol）；
10——长叶烯（Longifolene）。

图 A.1 松油醇色谱图

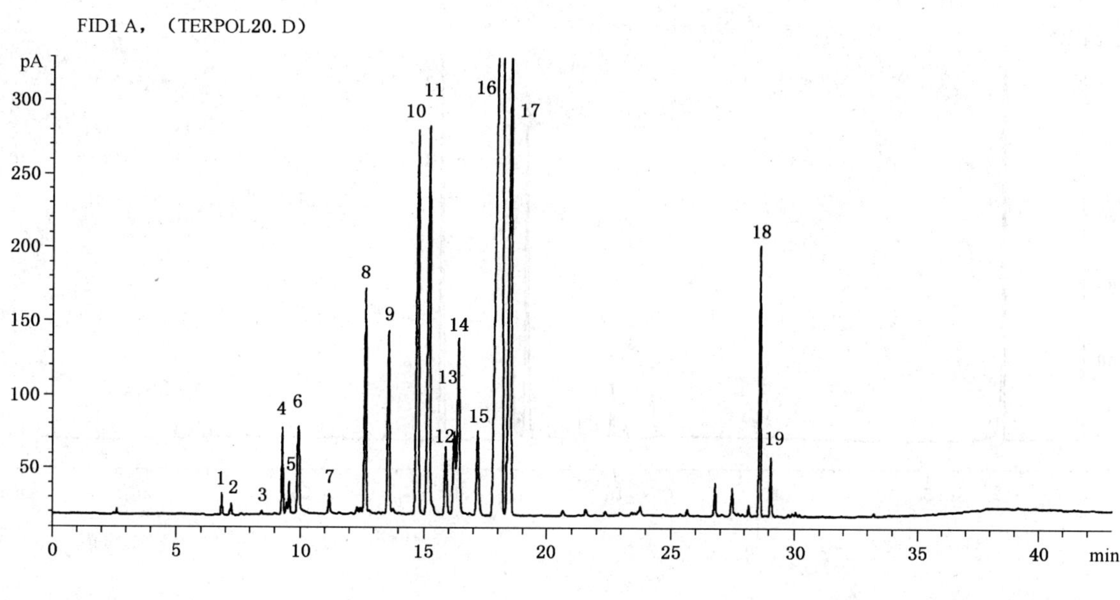

1——α-蒎烯(α-Pinene);

2——莰烯(Camphene);

3——β-月桂烯(β-Myrcene);

4——1,4-桉叶素(1,4-Cineole);

5——对-伞花烃(p-Cymen);

6——柠檬烯+1,8-桉叶素;

7——γ-松油烯(γ-Terpinene);

8——异松油烯(α-Terpinolene);

9——葑醇(Fenchol);

10——1-松油醇(1-Terpinenol);

11——反式-β-松油醇(trans-β-Terpineol);

12——龙脑(Borneol);

13——顺式-β-松油醇(cis-β-Terpineol);

14——异龙脑(Isoborneol);

15——4-松油醇(4-Terpineol);

16——α-松油醇(α-Terpineol);

17——γ-松油醇(γ-Terpineol);

18——长叶烯(Longifolene);

19——β-石竹烯(β-Caryophyllene)。

图 A.2 85%松油色谱图

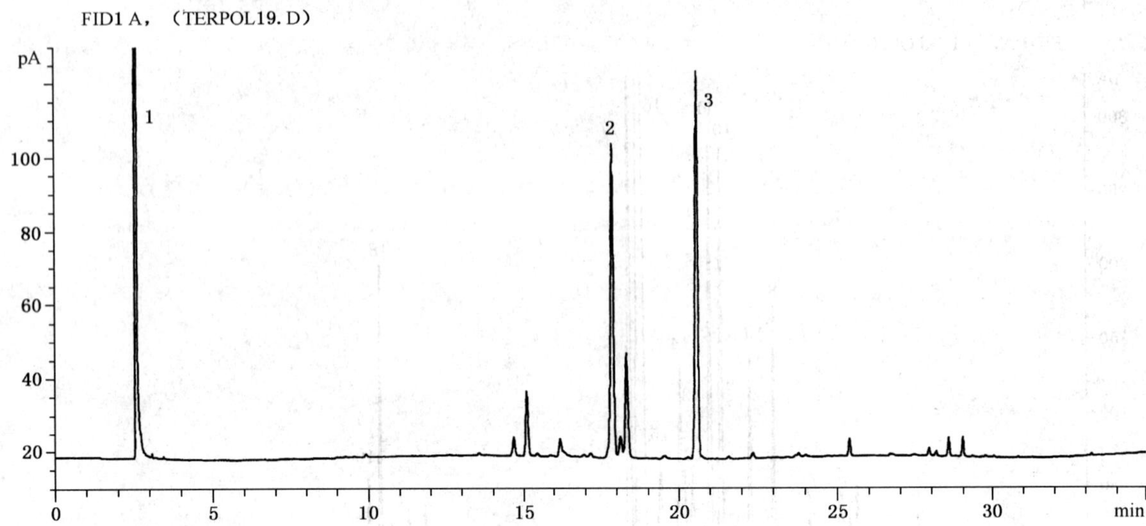

1——乙醇；

2——α-松油醇(α-Terpineol)；

3——内标香芹酮(Carvone)。

图 A.3 试样松油醇＋内标香芹酮色谱图

附 录 B
（资料性附录）
进出口松油和松油醇中总醇含量的测定

B.1 原理

用毛细管柱气相色谱仪对松油和松油醇中各组分进行分离，氢火焰离子化检测器检测，以面积归一法对松油和松油醇进行定量。

B.2 试剂和材料

同本标准的第4章。

B.3 仪器

同本标准的第5章。

B.4 试样

按 GB/T 14454.1 规定，进出口松油和松油醇成品油。

B.5 操作条件

同本标准的7.1。

B.6 测定方法

面积归一法：在7.1规定条件下，注入试样 0.1 μL 进行分析，记录精油色谱图，如图 B.1 和图 B.2；按面积归一化法计算 1、4、α、β、γ-松油醇的百分含量。

B.7 结果计算

按式(B.1)计算试样中总醇含量，以质量分数 C 表示：

$$C=\frac{\sum A_x}{\sum A}\times 100\% \qquad \text{(B.1)}$$

式中：

C ——试样中总醇的质量分数；

$\sum A_x$——1、4、α、β、γ-松油醇峰面积之和；

$\sum A$ ——所有峰面积之和。

B.8 精密度

以两次平行测定结果的平均值作为总醇含量 C,两次平行测定结果的相对标准偏差不大于10%。

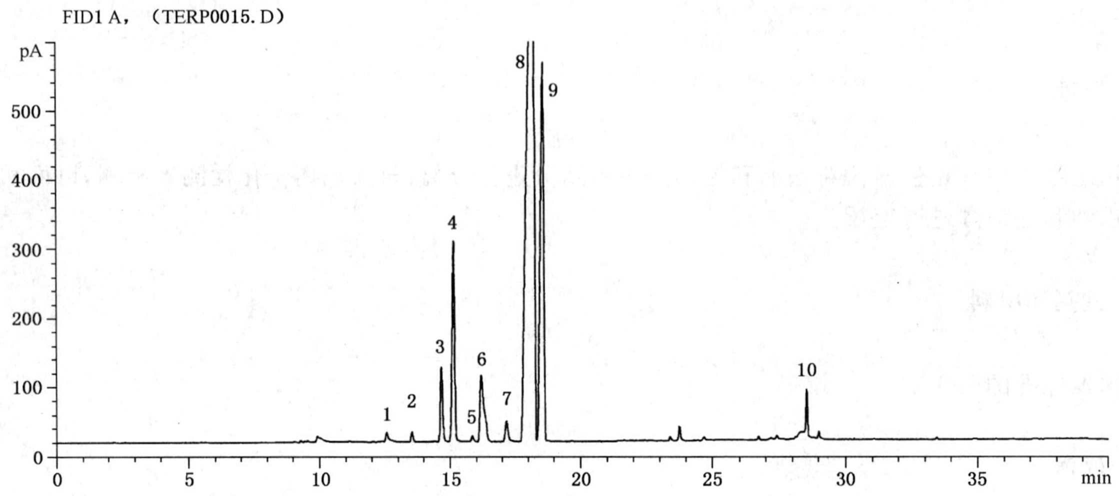

1——异松油烯(α-Terpinolene);
2——葑醇(Fenchol);
3——1-松油醇(1-Terpinenol);
4——反式-β-松油醇(trans-β-Terpineol);
5——龙脑(Borneol);
6——顺式-β-松油醇(cis-β-Terpineol);
7——4-松油醇(4-Terpineol);
8——α-松油醇(α-Terpineol);
9——γ-松油醇(γ-Terpineol);
10——长叶烯(Longifolene)。

图 B.1 松油醇色谱图

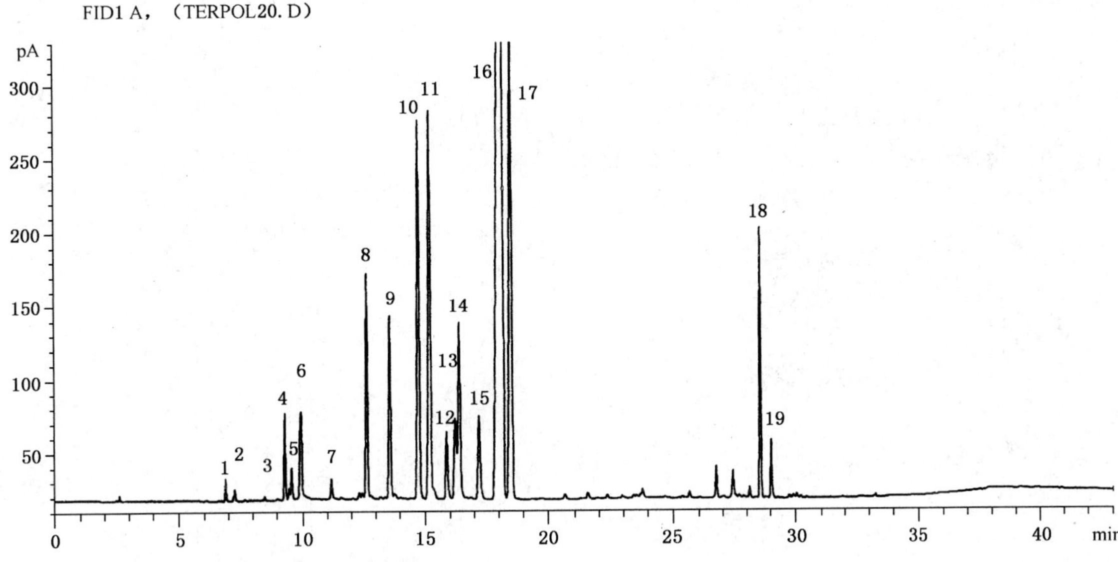

1——α-蒎烯(α-Pinene);
2——莰烯(Camphene);
3——β-月桂烯(β-Myrcene);
4——1,4-桉叶素(1,4-Cineole);
5——对-伞花烃(p-Cymen);
6——柠檬烯+1,8-桉叶素;
7——γ-松油烯(γ-Terpinene);
8——异松油烯(α-Terpinolene);
9——葑醇(Fenchol);
10——1-松油醇(1-Terpinenol);
11——反式-β-松油醇(trans-β-Terpineol);
12——龙脑(Borneol);
13——顺式-β-松油醇(cis-β-Terpineol);
14——异龙脑(Isoborneol);
15——4-松油醇(4-Terpineol);
16——α-松油醇(α-Terpineol);
17——γ-松油醇(γ-Terpineol);
18——长叶烯(Longifolene);
19——β-石竹烯(β-Caryophyllene)。

图 B.2 85%松油色谱图

中华人民共和国出入境检验检疫行业标准

SN/T 1510—2005

出口天然香茅油中香茅醛和含氧化合物含量的测定　气相色谱法

Determination of citronellal and oxygenous compounds in natural citronella oil for export—Gas chromatography method

2005-02-17 发布　　　　2005-07-01 实施

中华人民共和国国家质量监督检验检疫总局　发布

前　言

本标准的附录 A 为资料性附录。

本标准由国家认证认可监督管理委员会提出并归口。

本标准起草单位：中华人民共和国云南出入境检验检疫局。

本标准主要起草人：梁文君、杨玲春、何静。

本标准系首次发布的出入境检验检疫行业标准。

出口天然香茅油中香茅醛和含氧化合物含量的测定　气相色谱法

1　范围

本标准规定了出口天然香茅油中香茅醛和含氧化合物含量的测定方法。

本标准适用于出口香茅油精油产品。

2　术语和定义

下列术语和定义适用于本标准。

2.1

香茅油　natural citronella oil

用水蒸气蒸馏法，从香茅草(*Cymbopogon Winterianus* Jowitt)地上部分(新鲜或半干的叶和茎)中取得的精油。

2.2

香茅醛　citronellal

香茅油中的香茅醛。

2.3

含氧化合物含量　oxygen-compounds

香茅油中醛、醇、酮、酯含量的总和。

3　试剂和材料

3.1　载气：高纯氮气，纯度不低于99.995%。

3.2　辅助气：氢气、纯度不低于99.7%；空气。

4　仪器和设备

4.1　气相色谱仪：带FID检测器。

4.2　色谱柱：SE54，弹性石英毛细管柱30 m×0.32 mm×0.2 μm。

4.3　微量进样器：1 μL。

5　分析步骤

5.1　气相色谱条件

a)　进样口温度：220℃；

b)　色谱柱温：初始温度80℃，恒温2 min，然后程序升温至220℃，升温速率8℃/min；

c)　载气(N_2)：1.0 mL/min；

d)　燃气(H_2)：40 mL/min；

e)　空气：400 mL/min；

f)　进样方式：分流进样，分流比100∶1；

g)　进样量：0.2 μL。

5.2　测定

按5.1规定设定气相色谱仪的色谱条件，待仪器稳定后，将0.2 μL香茅油样品注入气相色谱仪进行分离测定。典型气相色谱图见附录A。

5.3 结果计算

用面积百分比积分法，计算出口香茅油中香茅醛和含氧化合物含量。

5.3.1 香茅醛百分含量按式(1)进行计算：

$$C_x(\%) = \frac{A}{\sum A} \times 100 \quad \cdots\cdots(1)$$

式中：

C_x——香茅醛的百分含量，%；

A——香茅醛的峰面积积分单位；

$\sum A$——所有峰面积积分单位之和。

5.3.2 香茅油中含氧化合物含量采用内部归一化法用式(2)进行计算：

$$C_y(\%) = \frac{\sum A_i}{\sum A} \times 100 \quad \cdots\cdots(2)$$

式中：

C_y——香茅油中含氧化合物的百分含量，%；

$\sum A_i$——香茅油中醛、醇、酮、酯的峰面积积分单位之和；

$\sum A$——所有峰面积积分单位之和。

6 报告

取两次测定结果的平均值，精确至0.3%。

7 方法的精密度

取一个水平的样品进行测定，精密度统计参照表1。

表1

项目		水平结果									
		1	2	3	4	5	6	7	8	9	10
香茅醛	测定值/(%)	35.25	35.51	36.10	35.79	35.02	35.95	34.92	35.23	35.03	34.93
	重复性 r	0.31	0.32	0.15	0.41	0.18	0.11	0.28	0.47	0.32	0.29
	再现性 R	0.25	0.80	0.76	1.03	1.01	1.27	1.28	0.58	0.63	0.63
含氧化合物	测定值/(%)	85.48	85.85	85.94	85.85	85.97	85.85	85.82	86.13	86.03	86.27
	重复性 r	1.06	1.47	0.86	0.59	0.63	0.39	0.27	0.63	0.51	0.53
	再现性 R	1.99	2.29	1.89	1.82	2.96	1.87	2.34	2.23	1.66	2.06

实际测定香茅醛相对标准偏差小于等于1.2%，含氧化合物相对标准偏差小于等于3.0%。

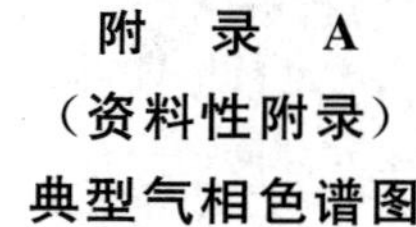

附 录 A
（资料性附录）
典型气相色谱图

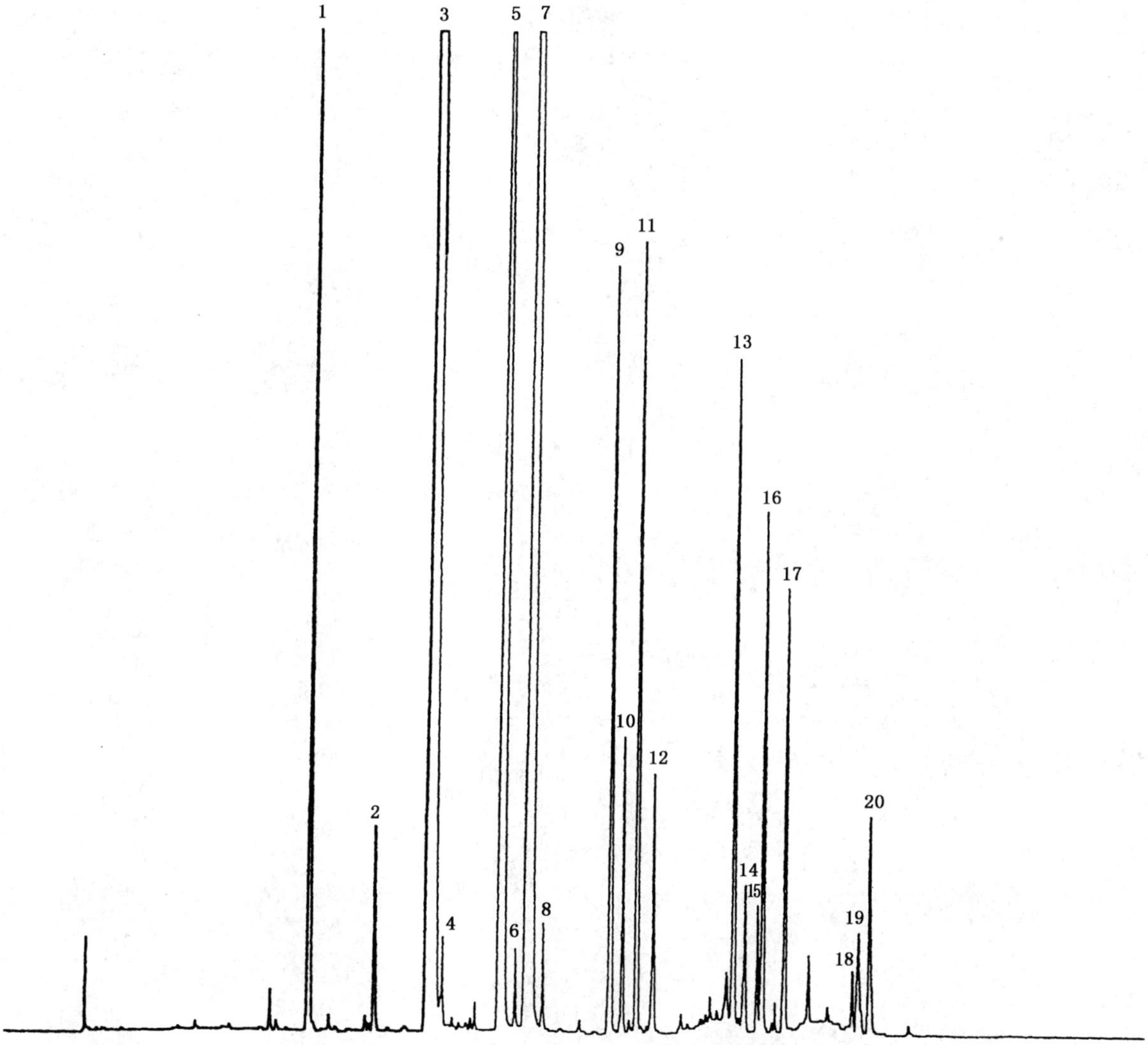

1——柠檬烯；
2——芳樟醇；
3——香茅醛；
4——异湖薄荷醇；
5——香茅醇；
6——橙花醛；
7——香叶醇；
8——香叶醛；
9——乙酸香茅酯；
10——丁香酚；
11——乙酸香叶酯；
12——β-榄香烯；
13——顺-γ-杜松烯；
14——α-木罗烯；
15——反-γ-杜松烯；
16——δ-杜松烯；
17——榄香醇；
18——愈创醇；
19——δ-杜松醇；
20——β-桉叶油醇。

图 A.1 典型气相色谱图

中华人民共和国出入境检验检疫行业标准

SN/T 1546—2005

出口中国苦水玫瑰油检验规程

Rules of inspection for export oil of rose(*Rosa sertata*×*Rosa rugosa*)

2005-02-17 发布　　2005-07-01 实施

中华人民共和国国家质量监督检验检疫总局　发布

前　言

本标准的附录 A 为资料性附录。

本标准由国家认证认可监督管理委员会提出并归口。

本标准起草单位：中华人民共和国甘肃出入境检验检疫局。

本标准主要起草人：刘红卫、周小平、周围、高黎红。

本标准系首次发布的出入境检验检疫行业标准。

出口中国苦水玫瑰油检验规程

1 范围

本标准规定了中国苦水玫瑰油的技术要求、取样、试验方法、结果判定、包装运输等内容。

本标准适用于对中国苦水玫瑰油的质量评定。

2 规范性引用文件

下列文件中的条款通过本标准的引用而成为本标准的条款。凡是注日期的引用文件，其随后所有的修改单(不包括勘误的内容)或修订版均不适用于本标准，然而，鼓励根据本标准达成协议的各方研究是否可使用这些文件的最新版本。凡是不注日期的引用文件，其最新版本适用于本标准。

GB/T 11538 精油 毛细管柱气相色谱分析通用法

GB/T 14454.2 香料 香气评定法

GB/T 14454.3 香料 色泽检定法

GB/T 14454.4 香料 折光指数的测定

GB/T 14454.5 香料 旋光度的测定

GB/T 14455.2 精油 取样方法

GB/T 14455.4 精油 相对密度的测定

GB/T 14455.6 精油 酯值的测定

ISO 1041 香精油 凝固点的测定

3 术语和定义

下列术语和定义适用于本标准。

3.1

苦水玫瑰油 oil of rose(*Rosa sertata*×*Rosa rugosa*)

用水蒸馏法或蒸汽蒸馏法从中国产苦水玫瑰(*Rosa sertata*×*Rosa rugosa*)的花或花蕾中提取得到。

4 技术要求

4.1 外观

澄清，流动液体。

4.2 色泽

微黄色至浅黄色。

4.3 香气

具中国苦水玫瑰浓郁的玫瑰花香。

4.4 相对密度(d_{25}^{25})

最小值:0.859;

最大值:0.909。

4.5 折光指数(25℃)

最小值:1.460 9;

最大值:1.474 9。

4.6 旋光度(25℃)

−5.4°～−11.3°。

4.7 凝固点

11℃～14℃。

4.8 酯值

最小值:18;

最大值:24。

4.9 气相色谱定量

用毛细管气相色谱法对中国苦水玫瑰油进行质量评定。表1是由气相色谱分析确定的质量评价组分的含量范围。

表1 气相色谱内部归一化法定量组分表

组 分	含量范围/(%)
乙 醇	≤1.0
β-苯乙醇	<0.1
芳樟醇	1.0～1.7
香茅醇	44.5～60.0
橙花醇	<0.1
香叶醇	5.7～16.0
二十一烷	0.6～1.7
二十三烷	1.3～2.4
注:相对于附录A中国苦水玫瑰油典型气相色谱图,此表是规范性的。	

5 取样

按GB/T 14455.2的规定执行,检验样品最小体积为25 mL。

6 试验方法

6.1 色泽

按GB/T 14454.3的规定执行。

6.2 香气

按GB/T 14454.2的规定执行。

6.3 相对密度(d_{25}^{25})

按GB/T 14455.4的规定执行。

6.4 折光指数(25℃)

按GB/T 14454.4的规定执行。

6.5 旋光度(25℃)

按GB/T 14454.5的规定执行。

6.6 凝固点

按ISO 1041的规定执行。

6.7 酯值

按GB/T 14455.6的规定执行。

6.8 气相色谱定量

按GB 11538的规定执行。

7 结果判定

出口中国苦水玫瑰油质量应符合本标准规定的技术要求。

8 包装、标记、贮存、运输

8.1 包装

玫瑰油的包装容器应为新的、密封的、结实的、耐长途运输；清洁干燥，不带任何可能改变玫瑰油品质、组成或香气的物质。

8.2 标记

包装容器上的标记要求明显、清晰、耐久，不应随着储藏运输过程而脱落。

标记至少应具有以下内容：

a) 商品名称。可以根据需要注明通用的商业名称、商标等。

b) 毛重、皮重及净重。

8.3 贮存

本产品应贮存在干燥通风的、阴凉的储藏室内，防止杂气污染。在符合规定的储运条件，包装完整，未经启封的情况下，本产品检验有效期为6个月。

8.4 运输

运输时防止日晒雨淋，远离火源。

附　录　A
（资料性附录）
中国苦水玫瑰油气相色谱图

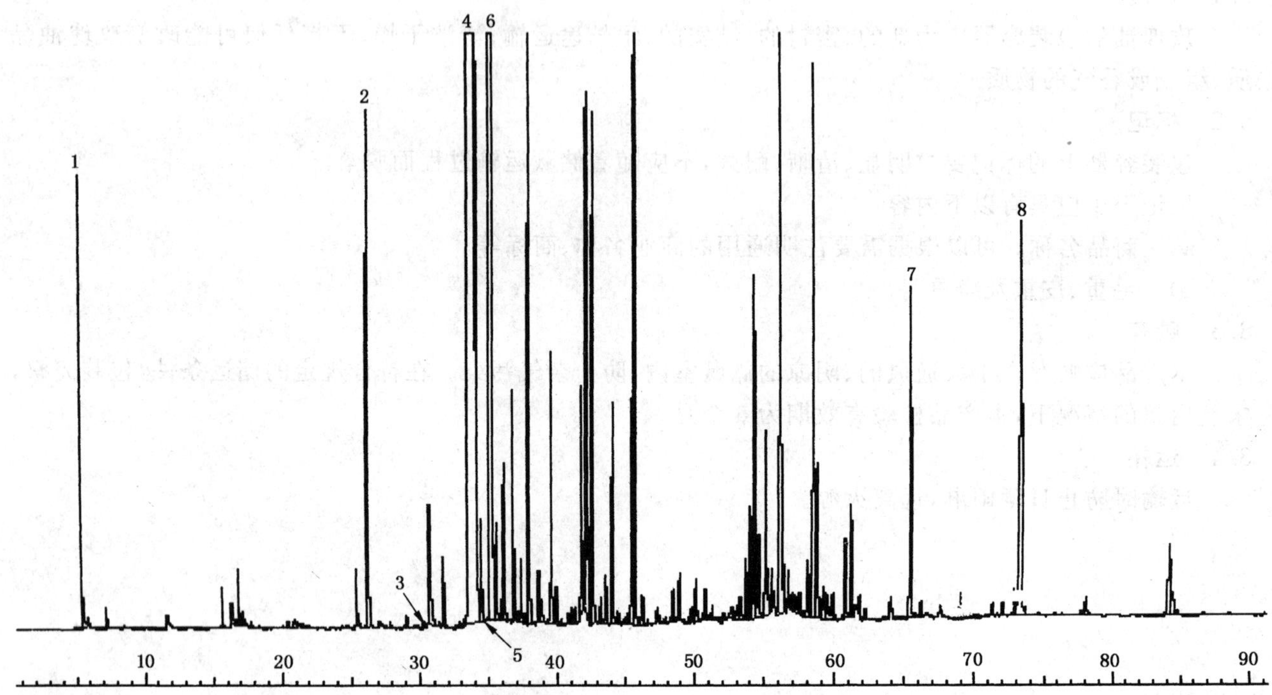

1——乙醇；　　5——橙花醇；
2——芳樟醇；　6——香叶醇；
3——β-苯乙醇；7——二十一烷；
4——香茅醇；　8——二十三烷。

操作条件

色谱柱：石英毛细管柱，OV1701，长度 50 m，内径 0.25 mm；

固定相：7%氰丙基 7%苯基甲基聚硅氧烷；

涂层厚度：0.25 μm；

柱温：初始温度 40℃，以速率 5℃/min 升温到 120℃，恒温 3 min，然后以速率 3℃/min 升温到 260℃，恒温 54 min；

进样器温度：280℃；

检测器温度：280℃；

检测器：FID；

载气：氮气；

进样体积：0.4 μL；

载气流速：1 mL/min；

分流比：1/100。

图 A.1　中极性柱的典型气相色谱图

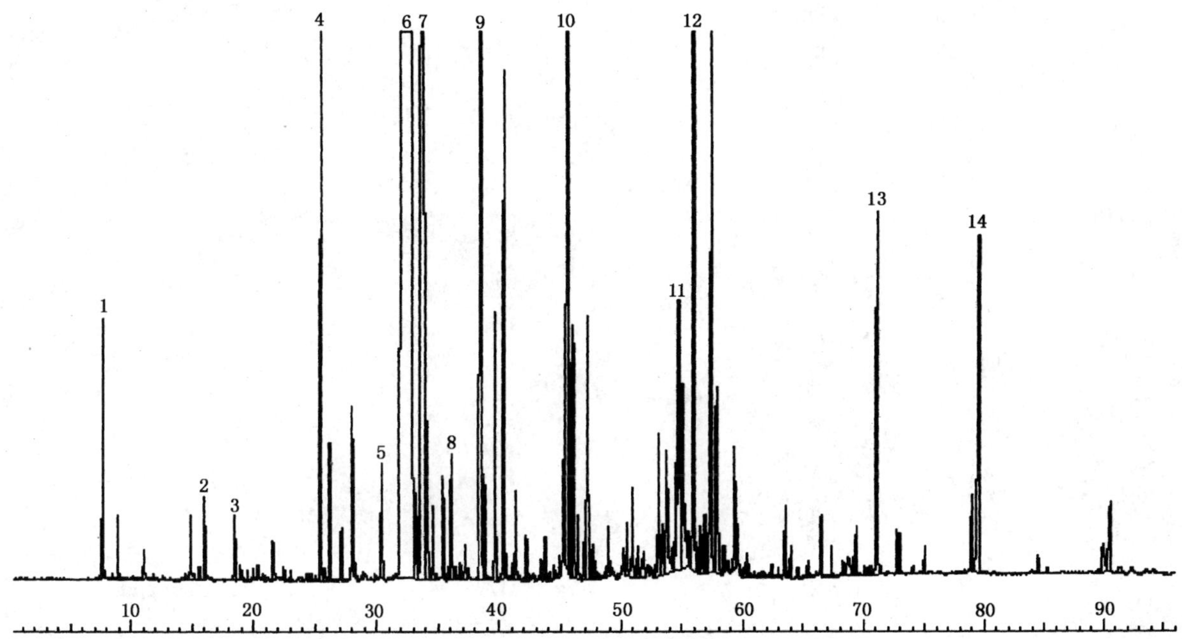

1——乙醇；	8——柠檬醛；
2——庚醛；	9——乙酸香茅酯；
3——顺式氧化玫瑰；	10——丁子香酚甲醚；
4——芳樟醇；	11——反式金合欢醇；
5——α-松油醇；	12——顺式金合欢醇；
6——香茅醇；	13——二十一烷；
7——香叶醇；	14——二十三烷。

操作条件

色谱柱：石英毛细管柱，OV101，长度 50 m，内径 0.25 mm；

固定相：100％甲基聚硅氧烷(流体)；

涂层厚度：0.25 μm；

柱温：初始温度 40℃，以速率 5℃/min 升温到 120℃，恒温 3 min，然后以速率 3℃/min 升温到 260℃，恒温 54 min；

进样器温度：280℃；

检测器温度：280℃；

检测器：FID；

载气：氮气；

进样体积：0.4 μL；

载气流速：1 mL/min；

分流比：1/100。

图 A.2　非极性柱的典型气相色谱图

中华人民共和国出入境检验检疫行业标准

SN/T 1640—2005

中国型冬青油

Oil of wintergreen, China [*Gaultheria yunnanensis* (Franch) Rehd.]

2005-09-30 发布　　　　2006-05-01 实施

中华人民共和国国家质量监督检验检疫总局 发布

前　言

本标准附录A为资料性附录。

本标准由国家认证认可监督管理委员会提出并归口。

本标准起草单位：中华人民共和国福建出入境检验检疫局、中华人民共和国云南出入境检验检疫局、中华人民共和国广东出入境检验检疫局、中华人民共和国广西出入境检验检疫局。

本标准主要起草人：梁鸣、王云舟、冯劲华、姜晓黎、蔡春平、翁若荣、周明辉、郑建国、肖前、余敏。

本标准为首次发布的出入境检验检疫行业标准。

中国型冬青油

1 范围

本标准规定了中国型冬青油的技术要求、试验方法。

本标准适用于中国型冬青油的质量评估。

2 规范性引用文件

下列文件中的条款通过本标准的引用而成为本标准的条款。凡是注日期的引用文件，其随后所有的修改单(不包括勘误的内容)或修订版均不适用于本标准，然而，鼓励根据本标准达成协议的各方研究是否可使用这些文件的最新版本。凡是不注日期的引用文件，其最新版本适用于本标准。

ISO/TR 210　精油　包装和贮存的通用要求

ISO/TR 211　精油　容器的标签和标记的通用要求

ISO 212　精油　取样方法

ISO 279　精油　20℃时相对密度的测定-参比法

ISO 280　精油　折光指数的测定

ISO 592　精油　旋光度的测定

ISO 709　精油　酯值的测定

ISO 875　精油　乙醇中溶混度的评估

ISO 1242　精油　酸值的测定

ISO 4715　精油　蒸发残留量的评估

ISO 11024-1　精油　色谱图像通用要求　第一部分　标准中色谱图像的建立

ISO 11024-2　精油　色谱图像通用要求　第二部分　精油色谱图像的利用

3 术语和定义

下列术语和定义适用于本标准。

3.1

中国型冬青油　oil of wintergreen，China

用水蒸气蒸馏法从生长在中国南部地区，种植或野生的冬青[*Gaultheria yunnanensis* (Franch) Rehd.]的树叶、茎和小枝中获得的精油。

4 技术要求

4.1 外观

清晰、透明流动的液体。

4.2 色泽

无色、浅黄色。

4.3 香气

具有清涩的药草香。强烈而特殊的甜芳香气和香味，带有一种特殊的似果香样的头香和稍带甜木的尾香。

4.4 相对密度测定 d_{20}^{20}

最小值 1.160，最大值 1.195。

4.5 **折光指数(20℃)**

最小值 1.523 0,最大值 1.543 0。

4.6 **旋光度(20℃)**

最小值−1°,最大值+1°。

4.7 **在 80%(体积分数)乙醇中的溶混度(20℃)**

1 体积试样全溶于不大于 4 体积的 80%(体积分数)乙醇中,呈澄清溶液。

4.8 **酸值**

小于等于 1.5。

4.9 **酯值**

最小值 338,最大值 380。

4.10 **蒸发后残留物**

小于等于 0.12%。

4.11 **色谱图像**

用气相色谱法对精油进行分析。在所获得的色谱图中,必须标注表 1 所给的代表性的和特征性的组分。用积分仪计算出的这些组分的比例见表 1。中国型冬青油典型色谱图像参见附录 A。

表 1 中国型冬青油特征组分

成　　分	最小值/(%)	最大值/(%)
α-蒎烯	痕量	0.20
β-蒎烯	痕量	0.05
1,8-桉叶素	痕量	0.40
芳樟醇 1	痕量	0.20
水杨酸甲酯	97.0	99.8
水杨酸乙酯	痕量	0.3

4.12 **闪点**

中国型冬青油的闪点:平均值为+96℃,用闭口杯法测定。

5 取样方法

按 ISO 212。试样的最小量为 150 mL。

6 试验方法

6.1 **20℃时的相对密度**

按 ISO 279 执行。

6.2 **20℃时的折光指数**

按 ISO 280 执行。

6.3 **20℃时的旋光度**

按 ISO 592 执行。

6.4 **20℃时的 80%(体积分数)乙醇中的溶混度**

按 ISO 875 执行。

6.5 **酸值**

按 ISO 1242 执行。

6.6 酯值

按 ISO 709 执行。

6.7 蒸发后残留物

按 ISO 4715 执行。试样量:2.0 g,蒸发时间:3 h。

6.8 色谱图像

按 ISO 11024-1 和 ISO 11024-2 方法检查色谱柱。

6.8.1 气相色谱操作条件(非极性柱)

——色谱柱:OV-1,30 m×0.32 mm(内径),膜厚 1.5 μm;

——柱温:初始温度 100℃,然后从 100℃以 2℃/min 的速率升温至 130℃,130℃恒温 8 min;再从 130℃以 5℃/min 的速率升温至 200℃,200℃恒温 10 min;

——进样口温度:250℃;

——检测器温度:280℃;

——检测器:氢火焰离子化检测器;

——载气:氮气;

——进样量:0.2 μL;

——载气流速:1.0 mL/min;

——分流比:80∶1。

6.8.2 气相色谱操作条件(极性柱)

——色谱柱:PEG-20M,30 m×0.32 mm(内径),膜厚 0.5 μm;

——柱温:初始温度 100℃,然后从 100℃以 2℃/min 的速率升温至 130℃,130℃恒温 8 min;再从 130℃以 5℃/min 的速率升温至 200℃,200℃恒温 10 min;

——进样口温度:250℃;

——检测器温度:280℃;

——检测器:氢火焰离子化检测器;

——载气:氮气;

——进样量:0.2 μL;

——载气流速:1.0 mL/min;

——分流比:80∶1。

7 包装、标签、标记和贮存

按 ISO/TR 210 和 ISO/TR 211 执行。

附　录　A
（资料性附录）
中国型冬青油典型气相色谱图

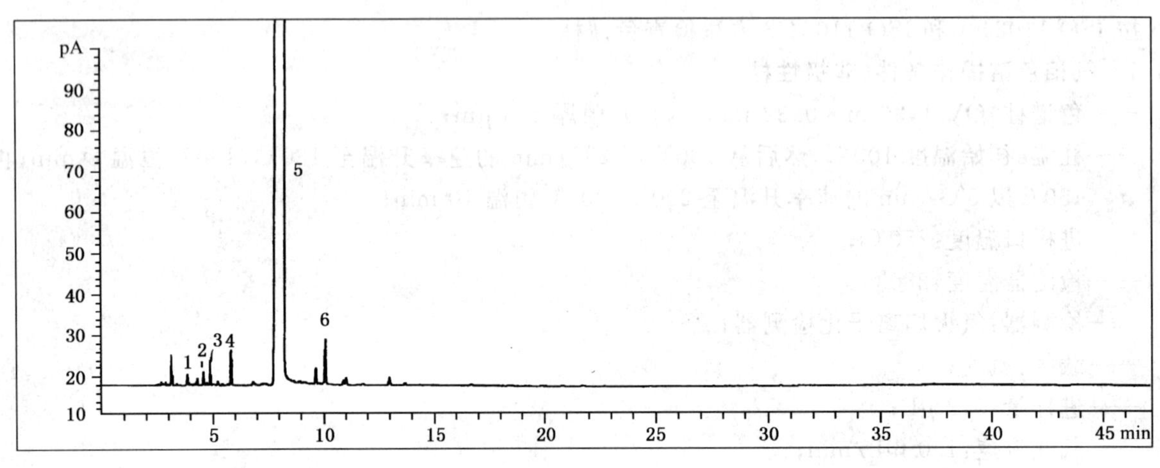

1——α-蒎烯；　3——1,8-桉叶素；　5——水杨酸甲酯；
2——β-蒎烯；　4——芳樟醇；　6——水杨酸乙酯。

图 A.1　非极性柱典型色谱图

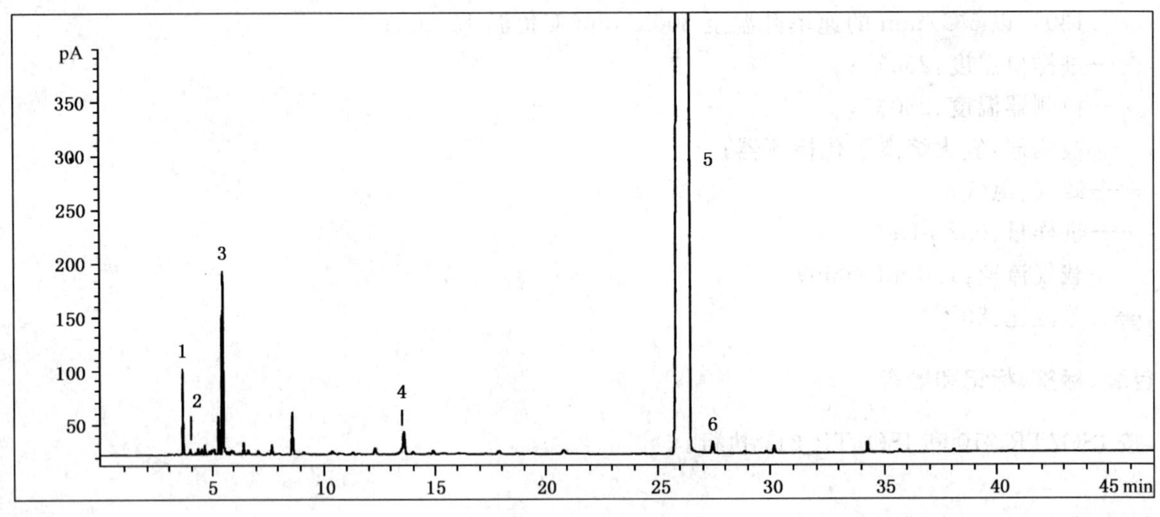

1——α-蒎烯；　3——1,8-桉叶素；　5——水杨酸甲酯；
2——β-蒎烯；　4——芳樟醇；　6——水杨酸乙酯。

图 A.2　极性柱典型色谱图

中华人民共和国出入境检验检疫行业标准

SN/T 2393—2009

进出口洗涤用品和化妆品中全氟辛烷磺酸的测定 液相色谱-质谱/质谱法

Determination of perfluorooctane sulfonic acid (PFOS) in cosmetic and abstergent for import and export—LC-MS/MS

2009-09-02 发布　　　　2010-03-16 实施

中华人民共和国国家质量监督检验检疫总局 发布

前　言

本标准附录 A、附录 B 和附录 C 均为资料性附录。

本标准由国家认证认可监督管理委员会提出并归口。

本标准由中华人民共和国吉林出入境检验检疫局负责起草。

本标准主要起草人:张代辉、卢利军、牟峻、马书民、姜莉、董奥、芦春梅、张慧玲。

本标准系首次发布的出入境检验检疫行业标准。

进出口洗涤用品和化妆品中全氟辛烷磺酸的测定液相色谱-质谱/质谱法

1 范围

本标准规定了进出口洗涤用品和化妆品中全氟辛烷磺酸(PFOS)的液相色谱-质谱/质谱检测方法。

本标准适用于洗涤用品和化妆品中PFOS的检测和确证。

2 规范性引用文件

下列文件中的条款通过本标准的引用而成为本标准的条款。凡是注日期的引用文件,其随后所有的修改单(不包括勘误的内容)或修订版均不适用于本标准,然而,鼓励根据本标准达成协议的各方研究是否可使用这些文件的最新版本。凡是不注日期的引用文件,其最新版本适用于本标准。

GB/T 6682 分析实验室用水规格和试验方法

3 原理

粉状、膏状和棒状样品采用快速溶剂萃取仪经甲醇提取,液体样品、油状液体样品采用液液分配经甲醇提取,油状液体样品再经C_{18}固相萃取柱净化,样液经浓缩定容后,供液相色谱-质谱/质谱仪测定和确证,外标法定量。

4 试剂和材料

除另有规定外,所用试剂均为分析纯,水为GB/T 6682规定的一级水。

4.1 甲醇:色谱纯。

4.2 甲酸:色谱纯。

4.3 硅藻土:80目~120目。

4.4 PFOS标准品(perfluorooctane sulfonic acid,$C_8HF_{17}O_3S$,1,1,2,2,3,3,4,4,5,5,6,6,7,7,8,8,8-十七氟辛烷-1-磺酸,CAS 1763-23-1):纯度大于等于97%。

4.5 标准储备溶液:准确称取适量的PFOS标准品,用甲醇配制成1.0 mg/mL的标准贮备液,在0 ℃~4 ℃冰箱中保存。

4.6 标准工作溶液:根据需要用甲醇稀释配制适当浓度的标准工作液,现用现配。

4.7 固相萃取柱:BOND ODS-C_{18},1.0 g,6 mL,或相当者。

4.8 微孔滤膜:有机系,0.20 μm。

5 仪器与设备

5.1 液相色谱-串联四极杆质谱仪:配有电喷雾离子源(ESI)。

5.2 快速溶剂萃取仪。

5.3 往复式电动振荡器。

5.4 超声波发生器。

5.5 分析天平:感量为0.1 mg。

5.6 旋转蒸发器。

5.7 离心机：4 000 r/min。

5.8 涡旋混合器。

5.9 离心管：50 mL，聚丙烯，具塞。

5.10 浓缩瓶：50 mL、250 mL。

5.11 移液器：1 000 μL、100 μL。

5.12 微波提取仪。

6 测定步骤

6.1 提取和净化

6.1.1 固体和半固体样品

6.1.1.1 粉状、膏状、棒状型样品

称取 2 g 试样(精确到 0.01 g)(半固体样品需加入约 1 g 硅藻土，搅拌均匀)。放入洁净的萃取池中，池内样品的上下两层均用专用滤膜保护，轻轻压实至池底部，参见附录 A 规定的条件进行提取。

提取完毕后，将提取液转移至 250 mL 浓缩瓶中，在 40 ℃水浴中旋转蒸发，浓缩。用甲醇定容至 20 mL，取 1 mL 溶液用 0.2 μm 滤膜过滤，滤液供 LC-MS/MS 测定。

6.1.1.2 牙膏样品

称取 2 g 试样(精确到 0.01 g)，加入 0.5 g 沸石，加入 20 mL 甲醇，用微波提取 5 min，于 4 000 r/min 条件下离心 10 min。将上清液移入 250 mL 浓缩瓶中，淋洗萃取池两次，合并淋洗液，其余同上。

6.1.2 液体样品

称取 2 g 试样(精确到 0.01 g)于 50 mL 离心管中，加入 30 mL 甲醇，用振荡器振荡提取 30 min，再超声提取 20 min。置离心机中，以 4 000 r/min 离心 10 min。吸取上清液于 250 mL 浓缩瓶中。重复上述提取步骤，合并提取液，在 40 ℃水浴中旋转蒸发，浓缩。用甲醇定容至 20 mL，取 1 mL 溶液用0.2 μm 滤膜过滤，滤液供 LC/MS/MS 测定。

6.1.3 乳剂、油状液体样品

称取 2 g 试样(精确到 0.01 g)，于 50 mL 离心管中，加入 5 mL 甲醇，用涡旋混合器混匀，置离心机中，4 000 r/min 离心 10 min。用 5 mL 水和 5 mL 甲醇预淋洗 ODS-C_{18} 柱，取甲醇相，移入 C_{18} 同相萃取柱。用 5 mL 甲醇进行淋洗，控制洗脱流速在 1 mL/min。收集全部洗脱液于 50 mL 浓缩瓶中，于 40 ℃水浴中旋转浓缩。用甲醇定容至 20 mL，取 1 mL 溶液经 0.2 μm 滤膜过滤，滤液供 LC-MS/MS 测定。

6.2 测定

6.2.1 液相色谱-质谱/质谱条件

a) 色谱柱：C_{18} 柱，150 mm×2.1 mm(内径)，3.5 μm；

b) 柱温：30 ℃；

c) 进样量：10 μL；

d) 流动相：甲醇+0.1%甲酸水溶液(70+30，体积比)；

e) 流速：0.20 mL/min；

f) 离子源：电喷雾离子源(ESI)；

g) 扫描方式：负离子扫描；

h) 检测方式：多反应监测(MRM)，定量离子对(m/z)499.9＞80.0，定性离子对(m/z)499.9＞99.0和 499.9＞80.0；

i) 其他质谱参数参见附录 B。

6.2.2 **标准曲线绘制**

在本标准确定的实验条件下，取一系列 PFOS 的标准溶液，浓度为 0.01 μg/mL、0.02 μg/mL、0.05 μg/mL、0.10 μg/mL、0.20 μg/mL、0.50 μg/mL、1.00 μg/mL，供液相色谱-质谱/质谱测定，得到标准工作曲线。

6.2.3 **定量测定**

待仪器稳定后，将样液进行测定，在上述色谱条件下 PFOS 的参考保留时间约为：1.60 min，PFOS 标准品多反应监测色谱图参见附录 C；定量离子对为 499.9＞80.0，外标法定量。

6.2.4 **定性测定**

按照液相色谱-质谱/质谱条件测定样品和标准工作溶液，如果检测的质量色谱峰保留时间与标准品一致，所有选择离子对(499.9＞80.0，499.9＞99.0)均应出现，则根据定性选择离子对的种类及其相对丰度比对其进行阳性确证。定性时应当与浓度相当标准溶液的相对丰度一致，相对丰度允许偏差不超过表 1 规定的范围，则可判定样品中存在对应的被测物。

表 1 定性确证时相对离子丰度的最大允许偏差

相对离子丰度/%	＞50	＞20～50	＞10～20	⩽10
允许的相对偏差/%	±20	±25	±30	±50

6.2.5 **空白试验**

除不加试样外，均按上述操作步骤进行。

7 结果计算和表达

用色谱数据处理机或用标准曲线按式(1)计算试样中 PFOS 含量：

$$X = c \times V/m \qquad (1)$$

式中

X——试样中 PFOS 含量，单位为毫克每千克(mg/kg)；

c——标准曲线查得的 PFOS 的浓度，单位为微克每毫升(μg/mL)；

V——样液稀释后总体积，单位为毫升(mL)；

m——试样质量，单位为克(g)。

计算结果应扣除空白值。

8 测定低限

测定低限为 0.10 mg/kg

9 方法的回收率和精密度

样品中 PFOS 的添加浓度及其回收率、精密度实验数据见表 2，在 0.10 mg/kg～10.0 mg/kg 水平时，平均回收率为 77.3%～98.5%。

表 2 不同添加水平平均回收率和精密度数据(n=10)

样品名称	添加浓度/(mg/kg)	回收率/%	精密度/%
护肤品	0.10	78.2～82.1	6.0
	1.0	80.5～86.3	5.8
	10.0	79.8～87.2	4.1
香水	0.10	83.1～95.6	3.9
	1.0	85.2～96.4	4.2
	10.0	85.0～95.5	3.8

表 2（续）

样品名称	添加浓度/(mg/kg)	回收率/%	精密度/%
牙膏	0.10	77.3～95.1	3.5
	1.0	79.2～96.5	3.6
	10.0	78.5～98.1	4.2
洗涤剂	0.10	86.1～96.9	6.8
	1.0	87.5～98.5	5.7
	10.0	86.3～97.9	7.1

附　录　A
（资料性附录）
快速溶剂萃取仪萃取条件[1)]

快速溶剂萃取仪萃取条件：

a）　样品池温度：70 ℃；

b）　压力：1 500 psi；

c）　加热时间：5 min；

d）　静态萃取时间：5 min；

e）　溶剂：甲醇；

f）　冲洗体积：甲醇（60％的样品池体积）；

g）　氮气吹扫：60 s；

h）　循环次数：2 次。

1）　非商业性声明：附录 A 所列参数是在 ASE300 快速萃取仪上完成的，此处列出试验用仪器型号仅是为了提供参考，并不涉及商业目的，鼓励标准使用者尝试采用不同厂家或型号的仪器。

附 录 B
（资料性附录）
API 4000 LC-MS/MS 质谱条件[2)]

电喷雾离子源参考条件：

a） 气帘气(CUR)：25 psi；

b） 雾化气(GS1)：30 psi；

c） 辅助气(GS2)：20 psi；

d） 电喷雾电压(IS)：－4 500.00 V；

e） 碰撞气(CAD)：6.0 psi；

f） 离子源温度(TEM)：550.0 ℃；

g） 去簇电压(DP)：－90 V；

h） 碰撞能量(CE)：499.9＞80.0 离子对为－13 V，499.9＞99.0 离子对为－20 V。

2） 非商业性声明：附录 B 所列参数是在 API4000 质谱仪上完成的，此处列出试验用仪器型号仅是为了提供参考，并不涉及商业目的，鼓励标准使用者尝试采用不同厂家或型号的仪器。

附　录　C
（资料性附录）
PFOS 标准品的多反应监测色谱图

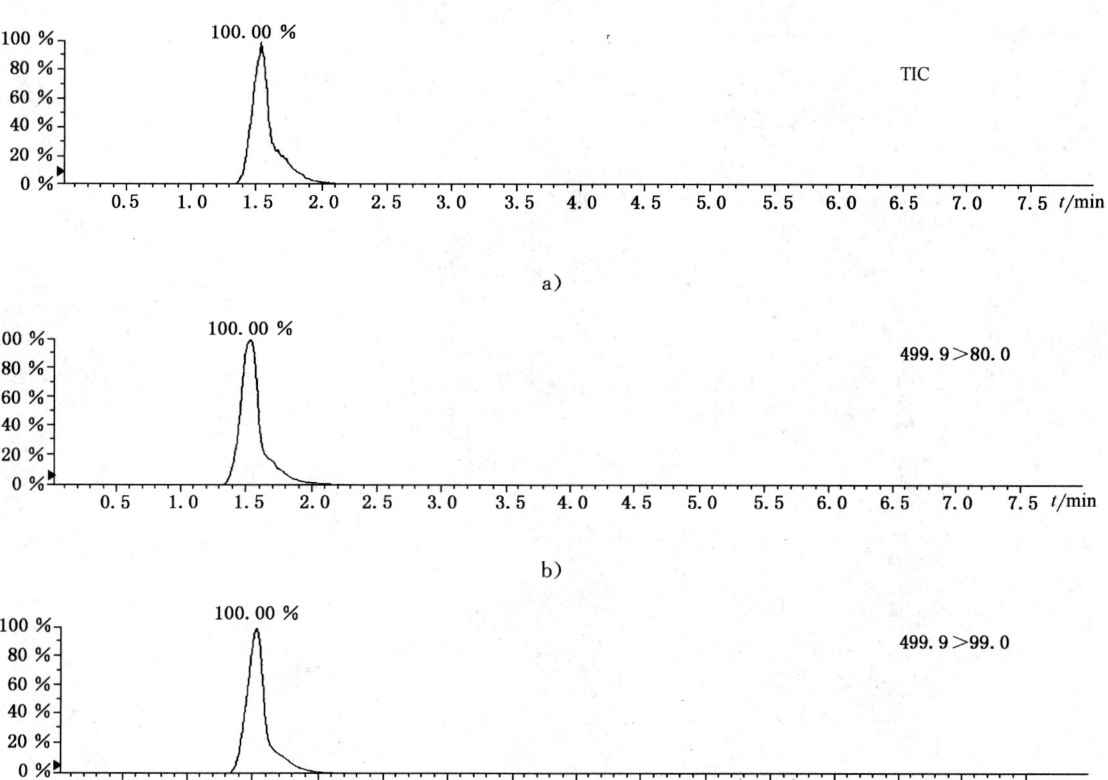

图 C.1　PFOS 标准品的多反应监测色谱图

中华人民共和国出入境检验检疫行业标准

SN/T 2484—2010

精油中砷、钡、铋、镉、铬、汞、铅、锑含量的测定方法 电感耦合等离子体质谱法

Determination of As, Ba, Bi, Cd, Cr, Hg, Pb, Sb content in essential oil—Inductively coupled plasma-mass spectrometry

2010-03-02 发布　　　　2010-09-16 实施

中华人民共和国国家质量监督检验检疫总局 发布

前 言

本标准的附录 A、附录 B 均为资料性附录。

本标准由国家认证认可监督管理委员会提出并归口。

本标准由中华人民共和国深圳出入境检验检疫局负责起草,中华人民共和国福建出入境检验检疫局、中华人民共和国甘肃出入境检验检疫局、中华人民共和国广西出入境检验检疫局参加起草。

本标准主要起草人:陈向阳、余淑媛、刘贤杰、刘丽、刘志红、李彬、麦志喜、许蔡明、郑红文、黄中华。

本标准是首次发布的出入境检验检疫行业标准。

精油中砷、钡、铋、镉、铬、汞、铅、锑含量的测定方法 电感耦合等离子体质谱法

警告：使用本标准的人员应具有正规实验室工作的实践经验。本标准并未指出所有可能的安全问题。使用者有责任采取适当的安全和健康措施，并保证符合国家有关规定的条件。

1 范围

本标准规定了电感耦合等离子体质谱法测定精油中砷、钡、铋、镉、铬、汞、铅、锑含量的方法。

本标准适用于精油中砷、钡、铋、镉、铬、汞、铅、锑含量的测定。

本标准测定低限列于表1。

表1 方法测定低限

元素	As	Ba	Bi	Cd	Cr	Hg	Pb	Sb
检测低限/(μg/kg)	50	70	40	50	80	20	20	80

2 规范性引用文件

下列文件中的条款通过本标准的引用而成为本标准的条款。凡是注日期的引用文件，其随后所有的修改单(不包括勘误的内容)或修订版均不适用于本标准，然而，鼓励根据本标准达成协议的各方研究是否可使用这些文件的最新版本。凡是不注日期的引用文件，其最新版本适用于本标准。

GB/T 602 化学试剂 杂质测定用标准溶液的制备

GB/T 6379.2 测量方法与结果的准确度(正确度与精密度) 第2部分：确定标准测量方法重复性与再现性的基本方法

GB/T 6682 分析实验室用水规格和试验方法

3 方法提要

试样加入硝酸、过氧化氢经微波消解后定容，直接用电感耦合等离子体质谱法测定，根据外标法定量。

4 试剂

除非另有说明，在分析中仅使用符合要求的优级纯试剂。

4.1 水，符合 GB/T 6682 规定的一级水的要求。

4.2 硝酸(ρ=1.42 g/mL，65%)。

4.3 硝酸(5%，体积比)。

4.4 过氧化氢(ρ=1.10 g/mL，39%)。

4.5 砷、钡、铋、镉、铬、铅、锑、汞标准溶液(100 μg/mL)：按 GB/T 602 方法配制，标液浓度为 100 μg/mL。或者直接使用有标准物质证书的有效期内的元素标液，标液浓度为 1 000 μg/mL，吸取 10 mL 该标准溶液于 100 mL 容量瓶中，后用硝酸(4.3)定容，得到 100 μg/mL 的砷、钡、铋、镉、铬、铅、锑、汞标准溶液。

4.6 砷、钡、铋、镉、铬、铅、锑混合标准溶液(5 μg/mL):吸取 5 mL 砷、钡、铋、镉、铬、铅、锑标准溶液(4.5)于 100 mL 容量瓶中,后用硝酸(4.3)定容,得到 5 μg/mL 的砷、钡、铋、镉、铬、铅、锑混合标准溶液。

4.7 汞标准溶液(5 μg/mL):吸取 5 mL 汞标准溶液(4.5)于 100 mL 容量瓶中,后用硝酸(4.3)定容,得到 5 μg/mL 的汞标准溶液。

4.8 系列标准工作溶液:吸取 10 mL 的 5 μg/mL 砷、钡、铋、镉、铬、铅、锑混合标准溶液(4.6)和 10 mL 汞标准溶液(4.7)于 100 mL 容量瓶中,后用硝酸(4.3)定容,得到 500 μg/L 的混合标准溶液。之后,逐级稀释配制浓度为 50、5、0.5 μg/L 的标准溶液。

5 仪器与设备

5.1 高压密闭微波消解仪,配聚四氟乙烯或其他合适的压力罐[最高耐压 10 342.5 kPa(1 500 psi),最高耐温 300 ℃],仪器的工作条件参见附录 A。

5.2 电感耦合等离子体质谱仪,仪器的工作条件参见附录 B。

5.3 分析天平:精度为 0.1 mg。

5.4 玻璃与塑料器皿:试验中所用的所有玻璃与塑料器皿均需用 10% 的硝酸浸泡过夜,清洗,然后用水冲洗干净,再用蒸馏水冲洗,最后用超纯水清洗 3 次以上。

6 分析步骤

6.1 试料

微波消解称取试样约 200 mg,精确至 0.1 mg。

6.2 空白试验

每次操作,都应该在相同条件下随同试样进行空白试验。

6.3 试样消解

将试料(6.1)置于微波消解罐中,分别加入 10 mL 硝酸(4.2)、1 mL 过氧化氢(4.4)。将消解罐封闭,按照附录 A 给出的微波消解程序进行消解。

消解罐冷却至室温后,打开消解罐,将消解溶液转移至 50 mL 的容量瓶中,用少量硝酸(4.3)洗涤内罐和内盖 3 次,将洗涤液并入容量瓶,用水稀释至刻度。

6.4 测定

6.4.1 绘制校准曲线

按要求对电感耦合等离子体质谱仪进行调谐,然后参照附录 B 的仪器工作条件,按浓度由低至高依次测定系列标准工作溶液(4.8),绘制校准曲线,各元素校准曲线的线性相关系数(γ)应大于等于 0.999。

6.4.2 测定

每个试样进行两次平行测定。在相同条件下测量试剂空白溶液和样品溶液。根据工作曲线和消解溶液的谱线强度值,仪器给出消解溶液中待测元素的浓度值。

如果消解溶液中某元素的浓度超出校准曲线的线性范围,则应该对消解溶液用硝酸溶液(4.3)进行适当稀释至校准曲线范围水平后再测定该元素。

7 结果

7.1 结果计算

样品中砷、钡、铋、镉、铬、汞、铅、锑的含量以各元素的质量分数(W)计,数值以微克每千克(μg/kg)表示,按式(1)计算:

$$W = \frac{(c_1 - c_0) \times V \times F}{m} \qquad \cdots\cdots (1)$$

式中：

c_1——样品消解溶液中元素的浓度，单位为微克每升(μg/L)；

c_0——试剂空白溶液中元素的浓度，单位为微克每升(μg/L)；

F——消解溶液稀释倍数；

V——消解溶液定容体积，单位为毫升(mL)；

m——试样的质量，单位为克(g)。

取两次平行测定结果的平均值，并保留两位小数。

7.2 精密度

六个实验室对本底不含八种元素的实际精油样品添加3组不同浓度水平的八种元素的混标进行回收率试验，得出的检测数据，根据GB/T 6379.2进行计算，得到本方法的精密度列于表2。

表2 八种重金属元素的精密度试验(以μg/kg表示)

元　素	添加水平	重现性限 r	再现性限 R
As	0.5 μg/L	0.026 1	0.038 8
	50 μg/L	1.983 4	3.930 4
	500 μg/L	10.146 5	21.178 3
Ba	0.5 μg/L	0.044 5	0.065 1
	50 μg/L	2.517 1	3.402 7
	500 μg/L	12.050 7	18.724 0
Bi	0.5 μg/L	0.018 7	0.028 4
	50 μg/L	2.671 5	6.558 2
	500 μg/L	11.563 1	21.655 2
Cd	0.5 μg/L	0.029 6	0.049 2
	50 μg/L	1.067 1	3.089 6
	500 μg/L	10.440 6	19.110 3
Cr	0.5 μg/L	0.047 8	0.056 5
	50 μg/L	3.847 6	4.990 7
	500 μg/L	17.923 5	21.673 2
Hg	0.5 μg/L	0.048 9	0.067 1
	50 μg/L	1.501 8	3.132 7
	500 μg/L	10.747 4	18.258 5
Pb	0.5 μg/L	0.047 7	0.070 1
	50 μg/L	1.556 9	2.846 1
	500 μg/L	17.447 2	24.206 9
Sb	0.5 μg/L	0.030 0	0.039 3
	50 μg/L	0.635 4	4.859 0
	500 μg/L	7.243 1	18.619 6

附 录 A
（资料性附录）
高压密闭微波消解仪工作条件

根据消解样品的个数，选用适当的消解功率，微波消解样品的温度控制程序如表 A.1 所示。

表 A.1 微波消解样品的温度控制程序

步 骤	时间/min	温度/℃
升温 1	15	210
恒温 2	20	210
降温 3	—	室温

附 录 B
（资料性附录）
电感耦合等离子体质谱仪工作条件

Agilent 7500 Ce 电感耦合等离子体质谱仪。雾化器：0.1 mL/min 微流同心雾化器；雾化室：Piltier 半导体控温于 2 ℃±0.1 ℃；炬管：石英一体化，2.5 mm 中心通道；样品镍采样锥 1.0 mm，截取锥 0.4 mm；氧化物＜1.5%，双电荷＜3.0%。其他仪器参数见表 B.1：

表 B.1 电感耦合等离子体质谱仪参考工作条件

仪器参数	设定值
射频功率	1 500 W
等离子体气体	15 L/min
载气	0.9 L/min
冷却气	1.0 L/min
混合气	0.25 L/min
采样深度	8.8 mm
样品提升速率	200 mL/min
分析模式	全定量
积分时间	As，Hg 为 0.5 s，其余元素为 0.1 s
重复测定次数	3
测定元素同位素	^{53}Cr，^{75}As，^{111}Cd，^{121}Sb，^{137}Ba，^{202}Hg，^{208}Pb，^{209}Sb

中华人民共和国出入境检验检疫行业标准

SN/T 2789—2011

香紫苏油中乙酸芳樟酯和芳樟醇含量的测定 气相色谱法

Determination of linalyl-acetate and linalool content in Clary sage oil—Gas chromatography method

2011-02-25 发布　　2011-07-01 实施

中华人民共和国国家质量监督检验检疫总局 发布

前　言

本标准按照GB/T 1.1—2009给出的规则起草。

本标准由国家认证认可监督管理委员会提出。

本标准由国家认证认可监督管理委员会归口。

本标准起草单位：中华人民共和国福建出入境检验检疫局、中华人民共和国深圳出入境检验检疫局。

本标准主要起草人：梁鸣、姜晓黎、刘丽、唐熙、翁若荣。

香紫苏油中乙酸芳樟酯和芳樟醇含量的测定　气相色谱法

1　范围

本标准规定了香紫苏油中乙酸芳樟酯和芳樟醇含量的毛细管柱气相色谱测定方法。

本标准适用于以天然香紫苏植物(*Salvia sclarea* L.)的茎、叶和花穗水蒸汽蒸馏而得到的香紫苏油中乙酸芳樟酯和芳樟醇含量的测定。

2　规范性引用文件

下列文件对于本文件的应用是必不可少的。凡是注日期的引用文件,仅注日期的版本适用于本文件。凡是不注日期的引用文件,其最新版本(包括所有的修改单)适用于本文件。

GB/T 11538　精油　毛细管柱气相色谱分析通用法(ISO 7609—1985,IDT)

GB/T 14454.1　香料　试样制备(GB/T 14454.1—2008,ISO 356:1996,MOD)

3　方法提要

用毛细管柱气相色谱对香紫苏油中各组分进行分离,氢火焰离子化检测器检测,以内标法对香紫苏油中乙酸芳樟酯和芳樟醇含量进行定量。

4　试剂和材料

除另有说明外,所用试剂均为分析纯。

4.1　无水乙醇:按7.1条件测定无干扰峰。

4.2　芳樟醇标准物质:CAS号78-70-6,纯度不低于99.0%或已知含量。

4.3　乙酸芳樟酯标准物质:CAS号115-95-7,纯度不低于99.0%或已知含量。

4.4　内标物:正癸醛(*n*-Decanal),CAS号112-31-2,纯度不低于99.0%或已知含量。

5　仪器和设备

5.1　气相色谱仪:配有氢火焰离子化检测器(FID),具有分流/不分流毛细管柱用进样口,能控制程序升温的色谱仪。

5.2　微量注射器:1 μL、5 μL。

5.3　容量瓶:10.0 mL。

6　试样

6.1　试样制备

按GB/T 14454.1规定制备试样。

6.2 标准工作液的配制

称取 50 mg 芳樟醇(4.2)、50 mg 乙酸芳樟酯(4.3)和 50 mg 正癸醛(4.4)(精确至 0.1 mg),于容量瓶(5.3)中,用乙醇(4.1)溶解并定容至 10.0 mL。

6.3 测试样品的制备

称取约 120 mg 试样(内含乙酸芳樟酯约 50 mg)和 50 mg 正癸醛(4.4)(精确至 0.1 mg),于容量瓶(5.3)中,用乙醇(4.1)溶解并定容至 10.0 mL。

7 分析步骤

7.1 色谱操作条件

由于测试结果取决于所使用仪器,因此不可能给出气相色谱分析的通用参数。设定的参数应保证色谱测定时被测组分与其他组分能够得到有效的分离,下列给出的参数证明是可行:

a) 色谱柱:内壁涂渍键合有 5%苯基聚硅氧烷固定液(HP-5)的石英毛细管柱 30 m×0.32 mm×0.25 μm,或相当者;
b) 柱温:初温 80 ℃,保持 5 min;以 2 ℃/min 程序升温至 100 ℃,保持 8 min;再以 5 ℃/min 程序升温至 200 ℃,保持 8 min;再以 10 ℃/min 程序升温至 220 ℃,保持 5 min;
c) 进样口温度:250 ℃;
d) 检测器温度:280 ℃;
e) 载气:氮气,流量 1 mL/min,纯度不低于 99.999%;
f) 燃烧气:氢气,纯度不低于 99.999%;
g) 助燃气:空气;
h) 分流比:50∶1。

7.2 测定方法

7.2.1 香紫苏油的典型色谱图

按 7.1 规定设定的色谱操作条件,待仪器稳定后,注入适量按第 6 章规定制备的试样,得到香紫苏油典型色谱图,参见附录 A 中图 A.1,附录 A 表 A.1 给出了香紫苏油主要成分列表。

7.2.2 内标法定量

7.2.2.1 校正因子的测定

按 7.1 色谱操作条件,注入标准工作液(6.2)1 μL,记录芳樟醇(4.2)和乙酸芳樟酯(4.3)及内标(4.4)的色谱图,参见附录 A 中图 A.2。

按 GB/T 11538 中规定,注入适量测试参比的标准工作液,按 7.1 规定条件进行分析。

按式(1)计算相对内标的芳樟醇或乙酸芳樟酯成分的校正因子 K。

$$K=\frac{A_i \times m_s}{A_s \times m_i} \qquad (1)$$

式中:

K ——校正因子;

A_i——标准工作液中内标的峰面积;

m_s——标准工作液中芳樟醇或乙酸芳樟酯的质量,单位为毫克(mg);

A_s——标准工作液中芳樟醇或乙酸芳樟酯的峰面积；

m_i——标准工作液中内标的质量，单位为毫克(mg)。

7.2.2.2 测定

按7.1色谱操作条件，注入试样(6.3)1 μL，记录香紫苏油试样及内标(4.4)的色谱图，参见附录A中图A.3。

柱温稳定后，注入适量的试样，按7.1规定的条件进行分析。

8 结果计算

按式(2)计算试样中芳樟醇或乙酸芳樟酯的含量，以质量分数 w_x 表示：

$$w_x = \frac{A_x \times m_i \times K}{A_i \times m} \times 100 \qquad \cdots\cdots(2)$$

式中：

w_x ——试样中芳樟醇或乙酸芳樟酯的质量分数，%；

A_x ——试样中芳樟醇或乙酸芳樟酯的峰面积；

m_i ——试样中内标的质量，单位为毫克(mg)；

K ——芳樟醇或乙酸芳樟酯相对内标的校正因子；

A_i ——试样中内标的峰面积；

m ——试样的质量，单位为毫克(mg)。

计算结果保留三位有效数字。

9 结果表示

以两次平行测定结果的平均值作为测定结果，两次平行测定结果的相对标准偏差不大于10%。

附　录　A
（资料性附录）
香紫苏油典型色谱图

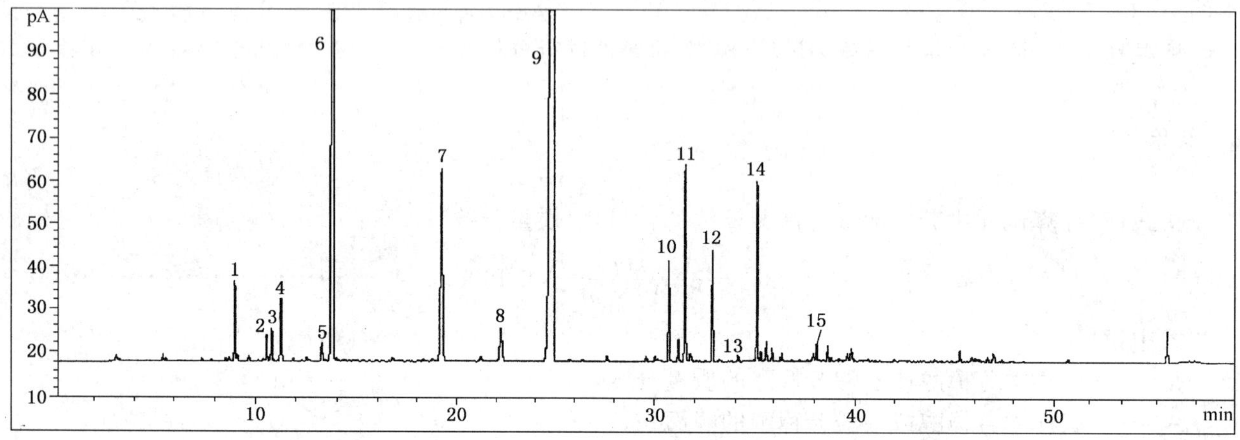

图 A.1　香紫苏油直接进样色谱图

表 A.1　香紫苏油主要成分列表

操作条件	峰号	t	化合物	CAS	分子式
色谱柱：内壁涂渍键合有 5% 苯基聚硅氧烷固定液的石英毛细管柱 30 m×0.32 mm×0.25 μm(HP-5) 柱温：初温 80 ℃，保护 5 min；以 2 ℃/min 程序升温至 100 ℃，保持 8 min；再以 5 ℃/min 程序升温至 200 ℃，保持 8 min；再以 10 ℃/min 程序升温至 220 ℃，保护 5 min； 进样口温度：250 ℃； 检测器温度：280 ℃； 检测器：火焰离子化检测器； 载气：氮气； 载气流速：1 mL/min； 进样量：约 0.2 μL； 分流比：80 ∶ 1。 注：上述条件用于直接进样分析。	1	9.02	β-Myrcene 月桂烯	123-35-3	$C_{10}H_{16}$
	2	10.60	D-limonene 柠檬烯	5989-27-5	$C_{10}H_{16}$
	3	10.85	β-(E)-Ocimene β-(E)-罗勒烯	3779-61-1	$C_{10}H_{16}$
	4	11.32	β-(Z)-Ocimene β-(Z)-罗勒烯	502-99-8	$C_{10}H_{16}$
	5	13.29	α-terpinolene α-异松油烯	586-62-9	$C_{10}H_{16}$
	6	13.85	Linalool 芳樟醇	78-70-6	$C_{10}H_{18}O$
	7	19.28	α-Terpieol α-松油醇	10482-56-1	$C_{10}H_{18}O$
	8	22.28	Nerol 橙花醇	106-25-2	$C_{10}H_{18}O$
	9	24.94	Linalyl acetate 乙酸芳樟酯	115-95-7	$C_{10}H_{20}O_2$
	10	30.73	Neryl acetate 乙酸橙花酯	141-12-8	$C_{10}H_{20}O_2$
	11	31.54	Geranyl acetate 乙酸香叶酯	105-87-3	$C_{10}H_{20}O_2$
	12	32.93	trans-Caryophyllene 反式-石竹烯	87-44-5	$C_{15}H_{24}$
	13	34.13	α-Humulene α-律草烯/α-石竹烯	6753-98-6	$C_{15}H_{24}$
	14	35.05	β-Cubebene β-毕澄茄烯	13744-15-5	$C_{15}H_{24}$
	15	38.02	Caryophyllene,oxide 氧化石竹烯	1139-30-6	$C_{15}H_{24}O$

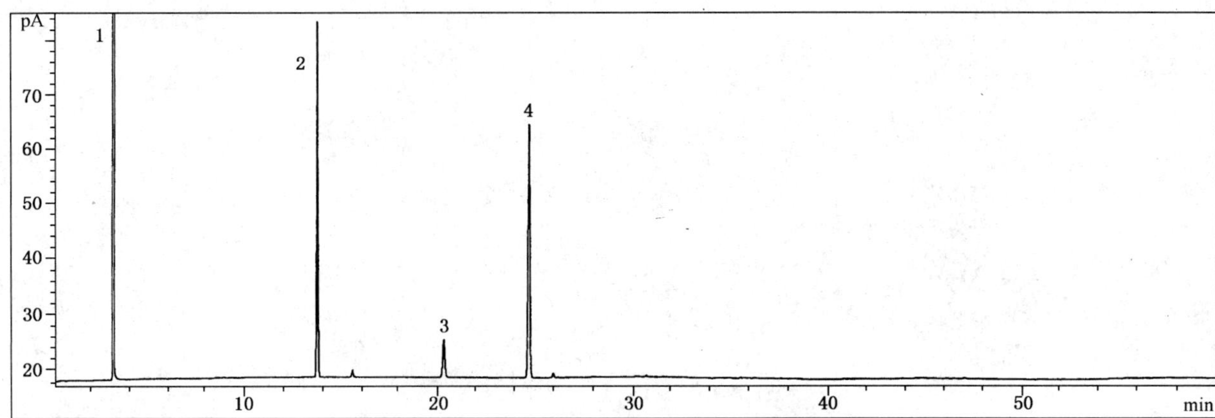

1——乙醇(Ethanol)；

2——芳樟醇(Linalool)；

3——内标　正癸醛(*n*-Decanal)；

4——乙酸芳樟酯(Linalyl acetate)。

图 A.2　标准工作液色谱图

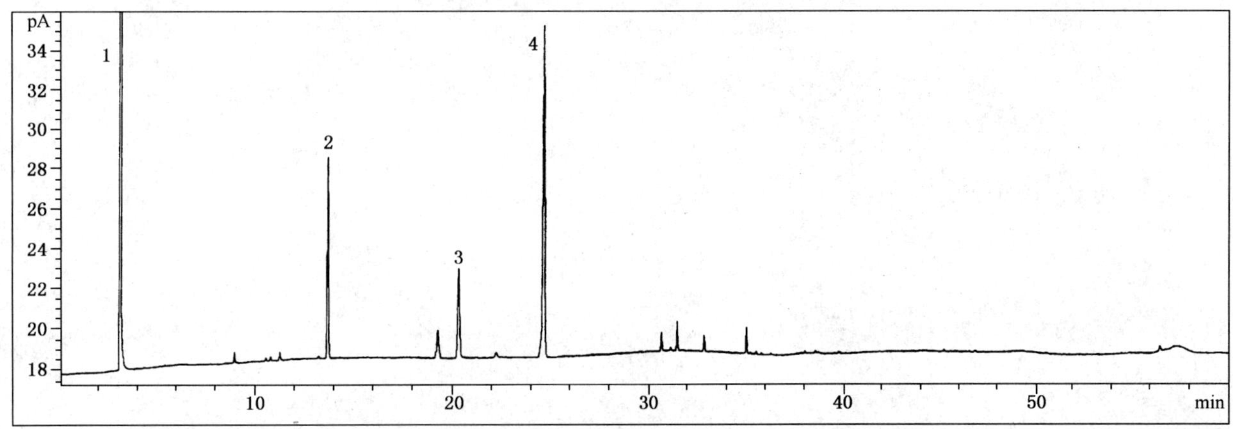

1——乙醇(Ethanol)；

2——芳樟醇(Linalool)；

3——内标　正癸醛(*n*-Decanal)；

4——乙酸芳樟酯(Linalyl acetate)。

图 A.3　加乙醇稀释的香紫苏油试样色谱图

农药标准

前　　言

本标准是按照GB/T 1.1—1993《标准化工作导则　第1单元:标准的起草与表述规则　第1部分:标准编写的基本规定》的要求编写的。其中测定方法是参考国内外有关文献,经研究、改进和验证后而制定的。

本标准附录A是提示的附录。

本标准由中华人民共和国国家出入境检验检疫局提出并归口。

本标准起草单位:中华人民共和国吉林出入境检验检疫局。

本标准主要起草人:陈明岩、高歌、牟峻。

本标准系首次发布的行业标准。

中华人民共和国出入境检验检疫行业标准

出口阿特拉津水悬浮剂中阿特拉津的测定方法

SN/T 0827—1999

Method for the determination of atrazine in atrazine suspension for export

1 范围

本标准规定了出口阿特拉津水悬浮剂中阿特拉津含量的气相色谱测定方法。

本标准适用于出口阿特拉津水悬浮剂中阿特拉津含量的测定。

2 引用标准

下列标准所包含的条文,通过在本标准中引用而构成为本标准的条文。本标准出版时,所示版本均为有效。所有标准都会被修订,使用本标准的各方应探讨使用下列标准最新版本的可能性。

SN/T 0835—1999 进出口农药采样方法

3 取样和制样

取样和制样按 SN/T 0835 进行。

4 测定方法

4.1 方法提要

试样经烘去水分后,用邻苯二甲酸二丁酯为内标物的 N,N-二甲基甲酰胺溶液溶解,离心,用配有氢火焰检测器的气相色谱仪测定,内标法定量。

4.2 试剂和材料

4.2.1 N,N-二甲基甲酰胺:色谱纯。

4.2.2 阿特拉津标准品:纯度≥99%。

4.2.3 邻苯二甲酸二丁酯:纯度≥99%。

4.2.4 邻苯二甲酸二丁酯内标溶液:准确称取适量的邻苯二甲酸二丁酯,用 N,N-二甲基甲酰胺溶解并配成浓度约为 0.20 mg/mL 的内标溶液。

4.2.5 阿特拉津标准溶液:准确称取适量的阿特拉津标准品,用邻苯二甲酸二丁酯内标溶液溶解并配成浓度约为 5.00 mg/mL 的标准溶液。吸取 1.00 mL 此溶液,用内标溶液稀释至 10.00 mL,作为标准工作液,浓度约为 0.50 mg/mL。

4.3 仪器和设备

4.3.1 气相色谱仪并配有氢火焰离子化检测器。

4.3.2 容量瓶:10 mL。

4.3.3 超声波清洗机。

4.3.4 离心机。

中华人民共和国国家出入境检验检疫局 1999-12-30 批准 2000-05-01 实施

4.3.5 微量进样器：10 μL。

4.4 测定步骤

4.4.1 试样处理

称取适量样品(约含 0.05 g 阿特拉津)于 10 mL 容量瓶中，于 105 ℃烘箱中烘去水分，加 5 mL 内标溶液，置超声波浴超声 15 min。用内标溶液定容，转入 10 mL 离心管中，于 2 000 r/min 离心 10 min。吸取 1.00 mL 上清液于另一清洁的 10 mL 容量瓶中，加内标溶液定容，摇匀，待测定。

4.4.2 测定

4.4.2.1 气相色谱条件

a) 色谱柱：2 m×4 mm(内径)的玻璃柱，内装涂以聚乙二醇 20 000(5%，*m/m*)的固定液的(150～180)μm(80～100 目)Gas chrom Q；

b) 色谱柱温度：215℃；

c) 进样口温度：230℃；

d) 检测器温度：230℃；

e) 载气：氮气，纯度≥99.99%，20 mL/min；

f) 氢气：纯度≥99.99%，40 mL/min；

g) 空气：400 mL/min；

h) 进样量：1 μL。

4.4.2.2 色谱测定

在选定的色谱条件下，待仪器稳定后，对标准工作溶液和样液等体积参插进样测定。在上述色谱条件下，邻苯二甲酸二丁酯(内标物)和阿特拉津的保留时间分别约为 7.6 min 和 11.3 min。标准品的气相色谱图见附录 A 中图 A1。

4.4.3 空白试验

除不加试样外，均按上述测定步骤进行。

4.5 结果计算和表述

用色谱数据处理机或按式(1)计算试样中阿特拉津的含量：

$$x = (h/h') \times (h_i'/h_i) \times (c'/c) \times (m_i/m_i') \times p \qquad (1)$$

式中：x——阿特拉津的含量，%；

h——样液中测得阿特拉津的色谱峰高，mm；

h'——标准溶液中测得阿特拉津的色谱峰高，mm；

h_i——样液中内标物的色谱峰高，mm；

h_i'——标准溶液中内标物的色谱峰高，mm；

c'——标准液中阿特拉津的浓度，mg/mL；

c——标准液中内标物的浓度，mg/mL；

m_i——样液中加入内标物的质量，g；

m_i'——试样质量，g；

p——标样的纯度，%(*m/m*)。

注：计算结果须将空白值扣除。

附　录　A
（提示的附录）
标准品气相色谱图

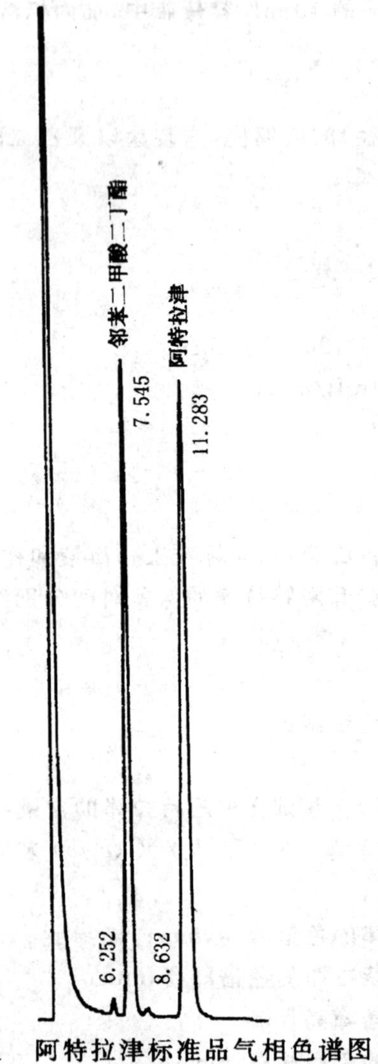

图 A1　阿特拉津标准品气相色谱图

前　　言

本标准是按照GB/T 1.1—1993《标准化工作导则　第1单元：标准的起草与表述规则　第1部分：标准编写的基本规定》的要求编写的。其中测定方法是参考国内外有关文献，经研究、改进和验证后而制定的。

本标准的附录A是提示的附录。

本标准由中华人民共和国国家出入境检验检疫局提出并归口。

本标准起草单位：中华人民共和国吉林出入境检验检疫局。

本标准主要起草人：高歌、陈明岩、荣会。

本标准系首次发布的行业标准。

中华人民共和国出入境检验检疫行业标准

出口扑草净可湿性粉剂中扑草净的测定方法

SN/T 0828—1999

Method for the determination of prometryn in prometryn wettable powder for export

1 范围

本标准规定了出口扑草净可湿性粉剂中扑草净含量的气相色谱测定方法。

本标准适用于出口扑草净可湿性粉剂中扑草净含量的测定。

2 引用标准

下列标准所包含的条文，通过在本标准中引用而构成为本标准的条文。本标准出版时，所示版本均为有效。所有标准都会被修订，使用本标准的各方应探讨使用下列标准最新版本的可能性。

SN/T 0835—1999 进出口农药采样方法

3 取样和制样

取样和制样按 SN/T 0835 进行。

4 测定方法

4.1 方法提要

试样经邻苯二甲酸二丁酯为内标物的 N,N-二甲基甲酰胺溶液溶解，离心，用配有氢火焰检测器的气相色谱仪测定，内标法定量。

4.2 试剂和材料

4.2.1 N,N-二甲基甲酰胺：色谱纯。

4.2.2 扑草净标准品：纯度≥99%。

4.2.3 邻苯二甲酸二丁酯：纯度≥99%。

4.2.4 邻苯二甲酸二丁酯内标溶液：准确称取适量的邻苯二甲酸二丁酯，用 N,N-二甲基甲酰胺溶解并配成浓度约为 0.20 mg/mL 的内标溶液。

4.2.5 扑草净标准溶液：准确称取适量的扑草净标准品，用邻苯二甲酸二丁酯内标溶液溶解并配成浓度约为 5.00 mg/mL 的标准溶液。吸取 1.00 mL 此溶液用内标溶液稀释至 10.00 mL，作为标准工作液，浓度约为 0.50 mg/mL。

4.3 仪器和设备

4.3.1 气相色谱仪并配有氢火焰离子化检测器。

4.3.2 容量瓶：10 mL。

4.3.3 超声波清洗机。

4.3.4 离心机。

中华人民共和国国家出入境检验检疫局 1999-12-30 批准　　2000-05-01 实施

4.3.5 微量进样器:10 μL。

4.4 测定步骤

4.4.1 试样处理

称取适量样品(约含 0.05 g 扑草净)于 10 mL 容量瓶中,加 5 mL 内标溶液置超声波浴超声 15 min。用内标溶液定容,转入 10 mL 离心管中,于 2 000 r/min 离心 10 min。吸取 1.00 mL 上清液于另一清洁的 10 mL 容量瓶中,加内标溶液定容,摇匀,待测定。

4.4.2 测定

4.4.2.1 气相色谱条件

a) 色谱柱:2 m×4 mm(内径)的玻璃柱,内装涂以聚乙二醇 20 000(5%,*m/m*)的固定液的(150~180)μm(80~100 目)Gas chrom Q;

b) 色谱柱温度:215℃;

c) 进样口温度:230℃;

d) 检测器温度:230℃;

e) 载气:氮气,纯度≥99.99%,20 mL/min;

f) 氢气:纯度≥99.99%,40 mL/min;

g) 空气:400 mL/min;

h) 进样量:1 μL。

4.4.2.2 色谱测定

在选定的色谱条件下,待仪器稳定后,对标准工作溶液和样液等体积参插进样测定。在上述色谱条件下,邻苯二甲酸二丁酯(内标物)和扑草净的保留时间分别约为 7.7 min 和 12.2 min。标准品的气相色谱图见附录 A 中图 A1。

4.4.3 空白试验

除不加试样外,均按上述测定步骤进行。

4.5 结果计算和表述

用色谱数据处理机或按式(1)计算试样中扑草净的含量:

$$x = (h/h') \times (h_i'/h_i) \times (c'/c) \times (m_i/m_i') \times p \qquad (1)$$

式中:x——扑草净的含量,%;

h——样液中测得扑草净的色谱峰高,mm;

h'——标准溶液中测得扑草净的色谱峰高,mm;

h_i——样液中内标物的色谱峰高,mm;

h_i'——标准溶液中内标物的色谱峰高,mm;

c'——标准液中扑草净的浓度,mg/mL;

c——标准液中内标物的浓度,mg/mL;

m_i——样液中加入内标物的质量,g;

m_i'——试样质量,g;

p——标样的纯度,%(*m/m*)。

注:计算结果须将空白值扣除。

附 录 A
（提示的附录）
扑草净标准品的气相色谱图

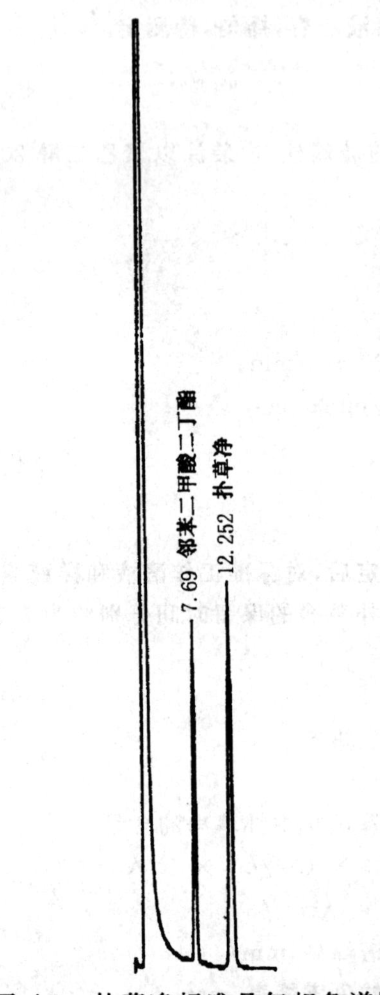

图 A1 扑草净标准品气相色谱图

前　言

本标准根据进出口农药的实际需要而制定，在编制过程中采纳了以往标准均按批量规定采样单元数的做法和特点，并结合进出口农药的有关剂型、包装、品质情况和有毒有害特性，对采样方案的基本内容做了具体的规定。

本标准是按照GB/T 1.1—1993《标准化工作导则　第1单元：标准的起草与表述原则　第1部分：标准编写的基本规定》的要求编写的。

本标准由中华人民共和国国家出入境检验检疫局提出并归口。

本标准主要起草单位：中华人民共和国上海出入境检验检疫局。

本标准参加起草单位：中华人民共和国广东出入境检验检疫局、中华人民共和国辽宁出入境检验检疫局。

本标准主要起草人：沈祖惠、边增禄、陈乃华、梁妙玲、徐伟、周维康。

本标准系首次发布的行业标准。

中华人民共和国出入境检验检疫行业标准

进出口农药采样方法

SN/T 0835—1999

Method for the sampling of pesticides for import and export

1 范围

本标准规定了进出口液体和固体农药的采样方法。

本标准适用于进出口农药原药(如原粉、原油)和制剂(如乳油、乳剂、水剂、悬浮剂、粉剂、可湿性粉剂、颗粒剂等)的采样。

2 定义

本标准采用下列定义。

2.1 采样批

在同时交货的一批农药中,凡合同、唛头、品名、剂型、规格、包装、生产厂商、收货单位等项均相同者,为一个采样批。一个采样批采集一个平均品质样品。

2.2 采样批单元数

件装农药以同一采样批中所包含的包装件数作为采样批单元数。

注:先用小容器盛装(内包装),再将一定数量的小容器用桶、听或箱盛装(外包装),则采样批单元数以外包装的件数计算。但货运用的托盘和集装箱等不作为外包装计件。

2.3 采样单元

从采样批中按一定要求抽取的准备实施采样的包装件。

2.4 份样

用采样器从一个采样单元中一次取得的一定量的物料。

2.5 实验室样品

送往实验室供检验而采样制备得到的样品。

3 采样数量

3.1 采样单元数

采样单元数不少于表1的规定。

表1 进出口农药采样单元数

个

采样批单元数	采样单元数
10及以下	3
11~20	4
21~40	5
41~70	6
71~110	7
111~150	8

中华人民共和国国家出入境检验检疫局1999-12-30批准　　2000-05-01实施

表 1(完) 个

采样批单元数	采样单元数
151～200	10
201～300	12
301～500	15
501～1 000	20
1 000 以上	增加部分按 1%抽取

注

1 如采样批中有不同的生产批号时，采样单元应尽可能从不同的生产批号中随机抽取。对有异常的生产批号应另行采样检验。

2 合同中规定按生产批号的纯度计价者，须提供生产批号、各批号的纯度、数量和重量。采样时，按生产批号划分采样批。

3.2 份样量

每个采样单元抽取一个份样，份样量的大小视采样单元的容量而定，一般控制在(50～150)g(固体农药)或(50～150)mL(液体农药)。同一采样批中各个份样的量应基本相同，差异不超过 10%，份样量的总和不少于实验室样品量。

3.3 实验室样品量

原药的样品量每份不少于 250 g(原粉)或 250 mL(原油)；制剂的样品量每份不少于 500 g(固体)或 500 mL(液体)。实验室样品量应不少于实际检验所需总量的 5 倍。

4 采样方法

4.1 采样环境

对潮湿敏感的农药品种不宜选择阴雨天采样，必需时应采取防潮措施，保持采样器具、盛样容器的干燥。

4.2 采样器具

4.2.1 开件工具：钢丝钳，开桶扳手等。

4.2.2 采样管：玻璃管，长度约 120 cm，容量约(100～150)mL，插入样品的一端加工成尖嘴状，见图 1。

图 1 采样管

4.2.3 采样钎：不锈钢制成，长度约 45 cm。见图 2。

4.2.4 采样铲：不锈钢制成，容量约(50～150)g，见图 3。

4.2.5 双套管采样器：不锈钢制成，长度约 70 cm，三孔，见图 4。

图 2 采样钎

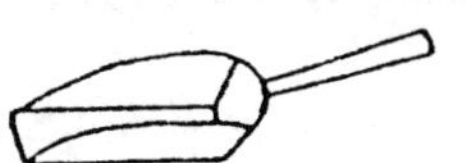

图 3 采样铲

图 4 双套管采样器

4.2.6 混样容器：玻璃或不锈钢容器，2 000 mL。用于液体农药的混样。

4.2.7 混样袋：塑料袋，约 30 cm×40 cm。用于固体农药的混样。

4.2.8 样品瓶：500 mL 玻璃瓶(盛装液体农药)；500 mL 广口试剂瓶(盛装固体农药)。均具内塞和外盖。

4.3 采样前检查

4.3.1 现场检查 4.1 中的各项内容。

4.3.2 检查包装和农药外观有无异常，如液体农药是否有析出物或分层现象，粉剂农药是否有团聚结块现象。经低温加热或搅拌可恢复正常者，不视为“外观异常”，但需作好详细记录。遇有外观异常者（包括液体农药的底脚等），应增开件数扩大检查面。凡属外观异常者，应区别情况，另行采样检查。

注：农药均有毒性，进行检查和采样的人员及现场辅助人员均应佩带面罩、乳胶手套等防护用品。

4.4 采样

4.4.1 液体农药的采样

4.4.1.1 用小容器盛装再用外包装组装的农药

按 3.1 的规定，随机抽取采样单元。每个采样单元中随机抽取 2 个小件，充分摇匀。开启后将所需采的份样量注入混样容器中。待各个份样全部采集后将混样容器中的大样充分混匀。然后装入样品瓶中。用滤纸擦净瓶口，塞上内塞，拧紧外盖，贴上标签。

4.4.1.2 用小铁桶盛装（约 50 L）的农药

按 3.1 的规定随机抽取采样单元。先充分摇动或滚动使内容物充分混匀。开桶后，用采样管抽取所需的份样量于混样器中，以下操作同 4.4.1.1。

4.4.1.3 用大铁桶盛装（约 200 L）的农药

按 3.1 的规定，随机抽取采样单元。开桶后，用采样管取全液位份样，放入混样器中，以下操作同 4.4.1.1。

4.4.1.4 特殊类型的液体农药

a）呈凝固、半凝固或稠厚状态，稍加热即融化呈液体的农药，应将随机抽取的采样单元用适当的方法使其融化，充分混匀或搅拌均匀，然后按 4.4.1.3 操作。

b）多相液体如悬浮剂等，采样前应充分搅拌均匀，使成稳定的流体后，立即用采样管按 4.4.1.3 操作。

4.4.2 固体农药的采样

4.4.2.1 粉剂

按 2.3 的规定，随机抽取采样单元。将采样钎沿包装件的对角线方向插入，采取份样（插入时，采样钎背部向上，插到底后旋转 180°，使槽口向上，立即抽出），注入混样用的塑料袋中。待各份样全部采取后，将塑料袋口扎紧，将袋内大样充分混匀，然后装入样品瓶中，尽可能装满。用滤纸擦去瓶口所附粉尘，塞上内塞，拧紧外盖，贴上标签。

注：由于可湿性粉剂吸湿性较强，宜采用双套管采样器，采样操作应迅速，并应防止内容物长时间暴露在大气中。除装样时，塑料袋口和样品瓶口都应封严。

4.4.2.2 颗粒剂

采样操作同 4.4.2.1。但需要注意采样钎的槽口宽度至少应大于颗粒直径或棒状长度的 3 倍。

5 样品标签

样品标签应包括下列内容：

a）样品编号；

b）样品名称；

c）报验单位；

d）报验数量及重量；

e）采样日期；

f）采样者。

6 采样记录

采样记录必须包括下列内容：

a）样品编号；

b）样品名称；

c）报验单位；

d）货物存放地点；

e）包装情况；

f）采样批的数量和重量；

g）生产批号情况；

h）采样单元数；

i）样品量；

j）采样环境和天气情况的说明；

k）采样前检查之记载；

l）货物原产地和生产厂商；

m）采样日期；

n）采样者。

中华人民共和国出入境检验检疫行业标准

SN/T 1407—2004

进出口2.5%溴鼠隆母液有效含量的测定方法　高效液相色谱法

Determination of active content of 2.5% brodifacoum mother solution for import and export—HPLC

2004-06-01 发布　　2004-12-01 实施

中华人民共和国国家质量监督检验检疫总局　发布

前　言

本标准由国家认证认可监督管理委员会提出并归口。

本标准由中华人民共和国天津出入境检验检疫局负责起草。

本标准主要起草人：刘绍从、胡新功、吕刚、刘军、张莱。

本标准系首次发布的检验检疫行业标准。

进出口2.5%溴鼠隆母液有效含量的测定方法　高效液相色谱法

1　范围

本标准规定了利用高效液相色谱法测定2.5%溴鼠隆母液有效含量的方法。

本标准适用于2.5%溴鼠隆母液的有效含量的测定。

有效成分：3-[3-(4′-溴联苯-4-基)-1,2,3,4-四氢-1-萘基]-4-羟基香豆素(IUPAC)，3-{3-[4′-bromo-(1,1′-biphenyl)-4-yl]-1,2,3,4-tetrahydronaphtalenyl}-4-hydroxy-2H-1-benzopyran-2-one(CA;56073-10-0)

结构式：

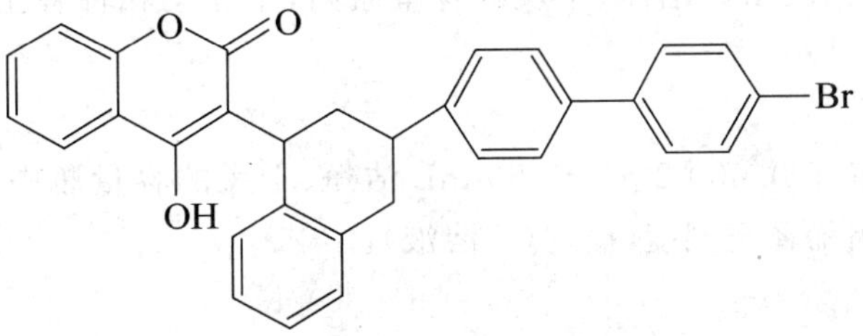

分子式：$C_{31}H_{23}BrO_3$

相对分子量：523.4(按1995年国际原子量)

2　方法提要

试样用丙酮溶解，以流动相定容，用5 μm ODS(C18)为填料的液相色谱柱分离试样，用紫外检测器(254 nm)检测，外标法定量。

3　试剂和溶液

3.1　甲醇：色谱纯。

3.2　冰乙酸：优级纯。

3.3　pH＝4.0乙酸-乙酸钠缓冲溶液：称取 $NaAc \cdot 3H_2O$ 20 g，溶于适量水中，加6 mol/L HAc 134 mL，稀释至500 mL。

3.4　流动相：甲醇：pH＝4的乙酸-乙酸钠缓冲溶液，90：10(体积分数)。

3.5　丙酮：优级纯。

3.6　二级蒸馏水。

3.7　溴鼠隆标准品：已知含量≥99.0%。

4　仪器

4.1　高效液相色谱仪：具有可变波长的紫外检测器。

4.2　色谱柱：250 mm×4.6 mm(内径)不锈钢柱，内装C18填充物，粒径5 μm。

4.3　进样阀：20 μL。

4.4　超声波清洗器。

5 高效液相色谱仪条件

测定时高效液相色谱仪操作条件如下：

——流速：1.0 mL/min；

——柱温：20℃～35℃，检测过程中温度波动不应大于2℃；

——检测波长：254 nm；

——进样体积：20 μL。

上述操作条件是典型的，可根据不同仪器特点，对色谱柱（采用C18类液相色谱柱）和给定操作条件作适当调整，以获得最佳效果。上述操作条件下的典型色谱图参见图A.1。

6 测定步骤

6.1 标准溶液的配制

称取溴鼠隆标准品0.06 g（精确至0.000 2 g），置于50 mL洁净、干燥的容量瓶中，加入3.5 mL丙酮。将容量瓶放入超声波清洗器，标准品完全溶解后，用流动相稀释并定容，充分摇匀（A溶液）。精确移取5 mL A溶液于另一个50 mL洁净、干燥的容量瓶内，用流动相稀释至刻度，摇匀，密封保存（B溶液）。

6.2 试样溶液的配制

称取试样0.25 g（精确至0.000 2 g），于50 mL洁净、干燥的容量瓶中，加入3.5 mL丙酮，在超声波清洗器中溶解，用流动相稀释至刻度，摇匀（C溶液）。

6.3 测定

在上述色谱条件下，待仪器基线稳定后，连续注入数针标准溶液（B溶液），直至相邻两针的峰面积变化小于1.5%时，按照标准溶液、试样溶液、试样溶液、标准溶液的顺序进行测定。

7 计算

将测得的两次试样溶液（C溶液）及试样前后两次标准溶液（B溶液）中溴鼠隆的峰面积进行平均。试样中溴鼠隆的质量百分含量 X 按式(1)计算：

$$X = \frac{A_2 m_1 P}{10 A_1 m_2} \qquad \cdots\cdots (1)$$

式中：

X——试样中溴鼠隆的质量百分含量，%；

A_1——标准溶液中溴鼠隆峰面积的平均值；

A_2——试样溶液中溴鼠隆峰面积的平均值；

m_1——溴鼠隆标准品的质量，单位为克(g)；

m_2——试样的质量，单位为克(g)；

P——标准品中溴鼠隆的质量百分含量，%；

10——溴鼠隆标准样品的稀释倍数。

8 精密度

对于2.5%溴鼠隆母液：r＜0.05，R＜0.1。

附 录 A
（资料性附录）
溴鼠隆的典型色谱图

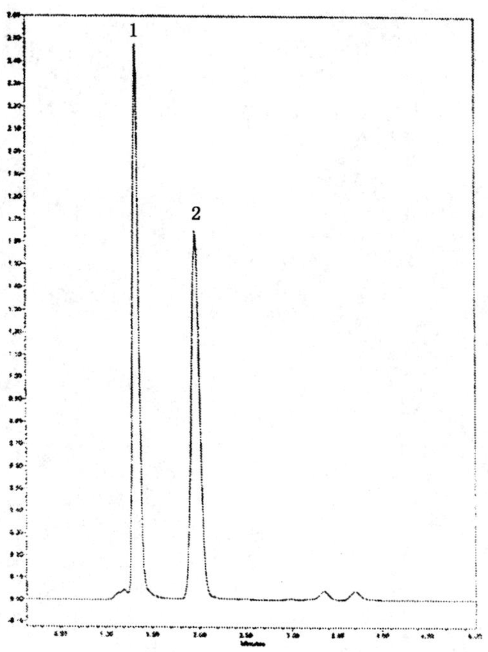

1——溶剂；
2——溴鼠隆。

附图 A.1 溴鼠隆典型色谱图

中华人民共和国出入境检验检疫行业标准

SN/T 1787—2006

进出口密达中四聚乙醛的检测方法 气相色谱法

Determination of the metaldehyde in meta for import and export — Gas chromatography method

2006-04-25 发布　　2006-11-15 实施

中华人民共和国国家质量监督检验检疫总局 发布

前　言

本标准的附录 A 为资料性附录。

本标准由国家认证认可监督管理委员会提出并归口。

本标准由中华人民共和国广东出入境检验检疫局起草。

本标准主要起草人：翟翠萍、周明辉、肖前、陈强、刘莹峰、郑建国、萧达辉。

本标准系首次发布的出入境检验检疫行业标准。

进出口密达中四聚乙醛的检测方法 气相色谱法

1 范围

本标准规定了进出口密达中四聚乙醛含量的气相色谱检测方法。

本标准适用于由四聚乙醛原药与填充剂等配制挤出造粒而成的6%密达颗粒剂中四聚乙醛的测定。

2 方法提要

将试样研磨后,用三氯甲烷超声萃取样品中的四聚乙醛。经离心分离、微孔滤膜过滤后,滤液注入配有氢火焰检测器的气相色谱仪中检测,内标法定量。

3 试剂和材料

除另有规定外,试剂均为分析纯。

3.1 三氯甲烷。

3.2 四聚乙醛标准品:纯度≥98.0%。

3.3 内标物:邻苯二甲酸二甲酯,色谱纯。

4 仪器和设备

4.1 气相色谱仪:带氢火焰检测器。

4.2 超声波清洗机。

4.3 高速离心机:5 000 r/min。

4.4 过滤膜:PTFE,0.45 μm。

4.5 微量进样器:10 μL。

5 分析步骤

5.1 样品制备

将密达样品经研钵碾碎后,通过40目的筛子。称取样品约0.5 g(精确至0.000 2 g),置于25 mL具塞锥形瓶中,加入约0.03 g(精确至0.000 2 g)邻苯二甲酸二甲酯。移取三氯甲烷10.0 mL至锥形瓶中。经超声萃取20 min后,离心分离。取上层清液,用微孔滤膜过滤,滤液供气相色谱测定。

5.2 标准溶液制备

称取四聚乙醛标准品约0.03 g(精确至0.000 2 g),置于10 mL容量瓶中。加入约0.03 g(精确至0.000 2 g)邻苯二甲酸二甲酯,用三氯甲烷溶解,定容。摇匀备用。

5.3 气相色谱条件

a) SPB™-5毛细管柱(15 m×530 μm×3.00 μm)或相当者;

b) 进样口温度:100℃;

c) 检测器温度:180℃;

d) 柱温程序:初始温度70℃,保持1 min,5℃/min升至100℃,10℃/min升至180℃,保持10 min;

e） 载气(N_2)：3.0 mL/mim；

f） 燃气(H_2)：30 mL/min；

g） 空气：300 mL/min；

h） 进样方式：分流进样，分流比：20∶1；

i） 进样量：1 μL。

5.4 气相色谱测定

5.4.1 相对校正因子的测定

在上述操作条件下，待仪器稳定后，吸取 1 μL 标准溶液(5.2)进样测定，典型气相色谱图参见附录 A。

5.4.2 样品的测定

在上述操作条件下，待仪器稳定后，将处理好的 1 μL 样品溶液(5.1)注入气相色谱仪进行分离测定。

6 结果计算

6.1 相对校正因子的计算

根据色谱峰面积和质量计算相对校正因子 f 见式(1)：

$$f = \frac{m_1 A_{is}}{m_{is} A_1} \times P \qquad (1)$$

式中：

f——四聚乙醛的相对校正因子；

m_1——四聚乙醛的质量，单位为克(g)；

A_{is}——邻苯二甲酸二甲酯的色谱峰面积；

m_{is}——邻苯二甲酸二甲酯的质量，单位为克(g)；

A_1——四聚乙醛的色谱峰面积；

P——四聚乙醛的纯度，%。

6.2 样品中四聚乙醛含量的计算

以质量分数表示的样品中四聚乙醛的含量 X_1(%)按式(2)计算：

$$X_1 = \frac{m_{is} A_1 f}{m A_{is}} \times 100 \qquad (2)$$

式中：

X_1——样品中四聚乙醛的质量分数，%；

m_{is}——邻苯二甲酸二甲酯的质量，单位为克(g)；

m——样品的质量，单位为克(g)；

A_{is}——邻苯二甲酸二甲酯的色谱峰面积；

A_1——四聚乙醛的色谱峰面积；

f——四聚乙醛的相对校正因子。

两次平行测定结果之差应不大于 0.2%。取其算术平均值作为测定结果，结果保留至小数点后两位。

附　录　A
（资料性附录）
标准品溶液的典型色谱图

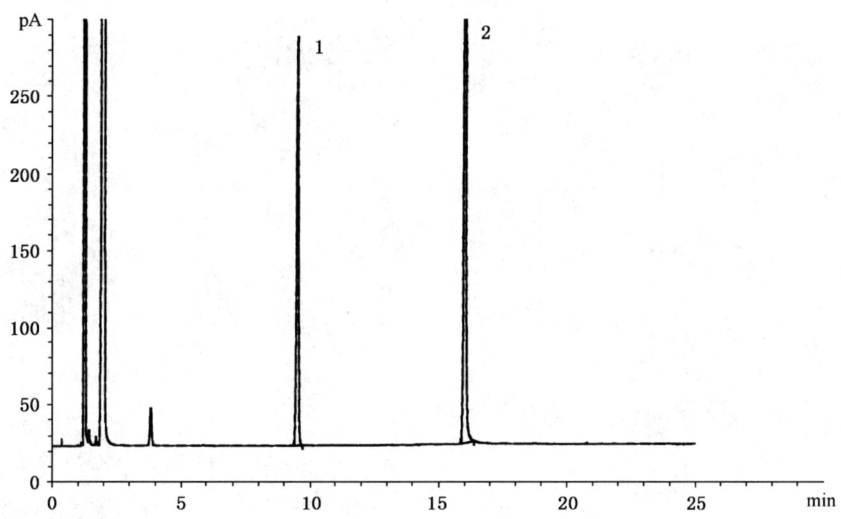

1——四聚乙醛(保留时间约 9.5 min)；
2——内标物(保留时间约 16.0 min)。

图 A.1　标准品色谱图

中华人民共和国出入境检验检疫行业标准

SN/T 2266—2009

农达中草甘膦异丙胺盐含量的测定 高效液相色谱法

Determination of glyphosate-isopropylammonium in roundup—High performance liquid chromatography

2009-02-20 发布

2009-09-01 实施

中华人民共和国国家质量监督检验检疫总局 发布

前　言

本标准的附录 A 为资料性附录。

本标准由国家认证认可监督管理委员会提出并归口。

本标准起草单位:中华人民共和国广东出入境检验检疫局。

本标准主要起草人:刘莹峰、李全忠、周明辉、翟翠萍、郑建国。

本标准系首次发布的出入境检验检疫行业标准。

农达中草甘膦异丙胺盐含量的测定 高效液相色谱法

1 范围

本标准规定了农达中草甘膦异丙胺盐含量的液相色谱测定方法。

本标准适用于41%草甘膦水乳剂中草甘膦异丙胺盐含量的测定。

2 方法提要

本方法采用高效液相色谱法，将样品经强阳离子交换柱分离后，用二极管阵列检测器检测，用保留时间定性，用外标法进行定量。

3 试剂和材料

除非另有说明，分析中所用水为二次蒸馏水。

3.1 磷酸二氢钾：分析纯。

3.2 甲醇：HPLC 级。

3.3 磷酸：85%。

3.4 草甘膦标样：草甘膦质量分数≥99.0%(glyphosate，CAS No.：1071-83-6)。

3.5 磷酸二氢钾缓冲溶液：称取 0.843 7 g 磷酸二氢钾(精确至 0.000 2 g)，于 1 000 mL 容量瓶中，加入 900 mL 水，用 85%的磷酸调节 pH 为 1.9 后，加入 40 mL 甲醇，用水定容，摇匀，上机前，用 0.45 μm 过滤膜过滤。

3.6 尼龙质或再生纤维素质过滤膜：0.45 μm，直径 47 mm。

3.7 针头式过滤器：0.45 μm，直径 13 mm。

4 仪器和设备

4.1 高效液相色谱仪，具有二极管阵列检测器或紫外检测器。

4.2 色谱柱：SynChropak S300 强阳离子交换柱，100 mm×4.6 mm(内径)，6 μm 或与其相当的其他强阳离子交换柱。

4.3 过滤装置。

4.4 真空泵。

4.5 超声波清洗器。

5 色谱操作条件

a) 色谱柱：SynChropak S300 柱，100 mm×4.6 mm(内径)，6 μm；

b) 流动相：磷酸二氢钾缓冲溶液/甲醇＝95＋5(V_1+V_2)；

c) 流速：0.5 mL/min；

d) 柱温：40 ℃；

e) 进样量：20.0 μL；

f) 检测波长：195 nm；

g) 保留时间：约为 2.5 min。

上述液相色谱操作条件系典型操作参数，可根据不同仪器的特点，对给定操作参数作适当调整，以期获得最佳效果。草甘膦标样的液相色谱图参见附录 A 的图 A.1，农达（达利农）样品的液相色谱图参见附录 A 的图 A.2。

6 测定步骤

6.1 标样溶液的制备

称取草甘膦标准品约 0.02 g（精确至 0.000 2 g），置于 10 mL 容量瓶中，用流动相将标样溶解后，定容，在超声波水浴中超声 10 min 后摇匀。

6.2 试样溶液的制备

称取含相当于标准品约 0.02 g 的试样（精确至 0.000 2 g），置于 10 mL 容量瓶中，用流动相将样品溶解后，定容，在超声波水浴中超声 10 min。使用前需经过 0.45 μm 滤膜过滤后供液相色谱测定。

6.3 色谱测定

在上述操作条件下，用流动相平衡系统，待仪器稳定后，连续注入数针标样溶液，根据草甘膦标样的保留时间定性，计算各针的峰面积响应值的重复性，待相邻两针的峰面积响应值变化小于 1.0%，按照标样溶液、试样溶液、试样溶液、标样溶液顺序进行液相色谱分析。

6.4 结果计算

样品中草甘膦的含量按式(1)计算：

$$Y_1 = \frac{A_{样} \times m_{标} \times P}{A_{标} \times m_{样}} \qquad \cdots\cdots(1)$$

式中：

Y_1——样品中草甘膦的含量，%；

$A_{标}$——两针标样溶液中草甘膦峰面积的平均值；

$A_{样}$——两针试样溶液中草甘膦峰面积的平均值；

$m_{标}$——草甘膦标样的质量，单位为克(g)；

$m_{样}$——试样的质量，单位为克(g)；

P——草甘膦标样的质量百分含量，%。

样品中草甘膦异丙胺盐的含量按式(2)计算：

$$Y_2 = Y_1 \times 1.349\,6 \qquad \cdots\cdots(2)$$

式中：

Y_2——样品中草甘膦异丙胺盐的含量，%；

1.349 6——草甘膦异丙胺盐换算系数。

草甘膦异丙胺盐的质量百分含量两次测定结果之差应不大于 1.0%，取其平均值作为测定结果。

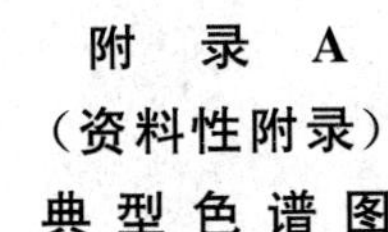

附 录 A
（资料性附录）
典型色谱图

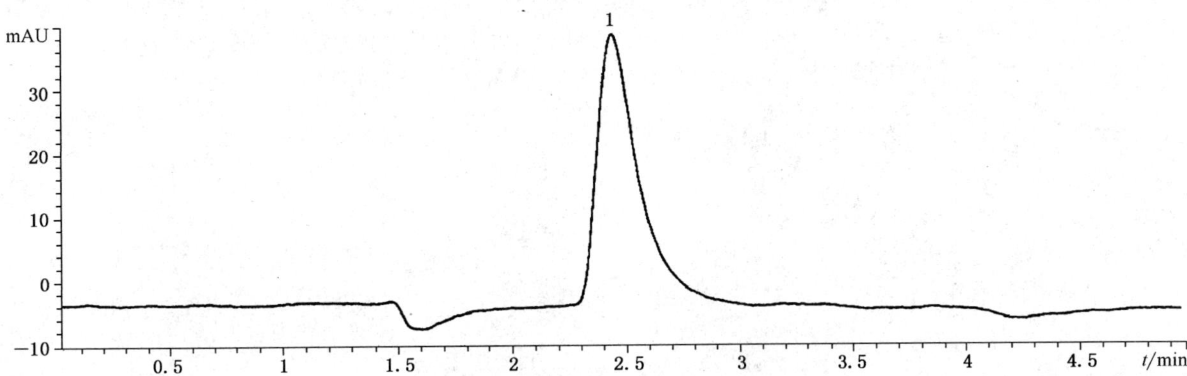

图 A.1 草甘膦标样色谱图

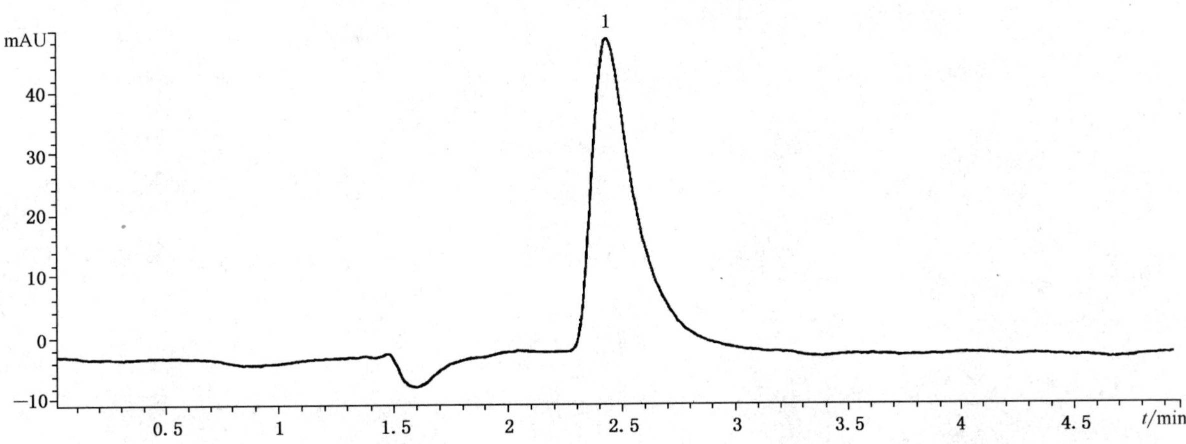

1——草甘膦。

图 A.2 农达(达利农)样品色谱图

中华人民共和国出入境检验检疫行业标准

SN/T 2395—2009

进出口杀虫剂中全氟辛烷磺酸的测定 液相色谱-质谱/质谱法

Determination of perfluorooctane sulfonic acid(PFOS)in pesticide for import and export—LC-MS/MS

2009-09-02 发布　　　　2010-03-16 实施

中华人民共和国国家质量监督检验检疫总局 发布

前　言

本标准附录 A、附录 B 和附录 C 均为资料性附录。

本标准由国家认证认可监督管理委员会提出并归口。

本标准由中华人民共和国吉林出入境检验检疫局负责起草。

本标准主要起草人：周晓、李爱军、卢利军、牟峻、马书民、荣会、张代辉。

本标准系首次发布的出入境检验检疫行业标准。

进出口杀虫剂中全氟辛烷磺酸的测定
液相色谱-质谱/质谱法

1 范围

本标准规定了进出口杀虫剂中全氟辛烷磺酸(PFOS)的液相色谱-串联质谱检测方法。

本标准适用于进出口杀虫剂(固状、液状、油状)中 PFOS 的测定和确证。

2 规范性引用文件

下列文件中的条款通过本标准的引用而成为本标准的条款。凡是注日期的引用文件,其随后所有的修改单(不包括勘误的内容)或修订版均不适用于本标准,然而,鼓励根据本标准达成协议的各方研究是否可使用这些文件的最新版本。凡是不注日期的引用文件,其最新版本适用于本标准。

GB/T 6682 分析实验室用水规格和试验方法

3 原理

固体杀虫剂采用快速溶剂提取仪经甲醇提取,液体杀虫剂样品经甲醇液液经提取,油状杀虫剂样品再经 C_{18} 固相萃取柱净化,样液经浓缩后,甲醇定容,供液相色谱-质谱/质谱仪测定和确证,外标法定量。

4 试剂和材料

除另有规定外,所用试剂均为分析纯,水为 GB/T 6682 规定的一级水。

4.1 甲醇:色谱纯。

4.2 甲酸:色谱纯。

4.3 硅藻土:80 目～120 目。

4.4 PFOS 标准品(perfluorooctane sulfonic acid,$C_8HF_{17}O_3S$,1,1,2,2,3,3,4,4,5,5,6,6,7,7,8,8,8-十七氟辛烷-1-磺酸,CAS 1763-23-1):纯度大于等于 97%。

4.5 标准储备溶液:准确称取适量的 PFOS 标准品,用甲醇配制成 1.0 mg/mL 的标准贮备液,在 0 ℃～4 ℃冰箱中保存。

4.6 标准工作溶液:根据需要用甲醇稀释配制适当浓度的标准工作液,现用现配。

4.7 固相萃取柱:BOND ODS-C_{18},1.0 g,6 mL,或相当者。

4.8 微孔滤膜:有机系,0.20 μm。

5 仪器与设备

5.1 液相色谱-串联四极杆质谱仪:配有电喷雾离子源(ESI)。

5.2 快速溶剂萃取仪。

5.3 往复式振荡器。

5.4 超声波发生器。

5.5 分析天平:感量为 0.1 mg。

5.6 旋转蒸发器。

5.7 离心机:4 000 r/min。

5.8 涡旋混合器。

5.9 离心管:50 mL,聚丙烯,具塞。

5.10 浓缩瓶:50 mL 和 250 mL。

5.11 移液器:1 000 μL 和 100 μL。

6 测定步骤

6.1 提取和净化

6.1.1 固体杀虫剂

称取试样约 2 g(精确到 0.01 g)(半固体样品需加入约 1 g 硅藻土,搅拌均匀)。放入萃取池中,池内样品的上下两层均用专用滤膜保护,轻轻压实至池底部,参见附录 A 规定的条件进行提取。

提取完毕后,将提取液转移至 250 mL 浓缩瓶中,在 40 ℃ 水浴中旋转蒸发,浓缩,用甲醇定容至 20 mL,取 1 mL 溶液用 0.2 μm 滤膜过滤,滤液供 LC-MS/MS 测定。

6.1.2 液体杀虫剂

称取 2 g 试样(精确到 0.01 g)于 50 mL 离心管中,加入 30 mL 甲醇,用振荡器振荡提取 30 min,再超声提取 20 min。置离心机中,以 4 000 r/min 离心 10 min。吸取上清液于 250 mL 浓缩瓶中。重复上述提取步骤,合并提取液,在 40 ℃水浴中旋转蒸发,浓缩。用甲醇定容至 20 mL,取 1 mL 溶液用0.2 μm 滤膜过滤,滤液供 LC-MS/MS 测定。

6.1.3 油状杀虫剂

称取 2 g(精确到 0.01 g),于 50 mL 离心管中,加入 5 mL 甲醇,用涡旋混合器混匀,置离心机中,4 000 r/min离心 10 min。用 5 mL 水和 5 mL 甲醇预淋洗 ODS-C_{18} 柱,取甲醇相,移入 C_{18} 固相萃取柱。用 5 mL 甲醇进行淋洗,控制洗脱流速在 1 mL/min。收集全部洗脱液于 50 mL 浓缩瓶中,于 40 ℃水浴中旋转浓缩。用甲醇定容至 20 mL,取 1 mL 溶液经 0.2 μm 滤膜过滤,滤液供 LC-MS/MS 测定。

6.2 测定

6.2.1 液相色谱-质谱/质谱条件

a) 色谱柱:C_{18} 柱,150 mm×2.1 mm(内径),3.5 μm;

b) 柱温:30 ℃;

c) 进样量:10 μL;

d) 流动相:甲醇+0.1%甲酸水溶液(70+30,体积比);

e) 流速:0.20 mL/min;

f) 离子源:电喷雾离子源(ESI);

g) 扫描方式:负离子扫描;

h) 检测方式:多反应监测(MRM),定量离子对(m/z)499.9>80.0,定性离子对(m/z)499.9>99.0和 499.9>80.0;

i) 其他质谱参数参见附录 B。

6.2.2 标准曲线绘制

在本标准确定的实验条件下,取一系列 PFOS 的标准溶液,浓度为 0.01 μg/mL、0.02 μg/mL、0.05 μg/mL、0.10 μg/mL、0.20 μg/mL、0.50 μg/mL、1.00 μg/mL,供液相色谱-质谱/质谱测定,得到标准工作曲线。

6.2.3 定量测定

待仪器稳定后,将样液进行测定,在上述色谱条件下 PFOS 的参考保留时间约为:1.60 min,PFOS 标准品多反应监测色谱图参见附录 C;定量离子对为 499.9>80.0,外标法定量。

6.2.4 定性测定

按照液相色谱-质谱/质谱条件测定样品和标准工作溶液,如果检测的质量色谱峰保留时间与标准品一致，所有选择离子对(499.9>80.0，499.9>99.0)均应出现，则根据定性选择离子对的种类及其相对丰度比对其进行阳性确证。定性时应当与浓度相当标准溶液的相对丰度一致，相对丰度允许偏差不超过表1规定的范围，则可判定样品中存在对应的被测物。

表1　定性确证时相对离子丰度的最大允许偏差

相对离子丰度/%	>50	>20～50	>10～20	≤10
允许的相对偏差/%	±20	±25	±30	±50

6.2.5　空白试验

除不加试样外，均按上述操作步骤进行。

7　结果计算和表达

用色谱数据处理机或用标准曲线按式(1)计算试样中PFOS含量：

$$X = c \times V/m \quad\cdots\cdots(1)$$

式中：

X——试样中PFOS含量，单位为毫克每千克(mg/kg)；

c——标准曲线查得的PFOS的浓度，单位为微克每毫升(μg/mL)；

V——样液稀释后总体积，单位为毫升(mL)；

m——试样质量，单位为克(g)。

计算结果应扣除空白值。

8　测定低限

测定低限为0.10 mg/kg。

9　方法的回收率和精密度

样品中PFOS的添加浓度及其回收率、精密度实验数据见表2，在0.10 mg/kg～10.0 mg/kg水平时，平均回收率为76.0%～99.5%。

表2　本方法添加浓度、回收率和精密度($n=10$)

序号	样品名称	添加浓度/(mg/kg)	回收率范围/%	精密度/%
1	灭蟑灵	0.10	76.0～84.0	9.2
		1.00	77.5～90.5	10.7
		10.0	76.5～97.0	7.3
2	蟑螂全窝端	0.10	76.0～85.0	9.3
		1.00	76.5～96.0	7.8
		10.0	83.9～96.1	6.3
3	蟑螂全杀绝	0.10	77.5～95.5	9.5
		1.00	76.9～99.4	5.7
		10.0	78.0～92.0	4.8
4	三利杀蟑螂剂	0.10	76.7～85.5	7.8
		1.00	83.5～99.5	9.5
		10.0	85.2～96.8	5.9

表 2（续）

序号	样品名称	添加浓度/(mg/kg)	回收率范围/%	精密度/%
5	圣手虫粉剂	0.10	76.3～89.0	5.6
		1.00	86.0～98.0	5.9
		10.0	86.6～95.2	5.9
6	蚜螨一喷死	0.10	77.4～96.0	12.5
		1.00	84.0～97.4	5.0
		10.0	88.5～99.5	5.9
7	可信甲维盐	0.10	79.0～98.0	9.2
		1.00	76.0～95.0	10.7
		10.0	76.6～94.4	7.3
8	可信阿维高氯氟乳油	0.10	78.0～95.0	9.3
		1.00	79.8～92.8	7.8
		10.0	77.6～94.5	6.0

附 录 A
（资料性附录）
快速溶剂提取仪萃取条件[1)]

快速溶剂提取仪萃取条件：

a） 样品池温度：70 ℃；

b） 压力：1 500 psi；

c） 加热时间：5 min；

d） 静态萃取时间：5 min；

e） 溶剂：甲醇；

f） 冲洗体积：甲醇（60%的样品池体积）；

g） 氮气吹扫：60 s；

h） 循环次数：2 次。

1） 非商业性声明：附录 A 所列参数是在 ASE300 快速萃取仪上完成的，此处列出试验用仪器型号仅是为了提供参考，并不涉及商业目的，鼓励标准使用者尝试采用不同厂家或型号的仪器。

附 录 B
（资料性附录）
API 4000 LC-MS/MS 检测 PFOS 质谱条件[2)]

电喷雾离子源参考条件：

a） 气帘气(CUR)：25 psi；

b） 雾化气(GS1)：30 psi；

c） 辅助气(GS2)：20 psi；

d） 电喷雾电压(IS)：－4 500.00 V；

e） 碰撞气(CAD)：6.0 psi；

f） 离子源温度(TEM)：550.0 ℃；

g） 去簇电压(DP)：－90 V；

h） 碰撞能量(CE)：499.9＞80.0 离子对为－13 V，499.9＞99.0 离子对为－20 V。

2） 非商业性声明：附录 B 所列参数是在 API4000 质谱仪上完成的，此处列出试验用仪器型号仅是为了提供参考，并不涉及商业目的，鼓励标准使用者尝试采用不同厂家或型号的仪器。

附 录 C
（资料性附录）
PFOS标准品的多反应监测色谱图

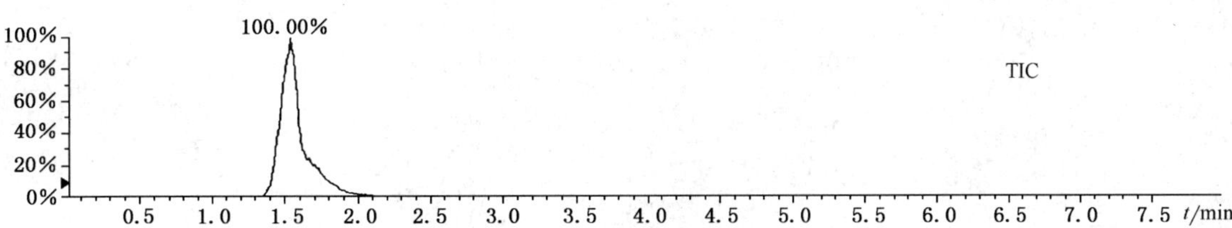

a）

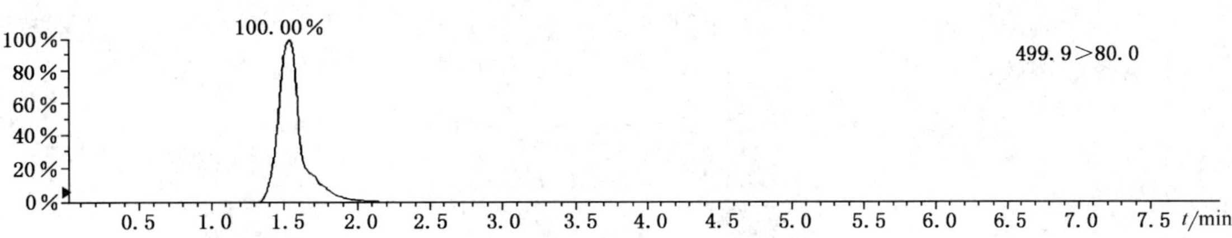

b）

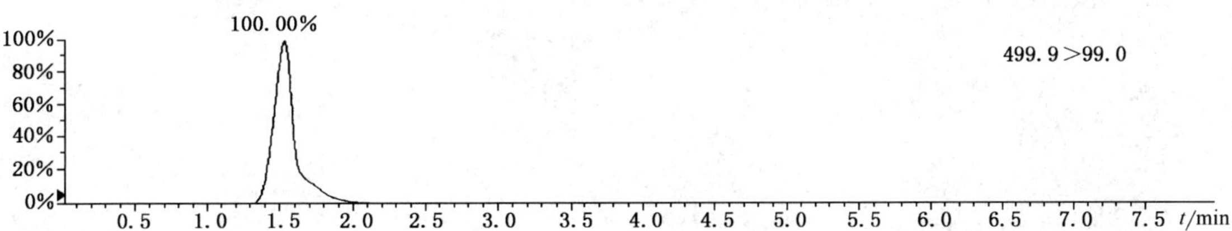

c）

图C.1 PFOS标准品的多反应监测色谱图

中华人民共和国出入境检验检疫行业标准

SN/T 2420—2010

杀虫剂噻虫嗪颗粒剂有效成分含量的测定 高效液相色谱法

Determination of active ingredient content in insecticide thiamethoxam water dispersible granules—High performance liquid chromatography

2010-01-10 发布　　　　2010-07-16 实施

中华人民共和国国家质量监督检验检疫总局 发布

前　言

本标准的附录 A 为资料性附录。

本标准由国家认证认可监督管理委员会提出并归口。

本标准起草单位:中华人民共和国上海出入境检验检疫局。

本标准主要起草人;孙敦伟、吴晓红、周宇艳。

本标准系首次发布的检验检疫行业规程。

杀虫剂噻虫嗪颗粒剂有效成分含量的测定 高效液相色谱法

1 范围

本标准规定了杀虫剂噻虫嗪颗粒剂(WG)中有效成分含量的液相色谱测定方法。

本标准适用于杀虫剂噻虫嗪颗粒剂(WG)中有效成分含量的检测。

2 规范性引用文件

下列文件中的条款通过本标准的引用而成为本标准的条款。凡是注日期的引用文件,其随后所有的修改单(不包括勘误的内容)或修订版均不适用于本标准,然而,鼓励根据本标准达成协议的各方研究是否可使用这些文件的最新版本。凡是不注日期的引用文件,其最新版本适用于本标准。

GB/T 6682 分析实验室用水规格和试验方法

3 原理

用水和乙腈将试样溶解后用流动相定容,并过滤之。采用反相高效液相色谱法测定。外标法定量。

4 试剂和材料

除非另有规定,仅使用分析纯试剂,实验所用水应符合 GB/T 6682 中一级水要求。

4.1 乙腈:HPLC 级。

4.2 甲醇:HPLC 级。

4.3 磷酸:纯度 85.0%以上。

4.4 噻虫嗪标准品:已知含量。

4.5 针头式过滤器:尼龙质,0.45 μm。

4.6 过滤膜:尼龙质或再生纤维素质,0.45 μm。

5 仪器和设备

5.1 高效液相色谱仪:配有紫外检测器。

5.2 色谱柱:C_{18}柱,250 mm×4.6 mm(内径)不锈钢柱,5 μm,或相当者。

5.3 超声仪。

5.4 容量瓶:50 mL 和 100 mL。

5.5 分析天平,感量 0.01 mg 或 0.1 mg。

5.6 称量舟。

6 测定步骤

6.1 直接称量法

6.1.1 标样溶液的配制

称取噻虫嗪标准品约 0.02 g(精确至 0.000 02 g),置于 100 mL 容量瓶中,用 5 mL 水和 50 mL 乙腈(4.1)溶解样品,然后用乙腈(4.1)作稀释剂,稀释至刻度,在超声波水浴中超声约 5 min 后摇匀。该标准工作溶液,置于 0 ℃~5 ℃冰箱内备用,有效期半年。

注:本标准的称量范围为:0.01 g~0.06 g。

6.1.2 试样溶液的配制

称取相当于原药约 0.02 g 的试样(精确至 0.000 02 g),置于 100 mL 容量瓶中,用 1 mL 水和 10 mL 乙腈(4.1)溶解样品,然后用流动相作稀释剂,稀释至刻度,在超声波水浴中超声 5 min 后摇匀。用 0.45 μm 滤膜过滤后供液相色谱测定。

6.2 间接称量法

6.2.1 标样溶液的配制

称取噻虫嗪标准品约 0.2 g(精确至 0.000 2 g),置于 100 mL 容量瓶中,用 5 mL 水和 50 mL 乙腈(4.1)溶解样品,然后用乙腈(4.1)作稀释剂,稀释至刻度,在超声波水浴中超声约 5 min 后摇匀。该标准储备溶液,置于 0 ℃～5 ℃冰箱内备用,有效期半年。

检测时,用 10 mL 移液管准确吸取 10 mL 上述标准储备溶液,转移至 100 mL 容量瓶中,然后用乙腈(4.1)作稀释剂,稀释至刻度。

6.2.2 试样溶液的配制

称取相当于原药约 0.2 g 的试样(精确至 0.000 2 g),置于 100 mL 容量瓶中,用 1 mL 水和 10 mL 乙腈(4.1)溶解样品,然后用流动相作稀释剂,稀释至刻度。在超声波水浴中超声 5 min 后摇匀。然后,用 10 mL 移液管准确吸取 10 mL 上述试样浓溶液,转移至 100 mL 容量瓶中,然后用流动相作稀释剂,稀释至刻度。用 0.45 μm 滤膜过滤后供液相色谱测定。

6.3 测定

6.3.1 色谱操作条件

由于测试结果取决于所使用的仪器,因此不可能给出仪器的普遍参数。采用以下参数已被证明对测试是合格的。

a) 流动相:甲醇+0.1%磷酸水溶液=25+75(体积比);
b) 流速:1.0 mL/min;
c) 检测波长:254 nm;
d) 柱温:40.0 ℃;
e) 进样量:8.0 μL;
f) 保留时间:噻虫嗪,约 8.7 min;
g) 总检测时间:约 15 min。

6.3.2 色谱测定

在上述操作条件下,用流动相平衡 2 h,待仪器稳定后,连续注入数针标样溶液,计算各针峰面积响应值的重复性,待相邻两针的峰面积响应值变化小于 1.0%,按下列顺序进行液相色谱分析:

标样溶液 A→试样溶液 A→试样溶液 B→标样溶液 B。

注:典型的液相色谱图参见附录 A。

7 结果计算和表述

用色谱数据处理器或按式(1)计算试样中噻虫嗪的含量:

$$X = \frac{A_2 \times m_1 \times P}{A_1 \times m_2} \quad \cdots\cdots(1)$$

式中:

X——试样中噻虫嗪的含量,%;
A_1——两针标样溶液中噻虫嗪峰面积的平均值;
A_2——两针试样溶液中噻虫嗪峰面积的平均值;
m_1——噻虫嗪标样的质量,单位为克(g);
m_2——试样的质量,单位为克(g);

P——噻虫嗪标准品的含量,%。

计算结果保留三位有效数字。

8 精密度

在8个实验室,对2个水平的试样进行方法精密度试验,结果见表1。

表1 方法精密度

水平/%	重复性限		再现性限	
	S_r	r_{95}	S_R	R_{95}
70	0.391 1	1.10	0.545 5	1.53
25	0.173 4	0.49	0.173 4	0.49

附　录　A
（资料性附录）
嘧虫嗪试样的标准色谱图

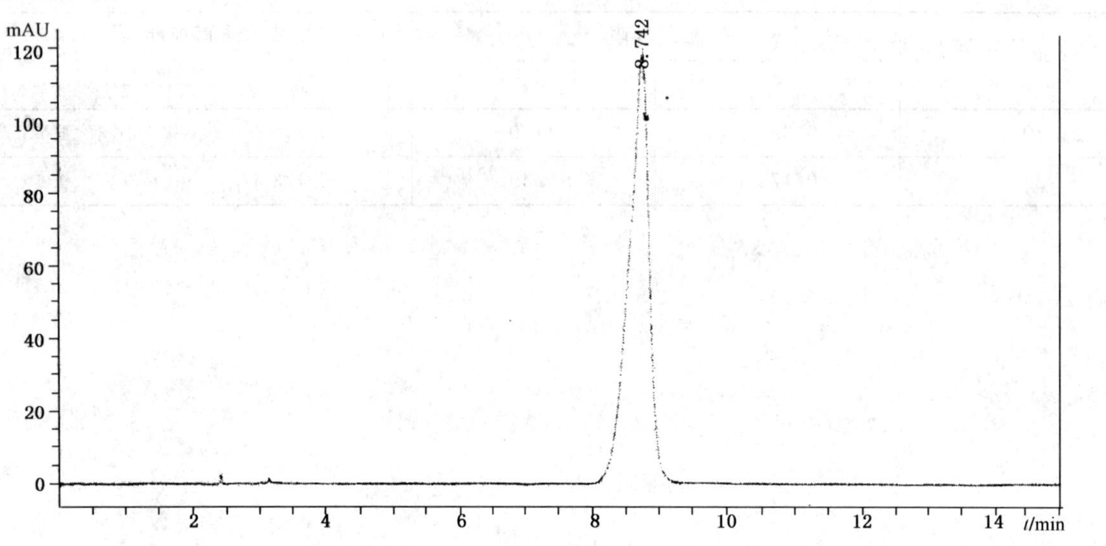

图 A.1　嘧虫嗪试样的标准色谱图

中华人民共和国出入境检验检疫行业标准

SN/T 2421—2010

进口农药检验规程

Rules for inspection of pesticides for import

2010-01-10 发布　　　　2010-07-16 实施

中华人民共和国国家质量监督检验检疫总局 发布

前　言

本标准的附录 B 和附录 D 为规范性附录，附录 A 和附录 C 为资料性附录。

本标准由国家认证认可监督管理委员会提出并归口。

本标准负责起草单位：中华人民共和国上海出入境检验检疫局。

本标准参加起草单位：中华人民共和国广东出入境检验检疫局、中华人民共和国辽宁出入境检验检疫局、中华人民共和国山东出入境检验检疫局、中华人民共和国福建出入境检验检疫局。

本标准主要起草人：孙敦伟、蒋海宁、翟翠萍、陈伟、牛增元、梁鸣。

本标准系首次发布的出入境检验检疫行业标准。

进口农药检验规程

1 范围

本标准规定了进口农药的报检申报材料、抽样、登记资料的备案、检验、合格评定、检验证书复议有效期限和检验留样保存期限。

本标准适用于进口农药的包装与标签的查验、抽样、登记资料的备案、理化性能和安全性能的检验、合格评定以及复议。

2 规范性引用文件

下列文件中的条款通过本标准的引用而成为本标准的条款。凡是注日期的引用文件，其随后所有的修改单(不包括勘误的内容)或修订版均不适用于本标准，然而，鼓励根据本标准达成协议的各方研究是否可使用这些文件的最新版本。凡是不注日期的引用文件，其最新版本适用于本标准。

GB/T 1605 商品农药采样方法

GB 12475—2006 农药贮运、销售和使用的防毒规程

GB/T 15000.4 标准样品工作导则(4) 标准样品证书和标签的内容

GB/T 15000.8 标准样品工作导则(8) 有证标准样品的使用

GB 20813 农药产品标签通则

农药规范发展和使用手册(FAO/WHO，第一版)

3 术语和定义

下列术语和定义适用于本标准。

3.1

允许偏差；

公差 tolerance

有效成分含量发生偏差的允许限度。在一些国家被称为检定限值。

3.2

标签 label

在直接与农药和其外包装(如果有的话)接触的容器上的文字或图案信息。

3.3

标示内容 labelled

农药标签上的强制性标示内容、允许免除标示内容和推荐性标示内容。

3.4

强制性标示内容 necessary labelled

法规或标准中要求商品农药标签必须标示的基本内容。

3.5

日期标识 date

生产日期、有效期或保质期或保存期。

3.6

批 lot；batch

分为商品批和生产批。

3.6.1

商品批　lot

按一定采样方案进行采样的物料总量，它可由若干交货批、生产批或采样单元组成。

3.6.2

生产批　batch

一定量的物料，这可以是一个采样单元，或者假定其制造或生产条件相同而归在一起的若干个采样单元。

通过一系列操作生产出来的有一定数量的(均质)产品。

3.7

批号　lot number;batch number

对于同一批次的产品，由生产或加工者用批号标示。

批号编制的原则是：

a) 对周期性生产流程的工艺，将生产、加工和存放条件相同的一个工艺周期生产得到的物料视为一批；

b) 对连续性生产流程的工艺，视一个班次生产得到的物料为一批。

3.8

有证标准样品　certified reference material;CRM

附有证书的标准样品，其一种或多种特性值用建立了溯源性的程序确定，使之可溯源到准确实现的用于表示该特性值的计量单位，而且每个标准值都附有给定置信水平的不确定度。

有证标准样品来源：有效成分的生产商，或出售标准物质的标准机构或公司。

3.9

合格评定程序　conformity assessment procedures

对被检样品，按规定的技术法规、标准和认可规格进行合格评定的有关规则和程序。

3.10

合格评定　conformity assessment

与产品、过程、体系、个人或机构有关的规定要求得到满足的证实。

4　报检申报材料

进口农药报检时，需提供：

合同或定购单、装箱单、发票、提货单、海关报关单、农药登记证、进口农药登记证明(为一证一批)、登记认可的标签中英文样本和国外厂检证的副本。

5　抽样

5.1　抽样前的查验

在抽样前，应首先进行标识和包装的查验和审核。经查验，符合标签规定要求的农药，再按标准规定实施扦取样品；不符合标签规定要求或包装破损的农药，应暂缓实施扦取样品。

5.2　标签/标识和包装的查验

5.2.1　进口农药外包装上应具有：符合其备案登记时的、完整清晰的、包含 GB/T 1605 和 GB 20813 中所规定应明示要素的标签标识。并且，应包装完好无损。

5.2.2　授权检验机构在取样前，应认真查验外包装上的标签及标签中应具有的诸要素(参见附录 A)。

5.2.3　对于无标签或标签不明晰、不完整的进口农药，授权检验机构在取样前应及时取证，并按国家相关法律法规予以查封及处理。

5.3 抽样的实施

5.3.1 农药是有毒化学品，采样中要注意安全事项。

5.3.2 采样的一般原则：

a) 根据实际情况，可采取批次采样或(和)随机采样原则；

b) 采样实施前，样品要均匀；

c) 采样的件数，应符合 GB/T 1605 规定要求；

d) 采样中，要确保所采样品的代表性；

e) 样品份数，要满足检验样、仲裁样和存(留)样的规定要求；

f) 采样记录，应按 GB/T 1605 中要求。

5.4 抽取样品的包装和标识

5.4.1 包装

抽取样品装入符合要求的样品瓶(袋)后，应进行密封，样品瓶(袋)外表面应整洁，便于标识直接粘贴在样品瓶(袋)的表面。

5.4.2 标识

标识应直接粘贴在样品瓶(袋)的表面。标识内容至少应包括：

a) 产品名称；

b) 生产日期或(和)批号；

c) 采样日期；

d) 采样人员签名。

6 登记资料的备案

6.1 对于用于法定强制检验商品的品质规格，应与其备案登记时的品质规格相一致。

6.2 作为农药官方检验合格评定的重要依据，所有农药进口/生产商，均应在首次进口该农药时，向检验机构提供最新、有效备案认可的品质相关资料副本，以作为官方检验合格评定的依据；如遇更新，应及时提供新的有效副本。

6.3 检验机构相关部门，应建立包括以下资料的档案：

a) 有效的农药登记证明；

b) 登记认可的标签中英文样本；

c) 产品规格和相关检验依据；

d) 安全性数据手册(MSDS)；

e) 国外的厂检证(COA)；

f) 满足 GB/T 15000.8 要素的有证标准样品(CRM)。

7 检验

7.1 检验项目

必检项目：外观查验，包装和标签检验，登记规格审核，以及有效成分检测。

选检项目：理化性能和安全性能检验。

7.2 标准样品

应采用有证标准样品(CRMs)，以确保测量的可靠性和溯源性(详见附录 B)。

7.3 检验标准

7.3.1 检验标准种类

大体可分为四种类型：有效成分的鉴别和含量测试、理化性能测试(含取样方法)和杂质测试(如：CIPAC MT 方法)、纯品制备(如：CIPAC PP 方法)，以及试剂配制(如：CIPAC RE 方法)。

7.3.2 有效成分含量检验方法

优先采用 CIPAC 方法和登记证备案认可的方法，以使检验结果符合登记规格。

7.3.3 理化性能检验方法

以 CIPAC MT 方法(参见附录 C)、国家标准或备案登记品质规格中的认可方法为准。

8 合格评定

8.1 合格评定依据：

a) 登记备案认可规格、农药登记证和标签标识规格的一致；

b) 检验适用标准；

c) 制剂：FAO/WHO 允许公差范围；(详见附录 D)

d) 原药：不低于登记/标示规格。

8.2 评定语：

a) “合格”或“不合格”；

b) “本批货物的……符合/不符合登记规格(农药登记证号：……)”。

9 检验证书复议有效期限和检验样品保存期限

合格证书的复议有效期和检验样品保存期限为：自出具证书之日起 180 d；

不合格证书的复议有效期和检验样品保存期限为：自出具证书之日起 360 d。

附 录 A
（资料性附录）
农药标签应标注的基本内容

A.1 基本内容

A.1.1 产品的名称、含量及剂型。

A.1.2 产品的批准证号指农药登记证号(或临时农药登记证号)。

A.1.3 批号。

A.1.4 净含量。

A.1.5 产品的质量保证期。

A.1.6 生产者的名称和地址。

A.1.7 毒性标识。

A.1.8 农药类别的特征颜色标志带。

注：毒性标识，在我国GB 3796中为强制性条款，因此：

1) 在中外文标签中为强制性检测项目；
2) 在进出口农药的外文标签中，因各国法规的差异，表述方式会有差异(见A.3)。但在相关的“安全性手册(MSDS)”中必有详细描述。

A.2 质量保证期的识别

可有三种表达形式：

a) 注明生产日期(或批号)和质量保证期；
b) 注明产品批号和有效日期；
c) 注明产品批号和失效日期。

注：分装产品的标签上应分别注明产品的生产日期和分装日期，其质量保证期执行生产企业规定的质量保证期。

A.3 毒性标志

A.3.1 按WHO农药毒性分级(The WHO recommended classification of pesticides by hazard and guidelines to classification，1998—1999. WHO，Geneva. 1998)，为5级：

a) Ⅰa (剧毒，Extremely hazardous)；
b) Ⅰb (高毒，Highly hazardous)；
c) Ⅱ (中等毒，Moderately hazardous)；
d) Ⅲ (低毒，Slightly hazardous)；
e) U (微毒，Unlikely to present acute hazard)。

A.3.2 按GB 12475—2006中表1规定，农药毒性分级为5级：

a) Ⅰa级 (剧毒)；
b) Ⅰb级 (高毒)；
c) Ⅱ级 (中等毒)；
d) Ⅲ级 (低毒)；
e) Ⅳ级 (微毒)。

注1：WHO的农药毒性分级和GB 12475—2006的农药毒性分级，虽均为5级，但两者分级的LD_{50}范围并不等同。

注2：上述两种农药毒性分级体系，均与按联合国《化学品分类及标记全球协调制度(GHS)》危险性分类所制定的

GB 20592—2006《化学品分类、警示标签和警示性说明　安全规范　急性毒性》中的急性毒性危害分类(5 个类别)，同为五级分类。但在 LD_{50}/LC_{50} 值范围上并不等同。

A.3.3　按欧盟 EU 指令 Directive 79/831/EEC 和 92/32/EEC 中分类法，农药急性毒性表示如下：

a) Tt　极毒(Very toxic)；
b) T　有毒(Toxic)；
c) Xh　有害的(Harmful)；
d) Xi　刺激的(Irritant)；
e) N　危害环境(Dangerous for the environment)；
f) (无表述)　无需表述(None required)。

注：按欧盟 EU 指令 Directive 67/548/EEC 中，化学危害性符号(chemical hazard symbol)和(或)代号(code)，共 14 个符号和 13 个代号：

a) E　爆炸物(Explosives)；
b) F+　极易燃的(Extremely flammable)；
c) T+　极毒(Very toxic)；
d) Xh　有害的(Harmful)；
e) Xi　刺激物(Irritants)；
f) Carc.　致癌物(Carcinogens)；
g) Repr.　生殖有毒(Toxic for reproduction)；
h) N　危害环境的(Dangerous for the environment)；
i) O　氧化剂(Oxidizing agent)；
j) F　高易燃的(Highly flammable)；
k) T　有毒的(Toxic)；
l) C　腐蚀性的(Corrosive)；
m) Sensitizers　致敏物；
n) Mut.　致突变物(Mutagens)。

A.3.4　按美国环保署(EPA)文件“EPA 35-B-03-001 08/2003”中分为四类：

a) Ⅰ类(Category Ⅰ)　危险(Danger)；
b) Ⅱ类(Category Ⅱ)　警告(Warning)；
c) Ⅲ类(Category Ⅲ)　注意(Caution)；
d) Ⅳ类(Category Ⅳ)　注意/表示与否随意(Caution/Optional)。

A.4　我国的农药类别特征色标带

a) 除草剂为“绿色”；
b) 杀虫(螨、软体动物)剂为“红色”；
c) 杀菌(线虫)剂为“黑色”；
d) 植物生长调节剂为“深黄色”；
e) 杀鼠剂为“蓝色”。

附 录 B
（规范性附录）
有证标准样品

B.1 有证标准样品提供和使用的依据

《农药规范发展和应用手册》中附件B、GB/T 15000.8、GB/T 15000.4。

B.2 有证标准样品的来源和提供

有证标准样品的供应有两个来源：该有效成分的生产商，或出售标准样品的标准机构或公司。

按《农药规范发展和应用手册》进行官方检验，进口/生产该农药的登记公司，有义务应提供有证标准样品供官方检验。

B.3 有证标准样品证书和标签的内容

有证标准样品（CRMs）证书和标签的内容，应符合《农药规范发展和应用手册》和GB/T 15000.4中要求。

B.3.1 有证标准样品证书的内容

CRM证书中应明示：

——标准样品的名称；

——标准样品的生产者或研制单位；

——该标准样品的编号和批号；

——建议的存储条件。

B.3.2 有证标准样品标签的内容

CRM标签上应明示：

——标准样品的名称；

——标准样品的生产者或研制单位；

——标准样品的编号和批号；

——相关的健康和安全警示。

注：标准值不强制性要求明示，以防止在没有研究证书中信息的情况下使用标准样品。

附 录 C
（资料性附录）
CIPAC方法中常用的"MT方法"分类汇总(卷A—K)

C.1 安全性能试验

C.1.1 闪点(Flash point)	MT 12	
a) Abel方法	MT 12.1	Vol. F/p. 31
b) Tag闭杯测试仪	MT 12.2	Vol. F/p. 37
c) Pensky-Martens闭杯测试仪	MT 12.3	Vol. F/p. 40
C.1.2 冷冻混合物(Freezing Mixtures)	MT 14	
a) (5±1)℃	MT 14.1	Vol. F/p. 44
b) (10±1)℃	MT 14.2	Vol. F/p. 44
C.1.3 冰点,凝固点(Freezing point)	MT 1	Vol. F/p. 3
C.1.4 二硫代氨基甲酸盐(酯)类自发着火的点火评估试验	MT 84.1	Vol. F/p. 218
C.1.5 熔点(Melting point)	MT 2	Vol. F/p. 5
C.1.6 无机油矿物油的倾点(Pour point)	MT 139	Vol. F/p. 331

C.2 贮存稳定性

C.2.1 液体制剂在0℃下的稳定性	MT 39	
a) 乳化浓溶液和溶液	MT 39.1	Vol. F/p. 128
b) 水溶液	MT 39.2	Vol. F/p. 129
C.2.2 加速贮存稳定性测试	MT 46	
a) 一般方法	MT 46.1	Vol. F/p. 149
b) 特殊方法	MT 46.2	Vol. F/p. 151
c) 相结合的方法	MT 46.3	Vol. J/p. 128

C.3 相关杂质

C.3.1 水分测试	MT 30	
a) Karl-Fischer方法	MT 30.1	Vol. F/p. 91
b) Dean和Stark方法(甲苯蒸馏法)	MT 30.2	Vol. F/p. 93
c) 非水"快速"法(Free water "speedy" method)	MT 30.3	Vol. F/p. 94
d) 丙酮溶液中的水	MT 30.4	Vol. F/p. 95
e) 使用无吡啶试剂的Karl Fischer方法	MT 30.5	Vol. J/p. 120
C.3.2 溶解物		
a) 丙酮中的溶解物	MT 5	
1) 热溶解	MT 5.1	Vol. F/p. 21
2) 室温下溶解	MT 5.2	Vol. F/p. 22
b) 三氯甲烷中的溶解物	MT 87	
1) 热溶液	MT 87.1	Vol. F/p. 221
2) 冷溶液	MT 87.2	Vol. F/p. 222

c) 正己烷中的溶解性	MT 6	Vol. F/p. 22
d) 有机溶剂中溶解性	MT 181	Vol. H/p. 314
e) 甲苯中溶解的物质	MT 90	Vol. F/p. 222
f) 二硝基化合物-在碱中不溶的盐和物质的溶解性	MT 108	
1) 铵盐	MT 108.1	Vol. F/p. 262
2) 钠盐	MT 108.2	Vol. F/p. 262
3) 三乙醇铵盐	MT 108.3	Vol. F/p. 263
g) 水中溶解物	MT 9	Vol. F/p. 26
C.3.3 不溶物		
a) 在乙醇中的溶解性	MT 7	
1) 热溶液	MT 7.1	Vol. F/p. 23
2) 室温下溶液	MT 7.2	Vol. F/p. 24
b) 在丙酮中不溶物	MT 27	Vol. F/p. 88
c) 在氢氧化钠中溶解性	MT 71	
1) 苯氧基链烷酸类除草剂	MT 71.1	Vol. F/p. 200
2) 甲氧基甲酚(cresols)	MT 71.2	Vol. F/p. 200
3) (腈类除草剂)溴苯腈(bromoxynil)和碘苯腈(ioxynil)	MT 71.3	Vol. F/p. 201
d) 在三醇胺中溶解性	MT 76	Vol. F/p. 207
e) 水中不溶物	MT 10	Vol. F/p. 27
1) 样品的热溶液	MT 10.1	
2) 样品的冷溶液	MT 10.2	
3) 水不溶的粗粒物质	MT 10.3	
4) 农药水溶液中不溶性物质	MT 10.4	
f) 二甲苯中不溶物	MT 11	Vol. F/p. 30
g) 煤油中不溶物	MT 8	Vol. F/p. 25
h) 庚烷(C_7)中不溶物	MT 101	Vol. F/p. 255
i) 二氯二氟甲烷中不溶物	MT 16	Vol. F/p. 52
j) 油不溶物	MT 35	Vol. F/p. 108
C.3.4 在取代苯基脲除草剂杂质的测定和鉴别	MT 142	Vol. F/p. 336

C.4 物理性能

C.4.1 密度

a) 堆积密度(松密度)	MT 186	Vol. K/p. 151
b) 颗粒制剂的粉尘含量和表观密度	MT 58	
1) 取样	MT 58.1	Vol. F/p. 173
2) 制样	MT 58.2	Vol. F/p. 173
3) 在无压力下堆积后的表观密度	MT 58.3	Vol. F/p. 175
c) 颗粒物质的倾倒和堆积密度(Pour & tap density)	MT 159	Vol. F/p. 390
d) 比重和密度(Specific gravity & density)	MT 3	
1) (液体)比重计方法(Hydrometer method)	MT 3.1	Vol. F/p. 11

2）比重瓶法(Pyknometer method)	MT 3.2	Vol. F/p. 13
3）悬浮浓溶液的密度	MT 3.3	Vol. F/p. 18
4）粉末的堆积密度	MT 33	Vol. F/p. 104
5）水分散颗粒的堆积密度	MT 169	Vol. F/p. 418
C.4.2 表面性能		
a）润湿性评估	MT 53	
1）标准型的润湿时间	MT 53.1	Vol. F/p. 160
2）叶表面的润湿	MT 53.2	Vol. F/p. 162
3）分散粉末的润湿	MT 53.3	Vol. F/p. 164
b）起泡性	MT 47	
1）起泡持久性	MT 47.1	Vol. F/p. 152
2）悬浮液起泡性测试	MT 47.2	Vol. F/p. 152
c）粘度(Viscosity)	MT 22	
1）透明和不透明油的粘度(以 CGS 单位)	MT 22.1	Vol. F/p. 75
2）雷德伍德(Redwood)(粘度计法)	MT 22.2	Vol. F/p. 81
3）矿物油的粘度	MT 22.3	Vol. F/p. 83
C.4.3 挥发性能		
中性油的挥发性	MT 56	
1）初步检定	MT 56.1	Vol. F/p. 170
2）完全方法	MT 56.2	Vol. F/p. 170
C.4.4 颗粒、破碎、粘着性能		
a）筛分析		
1）干筛分——粉尘	MT 59.1	Vol. F/p. 177
2）干筛分——颗粒产品	MT 59.2	Vol. F/p. 179
3）干筛分——水分散颗粒	MT 170	Vol. F/p. 420
4）颗粒物质的筛选试验	MT 59.4	Vol. F/p. 180
5）湿筛分	MT 59.3	Vol. F/p. 179
6）使用循环水的湿筛分	MT 182	Vol. J/p. 135
7）湿筛分——水分散颗粒	MT 167	Vol. F/p. 416
8）湿筛分——水分散颗粒	MT 185	Vol. F/p. 149
b）起尘性		
1）颗粒产品的起尘性	MT 171	Vol. F/p. 425
2）加速贮存后的粉尘性能测试	MT 34	Vol. F/p. 107
c）磨擦性能		
1）颗粒的耐磨性	MT 178	Vol. H/p. 302
2）分散颗粒的耐磨性	MT 178.2	Vol. K/p. 140
d）对种子的粘着性能		
1）用于种子处理粉末剂的种子粘附试验	MT 83	Vol. F/p. 216
2）液体种子处理制剂的种子间分布不均匀性测定	MT 175	Vol. F/p. 438
3）种子处理粉剂的滞留试验(Retention test)	MT 147	Vol. F/p. 346

C.4.5 分散性能

a) 分散性

1) 悬乳液(suspo-emulsions，包裹微囊型乳液)的分散稳定性	MT 180	Vol. H/p. 310
2) 分散液、悬浮浓溶液的自发行为(Spontaneity)	MT 160	Vol. F/p. 391
3) 水分散颗粒的自发行为	MT 174	Vol. F/p. 435

b) 分散度

1) 激光衍射法的粒径(分布)分析法	MT 187	Vol. K/p. 153
2) 铜和硫化合物的粒径(分析)	MT42	
● 无载体的制剂	MT 42.1	Vol. F/p. 133
● 含载体的制剂	MT 42.2	Vol. F/p. 138
3) DDT 分散粉末的粒径分布	MT 43	Vol. F/p. 140

c) 悬浮性

1) 用水稀释形成悬浮液的制剂的悬浮性	MT 184	Vol. K/p. 142
2) 水性悬浮浓溶液的悬浮性	MT 161	Vol. F/p. 394
3) 水分散颗粒的悬浮性	MT 168	Vol. F/p. 417
4) 水分散粉末的悬浮性	MT 15 & MT 177	
● CIPAC 方法	MT 15.1	Vol. F/p. 45
● AID 方法	MT 15.2	Vol. F/p. 48
● 简化的 CIPAC 方法	MT 177	Vol. F/p. 445

d) 分散稳定性

1) 悬乳液(Suspo-emulsions)的分散稳定性	MT 180	Vol. H/p. 310
2) 水溶性颗粒的溶解度和溶液稳定性	MT 179	Vol. H/p. 307

e) 乳化稳定性

1) 稀乳液稳定性	MT 20	Vol. F/p. 71
2) 比色法测定稀乳液的稳定性	MT 173	Vol. F/p. 431
3) 除草剂水溶液的稀释稳定性	MT 41	Vol. F/p. 131
4) 可乳化浓溶液的溶液特性	MT 36	
● 当被稀释时 5%(体积分数)油相	MT 36.1	Vol. F/p. 108
● 水乳液的分散稳定性	MT 36.2	Vol. F/p. 112
● 乳液特性和再乳化特性	MT 36.3	Vol. K/p. 137
● 稀乳液稳定性的比色测定	MT 173	Vol. F/p. 431
● 稀乳液稳定性的测定——使用农用化学乳液测试仪(AET)	MT 183	Vol. J/p. 138
5) 低温稳定性	MT 39	
● 乳化浓溶液和溶液	MT 39.1	Vol. F/p. 128
● 水溶液	MT 39.2	Vol. F/p. 129
● 液体制剂	MT 39.3	Vol. J/p. 126
6) 乳化浓溶液的油含量	MT 146	Vol. F/p. 345

f) 油产品的稳定性

1) 稀油产品的稳定性	MT 55	

(即，石油制剂水稀释溶液的稳定性，包括含有 DNOC[Dinitrocresol，4-6-二硝基(邻)甲

酚]和焦油产品的制剂）

● 石油和焦油产品	MT 55.1	Vol. F/p. 167
● 石油制剂和包括 DNOC 的产品	MT 55.2	Vol. F/p. 168
● 用于果园的石油制剂	MT 55.3	Vol. F/p. 168
● 用于暖房的石油制剂	MT 55.4	Vol. F/p. 168
2） 稀焦油和石油产品的稳定性	MT 49	
● 焦油可混溶的和原料乳剂型	MT 49.1	Vol. F/p. 155
● 石油可混溶型	MT 49.2	Vol. F/p. 156
3） 稀石油—焦油和石油产品的稳定性	MT 52	
(仅)可混溶型	MT 52.1	Vol. F/p. 159
4） 未被稀释的石油制剂稳定性，包括那些含有 DNOC 和焦油的产品	MT 54	Vol. F/p. 167
5） 未被稀释的焦油产品稳定性	MT 48	
● 可混溶型	MT 48.1	Vol. F/p. 154
● 原料乳剂型	MT 48.2	Vol. F/p. 154
6） 未被稀释的焦油—石油和石油产品的稳定性	MT 51	
(仅)可混溶型	MT 51.1	Vol. F/p. 158

C.4.6 流动性能

a） 可流动性

1） 粉末的流动性	MT 44	Vol. F/p. 145
2） 水分散颗粒的流动件	MT 172	Vol. F/p. 430

b） 可倾倒性

1） 悬浮浓溶液的倾倒性(Pourability)	MT 148	Vol. F/p. 348
2） 增订方法	MT 148.1	Vol. J/p. 133

C.4.7 溶液和溶解

a） 酸度和碱度

1） 游离酸度和碱度	MT 31	
● 甲基红指示剂法	MT 31.1	Vol. F/p. 96
● 电极法	MT 31.2	Vol. F/p. 98
● 石油产品的酸度	MT 31.3	Vol. F/p. 99
2） 溶解性碱度	MT 81	Vol. F/p. 215
3） 苯氧基链烷酸酯的游离酸度	MT 66	Vol. F/p. 193
4） 脲除草剂中游离胺	MT 141	Vol. F/p. 330
5） 二硝基化合物的无机酸度	MT 169	Vol. F/p. 263

b） pH 范围

pH 值测定	MT 75	
1） 一般方法	MT 75.1	Vol. F/p. 205
2） 水分散体系的 pH	MT 75.2	Vol. F/p. 206
3） 被稀释和未被稀释水溶液的 pH	MT 75.3	Vol. J/p. 131

c） 与油互溶性

● 与烃类油(hydrocarbon oil)的互溶性	MT 23	Vol. F/p. 85

d） 水溶性袋的溶解

● 水溶性袋的溶解速率	MT 176	Vol. F/p. 440

e) 溶解度和溶液稳定性		
1) 稀乳液稳定性	MT 20	Vol. F/p. 71
2) 比色法测定稀乳液稳定性	MT 173	Vol. F/p. 431
3) 除草剂水溶液的稀释稳定性	MT 41	Vol. F/p. 131
4) 水溶液颗粒的溶解度和溶液稳定性	MT 179	Vol. H/p. 307
f) "游离的"有效成分		
1) 有效成分分离(Isolation)	MT 37	
● 用丙酮萃取	MT 37.1	Vol. F/p. 115
● 用石油溶剂油萃取	MT 37.2	Vol. F/p. 115
2) 可萃取酸的测定	MT 126	Vol. F/p. 288

C.5 通用项目

C.5.1 酸洗试验	MT 79	Vol. F/p. 210
C.5.2 缓冲溶液		
a) 氨-氯化铵(NH_3-NH_4Cl)缓冲溶液(pH=10)	MT 107	Vol. F/p. 261
b) 磷酸盐缓冲溶液	MT 19	Vol. F/p. 69
C.5.3 电导率测定	MT 32	Vol. F/p. 103
C.5.4 可萃取酸的熔点	MT 127	Vol. F/p. 291
C.5.5 油脂萃取装置	MT 67	Vol. F/p. 134
C.5.6 水的硬度	MT 73	Vol. F/p. 201
C.5.7 碘化物试验	MT 118	Vol. F/p. 283
C.5.8 铁的测定	MT 95	Vol. F/p. 236
C.5.9 铅的测定	MT 92	
a) 双硫腙一般方法	MT 92.1	Vol. F/p. 224
b) 双硫腙方法 B	MT 92.2	Vol. F/p. 229
C.5.10 干燥失重	MT 17	
a) 炉干燥(60 ℃下)	MT 17.1	Vol. F/p. 55
b) 真空干燥(45 ℃下,24 h)	MT 17.2	Vol. F/p. 56
c) 炉干燥(100 ℃恒量)	MT 17.3	Vol. F/p. 57
d) 真空干燥(室温下)	MT 17.4	Vol. F/p. 57
C.5.11 锰的测定	MT 93	
a) 铋酸盐(如,$NaBiO_3$)法	MT 93.1	Vol. F/p. 232
b) EDTA 法	MT 93.2	Vol. F/p. 234
C.5.12 磷酸盐的测试	MT 120	Vol. F/p. 285
C.5.13 低沸点产品的蒸发残渣	MT 80.1	Vol. F/p. 213
甲氧基甲酚的蒸发残渣	MT 80.2	Vol. F/p. 214
C.5.14 除草剂的分离和鉴别	MT 97	Vol. F/p. 241
C.5.15 硅酸盐(酯)试验	MT 121	Vol. F/p. 287
C.5.16 溶解的氯化物	MT 82	Vol. F/p. 215
C.5.17 硫酸化灰分,一般方法	MT 29	Vol. F/p. 91
C.5.18 中和(Neutrality)	MT 74	Vol. F/p. 204
C.5.19 中性油馏程测试	MT 61	Vol. F/p. 182
C.5.20 有机氯	MT 38	

a） 钾-二甲苯法	MT 38.1	Vol. F/p. 118
b） Stepanov 方法	MT 38.2	Vol. F/p. 120
c） 总氯的半微量测定法	MT 38.3	Vol. F/p. 121
C.5.21 氯化物测试	MT 117	Vol. F/p. 282
C.5.22 总氯化物	MT 100	Vol. F/p. 254
C.5.23 水溶性	MT 157	
a） 初步测试	MT 157.1	Vol. F/p. 379
b） 柱洗脱方法（溶解度$<10^{-2}$ g/L）	MT 157.2	Vol. F/p. 380
c） 烧瓶法（溶解度$>10^{-2}$ g/L）	MT 157.3	Vol. F/p. 384
C.5.24 水溶性铜的测定	MT 98	
a） 用浴铜灵（2,9-二甲基-4,7-二苯基-1,10-菲罗啉）比色法	MT 98.1	Vol. F/p. 246
b） 原子吸收法	MT 98.2	Vol. F/p. 248
C.5.25 标准水	MT 18	
a） CIPAC 标准水 A-G 的制备	MT 18.1	Vol. F/p. 59
b） 被盐化水 H 和 J 的制备	MT 18.2	Vol. F/p. 63
c） 非 CIPAC 标准水	MT 18.3	Vol. F/p. 64
d） 要求硬度的标准水制备	MT 18.4	Vol. F/p. 66
e） 制备原料溶液的简化方法（程序）	MT 18.5	Vol. H/p. 302
C.5.26 砷的测定	MT 99	Vol. F/p. 251

C.6 取样方法

C.6.1 水分散颗粒的取样	MT 166	Vol. F/p. 451
C.6.2 颗粒制剂的粉尘含量和表观密度	MT 58	
a） 取样	MT 58.1	Vol. F/p. 173
b） 样品的制备	MT 58.2	Vol. F/p. 173

C.6.3 FAO/WHO 导则（Manual）中附录 A 的取样（Sampling）。

附 录 D
(规范性附录)
农药制剂和母药(TK)的允许公差

表 D.1 农药制剂和母药(TK)的允许公差

标示含量(g/kg 或 g/L) 在(20±2)℃下	允许公差
≤25	±15%(标示含量的),对于"均匀的"制剂(如:EC,SC,SL 等),或 ±25%(标示含量的),对于"不均匀的"制剂(如:GR,WG 等)
25(不包括 25)~100	±10%(标示含量的)
100(不包括 100)~250	±6%(标示含量的)
250(不包括 250)~500	±5%(标示含量的)
>500	±25 g/kg 或 g/L

注 1:原药(TC)的有效成分含量检测,无允许公差,应:不低于……g/kg(标示含量)。

注 2:EC(乳油)、SC(悬浮剂)、SL(水溶剂)、GR(颗粒剂)、WG(水分散性粒剂),均为原药和农药制剂的国际作物生命协会代码(CropLife International Codes for Technical & Formulated Pesticides)。

参 考 文 献

［1］ 中华人民共和国国务院令第216号.中华人民共和国农药管理条例.

［2］ 联合国粮农组织和世界卫生组织. FAO和WHO农药规范发展和使用手册. FAO & WHO 2002.

Manual on Development and Use of FAO and WHO Specifications for Pesticides. First Edition［OL］. FAO,Rome. 2002.［text at:http://www.fao.org/AG/AGP/AGPP/Pesticid/］

［3］ 联合国粮农组织.农药贮存管理手册. FAO 1996.

Pesticide Storage and Stock Control Manual,FAO Pesticide Disposal Series 3,Rome,1996［text at:http://www.fao.org/AG/AGP/AGPP/Pesticid/Disposal/index en.htm］

［4］ 联合国粮农组织.农药标签规范准则. FAO 1995.

Revised guidelines on good labelling practice for pesticides. FAO,Rome. 1995.［text at:http://www.fao.org/AG/AGP/AGPP/Pesticid/］

［5］ The WHO recommended classification of pesticides by hazard and guidelines to classification 1998—1999［OL］. WHO,Geneva. 1998.［text at:http://www.who.int/pcs_act.htm］

中华人民共和国出入境检验检疫行业标准

SN/T 2527—2010

液相色谱测定进口农药有效成分通则

General rules for determination of active ingredient content of pesticides for import by high performance liquid chromatography

2010-03-02 发布　　　　2010-09-16 实施

中华人民共和国国家质量监督检验检疫总局 发布

前　言

本标准的附录 B 为规范性附录，附录 A 为资料性附录。

本标准由国家认证认可监督管理委员会提出并归口。

本标准起草单位：中华人民共和国上海出入境检验检疫局。

本标准主要起草人：孙敦伟、蒋海宁。

本标准系首次发布的出入境检验检疫行业标准。

液相色谱测定进口农药有效成分通则

1 范围

本标准规定了进口农药有效成分的液相色谱测定。

本标准适用于进口农药有效成分的液相色谱测定。

2 规范性引用文件

下列文件中的条款通过本标准的引用而成为本标准的条款。凡是注日期的引用文件，其随后所有的修改单(不包括勘误的内容)或修订版均不适用于本标准，然而，鼓励根据本标准达成协议的各方研究是否可使用这些文件的最新版本。凡是不注日期的引用文件，其最新版本适用于本标准。

GB 3100 国际单位制及其应用

GB/T 6682 分析实验室用水规格和试验方法(ISO 3696:1987,NEQ)

GB/T 15000.4 标准样品工作导则 标准样品证书和标签的内容(GB/T 15000.4—2003,ISO Guide 31:2000,IDT)

GB/T 15000.8 标准样品工作导则 有证标准样品的使用(GB/T 15000.8—2003,ISO Guide 33:2000,IDT)

GB/T 20001.4 标准编写规则 第4部分:化学分析方法

JJG 705 液相色谱仪

3 方法原理

农药样品用合适的溶剂溶解，经适当的样品前处理后，将试样经定容管由六通阀注入液相色谱仪进行分析，利用流动相体系对被测组分的极性差异和被测各组分在液固或液液两相间的吸附或分配等物化性质差异，在色谱柱内进行分离。分离后的各组分进入检测器，由数据处理系统记录色谱图及相应数据。各组分的保留值和色谱峰面积或相应的峰高值分别作为定性和定量的依据。

4 试剂和材料

4.1 试剂:除非另有规定，使用分析纯试剂。

4.2 流动相和溶剂用试剂:使用HPLC级试剂。

4.3 水:GB/T 6682，一级水。

4.4 标准样品:应使用符合GB/T 15000.8要求的有证标准样品。

5 色谱柱的选择原则

5.1 液相色谱柱的品种类型

液相色谱的固定相，按洗脱模式，可分为:反相、正相、离子交换和凝胶渗透;按分离机理，可分为:吸附、键合、离子交换和凝胶。在农药的检测中，将用到除凝胶色谱以外的其他三者。

液相色谱柱按品种类型分类有:阳离子交换柱，阴离子交换柱，反相柱，氰基柱，氨基柱，正相柱，键合型手性柱，涂抹型手性柱。

在农药检测中，可用的固定相见表1。

表 1　可用的固定液

固　定　相	注　释
硅胶(如:Zorbax-Sil 等)	极性正相柱,液-固吸附色谱,吸附固定相
二醇基,氰基(CN),氨基(NH_2)	极性正/反相柱,液-液分配色谱,键合固定相
C_{18},C_8,苯基硅烷,二甲基硅烷,TMS	非极性反相柱,液-液分配色谱,键合固定相
磺酸基(Zorbax SCX 等)	阳离子交换柱,液-液分配色谱,键合固定相
季氨基(Zorbax SAX 等)	阴离子交换柱,液-液分配色谱,键合固定相
螺旋形聚合物型(如,Daicel 公司纤维素酯类的 OA、OB、OK、OD 等柱和淀粉酯类的 AS 等柱)	涂抹型手性柱,液-液分配色谱
多重相互作用型(即,刷型,Pirkle 型)(如,OA-2000-Ⅰ,Chirex 3001,Sumichiral OA-2000 等柱)	键合型手性柱,液-液分配色谱

5.2　液相色谱柱的选用原则

按规定使用的标准,选用合适类型、柱长、内径、填料粒度的具体型号色谱柱。

6　仪器

6.1　分析天平,感度 0.1 mg 或 0.01 mg。

6.2　高效液相色谱系统,满足或不低于 JJG 705 检定要求。

7　样品溶液配制

7.1　可采用直接称量法或间接称量法。

7.2　称量精度:精确至 0.2 mg 或 0.02 mg。

7.3　称量有效位数:不少于四位有效数。

7.4　称样量原则:

a)　在线性范围内;

b)　满足称量有效位数精度;

c)　满足定量检测限(LOQ);

d)　满足进样定容管规格;

e)　满足 HPLC 仪器检测精度(1%RSD)。

7.5　样品溶液的保存:除非另有规定,置于 0 ℃～5 ℃冰箱内备用。

注:直接称量法:样品直接称入容量瓶中溶解定容,不再采用移液管转移稀释。
间接称量法:在配制样品溶液的过程中,将采用移液管转移稀释的方法,以满足检测的线性范围。

8　检测

8.1　流动相和样品溶液的过滤

所有的流动相,均应脱气和经 0.45 μm 滤膜过滤。

所有样品溶液,在进样前均须经 0.45 μm 滤器过滤。

8.2　流动相的淋洗方式

按标准要求,可采用:等度洗脱或梯度洗脱。

8.3　色谱条件的优化

标准中给出的液相色谱条件系通用的操作参数,可根据不同仪器的特点,对给定操作参数作适当调整,以期获最佳分离效果。

8.4 色谱系统的平衡与测定

在规定的操作条件下，用流动相平衡系统，待仪器稳定后，连续注入数针标样溶液，计算各针峰面积响应值的重复性，待相邻两针的峰面积响应值变化小于1.0%，按标准中规定的进样顺序进行液相色谱分析。

9 定量分析

9.1 常用定量分析方法

9.1.1 内标法

在已知量的试样中加入能与所有组分完全分离的已知量的内标物质，用相应的校正因子校准被测组分的峰值并与内标物质的峰值进行比较，求出被测组分的体积分数的方法。

当选择内标法定量时，应满足下列要求：

a) 内标物应是该试样中不存在的纯物质，可选择在测试色谱波长下有吸收的化合物做内标物；

b) 它应完全溶于试样中，并与试样中各组分的色谱峰能完全分离；

c) 加入内标物的量应接近于被测组分，进样量应在检测线性范围内；

d) 色谱峰的位置应与被测组分的色谱峰的位置相近，或在几个被测组分色谱峰中间。

内标法测定组分的质量分数以 w_i 计，数值以%表示，按式(1)计算：

$$w_i = \frac{m_s A_i f_{si}}{m A_s} \times 100 \qquad \cdots\cdots(1)$$

式中：

m_s——加入内标物质量的数值，单位为克(g)；

A_i——试样中组分 i 峰面积的数值；

f_{si}——组分 i 与内标物相比的校正因子的数值；

m——试样质量的数值，单位为克(g)；

A_s——内标物峰面积的数值。

内标法校正因子以 f_{si} 计，按式(2)计算：

$$f_{si} = \frac{m_i A_s}{m_s A_i} \qquad \cdots\cdots(2)$$

式中：

m_s——加入内标物质量的数值，单位为克(g)；

A_i——组分 i 标准样品峰面积的数值；

m_i——组分 i 标准样品质量的数值，单位为克(g)，

A_s——内标物峰面积的数值。

9.1.2 外标法

在相同的操作条件下，分别将等量的试样和含被测组分的标准试样进行色谱分析，比较试样与标准试样中被测组分的峰值，求出被测组分的体积分数的方法。

可用工作曲线法或外标单点法进行定量分析。

当选择外标单点法定量时，应满足下列要求：

a) 标准样品的配制，其浓度应与被测组分质量分数接近；

b) 进样量应在该被测组分的检测线性范围内，标准样品溶液与试样溶液在相同条件下多次进样，测得峰面积的平均值进行计算。

外标法测定组分的质量分数以 w_e 计，数值以%表示，按式(3)计算：

$$w_e = \frac{A_i}{A_e} \times p \qquad \cdots\cdots (3)$$

式中：

p——标准样品中组分 i 的质量分数，%；

A_i——试样中组分 i 峰面积的数值；

A_e——标准样品中组分 i 峰面积的数值。

色谱峰的纯度及分离状况检验参见附录 A。

9.2 定量结果的表示方法

定量分析的结果一般用质量分数或体积分数表示，应符合 GB 3100 和 GB/T 20001.4 规定，其常用的分数单位为：g/kg、g/L 等。

9.3 精密度

各组分分析结果的精密度由各分析方法中所规定的标准来确定。

如标准中无明确规定的精密度要求，可按以下方式计算标准的精密度和准确度：

9.3.1 精密度

同一试样测定不少于 12 次，取置信度 95%，进行数据分析及取舍，精密度以相对标准偏差 RSD 计，数值以%表示，按式(4)计算：

$$RSD = \sqrt{\frac{\sum_{i=1}^{n}(W_i - \overline{W})^2}{(n-1)}} \times \frac{1}{\overline{W}} \times 100 \quad (i = 1,2,\cdots,n) \qquad \cdots\cdots (4)$$

式中：

W_i——第 i 次测量的质量数，%；

$\overline{W}$——n 次进样的质量分数算术平均值，%；

n——测定次数的数值；

i——进样序号的数值。

9.3.2 准确度

准确度以有效成分 i 回收率 r 计，数值以%表示，按式(5)计算：

$$r = \frac{m_1 - m_0}{m} \times 100 \qquad \cdots\cdots (5)$$

式中：

m_1——试样中加入有效成分 i 后，检出 i 成分质量的数值，单位为克(g)；

m_0——试样中检出 i 成分质量的数值，单位为克(g)；

m——加入有效成分 i 质量的数值，单位为克(g)。

10 评定原则

10.1 有效成分品质规格，应与其备案登记时的品质规格相一致。

10.2 标准样品，应符合 GB/T 15000.8 有证标准样品(CRMs)规定；其证书和标签，应符合 GB/T 15000.4 规定。

10.3 检验标准，优先采用 CIPAC 方法和登记证备案认可的方法。

10.4 评定公差 将定量计算结果与农药的登记规定的含量或农药标签标示的含量相比较，应符合 FAO/WHO 规定允许公差范围，见附录 B；原药为不低于登记/标示规格。

附　录　A
（资料性附录）
色谱峰的纯度及分离状况检验

A.1　利用二极管阵列检测器的多信息功能及光谱信息，可以判定一个色谱峰的纯度及分离状况。

A.2　最常用的是利用“色谱峰不同部位（如：峰前沿、峰顶点、峰后沿三个位置）的光谱归一化”法，进行直观比较或计算机计算纯度因子。

附　录　B
（规范性附录）
农药制剂和母药(TK)的允许公差

表 B.1　农药制剂和母药(TK)的允许公差

标示含量(g/kg 或 g/L) 在(20±2)℃下	允许公差 Tolerance
≤25	±15%(标示含量的),对于“均匀的”制剂(如:EC,SC,SL 等) ±25%(标示含量的),对于“不均匀的”制剂(如:GR,WG 等)
25(不包括 25)～100	±10%(标示含量的)
100(不包括 100)～250	±6%(标示含量的)
250(不包括 250)～500	±5%(标示含量的)
>500	±25 g/kg 或 g/L

注 1:原药(TC)的有效成分含量检测,无允许公差,应:不低于……g/kg(标示含量)。

注 2:EC(乳油)、SC(悬浮剂)、SL(水溶剂)、GR(颗粒剂)、WG(水分散性粒剂),均为原药和农药制剂的国际作物生命协会代码(CropLife International Codes for Technical & Formulated Pesticides)。

化肥标准

前　　言

本标准是对 ZB G20 001—87《进出口化肥检验方法　取样制样方法》的修订。

本标准与原标准比较，无技术路线改变，仅在标准格式上按照 GB/T 1.1—1993 标准化工作导则的要求进行修订。

本标准由中华人民共和国国家进出口商品检验局提出。

本标准起草单位：中华人民共和国上海进出口商品检验局。

本标准主要起草人：周维康、张宗武。

中华人民共和国进出口商品检验行业标准

SN/T 0736.1—1997

代替 ZB G20 001—87

进出口化肥检验方法　取样和制样

Method of inspection for import and export fertilizers—Sampling and sample preparation

1 范围

本标准规定了进出口化肥的粒度、水分和成分等项目检验所用试样的取样和制备方法。

本标准适用于进出口化肥袋装或散装货物的取样和制样。

2 定义

本标准采用下列定义。

2.1 批和批量 Consignment and amount of consignment

以一次交货的同标志、同规格产品为一批。构成一批化肥的数量为批量。散装化肥以吨数计，袋装化肥以件数计。

2.2 基本批量 Basic amount of consigment

本标准中所规定的对一批散装或袋装化肥取样的基本数量为基本批量。

2.3 份样 Increment

由一批化肥中的一袋内或散装化肥的规定部位按规定重量抽取的每份样品。

2.4 副样 Sub-sample

由一批化肥的部份样组成的样品。

2.5 大样 Gross sample

由一批化肥的全部份样或全部副样所组成的样品。

2.6 成分样品 Sample for assaying

从大样或副样中缩分取出的供成分分析用的样品。

2.7 水分样品 Moisture sample

从大样或副样中缩分取出的供水分测定用的样品。

2.8 粒度样品 Particle size sample

从大样或副样中缩分取出的供筛分粒度用的样品。

2.9 样品的兼用 Combined usage of the sample

缩分取出的样品，可用于测定两个以上的项目。如水分样品与成分样品兼用。

3 取样

3.1 取样工具

3.1.1 不锈钢样扦：一般可用长约 550 mm，外径约 10 mm 的不锈钢管制成。一端装木柄，在离木柄端 50 mm 处，沿管长开一宽 10 mm 的沟槽，直达不锈钢终端。将该端磨成约 30 度倾斜角的尖端（见图 1）。

中华人民共和国国家进出口商品检验局 1997-12-22 批准　　1998-05-01 实施

图 1　不锈钢样扦

3.1.2　不锈钢样铲：一般可用长 120 mm，宽 50 mm 的不锈钢板加工制作，并装上手柄 100 mm（见图 2）。

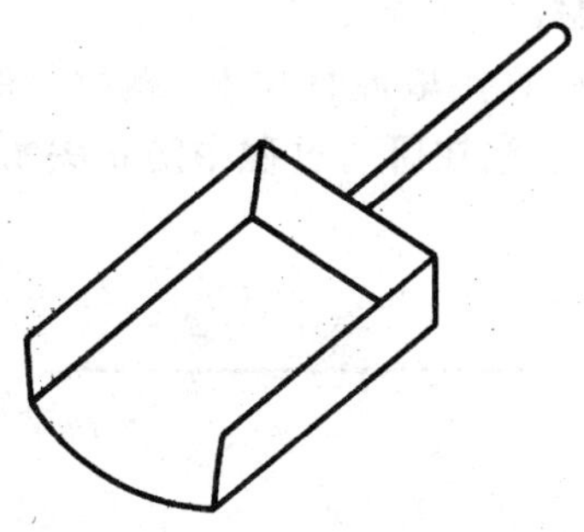

图 2　不锈钢样铲

3.1.3　塑料样品袋

3.1.4　具有磨口塞的玻璃瓶或塑料瓶。

3.2　份样数

3.2.1　袋装化肥

基本批量为 50 000 袋，最少取 100 袋，每袋取份样 1 个。

批量小于 50 000 袋时，所取的袋数也不得小于 100 袋，每袋取份样 1 个。

批量大于 50 000 袋时，所抽取的份样数按式(1)计算：

$$N = N_0 \cdot \sqrt{\frac{\text{实际批量(袋)}}{\text{基本批量(袋)}}} \qquad \cdots\cdots(1)$$

式中：N——需抽取的份样数；

N_0——基本批量规定应抽取的份样数。

3.2.2　散装化肥

基本批量为 5 000 吨，最少抽取 50 个份样。

基本批量小于 5 000 吨时，抽取的份样数不得少于 50 个。

基本批量大于 5 000 吨时，所需的份样数按 3.2.1 中式(1)计算(批量以吨计)。

3.3　份样量

一般化肥，每个份样量约 30～50 g。

3.4　取样方法

3.4.1　袋装化肥

3.4.1.1　若货物在装卸过程中，应按袋件间隔或随机拣取样品。

3.4.1.2　若货物已堆垛，需在堆垛的外层从上、中、下分若干层布点拣取份样。

3.4.1.3　若货物在船舱内，必须结合卸货过程分层拣取样品。

3.4.1.4　取样操作

用不锈钢扦(3.1.1)背部向上斜角插入袋中，旋转 180°，使货物填满扦槽后抽出，迅速倒入塑料样品袋内。待全部取毕，把所得样品充分混匀，用圆锥四分法或二分器法缩分，取出约 2 000 g，分成三份：一份为粒度样品，约 1 000 g；一份为成分样品，约 500 g；一份为水分样品，约 500 g。分别装入磨口玻璃瓶或塑料瓶中，封口并贴上标签，供检验用。

3.4.2　散装化肥

根据到货批量计算应取份样数，在各个船舱内随卸货过程分三层布点拣取样品，或在输送带上按时间间隔拣取份样。将所得全部份样充分混匀后，用圆锥四分法或二分器法缩分，取出约 2 000 g，以下同 3.4.1.4 操作。

4 试样的制备

4.1 粒度样品直接用于粒度筛分试验。

4.2 水分样品和成分样品：单质肥料直接取原样检验；颗粒大的单质肥料和复合肥料需快速研磨至 20～40 目（筛孔 0.84～0.42 mm）。应注意在研磨过程中防止失水或吸水。研磨后充分混匀，装入磨口玻璃瓶中。

前　　言

本标准是对 ZB G20 003—87《进出口化肥检验方法　水分测定》的修订。

本标准与原标准比较，无技术路线改变，仅在标准格式上按照 GB/T 1.1—1993 标准化工作导则的要求进行修订。

本标准由中华人民共和国国家进出口商品检验局提出。

本标准起草单位：中华人民共和国上海进出口商品检验局。

本标准主要起草人：成凤英、屠虹。

中华人民共和国进出口商品检验行业标准

进出口化肥检验方法　水分的测定

SN/T 0736.2—1997

代替 ZB G20 003—87

Method of inspection for import and export fertilizers
—Determination of moisture

1　烘箱干燥法

1.1　范围

本方法规定了性能稳定不含结晶水的化学肥料，如钾肥（硫酸钾、氯化钾、硝酸钾），氮肥（硫酸铵和硝酸钠、氯化铵）和一部分磷肥（三料过磷酸钙）水分含量的测定。

本方法适用于性能稳定不含结晶水的化学肥料，如钾肥（硫酸钾、氯化钾、硝酸钾），氮肥（硫酸铵和硝酸钠、氯化铵）和一部分磷肥（三料过磷酸钙）等。

1.2　引用标准

下列标准所包含的条文，通过在本标准中引用而构成为本标准的条文。本标准出版时，所示版本均为有效。所有标准都会被修订，使用本标准的各方应探讨使用下列标准最新版本的可能性。

SN/T 0736.1—1997　进出口化肥检验方法　取样和制样

1.3　方法提要

试样于105±2℃烘箱干燥从失去的质量计算水分的含量。

1.4　仪器

1.4.1　烘箱：温度可控制在105±2℃。

1.4.2　铝盒：直径40～50 mm，高25 mm，或尺寸相当的玻璃称量瓶。

1.5　测定步骤

1.5.1　称取试样均2 g，精确至0.000 1 g，置于预先在105±2℃干燥至恒重的铝盒中，轻轻振动，使试样均匀地铺在铝盒中，于105±2℃干燥2 h，取出，放入干燥器内，冷却至室温，称量。重复干燥，每次1 h，直至连续两次称量之差不超过0.001 g为止。

1.5.2　结果的表述

以质量百分数表示的水分含量（X）按式(1)计算：

$$X(\%)=\frac{m_1-m_2}{m}\times 100 \qquad \cdots\cdots(1)$$

式中：m_1——干燥前试样和铝盒的质量，g；

m_2——干燥后试样和铝盒的质量，g；

m——试样质量，g。

所得结果应表示至2位小数。

2　真空烘箱干燥法

2.1　范围

本方法规定了受热性能不太稳定的化学肥料，如尿素、复合肥、硝酸铵和石灰氮水分含量的测定。

本方法适用于受热性能不太稳定的化学肥料，如尿素、复合肥、硝酸铵和石灰氮测定。

中华人民共和国国家进出口商品检验局1997-12-22批准　　1998-05-01实施

2.2 引用标准

同1.2。

2.3 方法提要

试样于50±2℃,真空度为480～530 mm汞柱的真空烘箱中干燥,从失去的质量计算水分含量。

2.4 仪器

2.4.1 真空烘箱

2.4.2 铝盒:直径40～50 mm,高25 mm。

2.5 测定步骤

2.5.1 称取试样约2 g,精确至0.000 1 g,置于预先在真空烘箱(50±2℃)真空度为(480～530 mm汞柱)干燥的铝盒中,轻轻振动,使其试样均匀地铺在铝盒中,半开盒盖,放入真空烘箱,于上述温度和真空度下干燥2 h,取出,放入干燥器内,冷却至室温,称重。

2.6 结果的表述

以质量百分数表示的水分含量(X)按式(2)计算:

$$X(\%) = \frac{m_1 - m_2}{m} \times 100 \qquad \cdots\cdots(2)$$

式中:m_1——干燥前试样和铝盒的质量,g;

m_2——干燥后试样和铝盒的质量,g;

m——试样质量,g。

所得结果应表示至2位小数。

3 干燥剂真空干燥法

3.1 范围

本方法规定了受热性能极不稳定的化学肥料,如磷酸氢二铵水分含量的测定。

本方法适用于受热性能极不稳定的化学肥料,如磷酸氢二铵等。

3.2 引用标准

同1.2。

3.3 方法提要

试样置于五氧化二磷等作干燥剂,真空度为500～550 mm汞柱,温度为25～30℃的真空干燥器内干燥,所失去的质量即为水分。

3.4 仪器

3.4.1 真空干燥器:用五氧化二磷,过氯酸镁,或氯化钡作干燥剂。

3.4.2 铝盒直径:40～50 mm,高25 mm。

3.5 测定步骤

称取试样约2 g,精确至0.000 1 g,置于预先在真空度为500～550 mm汞柱的真空干燥器内(3.4.1)干燥的铝盒中,轻轻振动,使试样均匀地铺在铝盒中,半开盒盖,放入真空干燥器内,然后抽真空至500～550 mm汞柱保持温度为25～30℃,干燥16～18 h后,称量。

3.6 结果的表述

以质量百分数表示的水分含量(X)按式(3)计算:

$$X(\%) = \frac{m_1 - m_2}{m} \times 100 \qquad \cdots\cdots(3)$$

式中:m_1——干燥前试样和铝盒的质量,g;

m_2——干燥后试样和铝盒的质量,g;

m——试样质量,g。

所得结果应表示至 2 位小数。

前　言

本标准是对 ZB G20 002—87《进出口化肥检验方法　粒度测定》标准的修订。原标准 ZB G20 002—87 等效采用国际标准 ISO 8397《固体化肥——粒度筛分试验》。

本标准与原标准比较，无技术路线改变，仅在标准格式上按照 GB/T 1.1—1993 标准化工作导则的要求进行修订。

本标准由中华人民共和国国家进出口商品检验局提出。

本标准起草单位：中华人民共和国上海进出口商品检验局。

本标准主要起草人：成凤英、屠虹。

中华人民共和国进出口商品检验行业标准

SN/T 0736.3—1997

代替 ZB G20 002—87

进出口化肥检验方法　粒度的测定

Method of inspection for import and export fertilizers —Determination of granule size

1　范围

本标准规定了所有进出口固体化肥的粒度测定。

本标准适用于所有固体化肥的粒度测定。

2　引用标准

下列标准所包含的条文，通过在本标准中引用而构成为本标准的条文。本标准出版时，所示版本均为有效。所有标准都会被修订，使用本标准的各方应探讨使用下列标准最新版本的可能性。

SN/T 0736.1—1997　进出口化肥检验方法　取样和制样

3　方法提要

取一定量的样品，用筛选法，测定肥料的粒度。

4　仪器和设备

4.1　分析筛：标准筛：1 mm、4 mm、3.5 mm、5 mm。

4.2　天平：感量 0.1 g。

4.3　刷子：软的金属丝刷子和硬的毛刷子。

4.4　振荡器：60 r/min。

5　测定步骤

5.1　按规定的筛孔大小顺序迭加筛子，将筛孔最大的筛子放在最上面，把空盘（底）放在这一迭筛子的最下面。

5.2　称取 100～150 g 试样放入最上面的筛子里，将盖子盖在一迭筛子的最上面，置于振荡器(4.4)上振荡 5 min，或用人工振荡。

5.3　按顺序排列将筛子上的剩余物分别称重，记下每个筛上的质量和底盘内的化肥质量（以克计）。

5.4　称量每个筛子上的化肥时，必须用刷子刷去筛网眼内的部分，所有称取的质量必须精确到 0.1 g，每个筛上的化肥加起来总的质量应接近原样品的质量。

6　结果的表述

以质量百分数表示粒度含量(X)按式(1)计算：

$$X(\%) = \frac{m_1}{m} \times 100 \qquad (1)$$

式中：m_1 ——按照规定粒度的大小，选取筛上物（或筛下物）的质量，g；

中华人民共和国国家进出口商品检验局 1997-12-22 批准　　1998-05-01 实施

m——样品质量,g。

所得结果应表示 1 位小数。

前　　言

本标准是根据GB 1.1—1993《标准化工作导则　标准的起草与表述规则　标准编写的基本规定》对ZB G20 010—87进行修订的。

本标准在原版本的基础上,保留了在实践中证明是准确、简便、快速的部分内容,还通过实验扩大了方法对样品的适用范围,补增了试样的制备和精密度,并对编写格式和用语进行规范化修订。

本标准从生效之日起代替ZB G20 010—87。

本标准的附录A是标准的附录。

本标准的附录B是提示的附录。

本标准由中华人民共和国进出口商品检验局提出并归口。

本标准起草单位:中华人民共和国湛江进出口商品检验局。

本标准主要起草人:蔡泓、谢敏。

中华人民共和国进出口商品检验行业标准

进出口化肥检验方法 火焰原子吸收光谱法测定钠量

SN/T 0736.4—1997

代替 ZB G20 010—87

Method of inspection for import and export fertilizers —Determination of sodium -Atomic absorption spectrophotometric method

1 范围

本标准规定了测定进出口化肥中钠含量的方法。

本标准适用于氯化钾、硫酸钾、硝酸钾等钾类化肥中钠含量的测定。

2 引用标准

下列标准所包含的条文，通过在本标准中引用而构成为本标准的条文。本标准出版时，所示版本均为有效。所有标准都会被修订，使用本标准的各方应探讨使用下列标准最新版本的可能性。

SN/T 0736.1—1997 进出口化肥检验方法 取样和制样

3 方法提要

试样用水溶解，在水溶液中用原子吸收分光光度计于波长 589.0 nm，以空气-乙炔火焰测定钠的吸光度。

4 试剂

本标准中所用的水为去离子水或同等纯度的水。

4.1 氯化钾(1%)：称取 1 g 不含钠的基准氯化钾(GB 10732—89)，溶于 100 mL 水中。

4.2 钠标准溶液(1 mg/mL)：准确称取光谱纯氯化钠 2.544 g 于 200 mL 烧杯中，用水溶解移入 1 L 容量瓶中，用水稀释至标线，混匀，贮存于塑料瓶中。此溶液 1 mL 含 1 mg 钠。

4.3 钠标准溶液(100 μg/mL)：准确吸取 50 mL 钠标准溶液(4.2)，置于 500 mL 容量瓶中，用水稀释至标线，混匀，此溶液 1 mL 含 100 μg 钠。

5 仪器

原子吸收分光光度计：附有空气-乙炔燃烧器及钠空心阴极灯。

所用原子吸收分光光度计应达到下列指标：

最低灵敏度：等差浓度标准溶液的最高浓度标准的吸光读数不低于 0.2。

工作曲线线性：等差浓度标准溶液中两个最高浓度标准溶液的吸光读数的差值，不小于最低浓度标准溶液与零浓度溶液吸光读数差值的 0.8 倍。

最小稳定性：最高浓度标准溶液与零浓度溶液多次测量所得到的吸光读数，相对于最高浓度标准溶液吸光读数平均值的变异系数，应分别不大于 1.5%和 0.6%(见附录 A)。

中华人民共和国国家进出口商品检验局 1997-12-22 批准　　1998-05-01 实施

原子吸收分光光度计的工作条件:见附录B。

6 取样和样品的制备

6.1 样品的抽取按SN/T 0736.1—1997。

6.2 试样需研磨至20～40目(筛孔0.84～0.42 mm)。

7 测试

7.1 试液制备

称取试样(6.2)约1 g(准确至0.001 g),于250 mL烧杯中,加50 mL水,低温加热,使样品溶解完全后,移入100 mL容量瓶中,用水稀释至标线,混匀,放置片刻,使溶液澄清或干滤。

7.2 钠的吸光度测定。

吸取2.00～5.00 mL溶液或滤液(视样品钠含量而定)(7.1)于100 mL容量瓶中,用水稀释至标线,混匀。在原子吸收分光光度计上,波长589.0 nm处,转燃烧头30°,在空气-乙炔火焰中,与标准溶液系列同时以水调零,测量钠的吸光度,从工作曲线上查出相应的钠量。

7.3 工作曲线的绘制

准确吸取0.00,1.00,2.00,3.00,4.00 mL钠标准溶液(4.3)于一组100 mL容量瓶中,加入1 mL氯化钾溶液(4.1),用水稀释至标线,混匀,以水调零,测量钠的吸光度。以钠的浓度为横坐标,吸光度为纵坐标,绘制工作曲线。

8 分析结果的表述

钠的百分含量按式(1)计算(计算结果精确到小数后第二位):

$$钠(Na\%)=\frac{c\times V}{m}\times 10^{-6}\times 100 \qquad\cdots\cdots(1)$$

式中:c——从钠工作曲线查得钠的浓度,μg/mL;

V——测定时试样的体积,mL;

m——V毫升试液所含的试样质量,g。

9 精密度

用以下数值来判断结果的可靠性(95%置信概率)。

9.1 重复性r

同一操作者,重复测定同一样品两个结果的允许差为重复性r。小于允许差,测定精密度合格,取平均值为最终值。大于或等于允许差,测定精密度不合格,要查明原因,重做试验。

9.2 再现性R

同一样品,两个实验室各重复测定两次,得到平均值Y_1与Y_2,比较其允许差为$\sqrt{R^2-r^2/2}$。

小于允许差,测定精密度合格,取Y_1与Y_2的平均值为最终值。

大于或等于允许差,测定精密度不合格,查明原因,重做试验。

精密度数据见表1。

表1 精密度数据

含量范围(%)	0.05～0.50	0.50～2.00
r(%)	0.02	0.10
R(%)	0.04	0.25

附　录　A
（标准的附录）
最小稳定性变异系数的计算

最高浓度标准溶液与零浓度溶液吸光读数的变异系数计算公式如下：

$$S_c = \frac{100}{\overline{C}} \sqrt{\frac{\Sigma(C - \overline{C})^2}{n - 1}} \qquad \cdots\cdots(A1)$$

$$S_0 = \frac{100}{\overline{C}} \sqrt{\frac{\Sigma(O - \overline{O})^2}{n - 1}} \qquad \cdots\cdots(A2)$$

式中：S_c——最高浓度标准溶液吸光读数的百分变异系数；
S_0——零浓度溶液吸光读数的百分变异系数；
$\overline{C}$——最高浓度标准溶液吸光读数的平均值；
C——最高浓度标准溶液吸光读数；
$\overline{O}$——零浓度溶液吸光读数的平均值；
O——零浓度溶液吸光读数；
n——测定次数。

附　录　B
（提示的附录）
仪器的工作条件

使用PE 2380型原子吸收分光光度计测定钠的参考工作条件如下：
分析线：589.0 nm 转 30°；
狭缝宽度：0.7；
灯电流：8 mA；
空气流量：45 L/min；
乙炔流量：20 L/min。

中华人民共和国出入境检验检疫行业标准

SN/T 0736.5—2010
代替 SN/T 0736.5—1999

进出口化肥检验方法 第5部分:氮含量的测定

Test method of import and export fertilizers—Part 5: Determination of nitrogen content

2010-11-01 发布　　2011-05-01 实施

中华人民共和国国家质量监督检验检疫总局 发布

前　言

SN/T 0736《进出口化肥检验方法》分为以下12个部分：

——第1部分：取样和制样；

——第2部分：水分的测定；

——第3部分：粒度的测定；

——第4部分：火焰原子吸收光谱法测定钠量；

——第5部分：氮含量的测定；

——第6部分：磷的测定；

——第7部分：钾的测定；

——第8部分：缩二脲含量的测定；

——第9部分：氯含量的测定；

——第10部分：游离酸的测定；

——第11部分：自动分析仪测定氮含量；

——第12部分：电感耦合等离子体质谱法测定　有害元素砷、铬、镉、汞、铅。

本部分为SN/T 0736的第5部分。

本部分是对SN/T 0736.5—1999《进出口化肥检验方法　氮含量的测定》进行的修订。

本部分与SN/T 0736.5—1999相比主要修改如下：

——按照GB/T 1.1—2009《标准化工作导则　第1部分　标准的结构和编写》和GB/T 20001.4—2001《标准编写规则　第4部分：化学分析方法》对原标准的结构进行了修改。

——试验方法按蒸馏法、甲醛法进行编排。

——增添含硝态氮、酰胺态氮、氰胺态氮和氨态氮的试样中氮含量的检验方法。

本部分由国家认证认可监督管理委员会提出并归口。

本部分负责起草单位：中华人民共和国辽宁出入境检验检疫局。

本部分主要起草人：赵雪蓉、徐伟、吴建国、于一茳、李晓岚。

本部分所代替的标准的历次版本发布情况为：

——ZB G 20004—1987；

——SN/T 0736.5—1999。

进出口化肥检验方法
第5部分:氮含量的测定

1 范围

SN/T 0736的本部分规定了进出口化肥中氮含量的测定方法。

本部分适用于进出口含氮化肥的检测。

2 规范性引用文件

下列文件对于本文件的应用是必不可少的。凡是注日期的引用文件,仅注日期的版本适用于本文件。凡是不注日期的引用文件,其最新版本(包括所有的修改单)适用于本文件。

GB/T 601 化学试剂 标准滴定溶液的制备

GB/T 6682 分析实验室用水规格和试验方法

SN/T 0736.1 进出口化肥检验方法 取样和制样

3 试样的制备

按SN/T 0736.1进行。

4 试验方法

4.1 氮含量的测定——蒸馏法

4.1.1 适用范围

适用于含有氨态氮、硝态氮、酰胺态氮、氰胺态氮及其复合的化肥中氮含量的测定。

4.1.2 原理

试样经硝化或还原,使各种形态的氮转化为氨态氮,加入过量碱液,使铵盐分解,经蒸馏,将蒸出的氨用过量的硫酸标准溶液吸收,然后用氢氧化钠标准溶液反滴定。

4.1.3 试剂和材料

除另有说明外,所用试剂均为分析纯,水为符合GB/T 6682要求的实验室用三级水。

4.1.3.1 硫酸:密度为1.84 g/mL。

4.1.3.2 盐酸:密度为1.19 g/mL。

4.1.3.3 铬粉:细度小于250 μm。

4.1.3.4 德瓦达合金(Cu50:Al45:Zn5):研磨至约20目(细度小于850 μm)。

4.1.3.5 硫酸钾。

4.1.3.6 五水硫酸铜。

4.1.3.7 混合催化剂:将1 000 g硫酸钾和50 g五水硫酸铜充分混匀,并仔细研磨。

4.1.3.8 氢氧化钠溶液：400 g/L。

4.1.3.9 氢氧化钠标准滴定溶液：$c(NaOH)=0.5$ mol/L，按 GB/T 601 配制和标定。

4.1.3.10 硫酸标准溶液：$c(1/2H_2SO_4)=0.5$ mol/L，按 GB/T 601 配制。

4.1.3.11 甲基红指示剂（10 g/L）：溶解 1 g 甲基红于 100 mL 乙醇中。

4.1.4 仪器

4.1.4.1 蒸馏装置：500 mL 或 1 000 mL 蒸馏烧瓶、球形冷凝管（有效长度不小于 300 mm）、500 mL 锥形瓶、滴液漏斗（容积约 120 mL）、防溅球（直径约 80 mm）。蒸馏装置示意图见图 1。

4.1.4.2 移液管：5 mL、10 mL、50 mL。

4.1.4.3 碱式滴定管：50 mL。

4.1.4.4 可自由调节高度的升降台。

4.1.4.5 加热设备：电炉或加热套。

4.1.4.6 分析天平：感量 0.000 1 g、0.1 g。

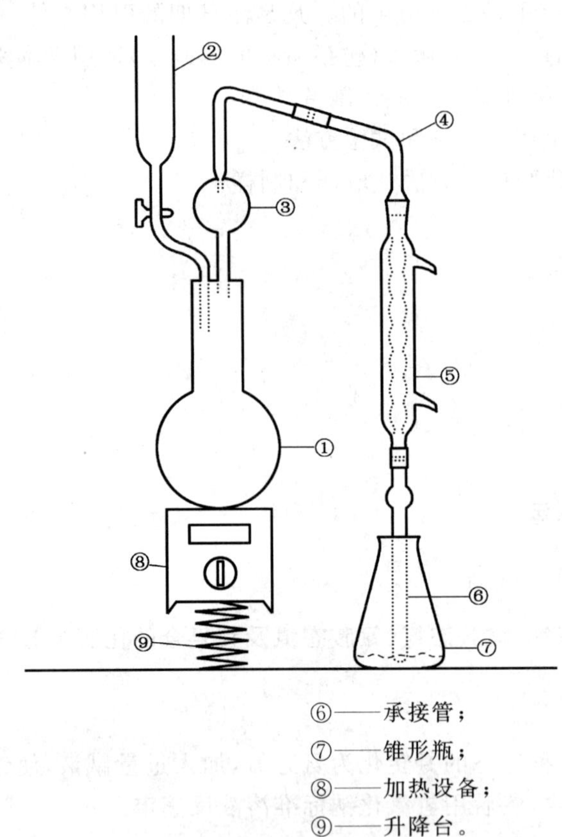

①——蒸馏烧瓶；
②——滴液漏斗；
③——防溅球；
④——连接管；
⑤——球形冷凝管；
⑥——承接管；
⑦——锥形瓶；
⑧——加热设备；
⑨——升降台。

图 1 蒸馏装置示意图

4.1.5 分析步骤

4.1.5.1 仅含氨态氮的试样（氯化铵、硫酸铵、磷酸氢二铵等）

称取 1 g 试样，精确至 0.000 1 g，置于 500 mL 蒸馏烧瓶中，加 250 mL 水，摇动使试样溶解。

将蒸馏烧瓶移置蒸馏架上，使蒸馏烧瓶与安全球及冷凝管连接，冷凝管的另一端通过玻璃管或承接管浸入 500 mL 锥形瓶内的液面下至少 5 mm，瓶内盛有准确吸取的 50 mL 硫酸标准溶液（4.1.3.10）

及5滴甲基红指示剂(4.1.3.11),通过滴液漏斗沿壁加入20 mL氢氧化钠溶液(4.1.3.8),立即关闭活塞。然后加热蒸馏,液体开始沸腾后逐渐加强火力,当瓶内液体有三分之二以上蒸出时即停止蒸馏。用水冲洗冷凝管及承接管,洗液并入蒸出液中,用氢氧化钠标准溶液(4.1.3.9)滴定过量的硫酸至溶液由红色变为黄色,即为终点。

随同试样做两个空白试验。

4.1.5.2 仅含酰胺态氮的试样(如尿素)

称取0.5 g试样,精确至0.000 1 g,置于500 mL蒸馏烧瓶中,加入4 mL水和4 mL浓硫酸,摇动,使其溶解,然后小心加热,使样品分解,逐渐加强火力,直到二氧化碳气体产生,并有白烟冒出,继续加热10 min,冷却,用水冲洗瓶颈内壁,加入适量的水,摇动,使瓶内物质全部溶解。

蒸馏和滴定过程同4.1.5.1。

随同试样做两个空白试验。

4.1.5.3 含硝态氮或含硝态氮和氨态氮的试样

称取1 g试样,精确至0.000 1 g,置于500 mL蒸馏烧瓶中,加250 mL水,摇动使试样溶解。

将蒸馏烧瓶移置蒸馏架上,使蒸馏烧瓶与安全球及冷凝管连接,冷凝管的另一端通过玻璃管或承接管浸入500 mL锥形瓶内的液面下至少5 mm,瓶内盛有准确吸取的50 mL硫酸标准溶液(4.1.3.10)及5滴甲基红指示剂(4.1.3.11),向蒸馏烧瓶中加3 g德瓦达合金(4.1.3.4),通过滴液漏斗沿壁加入20 mL氢氧化钠溶液(4.1.3.8),立即关闭活塞,静置1 h。

蒸馏和滴定过程同4.1.5.1。

随同试样做两个空白试验。

4.1.5.4 含酰胺态氮、氰胺态氮和氨态氮的试样

称取0.5 g～1 g(总氮含量不大于235 mg)适量试样,精确至0.000 1 g,置于500 mL蒸馏烧瓶中,加入25 mL硫酸(4.1.3.1),轻轻转动使固体润湿。瓶口架上小漏斗,移入通风橱内加热,并逐渐加强火力,消化至液体澄清,冷却,用水冲洗小漏斗及瓶颈内壁。

除蒸馏过程中加入氢氧化钠(4.1.3.8)100 mL外,其余蒸馏和滴定过程同4.1.5.1。

随同试样做两个空白试验。

4.1.5.5 含硝态氮、酰胺态氮、氰胺态氮和氨态氮的试样

称取约1 g(总氮含量不大于235 mg,其中硝态氮含量不大于60 mg)试样,精确至0.000 1 g,置于1 000 mL蒸馏烧瓶中,加35 mL水使试样溶解,加入1.2 g铬粉(4.1.3.3)和7 mL盐酸(4.1.3.2),静置10 min。将蒸馏烧瓶置于通风橱内已预热的加热器上,加热至沸腾并泛起泡沫后1 min,冷却至室温,小心加入25 mL硫酸(4.1.3.1),继续加热至冒硫酸白烟30 min,待蒸馏烧瓶冷却至室温后小心加入400 mL水。

除蒸馏过程中加入氢氧化钠(4.1.3.8)100 mL外,其余蒸馏和滴定过程同4.1.5.1。

随同试样做两个空白试验。

4.1.6 结果计算

氮含量按式(1)计算:

$$X_1 = \frac{c \times (V_0 - V_1) \times 0.014\ 01}{m} \times 100 \quad \cdots\cdots(1)$$

式中:

X_1 ——试样的氮含量,以氮(N)的质量分数计,数值以%表示;

c ——氢氧化钠标准滴定溶液浓度的准确数值，单位为摩尔每升(mol/L)；
V_0 ——空白试验所用氢氧化钠标准滴定溶液(4.1.3.9)的体积的数值，单位为毫升(mL)；
V_1 ——滴定试样所用氢氧化钠标准滴定溶液(4.1.3.9)的体积的数值，单位为毫升(mL)；
0.014 01——与 1.00 mL 氢氧化钠标准溶液[c(NaOH)=1.000 mol/L]相当的以克表示的氮的质量；
m ——试样质量的数值，单位为克(g)。

取两次平行测定结果的算术平均值作为测定结果。

4.1.7 精密度

用以下精密度数据来判断结果的可靠性(95%置信概率)，精密度数据见表 1。

表 1 蒸馏法测定氮含量的精密度 %

化肥名称	重复性限 r	再现性限 R
复混(合)肥	0.3	0.5
磷酸氢二铵	0.3	0.5
硫酸铵	0.2	0.4
尿素	0.2	0.4
硝酸钠	0.2	0.3

4.2 氮含量的测定——甲醛法

4.2.1 适用范围

适用于硫酸铵、氯化铵、尿素中氮含量的测定。

4.2.2 原理

在中性溶液中，铵盐和甲醛作用生成六亚甲基四胺[$(CH_2)_6N_4$]，同时放出相当于铵盐含量的游离酸，用氢氧化钠标准溶液滴定生成的酸。

4.2.3 试剂

4.2.3.1 硫酸：密度为 1.84 g/mL。
4.2.3.2 硫酸标准溶液：$c(1/2H_2SO_4)$=0.1 mol/L，按 GB/T 601 配制。
4.2.3.3 氢氧化钠标准滴定溶液：c(NaOH)=0.5 mol/L，按 GB/T 601 配制和标定。
4.2.3.4 氢氧化钠溶液(200 g/L)。
4.2.3.5 氢氧化钠溶液[c(NaOH)=0.1 mol/L]：用 4.2.3.4 稀释。
4.2.3.6 中性甲醛溶液：加等量水于甲醛溶液(含甲醇<1%)中，加两滴酚酞指示剂，滴加氢氧化钠溶液(先用 0.5 mol/L 滴至接近终点，再用 0.1 mol/L)至溶液呈微红色。
4.2.3.7 甲基红指示剂(10 g/L)：溶解 1 g 甲基红于 100 mL 乙醇中。
4.2.3.8 酚酞指示剂(10 g/L)：溶解 1 g 酚酞于 100 mL 乙醇中。

4.2.4 仪器

4.2.4.1 碱式滴定管：50 mL。
4.2.4.2 天平：感量 0.000 1 g。

4.2.5 分析步骤

4.2.5.1 试液制备

a) 硫酸铵、氯化铵：称取试样 1 g(准确至 0.000 1 g)，置于 500 mL 锥形瓶中，加 50 mL 水溶解。加 2 滴～3 滴甲基红指示剂(4.2.3.7)，用氢氧化钠溶液(4.2.3.5)或硫酸标准溶液(4.2.3.2)中和至溶液呈黄色。

b) 尿素：称取试样 0.5 g(准确至 0.000 1 g)，置于 500 mL 锥形瓶中，加入 4 mL 水和 4 mL 浓硫酸，摇动，使其溶解。在通风柜内缓慢加热，使二氧化碳逸尽，加热至冒白烟，继续加热10 min，冷却后，用水冲洗瓶壁并稀释至 50 mL，加入 2 滴～3 滴甲基红指示剂(4.2.3.7)，在冰浴中，先用氢氧化钠溶液(4.2.3.4)中和至接近终点时，改用氢氧化钠溶液(4.2.3.5)中和至溶液呈黄色。

4.2.5.2 滴定

在试液中，加入 20 mL 中性甲醛溶液(4.2.3.6)，用水稀释至 200 mL，加热至 50 ℃(或在室温 20 ℃～25 ℃放置 5 min)，再加入 5 滴酚酞指示剂(4.2.3.8)，立即用氢氧化钠标准溶液(4.2.3.3)滴定，初时溶液由红色转变为浅黄色，继续滴定至有稳定的微红色，即为终点。

随同试样做两个空白试验。

4.2.6 分析结果的表述

氮含量按式(2)计算：

$$X_2 = \frac{c \times (V_1 - V_0) \times 0.014\ 01}{m} \times 100 \qquad \cdots\cdots (2)$$

式中：

X_2 ——试样的氮含量，以氮(N)的质量分数计，%；

c ——氢氧化钠标准滴定溶液浓度的准确数值，单位为摩尔每升(mol/L)；

V_1 ——滴定试样所用氢氧化钠标准滴定溶液(4.2.3.3)的体积的数值，单位为毫升(mL)；

V_0 ——空白试样所用氢氧化钠标准滴定溶液(4.2.3.3)的体积的数值，单位为毫升(mL)；

0.014 01——与 1.00 mL 氢氧化钠标准溶液[c(NaOH)=1.000 mol/L]相当的以克表示的氮的质量；

m ——试样的质量的数值，单位为克(g)。

取两次平行测定结果的算术平均值作为测定结果。

4.2.7 精密度

用以下精密度数据来判断结果的可靠性(95%置信概率)，精密度数据见表 2。

表 2 甲醛法测定氨态氮的精密度 %

化肥名称	重复性限 r	再现性限 R
尿素	0.2	0.3
硫酸铵、氯化铵	0.2	0.3

中华人民共和国出入境检验检疫行业标准

SN/T 0736.6—2010
代替 SN/T 0736.6—1999

进出口化肥检验方法
第6部分：磷的测定

Chemical analysis of fertilizers for import and export—
Part 6：Determination of phosphorus

2010-11-01 发布　　　　2011-05-01 实施

中华人民共和国
国家质量监督检验检疫总局　发布

前　言

本部分按照 GB/T 1.1—2009 给出的规则起草。

SN/T 0736《进出口化肥检验方法》系列标准包括 12 个部分：

——第 1 部分：取样和制样；

——第 2 部分：水分的测定；

——第 3 部分：粒度的测定；

——第 4 部分：火焰原子吸收光谱法测定钠量；

——第 5 部分：氮含量的测定；

——第 6 部分：磷的测定；

——第 7 部分：钾的测定；

——第 8 部分：缩二脲含量的测定；

——第 9 部分：氯含量的测定；

——第 10 部分：游离酸的测定；

——第 11 部分：自动分析仪测定氮含量；

——第 12 部分：电感耦合等离子体质谱法测定有害元素砷、铬、镉、汞、铅。

本部分为 SN/T 0736 的第 6 部分。

本部分自实施之日起代替 SN/T 0736.6—1999《进出口化肥检验方法　磷的测定》。

本部分与 SN/T 0736.6—1999 相比主要修改如下：

——按照 GB/T 20001.4—2001《标准编写规则　第 4 部分：化学分析方法》对原标准的结构进行了修改。

——将原标准的重量法作为本部分第一法，并定为仲裁法。

——参考俄罗斯国家标准《ГОСТ 20851.2:1975》中的磷钼钒分光光度法作为第二法。本部分与俄罗斯国家标准《ГОСТ 20851.2:1975》的主要技术差异如下：五氧化二磷(P_2O_5)标准系列工作曲线绘制，俄罗斯国家标准采用 10 个点，SN/T 0736 的本部分采用 6 个点。

本部分由中华人民共和国国家认证认可监督管理委员会提出并归口。

本部分起草单位：中华人民共和国山东出入境检验检疫局、中华人民共和国新疆出入境检验检疫局。

本部分主要起草人：王骏、赵祖亮、贺国庆、蔡发、戚佳琳、吕晓华。

本部分历次版本发布情况：ZB G20 005—1987、SN/T 0736.6—1999。

进出口化肥检验方法
第6部分:磷的测定

警告——本实验方法中使用的部分试剂具有毒性或腐蚀性,操作时须小心谨慎!如溅到皮肤上应立即用水冲洗,严重者应立即治疗。

1 范围

SN/T 0736的本部分规定了进出口化肥的总磷、水溶磷和有效磷含量的测定方法。

本部分适用于进出口化肥磷的测定。

2 规范性引用文件

下列文件对于本文件的应用是必不可少的。凡是注日期的引用文件,仅注日期的版本适用于本文件,凡是不注日期的引用文件,其最新版本(包括所有的修改单)适用于本文件。

GB/T 603 化学试剂 试验方法中所用制剂及制品的制备

GB/T 6682 分析实验室用水规格和试验方法

SN/T 0736.1 进出口化肥检验方法 取样和制样

3 第一法 重量法(仲裁法)

3.1 试剂

除非另有规定,仅使用分析纯试剂。试验中所用制剂及制品,在没有注明其他要求时,均按GB/T 603的规定制备。

3.1.1 水,GB/T 6682,三级。

3.1.2 柠檬酸。

3.1.3 柠檬酸铵。

3.1.4 盐酸:ρ=1.19 g/mL。

3.1.5 硝酸:ρ=1.42 g/mL。

3.1.6 高氯酸:ρ=1.67 g/mL。

3.1.7 丙酮。

3.1.8 盐酸溶液(1+5)。

3.1.9 硝酸溶液(1+1)。

3.1.10 王水:盐酸-硝酸(3+1)。

3.1.11 柠檬酸溶液(20 g/L):称取20 g柠檬酸,溶于适量水中,稀释至1 L,混匀。

3.1.12 中性柠檬酸铵溶液:溶解450 g柠檬酸铵于适量水中,小心滴加氨水,准确调pH值至7.0,然后用水稀释,使其在20 ℃时,溶液的密度为1.09 g/mL。

3.1.13 喹钼柠酮溶液:

溶液A:溶解70 g钼酸钠于150 mL水中;

溶液B:溶解60 g柠檬酸于85 mL硝酸和150 mL水的混合液中;

溶液C:在不断搅拌下,将溶液A缓缓加入溶液B中;

溶液D:取5 mL喹啉,溶于35 mL硝酸和100 mL水的混合液中。

在不断搅拌下,将溶液D缓缓加入溶液C中,放置暗处24 h后,加入丙酮280 mL,用水稀释至1 L,混匀。贮于聚乙烯瓶中,放置暗处,用时过滤。

3.2 仪器

3.2.1 天平,感量0.1 mg。

3.2.2 干燥箱:可恒温控制在180 ℃±2 ℃。

3.2.3 砂芯玻璃坩埚:G4号,容积30 mL。

3.3 取样与试样的制备

按SN/T 0736.1制备样品。

3.4 分析步骤

3.4.1 总磷含量的测定——磷钼酸喹啉重量法

3.4.1.1 方法提要

试样用王水和高氯酸分解,加稀盐酸使可溶性盐溶解,在硝酸溶液中,磷酸根和喹钼柠酮形成黄色的磷钼酸喹啉沉淀,沉淀于180 ℃干燥至恒重。

3.4.1.2 分析步骤

称取试样1 g(精确至0.000 1 g)于250 mL烧杯中,加20 mL王水,盖上表面皿,用小火徐徐加热溶解,加8 mL高氯酸,加热至冒白烟半小时,稍冷,加入40 mL盐酸溶液微热,使可溶性盐全部溶解,冷却,将溶液移入250 mL或500 mL容量瓶中,用水稀释至刻度,混匀,干过滤,弃去最初滤液。准确移取25 mL或相当于含P_2O_5 30 mg左右的滤液,置于500 mL锥形瓶中,加10 mL硝酸溶液,用水稀释至100 mL,混匀,加热煮沸,趁热加入50 mL喹钼柠酮溶液,微沸1 min(不搅拌),冷却至室温,在冷却过程中转动锥形瓶2~3次。用预先在180 ℃干燥至恒重的砂芯玻璃坩埚抽滤沉淀,先将上层清液过滤,然后用倾泻法洗涤沉淀2次,最后将沉淀移入坩埚中,用水洗涤4~5次,用滤纸将坩埚外面底部的水分吸干。将坩埚连同沉淀于180 ℃干燥1 h,取出置于干燥器内冷却至室温后称量。如此反复操作(第二次以后的烘干时间缩短为30 min),直至恒重(两次称量的质量差不超过0.5 mg)。

3.4.1.3 空白试验

除不加试样外,采用与试样相同分析步骤进行空白试验。

3.4.2 水溶性磷含量的测定——磷钼酸喹啉重量法

3.4.2.1 方法提要

试样用20 ℃~25 ℃水淋洗,滤液加硝酸酸化,用喹钼柠酮溶液沉淀磷,沉淀于180 ℃干燥至恒重。

3.4.2.2 分析步骤

称取试样1 g(精确至0.000 1 g)置于11 cm加有纸浆的中速滤纸的漏斗上,下用容量瓶(复合肥用250 mL容量瓶,磷酸氢二铵和重过磷酸钙(三料过磷酸钙)用500 mL容量瓶)承接,用20 ℃~25 ℃水淋洗，每次洗涤时，水和试样必须充分混和，并使水完全滤尽后，再加第二次，洗至滤液为一定量(复合肥约 200 mL，磷酸氢二铵和重过磷酸钙约 400 mL)，加 4 mL 硝酸溶液，使溶液澄清，然后用水稀释至刻度，混匀，准确移取 25 mL 或相当于含 P_2O_5 30 mg 左右的试液，置于 500 mL 锥形瓶中，加 10 mL 硝酸溶液，用水稀释至 100 mL，混匀，加热微沸 10 min，趁热加入 50 mL 喹钼柠酮溶液，微沸 1 min(不搅拌)，冷却至室温。在冷却过程中转动锥形瓶 2～3 次。用预先在 180 ℃干燥至恒重的砂芯玻璃坩埚抽滤沉淀，先将上层清液过滤，然后用倾泻法洗涤沉淀 2 次，最后将沉淀移入坩埚中，用水洗涤 4～5 次，用滤纸将坩埚外面底部的水分吸干。将坩埚连同沉淀于 180 ℃干燥 1 h，取出置于干燥器内冷却至室温后称量。如此反复操作(第二次以后的烘干时间缩短为 30 min)，直至恒重(两次称量的质量差不超过0.5 mg)。

3.4.2.3 空白试验

除不加试样外，采用与试样相同分析步骤进行空白试验。

3.4.3 有效磷含量的测定——磷钼酸喹啉重量法

3.4.3.1 中性柠檬酸铵浸取法

3.4.3.1.1 方法概要

试样用中性柠檬酸铵溶液在 65 ℃浸取，或先用水，后用中性柠檬酸铵溶液分别浸取，浸取液加硝酸水解后，用喹钼柠酮溶液沉淀磷，180 ℃干燥至恒重。

3.4.3.1.2 分析步骤

a) 复合肥等

称取试样 1 g(精确至 0.000 1 g)，置于 250 mL 容量瓶中，加入 100 mL 预热至 65 ℃的中性柠檬酸铵溶液。紧塞瓶盖，剧烈振荡容量瓶(或用旋转振荡器)，并将容量瓶放入 65 ℃水浴中1 h，每 10 min 摇动一次，每次略启瓶盖，以泄放瓶内压力，取出立即冷却，并用水稀释至刻度，混匀，放置 2 h 以上，干过滤，弃去最初滤液，准确移取 25 mL 或相当于含 P_2O_5 30 mg 左右的滤液，置于 500 mL 锥形瓶中，加10 mL 硝酸溶液，用水稀释至 100 mL，混匀，加热微沸 10 min，趁热加入 50 mL 喹钼柠酮溶液，微沸1 min (不搅拌)，冷却至室温。在冷却过程中转动锥形瓶 2～3 次。用预先在 180 ℃干燥至恒重的砂芯玻璃坩埚抽滤沉淀。先将上层清液过滤，然后用倾泻法洗涤沉淀 2 次，最后将沉淀移入坩埚中，用水洗涤 4～5 次，用滤纸将坩埚外面底部的水分吸干。将坩埚连同沉淀于 180 ℃干燥 1 h，取出置于干燥器内冷却至室温后称量。如此反复操作(第二次以后的烘干时间缩短为 30 min)，直至恒重(两次称量的质量差不超过 0.5 mg)。

b) 磷酸氢二铵和三料过磷酸钙或复合肥等

称取试样 1 g(精确至 0.000 1 g)置于 11 cm 加有纸浆的中速滤纸的漏斗上，下用 500 mL 容量瓶承接，用 20 ℃～25 ℃水淋洗，每次洗涤时，水和试样必须充分混和，并使水完全滤尽后，再加第二次，洗至滤液约 400 mL，加 4 mL 硝酸溶液，使溶液澄清，然后用水稀释至刻度，混匀，此为试液 E。

将上述留在滤纸上的残渣连同滤纸一并投入另一 500 mL 容量瓶中，加入 100 mL 预热至 65 ℃ 的中性柠檬酸铵溶液，紧塞瓶盖，剧烈振荡容量瓶(或用旋转振荡器)，使滤纸碎为纸浆，将容量瓶放入65 ℃水浴中 1 h，每 10 min 摇动一次，每次略启瓶盖，以泄放瓶内压力，取出立即冷却，并用水稀释至刻度，混匀。放置 2 h 以上，干过滤，弃去最初滤液，此为试液 F。

准确移取 25 mL 试液 E 和 25 mL 试液 F 或相当于含 P_2O_5 30 mg 左右的等量试液 E 和试

液F，置于500 mL锥形瓶中，加入20 mL硝酸溶液，用水稀释至100 mL，混匀，加热微沸10 min，趁热加入50 mL喹钼柠酮溶液，微沸1 min(不搅拌)，冷却至室温。在冷却过程中转动锥形瓶2～3次。用预先在180 ℃干燥至恒重的砂芯玻璃坩埚抽滤沉淀，先将上层清液过滤，然后用倾泻法洗涤沉淀2次，最后将沉淀移入坩埚中，用水洗涤4～5次，用滤纸将坩埚外面底部的水分吸干。将坩埚连同沉淀于180 ℃干燥1 h，取出置于干燥器内冷却至室温后称量。如此反复操作(第二次以后的烘干时间缩短为30 min)，直至恒重(两次称量的质量差不超过0.5 mg)。

3.4.3.1.3 空白试验

除不加试样外，采用与试样相同分析步骤进行空白试验。

3.4.3.2 柠檬酸溶液浸取法

3.4.3.2.1 方法概要

试样用柠檬酸溶液浸取，浸取液加硝酸水解后，用喹钼柠酮溶液沉淀磷，180 ℃干燥至恒重。

3.4.3.2.2 分析步骤

称取试样1 g(精确至0.000 1 g)于250 mL容量瓶中，加入100 mL 20 ℃～25 ℃的2%柠檬酸溶液，紧塞瓶盖，剧烈振荡容量瓶1 h(或用旋转振荡器)，立即用水稀释至刻度，混匀，干滤，弃去最初滤液，准确移取25 mL或相当于含P_2O_5 30 mg左右的滤液，置于500 mL锥形瓶中，加10 mL硝酸溶液，用水稀释至100 mL，混匀，加热煮沸，趁热加入50 mL喹钼柠酮溶液，微沸1 min(不搅拌)，冷却至室温，在冷却过程中转动锥形瓶2～3次。用预先在180 ℃干燥至恒重的砂芯玻璃坩埚抽滤沉淀，先将上层清液过滤，然后用倾泻法洗涤沉淀2次，最后将沉淀移入坩埚中，用水洗涤4～5次，用滤纸将坩埚外面底部的水分吸干。将坩埚连同沉淀于180 ℃干燥1 h，取出置于干燥器内冷却至室温后称量。如此反复操作(第二次以后的烘干时间缩短为30 min)，直至恒重(两次称量的质量差不超过0.5 mg)。

3.4.3.2.3 空白试验

除不加试样外，采用与试样相同分析步骤进行空白试验。

注：坩埚的洗涤，可先用水冲洗沉淀，再用氨水(1+1)洗涤，最后用热蒸馏水抽洗几次，烘干备用。

3.5 结果计算

总磷、水溶磷、有效磷均以五氧化二磷(P_2O_5)的质量分数计，数值以%表示，分别按式(1)计算：

$$w=\frac{(m_1-m_2)\times 0.032\,07}{m}\times 100 \quad\cdots\cdots(1)$$

式中：

m_1 ——磷钼酸喹啉沉淀的质量的数值，单位为克(g)；

m_2 ——试剂空白的磷钼酸喹啉沉淀的质量的数值，单位为克(g)；

m ——测定试液中的试样质量的数值，单位为克(g)；

0.032 07——磷钼酸喹啉[$(C_9H_7N)_3\cdot H_3PO_4\cdot 12MoO_3$]换算成五氧化二磷($P_2O_5$)的系数。

计算结果表示到小数点后两位。

3.6 精密度

在同一实验室，由同一操作者使用相同的设备，按相同的测试方法，并在短时间内对同一被测对象相互独立进行测试获得的两次独立测试结果的绝对差值，复合肥总磷、水溶磷、有效磷不大于0.20%，以大于0.20%的情况不超过5%为前提;重过磷酸钙总磷不大于0.40%,以大于0.40%的情况不超过5%为前提,水溶磷、有效磷不大于0.35%,以大于0.35%的情况不超过5%为前提;磷酸氢二铵水溶磷不大于0.35%,以大于0.35%的情况不超过5%为前提,有效磷不大于0.20%,以大于0.20%的情况不超过5%为前提。

3.7 再现性

在不同实验室,由不同操作者使用不同的设备,按相同的测试方法,对同一被测对象相互独立进行测试获得的两次独立测试结果的绝对差值,复合肥总磷不大于0.50%,以大于0.50%的情况不超过5%为前提,水溶磷、有效磷不大于0.40%,以大于0.40%的情况不超过5%为前提;重过磷酸钙总磷不大于1.0%,以大于1.0%的情况不超过5%为前提,水溶磷不大于0.65%,以大于0.65%的情况不超过5%为前提,有效磷不大于0.75%,以大于0.75%的情况不超过5%为前提;磷酸氢二铵水溶磷不大于0.85%,以大于0.85%的情况不超过5%为前提,有效磷不大于0.60%,以大于0.60%的情况不超过5%为前提。

4 第二法 磷钼钒分光光度法

4.1 试剂

除非另有规定,仅使用分析纯试剂。试验中所用制剂及制品,在没有注明其他要求时,均按GB/T 603的规定制备。

4.1.1 水,GB/T 6682,三级。

4.1.2 偏钒酸铵。

4.1.3 钼酸铵。

4.1.4 磷酸二氢钾。

4.1.5 乙二胺四乙酸。

4.1.6 盐酸:ρ=1.19 g/mL。

4.1.7 硫酸:ρ=1.84 g/mL。

4.1.8 硝酸:ρ=1.42 g/mL。

4.1.9 盐酸溶液(1+5)。

4.1.10 盐酸溶液(1+1)。

4.1.11 硝酸溶液(1+2)。

4.1.12 偏钒酸铵溶液(2.5 g/L):称取2.5 g偏钒酸铵溶于500 mL 60 ℃~90 ℃水中,加入20 mL硝酸,冷却后用水稀释至1 L,混匀,过滤。

4.1.13 钼酸铵溶液(50 g/L):称取50 g钼酸铵,溶于500 mL 50 ℃水中,冷却后用水稀释至1 L,混匀,过滤。

4.1.14 显色剂:500 mL硝酸溶液加入500 mL偏矾酸铵溶液,再加入500 mL钼酸铵溶液,如有浑浊过滤。

4.1.15 五氧化二磷标准溶液(1.0 mg/mL):称取已于105 ℃干燥2 h的磷酸二氢钾1.917 5 g,置于1 000 mL容量瓶中,加适量水溶解,缓慢加入10 mL硫酸,用水稀释至刻度,混匀。

4.1.16 乙二胺四乙酸溶液(0.2 mol/L):称取74.42 g乙二胺四乙酸溶于700 mL~800 mL水中,混匀,加热到60 ℃~70 ℃,冷却至室温,移入1 000 mL容量瓶中,稀释至刻度,过滤。

4.2 仪器

分光光度计。

4.3 取样与试样的制备

按 SN/T 0736.1 制备样品。

4.4 分析步骤

4.4.1 总磷含量的测定

4.4.1.1 方法提要

试样加稀酸分解后,试液中磷酸根与钼酸铵、偏钒酸铵形成黄色磷钼钒酸盐化合物,以分光光度法测定。

4.4.1.2 五氧化二磷(P_2O_5)标准系列工作曲线绘制

准确移取 1.0 mL、2.0 mL、3.0 mL、4.0 mL、5.0 mL、6.0 mL 的 P_2O_5 标准溶液分别置于一组 100 mL容量瓶中,加水 20 mL,加入 25 mL 显色剂,用水稀释至刻度,其质量浓度分别为:0.01 mg/mL、0.02 mg/mL、0.03 mg/mL、0.04 mg/mL、0.05 mg/mL、0.06 mg/mL。放置 15 min,以质量浓度为横坐标,吸光度为纵坐标,绘制工作曲线。与试液同时测定。

4.4.1.3 分析步骤

称取试样 1 g(精确至 0.000 1 g)于 250 mL 烧杯中,加入 5 mL～10 mL 水和 20 mL 盐酸溶液(4.1.9),盖上表面皿,用小火徐徐加热至沸腾,保持微沸 30 min,冷却,将试液加适量水稀释,连同沉淀物一起移入 250 mL 容量瓶中,用水稀释至刻度,混匀,干过滤,弃去最初滤液,准确移取 5 mL 或相当于含 P_2O_5 的 1.0 mg～6.0 mg 的滤液,置于 100 mL 容量瓶中,加入 2 mL 盐酸溶液(4.1.10)和 25 mL 显色剂,用水稀释至刻度,混匀,放置 15 min,用分光光度计,于 450 nm 处,使用 1 cm 比色皿,以空白溶液调零,与 P_2O_5 标准系列同时测定。从工作曲线上查出试液中相应的磷含量。

4.4.2 水溶性磷含量测定

4.4.2.1 方法提要

试样用蒸馏水溶解,振荡提取后,试液中磷酸根与钼酸铵、偏钒酸铵形成黄色磷钼钒酸盐化合物,以分光光度法测定。

4.4.2.2 五氧化二磷标准系列的配制

同 4.4.1.2。

4.4.2.3 分析步骤

称取试样 1 g(精确至 0.000 1 g)置于 500 mL 容量瓶中,加 200 mL 水,盖好瓶盖,剧烈振荡容量瓶 30 min,用水稀释至刻度,混匀,干过滤,弃去最初滤液,准确移取 5 mL 或相当于含 P_2O_5 1.0 mg～6.0 mg的滤液,置于 100 mL 容量瓶中,加入 2 mL 盐酸溶液(4.1.10),加 20 mL 水,25 mL 显色剂,用水稀释至刻度,放置 15 min,在 450 nm 处与 P_2O_5 标准系列同时以空白溶液调零,测量其吸光度,从工作曲线上查出试液中相应的磷含量。

4.4.3 有效磷含量的测定

4.4.3.1 方法提要

试样用 EDTA 溶液在 93 ℃±3 ℃振荡萃取后,试液中磷酸根与钼酸铵、偏钒酸铵形成黄色磷钼钒酸盐化合物，以分光光度法测定。

4.4.3.2 五氧化二磷标准系列的配制

同4.4.1.2。

4.4.3.3 分析步骤

称取1 g(精确至0.000 1 g)试样于500 mL容量瓶中，加入150 mL EDTA溶液93 ℃±3 ℃，振荡15 min，用水稀释至刻度，混匀，干过滤，弃去最初滤液，准确移取5 mL或相当于含P_2O_5 1.0 mg～6.0 mg的滤液，置于40 mL烧杯中，加入2 mL盐酸溶液(4.1.10)，加热10 min，冷却，移入100 mL容量瓶中，加入20 mL水，25 mL显色剂，用水稀释至刻度，放置15 min，在450 nm处与P_2O_5标准系列同时以空白溶液调零，测量其吸光度，从工作曲线上查出试液中相应的磷含量。

4.5 结果计算

总磷、水溶磷、有效磷均以五氧化二磷(P_2O_5)的质量分数计，数值以%表示，分别按式(2)计算：

$$w=\frac{\rho \times V \times 10^{-3}}{m}\times 100 \qquad \cdots\cdots(2)$$

式中：

ρ——从P_2O_5工作曲线查得试液中P_2O_5含量的数值，单位为毫克每毫升(mg/mL)；

V——测定试液定容体积的数值，单位为毫升(mL)；

m——测定试液中试样质量的数值，单位为克(g)。

计算结果表示到小数点后两位。

4.6 精密度

在同一实验室，由同一操作者使用相同的设备，按相同的测试方法，并在短时间内对同一被测对象相互独立进行测试获得的两次独立测试结果，试样中P_2O_5含量小于15%时，绝对差值不大于0.2%，以大于0.2%的情况不超过5%为前提；试样中P_2O_5含量在15%～30%时，绝对差值不大于0.3%，以大于0.3%的情况不超过5%为前提；试样中P_2O_5含量大于30%时，绝对差值不大于0.5%，以大于0.5%的情况不超过5%为前提。

中华人民共和国出入境检验检疫行业标准

SN/T 0736.7—2010
代替 SN/T 0736.7—1999

进出口化肥检验方法 第7部分:钾含量的测定

Test method for import and export fertilizers—
Part 7: Determination of potassium content

2010-05-27 发布

2010-12-01 实施

中华人民共和国国家质量监督检验检疫总局 发布

前　言

SN/T 0736《进出口化肥检验方法》包括12个独立部分：

——第1部分：取样和制样；

——第2部分：水分的测定；

——第3部分：粒度的测定；

——第4部分：火焰原子吸收光谱法测定钠量；

——第5部分：氮含量的测定；

——第6部分：磷的测定；

——第7部分：钾含量的测定；

——第8部分：缩二脲含量的测定；

——第9部分：氯含量的测定；

——第10部分：游离酸的测定；

——第11部分：自动分析仪测定氮含量；

——第12部分：电感耦合等离子体质谱法测定有害元素砷、铬、镉、汞、铅。

本部分为SN/T 0736的第7部分。

本部分代替SN/T 0736.7—1999《进出口化肥检验方法　钾的测定》，与SN/T 0736.7—1999相比，主要变化如下：

——按照GB/T 1.1—2000《标准化工作导则　第1部分：标准的结构和编写规则》和GB/T 20001.4—2001《标准编写规则　第4部分：化学分析方法》对原标准的结构进行了修改；

——仪器与设备中增加分析天平和烘箱，并对精度要求作了描述；

——重量法增加空白试验；

——重量法干燥时间由原来的1 h更改为1.5 h；

——精密度表述方式作规范修改。

本部分由国家认证认可监督管理委员会提出并归口。

本部分起草单位：中华人民共和国厦门出入境检验检疫局。

本部分主要起草人：黄宗平、蔡延平、黄长春、顾群、董清木。

本部分于1987年首次发布，1999年第一次修订，本次为第二次修订。

进出口化肥检验方法
第7部分:钾含量的测定

1 范围

SN/T 0736 的本部分规定了进出口化肥中钾含量的测定方法。

本部分适用于氯化钾、硫酸钾和复合肥等进出口化肥中钾含量的测定。

2 规范性引用文件

下列文件对于本文件的应用是必不可少的。凡是注日期的引用文件,仅注日期的版本适用于本文件。凡是不注日期的引用文件,其最新版本(包括所有的修改单)适用于本文件。

GB/T 6682 分析实验室用水规格和试验方法(ISO 3696:1987,MOD)

SN/T 0736.1 进出口化肥检验方法 取样和制样

3 取样和制样

取样和样品的制备按 SN/T 0736.1 进行。

4 试剂和材料

除非另有说明,所用试剂均为分析纯,所用水至少达到 GB/T 6682 中规定的三级水要求。

4.1 氢氧化铝。

4.2 盐酸(ρ=1.19 g/cm^3):质量分数约 38%。

4.3 乙二胺四乙酸二钠(EDTA)溶液(100 g/L):溶解 10 g 的 EDTA 于 100 mL 水中。

4.4 氢氧化钠溶液(200 g/L):溶解 20 g 氢氧化钠于 100 mL 水中。

4.5 酚酞指示剂(5 g/L):溶解 0.5 g 酚酞指示剂于 100 mL 的 95%乙醇(体积分数)中。

4.6 甲醛溶液(ρ=1.1 g/cm^3):质最分数约 37%。

4.7 四苯硼酸钠溶液(25 g/L):称取 6.25 g 四苯硼酸钠于 400 mL 烧杯中,加入 200 mL 水,使其溶解,再加入 5 g 氢氧化铝,搅拌 10 min,用慢速滤纸过滤。如滤液浑浊,必须反复过滤直至澄清。收集全部滤液于 250 mL 容量瓶中,加入 1 mL 氢氧化钠溶液(4.4),用水稀释至刻度,混匀备用。必要时,使用前重新过滤。

4.8 四苯硼酸钠洗液(1 g/L):取 40 mL 四苯硼酸钠溶液(4.7),加水稀释至 1 L。

4.9 盐酸溶液(ρ=1.05 g/cm^3):质量分数约 4.3%。取 10 mL 盐酸(4.2),加水稀释到 100 mL。

4.10 达旦黄指示剂(0.4 g/L):溶解 40 mg 达旦黄于 100 mL 水中。

4.11 氯化钾标准溶液(K_2O 含量为 2 mg/mL):准确称取 1.583 0 g 预先在 105 ℃烘干至恒重的基准氯化钾,加水使之溶解,移入 500 mL 容量瓶中,稀释至刻度,混匀。此溶液每毫升含 2 mg 氧化钾(K_2O)。

4.12 四苯硼酸钠(STPB)标准溶液(12 g/L):称取 12 g 四苯硼酸钠于 600 mL 烧杯中,加入 400 mL 水使之溶解,加入 10 g 氢氧化铝,搅拌 10 min,用慢速滤纸过滤。如滤液浑浊,必须反复过滤直至澄清。收集全部滤液于 1 L 容量瓶中,加入 4 mL 氢氧化钠溶液(4.4),用水稀释至刻度,混匀,静置 48 h,按下法进行标定:

准确移取 25 mL 氯化钾标准溶液(4.11)于 100 mL 容量瓶中,依次加入 5 mL 盐酸溶液(4.9)、

10 mL EDTA 溶液(4.3)、3 mL 氢氧化钠溶液(4.4)和 5 mL 甲醛溶液(4.6),由滴定管加入 38 mL(按理论需要量再多 8 mL)四苯硼酸钠标准溶液(4.12),用水稀释至刻度,混匀,放置 5 min～10 min 后,干滤。

准确移取 50 mL 滤液于 125 mL 锥形瓶中,加入 8 滴～10 滴达旦黄指示剂(4.10),用十六烷三甲基溴化铵溶液(4.13)滴定溶液中过量的四苯硼酸钠至溶液呈明显的粉红色为止。

按式(1)计算每毫升四苯硼酸钠标准溶液相当于氧化钾(K_2O)的克数(F):

$$F=\frac{V_0A}{V_1-2V_2R} \qquad\cdots\cdots(1)$$

式中:

V_0——所取氯化钾标准溶液的体积,单位为毫升(mL);

A——每毫升氯化钾标准溶液所含氧化钾的质量,单位为克(g);

V_1——所用四苯硼酸钠标准溶液体积,单位为毫升(mL);

2——沉淀时所用容量瓶的体积与所取滤液体积之比;

V_2——滴定所耗十六烷三甲基溴化铵溶液的体积,单位为毫升(mL);

R——每毫升十六烷三甲基溴化铵溶液相当于四苯硼酸钠标准溶液的毫升数。

4.13 十六烷三甲基溴化铵(CTAB)溶液(25 g/L):称取 2.5 g 十六烷三甲基溴化铵于小烧杯中,用 5 mL 乙醇湿润,然后加水溶解,定容至 100 mL,摇匀,按下法测定其与四苯硼酸钠标准溶液的比值:

准确移取 4 mL 四苯硼酸钠标准溶液(4.12)于 125 mL 锥形瓶中,加入 20 mL 水和 1 mL 氢氧化钠溶液(4.4),再加入 2.5 mL 甲醛溶液(4.6)和 8 滴～10 滴达旦黄指示剂(4.10),由微量滴定管滴加十六烷三甲基溴化铵溶液,至溶液呈粉红色为止。按式(2)计算每毫升十六烷三甲基溴化铵溶液相当于四苯硼酸钠标准溶液的毫升数(R):

$$R=\frac{V_1}{V_2} \qquad\cdots\cdots(2)$$

式中:

V_1——所取四苯硼酸钠标准溶液的体积,单位为毫升(mL);

V_2——滴定所耗十六烷三甲基溴化铵溶液的体积,单位为毫升(mL)。

5 仪器和设备

5.1 分析天平:感量 0.2 mg。

5.2 烘箱:鼓风式,温度可控制在 120 ℃±5 ℃。

5.3 玻璃砂芯坩埚:4 号,30 mL。

6 试验方法

6.1 四苯硼酸钠重量法

6.1.1 方法概要

试样用稀酸溶解,加入甲醛溶液和乙二胺四乙酸二钠(EDTA)溶液,消除铵离子和其他阳离子的干扰,在微碱性溶液中,以四苯硼酸钠溶液沉淀试样溶液中的钾,经干燥后称量。

6.1.2 试液的制备

6.1.2.1 复合肥

称取试样 5 g,精确到 0.2 mg,置于 400 mL 烧杯中,加入 200 mL 水和 10 mL 盐酸(4.2),煮沸 15 min。冷却,移入 500 mL 容量瓶中,用水稀释至刻度,混匀后干滤。

注:若测定复合肥中水溶性钾,操作时不加盐酸,加热煮沸时间改为 30 min。

6.1.2.2 氯化钾、硫酸钾

称取试样 2 g,精确到 0.2 mg,其余操作同 6.1.2.1。

6.1.3 沉淀

准确移取上述复合肥试液(6.1.2.1)20 mL或氯化钾、硫酸钾试液(6.1.2.2)10 mL于100 mL烧杯中,加入10 mL的EDTA溶液(4.3)和2滴酚酞指示剂(4.5),搅匀,逐滴加入氢氧化钠溶液(4.4)直至溶液的颜色变红为止,然后再过量1 mL。加入5 mL甲醛溶液(4.6),搅匀(此时溶液的体积约为40 mL为宜)。

在剧烈搅拌下,逐滴加入比按理论需要量(10 mg的K_2O需3 mL四苯硼酸钠溶液)多4 mL的四苯硼酸钠溶液(4.7),静置30 min。

同时作空白试验。

6.1.4 过滤和洗涤

用预先在120 ℃烘至恒重的4号玻璃砂芯坩埚(5.3)抽滤沉淀,将沉淀用四苯硼酸钠洗液(4.8)全部转移入坩埚内,再用该洗液洗涤五次,每次用5 mL,最后用水洗涤两次,每次用2 mL。

6.1.5 干燥和称量

将盛有沉淀的坩埚置于120 ℃±5 ℃烘箱(5.2)中,干燥1.5 h,取出,放入干燥器中冷却至室温,称量。

6.1.6 结果计算

钾含量(以K_2O计)以质量分数w(%)表示,按式(3)计算:

$$w=\frac{(m_2-m_1)\times 0.1314}{m}\times 100 \qquad \cdots\cdots (3)$$

式中:

m_2——试样所得四苯硼酸钾沉淀的质量,单位为克(g);

m_1——空白试验所得四苯硼酸钾沉淀的质量,单位为克(g);

m——所取试液中的试样质量,单位为克(g);

0.131 4——四苯硼酸钾[$KB(C_6H_5)_4$]换算为氧化钾(K_2O)的系数。

所得结果应表示至两位小数。

取两次平行测定结果的算术平均值作为测定结果。

6.2 四苯硼酸钠容量法

6.2.1 方法概要

试样用稀酸溶解,加入甲醛溶液和乙二胺四乙酸二钠(EDTA)溶液,消除铵离子和其他阳离子的干扰,在微碱性溶液中,以定量的四苯硼酸钠溶液沉淀试样中钾,滤液中过量的四苯硼酸钠以达旦黄作指示剂,用季铵盐回滴至溶液自黄变成明显的粉红色,其化学反应:

$$B(C_6H_5)_4^- + K^+ \longrightarrow KB(C_6H_5)_4\downarrow$$

$$Br[N(CH_3)_3\cdot C_{16}H_{33}] + NaB(C_6H_5)_4 \longrightarrow B(C_6H_5)_4\cdot N(CH_3)_3C_{16}H_{33}\downarrow + NaBr$$

6.2.2 试液的制备

6.2.2.1 复合肥

称取试样5 g,精确至0.2 mg,置于400 mL烧杯中,加入200 mL水和10 mL盐酸(4.2),煮沸15 min。冷却,移入500 mL容量瓶中,用水稀释至刻度,混匀后干滤。

注:若测定复合肥中水溶性钾,操作时不加盐酸,加热煮沸时间改为30 min。

6.2.2.2 氯化钾、硫酸钾

称取试样1.5 g,精确至0.2 mg,其余操作同6.2.2.1。

6.2.3 滴定

准确移取25 mL上述滤液(6.2.2.1或6.2.2.2)于100 mL容量瓶中,加入10 mL的EDTA溶液(4.3)、3 mL氢氧化钠溶液(4.4)和5 mL甲醛溶液(4.6),由滴定管加入比理论所需量过量8 mL的四苯硼酸钠标准溶液(10 mg的K_2O需6 mL四苯硼酸钠溶液)(4.12),用水沿瓶壁稀释至标线,充分混匀,静置5 min～10 min,干滤。

准确移取 50 mL 滤液，置于 125 mL 锥形瓶内，加入 8 滴～10 滴达旦黄指示剂(4.10)，用十六烷三甲基溴化铵溶液(4.13)回滴过量的四苯硼酸钠，至溶液呈粉红色为止。

6.2.4 结果计算

钾含量(以 K_2O 计)以质量分数 w(%)表示，按式(4)计算：

$$w=\frac{(V_1-2V_2R)\times F}{m}\times 100 \quad \cdots\cdots(4)$$

式中：

V_1——所取四苯硼酸钠标准溶液体积，单位为毫升(mL)；

V_2——滴定所耗十六烷三甲基溴化铵溶液的体积，单位为毫升(mL)；

2——沉淀时所用容量瓶的体积与所取滤液体积之比；

R——每毫升十六烷三甲基溴化铵溶液相当于四苯硼酸钠标准溶液的毫升数；

F——每毫升四苯硼酸钠标准溶液相当于氧化钾的克数；

m——所取试液中的试样质量，单位为克(g)。

所得结果应表示至两位小数。

取两次平行测定结果的算术平均值作为测定结果。

注 1：四苯硼酸钠水溶液稳定性较差，在配制时加入氢氧化钠，使溶液具有一定的碱度而增强其稳定性。一般需有 48 h 老化时间，如此，在一星期内的标定结果可保持基本不变。

注 2：试样溶液在滴定时，其 pH 值宜控制在 12～13 之间。如呈酸性，则无终点出现。

注 3：十六烷三甲基溴化铵是一种表面活性剂，用纯水配制溶液时泡沫很多且不易完全溶解，如把固体用乙醇先行湿润，然后加水溶解，则可得到澄清的溶液，乙醇的用量约为总液量的 5%，乙醇的存在对测定无影响。

7 精密度

各种化肥的重复性限 r 和再现性限 R 见表 1。

表 1 各种化肥钾含量(以 K_2O 计)的重复性限 r 和再现性限 R %

化肥名称		r	R
复合肥	重量法	0.20	0.60
	容量法	0.20	0.60
硫酸钾	重量法	0.30	0.70
	容量法	0.30	0.70
氯化钾	重量法	0.30	0.70
	容量法	0.30	0.70

前　言

本标准是对原专业标准 ZB G20 007—1987《进口化肥检验方法　缩二脲的测定方法》的修订。

本标准与原标准比较，无技术路线改变，仅对正文内容的部分重复章节进行合并，取消了部分注释，增加了精密度试验，完善了标准结构，扩大了标准的适用范围。

本标准自实施之日起，代替 ZB G20 007—1987。

本标准的附录 A 为标准的附录；附录 B 为提示的附录。

本标准由中华人民共和国国家出入境检验检疫局提出并归口。

本标准起草单位：中华人民共和国连云港出入境检验检疫局。

本标准主要起草人：王立英、王通胜、苏立勋、笪靖祥。

中华人民共和国出入境检验检疫行业标准

进出口化肥检验方法 缩二脲含量的测定

SN/T 0736.8—1999

代替 ZB G20 007—1987

Chemical analysis of fertilizers for import and export —Determination of biuret content

1 范围

本标准规定了进出口化肥中缩二脲含量的测定方法。

本标准适用于尿素中缩二脲含量的测定。

2 引用标准

下列标准所包含的条文，通过在本标准中引用而构成为本标准的条文。本标准出版时，所示版本均为有效。所有标准都会被修订，使用本标准的各方应探讨使用下列标准最新版本的可能性。

SN/T 0736.1—1997 进出口化肥检验方法 取样和制样

3 试剂与溶液

分析方法中，除特殊规定外，只应使用分析纯试剂和蒸馏水或同等纯度的水。

3.1 硫酸铜溶液(1.5%)：称取 15 g 硫酸铜($CuSO_4 \cdot 5H_2O$)溶解于水中，过滤，用水稀释至 1 L。

3.2 酒石酸钾钠溶液(5%)：称取 40 g 氢氧化钠溶解于 500 mL 水中，冷却，加入 50 g 酒石酸钾钠($NaKC_4H_4O_6 \cdot 4H_2O$)溶解后，用水稀释至 1 L，混匀，静置过夜，使用时过滤。

3.3 缩二脲的提纯：溶解 15 g 缩二脲(化学纯)于 500 mL95%乙醇中，加热溶解，趁热过滤，滤液浓缩至约 250 mL，冷却至 5℃，使结晶析出，过滤，在 105℃烘干备用。

3.4 缩二脲标准溶液 A(1 mg/mL)：称取 0.500 0 g 预先在 105℃干燥至恒重的缩二脲(3.3)溶解于不含二氧化碳的水中，移至 500 mL 容量瓶中，用水稀释至标线，混匀。此溶液 1 mL 含 1 mg 缩二脲。

3.5 缩二脲标准溶液 B(0.4 mg/mL)：准确称取 0.400 0 g 预先在 105℃干燥至恒重的缩二脲(3.3)溶解于不含二氧化碳的水中，移至 1 L 容量瓶中，用水稀释至标线，混匀。此溶液 1 mL 含 0.4 mg 缩二脲。

3.6 缓冲溶液(pH=13.4)：溶解 24.6 g 氢氧化钾和 30 g 氯化钾于水中，稀释至 1 L。

3.7 淀粉溶液(0.5%)：用 10 mL 水将 0.5 g 可溶淀粉制成稀浆糊状，慢慢倾入含有 0.5 g 草酸的 50 mL水，煮沸直至溶液澄清，冷却后，稀释至 100 mL。

3.8 乙醇(95%)。

3.9 盐酸溶液：1 mol/L。

4 仪器

4.1 分光光度计及实验室常规仪器设备。

4.2 原子吸收分光光度计：附有空气-乙炔燃烧器，及铜空心阴极灯。

中华人民共和国国家出入境检验检疫局 1999-12-30 批准 2000-05-01 实施

4.2.1 所用原子吸收分光光度计应达到下列指标：

最低灵敏度：等差浓度标准溶液的最高浓度标准的吸光读数不低于0.2。

工作曲线线性：等差浓度标准溶液中两个最高浓度标准溶液的吸光读数的差值，不小于最低浓度标准溶液与零浓度溶液吸光读数差值的0.8倍。

最小稳定性：最高浓度标准溶液与零浓度溶液多次测量所得到的吸光读数，相对于最高浓度标准溶液吸光读数平均值的变异系数，应分别不大于1.5%和0.6%，见附录A。

4.2.2 原子吸收分光光度计的工作条件见附录B。

5 取样及试样的制备

按SN/T 0736.1执行。

6 分析步骤

6.1 铜复盐分光光度法

6.1.1 方法提要

缩二脲在硫酸铜、酒石酸钾钠的碱性溶液中生成紫红色络合物，在波长550 nm处测其吸光度。

6.1.2 分析步骤

6.1.2.1 试液的制备

称取试样10 g(精确至0.001 g)于250 mL烧杯中，加约100 mL水搅拌使之溶解(注：如试样浑浊，加入1 g氢氧化铝)，移入250 mL容量瓶中，用水稀释至标线，混匀，用慢速滤纸干过滤，滤液备用。

6.1.2.2 测定吸光度

准确吸取上述滤液25 mL于100 mL容量瓶中，用水稀释至约50 mL，准确加入20 mL酒石酸钾钠溶液和20 mL硫酸铜溶液，用水稀释至标线，混匀，在(30±5)℃的水浴中放置15 min，冷却至室温，在30 min内，以空白溶液作对照，用2～4 cm的比色皿，于波长550 nm测定吸光度。

6.1.2.3 工作曲线的绘制

准确吸取0,4.0,8.0,12.0,16.0,20.0 mL缩二脲标准溶液A，分别放入一组100 mL容量瓶中，用不含二氧化碳的水，调整体积至约50 mL，以下操作按6.1.2.2进行，并以缩二脲浓度为横坐标，吸光度为纵坐标，绘制工作曲线。

6.1.3 分析结果的表述

缩二脲的百分含量x_1按式(1)计算：

$$x_1 = \frac{m_1 \times 10^{-3}}{m} \times 100 \qquad \cdots\cdots(1)$$

式中：m_1——在标准曲线上查得试液中所含缩二脲的质量，mg；

m——显色时试液的质量，g。

计算结果表示到小数点后二位。

6.2 原子吸收分光光度法

6.2.1 方法提要

缩二脲和铜在乙醇和碱性溶液中，形成稳定的络合物，碱性溶液可将过量的铜生成氢氧化铜沉淀，加淀粉溶液防止$Cu(OH)_2$的表面吸附，过滤除去后，滤液经酸化，与缩二脲铜标准系列溶液同时用原子吸收分光光度计，于波长324.8 nm处，以空气-乙炔火焰测定铜的吸光度。

6.2.2 分析步骤

6.2.2.1 试液的制备

称取试样0.5 g(精确至0.000 2 g)于100 mL容量瓶中，加水30 mL溶解。

6.2.2.2 缩二脲铜的形成

在上述试液中，加 25 mL 乙醇，在不断摇动下，依次加入 2 mL 淀粉溶液，10 mL 硫酸铜溶液(3.1)和 20 mL 缓冲溶液，用水稀释至标线，混匀，放置 10 min，用中速滤纸干过滤，滤液备用。

6.2.2.3 测定吸光度

准确吸取 5 mL 滤液于 50 mL 容量瓶中，加入 1 mL 盐酸酸化，用水稀释至标线，混匀。在原子吸收分光光度计上，于波长 324.8 nm 处，在空气-乙炔火焰中，与缩二脲标准系列同时以水调零，测定铜的吸光度，从工作曲线上查出相应的缩二脲浓度。

6.2.2.4 工作曲线的绘制

准确吸取 5.0，10.0，15.0，20.0 mL 缩二脲标准溶液 B，分别置于一组 100 mL 容量瓶中，用水补足至 30 mL，以下操作按照 6.2.2.2 和 6.2.2.3 进行，并以缩二脲的浓度为横坐标，吸光度为纵坐标，绘制工作曲线。

6.2.3 分析结果的表述

缩二脲百分含量 x_2 按式(2)计算：

$$x_2 = \frac{c \cdot V}{m} \times 10^{-6} \times 100 \qquad \cdots\cdots(2)$$

式中：c——从缩二脲的工作曲线查得缩二脲的相应浓度，μg/mL；

V——测定时试样的体积，mL；

m——体积 V mL 试液所含的试样质量，g。

计算结果表示到小数点后二位。

7 精密度

用以下数值来判断结果的可靠性(95％置信概率)

7.1 重复性(r)

在同一实验室由同一操作员，用同一试验方法与仪器，对同一试样相继做两次重复试验结果的允许差为重复性(r)。小于允许差，测定精密度合格，取平均值为最终值。大于或等于允许差，测定精密度不合格。要查明原因，重做试验。

本标准规定 $r=0.06$。

7.2 再现性(R)

在两个实验室由不同操作员、不同仪器和设备，用同一试验方法，对同一试样重复测定两次，按 7.1 规定得到平均值 $\overline{Y}_1$ 和 $\overline{Y}_2$ 比较，其允许差为 $\sqrt{R^2-r^2/2}$。小于允许差，测定精密度合格，取 $\overline{Y}_1$ 和 $\overline{Y}_2$ 的平均值为最终值，大于或等于允许差，测定精密度不合格。要查明原因，重做试验。

本标准规定 $R=0.1$。

附　录　A

（标准的附录）

最小稳定性变异系数的计算

最高浓度标准溶液与零浓度溶液吸光读数的变异系数计算公式如下：

$$S_c = \frac{100}{\overline{C}}\sqrt{\frac{\Sigma(C-\overline{C})^2}{n-1}} \qquad \text{(A1)}$$

$$S_0 = \frac{100}{\overline{C}}\sqrt{\frac{\Sigma(O-\overline{O})^2}{n-1}} \qquad \text{(A2)}$$

式中：S_c——最高浓度标准溶液吸光读数的百分变异系数；

S_0——零浓度溶液吸光读数的百分变异系数；

$\overline{C}$——最高浓度标准溶液吸光读数的平均值；

C——最高浓度标准溶液吸光读数；

$\overline{O}$——零浓度溶液吸光读数的平均值；

O——零浓度溶液吸光读数；

n——测定次数。

附　录　B

（提示的附录）

仪器的工作条件

使用美国PE5100型原子吸收分光光度计测定铜的参考工作条件如下：

分析线：324.8 nm；

狭缝宽度：0.7 nm；

灯电流：5 mA；

空气流量：10.0 L/min；

乙炔流量：2.0 L/min。

中华人民共和国出入境检验检疫行业标准

SN/T 0736.9—2010
代替 SN/T 0736.9—1999

进出口化肥检验方法 第9部分：氯含量的测定

Test method of import and export fertilizers—Part 9: Determination of chloride content

2010-11-01 发布　　2011-05-01 实施

中华人民共和国国家质量监督检验检疫总局 发布

前　言

本部分按照 GB/T 1.1—2009 给出的规则起草。

SN/T 0736《进出口化肥检验方法》共有 12 个部分：

——第 1 部分：取样和制样；

——第 2 部分：水分的测定；

——第 3 部分：粒度的测定；

——第 4 部分：火焰原子吸收光谱法测定钠量；

——第 5 部分：氮含量的测定；

——第 6 部分：磷的测定；

——第 7 部分：钾的测定；

——第 8 部分：缩二脲含量的测定；

——第 9 部分：氯含量的测定；

——第 10 部分：游离酸的测定；

——第 11 部分：自动分析仪测定氨含量；

——第 12 部分：电感耦合等离子体质谱法测定有害元素砷、铬、镉、汞、铅。

本部分为第 9 部分。

本部分是对 SN/T 0736.9—1999《进出口化肥检验方法　氯含量的测定》的第一次修订。

本部分自实施之日起代替 SN/T 0736.9—1999《进出口化肥检验方法　氯含量的测定》。

本部分与 SN/T 0736.9—1999 相比，主要修改如下：

——按照《GB/T 1.1—2009 标准化工作导则　第 1 部分：标准的结构和编写》、《GB/T 20001.4—2001 标准编写规则　第 4 部分：化学分析方法》对原部分的结构进行了修改；

——增加适用范围、规范性引用标准；

——对方法提要、试剂、仪器和设备、测定步骤、精密度修改，并增加滴定仪法等内容。

本部分由国家认证认可监督管理委员会提出并归口。

本部分起草单位：中华人民共和国广东出入境检验检疫局、中华人民共和国天津出入境检验检疫局。

本部分主要起草人：苏彩珠、郑淑云、李权斌、邱敏敏、陈晓翔、蔡英俊。

本部分所代替标准的历次版本和发布情况为：

ZB G20 008—1987，SN/T 0736.9—1999。

进出口化肥检验方法 第9部分:氯含量的测定

1 范围

SN/T 0736 的本部分规定了进出口化肥中氯(Cl^-)含量测定的方法。

本部分适用于氮磷钾复合肥、硫酸钾复合肥、硫酸钾、硝酸钠(钾)、硝酸铵等化肥中氯含量的测定。

2 规范性引用文件

下列文件对于本文件的应用是必不可少的。凡是注日期的引用文件,仅注日期的版本适用于本文件,凡是不注日期的引用文件,其最新版本(包括所有的修改单)适用于本文件。

GB/T 601 化学试剂 标准滴定溶液的制备

GB/T 602 化学试剂 杂质测定用标准溶液的制备

GB/T 6682 分析实验室用水规格和试验方法(GB/T 6682—2008,ISO 3696:1987,MOD)

SN/T 0736.1 进出口化肥检验方法 取样和制样

3 方法提要

在微酸性的试样溶液中,加入定量的硝酸银溶液,使氯离子成为氯化银沉淀,以硫酸高铁铵为指示剂,用硫氰酸铵标准溶液滴定过量的硝酸银,根据硫氰酸铵用量计算出氯含量。

4 试剂

本部分除另有规定外,所用试剂均为分析纯,实验室用水应至少符合 GB/T 6682 中三级用水的要求。

4.1 工作基准试剂氯化钠(NaCl)。

4.2 硝酸(1+1)。

4.3 硝酸银溶液:$c(AgNO_3)=0.1$ mol/L,称取 17 g 硝酸银,溶解于水中,稀释至 1 L,储存在棕色瓶中。

4.4 硫酸高铁铵[$Fe(NH_4)(SO_4)_2\cdot 12H_2O$]溶液:溶解 40 g 硫酸高铁铵于 100 mL 水中,加入2 mL 硝酸,使棕色消失,储于磨塞小口玻璃瓶中,备用。

4.5 氯标准溶液(1 mg/mL):准确称取 1.648 7 g 经 550 ℃~600 ℃灼烧 40 min~50 min 并烘干的工作基准试剂氯化钠(NaCl)(4.1)于烧杯中,用水溶解后,移入 1 L 容量瓶中,稀释至标线,摇匀,贮存在塑料瓶中。也可按 GB/T 601 和 GB/T 602 配制,或直接使用有证标准物质。

4.6 硫氰酸铵标准溶液[$c(NH_4CNS)=0.1$ mol/L]:参照 GB/T 601 和 GB/T 602 的规定配制和标定。其中称取 7.6 g 硫氰酸铵溶于水中,稀释至 1 L,也可按附录 A 进行标定。

5 仪器和设备

5.1 实验室用样品粉碎机或研钵。

5.2 分析天平:感量 0.000 1 g。

5.3 微量滴定管:10 mL,等级 A。

5.4 容量瓶:250 mL,等级 A。

5.5 刻度移液管:10 mL,等级 A。

5.6 单刻度移液管:50 mL、25 mL、20 mL、10 mL(以实际需要而定),等级 A。

5.7 滴定仪:适合本部分方法提要使用的各种半自动、全自动滴定仪。

6 取样和样品的制备

按 SN/T 0736.1 进行。

7 测定步骤

7.1 试液准备

称取试样 10 g(精确至 0.000 1 g)于 250 mL 容量瓶中,加入 150 mL 水,充分振摇 10 min,使氯完全浸出,在室温下用水稀释至标线,摇匀,干滤。

准确吸取上述滤液适量(参见附录 B),于 200 mL 锥形瓶中,用水稀释至 80 mL,加入 5 mL 硝酸(4.2),用微量刻度移液管加入 8 mL 硝酸银溶液(4.3),加热微沸 1 min,以驱除氮的氧化物,冷却至室温,待滴定。

7.2 滴定分析

7.2.1 滴定管法

在上述的试液中加 2 mL 硫酸高铁铵指示剂(4.4),用硫氰酸铵标准溶液(4.6)滴定过量的硝酸银,开始时剧烈摇动,近终点时缓慢摇动,直至出现桔红色 30 s 不褪色为终点,记下读数。

7.2.2 滴定仪法

按滴定仪操作说明做好滴定前的准备工作。在上述的试液中放入搅拌子,打开滴定仪,用硫氰酸铵标准溶液滴定过量的硝酸银,直到滴定仪显示滴定终点,记下读数。

7.3 空白试验

除不称取试样外,按 7.1 和 7.2 步骤进行空白试验。

8 分析结果的表述

样品中氯含量 w 以氯(Cl^-)计的质量分数(%)表示,按式(1)计算:

$$w=\frac{(V_0-V)c\times 0.035\ 45}{m}\times 100 \qquad \cdots\cdots(1)$$

式中:

V_0 ——空白实验(即 8 mL 硝酸银溶液)所消耗硫氰酸铵标准溶液的体积,单位为毫升(mL);

V ——滴定试样消耗硫氰酸铵标准溶液的体积,单位为毫升(mL);

c ——硫氰酸铵标准溶液的浓度,单位为摩尔每升(mol/L);

0.035 45——与 1.00 mL 硫氰酸铵标准滴定溶液[c=1.000 mol/L]相当的氯离子质量，单位为克(g)；

m ——滴定时的试样质量，单位为克(g)。

计算结果表示到小数点后二位。

9 精密度

在95%置信概率下，用以下数值来判断结果的可靠性：

a) 重复性限 r=0.03%

在同一实验室内，同一操作员用同一试验方法与仪器对同一试样相继做两次重复试验，两次结果的绝对差值小于实验室内允许差 r，测定精密度合格，取平均值为最终值；大于或等于允许差，测定精密度不合格，查明原因，重做实验。

b) 再现性限 R=0.10%

在任意两个不同实验室，由不同操作员、不同仪器和设备，在不同或相同时间内，用同一试验方法对同一试样进行测试，得到两个结果的绝对差值小于实验室间允许差 R，测定精密度合格，取平均值为最终值；大于或等于允许差，测定精密度不合格，查明原因，重做实验。

附 录 A
（规范性附录）
硫氰酸铵标准溶液的标定

A.1 用移液管准确吸取 5.00 mL 氯标准溶液于 200 mL 锥形瓶中，用水稀释至 80 mL，加入 5 mL 硝酸(4.2)，用微量刻度移液管加入 8 mL 硝酸银溶液(4.3)，加热微沸 1 min，移离热源，迅速冷却至室温。

A.2 加 2 mL 硫酸高铁铵溶液(4.4)，用硫氰酸铵标准溶液(4.6)滴定至试液出现桔红色为终点，记下所消耗硫氰酸铵标准溶液的体积，同时进行空白试验，记下所消耗硫氰酸铵的体积。按式(A.1)计算硫氰酸铵标准溶液的浓度。

$$c(NH_4CNS)=\frac{m}{0.035\,45\times(V_0-V)} \qquad \cdots\cdots(A.1)$$

式中：

$c(NH_4CNS)$——硫氰酸铵溶液浓度，单位为摩尔每升(mol/L)；

m ——所用氯标准溶液中氯离子的质量，单位为克(g)；

0.035 45 ——与 1.00 mL 硝酸银标准溶液[$c(AgNO_3)=1.000$ mol/L]相当的氯离子质量，单位为克(g)；

V_0 ——空白试验(即 8 mL 硝酸银溶液)所消耗硫氰酸铵标准溶液的体积，单位为毫升(mL)；

V ——回滴过量硝酸银溶液所用硫氰酸铵标准溶液的体积，单位为毫升(mL)。

附 录 B
（资料性附录）
测试时氯离子含量的范围

B.1 测试时的氯离子含量以 5 mg～20 mg 为宜。例如：样品中氯离子含量约 0.5%时，吸取试液 50 mL；样品中氯离子含量约 2%时，吸取试液约 25 mL。

B.2 如果样品中氯离子含量在 2%以上时，可适当减少称样量，测试时溶液的氯离子含量以 5 mg～20 mg为宜。

前言

本标准是对原专业标准ZB G20 009—1987《进口化肥检验方法　游离酸的测定方法》的修订。

本标准与原标准比较，无技术路线改变。仅对正文内容中部分重复章节进行合并，增加了精密度实验，完善了标准结构，扩大了标准的适用范围，同时适用于进出口化肥游离酸含量的测定。

本标准自实施之日起代替ZB G20 009—1987。

本标准由中华人民共和国国家出入境检验检疫局提出并归口。

本标准起草单位：中华人民共和国秦皇岛出入境检验检疫局。

本标准主要起草人：费淑文、张子山、刘宝忠、王淑慧。

中华人民共和国出入境检验检疫行业标准

进出口化肥检验方法 游离酸的测定

SN/T 0736.10—1999

代替 ZB G20 009—1987

Chemical analysis of fertilizers for import and export —Determination of free acid content

1 范围

本标准规定了进出口化肥的游离酸含量的测定方法。

本标准适用于硫酸铵、硝酸铵、硫酸钾、氯化铵、三料过磷酸钙等。

2 引用标准

下列标准所包含的条文，通过在本标准中引用而构成为本标准的条文。本标准出版时，所示版本均为有效。所有标准都会被修订，使用本标准的各方应探讨使用下列标准最新版本的可能性。

GB/T 601—1988 化学试剂 滴定分析(容量分析)用标准溶液的制备

GB/T 603—1988 化学试剂 试验方法中所用制剂及制品的制备

GB/T 6682—1992 分析试验室用水规格和试验方法

SN/T 0736.1—1997 进出口化肥检验方法 取样和制样

3 试剂

本标准除特殊规定外，均使用分析纯试剂，实验用水应符合 GB/T 6682—1992 中三级水规格。

3.1 氢氧化钠标准溶液[$c(NaOH)=0.1$ mol/L]：配制及标定按 GB/T 601—1988 的 4.1。

3.2 柠檬酸标准溶液：准确称取 5.252 5 g 柠檬酸($C_6H_8O_7 \cdot H_2O$)溶于水，并定容至250 mL。

3.3 磷酸氢二钠标准溶液：准确称取 8.954 g 磷酸氢二钠($Na_2HPO_4 \cdot 12H_2O$)溶于水，并定容至 250 mL。

3.4 缓冲溶液(pH=4.5)：准确加入 21.57 mL 柠檬酸标准溶液和 28.43 mL 磷酸氢二钠标准溶液于 100 mL 烧杯内，混匀，加入 0.5 mL 溴甲酚绿指示剂。

3.5 酚酞指示液(10 g/L)：配制方法按 GB/T 603—1988 的 4.5.22。

3.6 甲基红指示液(1 g/L)：配制方法按 GB/T 603—1988 的 4.5.6。

3.7 溴甲酚绿指示液(1 g/L)：配制方法按 GB/T 603—1988 的 4.5.28。

4 取样和试样的制备

按 SN/T 0736.1 进行。

5 分析步骤

5.1 游离酸(包括硫酸、硝酸和盐酸)——碱量法

5.1.1 方法概要

中华人民共和国国家出入境检验检疫局 1999-12-30 批准　　2000-05-01 实施

试样中游离酸以甲基红为指示剂，用标准碱液滴定至溶液由红变黄（pH 约为 6.2）即为终点，从所耗碱液用量计算游离酸的含量。

5.1.2 试液制备

称取约 25 g 试样，精确至 0.01 g，溶解于水中，移入 250 mL 容量瓶，用水稀释至标线，充分摇匀，如试液呈浑浊或含有不溶物，干滤。

5.1.3 滴定

准确吸取 100 mL 溶液或滤液（5.1.2）放入 250 mL 锥形瓶中，加 3 滴甲基红指示剂，逐滴加入氢氧化钠标准溶液（3.1）直至溶液呈黄色为止。

注：甲基红指示剂加入后，如无红色出现，证明试样属于中性或者酸性很小，这时可增加试样用量再进行试验。

5.1.4 空白试验

与试样同时进行空白试验。

5.2 游离磷酸——碱量法

5.2.1 方法概要

磷肥在水溶液中析出的游离磷酸，以溴甲酚绿作指示剂，用标准碱液中和，当溶液的 pH 值达到 4.5 时，从所用碱标准溶液的量，计算游离磷酸含量。

5.2.2 试液制备

称取约 5 g 试样，精确至 0.001 g，置于 500 mL 容量瓶中，加入 400 mL 水，振摇 0.5 h，然后用水稀释至标线，混匀，干滤。

5.2.3 滴定

准确吸取 100 mL 上述滤液（5.2.2）于 250 mL 烧杯内，加入 50 mL 水和 0.5 mL 溴甲酚绿指示剂，用氢氧化钠标准溶液滴定，直至试样溶液颜色与缓冲溶液颜色一致，或用 pH 计指示滴定至 pH 值为 4.5。

5.2.4 空白试验

按 5.1.4 进行。

6 分析结果的表述

游离酸的百分含量按式(1)、(2)、(3)、(4)计算：

$$\text{游离硫酸}(H_2SO_4\%) = \frac{Vc \times 0.049\,04}{m} \times 100 \quad \cdots\cdots(1)$$

$$\text{游离硝酸}(HNO_3\%) = \frac{Vc \times 0.063\,02}{m} \times 100 \quad \cdots\cdots(2)$$

$$\text{游离盐酸}(HCl\%) = \frac{Vc \times 0.036\,47}{m} \times 100 \quad \cdots\cdots(3)$$

$$\text{游离磷酸}(P_2O_5\%) = \frac{Vc \times 0.070\,98}{m} \times 100 \quad \cdots\cdots(4)$$

式中：V——滴定所耗氢氧化钠标准溶液的体积，mL；

c——氢氧化钠标准溶液的浓度，mol/L；

0.049 04——与 1.00 mL 氢氧化钠标准滴定溶液[c(NaOH)＝1.000 mol/L]相当的以克表示的硫酸(H_2SO_4)的质量；

0.063 02——与 1.00 mL 氢氧化钠标准滴定溶液[c(NaOH)＝1.000 mol/L]相当的以克表示的硝酸(HNO_3)的质量；

0.036 47——与 1.00 mL 氢氧化钠标准滴定溶液[c(NaOH)＝1.000 mol/L]相当的以克表示的盐酸(HCl)的质量；

0.070 98——与 1.00 mL 氢氧化钠标准滴定溶液[c(NaOH)＝1.000 mol/L]相当的以克表示的五氧

化二磷($\frac{1}{2}P_2O_5$)质量;

m——滴定时的试样质量,g。

7 精密度

用以下数值来判断结果的可靠性(95%置信概率)。

7.1 重复性 r

同一操作者,同一样品重复测定两个结果的允许差为重复性 r。小于允许差,测定精密度合格,取平均值为最终值。大于或等于允许差,测定精密度不合格,要查明原因,重做试验。

7.2 再现性 R

同一样品,两个实验室各重复测定两次,得到平均值 $\bar{Y}_1$ 与 $\bar{Y}_2$,比较其允许差为 $\sqrt{R^2-\frac{r^2}{2}}$。小于允许差,测定精密度合格,取 $\bar{Y}_1$ 与 $\bar{Y}_2$ 的平均值为最终值,大于或等于允许差,测定精密度不合格,查明原因,重作试验。

7.3 化肥中游离酸的测定结果重复性和再现性

化肥中游离酸的测定结果重复性和再现性见表 1。

表 1 化肥中游离酸的测定结果的重复性和再现性 %

化肥名称	重复性 r	再现性 R
硫酸铵	0.003	0.006
三料过磷酸钙	0.06	0.51

前　　言

本标准中样品的消化与还原主要参考了中华人民共和国出入境检验检疫行业标准，欧共体化肥取样和分析方法，美国公职分析化学家协会公定分析方法中采用的凯氏(Kjeldahl)、乌勒斯(Ulsch)、德瓦达(Devarda)等方法。

本标准使用自动分析仪进行蒸馏、滴定、测定化肥中氮含量。

本标准附录A为标准的附录。

本标准附录B为提示的附录。

本标准由中华人民共和国国家认证认可监督管理委员会提出并归口。

本标准起草单位：中华人民共和国天津出入境检验检疫局。

本标准主要起草人：李权斌、侯英涛、郭树立。

本标准系首次发布。

中华人民共和国出入境检验检疫行业标准

进出口化肥检验方法
自动分析仪测定氮含量

SN/T 0736.11—2002

Chemical analysis of fertilizers for import and export —Determination of nitrogen content by auto analyzer

1 范围

本标准规定了使用自动分析仪测定进出口化肥中氮含量的方法。

本标准适用于各种进出口含氮化学肥料，如氨态、硝态、酰胺态、氰氨态等含氮化学肥料。

2 引用标准

下列标准所包含的条文，通过在本标准中引用而构成为本标准的条文。本标准出版时，所示版本均为有效。所有标准都会被修订，使用本标准的各方应探讨使用下列标准最新版本的可能性。

GB/T 601—1988 化学试剂 滴定分析(容量分析)用标准溶液的制备

SN/T 0736.1—1997 进出口化肥检验方法 取样和制样

3 取样和样品的制备

取样和样品的制备按 SN/T 0736.1 进行。

4 方法提要

试样经消化或还原，使各种形态的氮转化为氨态氮，加入过量碱液，使铵盐分解，经过蒸馏，将生成的氨用硼酸吸收液吸收，同时用盐酸标准滴定溶液滴定。

自动分析仪可将蒸馏、滴定、结果显示或计算等功能合为一体，自动快速完成。

5 仪器设备和试剂

5.1 仪器设备

5.1.1 自动分析仪。

5.1.1.1 具有凯氏蒸馏、自动滴定功能，最小滴定单位为 0.01 mL，可根据滴定缸内溶液颜色变化情况进行终点判定，蒸馏体积能达到 250 mL。

5.1.1.2 显示器或打印机。

5.1.1.3 配有内置恒温器的消化器，可设定消化温度，温控范围 50℃～440℃。

若采用德瓦达法进行测定或对滴定结果自动校准，分析仪还须具备延时和计算功能。分析仪滴定系统的校准见附录 A。

5.1.2 天平：感量 0.1 mg。

5.1.3 分析仪专用消化管：250 mL 和 1 000 mL。

5.2 试剂

中华人民共和国国家质量监督检验检疫总局 2002-03-15 批准　　2002-09-01 实施

本标准除特殊规定外，均使用分析纯试剂、蒸馏水或同等纯度的水。

5.2.1 硫酸(H_2SO_4，密度 1.84 g/cm^3)；

5.2.2 硫酸铜($CuSO_4 \cdot 5H_2O$)；

5.2.3 硫酸钾(K_2SO_4)；

5.2.4 德瓦达合金(Cu50：Al45：Zn5)：研磨至约 20 目(筛孔 0.84 mm)；

5.2.5 还原铁粉(Fe)；

5.2.6 氢氧化钠溶液(质量分数为 35%)：溶解 55 g 氢氧化钠于 100 mL 水中。

5.2.7 溴甲酚绿指示剂(质量分数为 0.1%乙醇溶液)：溶解 100 mg 溴甲酚绿于 100 mL 乙醇中。

5.2.8 甲基红指示剂(质量分数为 0.1%乙醇溶液)：溶解 100 mg 甲基红于 100 mL 乙醇中。

5.2.9 硼酸溶液：将 100 g 硼酸溶于 10 L 蒸馏水中，加入 100 mL 溴甲酚绿指示剂(5.2.7)和 70 mL 甲基红指示剂(5.2.8)，滴加氢氧化钠溶液(5.2.6)约 2 mL 使溶液出现灰绿色，以获得 0.05 mL～0.15 mL稳定的空白值。

5.2.10 盐酸标准滴定溶液[$c(HCl)=0.5$ mol/L]：按 GB/T 601 配制和标定；

5.2.11 硫酸亚铁($FeSO_4 \cdot 7H_2O$)；

5.2.12 硝酸钠($NaNO_3$)。

6 试验准备

6.1 仪器安装应符合仪器说明书要求。

6.2 按说明书要求调节吸收液泵冲程，调节碱液泵每冲程约 20 mL，结合终点颜色变化情况调节滴定马达速度和滴定终点颜色。滴定缸探棒位置和仪器工作参数根据蒸馏体积以及是否需要延时和校准等具体要求进行设定。

6.3 开机后应清除滴定器和管路中的气泡，用吸收液清洗滴定缸 4 次～5 次，调节冷却水流速约 2 L/min。

6.4 将仪器设置成自动滴定状态后待机。

7 试验步骤

7.1 试液制备

7.1.1 只含氨态氮的化肥(如氯化铵等)：称取试样 1 g(准确至 0.000 1 g)，置于 250 mL 消化管中，加水 75 mL 使试样溶解。

7.1.2 只含硝态氮化肥(如硝酸钠等)：称取试样 1 g(准确至 0.000 1 g)，置于 1 000 mL 消化管中，加 4 g德瓦达合金(5.2.4)，用 75 mL 热水使试样溶解后立即蒸馏。

注：进行硝态氮化肥的空白试验时需将空白试液加热至沸后立即蒸馏。

7.1.3 只含酰胺态氮的化肥(如尿素等)：称取试样 0.5 g(准确至 0.000 1 g)，置于 250 mL 消化管中，加入 4 mL 水和 4 mL 硫酸(5.2.1)，加热至冒白烟。冷却，加水 75 mL。

7.1.4 同时含有硝态氮和氨态氮的化肥(不适用于硝酸铵)。

7.1.4.1 乌勒斯法：称取试样 1 g(准确至 0.000 1 g)，置于 250 mL 消化管中，加水 75 mL 使试样溶解，加 5 mL 硫酸(5.2.1)、3 g 还原铁粉(5.2.5)，于沸水浴中 1 h。冷却，用 15 mL 水冲洗消化管内壁。

7.1.4.2 德瓦达法：称取试样 1 g(准确至 0.000 1 g)，置于 1 000 mL 消化管中，加 2 g 德瓦达合金(5.2.4)，用 75 mL 热水使试样溶解后立即蒸馏。

注：化肥中硝态氮定性试验见附录 B。

7.1.5 硝酸铵中氮含量的测定按 7.1.2 进行，其中氨态氮含量的测定按 7.1.1 进行。

7.1.6 同时含有酰胺态氮和氨态氮的化肥：按 7.1.3 进行。

7.1.7 其它不含硝态氮的化肥(如石灰氮等)：称取试样 1 g(准确至 0.000 1 g)置于 250 mL 消化管中，

加入 1 g 硫酸铜(5.2.2)、5 g 硫酸钾(5.2.3)及 10 mL 硫酸(5.2.1),轻轻转动使固体润湿。将消化管放在消化器上,设定消化温度为 420℃,消化至溶液澄清,保持半小时。冷却,加水 75 mL。

7.2 蒸馏和滴定

7.2.1 设定蒸馏条件

7.2.1.1 按 7.1.1 制备试液时,设定碱液泵加碱一冲程,蒸馏体积 100 mL。

7.2.1.2 按 7.1.3,7.1.4.1 和 7.1.7 制备试液时,设定碱液泵加碱二冲程,蒸馏体积 100 mL。

7.2.1.3 按 7.1.2 和 7.1.4.2 制备试液时,设定延时 2 min～5 min,碱液泵加碱一冲程,蒸馏体积 250 mL。

7.2.2 将消化管于分析仪上进行蒸馏、滴定,记录显示值(即滴定用盐酸标准滴定溶液的体积)。同时做二个空白试验。

注:如按 7.1.4.1 制备试液,试验结束后可取 10 mL 冰乙酸置于 250 mL 消化管中于分析仪上蒸馏 10 min 以清洗分析仪蒸馏系统。

7.3 分析结果的表述

氮的质量分数按式(1)计算:

$$X = \frac{(V - V_0) \cdot c \times 0.014\,01}{m} \times 100 \quad \cdots\cdots(1)$$

式中:X——被测试样氮的质量分数,%;

V——滴定试样时所用盐酸标准滴定溶液(5.2.10)的体积,mL;

V_0——滴定空白时所用盐酸标准滴定溶液(5.2.10)的体积,mL;

c——盐酸标准滴定溶液(5.2.10)的实际浓度,mol/L;

0.014 01——与 1.00 mL 盐酸标准滴定溶液[c(HCl)=1.000 mol/L]相当的以克表示的氮的质量;

m——试样的质量,g。

计算结果表示到小数点后两位。

7.4 精密度

化肥中氮含量测定结果的重复性 r 和再现性 R 见表 1。

表 1 氮含量精密度数据 %

水平范围	r	R
10～26	0.15	0.30
26～50	0.15	0.40

附 录 A
（标准的附录）
滴定系统的校准

本方法采用氢氧化钠标准滴定溶液对分析仪的滴定系统进行校准，必要时应采用含氮标准样品进行校准。采用氢氧化钠标准滴定溶液对分析仪的滴定系统进行校准方法如下：

A1 具备延时和计算功能分析仪滴定系统的校准

A1.1 操作步骤

关闭碱液泵，设定分析仪于延时状态，使一空消化管就位，在仪器显示一稳定的显示值（V_0）后用已校准的 50 mL 滴定管向滴定缸内滴加约 15 mL～30 mL 氢氧化钠标准滴定溶液[c(NaOH)＝0.5 mol/L]，控制最后 1 mL～2 mL 的滴加速度小于 10 滴/min，滴加结束后记录分析仪最终显示值（V），并按式（A1）计算：

$$c_1 = \frac{V_1 c(\mathrm{NaOH})}{V - V_0} \qquad \text{(A1)}$$

式中：V_1——滴加氢氧化钠标准滴定溶液的体积，mL；

V——滴定氢氧化钠标准滴定溶液所用盐酸标准滴定溶液（5.2.10）的体积，mL；

V_0——滴定空白吸收液时所用盐酸标准滴定溶液（5.2.10）的体积，mL；

c(NaOH)——氢氧化钠标准滴定溶液的实际浓度，mol/L（按 GB/T 601 配制和标定）。

A1.2 校准

所得结果 c_1 与盐酸标准滴定溶液（5.2.10）的实际浓度 c 之差应小于 0.001 mol/L，否则应对分析仪体积系数进行校准，用体积校正系数（c_1/c）代替分析仪原体积系数 1.000。

A2 不具备延时和计算功能分析仪滴定系统的校准

A2.1 操作步骤

关闭碱液泵，设定分析仪蒸馏体积为 250 mL，使一空消化管就位，以后操作和计算同 A1.1。

A2.2 校准

所得结果 c_1 与盐酸标准滴定溶液（5.2.10）的实际浓度 c 之差应小于 0.001 mol/L，否则应对分析仪的显示值进行校准，方法是将分析仪的显示值乘以体积校正系数（c_1/c）后作为滴定用盐酸标准滴定溶液的体积。

附 录 B
（提示的附录）
化肥中硝态氮定性试验

将5 g样品与25 mL热水混合，过滤。取1体积滤液于25 mL比色管中，加入2体积硫酸(5.2.1)，混匀，冷却后沿比色管壁滴加数滴新配制的硫酸亚铁浓溶液，设法使其不与样品溶液混合。如果有硝酸盐存在，几分钟后会在溶液的界面处出现明显的褐色。

另取部分样品溶液，加入1 mL硝酸钠(质量分数为1%)溶液，按上述方法做显色试验，以验证在第一个试验中加入的硫酸是否足够。

中华人民共和国出入境检验检疫行业标准

SN/T 0736.12—2009

进出口化肥检验方法 电感耦合等离子体质谱法测定 有害元素砷、铬、镉、汞、铅

Chemical analysis of fertilizers for import and export—Determination of arsenic, chromium, cadimium, mercury and lead—Inductively coupled plasma mass spectrometry (ICP-MS)

2009-02-20 发布 2009-09-01 实施

中华人民共和国
国家质量监督检验检疫总局 发布

前　言

本标准的附录A和附录B为资料性附录。

本标准由国家认证认可监督委员会提出并归口。

本标准起草单位：中华人民共和国上海出入境检验检疫局、中华人民共和国深圳出入境检验检疫局。

本标准主要起草人：王芳、孙明星、屠虹、李晨、刘志红。

本标准系首次发布的出入境检验检疫行业标准。

进出口化肥检验方法
电感耦合等离子体质谱法测定
有害元素砷、铬、镉、汞、铅

1 范围

本标准规定了化肥样品中砷、铬、镉、汞和铅的ICP-MS测定方法。

本标准适用于化肥中的砷、铬、镉、汞和铅的ICP-MS测定。其检测范围为砷(0.3～100)mg/kg,铬(0.3～100)mg/kg,镉(0.15～100)mg/kg,汞(0.6～100)mg/kg,铅(0.5～100)mg/kg。

2 规范性引用文件

下列文件中的条款通过本标准的引用而成为本标准的条款。凡是注日期的引用文件,其随后所有的修改单(不包括勘误内容)或修订版均不适用于本标准,然而,鼓励根据本标准达成协议的各方研究是否可使用这些文件的最新版本。凡是不注日期的引用文件,其最新版本适用于本标准。

GB/T 602 化学试剂、杂质测定用标准溶液制备

GB/T 8571 复混肥料 实验室样品制备

3 方法原理

试样采用高温压力微波密闭酸消解处理,或者用硝酸/氧化剂湿法消解处理,处理后的溶液加甲醇,用水稀释定容,采用铟内标,直接进行ICP-MS测定。

4 试剂与材料

除非另有说明,在分析中仅使用确认为优级纯或经过亚沸蒸馏过的化学试剂。

4.1 硝酸(ρ=1.42 g/mL,65%)。

4.2 四氟硼酸,50%(质量分数)。

4.3 硝酸(1+1)。

4.4 高锰酸钾,2%(质量分数)。

4.5 氢氟酸(HF>40%)。

4.6 过硫酸钠,10%(质量分数)。现配:准确称取过硫酸钠10 g溶于90 mL水的烧杯中,存于棕色试剂瓶中。

4.7 甲醇(>99.99%)。

4.8 硼酸(>99.999%)。

4.9 砷、铬、镉、汞和铅元素标准储备液:均为1 000 μg/mL。配制按GB/T 602方法进行,或直接使用有标准物质证书的有效期内的元素标液。

4.10 砷、铬、镉、汞和铅标液:1 μg/mL。取适量标准储备液,逐级经水稀释定容。

4.11 铟标准液,1 μg/mL。取浓度1 000 mg/mL的铟,用2%硝酸介质稀释至1 μg/mL。

4.12 清洗液:10 mL硝酸(4.3)+2 mL甲醇(4.7)定容100 mL。

4.13 高纯氩气(纯度大于99.999%)。

5 仪器

5.1 电感耦合等离子体质谱仪

仪器参数及使用条件参见附录A。

5.2 高温压力微波消解炉

配耐高温压力密封消解罐,其工作条件参见附录B。

5.3 微量取液器

1 000 μL、100 μL、10 μL 量程不等。

6 样品制备

按GB/T 8571标准规程制备成粉状通过0.5 mm或1.0 mm孔径筛,备用。

7 分析步骤

7.1 试料

称取样品0.05 g～0.1 g(准确至0.1 mg)(微波高压消解),或0.1 g～0.3 g(准确至0.1 mg)(硝酸氧化剂消解)。

7.2 空白试验

随同试料做空白试验。

7.3 样品处理

7.3.1 微波高压消解

将试料置于高温压力密封消解罐(5.2)中,加入(2～3)mL硝酸(4.1),(5～10)滴过硫酸钠(4.6),加氢氟酸(4.5)(1～2)mL,摇匀,将密封消解罐拧紧,放入微波炉中。参照附录B的程序进行微波消解。取出,冷却至室温,打开容器,将消解后的澄清溶液直接转移至聚乙烯塑料容量瓶中(或将消解后的澄清溶液转移至聚四氟乙烯烧杯中,低温加热蒸近干再转移至容量瓶),用亚沸蒸馏水冲洗容器(3～5)次合并至母液中,再加入(0.05～0.1)g硼酸(4.8)、2 mL甲醇(4.7),1 mL内标铟(4.11)用水稀释至刻度,作为测试液。

注:对于只测定化肥中As,Cr,Cd,Pb四元素,消解后的澄清溶液可直接转移至容量瓶,加入(0.05～0.1)g硼酸(4.8)、2 mL甲醇(4.7),1 mL内标铟(4.11)用水稀释至刻度,作为测试液;对于含有机肥样品或测定包括汞元素在内的上述元素化肥样品,消解后的澄清溶液转移至PTFE烧杯中,低温加热蒸近干,再转移至容量瓶,再同上后续步骤,得到测试液。

7.3.2 硝酸氧化剂消解

将试料置于聚四氟乙烯烧杯中,加入(2～3)mL硝酸(4.1),(5～10)滴高锰酸钾(4.4),加(1～2)mL氢氟酸(4.5),将聚四氟乙烯杯置于电炉上,控制温度300 ℃以下,加热溶解样品。溶样过程中,可适当补(1～2)mL硝酸(4.3),蒸至近干,转移,用亚沸蒸馏水洗涤聚四氟乙烯杯(3～5)次,补加硝酸(4.1)2 mL,加2 mL甲醇(4.7),1 mL内标铟(4.11),用水稀释至刻度,作为测试液。

7.4 校准试液配制

按表1配制混合离子标准溶液系列,用作测定标准试液。

表1 混合离子标准溶液浓度

单位为微克每升

元素	As	Cr	Cd	Hg	Pb	In(内标)
标0	0	0	0	0	0	10
标1	5	5	5	1	5	10
标2	15	15	15	5	15	10
标3	30	30	30	15	30	10
注:介质为2%硝酸。						

7.5 测定

按仪器操作规程(参照附录A中表A.1进行仪器条件参数的优化),在选取测定元素的同位素,待仪器稳定后,将上述分析试液(7.3.1,7.3.2)、试剂空白液(7.2)和标准系列液(7.4),进行测定。若测定结果超出校准曲线的浓度范围,应将试液稀释,再进行测定。

注:对样品中汞含量很高时,每个溶液测定间隔用酸性有机清洗液(4.12)、亚沸蒸馏水依次泵蠕动抽吸洗涤20 s~30 s。

7.6 结果计算

所测元素含量结果按式(1)计算,单位为(mg/kg):

$$c = \frac{(c_i - c_0) \times V}{1\,000m} \qquad \cdots\cdots(1)$$

式中:

c——分析试样中的被测元素含量,单位为毫克每千克(mg/kg);

c_i——分析试样的测试溶液中被测元素浓度值,单位为微克每升(μg/L);

c_0——试剂空白液中被测元素浓度值,单位为微克每升(μg/L);

V——测定时的试液体积,单位为毫升(mL);

m——试样的称样质量,单位为克(g);

1 000——由μg/L转换为μg/mL的量纲倍数。

8 精密度

标准方法精密度见表2。

表2 方法的精密度(测定次数 $n=7$)

测定元素	水平/(mg/kg)	变异系数 CV/%
As	0.1~10	7.1
Cr	0.1~10	9.1
Cd	0.1~10	5.7
Hg	0.5~10	15.8
Pb	0.1~10	6.3

附 录 A
（资料性附录）
仪器工作条件

表 A.1 仪器测定工作条件（测定前的优化）

仪器型号		生产厂家	……	四杆区真空度/Pa	6.1×10^{-2}
功率	(1 250～1 350)W	进样速度	(0.7～1.2) mL/min	检测器区真空度/Pa	5.8×10^{-4}
冷却气流量 Ar	13.6 L/min	火炬焰位置 (X/Y/Z)/cm	370/164/163	单峰测定时间/s	3.0
辅助气流量 Ar	(0.65～0.8)L/min	采样锥孔径	1.0 mm	检测器	PC(脉冲)
雾化气流量 Ar	(0.60～0.8)L/min	截取锥孔径	0.7 mm	质谱峰检测方式	跳峰，3/mass
测定元素的同位素选择	^{75}As、^{52}Cr、^{53}Cr、^{111}Cd、^{114}Cd、^{200}Hg、^{208}Pb				

表 A.2 仪器参数条件的优化（不定期的校正）

以^{9}Be、^{59}Co、^{115}In、^{140}Ce、^{238}U、^{209}Bi 混合标液（均为 10 μg/L）进行仪器校正操作，最佳优化试验后，使^{115}In 每秒记数(CPS)＞30×10^{6} cps/(μg/L)具体参数如下：					
测　定　元　素	^{9}Be	^{59}Co	^{115}In	^{209}Bi	^{238}U
Short term stability 短期稳定性(2 h)/%	2.0	2.0	2.0	2.0	2.0
Long term stability 长期稳定性(4 h)/%	5.0	5.0	5.0	5.0	5.0
Background 背景计数(CPS)	＜30 CPS				

附　录　B
（资料性附录）
微波消解炉工作条件

表 B.1　微波中压消解样品的功率控制程序

步　骤	时间/min	温度/℃
升温 1	5	120
升温 2	10	160
恒温 3	10	190
降温 4	—	0

前　言

本标准是对ZBG 20011—87《进口化肥检验方法　微量元素的原子吸收分光光度测定方法》标准的修订。

原标准ZBG 20011—87由上海进出口商品检验局负责起草，起草人朱瑞瑛、李慧珍。

本标准与前版无技术路线的改变，仅在标准格式上按照GB/T 1.1—1993标准化工作导则的要求进行修订。

本标准的附录A、附录B是标准的附录。

本标准由中华人民共和国国家出入境检验检疫局提出。

本标准由中华人民共和国天津进出口商品检验局负责修订。

本标准主要起草人：蔡　晖、王向东。

中华人民共和国出入境检验检疫行业标准

进出口化肥检验方法 微量元素的原子吸收分光光度测定方法

SN/T 0759.1—1999

代替 ZBG 20011—87

Chemical analysis of imported & exported fertilizers —The atomic absorption spectrophotometric method for the determination of trace elements content

1 范围

本标准规定了化肥中微量元素—铜、锌、铁、锰、镁含量的测定方法。

本标准适用于进出口化肥中微量元素—铜、锌、铁、锰、镁含量的检验。

2 引用标准

下列标准所包含的条文，通过在本标准中引用而构成为本标准的条文。本标准出版时，所示版本均为有效。所有标准都会被修订，使用本标准的各方应探讨使用下列标准最新版本的可能性。

GB/T 622—1989 化学试剂 盐酸

GB/T 626—1989 化学试剂 硝酸

SN/T 0736.1—1997 进出口化肥检验方法 取样制样方法

3 方法提要

试样用硝酸或盐酸溶解，在2%硝酸或盐酸介质中，于原子吸收分光光度计分别在324.7nm、213.9 nm、248.3nm、279.5nm和285.2 nm的波长，以空气-乙炔火焰进行铜、锌、铁、锰和镁的测定。

4 试剂和材料

本标准除特殊规定外，均使用分析纯试剂和蒸馏水或同等纯度的水。

4.1 盐酸(GB/T 622)：1+1溶液。

4.2 硝酸(GB/T 626)：1+1溶液。

4.3 氯化镧溶液(0.1%)：称取0.1 g氯化镧溶解于100 mL水中。

4.4 锌标准储备溶液(1 mg/mL)：准确称取金属锌(99.95%以上)1.000 0 g于400 mL烧杯中，加入30 mL盐酸(4.1)，加热溶解，冷却后将溶液移入1 L容量瓶中，用水稀释至标线，混匀，贮存于塑料瓶中。此溶液1 mL含1 mg锌。

4.5 锌标准溶液(10 μg/mL)：吸取5 mL锌标准储备溶液(4.4)于500 mL容量瓶中，用水稀释至标线，混匀，此溶液1 mL含10 μg锌。

4.6 铜标准储备溶液(1 mg/mL)：准确称取金属铜(99.95%以上)1.000 0 g，置于400 mL烧杯中，加入50 mL硝酸(4.2)，加热溶解，冷却后，将溶液移入1 L容量瓶中，用水稀释至标线，混匀，贮存于塑料瓶中。此溶液1 mL含1 mg铜。

中华人民共和国国家出入境检验检疫局1999-05-05批准 1999-08-01实施

4.7 铜标准溶液(10 μg/mL):吸取5 mL铜标准储备溶液(4.6)于500 mL容量瓶中,用水稀释至标线,混匀,此溶液1 mL含10 μg铜。

4.8 铁标准储备溶液(1 mg/mL):准确称取金属铁(99.9%以上)1.000 0 g,置于400 mL烧杯中,加入50 mL硝酸(4.2),加热溶解,冷却后,将溶液移入1 L容量瓶中,用水稀释至标线,混匀,贮存于塑料瓶中。此溶液1 mL含1 mg铁。

4.9 铁标准溶液(100 μg/mL):吸取50 mL铁标准储备溶液(4.8)于500 mL容量瓶中,用水稀释至标线,混匀,此溶液1 mL含100 μg铁。

4.10 锰标准储备溶液(1 mg/mL):准确称取金属锰(99.9%以上)1.000 0 g,置于400 mL烧杯中,加入50 mL盐酸(4.1),加热溶解,冷却后,将溶液移入1 L容量瓶中,用水稀释至标线,混匀,贮存于塑料瓶中。此溶液1 mL含1 mg锰。

4.11 锰标准溶液(10 μg/mL):吸取5 mL锰标准储备溶液(4.10)于500 mL容量瓶中,用水稀释至标线,混匀,此溶液1 mL含10 μg锰。

4.12 镁标准储备溶液(1 mg/mL):准确称取光谱纯氧化镁1.658 4 g,置于400 mL烧杯中,加入20 mL盐酸(4.1),加热溶解,冷却后,将溶液移入1 L容量瓶中,用水稀释至标线,混匀,贮存于塑料瓶中。此溶液1 mL含1 mg镁。

4.13 镁标准溶液(10 μg/mL):吸取5 mL镁标准储备溶液(4.12)于500 mL容量瓶中,用水稀释至标线,混匀,此溶液1 mL含10 μg镁。

5 仪器与设备

原子吸收分光光度计:附有空气-乙炔燃烧器,及铜、锌、铁、锰、镁空心阴极灯。

所用原子吸收分光光度计应达到下列指标:

最低灵敏度:等差浓度标准溶液中最高浓度标准溶液的吸光读数不低于0.5。

工作曲线线性:等差浓度标准溶液中两个最高浓度标准溶液的吸光读数的差值,不小于最低浓度标准溶液与零浓度溶液吸光读数差值的0.7倍。

最小稳定性:最高浓度标准溶液与零浓度溶液多次测量所得到的吸光读数,相对于最高浓度标准溶液吸光读数平均值的变异系数,分别不大于1.5%和0.6%,见附录A。

原子吸收分光光度计之工作条件:见附录B。

6 试样与试料的制备与保存

6.1 试样的制备

将实验室样品研磨至20~40目。

实验室样品的取得按SN/T 0736.1—1997规定执行。

6.2 试料的制备与保存

称取试样1 g(准确至0.001 g)置于100 mL烧杯中,加入15 mL盐酸(4.1)加热煮沸,蒸至2~4 mL,冷却,移入100 mL容量瓶中,用水稀释至标线,混匀。

7 分析步骤

7.1 锌、铜、铁、锰吸光度的测量

将上述溶液(6.2)在原子吸收分光光度计上,分别于波长213.9 nm,324.7nm,248.3 nm,279.5 nm处,在空气-乙炔火焰中,与各种相应的标准溶液系列同时以水调零,测量锌、铜、铁、锰的吸光度,分别从工作曲线上查出相应的锌、铜、铁、锰量。

7.2 镁的吸光度的测量

吸取10 mL上述溶液(6.2)于100 mL容量瓶中,加入4 mL氯化镧(4.3)和2 mL盐酸(4.1),用水稀

释至标线，混匀。

在原子吸收分光光度计上，波长285.2 nm处，在空气-乙炔火焰中，与镁标准系列同时以水调零，测量镁的吸光度，从工作曲线上查出相应镁量。

7.3 工作曲线的绘制

7.3.1 锌、铜、铁、锰的工作曲线的绘制

按表1配制锌、铜、铁、锰标准系列，于一组100 mL容量瓶中，加入2 mL盐酸(4.1)，用水稀释至标线，混匀。以水调零，分别测量锌、铜、铁、锰的吸光度。以上各浓度为横坐标，吸光度为纵坐标，分别绘制工作曲线。

表1 锌、铜、铁、锰标准系列表

标准溶液	溶液系列吸取体积 mL	浓　度 μg/mL	容量瓶体积 mL	备注
锌	0,0.5,1.0,1.5	0.00,0.05,0.10,0.15	100	
铜	0,1.0,2.0,3.0,4.0	0.00,0.10,0.20,0.30,0.40	100	
铁	0,1.0,2.0,3.0,4.0	0.00,1.00,2.00,3.00,4.00	100	
锰	0,2.0,4.0,6.0,8.0	0.00,0.20,0.40,0.60,0.80	100	

7.3.2 镁的工作曲线的绘制

吸取0,2.0,4.0,6.0,8.0 mL镁标准溶液于一组100 mL容量瓶中，加入4 mL氯化镧溶液(4.3)和2 mL盐酸(4.1)，用水稀释至标线，混匀。以水调零，测镁的吸光度。以镁的浓度为横坐标，吸光度为纵坐标，绘制工作曲线。

8 分析结果的表述

锌、铜、铁、锰、镁的百分含量，按式(1)计算：

$$\text{Zn、Cu、Fe、Mn、Mg}(\%) = \frac{c \times V}{m} \times 10^{-6} \times 100 \qquad \cdots\cdots(1)$$

式中：c——从锌、铜、铁、锰、镁工作曲线分别查到各元素的相应浓度，μg/mL；

V——测定时试样的体积，mL；

m——V mL试液所含的试样质量，g。

附 录 A

（标准的附录）

最小稳定性变异系数的计算

最高浓度标准溶液与零浓度溶液吸光读数的变异系数计算公式如下：

$$Sc=\frac{100}{\overline{C}}\sqrt{\frac{\Sigma(C-\overline{C})^2}{n-1}} \quad \cdots\cdots\cdots\cdots\cdots\cdots\cdots\cdots(\text{A1})$$

$$So=\frac{100}{\overline{C}}\sqrt{\frac{\Sigma(O-\overline{O})^2}{n-1}} \quad \cdots\cdots\cdots\cdots\cdots\cdots\cdots\cdots(\text{A2})$$

式中：Sc——最高浓度标准溶液吸光读数的百分变异系数；

So——零浓度溶液吸光读数的百分变异系数；

$\overline{C}$——最高浓度标准溶液吸光读数的平均值；

C——最高浓度标准溶液吸光读数；

$\overline{O}$——零浓度溶液吸光读数的平均值；

O——零浓度溶液吸光读数；

n——测量次数。

附 录 B

（标准的附录）

各元素测试最佳条件

元素	波长 (nm)	通带 (nm′)	灯电流 (mA)	空气流量 (L/min)	乙炔流量 (L/min)
铜 Cu	324.7	0.1	6	5.5	1
铁 Fe	248.3	0.1	10	5.5	1
锌 Zn	213.9	0.1	7	5.5	1
锰 Mn	279.5	0.1	8	5.5	1
镁 Mg	285.2	0.2	4	5.5	1

注：以上为英国进口仪器 PYE UNICAM SP 1900 的测试条件，其他型号的仪器根据各自说明书进行测试。

前　　言

本标准与SN/T 0736.5—1999《进口化肥检验方法　氮的测定方法》同样适用于进出口尿素中含氮量的测定，其特点是改进了消化方式，并采用定氮自动分析仪，缩短了检测时间，是一种快速测定方法。

本标准由中华人民共和国国家出入境检验检疫局提出并归口。

本标准起草单位：中华人民共和国汕头出入境检验检疫局。

本标准主要起草人：郭兰典、陈泽明、陈建毅。

中华人民共和国出入境检验检疫行业标准

进出口尿素中含氮量的测定

SN/T 0840—1999

Method for the determination of nitrogen content of urea for import and export

1 范围

本标准规定了采用微波增压消化、自动蒸馏滴定测定进出口尿素中含氮量的方法。

本方法适用于进出口尿素中含氮量的测定。

2 引用标准

下列标准所包含的条文，通过在本标准中引用而构成为本标准的条文。本标准出版时，所示版本均为有效。所有标准都会被修订，使用本标准的各方应探讨使用下列标准最新版本的可能性。

GB/T 601—1988 化学试剂 滴定分析（容量分析）用标准溶液的制备

GB/T 6682—1992 分析实验室用水规格和试验方法

SN/T 0736.1—1997 进口化肥检验方法 取样和制样

3 取制样

按 SN/T 0736.1 取样和制样。

4 测定方法

4.1 原理

试样在微波炉中经加热增压消化，使尿素中的氮转化为氨态氮后，通过自动定氮分析仪测定其含氮量。

4.2 试剂和材料

本标准所使用的试剂和水，在没有注明其他要求时，均指分析纯试剂和符合 GB/T 6682 的实验室分析用水。

4.2.1 硫酸（1+1）溶液。

4.2.2 氢氧化钠溶液[40%（m/m）]。

4.2.3 盐酸标准滴定溶液[c(HCl)＝0.2 mol/L]，按 GB/T 601 之规定配制和标定。

4.2.4 吸收液（硼酸溶液[1%（m/m）]与溴甲酚绿/甲基红指示剂混合液）：将 100 g 硼酸溶于 10 L 水中，加 100 mL 溴甲酚绿溶液（100 mg 溶于 100 mL 甲醇中），加 70 mL 甲基红溶液（100 mg 溶于100 mL 甲醇中）。

4.3 仪器设备

4.3.1 微波消化炉，最大输出功率≥700 W。

4.3.2 消化罐加盖装置。

4.3.3 聚四氟乙烯消化罐（150 mL）。

4.3.4 玻璃消化管。

中华人民共和国国家出入境检验检疫局 1999-12-30 批准　　2000-05-01 实施

4.3.5 定氮自动分析仪。

4.4 分析步骤

4.4.1 微波增压消化

称取尿素试样约0.2 g(准确至0.000 1 g)于聚四氟乙烯消化罐中,加入10 mL硫酸溶液,加盖并用加盖装置拧紧,将平行试样同时放入微波炉转盘中,设定微波炉的功率参数使输出功率达到700 W或以上,消化4 min。消化完毕后,取出,自然冷却或强制冷却至室温。

4.4.2 测定

将氢氧化钠、盐酸标准溶液、吸收液分别装入自动定氮分析仪的相应容器。用加盖装置拧开聚四氟乙烯消化罐盖,仔细将试液转移至玻璃消化管中,用定氮自动分析仪进行测定。

测定试样前先做空白试验。

5 分析结果的计算

$$\text{氮含量}(\%)=\frac{(V-V_0)c\times 0.014\ 01}{m}\times 100$$

式中:V——仪器自动滴定试样所耗盐酸标准溶液的体积,mL;

V_0——空白试验所耗盐酸标准溶液的体积,mL;

c——盐酸标准溶液浓度,mol/L;

0.014 01——与1.00 mL盐酸标准滴定溶液[c(HCl)=1.000 mol/L]相当的以克表示的氮的质量;

m——试样质量,g。

6 精密度

用以下数值判断结果的可靠性(95%置信概率)。

6.1 重复性r

同一操作者,同一样品重复测定两个结果的允许差为重复性r。小于允许差,测定精密度合格,取平均值为最终值。大于或等于允许差,测定精密度不合格,要查明原因,重做试验。

6.2 再现性R

同一样品,两个实验室各重复测定两次,得到平均值$\overline{y}_1$与$\overline{y}_2$,比较其允许差为$\sqrt{R^2-r^2/2}$。小于允许差,测定精密度合格,取$\overline{y}_1$与$\overline{y}_2$的平均值为最终值。大于或等于允许差,测定精密度不合格,查明原因,重做试验。

6.3 尿素中氮含量测定结果的重复性r=0.3%,再现性R=0.5%。

石油及其产品标准

ICS

中华人民共和国出入境检验检疫行业标准

SN/T 0041.1—2011
代替 SN 0041—1992

出口石脑油 PONA 值检验方法 第1部分:通用程序

Method for inspection of PONA of naphtha for export—Part 1:General procedures

2011-02-25 发布　　2011-07-01 实施

中华人民共和国国家质量监督检验检疫总局 发布

前　言

本部分按照 GB/T 1.1—2009 给出的规则起草。

SN/T 0041《出口石脑油 PONA 值检验方法》共分为 4 部分：

——第 1 部分：通用程序；

——第 2 部分：汽油和石脑油脱戊烷法；

——第 3 部分：石油馏分中烯烃加芳烃含量的测定；

——第 4 部分：比折光度法测定饱和烃馏分中的环烷烃。

本部分为 SN/T 0041《出口石脑油 PONA 值检验方法》的第 1 部分。

本部分代替 SN 0041—1992《出口石脑油 PONA 值检验方法》。

本部分与 SN 0041—1992 的主要差异如下：

——将“引用标准”改为“规范性引用文件”；

——将“方法概要”改为“方法提要”；

——将“烯烃的平均密度”改为“烯烃的质量分数与体积分数换算因子”；

——将“精确至小数点后第一位”改为“保留一位小数”。

本部分由国家认证认可监督管理委员会提出并归口。

本部分起草单位：中华人民共和国辽宁出入境检验检疫局。

本部分主要起草人：满庆祥、徐宏伟、吴建国、林晓梅。

本部分历次版本发布情况为：SN 0041—1992。

出口石脑油 PONA 值检验方法
第 1 部分:通用程序

1 范围

本部分规定了出口石脑油中烷烃(Paraffins)、烯烃(Olefins)、环烷烃(Naphthenes)、芳香烃(Aromatics)含量(即 PONA 值)的检验方法。

本部分适用于出口石脑油以及类似石油馏分中 PONA 值的测定。

2 规范性引用文件

下列文件对于本文件的应用是必不可少的。凡是注日期的引用文件,仅注日期的版本适用于本文件。凡是不注日期的引用文件,其最新版本(包括所有的修改单)适用于本文件。

SN/T 0041.2 出口石脑油 PONA 值检验方法 第 2 部分:汽油和石脑油脱戊烷法

SN/T 0041.3 出口石脑油 PONA 值检验方法 第 3 部分:石油馏分中烯烃加芳烃含量的测定

SN/T 0041.4 出口石脑油 PONA 值检验方法 第 4 部分:比折光度法测定饱和烃馏分中的环烷烃

SN 0044 出口石脑油 PONA 值检验方法 低烯烃石脑油中饱和烃的分离

SN 0045 出口石脑油 PONA 值检验方法 利普金双毛细管比重瓶法测定液体的密度和比重

SH/T 0234 轻质石油产品碘值和不饱和烃含量测定法(碘-乙醇法)

3 方法提要

按照 PONA 值检验系统图(图 1)测定出试样中烯烃含量,并将试样在规定的蒸馏器中蒸馏出 C5 及以下馏分和蒸余 C6 及以上馏分两部分,弃去 C5 以下馏分,测定蒸余馏分中各烃类含量的体积分数,计算石脑油的 PONA 值。

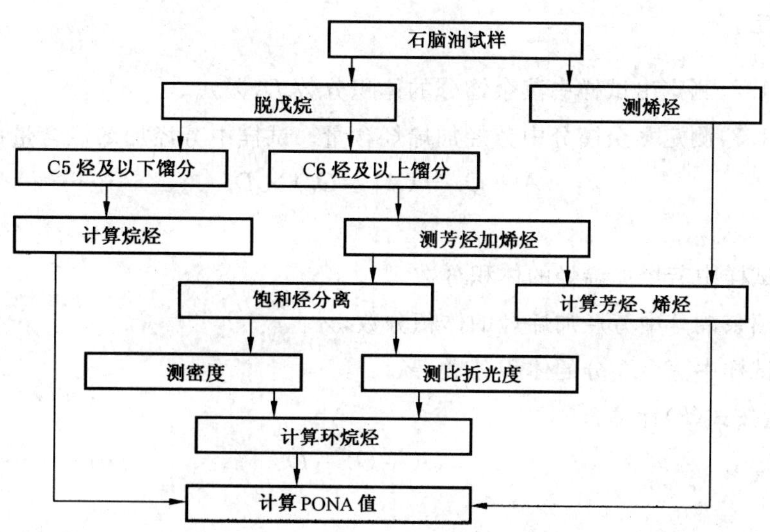

图 1 PONA 值检验系统图

4 试验步骤

4.1 烯烃含量的测定

按照 SH/T 0234，测出试样中烯烃的质量分数。用试样 50%馏出温度，由图 2 查出烯烃的换算因子，试样中的烯烃含量按式(1)计算：

$$O=\frac{\rho_s \times O_w}{k} \qquad \cdots\cdots(1)$$

式中：

O ——试样中烯烃的体积分数，%；

ρ_s ——试样的标准密度，单位为克每立方厘米(g/cm^3)；

O_w ——烯烃的质量分数，%；

k ——烯烃的质量分数与体积分数换算因子。

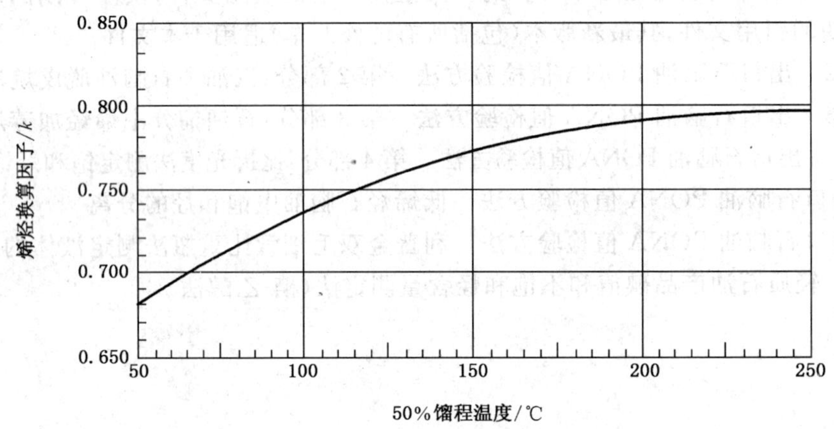

图 2 烯烃的换算因子同 50%馏程关联图

4.2 芳烃含量的测定

按照 SN/T 0041.2，测定出试样中蒸余馏分的体积分数 D(%)。

按照 SN/T 0041.3，测定蒸余馏分中芳烃加烯烃含量。试样中芳烃加烯烃含量按式(2)计算：

$$(A+O)=(A_d+O_d)\times D \qquad \cdots\cdots(2)$$

式中：

$(A+O)$ ——试样中芳烃加烯烃的体积分数，%；

(A_d+O_d) ——蒸余馏分中芳烃加烯烃的体积分数，%

D ——试样中蒸余馏分的体积分数，%。

试样中芳烃含量按式(3)计算：

$$A=(A+O)-O \qquad \cdots\cdots(3)$$

式中：

A ——试样中芳烃的体积分数，%；

O ——试样中烯烃的体积分数，%。

4.3 环烷烃含量的测定

按照SN 0044，将酸与饱和烃分离，保留饱和烃供下一步测定用。

按照SN 0045，测定饱和烃在20 ℃时的密度。

按照SN/T 0041.4，测定饱和烃在20 ℃时对钠D线的折光指数。

由密度和折光指数计算并查出蒸余馏分中环烷烃的体积分数，试样中环烷烃含量按式(4)计算：

$$N = N_d \times D \qquad (4)$$

式中：

N ——试样中环烷烃的体积分数，%；

N_d ——蒸余馏分中环烷烃的体积分数，%；

D ——试样中蒸余馏分的体积分数，%。

4.4 烷烃含量的计算

$$P = 100 - O - N - A \qquad (5)$$

式中：

P ——试样中烷烃的体积分数，%；

O ——试样中烯烃的体积分数，%；

N ——试样中环烷烃的体积分数，%；

A ——试样中芳烃的体积分数，%。

5 试验报告

取重复测定两个结果的算术平均值作为最终测定结果。保留一位小数。

ICS

中华人民共和国出入境检验检疫行业标准

SN/T 0041.2—2011
代替 SN 0042—1992

出口石脑油 PONA 值检验方法 第2部分:汽油和石脑油脱戊烷法

Method for inspection of PONA of naphtha for export—Part 2:Method for depentanization of gasoline and naphtha

2011-02-25 发布

2011-07-01 实施

中华人民共和国
国家质量监督检验检疫总局 发布

前　言

本部分按照 GB/T 1.1—2009 给出的规则起草。

SN/T 0041《出口石脑油 PONA 值检验方法》共分为 4 部分：

——第 1 部分：通用程序；

——第 2 部分：汽油和石脑油脱戊烷法；

——第 3 部分：石油馏分中烯烃加芳烃含量的测定；

——第 4 部分：比折光度法测定饱和烃馏分中的环烷烃。

本部分为 SN/T 0041《出口石脑油 PONA 值检验方法》的第 2 部分。

本部分代替 SN 0042—1992《出口石脑油 PONA 值检验方法汽油和石脑油脱戊烷法》。

本部分与 SN 0042—1992 的主要差异如下：

——将“方法概要”改为“方法提要”：

——将 4.4 可调变压器部分，添加调压范围“0 V～240 V”；

——将图 1 中的编号进行文字说明；

——将第 9 章条款进行修改(见第 9 章)；

——增添了测试结果位数“保留一位小数”。

本部分由国家认证认可监督管理委员会提出并归口。

本部分起草单位：中华人民共和国辽宁出入境检验检验局。

本部分主要起草人：满庆祥、于孝展、吴建国、林晓梅。

本部分历次版本发布情况为：SN 0042—1992。

出口石脑油 PONA 值检验方法 第2部分:汽油和石脑油脱戊烷法

汽油、石脑油以及类似石油馏分中存在戊烷(C5)及C5以下的烃类,干扰石油馏分中烃类含量的测定,应予以脱除。如有要求,戊烷(C5)及C5以下的烃类可以用其他方法检测。

1 范围

本部分规定了汽油、石脑油中戊烷的脱除方法。

本部分适用于脱除汽油、石脑油以及类似石油馏分中的戊烷及以下馏分。

2 规范性引用文件

下列文件对于本文件的应用是必不可少的。凡是注日期的引用文件,仅所注日期的版本适用于本文件。凡是不注日期的引用文件,其最新版本(包括所有的修改单)适用于本文件。

GB/T 1884 石油和液体石油产品密度测定法(密度计法)

GB/T 1885 石油计量表

3 方法提要

将50 mL试样进行蒸馏,馏出物为C5烃及更轻馏分,蒸余馏分为C6烃及更重馏分。量出蒸余馏分的体积分数。

注:本部分在规定的条件下,有部分C5烃及更轻馏分留在蒸余馏分中,而有部分C6烃及更重馏分被携带到馏出馏分里,一般为试样的2%以下,对于本部分适用范围指定的试样是适宜的。但是,应当认识到,如果将该部分的量表示为馏出馏分分数或蒸余馏分分数,就会比较高,故本部分不适用于使用范围没指定的其他用途。

4 仪器

4.1 脱戊烷试验器:由下列部分组成,如图1所示。

——蒸馏柱:带有真空夹套的玻璃柱。

——回馏冷凝器。

——轻馏分收集器。

——接收器:15 mL。

4.2 圆底蒸馏瓶:100 mL,带24/40标准锥度接口。

4.3 蒸馏瓶加热套:球形,适用100 mL蒸馏瓶。

4.4 可调变压器(0 V～240 V)。

4.5 冷水浴(如果没有冷水供回流冷凝器用,可将自来水循环通过浸在冰水浴中的铜盘管)。

4.6 量筒:50 mL,分度为1 mL。

4.7 温度计:内标式水银温度计,10 ℃～80 ℃,分度值为0.5 ℃。

4.8 保温瓶:200 mL。

注:可以用能容纳接收器并保持试验接受温度的其他设备。

单位为毫米

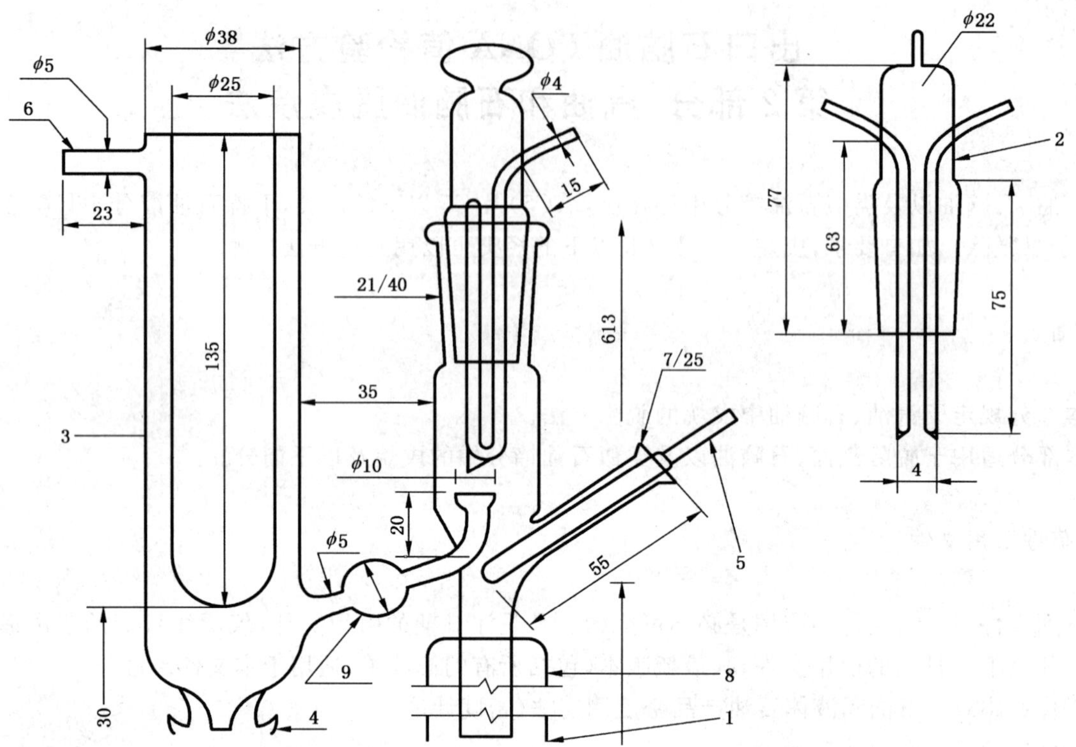

1、8——蒸馏柱；
2——回馏冷凝器；
3——轻馏分收集器；
4——接收器；
5——温度计；
6——排空口；
7——保温瓶(图中未列出)；
9——磨口连接。

图 1 脱戊烷装置示意图

5 试剂和材料

5.1 柱填料：不锈钢材质。

——海利-帕克 B 号柱填料：1.27 mm×2.54 mm×2.54 mm。

——海利-帕克 C 号柱填料：2.29 mm×4.44 mm×4.44 mm。

5.2 固体二氧化碳。

5.3 烃类不溶的润滑脂；硅酮、淀粉-甘油、金属皂等。

6 试验准备

6.1 蒸馏柱装填：在柱底部凹入处装大约 25 mm 的海利-帕克 C 号柱填料。这种填料可保证有足够空隙以免柱底部淹满。往柱里装海利-帕克 B 号柱填料至离柱套顶部 25 mm 以内(装填柱填料的确切方法不影响填料的效能)。

6.2 将蒸馏柱、回流冷凝器、轻馏分收集器和接受器组装连接好，并安装在合适的支架上。

6.3 将温度计(图 1 中 5)插入柱顶部的侧面支管上。标示温度计截止温度的刻度必须校准。

6.4 将接受器浸入一只装有固体二氧化碳(注意:极冷)与一种合适液体(建议用三氯乙烯)混合物的保温瓶中。三氯乙烯蒸气有毒,吸入高浓度蒸气会导致失去知觉或死亡。

6.5 将冷至 4 ℃~10 ℃的水循环通过回流冷凝器。

6.6 脱戊烷试验器接口处均需涂上烃类不溶的润滑脂。

7 分析步骤

7.1 将蒸馏烧瓶安在加热套上。然后测量试样的温度,用 50 mL 量筒量取 50 mL 试样,移入蒸馏烧瓶中。立刻将蒸馏烧瓶接到柱上。

7.2 接通电源,将蒸馏烧瓶中的内容物匀速加热。

7.3 当柱顶产生回流油滴时,立刻调整冷凝器的位置,使两个滴尖中的一个滴尖的油滴滴入接收器,而另一滴尖的油滴则流回到柱中(注意:极易燃液体)。在整个蒸馏过程中,回流冷凝器保持这一位置,可获得大约 1∶1 的回流比。

注:在柱顶产生回流油滴前,低沸点的轻馏分将在轻馏分收集器冷凝,流到接受器中。

7.4 蒸馏速度以回流冷凝器每个滴尖下落的油滴计,每 30 s 不应超过 30 滴~40 滴。

7.5 继续蒸馏,直到温度计指示 49 ℃温度为止。当达到这一温度时,转动回流冷凝器,使两个滴尖上的油滴都落回柱中。切断热源,降下加热套。上述步骤要连续迅速进行操作。

7.6 将蒸馏瓶中的内容物放冷 30 min。

7.7 从柱上卸下蒸馏瓶,小心将瓶中的内容物移入用于量取试样的同一个量筒中。量出蒸余馏分的体积并测量其温度。

8 结果计算

试样中蒸余馏分的体积分数 D 按式(1)计算:

$$D=\frac{V_D}{V_S}\times 100 \qquad \cdots\cdots(1)$$

式中:

D ——蒸余馏分的体积分数,%;

V_D——蒸余馏分的体积,单位为毫升(mL);

V_S——试样的体积,单位为毫升(mL)。

如果蒸馏试样的温度与蒸余馏分的温度相差大于 10 ℃,则按 GB/T 1884、GB/T 1885 将量出的体积校正为 20 ℃的体积。

9 精密度

用下述规定判断试验结果的可靠性(95%置信水平):

——重复性:同一操作者两次试验结果之差的绝对值不大于 2%(体积分数)。

——再现性:不同实验室或不同操作者之间的测定结果之差的绝对值不大于 4%(体积分数)。

10 试验报告

取重复测定两个结果的算术平均值作为最终测定结果。保留一位小数。

中华人民共和国出入境检验检疫行业标准

SN/T 0041.3—2011
代替 SN 0043—92

出口石脑油 PONA 值检验方法 第3部分：石油馏分中烯烃加芳烃含量的测定

Method for inspection of PONA of naphtha for export—Part 3: Method for test of olefinic plus aromatics hydrocarbons in pertroleum distilates

2011-02-25 发布　　2011-07-01 实施

中华人民共和国国家质量监督检验检疫总局 发布

前　言

本部分按照 GB/T 1.1—2009 给出的规则起草。

SN/T 0041《出口石脑油 PONA 值检验方法》共分为 4 部分：

——第 1 部分：通用程序；

——第 2 部分：汽油和石脑油脱戊烷法；

——第 3 部分：石油馏分中烯烃加芳烃含量的测定；

——第 4 部分：比折光度法测定饱和烃馏分中的环烷烃。

本部分为 SN/T 0041《出口石脑油 PONA 值检验方法》的第 3 部分。

本部分代替 SN 0043—1992《出口石脑油 PONA 值检验方法石油馏分中烯烃加芳烃含量的测定》。

本部分与 SN 0043—1992 的主要差异如下：

——将“方法概要”改为“方法提要”；

——将 5.3 中氢氧化钠“配成 0.5 N 标准溶液”改为“配成 0.5 mol/L 标准溶液”；

——将 5.5 磺化剂的制备过程，设定为“a)……”等小标题形式；

——将 7.3、7.4 和 7.5 的内容做规范性文字修改。

本部分由国家认证认可监督管理委员会提出并归口。

本部分起草单位：中华人民共和国辽宁出入境检验检疫局。

本部分主要起草人：满庆祥、徐宏伟、吴建国、林晓梅。

出口石脑油PONA值检验方法 第3部分:石油馏分中烯烃加芳烃含量的测定

1 范围

本部分规定了石油馏分中烯烃加芳香烃含量的测定方法。

本部分适用于测定汽油、石脑油、煤油以及其他石油馏分中烯烃加芳香烃含量。

本部分不适用于测定石油馏分中含有丁烷和丁烯,且90%馏出温度高于315 ℃的试样。

2 规范性引用文件

下列文件对于本文件的应用是必不可少的。凡是注日期的引用文件,仅注日期的版本适用于本文件。凡是不注日期的引用文件,其最新版本(包括所有的修改单)适用于本文件。

SN/T 0041.2 出口石脑油PONA值检验方法 第2部分:汽油和石脑油脱戊烷法

3 方法提要

定量试样在室温下与磺化剂(98.5%~99.0%硫酸)共置于专用磺化瓶中,按规定方法震荡,试样中烯烃和芳香烃与浓硫酸起磺化反应后,酸与油分层,测量未反应部分的油层体积。

4 仪器

4.1 标准和精密磺化瓶:5 mL、10 mL,由耐酸玻璃制成,经很好退火,并符合图1~图3所示的要求,需校准。

4.2 移液管:5 mL、10 mL。

4.3 机械震荡器:震荡频率每分钟240次左右。

4.4 玻璃球:直径55 mm左右,洗净,干燥备用。

4.5 长颈玻璃漏斗。

4.6 量筒:25 mL,分度为1 mL。

4.7 温度计:0 ℃~100 ℃,分度为1 ℃。

单位为毫米

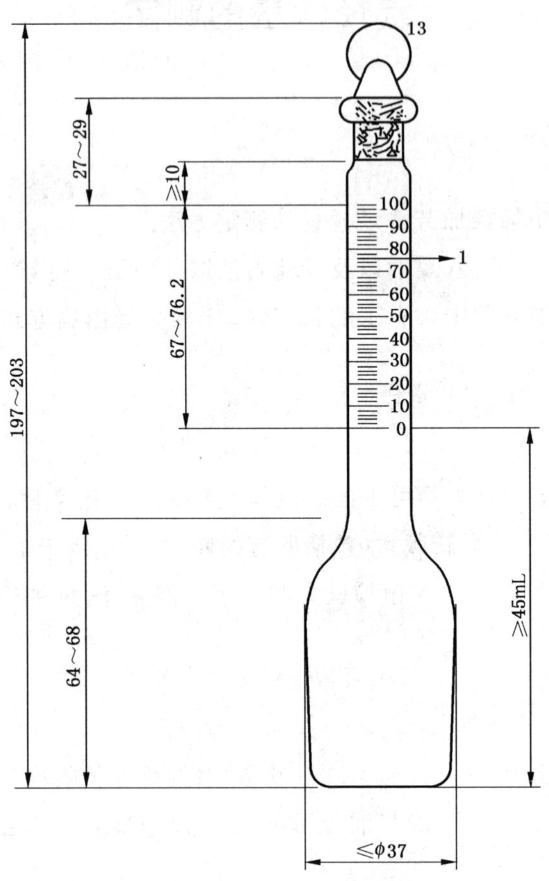

1——平行刻度线；刻度范围100%，分度2%；2%刻线长7 mm；10%刻线长3/4圈。

【10 mL，分度为0.2 mL(2%)；公差1%(0.10 mL)】

图1 标准磺化瓶

单位为毫米

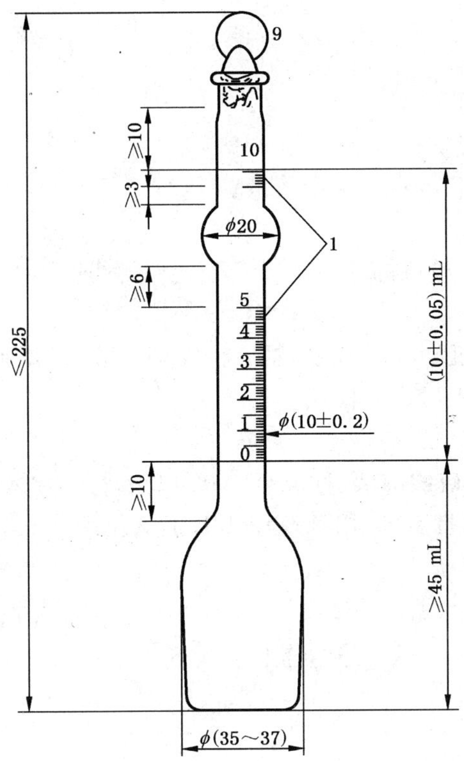

1——平行刻度线,分度 0.1 mL。

图 2　10 mL 精密磺化瓶

单位为毫米

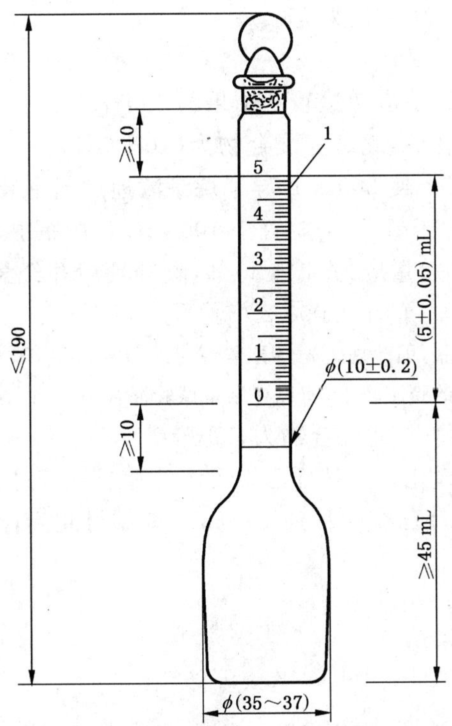

1——平行刻度线,分度 0.1 mL。

图 3　5 mL 精密磺化瓶

5 试剂

5.1 硫酸:分析纯,含量95%~98%。

5.2 发烟硫酸:分析纯。

5.3 氢氧化钠:分析纯,配成0.5 mol/L标准溶液。

5.4 酚酞:配成1%乙醇溶液。

5.5 磺化剂(98.5%~99%硫酸)的制备:

a) 配制

把存有95%~98%硫酸的瓶放入冷浴中,然后将发烟硫酸(发烟硫酸与硫酸按1∶3的体积比)缓慢地倒入硫酸中,摇匀。静置三天后进行标定。

b) 标定

减量法称取0.5 g所配制的硫酸溶液,称准至0.000 2 g,将其加入装有50 mL水的锥形烧瓶中,摇匀,冷却后加2滴~3滴1%酚酞批示剂,用0.5 mol/L氢氧化钠标准溶液滴定至呈浅红色。

c) 计算

硫酸的质量分数X,按式(1)计算

$$X=\frac{0.049\,04\times c\times V}{G}\times 100 \qquad \cdots\cdots(1)$$

式中:

X ——硫酸的质量分数,%;

0.049 04——与1.00 mL、1.000 mol/L氢氧化钠标准溶液相当的以克表示的硫酸的质量;

c ——氢氧化钠标准溶液的浓度,单位为摩尔每升(mol/L);

V ——滴定所消耗氢氧化钠标准溶液的体积,单位为毫升(mL);

G ——硫酸溶液的质量,单位为克(g)。

d) 精密度

重复测定两个结果间的差数,不应超过较小结果的0.5%。

5.6 供充分磺化用的试验混合物A:此试验混合物为(40±0.1)%苯和异辛烷的混合物。此混合物难以完全磺化。温度不应低于0 ℃。使200 mL异辛烷渗滤通过紧密装填在直径10 mm柱中的50 g活化的硅胶而纯化。将60 mL±0.1 mL异辛烷置于100 mL容量瓶中,用纯苯释到100 mL,即制成混合物。用本方法测定此试样的芳烃含量应为(40±1)%,酸处理后并经氢氧化钠中和的抽出油,其折光指数n^{20}应为原始异辛烷折光指数n_D^{20}的±0.000 2。

注:由于苯被饱和烃稀释时会膨胀,因此规定先将异辛烷注入瓶内,再加苯至刻度。如先将苯放在瓶内,则混合物中饱和烃含量会减少。甲苯的膨胀较小,所以在制备试验混合物B时,这点并不重要。

5.7 供过度磺化用的试验混合物B:此混合物为(30±0.1)%甲苯与甲基环己烷的混合物。如温度超过2 ℃,此混合物特别容易过度磺化。甲基环己烷可渗滤通过硅胶进行纯化。将30 mL±0.1 mL甲苯置于100 mL容量瓶中。用甲基环己烷稀释到100 mL,即制得此混合物。用酸处理测得的芳烃含量应为(30±1)%。

6 试样

本方法所使用的试样为用SN/T 0041.2方法制得的脱戊烷试样,试验前要测量试样的温度。

本方法在使用10 mL磺化瓶时,不能直接测定含烯烃98.5%以上的试样;在使用5 mL磺化瓶时,不能直接测定含烯烃99%以上的试样。

7 分析步骤

7.1 用长颈玻璃漏斗将 25 mL±1 mL 硫酸注入 10 mL 标准或精密磺化瓶中(取决于所需精密度),用玻璃塞盖紧瓶子。

7.2 在室温条件下,用移液管将 10 mL 试样加到磺化瓶中,为减少与酸的混合,让试样沿瓶壁慢慢流下,盖上瓶塞,把瓶子固定在振荡器上,瓶子与振荡器的夹角为 45°。

7.3 开动震荡器,根据每个震荡器测得的,能使试验混合物 A 完全磺化,而试验混合物 B 不过度磺化所必需的最佳时间和速度震荡瓶子。通常,使用 240 次/min 的震荡器,震荡 10 min。震荡时,要不断打开瓶塞,放出瓶中生成的气体。如无震荡器,也可用手工震荡进行磺化反应,用拇指及中指夹住瓶的颈部,食指按住玻璃塞,用垂直的手腕动作,以 150 次/min～200 次/min(震幅 75 mm～100 mm)的速度震荡约 10 min。

7.4 将磺化瓶垂直静置,待酸与油分层后,小心加入清洁、干燥的玻璃球,直至油层全部进入瓶颈刻度内。静置半小时,使酸-烃混合物的温度与量取试样的温度相差 1 ℃以内。

7.5 将磺化瓶放在一块被散射光照亮的、平的、不晃眼的、白色或浅色背景的前面,在未反应的碳氢化合物油层上、下界面(见图 4 中 A 点和 B 点)处,读出刻度范围。标准磺化瓶读准至 0.05 mL(1/4 分度),精密磺化瓶读准至 0.02 mL(1/5 分度)。A 点是指清澈的碳氢化合物液体与空气相接近的平的界面部分,而 B 点是指清澈的碳氢化合物与硫酸之间更为清楚的接触界面(图 4 中 A、B 点的读数分别为 9.40 mL 和 7.15 mL)。

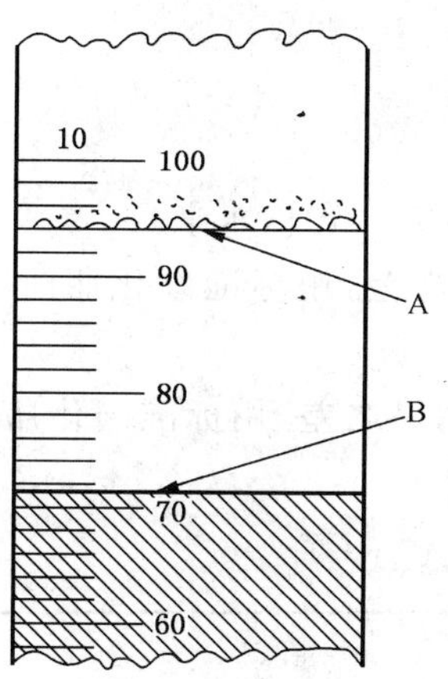

图 4 磺化瓶中未反应碳氢化合物体积读数方法示意图

8 计算

蒸余馏分中烯烃加芳烃含量的体积分数(A_d+O_d)按式(2)计算:

$$(A_d+O_d)=\frac{100\times(V-V_t)}{V}-\frac{10C}{V} \quad \cdots\cdots(2)$$

式中:

(A_d+O_d)——蒸余馏分中烯烃加芳烃的体积分数,%;

V ——磺化前试样体积,单位为毫升(mL);

V_t ——磺化后剩余油体积,单位为毫升(mL);

C ——剩余油在酸中溶解度修正值(见表 1),采用人工震荡时,$C=1$。

表 1 溶解度修正值

$100(V-V_t)/V$	C
0～5.0	0.7
5.1～20.0	0.8
20.1～35.0	0.9
35.1～45.0	1.0
45.1～60.0	1.1
60.1～70.0	1.2
70.1～85.0	1.3
85.1～100	1.4

按规定步骤得的结果包括了试样中所有可被酸吸收的物质，这些物质除芳烃和烯烃外，还有含硫、氮、氧等的非烃类化合物。因此，在说明结果时，应考虑到是否存在相当数量的非烃类化合物。在石油馏分中，非烃类化合物的含量一般很低，因此，酸吸收量可作为烯烃加芳烃的总量，在无烯烃时(溴价低于1)，经使用共同被吸收的饱和烃经验修正值后，酸吸收量可作为芳烃的含量。溶解度修正值随所分析的物质而变。此外，体积减小还可能包括某些次要的效应，如不同类型的烃类混合后出现的体积变化等；这些效应通常显著小于本方法的精密度，因此可忽略不计。

9 精密度

用下述规定判断试验结果的可靠性(95％置信水平)：

重复性：同一操作者两次试验结果之差，用标准磺化瓶时不大于1.3％；用精密磺化瓶时不大于0.6％。

再现性：由两个试验室各自提出的结果之差，用标准磺化瓶时不大于2.6％，用精密磺化瓶时不大于2.0％。

中华人民共和国出入境检验检疫行业标准

SN/T 0041.4—2011
代替 SN 0046—92

出口石脑油 PONA 值检验方法 第4部分:比折光度法测定饱和烃馏分中的环烷烃

Method for inspection of PONA of naphtha for export—Part 4:Method for test of naphthenes in saturates fractions with refractivity intercept

2011-02-25 发布　　　　2011-07-01 实施

中华人民共和国国家质量监督检验检疫总局 发布

前　言

本部分按照 GB/T 1.1—2009 给出的规则起草。

SN/T 0041《出口石脑油 PONA 值检验方法》共分为 4 部分：

——第 1 部分：通用程序；

——第 2 部分：汽油和石脑油脱戊烷法；

——第 3 部分：石油馏分中烯烃加芳烃含量的测定；

——第 4 部分：比折光度法测定饱和烃馏分中的环烷烃。

本部分为 SN/T 0041《出口石脑油 PONA 值检验方法》的第 4 部分。

本部分代替 SN 0046—1992《出口石脑油 PONA 值检验方法 比折光度法测定饱和烃馏分中的环烷烃》。

本部分与 SN 0046—1992 的主要差异如下：

——将“方法概要”改为“方法提要”；

——将 6 中“测定折光指数必须用一种纯烃类原始基准校验”改为“……纯烃类物质校验”；

——将 6 中“用原始基准校验过的……”改为“该烃类物质，可作为已知折光指数的第二参考标样用”。

本部分由国家认证认可监督管理委员会提出并归口。

本部分起草单位：中华人民共和国辽宁出入境检验检疫局。

本部分主要起草人：满庆祥、孙延伟、吴建国、林晓梅。

本部分历次版本发布情况为：SN 0046—1992。

出口石脑油 PONA 值检验方法 第4部分：比折光度法测定饱和烃馏分中的环烷烃

1 范围

本部分规定了比折光度测定饱和烃馏分中环烷烃含量的方法。

本部分适用于蒸馏终点不超过 221 ℃，已脱戊烷的汽油或石脑油中的饱和烃馏分。

2 规范性引用文件

下列文件对于本文件的应用是必不可少的。凡是注日期的引用文件，仅所注日期的版本适用于本文件。凡是不注日期的引用文件，其最新版本(包括所有的修改单)适用于本文件。

SN 0044 出口石脑油 PONA 值检验方法 低烯烃石脑油中饱和烃的分离

SN 0045 出口石脑油 PONA 值检验方法 利普金双毛细管比重瓶法测定液体的密度和比重

3 方法提要

测出饱和烃馏分的折光指数和密度，用这两项数据算出的比折光度，连同密度在图 1 上查出饱和烃馏分中环烷烃的含量。

注：含有多环环烷烃的试样，会使测出的环烷烃结果偏高。尽管含有双环环烷烃的基准数据相应得到部分校正，但每含 1%双环环烷烃，结果会高出 1%。因此，把蒸馏终点高于 163 ℃的油品所测得的环烷烃含量称作当量环烷烃。

4 试剂

4.1 丙酮或乙醚，分析纯。

4.2 甲基环己烷或 2,2,4-三甲基戊烷，分析纯。

5 仪器

5.1 折光仪。需要校准，并能读出准确至五位(小数点后第四位)对钠 D 线 20 ℃时的折光指数。

5.2 循环恒温水浴。能保持(20±0.02)℃。

5.3 吸管。

6 试验准备

折光仪的校准。

测定折光指数必须用一种纯烃类物质校验，得出正确的折光指数。建议用甲基环己烷或 2,2,4-三甲基戊烷。该烃类物质，可作为已知折光指数的第二参考标样用。

7 试验步骤

将折光仪与循环恒温水浴连接，使折光仪棱镜的温度为(20±0.02)℃。

将折光仪的近光棱镜和折射棱镜用丙酮或乙醚洗净，用擦镜纸擦干或吹干，用吸管注入数滴试样(由 SN 0044 分离的饱和烃)，立即闭合棱镜，使试样与棱镜于20℃保持数分钟。然后调节手轮，记录读数，读准至小数点后第四位(最后一位为估计数字)。重复试验两次，每次观察记录读数 2 个～3 个，所得读数的平均值即为试样的折光指数。

注：测定折光指数和密度要在 8 h 内完成，防止试样在组成上发生变化。

8 计算

8.1 比折光度 n_i 按下式计算：

$$n_i = n - \frac{\rho}{2} \qquad \cdots\cdots(1)$$

式中：

n_i ——饱和烃馏分的比折光度；

n ——饱和烃馏分在 20 ℃时的折光指数；

ρ ——饱和烃馏分在 20 ℃时的密度，由 SN 0045 得到。

8.2 将所得比折光度和密度数值在图 1 上找出其交点，读取饱和烃馏分中环烷烃的体积分数 N_d。

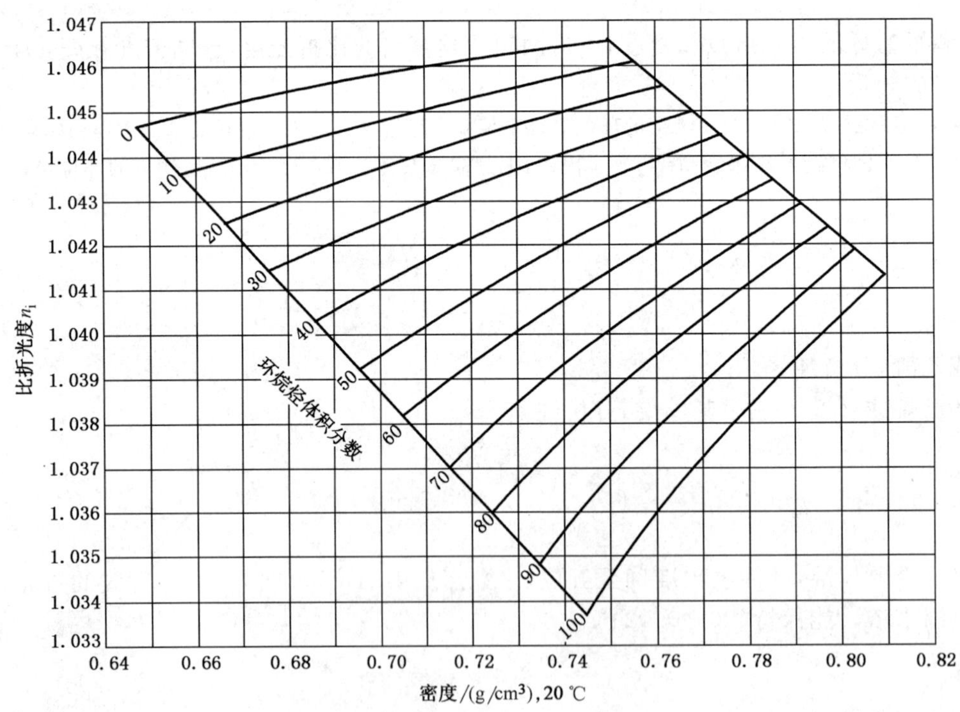

注：图 1 是用表 1 所示各指定沸程烷烃和环烷烃的比折光度和密度数值绘制的。这种工作图应在足够大的坐标计算纸上绘制，以便能标绘出小数点后四位数。将相同沸程的烷烃和环烷烃各点连线加以十等分，可得 10% 的分度。

图 1 环烷烃含量(体积分数)

表 1 图 1 的绘图坐标

近似沸点/℃	烷烃曲线上的点		环烷烃曲线上的点	
	$n-\rho/2$	ρ	$n-\rho/2$	ρ
40	—	—	1.033 76	0.745 4
50	1.044 70	0.646 2	—	—
60	1.044 90	0.656 7	1.034 62	0.750 5
70	1.045 09	0.666 7	1.035 42	0.755 8
80	1.045 27	0.676 1	1.036 17	0.761 0
90	1.045 43	0.685 0	1.036 85	0.766 3
100	1.045 59	0.693 5	1.037 48	0.771 5
110	1.045 74	0.701 5	1.038 06	0.776 6
120	1.045 87	0.708 9	1.038 59	0.781 6
130	1.045 99	0.715 8	1.039 07	0.786 2
140	1.046 10	0.722 2	1.039 52	0.790 5
150	1.046 20	0.728 2	1.039 92	0.794 6
160	1.046 28	0.733 5	1.040 28	0.798 3
170	1.046 35	0.738 3	1.040 61	0.801 8
180	1.046 41	0.742 6	1.040 89	0.804 6
190	1.046 46	0.746 2	1.041 13	0.807 1
200	1.046 50	0.749 5	1.041 33	0.809 2

9 精密度

按下述规定，判断测定结果的可靠性(95%的置信水平)。

——重复性：同一操作者两次试验结果之差不大于1%。

——再现性：两个实验室各自提出的结果之差不大于4%。

10 报告

报告环烷烃的含量取小数点后一位。

中华人民共和国进出口商品检验行业标准

出口石脑油PONA值检验方法 低烯烃石脑油中饱和烃的分离

SN 0044—92

Method for inspection of PONA of naphtha for export
Method for isolation of represenlative saturates fraction from low-olefinic petroleum naphtha

---

1 主题内容与适用范围

本标准规定了从低烯烃石脑油中分离饱和烃的方法。

本标准适用于从已脱戊烷、馏出温度低于232℃、烯烃含量小于1%的烃类混合物中分离出代表饱和烃的馏分。

2 方法提要

已知量试样与浓硫酸(98.5%～99.0%)混合摇动，未反应的碳氢化合物油层即为试样中的饱和烃，将饱和烃与酸分离。

3 试剂

氢氧化钠溶液(100 g/L):将100 g氢氧化钠溶于水中并稀释至1 L。

4 仪器

4.1 比色管:10 mL，带磨砂玻盖。

4.2 吸管。

4.3 称量瓶:扁形，具磨砂玻盖。

5 操作步骤

将磺化瓶瓶颈中未反应的饱和烃(由SN 0043得到)用吸管移入装有1 mL氢氧化钠溶液的比色管中。吸液时，为防止烃类挥发损失，操作要迅速，同时注意不要将酸层移到管内。

摇动比色管，静置，分层，将饱和烃层用吸管移入称量瓶中，保留作进一步分析。

附加说明:

本标准由中华人民共和国国家进出口商品检验局提出。

本标准由中华人民共和国辽宁进出口商品检验局起草。

本标准主要起草人姜春丽、满庆祥。

本标准等效采用美国试验与材料协会标准ASTM D 2002—81《从低烯烃石脑油分离代表饱和烃的馏分》方法A。

中华人民共和国国家进出口商品检验局1992-11-16批准　　1993-01-01实施

中华人民共和国进出口商品检验行业标准

出口石脑油 PONA 值检验方法 利普金双毛细管比重瓶法 测定液体的密度和比重

SN 0045—92

Method for inspection of PONA of naphtha for export Method for test of density and specific gravity of liquids with lipkin bicapillary pycnometer

1 主题内容与适用范围

本标准规定了利普金双毛细管比重瓶法测定液体的密度和比重的方法，同时规定了由密度换算成比重的计算方法。

本标准适用于在规定试验温度下测定任何液体的密度，使用范围只限于蒸气压力低于 0.80Pa（约600mmHg）和 20℃时的粘度小于 $15mm^2/s$(cSt)的液体密度。

本标准包括方法 A、方法 B 两部分。

方法 A，适用于纯化合物和挥发性小的混合物。

方法 B，适用于高挥发性的混合物。

2 方法提要

将液体样品吸入比重瓶并称重，然后在试验温度下平衡，并观察液面的位置，最后由样品重量，与等体积水成比例的校正系数，以及对空气浮力的修正值计算样品的密度和比重。

3 仪器

3.1 比重瓶：由硼硅玻璃制成，并符合图 1 所给尺寸的比重瓶，其总重量不超过 30g。

3.2 恒温水浴：深度至少为 305mm 的水槽，带有能保持 20±0.02℃的装置。

3.3 温度计：18～22℃，分度为 0.02℃。

3.4 比重瓶支架：可用黄铜制成，也可用能硬焊或软焊并且不被恒温水浴液体腐蚀的其它金属制成，结构如图 2 所示。图 3 说明在恒温水浴中悬挂支架的方便装置，是由厚 3.2mm，宽 25mm 的黄铜板制成，长度要适应于所用的恒温水浴，其上有 7 个 7.1mm 的钻孔，孔间相隔 38.1mm，以便对支架的螺纹进行调节，两个螺帽支撑一个支架，可以调节比重瓶浸入深度。

3.5 天平：感量 0.1mg。

中华人民共和国国家进出口商品检验局 1992-11-16 批准　　1993-01-01 实施

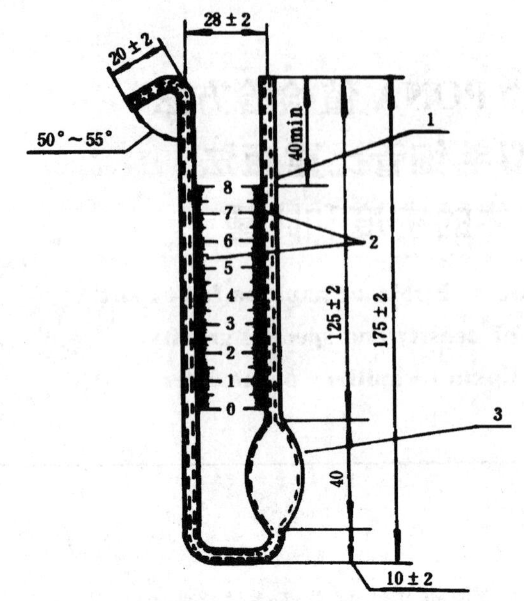

图1　比重瓶

1—毛细管,内径0.9～1.1,相当于整个刻度标尺长度的±0.1%,外径最大6.0;2—刻度*,每1mm刻一短线,每5mm刻一长线,以数字表示;3—球,4.5±0.5mL容量,外径约20mm

材料：硬质玻璃

重量：最大30g

注:以整数0,1,2cm等表示的刻度线要刻一周,以0.5,1.5cm等表示的刻度线要刻半周,而中间再以短线细分。

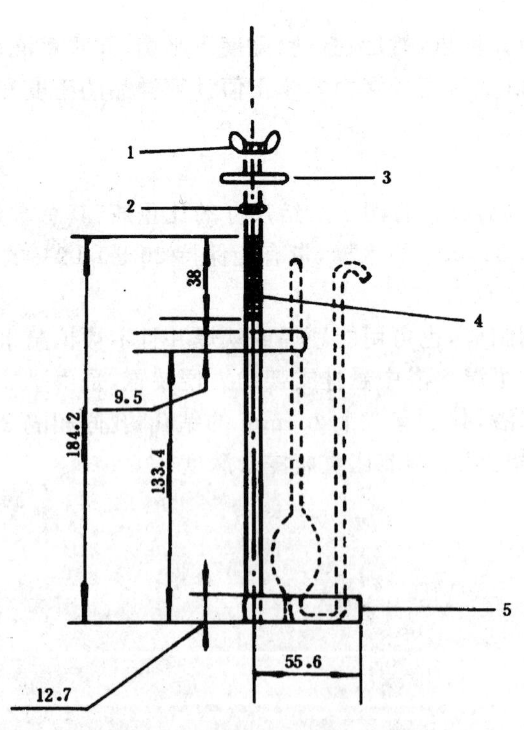

图2　比重瓶支架

1—带翼螺帽;2—六角螺帽;3—支撑板;4—6.4mm螺纹杆;5—30#规格的薄金属板盒,无盖

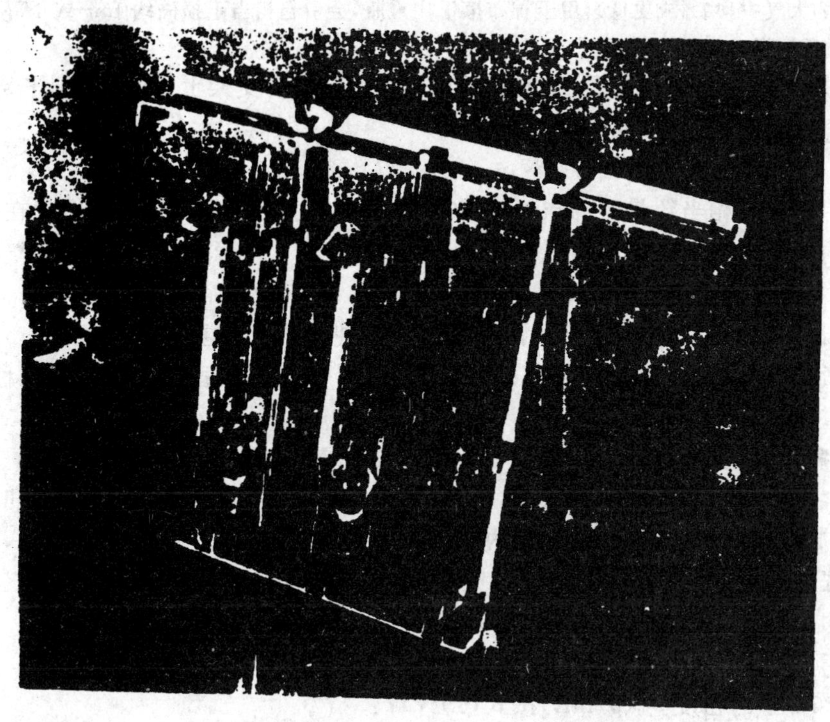

图3 比重瓶固定架

4 试验准备

4.1 比重瓶的清洗

用热的铬酸洗液将比重瓶彻底洗净，先用自来水冲洗，再用蒸馏水清洗，最后在105～110℃下至少干燥1h。但用过滤的空气流通过比重瓶干燥更好。比重瓶需要校正时，或液体在比重瓶及毛细管壁上挂壁时，应按上述方法洗涤。每次测定前，通常用合适的溶剂，如用异戊烷或苯洗净比重瓶，再进行干燥。如果用丙酮作为洗涤液，还应用异戊烷或苯漂洗。

4.2 比重瓶的校正

按第5章所述进行操作。在试验温度20℃下达到平衡时，在液面处于刻度臂上三个不同刻度点的水平面下(其中两个点应在刻度盘上、下两端)，测定比重瓶中新煮沸过的蒸馏水的重量。用比重瓶两臂上各刻度标尺读数对相应的表观容积做校正曲线。用20℃水的密度(0.998 23g/mL)与比重瓶中所容水的重量之比，得到表观容积毫升数。

注：① 表观容积不同于对比重瓶中水的重量进行真空校正的真实容积。

② 如果通过三点划不出直线，可以另外确定足够的附加点，以便能作出校正曲线。对于确定曲线的点离校正直线偏差大于0.000 2mL，则认为此比重瓶有缺陷而被淘汰。

5 试验方法

5.1 方法A

本方法适用于纯化合物与挥发性小的混合物，即沸点不低于20℃的物质。

5.1.1 称量清洁、干燥的比重瓶，准确至0.1mg，并记录重量。

5.1.2 在接近试验温度时，使比重瓶保持直立位置，并将弯管端放在试样(由SN 0044分离的饱和烃)中，借表面张力让吸出的液体超过毛细管弯管，然后用虹吸作用将比重瓶充满(要求用1min左右)，比重瓶球壁的液面达到最低刻度标记时停止虹吸。

5.1.3　用水将经化学处理的清洁的无绒棉布稍微润湿，彻底擦干比重瓶湿端，并称准至 0.1mg。

注：在低湿度的大气中(60%或更低)，用干棉布擦干比重瓶，会引起相当于损失约 1mg 或 1mg 以上比重瓶重量的静电，操作时需注意。

5.1.4　把比重瓶放置在调到试验温度 20±0.02℃的恒温水浴支架上，液面达到平衡(通常约 10min 左右)时，读取每个臂液面的刻度，准确至 0.2mm。

5.2　方法 B

本方法适用于含有相当数量的沸点低于 20℃组分的高挥发性混合物，或用于在测定密度过程中会产生蒸发损失的任何材料。

5.2.1　按 5.1.1 所述称量比重瓶。

5.2.2　在充满试样(由 SN 0044 分离的饱和烃)之前，将试样和比重瓶冷却至 0～5℃，当露点很高，以致比重瓶中的潮气产生冷凝，此时如果必须进行测量，则应该采取适当措施避免此种现象，按 5.1.2 所述方法充满比重瓶。

5.2.3　将比重瓶放入恒温水浴中，并按 5.1.4 所述读取容积数。

注：无论何时，假若液面上升到标尺刻度以上，则在比重瓶球臂开口端，小心用压缩空气法使几滴试样由弯臂流出。

5.2.4　将比重瓶从恒温水浴中取出，先用丙酮后用苯清洗其外部，并按 5.1.3 所述，用水稍微润湿清洁的无绒棉布彻底擦干，称准至 0.1mg。

6　计算

试验温度 20℃下的密度 ρ_{20}(g/mL)按式(1)计算：

$$\rho_{20} = (W/V) + C \qquad \cdots\cdots(1)$$

式中：W——在试验温度 20℃下比重瓶中的试样在空气中的重量，g；

V——与比重瓶两臂上各刻度读数之和所对应的表观容积，mL，由校正曲线查得；

C——空气浮力校正值，由表 1 查得。

用表 2 查到的参考温度下水的相对密度(ρ_t)与式(1)计算的试样密度(ρ_{20})之比，计算样品的比重。

表 1　空气浮力校正值

W/V	校正值	W/V	校正值
0.70	0.000 36	0.85	0.000 18
0.71	0.000 35	0.86	0.000 17
0.72	0.000 33	0.87	0.000 16
0.73	0.000 32	0.88	0.000 14
0.74	0.000 31	0.89	0.000 13
0.75	0.000 30	0.90	0.000 12
0.76	0.000 29	0.91	0.000 11
0.77	0.000 28	0.92	0.000 10
0.78	0.000 26	0.93	0.000 09
0.79	0.000 25	0.94	0.000 07
0.80	0.000 24	0.95	0.000 06
0.81	0.000 23	0.96	0.000 05
0.82	0.000 22	0.97	0.000 04
0.83	0.000 20	0.98	0.000 03
0.84	0.000 19	0.99	0.000 01

注：此表用于密度值为 0.001 1～0.013 0g/mL 之间的所有空气。对在此范围以外的空气密度，空气浮力校正值 C 按式(2)计算：

$$C = \frac{\rho_a}{0.998\ 23} \times \left(0.998\ 23 - \frac{W}{V}\right) \qquad \cdots\cdots(2)$$

式中：ρ_a——天平罩内的空气密度，g/mL；

W——比重瓶中试样的重量，g；

V——比重瓶中试样的体积，mL。

表2 水的相对密度

温度 ℃	相对密度 g/mL	温度 ℃	相对密度 g/mL	温度 ℃	相对密度 g/mL
0	0.999 87	21	0.998 02	40	0.992 24
3	0.999 99	22	0.997 80	45	0.990 25
4	1.000 00	23	0.997 56	50	0.988 07
5	0.999 99	24	0.997 32	55	0.985 73
10	0.999 73	25	0.997 07	60	0.983 24
15	0.999 13	26	0.996 81	65	0.980 59
15.56	0.999 04	27	0.996 54	70	0.977 81
16	0.998 97	28	0.996 26	75	0.974 89
17	0.998 80	29	0.995 97	80	0.971 83
18	0.998 60	30	0.995 67	85	0.968 65
19	0.998 43	35	0.994 06	90	0.965 34
20	0.998 23	37.78	0.993 07	100	0.958 38

7 精密度

用下述规定判断试验结果的可靠性（95%置信水平）。

7.1 重复性：同一操作者两次试验结果之差不大于0.000 3。

7.2 再现性：两个试验室各自提供的结果之差不大于0.000 6。

8 报告

取重复测定两个结果的算术平均值作为测定结果。

报告密度时，要给出试验温度和单位，报告比重时，要同时给出试验温度和参考温度，但没有单位。

附加说明：

本标准由中华人民共和国国家进出口商品检验局提出。

本标准由中华人民共和国辽宁进出口商品检验局起草。

本标准主要起草人姜春丽、满庆祥。

本标准参照采用美国试验与材料协会标准ASTM D 941—55(78)《利普金双毛细管比重瓶法测定液体的密度和比重》。

中华人民共和国进出口商品检验行业标准

出口液化石油气钢瓶检验规程

SN/T 0302—93

Rules for the inspection of liquefied petroleum gas cylinders for export

1 主题内容与适用范围

本标准规定了出口液化石油气钢瓶(瓶体安全性能除外,下同)的抽样,检验和检验结果的判定。

本标准适用于环境温度－40～＋60℃下使用试验压力为2.36 MPa,水容积为1～118 L可重复盛装液化石油气的钢质焊接气瓶(以下简称钢瓶)的出口检验。

2 引用标准

GB 1729 漆膜颜色及外观测定法

GB 1732 漆膜耐冲击测定法

GB 2828 逐批检查计数抽样程序及抽样表(适用于连续批的检查)

GB 5842 液化石油气钢瓶

GB 7512 液化石油气瓶阀

GB 8335 气瓶专用螺纹

ZB J74 008 液化石油气钢瓶涂敷规定

ZB J74 009 液化石油气钢瓶包装和运输规定

3 术语

3.1 检验批:指数量不多于500只,由相同牌号的材料,采用同一焊接工艺,同一热处理工艺连续生产的同一规格的提交检验的一批钢瓶。

3.2 样本:从检验批中抽取用于检查的单位产品。

4 抽样

4.1 抽样条件

4.1.1 钢瓶在出口前,外贸经营单位必须持有指定的检验单位出具并经省级锅炉监察机构审核盖章的安全性能检验报告,向产地商检机构报验。无此报告者商检机构不接受报验。

4.1.2 产品在厂检合格的基础上进行。

4.2 抽样方案

4.2.1 采用GB 2828中正常检查一次抽样方案。

4.2.2 合格质量水平见表。

中华人民共和国国家进出口商品检验局1993-12-28批准　　1994-05-01实施

出口钢瓶检验项目、检验方法、不合格分类、合格质量水平

检验项目		技术要求	检测方法	不合格类别		检查水平	AQL值	备注
附件	护罩瓶帽	钢瓶应有瓶阀护罩或瓶帽，且符合图样技术要求	目测	B类不合格	B-1	S-4	1.0	
	瓶阀	a. 外观：阀体不得裂纹、斑疤、气孔、冷隔等； b. 螺纹：符合 GB 8335； c. 密封：无泄漏； d. 开关：灵活、可靠	a. 目测 b. 螺纹规 c. 沉水 d. 手感					
	阀座螺纹	符合 GB 8335	螺纹规测量					
	底座	底座应有通风、排液孔。规格尺寸，符合图样技术要求	目测、测量					
涂层质量	厚度	a. 油漆涂层厚度≥30 μm b. 粉末涂层厚度≥40 μm	按 ZB J74 008	B类不合格	B-2	S-2	4.0	
	附着力	划格 100%不脱落	按 ZB J74 008					
	冲击强度	a. 油漆涂层≥3.92 N·m b. 环氧粉末或聚酯—环氧粉末≥4.90 N·m c. 聚酯粉末，涂层≥4.4 N·m	按 GB 1732					
	硬度	a. 油漆涂层≥H 铅笔 b. 粉末≥2H 铅笔	按 ZB J74 008					

续表

<table>
<tr><th colspan="3">检验项目</th><th>技　术　要　求</th><th>检测方法</th><th>不合格类别</th><th>检查水平</th><th>AQL值</th><th>备　注</th></tr>
<tr><td rowspan="3">外观</td><td colspan="2">钢瓶表面</td><td>外观须匀整光滑，表面不得有腐蚀、裂纹、伤痕、皱皮或其他可能妨害使用的瑕疵存在</td><td>目测</td><td rowspan="12">C类不合格</td><td rowspan="12">I</td><td>4.0</td><td rowspan="12"></td></tr>
<tr><td colspan="2">涂敷</td><td>涂层应均匀，不应有气泡，流痕、龟裂、剥落等</td><td>目测</td><td rowspan="11">6.5</td></tr>
<tr><td colspan="2">色标字体</td><td>按照图样技术要求</td><td>GB 1729，目测、测量</td></tr>
<tr><td rowspan="2">装配</td><td colspan="2">角阀</td><td>角阀开口与护罩开口的中心一致</td><td>目测</td></tr>
<tr><td colspan="2">部件</td><td>a. 标志、标牌、护罩、底座、阀装配应端正；
b. 标牌装配，不影响使用安全；
c. 钢瓶内应干燥、清洁、无异物</td><td>目测</td></tr>
<tr><td>标志</td><td colspan="2">标志内容</td><td>应有：名称、商标、型号、工作压力、使用温度、空瓶重量、最大充装量、容积、产品编号、生产厂名、生产日期，标志及内容须准确、清晰</td><td>目测</td></tr>
<tr><td rowspan="7">包装</td><td rowspan="5"></td><td>裸装</td><td>在钢瓶体上，按分布距离套上两只特别的护圈</td><td>按 ZB J74 009</td></tr>
<tr><td>袋装</td><td>a. 双层袋装，内用塑料袋，外套用织物编织袋装
b. 内塑料袋，用织物纺织袋装</td><td>按 ZB J74 009</td></tr>
<tr><td>纸箱袋</td><td>内塑料袋，外双瓦楞纸箱包装或直接用双瓦楞纸箱包装适用于 40 L 以下的钢瓶</td><td>按 ZB J74 009</td></tr>
<tr><td>空格装</td><td>瓶面用塑料套或围以软衬垫，用木格箱包装</td><td>按 ZB J74 009</td></tr>
<tr><td>木箱装</td><td>瓶面用塑料套或围以软衬垫，用木箱包装</td><td>按 ZB J74 009</td></tr>
<tr><td colspan="2">瓶阀封口</td><td>钢瓶的阀口应妥善密封</td><td>目测</td></tr>
<tr><td colspan="2">防护塞</td><td>无阀门或无保护装置时，用非吸水性的塞子防护</td><td>目测</td></tr>
</table>

4.2.3 样品应在检验批中随机抽取B、C类中最大的样品数，小样品数再由大样品中产生。

4.2.4 转移规则按GB 2828执行。

5 检验

5.1 检验项目、技术要求、方法见表。

5.2 检验结果的判定

当B类、C类不合格项小于或等于接收数时，判为合格批。

6 不合格的处置

6.1 不合格品的处置。

合格批中检验时发现的不合格品制造厂应修复或调换。

6.2 对不合格批的处置。

不合格检验批，经返工整理后，允许再报验一次。

附加说明：

本标准由中华人民共和国国家进出口商品检验局提出。

本标准由中华人民共和国江苏进出口商品检验局负责起草。

本标准主要起草人马骥。

中华人民共和国进出口商品检验行业标准

出口石油和石油产品硫含量测定法 X射线荧光光谱法

SN/T 0509—1995

Determination of sulfur content in petroleum and petroleum products by X-ray fluorescence spectroscopy method

1 主题内容与适用范围

1.1 本标准规定了用X射线荧光光谱法测定石油和石油产品中硫含量的方法。

1.2 本标准主要适用于石油和石油产品中硫含量的测定，浓度范围为0.010%～5%(*m*/*m*)。

1.3 本标准不适用于加铅样品中硫含量的测定。另外，硅、三价磷、钙、钾及卤素等，如果在样品中浓度超过每千克几百毫克，将会产生干扰，干扰物的允许浓度请参照仪器使用说明。

2 引用标准

GB 4756 石油和液体石油产品取样法(手工法)

3 方法概要

当X射线照射到样品时，样品中的硫原子被激发产生一个独特的X荧光射线，通过测定该X荧光射线的强度，样品中的硫含量就能被检测出。

4 仪器设备

4.1 能散式X射线荧光硫分析仪应具备以下性能。

4.1.1 X射线放射源，有效能量大于2.5keV。

4.1.2 可移动样品皿：带有可替换并且X射线能够穿透的塑料薄膜窗口，且至少能装下3 mm深的样品。

4.1.3 X射线检测器：在2.3 keV时，具有高灵敏度。

4.1.4 过滤器：能使硫的K_α射线与其他X射线相分离。

4.1.5 信号的电子检测系统：具有脉冲计数及脉冲高度分析功能。

4.1.6 打印机：可直接打印出测试结果，%(*m*/*m*)。

4.2 分析天平：精度为0.1 mg。

5 试剂

5.1 四氢化萘：优级纯

5.2 十氢化萘：优级纯

5.3 硫的标准样品：经可靠的标准机构标定的标准样品。

中华人民共和国国家进出口商品检验局1995-12-15批准 1996-05-01实施

6 取样

按 GB 4756 取得具有代表性的样品。

7 实验步骤

7.1 接通电源,按仪器要求预热一段时间,使仪器处于正常的稳定工作状态。

7.2 样品皿在使用前应先用不含硫的试剂(如四氢化萘或十氢化萘)洗净并干燥,一次性的样品皿不能重复使用。

注 1:窗口材料通常是 6 μm 的聚脂或聚碳酸脂薄膜,而高浓度芳香族样品可能会溶解聚碳酸脂薄膜,因而要快速测定。

7.3 标准工作曲线制定,见 7.6,7.7。

7.4 准备好样品皿,装入样品至少 3 mm 深,在仪器推荐的时间下(一般为 100 s)进行测定,取连续测定几次(一般不少于 3 次)的平均值作为一个测试结果。

注2:对于粘稠的样品应先加热使其能顺利流入样品皿内,且窗口与液体之间不应存有气泡;对于高挥发性样品,为了防止窗口弯曲变形,可在样品皿上开一个排气孔。

3:严禁将样品洒入分析仪内。

7.5 测完后,立即取出样品皿。

7.6 经可靠的标准机构标定的标准样品,如果浓度合适,就直接按 7.4 对标准样品进行测定,根据标准样品的硫含量和相对应的 X 荧光射线强度,仪器就可自动制出标准工作曲线。

注 4:每条标准曲线至少由三个标准样品制作,且待测样品的硫含量应在所做曲线范围之内。

7.7 经可靠的标准机构标定的标准样品,如浓度不太合适,应该用四氢化萘和十氢化萘来稀释较高浓度的标准样品以配制出一系列合适浓度的标准溶液,然后按 7.4 分别测定标准溶液的硫含量,做出相适应的标准工作曲线。

注 5:四氢化萘和十氢化萘混合之比,应根据实际情况来确定,如仪器对碳氢比有特殊要求时,所配制的标准溶液的碳氢比应符合要求。如果有条件的话,尽可能使标准溶液的碳氢比与待测样品的碳氢比相接近。

8 精密度

按下述规定判断测定结果的可靠性(95%置信水平)。

8.1 重复性:同一操作者,同一台仪器,对同一样品重复测定的两个结果之差,不应大于按式(1)计算出的数值。

$$\text{重复性} = 0.029(S + 0.6) \qquad \cdots\cdots(1)$$

这里 S 等于两次测试结果的平均值,质量百分比。

8.2 再现性:不同操作者,不同仪器,对同一样品测定的两个结果之差,不应大于按式(2)计算出的数值。

$$\text{再现性} = 0.063(S + 0.6) \qquad \cdots\cdots(2)$$

这里 S 等于两个测试结果的平均值,质量百分比。

9 报告

取连续测定两个平行结果的平均值作为测试结果。

附加说明：

本标准由中华人民共和国国家进出口商品检验局提出。

本标准由中华人民共和国辽宁进出口商品检验局新港局负责起草。

本标准主要起草人宋天智、王长文、李建春。

本标准等效采用美国试验与材料协会标准 ASTMD4294—90《Standard test method for sulfur in petroleum products by energy-dispersive X-ray fluorescence spectroscopy》。

中华人民共和国出入境检验检疫行业标准

SN/T 0542—2010
代替 SN/T 0542—1996

出口煤焦油中喹啉不溶物的测定

Determination of quinoline-insoluble(QI) content in exported coal tar

2010-11-01 发布　　2011-05-01 实施

中华人民共和国国家质量监督检验检疫总局 发布

前　言

本标准代替 SN/T 0542—1996《出口煤焦油喹啉不溶物测定方法》。

本标准在 SN/T 0542—1996 基础上，按 GB/T 1.1—2009《标准化工作导则　第 1 部分：标准的结构和编写规则》进行修订，与 SN/T 0542—1996 相比主要变化如下：

——标准名称“出口煤焦油喹啉不溶物测定方法”修改为“出口煤焦油中喹啉不溶物的测定”(1996 年版的封面标题与正文标题，本版的封面标题与正文标题)。

——“引用标准”修改为“规范性引用文件”(1996 年版第 2 章，本版的第 2 章)。

——“仪器与试剂”修改为“试剂”和“仪器和设备”两项条款加以表述(1996 年版第 4 章，本版的第 4 章和第 5 章)。

本标准由国家认证认可监督管理委员会提出并归口。

本标准负责起草单位：中华人民共和国辽宁出入境检验检疫局。

本标准主要起草人：牟明仁、李百舸、陈信悦、孙延伟、刘名扬、白翎、刘冉、赵雪蓉、孙兴权、董伟峰。

出口煤焦油中喹啉不溶物的测定

1 范围

本标准规定了采用过滤法测定出口煤焦油中喹啉不溶物的含量。

本标准适用于出口煤焦油中喹啉不溶物的测定。

2 规范性引用文件

下列文件对于本文件的应用是必不可少的。凡是注日期的引用文件，仅注日期的版本适用于本文件，凡是不注日期的引用文件，其最新版本（包括所有的修改单）适用于本文件。

GB/T 2288 焦化产品水分测定方法

3 方法提要

将一定质量的煤焦油试样溶解在热喹啉中，经过滤、干燥、称量，计算不溶物的含量，以质量分数表示。

4 试剂

4.1 喹啉，分析纯。

4.2 甲苯，分析纯。

4.3 丙酮，分析纯。

4.4 盐酸：化学纯，配成 1∶1 的水溶液。

4.5 藻土：化学纯，粒度直径约 0.125 mm（120 目），试验前在 105 ℃±1 ℃下干燥 2 h。

警告——试剂有毒且易燃，操作时应隔离火源并在通风橱内进行。

5 仪器和设备

5.1 干燥器。

5.2 真空泵：1 400 r/min。

5.3 抽滤瓶：容积 1 000 mL。

5.4 玻璃烧杯：容积 100 mL，试验前在 105 ℃±1 ℃干燥至恒重。

5.5 分析天平：感量 0.1 mg。

5.6 电热恒温干燥箱。

5.7 恒温水浴：控制水浴温度 75 ℃±5 ℃。

5.8 玻璃坩埚式过滤器（简称过滤器）：P7（G4），容积 25 mL～40 mL，试验前在 105 ℃±1 ℃干燥至恒重。

6 分析步骤

6.1 称取约 1.0 g 干燥过的硅藻土，置于洁净过滤器（5.8）中，立即称量，精确至 0.000 1 g。

6.2 称取约 5.0 g 试样(精确至 0.000 1 g),置于 100 mL 烧杯(5.4)中,加入 20 mL 喹啉(4.1),用玻璃棒搅拌。再将烧杯置于 75 ℃±5 ℃的恒温水浴(5.7)中,不断搅拌溶解 20 min。

6.3 将上述加热溶解后的混合试样倒入用喹啉(4.1)湿润过的过滤器(6.1)中,每次加 3 mL~5 mL,真空抽滤。再用 30 mL 热喹啉(4.1)(75 ℃±5 ℃)分 6~8 次清洗烧杯,并将洗涤液倒入过滤器(6.1)中过滤。

6.4 用 50 mL 甲苯(4.2)分 6~8 次洗涤过滤残渣,抽滤。然后用 50 mL 丙酮(4.3)用同样方法洗涤,洗涤完后继续抽滤不少于 5 min。

6.5 移开过滤器,用滤纸擦净过滤器的外部。将此带有不溶物的过滤器置于恒温干燥箱(5.6)中,在 105 ℃±1 ℃下干燥 1 h 取出,置于干燥器中冷却 1 h 后称量,精确至 0.000 1 g。重复恒温干燥操作,直至恒重。

注:试验完毕,将过滤器浸入 1:1 盐酸溶液中煮沸,以除去积尘。用蒸馏水彻底清洗,干燥至恒重后,放入干燥器中待用。

7 结果计算

试样中的喹啉不溶物含量以质量分数 w 计,数值以%表示,按式(1)计算:

$$w=\frac{m_1}{m(1-w_1)}\times 100 \qquad (1)$$

式中:

m_1——不溶物的质量,单位为克(g);

m ——试样的质量,单位为克(g);

w_1——试样中水分的含量(按 GB/T 2288 测定),%。

计算结果表示到小数点后两位。

8 精密度

按下述规定判断试验结果的可靠性(95%置信水平):

a) 重复性(r)

在重复性条件下获得的两次独立测定结果的绝对差值不得超过 0.20%。

b) 再现性(R)

在再现性条件下获得的两次独立测定结果的绝对差值不得超过 0.30%。

9 试验报告

取重复测定两个结果的算术平均值,作为试样的测定结果。

前　　言

本标准在非等效采用 ASTM D4057—1995《石油和石油产品手工取样法》的基础上，本着科学、先进、实用的原则，结合进出口商品检验工作的实际情况，充实了大量的切合实际的操作方法，其创新点和主要区别如下：

1. 增加并明确了油品均匀性的判定方法。

2. 确定了不均匀油品的多点取样方法。

3. 经验证，确定了不均匀油品可以全层样或例行样代替点样的抽取。

4. 经试验，计算出合理的取样船舱数；确定了油槽车的分批、取样分布比例和取样车数。

5. 增加大容量油罐和船舱的分装舱及铺装舱的取样方法，规定对于容量大于 10 000 m^3，油高超过 15 m 的油罐，必须在两个以上取样孔取点样或全层样。

6. 详细阐述油罐、船舱、油槽车的取样步骤及有关批次、厂家和各种油品在交接货时取样的操作方法。

7. 增加各种取样器具的详细示例图，便于制作和使用。

8. 本标准引用 GB/T 4756—1998《石油液体手工取样法》中"安全注意事项"的内容。

本标准是按照 GB/T 1.1—1993《标准化工作导则　第 1 单元：标准的起草与表述规则　第 1 部分：标准编写的基本规定》的要求编写的。

本标准附录 A 是标准的附录。

本标准由中华人民共和国国家出入境检验检疫局提出并归口。

本标准由中华人民共和国辽宁出入境检验检疫局负责起草。

本标准主要起草人：姜春丽、王成华、牟明仁、陈信悦、王继敏。

本标准系首次发布的行业标准。

中华人民共和国出入境检验检疫行业标准

进出口石油及液体石油产品取样法（手工取样）

SN/T 0826—1999

Method for sampling of petroleum and liquid petroleum products for import and export (manual sampling)

1 范围

1.1 本标准规定了抽取贮存或装运的进口或出口石油及液体石油产品有代表性样品的手工操作方法。

1.2 本标准适用于均匀和不均匀石油及液体石油产品的取样，也适用于大多数非腐蚀性液体化工品的取样，不适用于电绝缘油、液压油和在周围环境下其蒸气压高于 101 kPa 的液态、半液态或固态石油产品代表性样品的抽取。

注：本标准的使用涉及到危险物料、操作与设备，本标准的使用者有责任建立适当的安全卫生规程。

2 引用标准

下列标准所包含的条文，通过在本标准中引用而构成为本标准的条文。本标准出版时，所示版本均为有效。所有标准都会被修订，使用本标准的各方应探讨使用下列标准最新版本的可能性。

GB/T 260—1977 石油产品水分测定法

GB/T 1884—1992 石油和液体石油产品密度测定法（密度计法）

GB/T 2289—1994 焦化粘油类产品取样法

GB/T 4756—1998 石油液体手工取样法

GB/T 8017—1987 石油产品蒸气压测定法（雷德法）

GB/T 8929—1988 原油水含量测定法（蒸馏法）

3 定义

本标准采用下列定义。

3.1 均匀石油产品 uniform petroleum product

从油罐（船舱）中抽取的上部、中部、下部或出口部的点样，送到实验室并用标准方法（GB/T 1884、GB/T 260 和 GB/T 8929）检验密度和水分。如果这些点样结果与其平均值的差值在表 1 规定的范围内时，可以视为均匀石油产品。

3.2 代表性样 representative sample

从总体积中抽取的一部分，含有存在该总体积中相同比例的成分。

3.3 表面样 surface sample

从油罐的油面撇取的一个点样。

中华人民共和国国家出入境检验检疫局 1999-12-30 批准　　2000-05-01 实施

表 1　石油产品均匀性判断

	油品	差值，g/cm³
密　度	透明、低粘度	0.001 2
	不透明	0.001 5
水　分	水含量，%	差值，%
	0.0～0.1	见图 16“再现性”
	大于 0.1	0.11

3.4　全层样　all-level sample

将带塞的取样器浸没到尽可能地接近排放液面，然后打开取样器，并以一定速率提升，使它在提出液面时充满大约四分之三。

注：充油速率与浸没深度的平方根成正比。

3.5　例行样　running sample

以均匀速度将一个不带塞的取样器从油面上降到出口管底部的油面处，再把它提升出油面，使取样器从油中提出来时充满大约四分之三。

3.6　点样　spot sample

从油罐中特定位置或在一个特定时间从油管的油流抽取的一个样品。

3.7　顶样　top sample

在距液体顶部表面 150 mm 处所抽取的一个点样（见图 1）。

3.8　上部样　upper sample

在油罐内油层的上部三分之一（油面下油层的六分之一深处）的中点处所抽取的一个点样（见图 1）。

3.9　中部样　middle sample

在油罐内油层中部（油面下油层二分之一深处）抽取的一个点样（见图 1）。

3.10　下部样　lower sample

在油罐内的下部三分之一（油面下油层六分之五深处）的中点处所抽取的一个点样（见图 1）。

3.11　底样　bottom sample

从油罐、容器底部或从管线最低点抽取的一个点样（见图 1）。

3.12　出口样　outlet sample

从油罐出口管底部油位处抽取的一个点样（见图 1）。

3.13　间隙样　clearance sample

在油罐出口底部液面下 100 mm 处所抽取的一个点样。

3.14　单罐组合样　tank composite sample

是一个由各指定部位点样组成的混合物或由全层样、例行样组成的代表性样。

3.15　多罐组合样　multiple tank composite sample

是一个从几个装有相同品级油料的油罐或船舱中抽取的单个样或组合样的混合物。这个混合物按各油罐或船舱油品的体积比例混合。

3.16　组合样　composite sample

是一个按体积比例混合的点样混合物。有些试验可以在混合前用点样进行，并取其平均结果。组合样一般是下列方式之一合并而成的：

a）等比例合并上部样、中部样和下部样；

b）等比例合并上部样、中部样和出口液面样；

c）从非均匀油品中，在多于三个液面上所取得的一系列点样，按其所代表油品数量成比例混合而成；

d）从几个油罐或油船舱中所取得的单个样品，每个样品都与其中盛装的油品总量成比例；

e）在规定的时间间隔从流动管线中采取一系列等体积的点样。

3.17 勺样 dipper sample

将勺或其他收集容器放到自由流动的油流通路中，从油流的整个横截面上，在流速恒定、时间间隔固定或者在与流速成比例变动的时间间隔条件下，收集一定体积而得到的样品。

3.18 取样管样 tube or thief sample

用取样管或特殊的取样器，从油罐或容器中指定部位抽取的中心样或点样。

3.19 龙头样 tap sample

从罐侧取样龙头上抽取的一个点样。

3.20 流动比例样 flow proportional sample

从油管在整个输油过程中抽取的样品。取样速率与油管中流体的流速成正比。

3.21 夹带水 entrained water

悬浮在油中的水。夹带水包括乳浊液，但不包括溶解水。

3.22 游离水 free water

成一分离相而存在的水。

3.23 溶解水 dissolved water

溶解在油中的水。

3.24 乳浊液 emulsion

不易分离的油水混合物。

3.25 分装舱 progressively loading tank

装船时按照先后次序开启船舱管线阀门进行输油的船舱。

3.26 铺装舱 simultaneously loading tank

装船时同时开启各船舱管线阀门进行输油的船舱。

4 仪器设备

4.1 样品容器有各种形状、尺寸与材质。要想选择恰当的容器，就必须懂得要取样油料的知识，以保证要取样的油料和容器之间不会相互作用，否则会相互影响。选择样品容器的另一个考虑是样品从容器转移之前，需要混匀样品的方式以及要对样品进行测试分析的方式。无论使用何种样品容器，样品容器应足够大，所装样品不能超出容积的80%，其余的容积是为样品的热膨胀所需，且易于混匀。

4.2 容器设计的一般考虑

4.2.1 容器的底部应向下朝出口连续倾斜，以保证样品全部排出。

4.2.2 没有低凹处或堵死处。

4.2.3 内表面不腐蚀、不长垢、不粘附水分及沉淀物。

4.2.4 应有足够大小的检视塞盖，便于装料、检视和清洁。

4.2.5 容器应设计成即能制备均匀样品，又不损失任何成分，以免影响样品的代表性和分析试验的准确性。

4.2.6 容器应设计成能使样品从容器转移到分析仪器时，保持其代表性。

4.3 样品容器

4.3.1 玻璃瓶或金属容器

透明的玻璃瓶可以目视检查样品的清洁度，也可以目视检查样品的游离水和固体杂质。棕色玻璃瓶能防止光照影响。金属容器只允许在其外表有焊缝，并用松香在合适的溶剂中做焊剂。

4.3.2 塑料瓶

用合适的无色素的直链聚乙烯制成。塑料瓶用于处理和贮存瓦斯油、柴油、燃料油和润滑油，不应用于汽油、航空喷气燃料、煤油、原油、白酒精、医药用白油以及沸点特殊的产品。除非试验表明其溶解污染或轻组分损失没有问题。塑料瓶一般只用一次就废弃，不需要重新洗涤。

4.4 容器封闭

玻璃瓶可使用软木塞、玻璃塞、塑料或金属的螺旋帽，决不能使用橡胶塞。金属容器只能用螺旋帽，使之密封不漏气。软木塞必须质量好，清洁，无孔洞，没有松散的软木碎渣。为防止软木塞接触样品，在使用时，要用锡箔或铝箔包裹。玻璃塞必须是完全吻合的。螺旋帽必须用锡箔或铝箔或其他不会影响石油和石油产品的物料贴面来防护。

4.5 容器清洗

4.5.1 样品容器必须绝对清洁，无水，无灰尘，无棉绒，无洗涤剂，无焊剂，无酸类等。使用容器前，用合适的溶剂清洗，然后用浓肥皂液洗涤，再用自来水彻底冲洗，最后用蒸馏水冲洗。用清洁的暖空气流干燥容器，或把容器放入无灰尘的40℃或更高温度的烘箱中干燥。干燥后，立即用塞或帽封好。

4.5.2 抽取航空燃料样品，应使用符合特定要求的容器清洁程序。这些容器用于检测水分离、铜腐蚀、电导性、热稳定性、润滑性、痕量金属含量的试验。

4.6 取样笼架和瓶子取样器(见图2)

由金属或塑料制成的架座或笼子，夹托住合适的瓶子，有一定的重量，易于沉入要取样的物料中。挥发性产品的取样，使用取样笼架和瓶子取样器，可使轻组分损失降为最小。适用于各种不同液体的加重瓶子取样器见表2。如果需要限制充油速率，在取样瓶子上塞上一个有切口的软木塞。瓶子取样器适用于雷德蒸气压小于110 kPa的液体取样。

表2 加重瓶子取样器

物　　料	开口的直径 mm(in)
软质润滑油，煤油，汽油，透明瓦斯油，柴油，馏分油	$20(\frac{3}{4})$
重质润滑油，不透明瓦斯油	$40(1\frac{1}{2})$
轻质原油(40℃粘度小于43 cts)	$20(\frac{3}{4})$
重质原油和燃料油	$40(1\frac{1}{2})$

4.7 全层取样器(见图4)

这种取样器有液体进口和气体出口，在通过油品降落和提升时取得样品。

4.8 例行取样器

例行取样器是一个加重的或放在加重的取样笼中的容器，需要时，可装有一个限制充油配件(见图5)，它被设计成在通过油品降落和提升时取得样品。(见图2和图3)。

4.9 加重取样器(见图3)

取样器应加重，以便使它能迅速地沉降到被取样的油品中。如果使用取样器采取上部样、中部样、下部样和出口液面样时，应将取样器拴到降落装置上，并通过突然拉动降落装置来打开取样器的塞子。如果用于采取例行样时，应使用图5所示的特殊塞子。为了避免每次取样后都要清洗取样器，所有的加重物质都应固定在取样器的外部，使其不与样品接触。

某些取样器有特殊的开启装置，例如有一个能在任何要求的液面处启闭阀的装置，这个装置是由悬挂钢绳导向，并用重物降落，或者是一个能在取样器开始向上运动时关闭的翼阀或瓣阀。

4.10 底部取样器

降落到罐底通过和罐底板接触能够打开阀或类似的启闭器，而在离开罐底时能关闭阀或启闭器的取样器(见图 6)。

4.11 界面取样器(见图 7)

是一个均匀直径的管状装置,配有上部和下部隔离翼阀和瓣阀。界面取样器可与手摇取样机配合使用,见图 13。向上运动时,可以从罐中任一所选液面收集正确和相对地未经扰动的样品。但所选择的液面不能低于罐底的上方 12 mm。

4.12 蒸气闭锁装置(见图 8)

这种装置是用于从压力罐,特别是从使用惰性气体系统的那些油罐中采取样品。它有一个装在阀顶的气密外壳与罐顶相连接。装在取样笼中的样品容器或图 8 所示的特殊取样器通过气密窗拴到降落齿轮上,然后关闭顶阀,将样品容器或取样器降落到油品中要求的深度,充装样品,将取样器升起,在通过窗户取出取样器之前,要先关闭阀。

4.13 勺

使用张开碗形和有长柄的勺,由不会影响被测产品的材料制成,如镀锡勺。勺应适用于取样的容量,不使用时,必须防止灰尘等污染。

4.14 管

可使用玻璃管或金属管,其长度应能达到距离底部约 3.2 mm 处,管的容积可以从 500 mL 到 1 L。适用于 200 L 圆桶取样的金属管,如图 9 所示。在管的上端两侧焊有两个环,便于提拿,用两个手指提拿,空出拇指去封闭开口。

4.15 其他取样器具将在每种特殊的取样操作程序中详细描述。取样仪器应清洁、干燥,且没有污染样品的杂质。

5 特殊物料及其操作的预防措施和说明

5.1 某些产品的取样需要加以应有的注意,有关这些产品的预防措施规定参阅附录 A。

5.2 原油和重燃料油

原油和重燃料油通常是不均匀的,其油罐样可能没有代表性,原因如下:

5.2.1 靠近罐底夹带水较高。例行样或上部、中部、下部的组合样可能代表不了夹带水的浓度。

5.2.2 油与游离水之间的分界面是难以测量的,特别是存在乳浊液,夹层或油泥的情况下。

5.2.3 测量游离水的体积是困难的,因为横跨罐底表面,游离水的高度变化不一。罐底通常覆盖着游离水层或水乳浊液层,混积着油泥或蜡的夹层。

5.3 汽油和蒸馏产品

汽油和蒸馏产品通常是均匀的。油罐样具备以下条件是可以接收的,但取样时必须撇开重组分。

5.3.1 必须放置足够时间以使重组分充分分离和沉降。

5.3.2 必须有可能测量沉降重组分的液位,以便在该液位上面抽取代表性样品,否则全部或部分重组分将混入要鉴定的油料内。

5.3.3 如果不能满足这些条件,建议采用自动取样系统来完成取样。

5.4 工业芳烃

工业芳烃(苯、甲苯、二甲苯和溶剂石脑油)样品,要特别注意有关预防措施、注意事项和清洁方法。详见附录 A。

5.5 油漆溶剂和稀释剂

5.5.1 当抽取散装油漆溶剂和稀释剂货物的样品时,应遵守下列预防措施和说明。

5.5.1.1 油罐和油罐车

用瓶子取样器分别抽取不多于 1 L 的上部样和下部样(见图 1),在实验室中混合相等部分的上部样和下部样,以制备一个不少于 2 L 的组合样。

5.5.1.2 桶、圆桶和听罐

在任何货物中，应按双方同意的每船货抽取容器数取样。抽取的容器数目可以随买方的意见增加。对于小量购买的高价溶剂，建议每个容器都要取样。用一根清洁的管子或加重瓶子取样器(可以使用一个更小的瓶子)，从要取样的每个容器的中心处抽取一个份样，份样量不少于 0.5 L，等比例混合份样，使组合样体积不少于 1 L。

5.6 海运油船

5.6.1 原油船样品可以按下列方法抽取。

5.6.1.1 在装油前或卸油后从油罐取样。

5.6.1.2 在卸油或装油时从管线取样。管线样可用手工或自动取样器取。如果管线需要更换或冲洗，需要分开取样，以掌握管线更换前后对输油的影响，管线样应包括全部船货。

5.6.1.3 在装油后或卸油前从船舱中取样。可以从油舱中取一个全层样、例行样、组合点样或指定部位上的点样。

5.6.2 船舱样可通过打开舱口抽取，或用封闭系统设备抽取。

5.6.3 一般情况下，当装一海运油船，岸罐样或从装油罐的输油管抽取的管线样为监视转运样。当需要时，也可以检测船舱样的沉淀物与水分及其他品质项目。这些船舱样的检测结果，连同岸罐样检测结果一起，可以在货物证明书上标明。

5.6.4 当卸船时，采用设计正确和运作正常的自动管线取样器从卸油管抽取的管线样应为监视转运样。如果没有适当的管线样，船舱样可以作为监视转运样。

5.6.5 成品油船的样品从发货和收货罐取样。如果需要可从管线中取样。也可在装船后或恰好在卸船前，从船舱中取样。

5.7 取样注意事项

5.7.1 必须非常小心和准确判断，以保证所取样品能代表物料的综合特性和平均状况。

5.7.2 许多石油蒸气有毒且易燃，要避免吸入其蒸气，防止明火、燃屑或静电火花引燃。要遵循被取油品特定的安全预防措施。

5.7.3 挥发性石油产品(雷德蒸气压大于 13.8 kPa)取样时，要用该产品充满取样器再倒掉。需要将样品转移到样品容器时，也要用该产品冲洗样品容器。倒样时，取样器要倒置放进样品容器的开口中，并保持这种位置直到内容物已经转移，这样就不会把不饱和空气夹带进转移的样品中。

5.7.4 非挥发性液体产品(雷德蒸气压等于或小于 13.8 kPa)取样时，要用该产品充满取样器再倒掉，可提前用其他产品冲洗后供使用。

5.7.5 原油样品从样品容器转移至实验室的玻璃瓶中要特别小心，转移次数应减至最少。建议采用机械手段来混合转移的样品。

5.8 样品处理

5.8.1 挥发性样品

必须防止所有石油和石油产品的挥发性样品挥发。取样完毕后要立即将产品从取样器转移到样品容器并封闭好。除正在转移的样品外，样品容器要始终保持封闭。挥发性样品送到实验室后，打开容器前应冷却。

5.8.2 光敏感样品

光对样品保存影响很大。测定颜色、辛烷值、四乙基铅含量、抗氧化剂含量、沉淀物形成特性、安定性试验或中和值等性质时，要使用棕色玻璃瓶。使用透明玻璃瓶要立即包裹好或遮盖好。

5.8.3 精炼产品

在瓶塞上及在容器顶部包上纸、塑料或金属箔，防止精炼产品受水气和灰尘影响。

5.8.4 容器预留空间

决不允许将样品容器完全充满，要留有足够的膨胀空间。要考虑到装样时液体的温度和已装样品的容器可能受到的最高温度。如果样品容器装油超过其容量的 80%，要充分混合样品就有困难。

5.9 随船样品

为了防止在随船运送期间液体损失和蒸发，要用在水中膨胀过并擦干的塑料帽将玻璃瓶的塞子盖住，使其在玻璃瓶顶上收缩紧密。金属容器的螺旋帽要拧紧，并检查有无渗漏。必须遵守随船运送易燃液体的规定。

5.10 样品容器标签

5.10.1 取样后，立即给容器贴上标签。要使用防水防油墨水。标签应包括下列内容。

5.10.1.1 样品名称与牌号；

5.10.1.2 罐、船、车或容器的名称和号数；

5.10.1.3 报验号或其他编号；

5.10.1.4 取样日期和时间；

5.10.1.5 取样人姓名；

5.10.1.6 其他需要标明的事项。

6 安全注意事项

6.1 综述

6.1.1 下述安全注意事项都是通常应用的，并已有良好实践，下列事项还应与相应的国家安全规程或石油工业认可的规则一起应用，无论何时执行这些注意事项都不应与必须遵守的地方的或国家的安全规程相冲突。

对于被取样品的性质和已知危险都应给予仔细地考虑，因为它会影响需要遵守的安全注意事项的细节。

6.1.2 应使取样人员知道取样工作中的潜在危险，并进行遵守安全注意事项的教育。

6.1.3 应严格遵守包括进入危险区域的全部安全规程。

6.1.4 在取样期间应注意避免吸入石油蒸气，戴上不溶于烃类的防护手套。在有飞溅危险的地方，应带上眼罩或面罩。在处理含硫原油时，应附加必要的注意事项。

6.1.5 在处理加铅燃料时，应严格遵守安全规程。

6.2 有关设备的安全

6.2.1 关于设备的机械性能，应根据国家标准或国际标准适当地设计接受器或容器。

压力试验和其他检验工作应由能胜任的人员按照规程进行，试验结果应作记录并定期进行清洗和渗漏检验。

6.2.2 用于取样器具的绳子应是导电体。它最好用麻等天然纤维制造。而不应完全用人造纤维制造。

6.2.3 用在可燃性氛围中的便携式金属取样器具应使用不打火花的材料制造。

6.2.4 取样者工作时应使用有装载取样器具的托架，保证有一只手是自由的。

6.2.5 用于电分级区域的照明灯和手电筒应是安全规程允许的型式。

6.2.6 取样者应穿戴适当的衣服和装备。以保证取样过程中不发生危险。

6.2.7 如果被取样产品的雷德蒸气压在 100 kPa 和 180 kPa 之间，样品瓶应使用一个金属盒保护起来，直到样品废弃为止。如果超过了 180 kPa，只应使用制造时已考虑到所涉及压力的金属取样器。

6.2.8 不应在气密性容器中加热挥发性样品。

6.3 取样点安全注意事项

6.3.1 取样点应能够以安全的方法取得样品。与取样有关的任何潜在危险都应清楚地注明，并建议安装压力表。

6.3.2 应由主管人员经常保养和定期检查取样点和取样设备，并记录检查结果。

6.3.3 到取样点的安全通路应有充足的光线。保持通路、楼梯、平台和栏杆在结构上的安全状态，并由能胜任的人员定期检查。

6.3.4 为了排放和冲洗的需要，应装有足够的和安全的排水设备。

6.3.5 设备上的任何泄漏或故障都应立即向主管人员报告。

6.3.6 取样时，应注意避免吸入石油蒸气。

6.3.7 浮顶油罐都应从顶部平台取样，因为有毒的和可燃的蒸气会聚集在浮顶上方。当必须下到浮顶取样时，浮顶上方的大气必须经过检验证明是安全的，并至少应有两个人戴上呼吸器在现场。

第二个人或其他人员应站在楼梯头处，以清楚地看到浮顶上的取样者。取样者下到浮顶取样后，应尽快回到楼梯头处。

可使浮顶上方的大气变得危险的某些条件是：

a）产品含有硫化氢和挥发性硫醇；

b）浮顶没有完全起浮；

c）浮顶密封失效。

6.4 静电

为了避免静电危险，在罐内可燃烃类的贮存温度高于其闪点时，或者在罐内已产生烃蒸气的易燃气氛或油雾时，应遵循下列注意事项。

6.4.1 贮油罐、公路罐车、铁路罐车、油船或驳船在装油期间不应取样，尤其是在装新精制的挥发性产品时，会使油罐上部空间的易燃蒸气与空气的混合物增加。

6.4.2 取样时，为防止打火花，在整个取样过程中应保持取样导线牢固接地，接地方法一是直接接地，二是与取样口保持牢固的接触。

6.4.3 当采取在接近或高于其闪点温度下充装的新精制的挥发性产品（包括煤油和粗柴油）的样品时，必须在完成转移或装罐 30 min 后，才能向油罐中引入导电的取样器具。

如果有下列情况之一，可以在装油 30 min 之内取样：

a）对于浮顶油罐，取样是在开槽的计量管内进行的；

b）对于固定油罐，油罐装有接地的浮盖；

c）产品含有足够的静电分散添加剂，保证总电导率大于 50 pS/m，并在无油空间没有油雾或细粒形成（见注）。

注：静电分散添加剂能够增加烃类液体的电导率，避免静电荷的聚集。总电导率应大于 50 pS/m。在这个电导率下，液体中聚集电荷的释放时间是很短的，电荷几乎在形成时就消失。因此，只要在无油空间没有油雾或细粒形成，可以不用延长时间就进行测量和取样，甚至正在充油时都可以进行测量和取样。带电荷的小滴能存在于油雾或细粒中，且会产生静电荷的聚集，与液体产品中静电分散添加剂的存在无关。

6.4.4 在可能存在易燃蒸气的区域不应穿能打火花的鞋。建议在干燥地区不要穿胶鞋。

6.4.5 应穿棉花、亚麻、羊毛制品的衣服，不应穿人造纤维制品的衣服。

6.4.6 在大气电干扰或冰雹暴风雨期间不应进行取样。

6.4.7 为了使人体上的静电荷接地，在取样前取样者应接触距离取样口至少 1 m 远的油罐上的某个部件。

7 取样原则

7.1 使用手工取样的必要条件：

7.1.1 如果遵循合适的取样操作程序，可以在本方法规定的范围内所有条件下使用手工取样。

7.1.2 在许多液体手工取样应用中，要取样的油料含有重组分（比如游离水），要与主要组分分离出来。这时，只有具备 5.3 所列的条件，才可以取样。

7.2 手工取样必须考虑的因素：

7.2.1 物理和化学特性试验

对样品进行的物理和化学特性试验将决定取样操作程序，如所需的样品数量以及对样品的处理要求等。

7.2.2 取样次序

7.2.2.1 对要取样的罐内油料的任何干扰都会对样品的代表性产生不利影响。因此,应在测油量、测温度以及任何其他能干扰罐内油料的类似活动之前进行取样操作。

7.2.2.2 为避免在取样过程中污染油料,取样应按照下列顺序从顶开始往下工作:表面样、顶样、上部样、中部样、下部样、出口样、间隙样、全层样、底样、例行样。

7.2.3 设备清洁

进行取样操作之前,取样设备必须清洁。在取样器中或样品容器中,遗留来自以前样品或清洗操作的任何残余物料都会破坏样品的代表性。在轻质石油产品取样之前,要用被取油品冲洗样品容器。

7.2.4 组合单个样品

7.2.4.1 如果取样操作程序需要抽取几个不同样品,可以对每个样品或对各个样品的组合样进行物理特性试验。如果对各单个样品分别进行试验,试验结果通常加以平均。

7.2.4.2 如果需要多罐组合样,比如在船上或驳船上,可以用从装有相同油料的各个不同的油舱中所取的样品制备一个油舱组合样。为了使这个油舱组合样代表各个油舱所装的油料,用来制备油舱组合样的各个单舱样品的数量必须与对应油舱油料的体积成正比。在大多数其他组合情况下,采用各个单个样品的相等体积。如有需要,分别保留每个单舱样品以备重验。

7.2.4.3 组合样品时,要小心操作,以保证样品完整。

7.2.4.4 在特定油位(例如上部、中部、下部)抽取的样品,在加盖之前需要倒出一小部分样品,以便在容器内预留空间。所有其他样品应立即加盖,送往化验室。

7.2.5 样品转移

从实际取样操作到做试验之间,一个容器到另一个容器的样品中转次数应减到最少。轻质烃的飞溅损失、水分的粘附损失或来自外部的污物会使结果不真实,例如密度、沉淀物与水分、产品透明度等,容器之间的转移越多,这些问题产生的可能性就越大,有关样品处理与混合的补充资料见相关的标准方法。

7.2.6 样品贮存

除了正在转移,样品应保存在密封容器中,以避免轻组分的损失。样品在保存期间应避免光照、受热或其他可能出现的不利情况。

7.2.7 样品处理

如果样品不均匀,又必须将一部分样品转移到其他容器或试验器皿中,必须按照油料的种类和合适的试验方法充分混匀,以保证所转移的那部分样品是有代表性的。小心操作,保证混匀,不致变动样品的组分,比如轻馏分的损失。

7.3 进出口石油及液体石油产品代表性样品取样地点

在一般情况下,抽取作为品质检验所用的代表性样品,出口油品的取样地点在岸罐、油槽车和输油管线,如果能证明船舱是清洁的,也可以在输油结束 30 min 以后从船舱中取样;进口油品的取样地点在船舱和输油管线。

8 取样方法

表 3 概括了本方法中叙述的取样操作程序适用范围。如果各方达成相互满意的协议,可以使用替代的取样操作程序。上述协议应书面记录,并由授权人员签署。

表 3 取样操作程序适用范围

应　用	容器类型	操作程序
雷德蒸气压大于 13.8 kPa 而不大于 101 kPa 的液体	贮罐,船和驳船,铁路油槽车,油槽卡车	瓶子取样,取样器取样
雷德蒸气压等于或小于 101 kPa 的液体	装有龙头的贮罐	龙头取样
雷德蒸气压等于或小于 13.8 kPa 的液体的底部样品	装有龙头的贮罐	龙头取样
雷德蒸气压等于或小于 101 kPa 的液体	管道或管线	管线取样
雷德蒸气压等于或小于 13.8 kPa 的液体	贮罐,船和驳船	瓶子取样
雷德蒸气压等于或小于 13.8 kPa 的液体	自由的或敞开的卸货流	勺取样
雷德蒸气压等于或小于 13.8 kPa 的液体	圆筒,桶,听罐	管取样
雷德蒸气压等于或小于 13.8 kPa 的液体的底部或取样器取样	铁路油槽车,贮罐	取样器取样
雷德蒸气压等于或小于 13.8 kPa 的液体和半液体	自由的或敞开的卸货流,开式罐或有开口顶的锅,铁路油槽车,油槽卡车,圆筒	勺取样
原油	贮罐,船和驳船,铁路油槽车,油槽卡车,管线	自动取样,取样器取样,瓶子取样,龙头取样
工业芳烃	贮罐,船和驳船	瓶子取样

8.1 油罐取样

一个交货批组成的油罐均应逐个抽取单罐组合样,然后按每个罐实际储油体积比例混合成多罐组合代表性样品。需要时,可使用底部取样器取底样。

油罐取样只可以从带有至少两行互相交错长孔的竖管(见图 14)抽取竖管样,不允许从无空隙的竖管内取样,因为其中的物料通常不能代表油罐中该位置的物料。

8.1.1 立式圆柱罐取样

8.1.1.1 取点样

a) 均匀石油产品按上、中、下部等比例抽取点样。取样时,将加重带塞的瓶子取样器或加重取样器降到指定的部位,突然猛地一拉绳拔出塞子,当停止冒气泡时,说明取样器已经充满,提出取样器,立即盖好塞子或转移到样品容器(见图 15)中。

　当在不同液面取样时,为避免扰动下层液面,要从顶部到底部的顺序取样。

b) 从原油及不均匀油品罐抽取点样,可按以下方法收集,但必须撇开游离水层。

　(1) 罐内打循环,停泵 0.5 h 后,按上、中、下部等比例取样。

　(2) 多点样

　容量大于 10 000 m^3,油高超过 15 m 的油罐,等间距多点取样。取样点数为储油高度米数的 60%,这些点通常包括上、中、下和出口液面样,等比例混合。取样要在两个以上取样孔分别抽取。

　(3) 五点样

　容量大于 10 000 m^3,油高在 10～15 m 的油罐,取顶部、上部、中部、下部和出口液面点样,等比例混合。

　(4) 三点样

　容量在 200～10 000 m^3 或容量大于 10 000 m^3,但油高在 5～10 m 的油罐,取上、中、下或出口部样,等比例混合。

(5) 二点样

容量大于 200 m^3,油高在 3～5 m 的油罐,在油的上部、下部或出口部抽取等体积样品。

(6) 中部点样

容量小于 200 m^3 或容量大于 200 m^3,但油高小于或等于 3 m 的油罐,在储油层中心部位抽取一个点样。

8.1.1.2 取全层样

将带塞的取样器浸放到出口液面,打开取样器,以均匀速度提升取样器,在提出液面时,取样器充满大约四分之三。

对于不均匀油品,取全层样时增加取样次数一倍。对于容量大于 10 000 m^3,油高 超过 15 m 的油罐,增加的取样要在另一个取样孔抽取。

8.1.1.3 取例行样

以均匀速度将一个不带塞的取样器从油面上降到出口管的油面上,再把它提升出油面,使取样器充满大约四分之三。

对于不均匀油品取样同 8.1.1.2。

8.1.2 卧式圆筒罐取样

卧式圆筒油罐只允许取点样。点样取样部位和单罐组合样的比例见表 4 规定。由单罐组合样按体积比混合成一批的代表性样。

表 4 卧式圆筒形油罐取样说明

液体深度 占油罐直径百分比	取样油面 占罐直径百分比(从罐底往上计)			组合样 (成比例的份数)		
	上部	中部	下部	上部	中部	下部
100	80	50	20	3	4	3
90	75	50	20	3	4	3
80	70	50	20	2	5	3
70		50	20		6	4
60		50	20		5	5
50		40	20		4	6
40			20			10
30			15			10
20			10			10
10			5			10

8.1.3 罐龙头取样

龙头取样适用于在装有合适取样龙头的油罐中抽取雷德蒸气压小于或等于 101 kPa 的液体样品。本方法推荐用于吸顶式、气球顶式、球形等罐中挥发性贮油的样品(如果油罐没装有取样龙头,可以从玻璃液面计的排出活栓取样)。

8.1.3.1 仪器

a) 油罐龙头装置(见图 10)

在油罐的整个高度上,应等距离安装至少三个取样龙头,每个龙头直径最小应为 12.5 mm,重质粘稠液体,如密度为 0.946 5g/cm^3(15.6℃,API 等于或小于 18)的原油需要 20 mm 的龙头,在没装备浮顶的油罐上,每个取样龙头应伸进罐内至少 100 mm,取样龙头应装有一根导出管,使样品从底部进入取样容器。

b) 侧面有排出口的油罐，取间隙样的龙头应位于排出口底下 20 mm 处。有关取样龙头的其他要求列于表 5。

c) 需要清洁、干燥，其大小及强度适合接受样品的玻璃瓶。

表 5 取样龙头技术条件

罐 容 积	等于或小于 1 590 m³(10 000 bbls)	大于 1 590 m³(10 000 bbls)
套数	1	2[1]
每套最少龙头数	3	5
垂直位置：		
上部龙头	离罐壳顶部 45 cm	
下部龙头	与排出口底部持平	
中部龙头	与上部龙头和下部龙头等距	
周围位置：		
离人口	2.4 m 以上	
离排出口	1.6 m 以上	
1) 两套龙头应位于罐的两面		

8.1.3.2 取样方法

a) 取样前，要检查样品容器及刻度量筒的清洁。如果需要，使用干净的容器，或者在操作以前，将现用仪器用合适的溶剂清洗，再用待取样的液体冲洗。

b) 估计油罐中的油。

c) 如果要取样的油料，其雷德蒸气压等于或小于 101 kPa，则将导出管直接连接到取样龙头上。

d) 冲洗取样龙头与管道，直到完全清洁。

e) 按照表 6 中列出的要求，用样品容器或刻度量筒收集样品。如果样品取自不同龙头，要用刻度量筒量出合适的样品量。否则，可直接用样品容器分别收集样品。如果使用导出管，要保证在取样期间导出管的末端保持在刻度量筒或样品容器的液位下面。

f) 拆下导出管或冷却装置。

g) 给样品容器盖上盖子，贴上标签。

表 6 龙头取样要求

罐容积/液位	取 样 要 求
罐容积小于或等于 1 590 m³(10 000 bbls)	
液位低于中部龙头	全部样品取自下部龙头
液位高于中部龙头并接近中部龙头	从中部龙头及下部龙头取等量样品
液位高于中部龙头并接近上部龙头	从中部龙头取全部样品的 2/3，并从下部龙头取全部样品的 1/3
液位高于上部龙头	从上部龙头、中部龙头及下部龙头取等量样品
罐容积大于 1 590 m³(10 000 bbls)	从全部浸没的龙头取等量样品，要求最少三个龙头代表不同体积

8.2 船舱取样

在装货后或在卸货前取样。

8.2.1 在一般情况下，船舱应视为油罐。容量在 2 000 m³ 以上的船舱，取样时不可丢弃。

8.2.2 在取样前，首先应了解货物的装载情况，要核实货物的品名、产地、数(重)量、装船方法以及是否充装惰性气体等。

8.2.3 取样舱数的确定

8.2.3.1 均匀石油产品取样舱数

装油舱在4个舱以下的,全部取样。超过4个舱的,按总舱数的60%取样,但应不少于4个舱。铺装舱可按总舱数的一半计算取样舱数,但应不少于4个舱。取样舱要合理布局,要在左、中、右及分装时的先后次序中确定。

8.2.3.2 原油及不均匀石油产品取样

装油舱在10个舱以下的应逐舱全部取样,10个舱以上的按总装载舱数的75%取样。分装舱取样必须包括首装舱和末装舱。铺装舱可按总舱数的一半计算取样舱数。取样后按每个舱油品的体积比混合成代表性样。取样舱要按8.2.3.1合理布局。

8.2.4 取点样

按8.1.1.1操作,根据取样舱数的载油体积比混合成代表性样。

8.2.5 取全层样或例行样

按取样舱数的体积比混合成代表性样。

8.2.6 充装惰性气体船舱的取样

8.2.6.1 取样前,放空舱内惰性气体,待舱内气压接近常压时取样。取样时使用清洁的抹布封堵取样口,防止样品随上升气流飞溅。

8.2.6.2 在不能排放惰性气体的情况下,使用蒸气闭锁装置取样。

8.3 槽车取样

油槽车应在装车后或在卸车前取样。

8.3.1 一整列槽车应视为一批。一次交货由数整列槽车组成时,要分批取样检测,再加权平均报告一次交货的品质。如允许,可以按体积比合并各批的代表性样检测。

8.3.2 槽车取样数的确定

8.3.2.1 整列槽车装有相同品级的均匀石油产品,按槽车数的30%取样,但不应少于4车,还必须包括首车或末车。对于由多个厂家提供产品所组成的整列槽车,应保证按各厂家比例分布取样槽车,必要时可增加取样槽车数,然后按各厂家槽车的体积比混合成代表性样。需要时,按各厂家组合样分别检测。

8.3.2.2 整列槽车装有同一产地的原油或同一厂家的不均匀油品,按50%取样,应不少于4车,还必须包括首车或末车。

8.3.3 均匀液体石油产品可在槽车油品深度内的中部取点样。

8.3.4 不均匀液体石油产品按表4规定取点样或取全层样、例行样。

8.4 手工管线取样

手工管线取样适用于在装油管线抽取雷德蒸气压小于101 kPa的液体及半液体。

8.4.1 手工管线取样装置

8.4.1.1 取样探头

取样探头的作用是从流动液流中抽取样品的。所有探头应伸到管道中央横断面三分之一处,探头的入口应朝向上游。通常使用的探头如图11所示。

a) 一个伸到管路中心的管,其斜截的45°角要朝向液流(见图11a)。

b) 一个短半径的弯头或弯管。探头的末端应在内径上斜切成锐利的入口边(见图11b)。

c) 一个在封闭端附近钻有一个圆形小孔的封闭端管(见图11c)。

8.4.1.2 探头位置

因为被取样的流体不可能总是均匀的,所以取样探头的设置、位置和大小应能使水分和较重颗粒的分离减到最小,以保证所取样品和液流的浓度一致。

a) 探头应始终处于水平位置,以免部分样品倒排回主液流。

b) 探头应优先考虑设置在管路的垂直段。如果液流速度高得足以产生充分搅动混合,探头也可以设置在管路的水平段。

c）如果得不到足够的液流速度，应在取样龙头上游安装一个混合液流装置，把管路中液体的分层减少到可以接受的水平。如果液流象在立式管内那样垂直流动一段足够距离，即使在低流速也可以不用这种混合液流装置。获得均匀混合物的有效方法有：缩小管路尺寸；一系列的档板；锐孔或钻孔板，或者是这些方法的结合。

d）与探头结合使用的取样管路应尽量短，取样前要进行清洗。

e）半液体取样时，需要将取样管路、阀和接受器加热到其温度恰好足以保持物料为液体，保证准确取样和混合。

f）为控制样品的抽取速率，探头应装配阀式活栓。

8.4.2 取样方法

8.4.2.1 调整取样探头或活栓，从探头抽取均匀的液流。样品抽取速率应使流过探头液体的速度大约等于流过管线液流的平均线性速度。测量和记录样品抽取速率(每小时升数)。将样品液流连续的或间隔地移入样品容器，提供足够数量的样品用于分析。

8.4.2.2 原油和其他石油产品取样时，应于每小时或少于每小时抽取 0.25 L 样品。通过相互协商，取样周期和样品数量均可以变更。对于均匀流速，取样数量和间隔应该是均匀的。如果主液流的流速不定，取样间隔要相应的变动。

8.4.2.3 将原油样品放在密闭容器中，在一致同意的时间内，混合一组合样用于检测。有关样品的混合与处理见 5.8。样品容器要存放在凉爽干燥的地方，应避免阳光直接照射。

8.4.2.4 可以在规定的时间间隔取管线样，并分别检测。检测结果可以算术平均，也可以加以调整以适应在一致同意的时间内流速的变化。

8.5 勺取样

勺取样适用于抽取雷德蒸气压等于或小于 13.8 kPa 的液体和具有流动性或放出液流时具有流动性的半液体，如在直径等于或小于 50 mm 的装油和运油管线以及桶、包装、听罐的装油容器取样。

8.5.1 取样方法

将勺插进自由流动的液流中，从液流完整的横截面抽取选定的时间间隔的样品，使被收集的完整样品与泵送的数量成正比。所收集样品总量大约应为被取样产品的 0.1%，但不应多于 150 L。将收集的样品立即转移到样品容器中，在整个操作过程中，除了勺往容器倒样品时以外，其他时间容器都要封闭。

8.6 整批包装取样

8.6.1 包装取样数的确定

从足够数量的单个包装中取样，制备能代表整批包装的组合样。随机任取包装的数目取决于若干实际的考虑。

8.6.1.1 油品技术条件的严密性。

8.6.1.2 油品的来源和类型，即在整批包装中是否多于一个生产批次和厂家。

8.6.1.3 以前类似交货的经验，特别是包装之间质量的均匀性。

8.6.1.4 在大多数情况下，按表 7 中规定的数目取样。

8.6.2 管取样

管取样适用于圆筒、桶和听罐中雷德蒸气压等于或小于 13.8 kPa 的液体及半液体取样。

8.6.2.1 取样方法

将圆桶或桶带塞的一面朝上放置。如果圆桶没有侧口，将它直立并从顶部取样。如果要求检测水分、锈或其他不溶物，让桶在这种位置保持足够长的时间，使不溶物沉淀。

取下桶盖，放在桶口旁边，带油的一面朝上。用拇指封闭清洁、干燥的取样管上端，把管降到油中深约 0.3 m，移开拇指，让油流进取样管。再用拇指封闭取样管上端，提出取样管。使取样管成水平并转动之，用管内的油冲洗取样管内部和取样时将接触的管内表面。要避免接触在取样时会浸到油中管的任何部分，放掉冲洗油，让管排干。

取样时,用拇指封闭管的上端,将管插到油中(取全层样时,插管时不要封闭上端开口),当管到达底部时,移开拇指,使管充满;再用拇指封闭上端,迅速抽出管,把取出的样品转移到样品容器中,转移过程中,不要让手接触到油品,封闭样品容器,然后盖上桶盖,拧紧。

8.6.2.2 从容量为 20 L 或更大的容器中取样,使用按比例缩小的取样管。

8.6.3 容量小于 20 L 的听罐、桶,应将全部内容物作为样品,按表 7 规定的数量随机取样。

表 7 整品包装最小取样数目

批中包装数目	要取样的包装数目	批中包装数目	要取样的包装数目
1～3	全部	1 332～1 728	12
4～64	4	1 729～2 197	13
65～125	5	2 198～2 744	14
126～216	6	2 745～3 375	15
217～343	7	3 376～4 096	16
344～512	8	4 097～4 913	17
513～729	9	4 914～5 832	18
730～1 000	10	5 833～6859	19
1 001～1 331	11	6 860 或更多	20

9 抽取用于特殊试验的样品

9.1 特殊的预防措施

对于有些试验方法和技术条件,要求特殊的预防措施和说明。通用的操作程序和说明,在第 5 章中已有阐述,在本章中如有抵触,应按特定的试验方法采取相应的预防措施。

9.2 汽油的蒸馏

当抽取天然汽油样品时,采用瓶子取样器。取样前,要把瓶子浸没在产品中预冷,让瓶子装满,把首次装满的样品倒掉。如果不能使用瓶子取样器时,按照 8.1.3 中叙述,用罐龙头取样,同时使用冷却浴。取样时不要摇动瓶子。取样后立即用紧密的塞子封闭瓶子,放入冰浴中或温度为 0～4.5℃冰箱中。

9.3 蒸气压

9.3.1 当抽取要检测蒸气压的石油和石油产品样品时,参考 GB/T 8017 标准方法。

9.3.1.1 预防措施

蒸气压对于蒸发损失和组分的轻微变化非常敏感。当抽取、贮存或处理样品时,应遵守必要的预防措施以保证样品能代表产品。法定样品应由有判断力的、熟练的和有取样经验的人员来抽取,或者在他的直接监视下进行。要抽取独立样品用于蒸气压试验。决不能由组合样做这个试验。要查明由普通运输工具装运的容器是否符合有关法规。冲洗或清洗管线和容器时,要遵守与防火防爆和防其他危险的有关规定和预防措施。

9.3.1.2 冷却浴(见图 12)

冷却浴要有足够大能装得下样品容器,浴中要有一个长约 7.6 m、外径 9.5 mm 或更小的铜冷却盘管。当使用 9.3.1.7 操作时,需要使用这个冷却盘管。盘管的一端装有一个连接件,接到油罐的取样龙头或阀上。另一端装有一个适用的出口阀,出口阀与一根外径为 9.5 mm 或更小并有足够长度伸到样品容器底部的可拆卸的铜管相连接。

9.3.1.3 样品容器

样器容器容量在 0.9 ～7.6 L,有足够强度经得起可能受到的压力,其塞或盖可以用适宜连接件更换,以便把样品转移到蒸气压仪器的汽油室。开式容器有一个容许浸没取样的单个开口。闭式容器有两个开口，每端各有一个，装有适用于水置换取样或排气取样的阀。

9.3.1.4 转移连接件

开式容器的转移连接件，由安装在塞或盖上的一根空气管和一根液体输送管组成。空气管伸到容器的底部，液体输送管的一端同塞或盖的内面平齐，当把样品转移到汽油室时，输送管的长度要能伸到汽油室的底部。

闭式容器的转移连接件是一根适于把连接件接到样品容器的一个开口上的单管。当转移样品时，管的长度足以伸到汽油室的底部。

9.3.1.5 开式罐取样

在开式罐或油槽车取样时，应使用清洁的样品容器。推荐使用瓶子取样器取全层样。取样前，将容器浸没在被取产品中充满，倒掉冲洗。然后立即取样，倒出一些，使容器装满70%～80%，并迅速封闭容器，贴上标签。

9.3.1.6 密封罐取样

从密封罐或压力罐取样时，可以使用开式容器或闭式容器。如果使用开式容器，按9.3.1.7所叙的冷却浴操作程序取样。如果使用闭式容器，则用9.3.1.8水置换操作程序取样，或用9.3.1.9排气操作程序取样。水置换装置是可取的，因为排气程序中含有产品的液流可能是危险的。

9.3.1.7 冷却浴操作程序

使用开式容器时，在取样操作期间使用冷却浴(见图12)，把容器的温度保持在0～4.5℃。将盘管连接到油罐的取样龙头或取样阀上，用足够数量的产品冲洗盘管，以保证完全清洗盘管。取样时，调节出口阀，使盘管中压力与油罐中的压力大约相同。将容器装满一遍，以洗涤和冷却容器，倒掉洗涤后的产品。然后立即取样，倒出一些，使容器中装满70%～80%，迅速封闭容器、贴上标签。

9.3.1.8 水置换操作程序

用水完全充满闭式容器，关闭阀。水的温度应等于或低于被取产品的温度。把容器的顶阀或进口阀连接到油罐取样龙头或取样阀上，容许少量产品流过装置。然后，打开容器进口一侧的全部阀。稍微打开底部阀或出口阀，让进入容器中的样品慢慢地置换水。调节流量，使容器内的压力没有明显的变化。一旦油样从出口排出，立即关闭出口阀。然后，接连地关闭进口阀和油罐的取样阀。卸下容器，再排出些样品，使容器装满70%～80%。如果产品的蒸气压没有高到能迫使液体排出容器，则稍微打开上部阀和下部阀，除去过量液体，迅速封闭容器，贴上标签，送往实验室。上述操作不适用于液态石油气取样。

9.3.1.9 排气操作程序

把闭式容器的进口阀连接到油罐的取样龙头或取样阀上。调节容器的出口阀，使容器中的压力大约等于被取样的容器中的压力。让体积至少等于容器体积两部的产品流过取样系统。然后关闭所有阀，首先关闭出口阀，其次关闭容器的进口阀，最后关闭油罐的取样阀，立即卸下容器。排出一些样品，使容器装满70%～80%。如果产品的蒸气压没有高到能迫使液体排出容器，则稍微打开上部阀和下部阀，除去过量的液体。迅速封闭容器，贴上标签，送往实验室。

9.4 氧化安定性

9.4.1 当抽取检测氧化安定性的石油产品的样品时，应遵守下列预防措施和说明。

9.4.1.1 预防措施

很少量(少至0.001%)的某些物料，例如抗氧剂，对氧化安定性试验有相当大的影响。当抽取和处理样品时，要避免污染和避光。要防止能促进氧化的空气过分搅动，不要做比需要更大程度的倾倒、摇动或搅拌样品。决不能使样品受到高于大气的温度。

9.4.1.2 样品容器

只能使用棕色玻璃瓶或包裹起来的透明玻璃瓶作为容器，因为要查明金属容器没有污染如锈和焊剂是困难的。按4.5中叙述的操作程序清洗瓶子，如果可能，应使用硫酸与重铬酸钾洗液处理瓶子，再用蒸馏水充分冲洗，干燥，并防灰尘，防污物。

9.4.1.3 取样

推荐用瓶子取样器抽取例行样，因为样品直接抽取在瓶子里，减少了空气吸收、蒸气损失和污染的可能性。取样前，用被取样的产品冲洗瓶子。

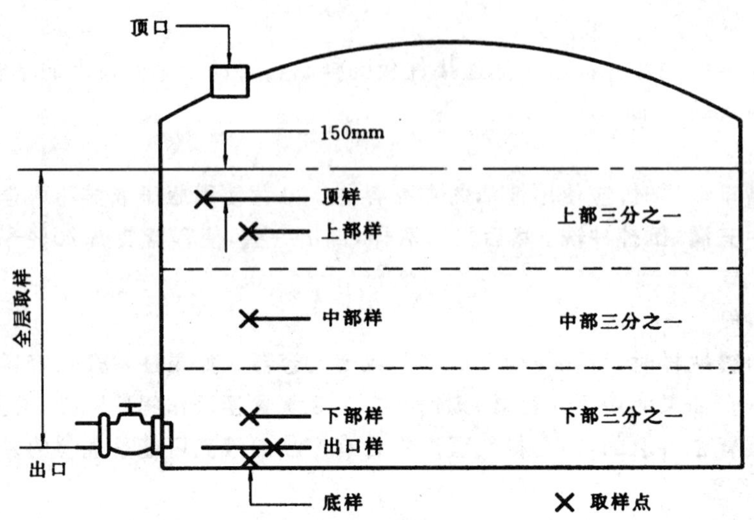

图 1 取样位置示例

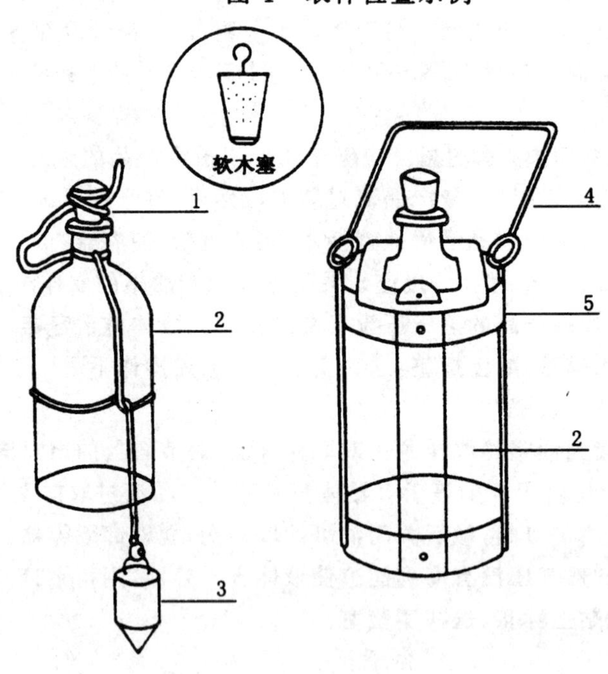

1—取样绳；2—取样瓶；3—重砣；4—提把；5—笼架

图 2 取样笼架和瓶子取样器

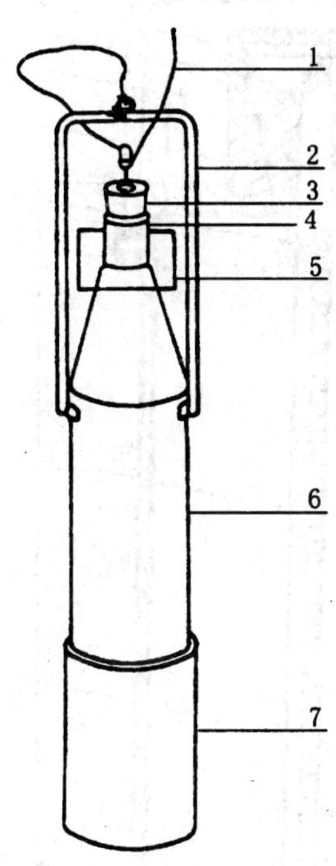

1—尺带或取样绳；2—铜丝耳状提把；3—软木塞；4—球形阀；5—球阀开启把手；6—简体；7—配重铅套

图 3a）加重的取样器示例一

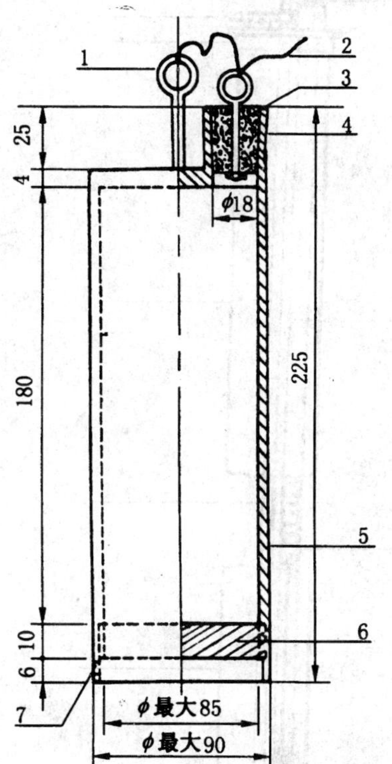

1—提耳；2—取样绳或金属线链；3—软木塞或塑料塞；4—进出口；5—简体；6—调重底板；7—提拉孔

注：适宜抽取密度大于水的油品。

图 3b）加重的取样器示例二

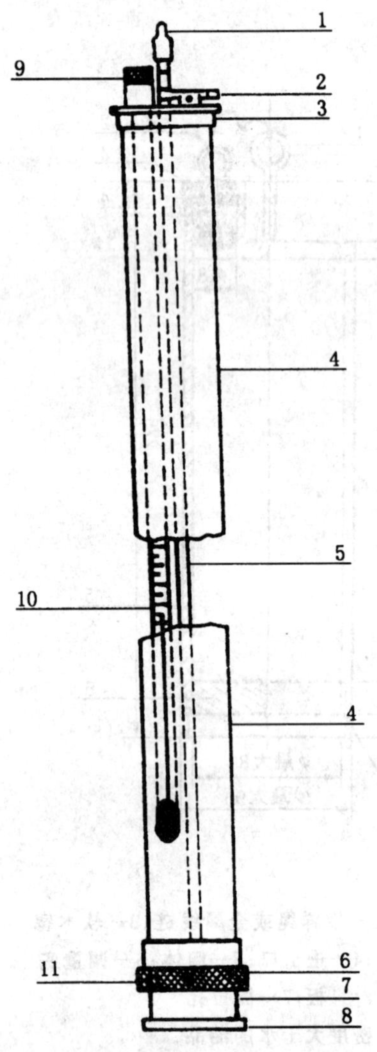

1—排气管；2—搬倒开关；3—上盖；4—筒体；5—停止杆；6—夹紧底座的滚花的环；7—滑动塞；8—接触线；9—温度计塞盖；10—温度计；11—充油孔

注：充油孔由取样器接触罐底时被其底座的升起而关闭。

图 4a） 全层取样器示例一

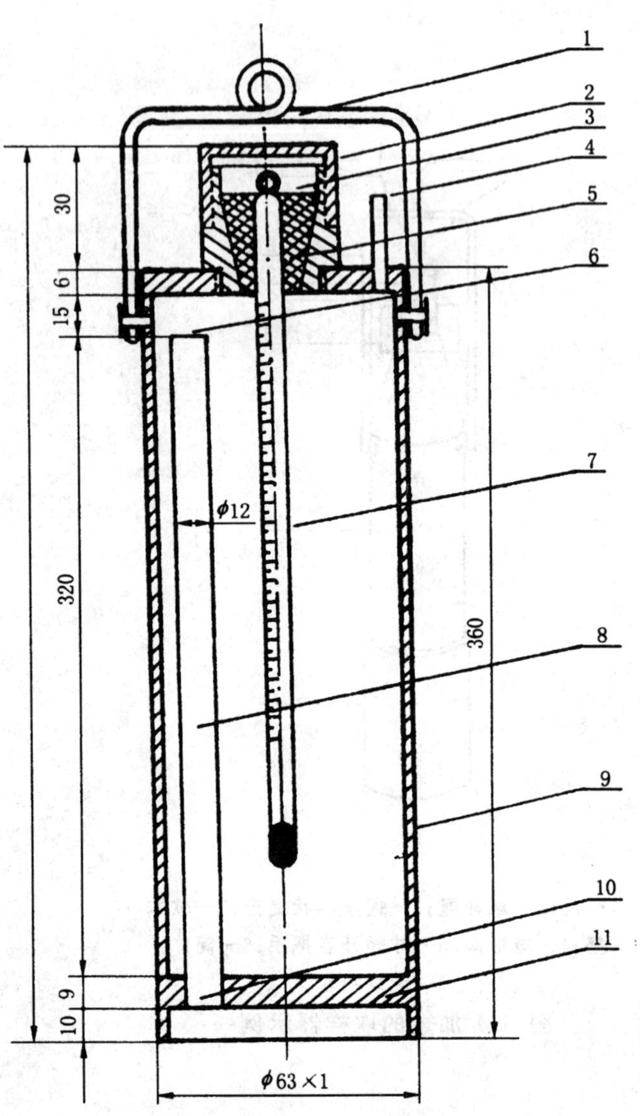

1—提把；2—螺帽盖；3—样品出口；4—排气管；5—硅橡胶塞；6—溢流口；7—温度计；8—进样管；9—筒体；10—样品进口；11—底部配重铅砣

图 4b） 全层取样器示例二

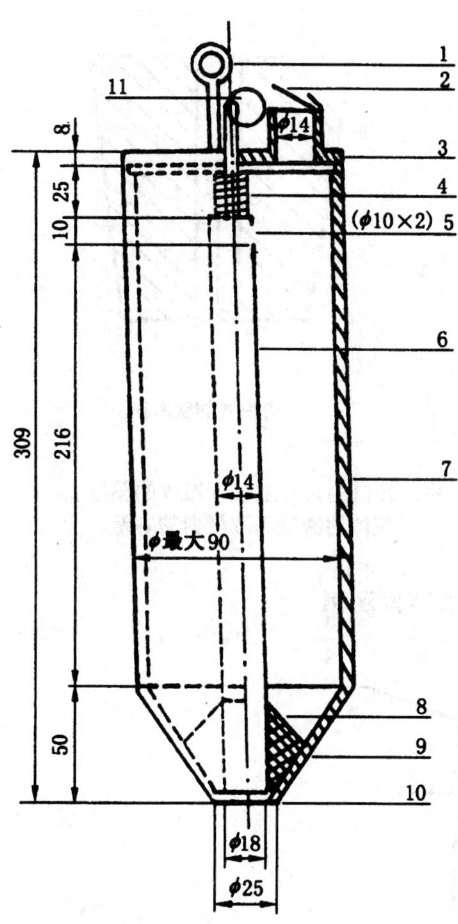

1—挂钩；2—排气口活动盖；3—上盖；4—压缩弹簧；5—油品进口；6—进油管；7—筒体；8—磨口塞；9—底部阀口；10—油品进/出口；11—拉环

图 4c) 全层取样器示例三

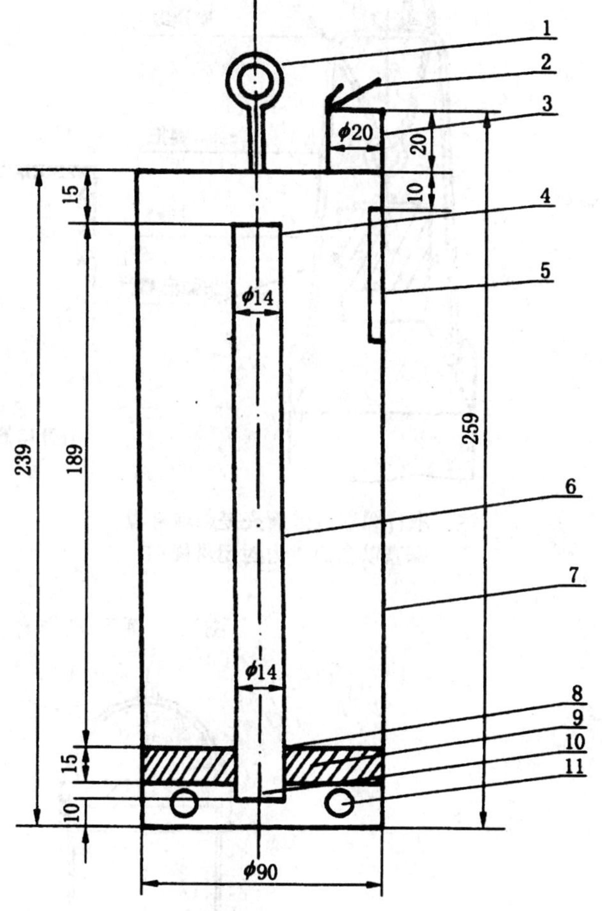

1—提耳；2—上盖；3—排气(样)孔；4—油品进口；5—液面观察窗口(60 mm×10 mm 透明膜)；6—进油管(ϕ16×1 mm)；7—筒体(1 mm 厚黄铜板)；8—底板；9—调重铅砣(ϕ90×13 mm)；10—样品进口；11—溢流孔

图 4d) 全层取样器示例四

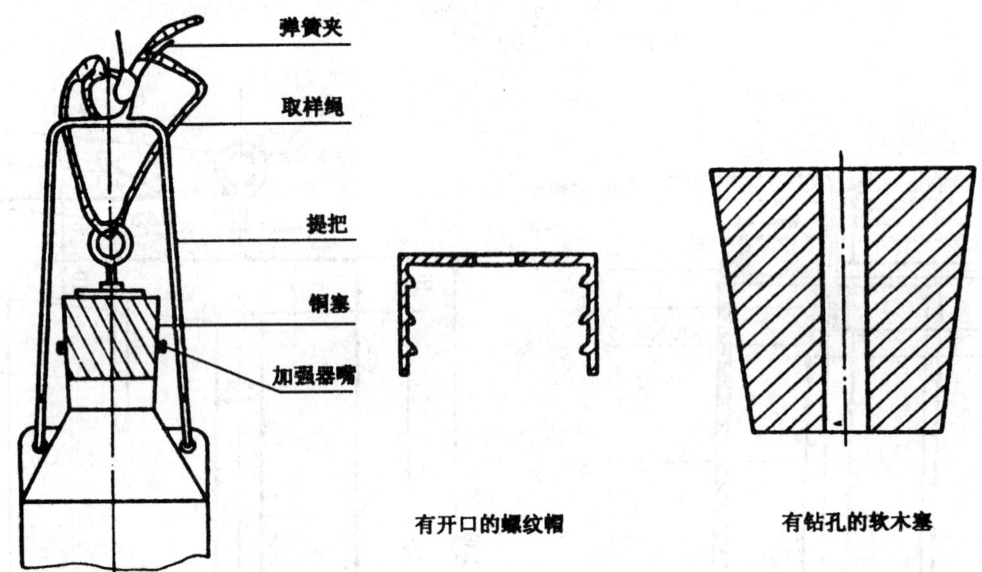

图 5 例行取样器及限制充油装置示例

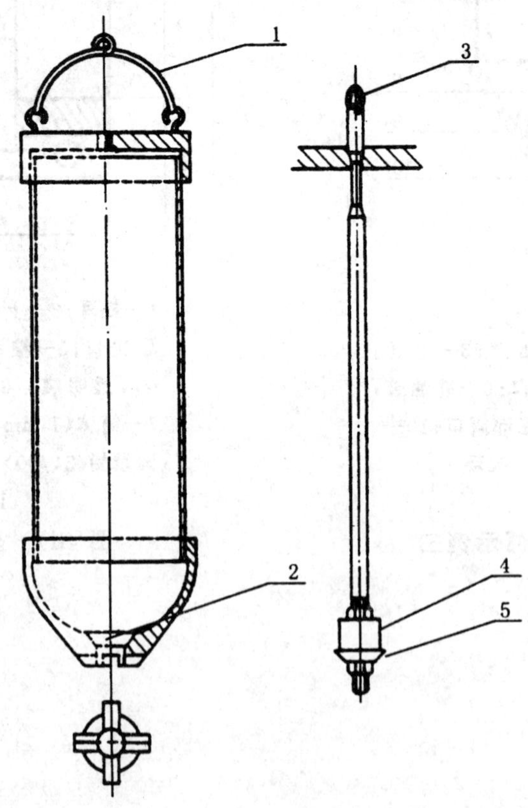

1—挂钩；2—底部阀口；3—放空提手；4—重物；5—锥体阀

图 6a） 底部取样器示例一

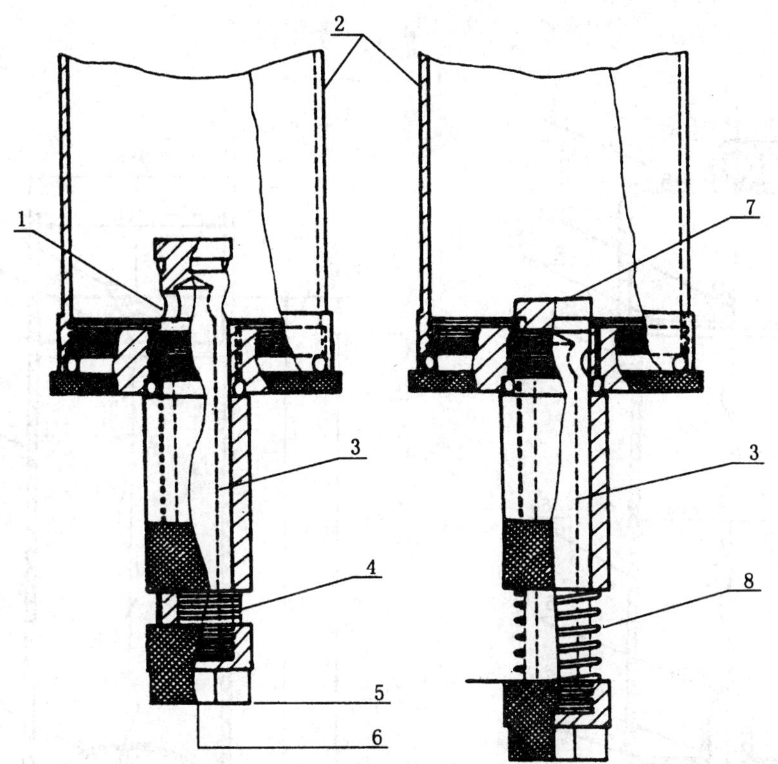

1—样品进入取样筒的孔(内管向上进入器体,进样孔被打开);2—加重的取样筒;3—内管;4—弹簧被压缩;5—油罐底板;6—样品进口;7—内管上盖(进样孔被关闭);8—弹簧被打开

图 6b) 底部取样器示例二

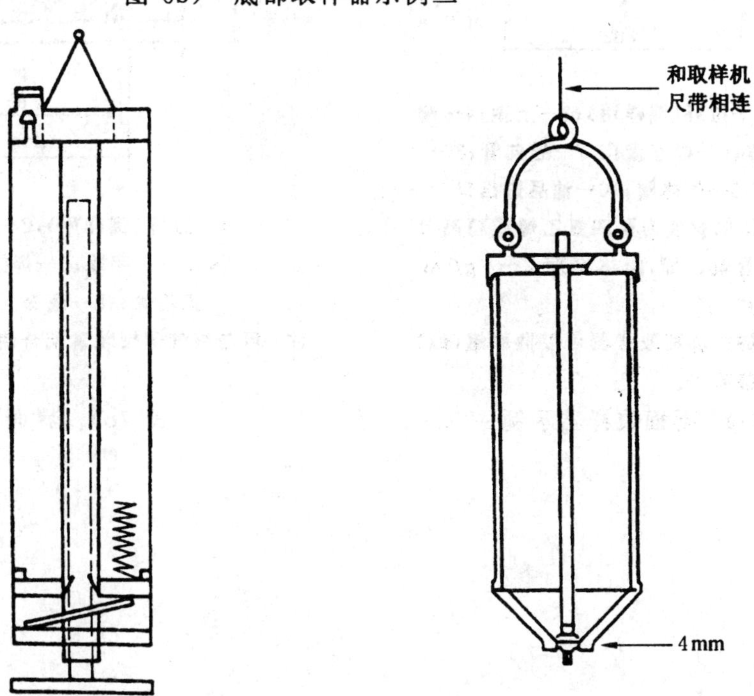

图 6c) 底部取样器示例三

图 6d) 底部取样器示例四

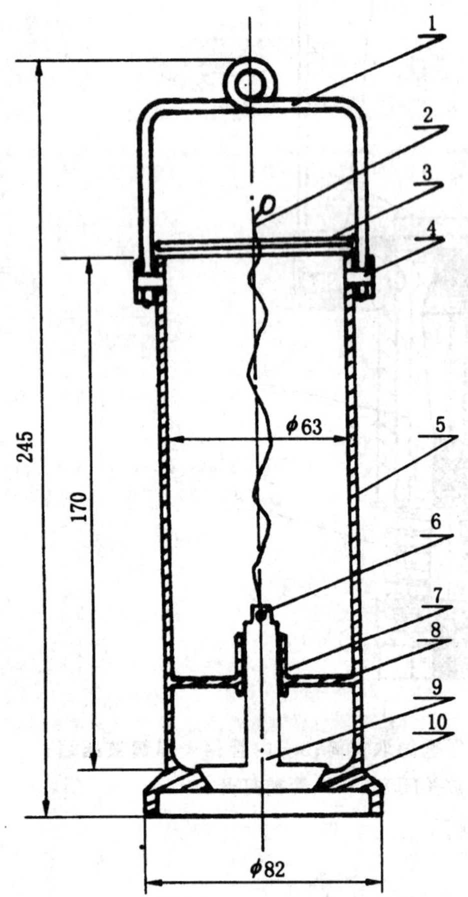

1—提耳；2—拉环（倒样用）；3—上盖；4—铆轴；5—筒体；6—栓连接孔；7—导向管；8—定向板；9—锥体阀；10—油品进出口

注：1）锥体阀材质为聚四氟乙烯或超高分子量聚乙烯，阀体密度 2～4 g/cm³ 为宜；

2）自卸式界面取样器可以抽取罐（舱）底游离水。

图 7a） 界面取样器示例一

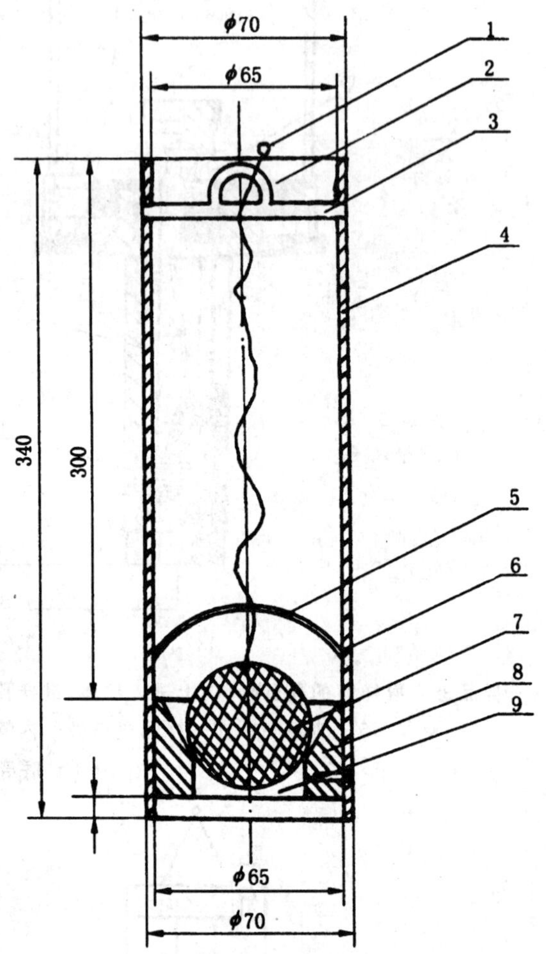

1—拉环（倒样用）；2—提耳；3—铆轴；4—筒体；5—十字罩；6—焊接点；7—球体阀（聚四氟乙烯）；8—底部阀口；9—样品进出口

注：可与蒸气闭锁装置配合使用。

图 7b） 界面取样器示例二

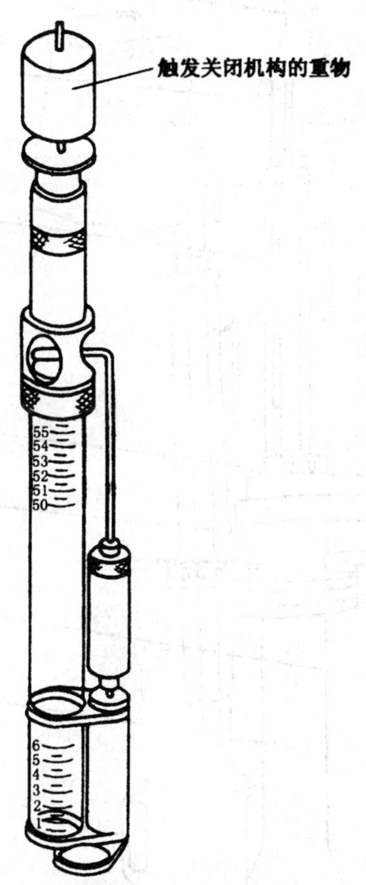

图 7c）界面取样器示例三

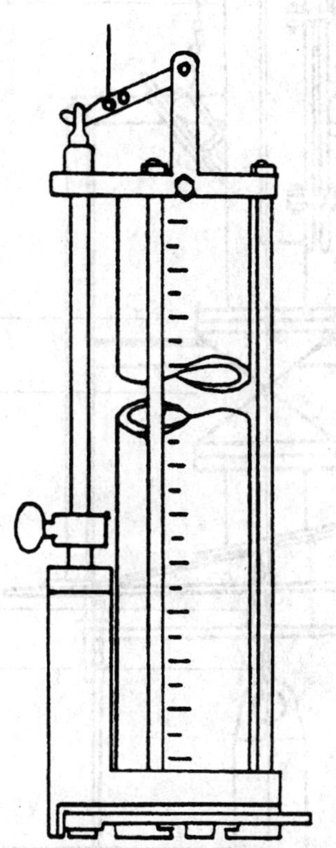

图 7d）界面取样器示例四

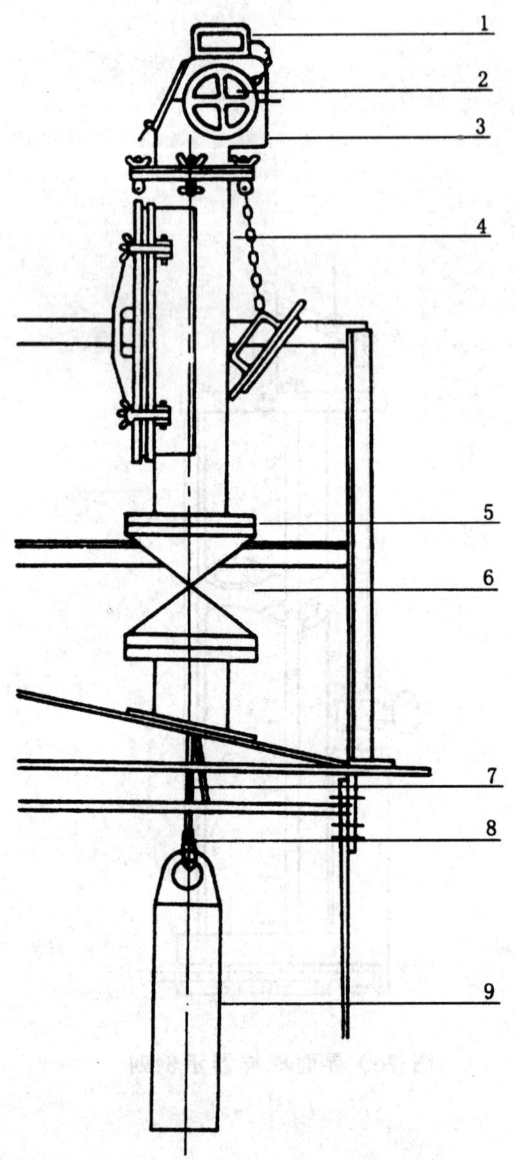

1—手摇取样机把手；2—尺带滚轮；3—擦净器；4—取样器贮存筒；5—螺帽；6—球形阀；7—量油尺带；8—挂钩；9—界面(全层)取样器

图 8a) 蒸气闭锁装置示例一

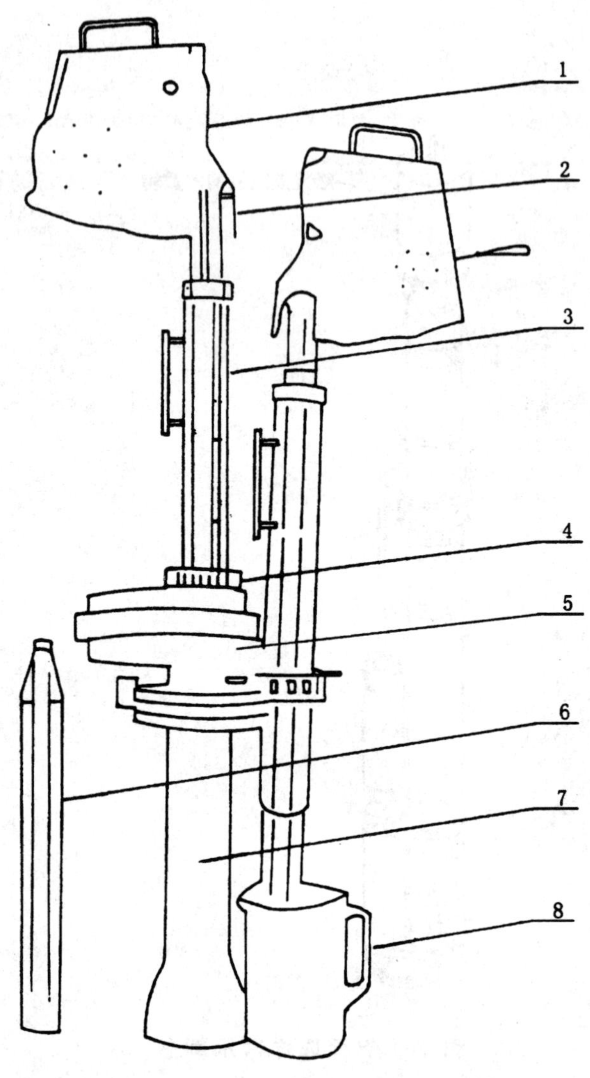

1—手摇取样机；2—擦净器；3—取样器贮放管；4—连接螺母；5—球形封闭阀；6—1 L 界面取样器(ϕ60 mm×500 mm)；7—计量口；8—样品接受杯

注：此蒸气闭锁装置为油舱计量口专用器具之一。

图 8b) 蒸气闭锁装置示例二

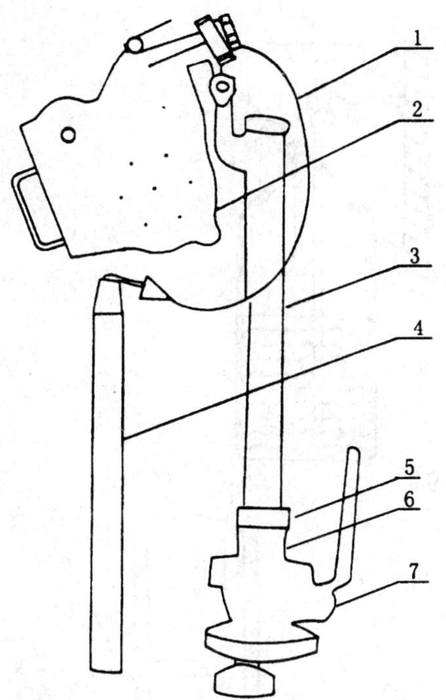

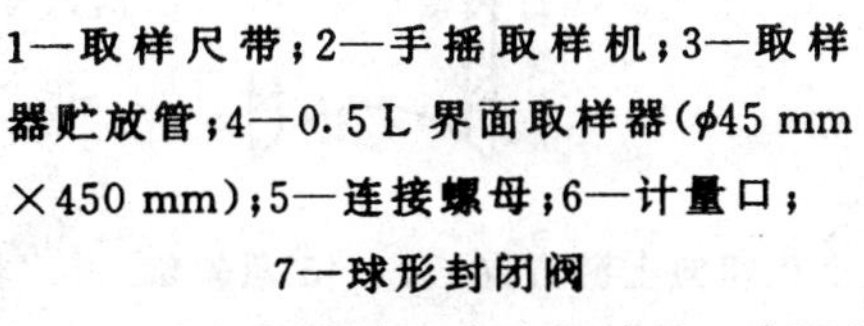
1—取样尺带;2—手摇取样机;3—取样器贮放管;4—0.5 L 界面取样器(ϕ45 mm×450 mm);5—连接螺母;6—计量口;7—球形封闭阀

注:此蒸气闭锁装置为油舱计量口专用器具之二。

图 8c) 蒸气闭锁装置示例三

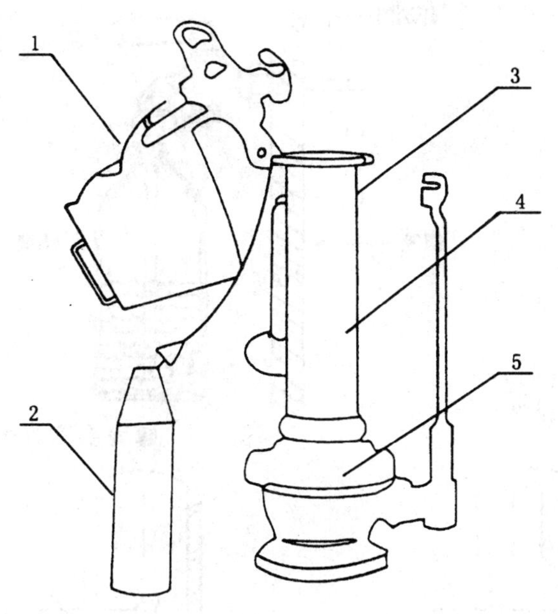

1—手摇取样机;2—1 L 界面取样器(ϕ89 mm×318 mm);3—取样器贮放管;4—计量口;5—球形封闭阀

注:此蒸气闭锁装置为油舱计量口专用器具之三。

图 8d) 蒸气闭锁装置示例四

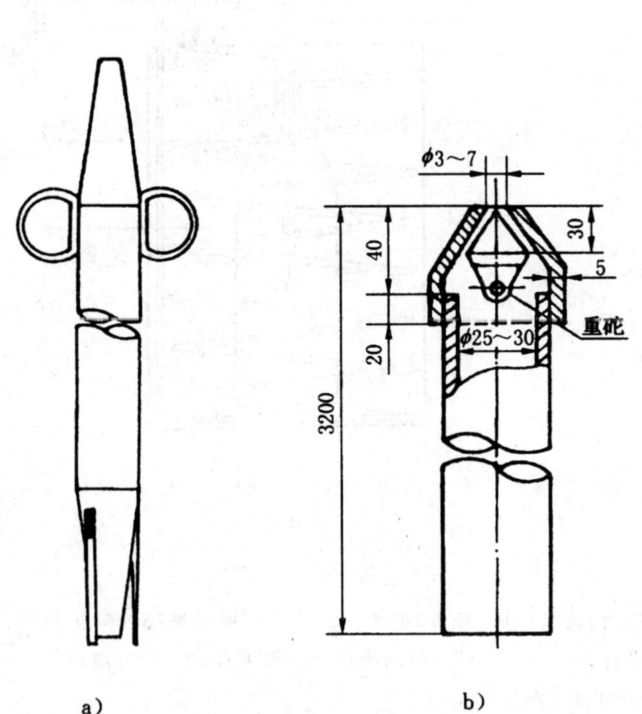

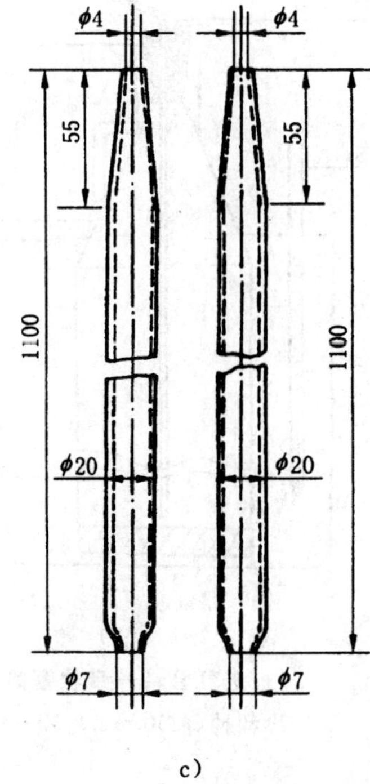

注:b)为公路和铁路油槽车用取样管(底部重砣可用绳引至上口);c)为小容器和油桶用取样管(玻璃或金属管)。

图 9 取样管示例

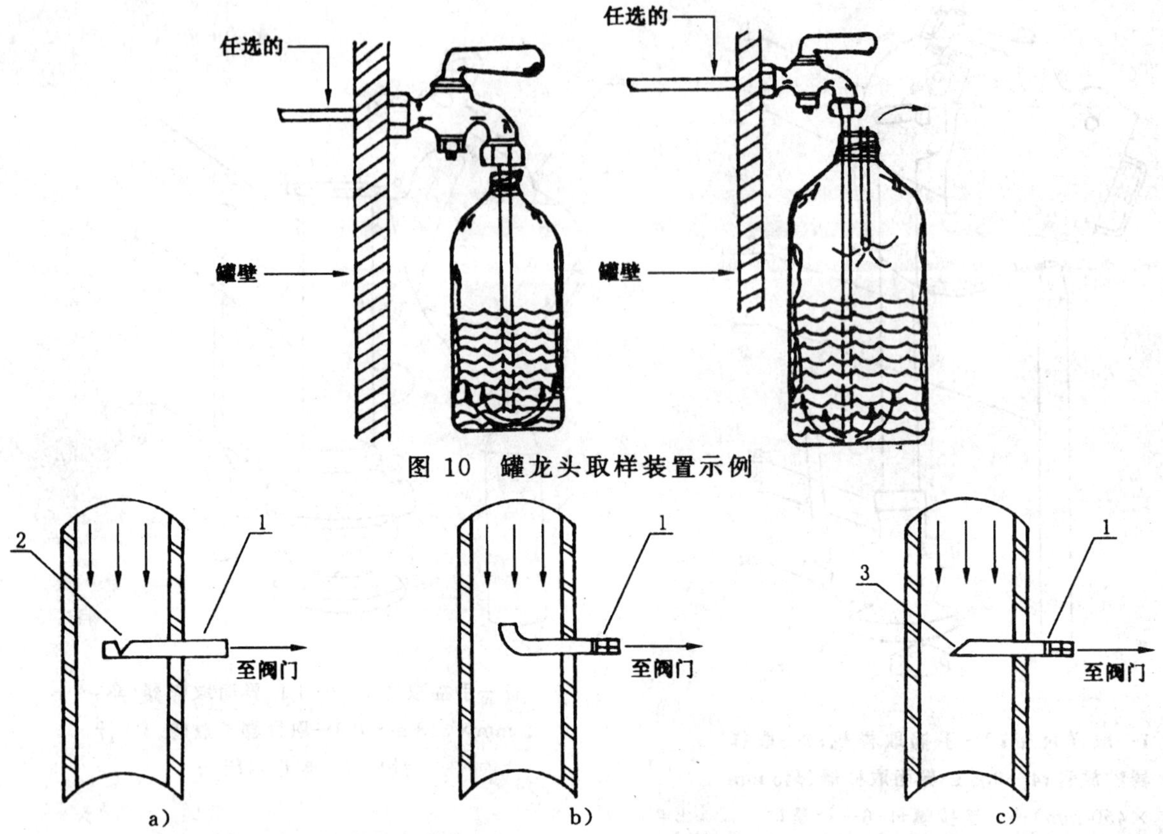

图 10　罐龙头取样装置示例

1—标准直径的管子(6.4～50 mm);2—顶端封闭的探头(进样小孔朝向上游方向);3—45°角斜截

注:探头应水平安装,可以装配阀门或活栓。

图 11　手工管线取样的取样探头示例

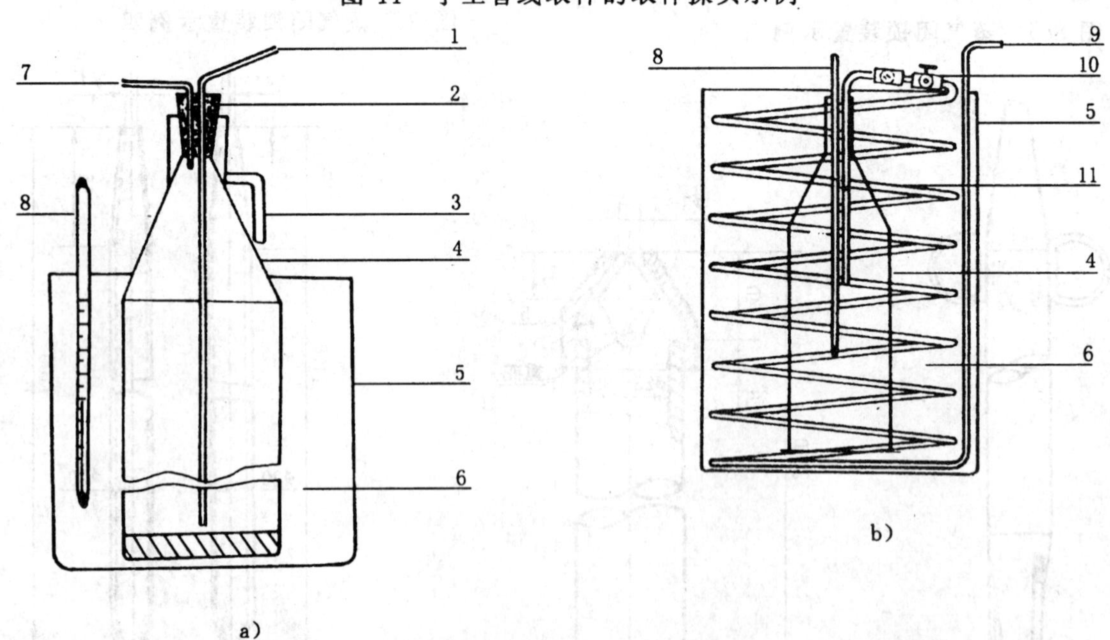

1—进气管;2—带软塞的排液管(倒样品用);3—球阀(开关)把手;4—蒸气压取样器;5—样品冷却桶(ϕ250 mm×300 mm);6—冰水混合物(0～4℃);7—样品出口;8—温度计;9—至油罐;10—清洗阀;11—铜管(ϕ6.4 mm)

图 12　饱和蒸气压取样用冷却装置示例

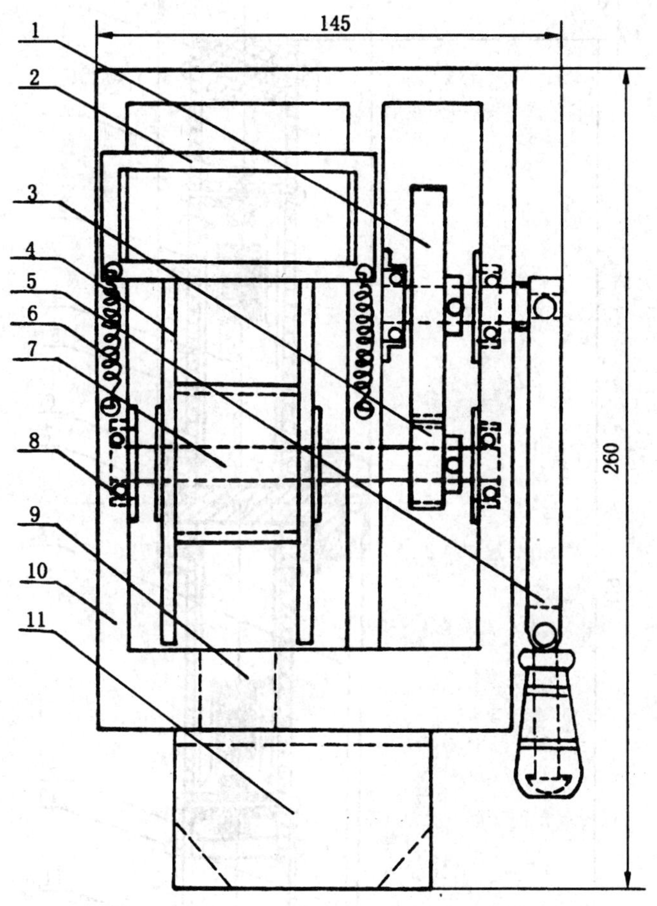

1—大齿轮；2—刹闸；3—小齿轮；4—线包；5—摇把；6—拉簧；7—传动轴；
8—轴承；9—去油器；10—支架；11—固定夹

图 13a） 手摇取样机示例一（与界面或全层取样器配合使用）

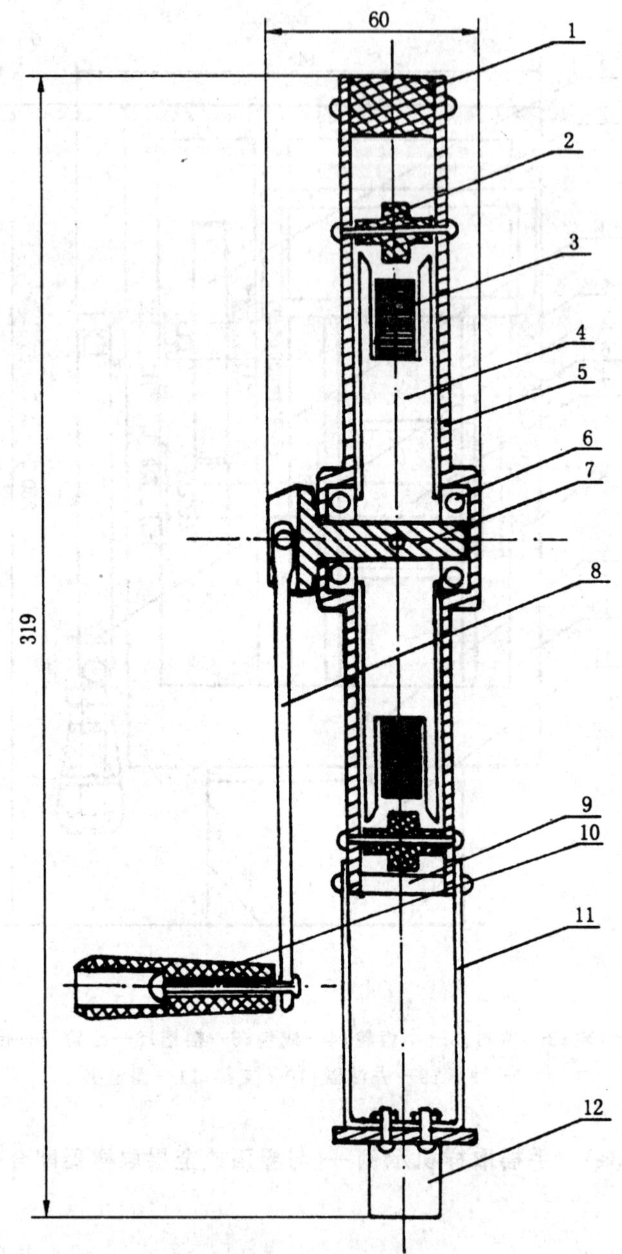

1—提把；2—托轮；3—量油尺带；4—滚轮；5—外罩；6—微型轴承；7—主轴；8—摇把；9—铆钉；
10—转动手柄；11—支架；12—固定夹

注：1）手摇取样机由导电塑料（电阻率＜$10^6\ \Omega\cdot m$）、铝合金和铜制成；

2）取样尺带为量油钢卷尺。

图 13b） 手摇取样机示例二（与界面或全层取样器配合使用）

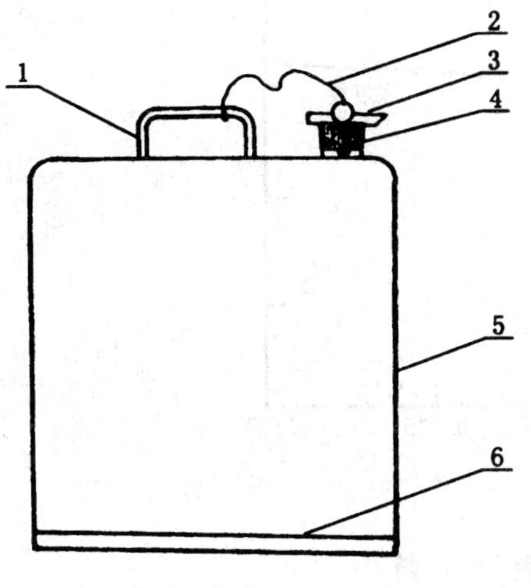

a)

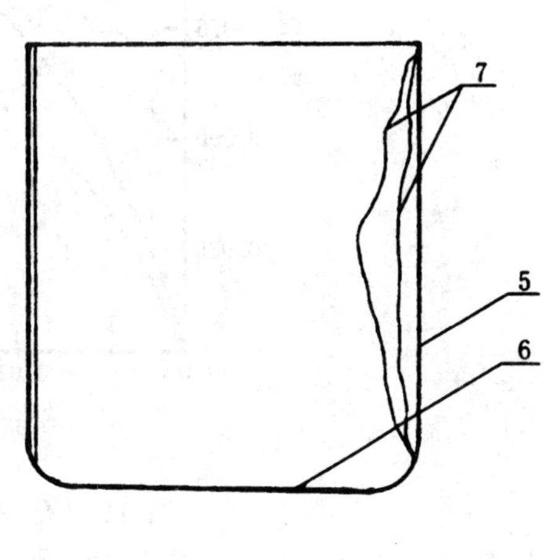

b)

1—提把；2—栓连绳；3—漏斗嘴(倒样用)；4—软木塞；5—桶体；6—桶底；
7—塑料膜(一次性使用的高强度聚乙烯)

注：a)为轻质油取样桶(容积12 L)，桶体：长×宽×高=280 mm×170 mm×300 mm，取样桶采用1.5 mm厚铝板氩弧焊接；b)为高倾点深色油品取样桶，桶体：ϕ250 mm×350 mm。

图 14 油品容器(取样桶)示例

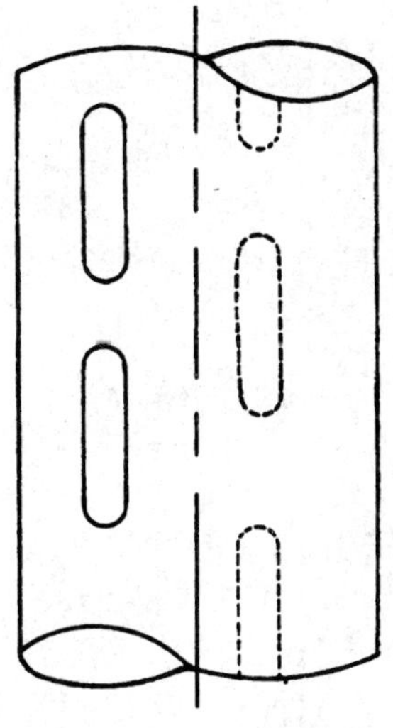

图 15 竖管(带有互相交错的长孔)

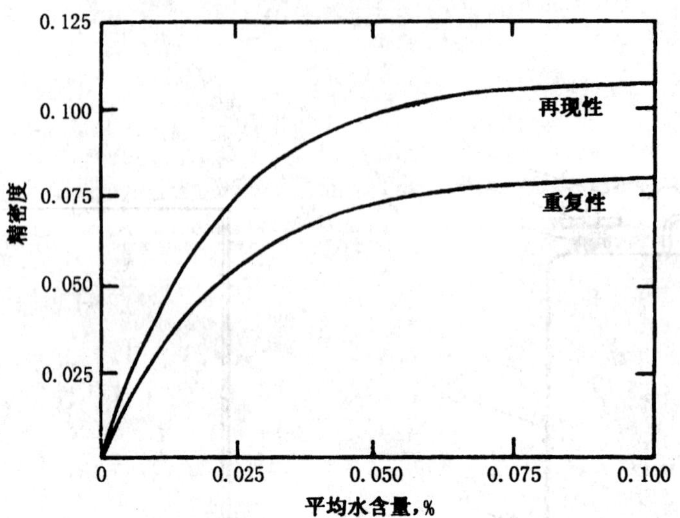

图 16 石油产品均匀性判断(水含量)

附 录 A
（标准的附录）
指令性规定

A1 预防措施说明

A1.1 下列物质可能在本标准试验方法中使用。在使用这些物质之前，应阅读本预防措施说明。

A1.1.1 苯

——远离热、火花和明火；

——封闭好容器；

——在充分通风下使用；

——每当可能使用通风橱；

——避免蒸气聚集，消除火源，尤其是非防爆电器和加热器；

——避免长时间吸入蒸气或喷雾；

——避免触及皮肤及眼睛。切勿内服。

A1.1.2 稀释剂（石脑油）

——远离热、火花和明火；

——封闭好容器；

——在充分通风下使用；

——避免蒸气聚集，消除火源，尤其是非防爆电器和加热器；

——避免长时间吸入蒸气或喷雾；

——避免长时间或反复触及皮肤。

A1.1.3 易燃液体（普通的）

——远离热、火花和明火；

——封闭好容器；

——在充分通风下使用；

——避免长时间吸入蒸气或喷雾；

——避免长时间或反复触及皮肤。

A1.1.4 汽油（白的）

——通过皮肤吸收有害；

——远离热、火花和明火；

——封闭好容器。在充分通风下使用。

——避免蒸气聚集，消除火源，尤其是非防爆电器和加热器；

——避免长时间吸入蒸气或喷雾；

——避免长时间或反复触及皮肤。

A1.1.5 甲苯和二甲苯

注意：易燃。蒸气有害。

——远离热、火花和明火；

——封闭好容器；

——在充分通风下使用；

——避免长时间吸入蒸气或喷雾；

——避免长时间或反复触及皮肤。

前　　言

本标准是按照GB/T 1.1—1993《标准化工作导则　第1单元:标准的起草与表述规则　第1部分:标准编写的基本规定》的要求编写的。本标准是对原专业标准ZB E44 001—1985《出口石油焦装船水分取样与测定方法》的修订,在技术内容上与ZB E44 001—1985一致。ZB E44 001—1985由原中华人民共和国山东进出口商品检验局贾进喜、王洪来起草。

本标准自发布之日起,代替ZB E44 001—1985。

本标准由中华人民共和国国家出入境检验检疫局提出并归口。

本标准由中华人民共和国山东出入境检验检疫局负责起草。

本标准主要起草人:贾进喜、王洪来。

中华人民共和国出入境检验检疫行业标准

SN/T 0836—1999

出口石油焦装船水分取样与测定方法

代替 ZB E44 001—1985

Method for sampling and determination of moisture in petroleum coke for export at loading

1 范围

本标准规定了出口石油焦装船水分取样与测定的方法。

本标准适用于出口石油焦装船计重总水分的取样、制样和测定。

2 引用标准

下列标准所包含的条文,通过在本标准中引用而构成为本标准的条文。本标准出版时,所示版本均为有效。所有标准都会被修订,使用本标准的各方应探讨使用下列标准最新版本的可能性。

GB/T 1997—1989 焦炭试样的采取和制备

3 定义

本标准采用下列定义。

3.1 批与批量:批系指买卖双方根据合同一次装运的石油焦货物。批量系指一批石油焦的数量。

3.2 份样:从一批石油焦中以取样工具在各取样间隔分别扦取的物品。

3.3 副样:由数个份样组成的混合样品。

3.4 大样:从一批石油焦中扦取的全部份样组成的混合样品。

3.5 测定样品:副样或大样,经过制样后直接用于水分测定的样品。

3.6 最大粒度:该批石油焦筛上物为5%时的筛孔尺寸(mm)称为该批货物的最大粒度,可用筛分法或目测估算法确定。

4 仪器与设备

4.1 取样铲

取样铲的规格见表1和图1。

表1 取样铲的规格

取样铲号	容量	*a*	*b*	*c*	*d*
	kg	mm	mm	mm	mm
1	1	230	300	130	75
2	2	250	330	230	75
3	5	300	380	300	85
4	10	300	400	300	200

中华人民共和国国家出入境检验检疫局1999-12-30批准　　2000-05-01实施

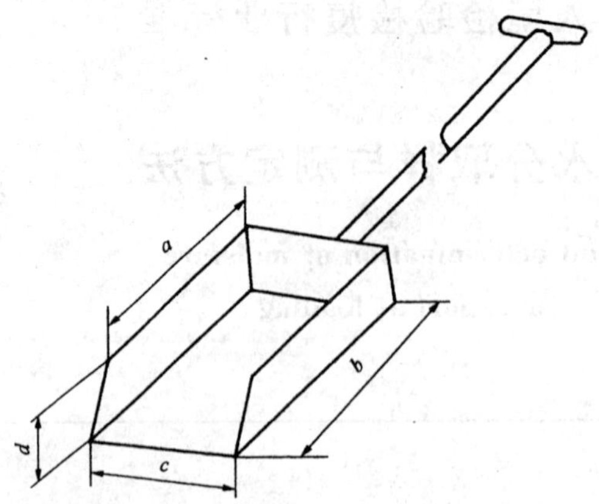

图 1 取样铲

4.2 缩分铲:60 mm×60 mm×35 mm。

4.3 烘箱:可控制温度在(105±3)℃的鼓风烘箱。

4.4 天平:称量范围 1 000 g,感量至少为 0.5 g。

4.5 搪瓷盘:其大小以使样品厚度小于 10 mm 为宜。

5 取样

取样采用系统取样法,根据取样地点的不同,分为堆存取样和仓口取样。应尽量缩短取样及制样时间,避免水分蒸发损失。

5.1 堆存取样

5.1.1 份样数、份样量、取样间隔的确定。

5.1.1.1 所需扦取的最少份样数,如表 2 所示。

表 2

批量,t	500 和以下	500 以上～1 000	1 000 以上～2 000	2 000 以上～3 000
最少份样数	5	7	10	12

批量,t	3 000 以上～5 000	5 000 以上～7 500	7 500 以上～10 000
最少份样数	15	19	22

5.1.1.2 所需扦取的最小份样数量,由该批石油焦的最大粒度确定。如表 3 所示。

表 3

粒度,mm	5 和以下	5 以上～10	10 以上～15	15 以上～20	20 以上～30	30 以上～40
最少份样量,g	100	150	200	300	500	1 200
粒度,mm	40 以上～50	50 以上～75	75 以上～100	100 以上～125	125 以上～150	150 以上
最少份样量,g	3 000	5 000	9 000	11 000	15 000	18 000

5.1.1.3 取样间隔

取样间隔按式(1)计算:

$$I = \frac{W}{N} \quad \cdots\cdots(1)$$

式中:I——取样间隔,t;

W——批量,t;

N——份样总数。

5.1.2 份样扦取地点

一般在装船时，一批货移运过程中，在新露出的断面上扦样。

5.1.3 份样扦取时间

第一份扦取时间，约在第一取样间隔的中间处，其他份样依照计算出的间隔顺序扦取。

5.1.4 份样扦取方法

新露出的断面如系水平面，则按5点布点法，以取样铲自各点平均扦取，作为一个份样；新露出的断面如系斜面，则按上、中、下3点布点法以取样铲自各点平均扦取，作为一个份样；新露出的断面发较小，则可自一点扦取份样。

所扦取的份样要立即装贮于双层塑料袋内，袋口密封，置于阴凉处。

5.2 仓口取样

5.2.1 份样数、份样量、取样间隔同5.1.1。

5.2.2 份样扦取地点

在抓斗等装卸工具刚卸后的仓口处立即扦取，或在装卸工具中直接扦取。

5.2.3 份样扦取时间

份样扦取时间同5.1.1。

5.2.4 份样扦取方法

自确定地点以取样铲扦取规定的份样量，立即装贮于双层塑料袋中，袋口密封，置于阴凉处。

6 样品制备

样品制备可采用大样制备和副样制备任意一种。

6.1 大样制备(见图2)

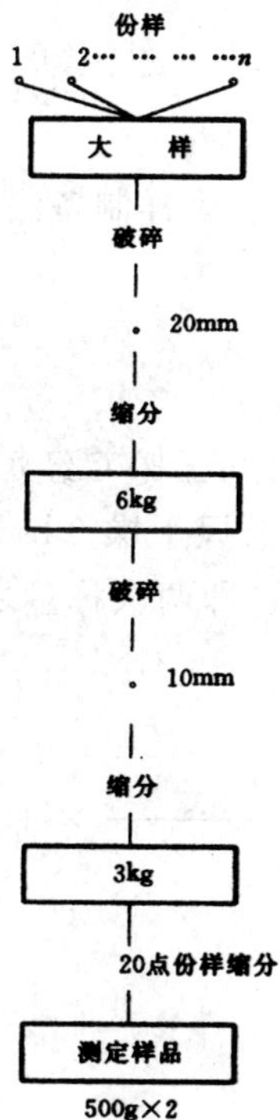

图2 大样制备法

将全部份样用破碎机(注意尽量采用发热量小的设备,下同)或在钢板上人工破碎至 20 mm 以下混匀,缩分至 6 kg,再破碎至 10 mm 以下混匀,以二分器缩分,制提大样 3 kg,将大样以 20 点份样缩分法取 1.5 kg 混匀取两个测定样品。

6.2 副样制备(见图 3)

将数个份样合为一个副样,并用破碎机或在钢板上人工破碎至 20 mm 以下混匀,缩分至 4 kg,再破碎 10 mm 以下混匀制得副样,以 20 点份样缩分法取测定样品。各副样均测定 1~2 个样品。

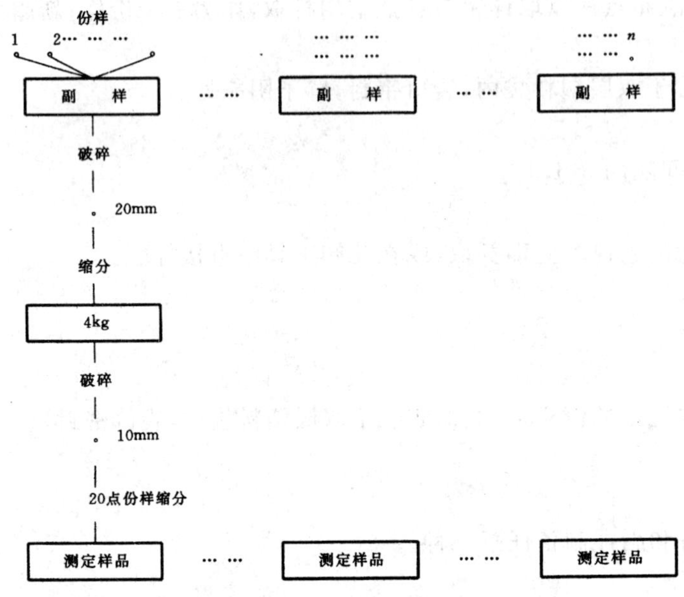

图 3 副样制备法

7 水分测定

7.1 操作程序

称取测定样品 500 g(称准到 0.5 g)于(105±3)℃经恒重的搪瓷盘内,将样品展平,厚度不超过 10 mm,置于预先升温至(105±3)℃的烘箱中鼓风干燥 2 h,取出,趁热称重,或于盛有干燥剂的容器中冷却后称重。继续烘 30 min 后称重,直到恒重(即两次称量之差不大于 0.5 g)。

7.2 结果表述

水分含量按式(2)计算:

$$M = \frac{G_1 - G_2}{G} \times 100 \qquad \cdots\cdots(2)$$

式中:M——水分百分比含量,%;

G_1——干燥前样品与瓷盘的总重量,g;

G_2——干燥后样品与瓷盘的总重量,g;

G——干燥前样品重量,g。

7.3 测定结果

7.3.1 当进行大样水分测定时,求出两个测定值的算术平均值。

7.3.2 当进行副样水分测定时,按所含份样数,求出各个副样测定值的加权平均值。

7.3.3 一批石油焦装船计重水分结果值,保留一位小数。

7.3.4 当石油焦水分含量过高(12%以上),不易采用第 5 章中的方法制备样品时,可先在空气中适当风干后，再按第5章和第6章的方法进行，其水分最终含量结果 M_1(%)按式(3)计算：

$$M_1 = M' + M\left(\frac{100 - M'}{100}\right) \quad \cdots\cdots(3)$$

式中：M'——样品风干后的失水量，%；

M——由式(2)所得水分含量，%。

7.3.5 允许差：平行测定两个结果间的误差不得超过表4规定。

表4

水分含量，%	绝对误差，%
＜8.0	0.4
≥8.0	0.5

前　　言

本标准按照GB/T 1.1—1993《标准化工作导则　第1单元:标准的起草与表述规则　第1部分:标准编写的基本规定》的要求编写。

本标准等同采用美国试验与材料协会标准ASTM D4870—1996《残渣燃料油中总沉渣物测定方法》,在技术内容上与该标准等同。

本标准采用的Whatman GF/A玻璃纤维滤纸的孔径为1.6 μm,我国天津造纸技术研究所生产的TF-1玻璃纤维滤纸符合该项技术要求。

本标准的测试对象相当于GB/T 12692.1—1990,GB/T 12692.2—1990,GB/T 12692.3—1990《石油产品　燃料(F类)分类》第1、2、3部分所规定的R组石油产品和D组的DMB、DMC、DST、DMT等类燃料油。

本标准采用的试剂石油甲苯及爆震试验参比燃料正庚烷符合ASTM D4870标准要求。

本标准由中华人民共和国国家出入境检验检疫局提出并归口。

本标准由中华人民共和国浙江出入境检验检疫局负责起草。

本标准主要起草人:贺新安。

中华人民共和国出入境检验检疫行业标准

进出口残渣燃料油中总沉渣物测定方法

SN/T 0946—2000

Method for the determination of total sediment in residual fuels for import and export

1 范围

本标准规定了进出口残渣燃料油中总沉渣物的测定方法。

本标准适用于测定含有残渣组分的馏分燃料油中总沉渣物，测定含量可达0.4%(m/m)。也适用于测定100℃时最大粘度为55 mm^2/s(cSt)的残渣燃料油中总沉渣物，测定含量可达0.5%(m/m)。

2 引用标准

下列标准所包含的条文，通过在本标准中引用而构成为本标准的条文。本标准出版时，所示版本均为有效。所有标准都会被修订，使用本标准的各方应探讨使用下列标准最新版本的可能性。

GB 3406—1990 石油甲苯

GB/T 11117.2—1989 爆震试验参比燃料 参比燃料 正庚烷

ASTM D4057 石油和石油产品手工取样方法

ASTM D4177 石油和石油产品自动取样方法

E1 ASTM 温度计规格

3 定义

本标准采用下列定义。

总沉渣物是指残渣燃料油通过Whatman GF/A(孔径1.6 μm)玻璃纤维滤纸过滤后获得的不溶性，且不溶于以直链烷烃为主的溶剂的有机物和无机物的总和。

4 方法概要

称取一定数量(10 g)燃料油样品，用规定的仪器在100℃下过滤，然后用溶剂洗涤并干燥滤纸上的总沉渣物，称重。重复测定二次。

5 仪器

5.1 过滤器：用黄铜制作，与盘绕的铜质蒸汽管相联，在抽滤瓶上有合适的支持屏，以防止内爆。见图1和图2。

中华人民共和国国家出入境检验检疫局2000-09-15批准 2000-12-31实施

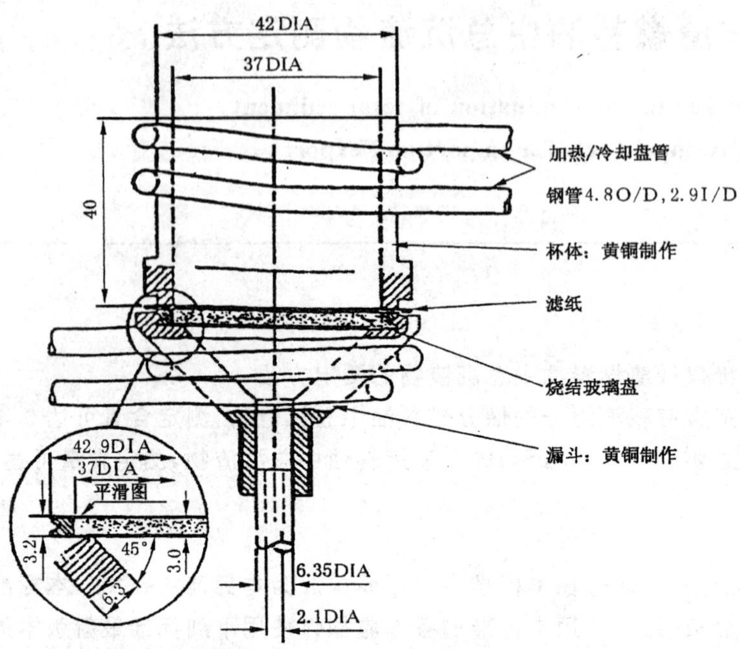

注

1 DIA：直径。

2 O/D：外径；I/D：内径

图 1 过滤器结构图

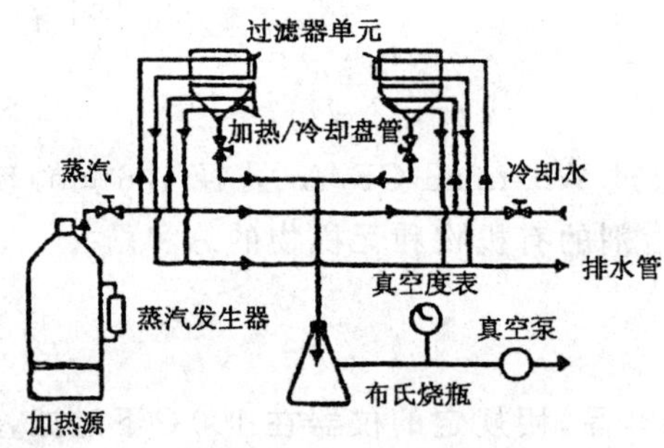

图 2 过滤器装配图

5.2 温度计：非全浸式，测量范围 95℃～103℃，最长长度 220 mm，最大分度值 0.5℃。

5.3 烘箱：可使温度保持在(110±1)℃的电烘箱，能安全蒸发溶剂，而无失火危险。

5.4 搅拌棒：玻璃或聚四氟乙烯棒。

5.5 玻璃烧杯：30 mL。

5.6 称量瓶，带有磨砂玻璃盖，有编号，直径 80 mm，高 40 mm。

5.7 加热电炉板。

5.8 蒸汽发生器：能提供(100±1)℃的蒸汽。

5.9 真空泵：能提供规定的真空度。

5.10 真空表：能测量规定的真空度。

5.11 滤纸：Whatman GF/A 玻璃纤维滤纸(孔径 1.6 μm)，直径 47 mm。

5.12 高速搅拌器：任何方便类型，最小转速 400 r/min。

5.13　干燥器。

5.14　冷却容器：干燥器或其他类型可密闭的容器，用于称重前冷却滤纸。不推荐使用干燥剂。

5.15　喷洗器或带有刻度的洗瓶：最小容量 25 mL，分度为 0.5 mL。

5.16　镊子：一端为桃形。

6　试剂和材料

6.1　正庚烷：爆震试验级，符合 GB/T 11117.2 标准。

6.2　甲苯：石油甲苯，符合 GB 3406 标准。

6.3　洗涤溶剂：按 85%正庚烷(6.1)和 15%甲苯(6.2)体积比混合。

注：甲苯和正庚烷为易燃、易爆有毒物品，试验应在合适的通风橱中进行，请注意安全。

7　取样

按 ASTM D4057 和 ASTM D4177 方法规定取样。

8　试验步骤

8.1　样品准备

当样品可直接混合时，用高速搅拌机将全部样品搅拌 30 s，混匀。用一玻璃或聚四氟乙烯棒插入盛样容器底部，检查样品是否混合均匀。对含蜡量高的(高倾点)或粘度很高的燃料油，在搅拌前必须加热。如果是低粘度燃料油，样品应加热至温度比倾点高 15℃；如果是高粘度燃料油，样品应加热至粘度相当于在 150 mm^2/s(cSt)～250 mm^2/s(cSt)之间。样品温度不能超过 80℃。

8.2　滤纸准备

每次试验将二枚滤纸置于 110℃烘箱中烘干 20 min，然后分别迅速转移至有编号的称量瓶中，并放入冷却器让其冷却至室温(5 min～10 min)。将称量瓶与滤纸一起称重，用去皮法扣除空称量瓶的重量，称准至 0.001 g。

注

1　注意——玻璃纤维滤纸易破碎，操作时要小心。在使用前应检查每张滤纸是否结实和是否存在残缺(小洞)。

2　为了方便操作，最好使用一整套专用于此试验的称量瓶，这些称量瓶全部存放在干燥器中恒重。因它们与干燥剂放在一起，其重量已达平衡，因此不必放入烘箱内烘干。

8.3　仪器装置

使用前检查滤纸支持屏是否清洁，如果必要，用沸腾的高沸点芳烃溶剂清洗。若清洗后仍有 2%的烧结支持屏面被颗粒物堵塞，应换上新的支持屏。

装配前过滤器各部件必须是清洁干燥的。用镊子将二枚预先干燥称重过的滤纸网印面朝下、低号称量瓶里的滤纸在下面叠在一起，放在烧结过滤支持屏上。借助轻度真空把滤纸放正。小心地将过滤器的上部分加放在滤纸上，然后用夹子夹紧，关闭真空泵。在加样前让(100±1)℃的蒸汽通过加热/冷却盘管 10 min。

8.4　加入样品

在 30 mL 烧杯中加约 11 g 如 8.1 所述准备的燃料油样品，称准至 0.01 g。连接好真空泵使真空度的绝对压力不小于(40±2)kPa。将烧杯中的样品加热至(100±2)℃，然后在(100±2)℃下把样品转移至滤纸中央。注意在转移过程中不要将样品碰到过滤器壁。重新称一下烧杯，称准至 0.01 g。被转移的样品量应为(10±0.5)g。如果样品在 25 min 内不能完成过滤，应停止试验，另称取(5±0.3)g 样品，重新试验，如果此样品在 25 min 内仍不能完成过滤，则以“过滤超过 25 min”报告之。

注

1　若要得到样品的净重，可在转移样品前后，称重烧杯加搅拌棒和温度计的重量，以避免可能产生的误差。可以使用任何方便的办法来加热燃料油样品至(100±2)℃，如加热板、水浴或油浴，或配有合适搅拌棒的烘箱。样品加热超过 105℃必须放弃不能再使用。

2 对高粘度或高沉渣样品，用少量多次甚至逐滴加入的方法，分阶段过滤效果会更好。对很难过滤的油样过滤时最好不要将样品覆盖整个滤纸。对过滤率低的样品在(40±2)kPa 压力下应保持 25 min。

8.5 过滤器洗涤

当过滤结束并在上层滤纸表面看似干燥时，继续通蒸汽抽滤 5 min，停止蒸汽供应，接通盘管冷水，冷却。用装有洗涤溶剂的喷洗器或用带有刻度和喷嘴的洗涤瓶仔细洗涤过滤器二次，每次用(25±1)mL，并小心冲洗附着在滤器壁上的样品。取出过滤器上部分，以同样方法，用(10±0.5)mL 洗涤溶剂洗涤滤器边缘部位，最后再用(10±0.5)mL 正庚烷洗涤滤纸表面。

注：如果样品过滤速度很快，在第一次溶剂洗涤之前，应减小真空度，以保证溶剂能完全覆盖整个滤纸。然后在此真空度下缓慢地继续下一步操作。

8.6 拆卸仪器

在滤纸看似干燥后，关闭真空泵。小心地用镊子分别取下上下层滤纸，移至(110±1)℃的烘箱中干燥 20 min，迅速转移到它们原编号的称量瓶中，放入冷却器中冷却至室温(5 min～10 min)，然后用去皮法称重，称准至 0.000 1 g。

9 计算

9.1 按式(1)计算总沉渣物重量百分含量，精确至 0.01%(*m*/*m*)。

$$S(\%) = \frac{(M_5 - M_4) - (M_3 - M_2)}{M_1} \times 100 \quad \cdots\cdots(1)$$

式中：S——总沉渣物含量，%(*m*/*m*)；

M_1——样品质量，g；

M_2——下层滤纸过滤前质量，g；

M_3——下层滤纸过滤后质量，g；

M_4——上层滤纸过滤前质量，g；

M_5——上层滤纸过滤后质量，g。

10 报告

取重复二次测试结果的平均值作为热过滤总沉渣物测试结果，精确至 0.01%(*m*/*m*)。如果用 5 g 样品进行试验，则总沉渣物以热过滤(5 g)的结果报告之。如果过滤在规定的 25 min 时间内未完成，则以“过滤超过 25 min”报告之。

11 精密度

11.1 重复性：同一操作者，用同一仪器在规定的操作条件下，对同一样品连续重复测试的两个结果之差超过式(2)和式(3)计算值的概率仅为 5%。

残渣燃料油按式(2)计算：

$$r = 0.123\sqrt{x} \quad \cdots\cdots(2)$$

式中：x——测试结果的平均值，%(*m*/*m*)。

含有残渣组分的馏分燃料油按式(3)计算：

$$r = 0.048\sqrt{x} \quad \cdots\cdots(3)$$

式中：x——测试结果的平均值，%(*m*/*m*)。

11.2 再现性：不同操作者独立地在不同实验室对同一样品进行测试，获得的两个测试结果之差超过式(4)和式(5)计算值的概率仅为 5%。

残渣燃料油按式(4)计算：

$$R = 0.341\sqrt{x} \qquad \cdots\cdots(4)$$

式中：x——为测试结果的平均值，%(m/m)。

含有残渣组分的馏分燃料油按式(5)计算：

$$R = 0.174\sqrt{x} \qquad \cdots\cdots(5)$$

式中：x——为测试结果的平均值，%(m/m)。

前　　言

本标准等同采用美国材料与试验协会 ASTM D4177—1995《石油及石油产品自动取样标准方法》。

本标准的附录 A 为标准的附录。

本标准由中华人民共和国国家出入境检验检疫局提出并归口。

本标准起草单位：中华人民共和国深圳出入境检验检疫局、湛江出入境检验检疫局。

本标准起草人：马忠启、张其芳、苏宇东、黄土生。

ASTM 前言

本标准以固定的标准号 D4177 发布，紧接标准号之后的数字为原来正式通过的年代，在修订情况下，则为最新修订年份。括号内的数字表示最近重新核准的年份。上标希腊字母 ξ 表示自上次修订或重新核准后所作的编辑上的变动。

本标准已为美国国防部的机构批准予以采用，可向美国国防部的标准与规范索引查询美国国防部采用后，发布的具体年份。

本标准操作方法经主办委员会批准，并为有关合作组织按照确认的程序予以接纳。

中华人民共和国出入境检验检疫行业标准

进出口石油及液体石油产品取样法（自动取样）

SN/T 0975—2000

Method for sampling of petroleum and liquid petroleum products for import and export (automatic sampling)

1 范围

1.1 本标准包含自液流中，抽吸具有代表性的石油与石油产品的试样，并将它们储存在试样接受器内的自动化设备的设计、安装、试验与操作的资料。若为精确测定挥发性而取样，可同时使用标准 D5842 及本标准。对于试样的混合搅拌，参考标准 D5854。本标准涉及的石油产品，被认为是单相，但在取样点处具有牛顿流体的特征。

1.2 适用流体：本标准适用于在取样与储存温度下，蒸汽压小于或等于 101 kPa(14.7 psi)的石油及石油产品。当为确定雷德蒸汽压(RVP)而取样时，参考 D5842。

1.3 不适用的流体：本标准不涉及在取样与试样储存条件下，蒸汽压超过 101 kPa(14.7 psi)的石油产品，以及液化气体(如液化天然气与液化石油气等)。

1.3.1 按本标准所论及的方法可从流体中抽取一个具有代表性的试样存入试样接受器中。对于在高温下挥发性强的材料，或者要延长试样在接受器中的停留时间时，可能需要特别的储运方法来保持试样的完整性。这些储运要求并未包括在本标准范围之内。在标准 D1265、D1145 及 GPA 2166 中，描述了这些流体的取样方法。

1.4 附录 A(标准的附录)中 A2 包括有选择取样器位置的理论计算，A3 列出取样系统和部件的验收方法，A4 对固定式装置给出了其性能判据，而 A5 则对便捷式取样设备给出判据。

1.5 以 SI 单位制的数值作为标准值，括号内的数值仅为参考。

2 参考文件

2.1 ASTM 标准

D923 电绝缘液体取样的试验方法。

D1145 天然气取样的试验方法。

D1265 液化石油气人工取样方法。

D4057 石油及石油产品的人工取样方法。

D4928 库仑-卡尔费休滴定法测定原油中水分含量的方法。

D5842 作挥发性测验时，燃料油的取样处理方法。

D5854 石油与石油产品液体试样的混合处理方法。

2.2 API 标准

API 石油测试标准手册，第 3 章。

API 石油测试标准手册，第 4 章。

中华人民共和国国家出入境检验检疫局 2000-09-15 批准　　2000-12-31 实施

API 石油测试标准手册,第 5 章。

API 石油测试标准手册,第 6 章。

API 石油测试标准手册,第 10 章。

2.3 天然气处理厂协会标准

GPA 2166 用气相色谱法分析天然气时的取样。

2.4 英国石油学会标准

IP 石油测试手册,第Ⅳ部分,第 2 节取样,管线中液体的自动取样指南,附录 B,第 34 版。

2.5 美国政府标准

CFR 29,第 11910,1000 节。

3 术语

3.1 与本标准有关的术语的说明

3.1.1 自动取样器,名词:从管线中流动的液体抽吸一具代表性试样的装置。

3.1.1.1 讨论——自动取样器通常由一个探头,一个试样抽吸器,一个相关的控制器,一个流动测试装置及一个试样接受器所构成。

3.1.2 自动取样系统,名词:由液流改善部分,一个自动取样器以及试样混合与储送所构成的系统。

3.1.3 溶解的水,名词:溶解在石油与油品中的水。

3.1.4 乳化液,名词:水在油中的混合物,它不易分离。

3.1.5 夹带的水,名词:在油中悬浮的水。

3.1.5.1 讨论——夹带的水包括乳化液,但不包含溶解的水。

3.1.6 流量比例试样,名词:在整个取样期间,所取的流率与管线内液体的流率成比例。

3.1.7 游离水,名词:作为析出相而存在的水。

3.1.8 抽吸量,名词:试样抽吸器在单次动作中,从管线内所抽吸的试样体积。

3.1.9 均匀,形容词:指管线横截面,油罐或容器所有各点处的液体组成均相同。

3.1.10 等动态取样,名词:取样时,在探头开孔处的液体线速度与取样点处管线内的线速度相等,且与整个液体流经取样探头的流动方向同向。

3.1.11 牛顿液体,名词:只要温度不变,该液体的粘度不受它可能经受的搅动的激烈程度的影响。

3.1.12 动力驱动混合器,名词:采用外部动力源以达到改善液流状况的装置。

3.1.13 主试样接受器/容器,名词:存放所有最初采集的试样用的容器。

3.1.14 探头,名词:自动取样器伸入管线中的部分,它引导一部分流体至试样抽吸器。

3.1.15 分布测试,名词:为验明分层的程度,沿管子直径几个测点,同时取样的方法。

3.1.16 代表性试样,名词:从总量中抽吸出的一部分流体,其所含组成与总量所具组成相同。

3.1.17 试样,名词:从总量中抽吸出的一部分流体,其组成与总量所具有的组成可能相同,也可能不同。

3.1.18 试样控制器,名词:控制试样抽吸器工作的装置。

3.1.19 试样抽吸器,名词:从管线,试样回路或油罐抽走试样的装置。

3.1.20 试样的储送与混合,名词:试样状况的改善,转移与运送。

3.1.21 试样回路(快速回路或溜走的液流),名词:从主管路转移出来的小流量旁路。

3.1.22 取样,名词:从任何管子、储罐或其他容器的内容物取得试样并将其置入一容器内,然后从中取得一具有代表性的试样以供分析时所需的全部步骤。

3.1.23 取样系统测试,名词:用于验证自动取样系统的方法。

3.1.24 机械杂质与水分(S 与 W),名词:与石油流体共存的外来物质。

3.1.24.1 讨论:S 与 W 可能包括溶解的水、游离水与机械杂质、乳化及夹带的水与机械杂质。

3.1.25 静态混合器,名词:利用流体的动能以达到液流改善的装置。

3.1.26 液流条件,名词:在取样位置的上游,管线内流体的分布与分散情形。

3.1.27 液流改善,名词:对液流进行混合,以便能抽吸出一具有代表性的试样。

3.1.28 时间比例试样,名词:在整个输送过程中,以均匀的时间间隔,从管线中抽取相同体积的试样。

3.1.29 最恶劣的工作条件,名词:取样器在取样处流体浓度最不均匀与最不稳定时的工作条件。

4 意义及应用

4.1 石油与油品的代表性试样是用于确定其化学与物理性质,而这些性质被用于确定标准的体积、价格,并符合于商业与管理规范。

5 典型的取样准则

5.1 为从一流体中获得有代表性的试样,必须符合下述准则。

5.1.1 对于油与水的非均匀混合物,其游离水及夹带的水必须均匀分散在取样点。

5.1.2 采集并抽吸试样时,必须以流量比例的方式进行,从而从总体中抽取有代表性的试样。

5.1.3 抽吸的试样必须是恒定的体积。

5.1.4 在试样接受器内保存试样时,必须不致改变试样的组成,必须尽量减少在接受器充注与储存中,烃类蒸气的逸散。试样必须加以混合处理,以保证在送人分析仪器中时,为一具有代表性的试样。

6 自动取样系统

6.1 一套自动取样系统由以下各部分所组成:位于取样点上游处的液流改善部分,一个直接从液流中抽吸所需试样量的装置,一个为流量比例试样的流量测量装置,一个控制试样总量的装置,一个供采集和储存所抽吸的试样体积的试样接受器,以及与系统有关的,一个试样接受器混合系统。被采集的石油与油品的独特性质,可能要求对单独的部件或整个系统进行保温或加热,或对两者均要求。附录A(标准的附录)中A1列举许多需加考虑的设计问题,以供参考。

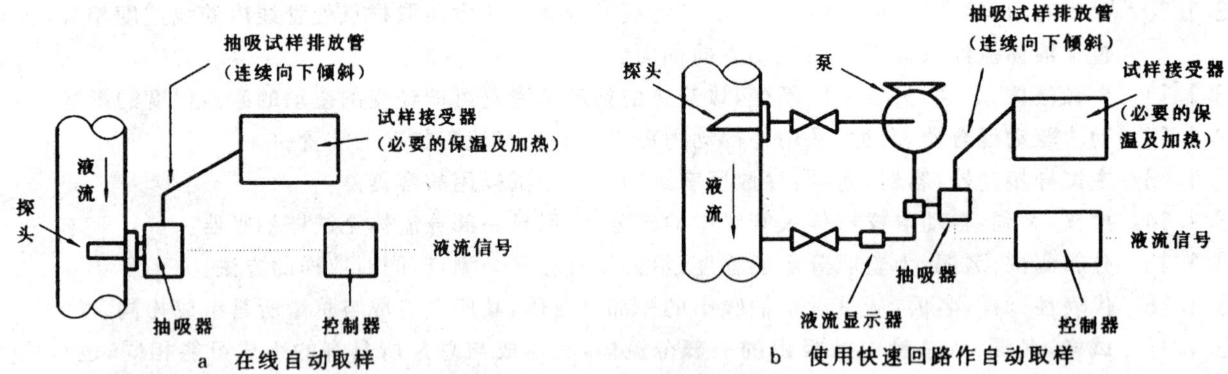

图 1 典型的自动取样系统

6.2 必须对流体抽取流量比例试样,但是,若流率在整个输油期间(星期、月等等),变化率小于总平均流率的10%,则按时间比例抽取试样,也可得到一有代表性的试样。

6.3 有两类自动取样系统(见图1)。若设计与操作正确,两种系统都能提供有代表性的试样。一系统将抽吸装置直接布设在主管线上,而另一系统则将该装置布设在一试样回路中。

6.4 在试样回路型系统中,探头装在主管线内,并引导一部分流体流入试样回路。此探头可以是一90°弯头,或一45°面向上游斜口(见10.2)。经过试样回路的流速,应接近在主管线中的预期最大平均流速,但不得小于2.5 m/s(8 ft/s)。

6.5 操纵在试样回路中的试样抽吸器的控制器,从主管线中的流量计接收其流量比例送配讯号。在试样回路装置中,必须装设流量显示器。

6.6 如果在试样回路内的循环停止，但取样继续进行，将得到无代表性的试样。应装设低流量报警器，以提醒操作人员出现流量减小。在试样回路中，在任何情况下均不得在试样抽吸器的上游，装设过滤器，因这样会改变试样的代表性。

7 取样频度

7.1 取样频度的指标可用"管线每直线距离内油量的抽吸量"来表示。对海运及管道输送，可用公式(1)确定其最小指标，其单位为桶/抽吸量：

$$\begin{aligned} \text{BBL/抽吸量} &= 0.000\,123\,3 \times D^2 \\ \text{或} \quad &= 0.079\,548 \times d^2 \end{aligned} \qquad \cdots\cdots (1)$$

式中：D——管子名义直径，mm；

d——管子名义直径，in。

7.2 式(1)相等于对每 25 m(相当于 80 ft)的直管内的油量抽吸 1 次。

7.3 应当按照现有接受器的尺寸，采用最多的抽吸次数来确定取样频度。典型的矿区自动监测输油(LACT)或自动监测输油(ACT)装置，对每 1～10 桶油抽吸 1 次试样。

7.4 对任何输油最佳的取样频度是在设备抽吸频度和每次抽吸量的限度内最大的抽吸数。抽得之试样应有足够的体积，以便混合和作性能分析，而又不使试样接受器溢出。

8 液流的改善

8.1 取样器探头应安装在液流状况已经过恰当改善的管线内的某一点处。液流改善可以足够的流速通过管线系统达到，或通过由主管线提供的混合器作补充混合达到。含有游离或夹带的机械杂质与水分(S 与 W)的石油，要求提供足够的混合能量，以便在取样点处产生均匀的混合物。

8.2 石油油品通常都是均匀的，一般毋须作特殊的液流改善，但带有游离水分或从调合系统出来时，则不相同。

8.3 流速与混合器

8.3.1 按照实验得到的图 2，它对直径大于与等与 50 mm(2 in)管子的最小流速与混合器的关系，提供了一个指南。使用减压阀，计量集合管，缩径管段或管件(阀门、弯头、三通、管子或膨胀回路)即可对液流加以改善。

<table>
<tr><td rowspan="2">混合方法</td><td rowspan="2">管线</td><td colspan="9">最小流速 m/s</td></tr>
<tr><td>0</td><td>0.305</td><td>0.61</td><td>0.91</td><td>1.22</td><td>1.52</td><td>1.83</td><td>2.13</td><td>2.44</td></tr>
<tr><td>动力混合</td><td>水平或垂直</td><td colspan="9">在任何流速下均作均匀分散</td></tr>
<tr><td>静态混合</td><td>垂直</td><td colspan="2">分层</td><td colspan="2">无法断定</td><td colspan="5">均匀分散</td></tr>
<tr><td>静态混合</td><td>水平</td><td colspan="4">分层</td><td colspan="2">无法断定</td><td colspan="3">均匀分散</td></tr>
<tr><td>管件混合</td><td>垂直</td><td colspan="4">分层</td><td colspan="3">无法断定</td><td colspan="2">均匀分散</td></tr>
<tr><td>管件混合</td><td>水平</td><td colspan="6">分层</td><td colspan="3">均匀分散</td></tr>
<tr><td>无混合</td><td>水平或垂直</td><td colspan="9">分层或无法断定</td></tr>
<tr><td rowspan="2"></td><td rowspan="2"></td><td>0</td><td>1</td><td>2</td><td>3</td><td>4</td><td>5</td><td>6</td><td>7</td><td>8</td></tr>
<tr><td colspan="9">最小流速 ft/s</td></tr>
</table>

图 2 最小流速与混合方法的关系

8.3.2 若在自动取样器处的流速低于图2所列的最小值时，须采用附加装置如动力驱动的混合器，或静态混合器来进行充分的液流改善。对粘度、密度、含水量、混合器与取样器的相对位置等的影响应加以考虑。

8.3.3 附录A(标准的附录)的A2详细介绍了对推荐的或现有的取样位置，评估其合理性时所用的计算方法。

8.3.4 在此再次指出：除非特地对含水量取样，或取样器在调合导管的下游处，否则对于在取样处的石油油品可认为是均质的，不需对液流作附加的改善。

9 海运取样的特别考虑

9.1 从陆上油罐或从油轮上泵出石油时，在短时间内可能会输送相当多的游离水[见附录A(标准的附录)中A2]。若泵送速率低，油/水混合物有分层时会出现这种情形，此时，为获得有代表性的油品而作的液流状况改善，可能并不够充分。为最低限度减少此类情形，最重要是使用一座没有游离水的油罐。待泵送速率正常，带有游离水的油罐可进行放油。

9.2 若取样器与装/卸油的位置之间有一段距离，此两点间的管线须要注满。

10 探头

10.1 探头位置与安装

10.1.1 推荐的取样区域大致位于管子的中央，占1/3管子横截面面积，如图3所示。

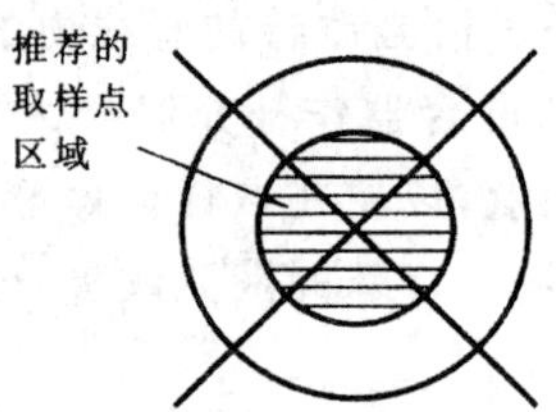

图3 推荐的取样区

10.1.2 探头口必须朝上，探头的本体外壁应按照液流方向作出标记，以供核对其安装是否正确。

10.1.3 探头应安装于经过恰当的液流调整改善，从而得到良好混合的区域内。此地点通常在管件下游3～10倍管径处，距静态混合器为0.5～4倍管径，距由动力驱动的混合器为3～10倍管径。当使用静态或动力驱动的混合器时，应就探头的最佳安装位置与制造厂商量决定。

10.1.4 由抽吸器出口至试样接受器之间的直线须连接向下倾斜，并且无盲区。

10.1.5 一个联合的探头-抽吸器装置最好在水平平面内。

10.1.6 如果进行液流改善时采用一直立的环形管，此时，应将探头置于环形管的下游截面中，以便获得由三个90°弯头对液流提供的附加改善。探头应置于顶部弯头下游至少3倍管径处，在最后出口弯头上游，距此弯头不小于0.5倍管径(见图4)。

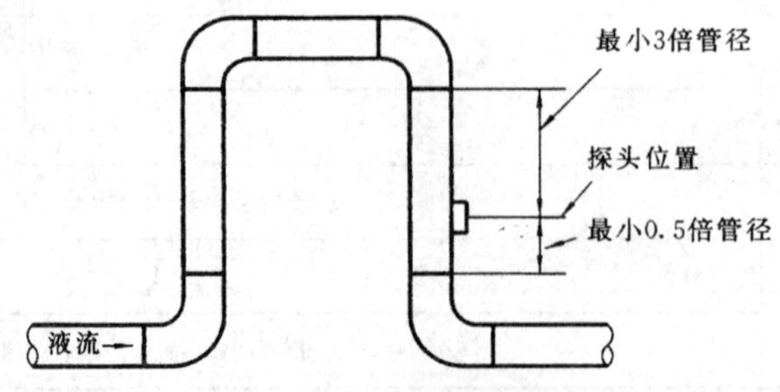

图4 直立的环形管设置

10.1.7 按照由美国石油学会(API)组织进行的试验表明，将探头安装在单个90°弯管下游处将不利于进行液流的改善,因而不推荐使用。

10.2 探头的设计

10.2.1 探头的机械设计应与管线的操作条件与取样的流体相容。图5所示为三种基本设计。探头的开口应在管线的中央1/3截面积处。

10.2.2 通常使用的探头设计如下所述:

10.2.2.1 探头的封闭端装有一敞开的孔口(图5a)。

10.2.2.2 一朝上的小半径弯头或弯管,探头末端应沿其内圆倒角,以获得一尖锐的进口(图5b)。

10.2.2.3 将管子切出45°角,此角度朝上(图5c)。

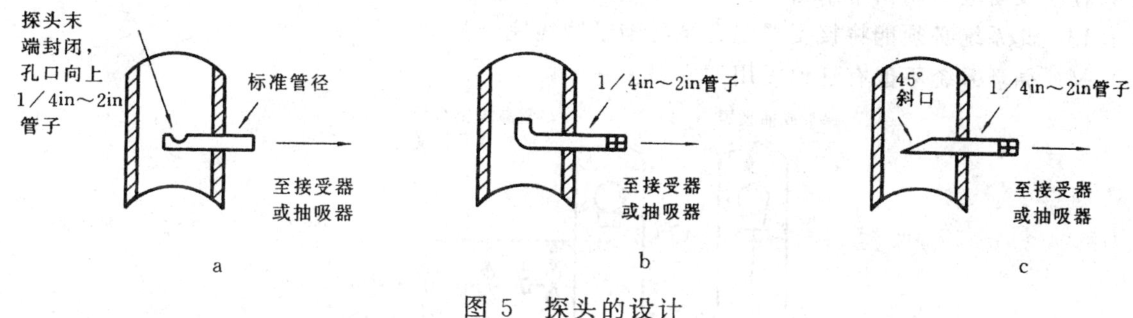

图5 探头的设计

11 自动取样部件

11.1 抽吸器:自动油品抽吸器为从流动介质中抽吸试样的装置。抽吸器可以是亦可不是探头的一个必备部分。试样抽吸器应抽吸一恒定的油量。此油量在操作条件与取样率范围内,其重复性在±5%以内。

11.2 控制器:试样控制器为控制试样抽吸器操作的装置。控制器应可对取样频度加以选择。

12 取样器的定频

12.1 外输流量计如果可能,应使用外输流量计来确定取样器的取样频率。当使用多个流量计计量流量时,应当用综合的总流量信号来调整取样器。或者在每一个仪表计量段上装设单独的取样器。每一个仪表计量段上的试样必须视为全部试样的一部分,且它占全部试样中的比例与该仪表油量与全部油量之比相同。

12.2 特殊流量计:若外输系通过油罐的计量进行,则流量的信号应送至试样控制器,此信号由一额外安装的流量计给出。此仪表对该部分总油量的测试精度为±10%或更好一些。

12.3 时间比例取样:自动取样器最好与流量成比例进行取样。但是,假若流量变化在整个被测部分的平均流量±10%以内,亦允许作时间均衡取样。

13 主试样接受器

13.1 对油品接受器/储存器的要求是,它能在液态下保持油品的组成物。接受器有固定式及便携式,其储存量是固定的或可变的。若油蒸气的逸散会显著影响到油品的分析时,应采用储存量可变的接受器。其结构材料应与石油或油品的组成物相匹配。

13.2 固定式接受器:

13.2.1 设计特点:这些特点可能不适用于储存量可变的接受器。

13.2.1.1 接受器应设计有可以处理油品至均匀混合物的功能。

13.2.1.2 接受器的底部应向下朝排出口连续倾斜,以便于全部流体流出。其内部须无空穴与死角。

13.2.1.3 接受器的内壁应具最小腐蚀、结垢与粘着性。

13.2.1.4 应设法监视接受器的充注情形,使用视镜时,应便于清洗并使水不易留存。

13.2.1.5 应装设安全阀,其设定压力不得超过接受器的工作压力。

13.2.1.6 应有避免发生真空的装置,以使试样能自接受器内排出。

13.2.1.7 应装设压力表。

13.2.1.8 接受器在使用时,应针对不利的环境条件加以保护。

13.2.1.9 当对高倾点或高粘度的石油与油品取样时,接受器可能要作伴随加热或加以保温。此外,也可以将它置于有加热与保温的套子中。须要注意保证外部加热不致于影响到油品。

13.2.1.10 采用多个试样接受器时,应考虑按顺序从各货油取样和管线中试样排列。在管线设计中要小心防止不同货油之试样的混杂。见图6。

13.2.1.11 接受器应有尺寸足够大的检查盖,以便进行检查与清洗。

13.2.1.12 设备应采用铅封来密封。

13.2.1.13 此系统必须能将接受器混合泵与辅助管线完全排清。

13.2.1.14 循环系统不能有任何无用的支路。

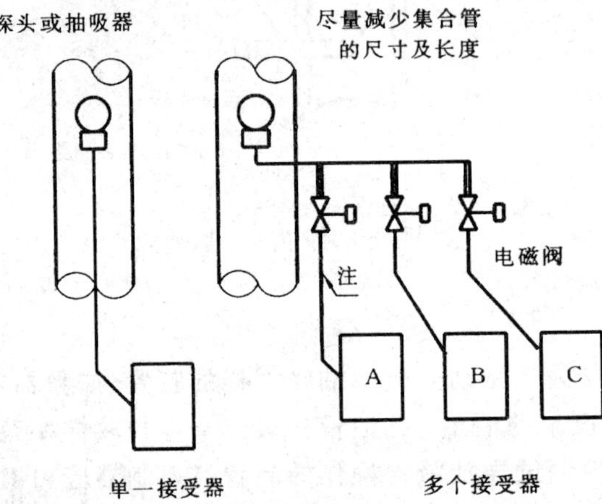

注:应采用6.4 mm或9.5 mm的管子,并尽量短,样品连续向下倾斜至接受器。当原油粘度较大,或取样管较长时,应使用9.5 mm的管子。如有需要,应加伴热与保温。

图6 接受器的安装

13.3 便携式接受器:除13.2中所述者外,便携式接受器还具有以下一些附加特点。

13.3.1 重量轻。

13.3.2 装有快速接头,便于与取样探头/抽吸器及实验室的混合器(图7)连接和拆卸,且带有

13.3.3 便携式手柄。

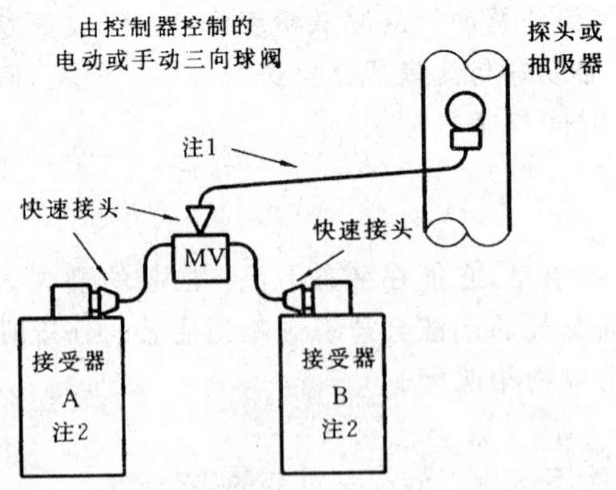

注

1 应采用6.4 mm或9.5 mm的管子,并尽可能短,连续向接受器倾斜。当原油粘度较大,或取样管较长时,应使用9.5 mm的管子。必要时加伴热或保温。

2 样品应流入容器顶部,天热时应遮阳,以免样品接受器的温度变化过大。

3 天热时应遮阳,以免接受器的温度变化过大。

4 天冷时应考虑将接受器装在有加热的套子中,或对接受器与管子加伴热和保温。

图7 便携式接受器安装示例

13.4 接受器尺寸：接受器的尺寸应与其用途与操作条件相匹配。接受器的尺寸按照试样总体积、所要求的抽吸次数、每次抽吸的油量等来确定。若为便携式，还应考虑其携带的可能性。典型的试样接受器尺寸列于表1。

表1 典型的接受器尺寸

矿区自动监测输油装置	10 L～60 L(3 gal～15 gal)
管线(原油)	20 L～60 L(5 gal～15 gal)
管线(成品油)	4 L～20 L(1 gal～5 gal)
便携式取样器	1 L～20 L(1 qt～5 gal)
油轮装/卸油	20 L～75 L(5 gal～20 gal)

14 试样的混合与处理

14.1 接受器中的试样需加以良好的混合，以保证其均匀一致。将试样从接受器倒入其他容器或作分析用的玻璃仪器中时，要特别留意保持其有代表性的性质。有关详细方法参看 ASTM D5854 标准所述。

15 便携式取样器

15.1 便携式取样系统主要用在油轮上，有时亦可用在陆上。取样的准则对便携式与固定式取样系统两者相同，当便携式取样系统用于油轮上时，由于在实际操作中难于核实其液流的改善情形，因此须加以小心。图8为海上使用的情形。

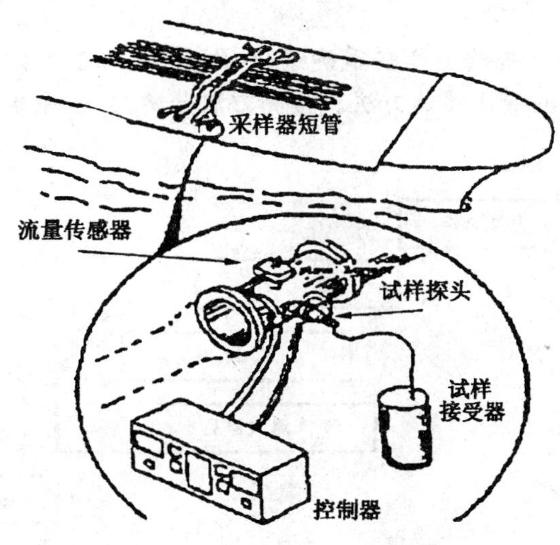

图8 典型的便携式海上采样装置

15.2 设计特点：便携式取样器的特点与对安装的要求如下：

15.2.1 在油轮集合管与每个装/卸油臂或软管之间装有一双端法兰管，在其中有试样探头/抽吸器及液流传感器。若每个取样器的抽吸头均相同，则可共用一个接受器。

15.2.2 每个接受器均要装一控制器。此控制器须能记录全部取样的抽吸次数及所有的油量。

15.2.3 油轮集合管的管线排列常会改变液流的分布。当液流传感器在油轮集合管的管线与流动条件下操作时，它必须符合12.2中所述的精度要求。

15.2.4 液流的改善是通过流速与探头前的管件进行的；为维持足够高的流速，在任一时间内，对操作中的软管，吊臂和管线数目须加以限制。

15.2.5 控制器可能被放置在油轮的甲板上，即通常被认为是危险的区域，若为电子型控制器，它应符合危险区的安全要求。

15.2.6 空气的供应必须符合设备的要求。

15.2.7 对于高倾点或高粘性流体，特别在寒冷气候下，由抽吸器至接受器的管线可能要采用有保温的高压软管或高压管。接受器应尽可能靠近抽吸器，以减少软管的长度。软管或管子的内径应等于或大于9.5 mm(3/8 in)，并且由抽吸器连续向下倾斜至接受器。由抽吸器至接受器的管线可能需加伴热线。

15.2.8 接受器的充注应进行监测，以确保每个取样器操作正常。经常性目测，液面显示仪和称重法等，被认为是可以接受的监测方法。

15.2.9 便携式取样器是间歇性使用的，因而其试样探头、抽吸器和液流传感器等，每次使用后应加以清洗，以防堵塞。

15.2.10 所有部件及安装均须符合美国海岸警卫队的有关条例。

15.3 操作要点：便携式取样器的操作工必须保持取样环境、进行充分的混合，从而得到有代表性试样。其操作规范列于附录A(标准的附录)中A5。为符合此规范，要求船员与陆上人员共同合作，一些特殊的要求为：

15.3.1 在低流率期间内，如开卸、倒舱和清舱等，便携式取样器操作工应通过限制在操作中的装油管线或软管数目来保持流量在每个液流传感器的额定工作范围以内。

15.3.2 卸油时，必须控制油轮隔舱的卸油顺序，以使在开卸时，游离水的排出量少于所装之油含有的全部水量的10%。

15.3.3 装油时，最好一开始从一个不含游离水的陆上油罐泵送，建议在打开油罐的仪表以前，单独或同时采用将水从油罐排走，或将此油罐一小部分泵送至另一陆上油罐的操作方法。

16 验收试验

16.1 建议用试验来确证取样系统的工作在精确进行，附录A(标准的附录)中A3简述了检验用于采集机械杂质与水分或游离水样的取样器的方法。检测方法分两类：全系统测试及部件测试。

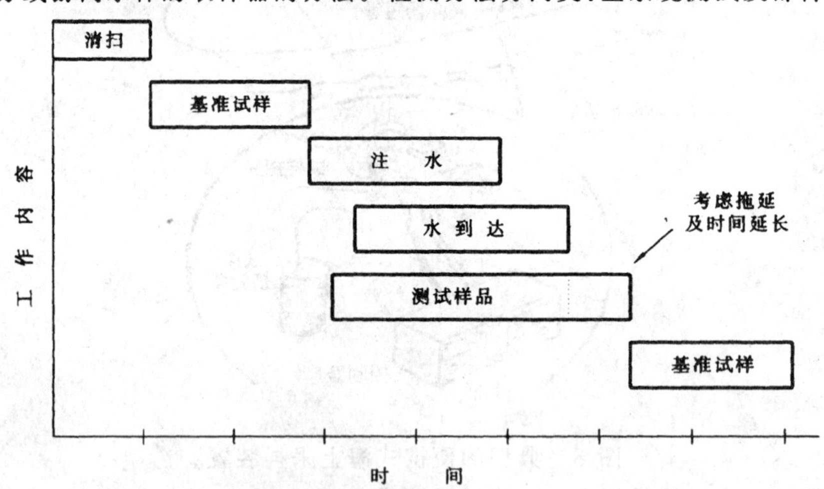

注：时间系从最小流速和注水与取样点最短距离计算

图9 验收试验程序

16.2 全系统测试：此测试方法为体积平衡试验，适用于对已知水量进行测试。全系统测试包括试样的实验室处理与混合。在此列举两种方法，一为对取样器作测试，另一为使用一附加的取样器来测定水的基准量。

16.3 部件测试：此法为对构成取样系统的部件进行测试。使用此法时，在全系统安装前先作某些部件的测试：

16.3.1 探头/抽吸器；

16.3.2 液流改善使用的分布测试；

16.3.3 特殊流量仪，以及

16.3.4 主油品接受器与混合器。

16.3.5 若某一系统的装置已作过测试验证，则对以后在相同或更有利的条件（即较高流量，较高粘度，较低的含水量等）下操作的相同装置（例如LACT装置）包括管线的配置，不必再作测试。当系统或系统的装置已经过验证，可用下述检查来确认系统的可靠性：

部 件	检 查 内 容
液流改善	若装有动力驱动或静态混合器时检查液流与压降，仅带管件的系统作分布测试
调速装置	将记录的批量油量与已知值比较， 将实际的试样油量与预期油量比较
抽吸器	将实际的试样油量与预期油量比较， 将实际的探头抽吸量与预期的探头抽吸量比较

16.3.6 除恰当的液流改善以外，便携式取样系统可用部件测试方法进行测试。为对此加以校正，对每项操作都规定了性能测试，以便评估取样器的有效范围，见附录A（标准的附录）中A5所述。

16.4 验收要求：无论采用部件或全系统测试法，其连续3组试验数据中的2组的重复性须在附录A（标准的附录）中A3所列的允许范围内。

17 检查操作效能/报告书

17.1 每次取样时，均需对取样器的效能加以监测。当液流均衡时，为保证抽吸器抽吸均匀的油量，须对此加以监测。通常藉评定所采集到的油品的量，来保证设备及其输送的油量符合预期的结果。

17.2 为满足监测的要求，可采用下述几种方法：即视镜，仪器或称重传感器等。选用何种方法须根据：(1)输送的油量；(2)安装形式；(3)输油的时间间隔；(4)取样设备如何操作；(5)接受器类型；(6)油品用途；(7)所用设备等而定。

17.3 对LACT和ACT装置而言，监测手段之一是将采集到的油量与预期的油量加以比较。当输油量很大时（海上输油包括在内），更详尽的资料见附录A（标准的附录）中A4与A5。

18 关键词

18.1 验收试验；自动对石油取样；控制器；抽吸器；中间取样接受器；等动态取样（isokinetic sampling）；混合件；便携式取样器；主油品接受器；探头；典型性取样；典型取样规范；取样处理；油品回路；油品混合；液流调整。

附 录 A
（标准的附录）

A1 预防措施资料

A1.1 物理特点及防火考虑

A1.1.1 涉及处理与石油有关物质（以及其他化学材料）的人员，应熟悉它们的物理与化学特点，包括起火、爆炸与反应的可能性，以及合适的应急措施。这些措施应遵守各家公司的安全操作惯例和当地、州与联邦的规定，包括使用合适的防护服与设备，员工应小心防止潜在的起爆源，当材料不在使用时，应密闭保存。

A1.1.2 当需要进入狭窄的空间取样时，应参考API出版物2217与2026以及任何合适的条例。

A1.1.3 与特定材料及条件有关的资料应从雇主、生产厂或材料供应商，或材料安全数据手册上获得。

A1.2 安全与健康考虑。

A1.2.1 概述

A1.2.1.1 暴露在各种化学品中所引起的潜在健康影响，与化学品的毒性，浓度和暴露时间长短有关。任何人员应尽量减少暴露在工作场所的化学品中。推荐下述一些通用的预防措施：

a）尽量减少皮肤和眼睛接触及吸入化学品蒸气。

b）使化学品远离口部；若被吞食或吸入，它们会造成损害或致命。

c）当不在使用时，应使容器密闭。

d）尽量使工作场所保持清洁，并有良好的通风。

e）溢出的化学品应按照适当的安全、卫生和环境条例，及时加以清理。

f）遵守规定的暴露限度，使用合适的防护服和设备。

注：有关暴露限度的资料可从职业安全与卫生标准，联邦管理规范29、11910、1000部分和下述ACGIH出版物“在工作环境中，化学物质和物理介质的门槛极限值”上得到。

A1.2.1.2 对特定材料与条件有关的安全和健康危险性，以及正确的预防措施的资料，应自雇主、生产厂或材料安全数据手册处得到。

A2 确定取样器探头位置的理论计算

A2.1 前言

A2.1.1 本附录介绍在取样点处，判断水在油中分散情形的计算方法。此法理论基础相当简单，许多公式并不严密，因而在实际使用时应特别谨慎。在确定均匀分散（蒸汽调校）的允许范围时，强烈建议采用保守的方法。

注：引自美国石油学会（IP）的石油测试手册第Ⅳ章：取样。

A2.1.2 本附录的公式已经过大量现场数据核实，表明是有效的。现场数据包括了以下有关参数：

相对密度：0.892 7～0.850 0（API27°～34°）

管径：40 cm～130 cm（16 in～52 in）

粘度：40℃时，6～25 mm^2/s（cSt）

流速：＞0～3.7 m/s（＞0～12 ft/s）

含水量：＜5％

注：当超过此范围上限时，应加小心。

A2.1.3 进行评估时，无论在一给定的系统中是否分散均匀，建议考虑最坏的情况。

A2.1.4 计算 A2.3 中的分散率 E 时，需要指出，不同管件的分散能不可叠加，亦即当有一系列管件时，只计入分散能量中最大的一个管件。

A2.1.5 为了帮助确定很可能提供均匀分散的管件，绘制了图 A1。使用该图时，很重要的是它只是一个指南，特别要注意其附注。图 A1 并不排除对表中所示的在一给定系统中，最起作用的管件要作更详尽的分析。

A2.2 符号：A2 中所使用的符号列于表 A1 中。

A2.3 分散系数：

A2.3.1 衡量分散度时，可使用水平管顶部及底部水的浓度 c_1 与 c_2 的比值。$c_1/c_2=0.9\sim1.0$，表示分散均匀，而 $c_1/c_2\leqslant0.4$ 表示分散很差，有出现分层的可能。当 $c_1/c_2<0.7$ 时，由于水滴凝集，使计算失效，故计算不能认为可靠。

A2.3.2 在水平管中的分散度可按式(A1)估算：

$$\frac{c_1}{c_2}=\exp\left(\frac{-W}{\varepsilon/D}\right) \qquad \text{(A1)}$$

式中：c_1/c_2——管子顶部与底部水的含量比值；

W——水滴的沉降速率；

ε/D——湍流特性，ε 为涡流扩散率，D 为管径。

表 A1 A2 中所用的符号

符号	名称	单位
c	水的浓度(水/油比)	无因次
D	管径	m
E	能量消散率	W/kg
E_0	直管中的能量消散	W/kg
E_r	要求的能量消散	W/kg
G	参数，在 A2.3.3 中确定	无因次
K	阻力系数	无因次
n	弯头数目	无因次
ΔP	压降	Pa[1)
Q	体积流量	m^3/s
r	弯头半径	m
V	流速	m/s
V_1	孔口出口处的流速	m/s
W	水滴的沉降速度	m/s
ΔX	消散距离	m
β	参数，见 A2.4.3	无因次
γ	大小管径比	无因次
ε	旋涡扩散率	m^2/s
θ	弯曲角	deg
ν	运动粘度	m^2/s[2)
σ	表面张力	N/m[3)
ρ	原油密度	kg/m^3

表 A1(完)

符　　号	名　　　称	单　　位
水的密度		kg/m³
ϕ	流体的孔口直径	m

1) 1 Pa＝10^{-5}bar

2) 1 $m^2/s=10^6$cSt＝10^6 mm^2/s

3) 1 N/m＝10^3dyn/cm

A2.3.3　分散度 G 亦可用式(A2)进行评估,表 A2 表示 c_1/c_2 与 G 的关系式。

$$G=\frac{\varepsilon/D}{W} \qquad \cdots\cdots(A2)$$

A2.3.4　在此指出计算的不精确性是很重要的,即当 G 较小时,G 的误差可能超过 20%。为此,建议不能信赖小于 3 的 G 的计算值,以及附加能量消散所计算的 G 值。

表 A2　分散系数

G	c_1/c_2	c_2/c_1
10	0.90	1.11
8	0.88	1.14
6	0.85	1.18
4	0.78	1.28
3	0.71	1.41
2	0.61	1.64
1.5	0.51	1.96
1	0.37	2.70

表 A3　建议的阻力系数 K

缩径管	$K=0.5(1-\gamma^2)$	$(0\leqslant K\leqslant 0.5)$
扩径管	$K=(1-\gamma^2)^2/\gamma^4$	$(0\leqslant K\leqslant 0.5)$
斜接弯头(虾米腰弯头)	$K=1.2(1-\cos\theta)$ 在此 θ＝弯曲角	$(0\leqslant K\leqslant 1.2)$
旋转止回阀	$K=2$	
角阀	$K=2$	
球阀	$K=6$	
闸板阀	$K=0.15$	

注:γ 为小直径/大直径,K 则基于小直径管中的流速

A2.4　计算能量消散

A2.4.1　确定能量消散率时,可使用两种不同的方法。

A2.4.2　A 法:采用公式(A3)中的关系式:

$$E=\frac{\Delta PV}{\Delta X\rho} \qquad \cdots\cdots(A3)$$

式中:ΔP——经过管件的压降;

V——能量消散管段处的流速;

ΔX——特性长度,它表示在此距离内能量已经消散。大多数情况下,ΔX 为未知数,任何地方只要有可能,所使用的数值应有实验数据支持。

注

1 对于表 A3 中混合效率很低的装置，若 ΔX 未知，可用 $\Delta X=10D$ 代入，作为粗略的近似值，对特殊设计的高效静态混合器，ΔX 很小，其值应由设计者提供。

2 若 ΔP 未知，由(A4)式算出

$$\Delta P=\frac{K\rho V^2}{2} \quad \cdots\cdots(\text{A4})$$

式中：K——所用管件的阻力系数。

对不同管件，建议的 K 值列于表 A3 中。

A2.4.3 B 法：采用公式 $E=\beta E_0$，β 为混合器的特性参数，E_0 为直管中的能量消散率。E_0 由式(A5)算得：

$$E_0=0.005\nu^{0.25}D^{-1.25}V^{2.75} \quad \cdots\cdots(\text{A5})$$

式中，ν 的单位为 mm^2/s(cSt)。

A2.4.4 建议的 β 值及对 E 的试探性关系式(与 $E=\beta E_0$ 不同)，分别列于表 A4 及表 A5。

A2.5 缩径管段：收缩效应可用式(A6)算得。

$$\beta=2.5(1-\gamma^2) \quad \cdots\cdots(\text{A6})$$

A2.6 扩径管段：扩径效应可用式(A7)算得。

$$\beta=\frac{5(1-\gamma^2)^2}{\gamma^4} \quad \cdots\cdots(\text{A7})$$

A2.7 平均水滴直径

A2.7.1 用式(A8)可估算出平均水滴直径 d：

$$d=0.362\,5\left(\frac{\sigma}{\rho}\right)^{0.6}E^{-0.4} \quad \cdots\cdots(\text{A8})$$

式中：σ——水与油之间水滴的表面张力，N/m。A2 中的所有公式与实例均假定 $\sigma=0.025$ N/m。

A2.7.2 界面之间的表面张力会受添加剂与污染物的显著影响。此时，表面张力已非 0.025 N/m，在 A2.8 中的水滴的沉降速度 W，应乘以 $\left(\frac{\sigma}{0.025}\right)^{0.5}$ 进行修正。

A2.8 水滴沉降速率：

A2.8.1 计算分散因子时，需要得知水滴的沉降速率 W，它可用式(A9)进行计算：

$$W=\frac{855(\rho_d-\rho)E^{-0.8}}{\nu\rho^{2.2}} \quad \cdots\cdots(\text{A9})$$

式中：ρ_d——水的密度。对盐水(来自油井或油轮)若无实际数据，建议使用 1 025 kg/m^3。

A2.8.2 若水的平均含量大于 5%，在 W 上乘以 1.2。

A2.9 湍流特性

A2.9.1 计算任何一个分散因子时，需用式(A10)得到湍流特性 ε/D。

$$\frac{\varepsilon}{D}=6.313\times10^{-3}V^{0.875}D^{-0.125}\nu^{0.125} \quad \cdots\cdots(\text{A10})$$

A2.10 校核已有的取样品的位置：在以下计算步骤中，采用最坏的情况是很重要的。

A2.10.1 使用表 A2 中的相应 G 值，计算所要求的断面浓度比 c_1/c_2。

A2.10.2 利用图 1，可确定在取样器上游 30D 范围内的那一个管件，最可能提供均匀分散。

A2.10.3 利用 A2.4 中介绍的任一种方法，计算每一个最有可能的管件所给出的能量值。

A2.10.4 利用 A2.3、A2.8 及 A2.9 中的公式，与由 A2.10.3 得到的最大能量值，计算 G 值。

A2.10.5 自表 A2 中，得到 c_1/c_2。

A2.10.6 校核计算的 c_1/c_2(或 G)值是否高于在 A2.10.1 中得到的所要求的数值。若属实则取样器的位置对取样是合适的。若低于该值，应采取矫正措施。

A2.11 选择一合适的取样器位置：在此，再次选择最坏的情况是非常重要的，仍按上述步骤计算。

表 A4　能量消散因子 β(1.2)

r/d	1	1.5	2	3	4	5	10
$n=1$	1.27	1.25	1.23	1.22	1.18	1.15	1.07
$n=2$	1.55	1.50	1.48	1.45	1.38	1.30	1.13
$n=3$	1.90	1.80	1.75	1.70	1.56	1.44	1.18
$n=4$	2.20	2.10	2.00	1.93	1.72	1.58	1.23
$n=5$	2.60	2.40	2.30	2.20	1.90	1.70	1.28

表 A5　消散能公式

离心泵	$E=0.125\Delta PQ/(\rho D^3)$
节流阀	$E=\Delta PV/(20\rho D)$
流量计喷嘴	$E=0.022V\beta/\phi$

A2.11.1　利用表 A2 和相应的 G 值，确定所要求的断面上水含量比值 c_1/c_2。

A2.11.2　按 A2.9 计算湍流特性参数 ε/D。

A2.11.3　利用式(A11)，计算水滴沉降速率

$$W=\frac{\varepsilon/D}{G} \qquad \cdots\cdots(A11)$$

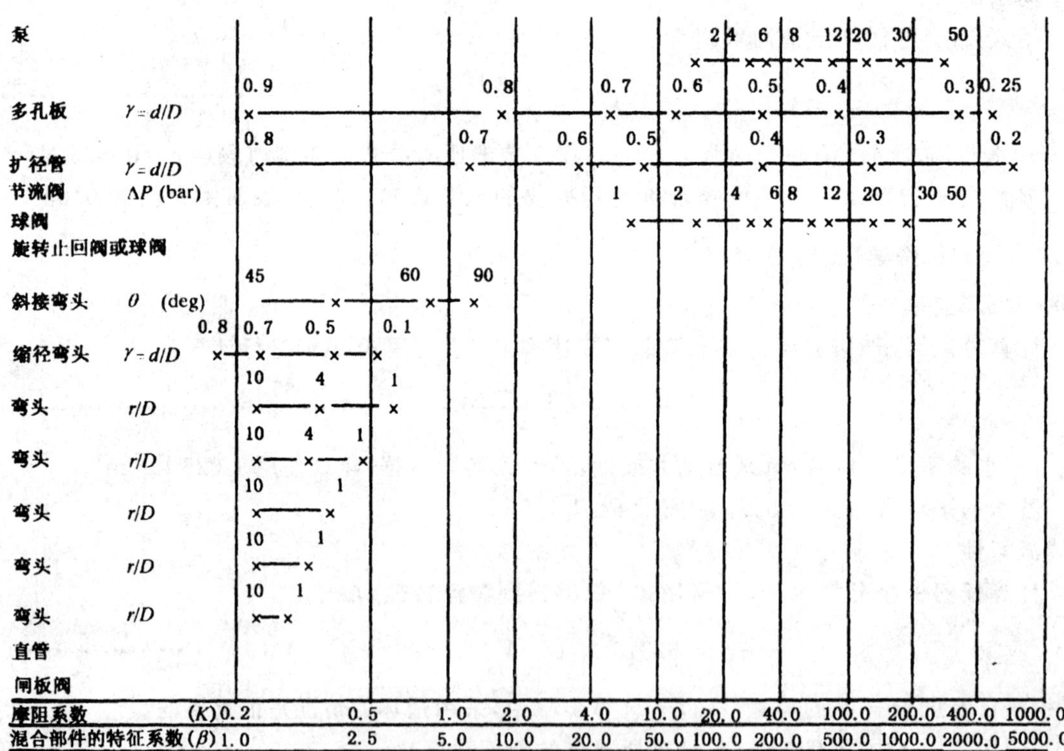

注

1　本图系以假定任何部件下游的管线，其直径相同而编制的。若任意两个部件的下游管线直径不同，则不能使用图 A1 进行比较。

2　图 A1 并非用于确定 β 与 K 值，而仅对部件的混合效果提供一个比较。

3　对离心泵与节流阀的扩散能，不用 β 值即可确定(见表 A1)，现令 $\beta=E/E_0$ 及采用下述典型数值：$D=0.4$ m，$\nu=16$ mm^2/s(cSt)，$\rho=900$ kg/m^3，$V=5.6$ m/s

图 A1　混合部件的比较

A2.11.4 利用 A2.8 中的公式，确定所要求的断面水含量比值所需的能量，并改写成式(A12)的形式：

$$E_r = \frac{4\,630}{\rho^{2.75}}\left[\frac{\rho_d - \rho}{\nu W}\right]^{1.25} \quad \cdots\cdots(A12)$$

A2.11.5 自图 A1 中，选择最有可能提供足够消散能量的管件。

A2.11.6 利用 A2.4 中所述的任一方法，确定所选定的管件的消散能 E。

A2.11.7 比较 E_r 与 E，以确定其断面特性能否被接受。若 $E>E_r$，因该管件具有令人满意的断面特性，可采用该管件。若 $E<E_r$，则对所有的管件均需提供附加的消散能量。这可用减小管径(建议其长度>$10D$)，加装另一管件，装设静态或动力驱动的混合器来达到。

A2.11.8 减小管径后，若流速增加，重复 A2.10.8 至 A2.10.13 的步骤。

A2.11.9 如果将一新的管件装入系统中后，流量并无改变，此时，利用 A2.11.6 校核其消散能量是否大于目前为止的最高值。若属实，则按 A2.11.7 的步骤进行。

A2.11.10 考虑使用静态或动力驱动的混合器时，应向制造厂了解其设计与使用中的问题。

A2.12 举例：校核一已有的取样器的位置：

A2.12.1 利用 A2.10 的方法，校核一 500 mm 管线，其最不利的操作条件为：

$V=2$ m/s；

$\rho=850$ kg/m^3；

$\nu=8$ mm^2/s；

$\rho_d=1\,025$ kg/m^3。

A2.12.1.1 由表 A2，$G=10$，所要求的 $c_1/c_2=0.9$。

A2.12.1.2 在取样器上游 $30D$ 以内有一球阀，一段缩径管，管径比 $\gamma=0.5$，2 个 90°弯头，由图 1，得知球阀或缩径管段能提供良好的分散。

A2.12.1.3 利用 A2.4 的 A 或 B 法，得出可应用的能量。但由于只给出球阀的 K 值，故需用以比较球阀与扩径管的混合效果。

球　阀	$K=6$	(表 A3)
扩径管	$K=(1-\gamma^2)^2/\gamma^4=9$	(表 A3)

因扩径管的 K 值较高，故应在以下的计算中使用此值。利用 A2.4 进行其余的计算。

由 A 法(A2.4)：

$$E = \frac{\Delta PV}{\Delta X\rho} \quad \cdots\cdots(A3)$$

或

$$\Delta P = \frac{K\rho V^2}{2} \quad \cdots\cdots(A4)$$

令 $\Delta X=10D$，则：

$$E = \frac{KV^3}{2\times\Delta X} \quad \cdots\cdots(A13)$$

代入数值，则：$E=\dfrac{9\times2^3}{2\times10\times0.5}=7.2$ W/kg

A2.12.1.4

$$G = \frac{\varepsilon/D}{W} \quad \cdots\cdots(A2)$$

$$\frac{\varepsilon}{D} = 6.313\times10^{-3}V^{0.875}D^{-0.125}\nu^{0.125} \quad \cdots\cdots(A10)$$

$$W = \frac{855(\rho_d - \rho)}{\nu\rho^{2.2}}E^{-0.8} \quad \cdots\cdots(A9)$$

代入数值，则：$\dfrac{\varepsilon}{D}=6.313\times10^{-3}\times2^{0.875}\times\dfrac{1}{0.5^{0.125}}\times8^{0.12}$

$=16.37\times10^{-3}$ m/s

$$W=\frac{855(1\ 025-850)}{8\times850^{2.2}}\times\frac{1}{7.2^{0.8}}=1.38\times10^{-3}\quad \text{m/s}$$

$$G=\frac{16.37\times10^{-3}}{1.38\times10^{-3}}=11.83$$

A2.12.1.5 由表 A2，$c_1/c_2>0.9$。

A2.12.1.6 因计算的 c_1/c_2 大于所要求之值，故取样具备良好的条件。

A2.12.1.7 利用 B 法，由 A2.4：

$$E=\beta E_0 \qquad \cdots\cdots (A14)$$

$$\beta=\frac{5(1-\gamma^2)^2}{\gamma^4}=45 \quad (\text{表 A3}) \qquad \cdots\cdots (A15)$$

$$E_0=0.005\nu^{0.25}D^{-1.25}V^{2.75} \qquad \cdots\cdots (A16)$$

所以：$E=45\times0.005\times8^{0.25}\times\frac{1}{0.5^{1.25}}\times2^{2.75}=6.054\ 5$ W/kg

A2.12.1.8

$$G=\frac{\varepsilon/D}{W} \quad (\text{表 A2}) \qquad \cdots\cdots (A2)$$

由 A2.12.1.4：$\varepsilon/D=16.37\times10^{-3}$ m/s

如同 A 法：

$$W=\frac{855(\rho_d-\rho)}{\nu\rho^{2.2}}E^{-0.8} \qquad \cdots\cdots (A9)$$

$$=\frac{855(1\ 025-850)}{8\times850^{2.2}}\times\frac{1}{6.054\ 5^{0.8}}=1.59\times10^{-3}\quad \text{m/s}$$

所以：$G=\frac{16.37\times10^{-3}}{1.59\times10^{-3}}=10.29$

A2.12.1.9 如同 A 法，按 A2.12.1.5 及 A2.12.1.6。

A2.12.2 选择合适的取样位置——采用 A2.11 的方法：

A2.12.2.1 建议的管线配置为一条 600 mm 管子，扩径至 800 mm，再连接一条 3 个 90°弯头的管子，每个弯头的 $r/D=1$，最后接压差为 10^5 Pa(bar)的一节流阀。最恶劣的操作条件如下：

$V=1.5$ m/s；

$\rho=820$ kg/m^3；

$\nu=7$ mm^2/s；

$\rho_d=1\ 025$ kg/m^3。

A2.12.2.2 所要求的 c_1/c_2 比值为 0.9；于是，由表 A2 得到 $G=10$。

A2.12.2.3 由 A2.9 湍流特性为：

$$\varepsilon/D=6.313\times10^{-3}V^{0.875}D^{-0.125}\nu^{0.125} \qquad \cdots\cdots (A10)$$

$$=6.313\times10^{-3}\times1.5^{0.875}\times\frac{1}{0.8^{0.125}}\times7^{0.125}$$

$$=11.81\times10^{-3}\quad \text{m/s}$$

A2.12.2.4 水滴沉降速率为：

$$W=\frac{\varepsilon/D}{G}=\frac{11.81\times10^{-3}}{10}=1.18\times10^{-3}\quad \text{m/s}$$

A2.12.2.5 按式(A12)，所要求的能量消散率为：

$$E_r=\frac{4\ 630}{\rho^{2.75}}\left[\frac{\rho_d-\rho}{\nu W}\right]^{1.25} \qquad \cdots\cdots (A12)$$

$$=\frac{4\ 630}{820^{2.75}}\left[\frac{1\ 025-820}{7\times1.18\times10^{-3}}\right]^{1.25}=13.99\quad \text{W/kg}$$

A2.12.2.6 由图A1知，节流阀很可能提供足够的消散能。

A2.12.2.7 仅有方法B能为节流阀提供消散能的公式；见表A5：

$$E=\frac{\Delta PV}{20\rho D}=\frac{1\times10^{5}\times1.5}{20\times820\times0.8}=11.43\quad \text{W/kg}$$

注：1 bar＝10^5 Pa

A2.12.2.8 由节流阀给出的消散能E小于所要求的E_r。因此，G值达不到10，在此点进行取样是不恰当的。若由600 mm～800 mm的扩径管被移至节流阀与取样点的下游，此时可用$D=0.6$ m及$V=2.67$ m/s代入，重新计算。

A2.12.2.9 由式(A10)，得到：

$$\frac{\varepsilon}{D}=6.313\times10^{-3}\times2.67^{0.875}\times\frac{1}{0.6^{0.125}}\times7^{0.125}$$

$$=20.25\times10^{-3}\quad \text{m/s}$$

A2.12.2.10 由式(A11)，得到：

$$W=\frac{\varepsilon/D}{G}=\frac{20.25\times10^{-3}}{10}=2.02\times10^{-3}\quad \text{m/s}$$

A2.12.2.11 由式(A12)，得到：

$$E_r=\frac{4\ 630}{820^{2.75}}\left[\frac{1\ 025-820}{7\times2.02\times10^{-3}}\right]^{1.25}=7.13\quad \text{W/kg}$$

A2.12.2.12 上述计算并无变化。

A2.12.2.13 由表A5，得到：

$$E=\frac{\Delta PV}{20\rho D}=\frac{10^{5}\times2.67}{20\times820\times0.6}=27.10\quad \text{W/kg}$$

A2.12.2.14 位于小直径管段处的节流阀提供的能量消散率，比给出$G=10$所要求的更大，故在该处取样是合适的。

A3 取样系统与部件的验收方法

A3.1 本标准所采用的术语——以下定义对于使用分布试验数据，以及各测点平均值与误差的表A6与表A7时，可以提供帮助。

A3.1.1 最小流量，名词：最小工作流量，不包括那些不常出现(即1/10装载量)或短时间内(少于5 min)的流量。

A3.1.2 全部分布平均值，名词：所有测点平均值的平均数。

A3.1.3 试样测点，名词：在某一分布中的单个试样。

A3.1.4 测点平均值，名词：所有分布上(不包括含水量少于1.0%的分布)，相同测点的平均值。

A3.1.5 分布，名词：沿管子直径同时作多点取样。

A3.2 验收试验：注水体积平衡试验

A3.2.1 本附录介绍在考核管线及海上自动管线取样系统的效能时，被认可的三种试验方法：即单一取样器、双取样器与部件测试。这些测试方法均具有同等效力，不能将其排列顺序解释成一法优于其他方法。当某一系统的设计已被考核认可，则相同设计的系统(例如LACT装置)，包括管线配置与类似的运行，可不必再加测试。相同设计系统的考核参考第16节。

A3.2.2 以下介绍的系统测试方法可识别石油中的水，该测试方法稍作修改后也可用来识别石油系统。

A3.2.3 单一及双取样器试验是用于测试整个取样系统，它先在管线中作液流改善，再通过油品的采集与分析。它们是体积平衡试验。试验时，将已知量的水注入已知体积的油中，油则含有基准的含水量。试验中当它们通过取样器时，采集试样并加以分析，再与所知的基准水量加上注入的水相比较。

A3.2.4　单一取样器测试时，要求在注入试验用水过程中，须采用基准的含水量。试验是否成功，与整个试验中能否有恒定的基准油量有关。若此恒定的基准油量得不到保证，将得不出结论。

A3.2.5　双取样器试验。第一个取样器（即基准取样器）用于测定试验中的基准含水量。试验用水是在基准与主取样器的中间注入的。主取样器（供试验的一个取样器）用于采集基准加上注入的水样。对此两个取样装置并不要求是完全相同或相似的类型。

A3.3　验收试验前的准备工作

A3.3.1　按照ASTMD5854标准的附件A2，对油品接受器与混合器进行测试。取样器作验收试验时，注水应持续1 h。在取样器验收试验中所采集的相应样品体积，通常会比正常条件下所预期的体积要少。因此，如果在取样器验收试验中，所采集的样品体积少于供试验的接受器和混合器的最小体积，则在验收试验前，必须参照ASTM D5854标准的附件A2，使用所要采集的油品与体积，对接受器与混合器进行测试。

A3.3.2　确定计量水与油的体积的使用方法与测试精度。应安装注水用水表并按API MPMS第4、5、6章的指示加以标定。油的体积应按API MPMS第3、4、5、6章的指南用油罐量油尺或仪表进行计量。

A3.3.3　将注水点选在取样系统预期进行液流改善的管件上游处。要注意在管线中可能存在的气阱，它会妨碍注入水流经过取样点。要确保注水点与注水方式不会在取样点处产生附加的混合能量，因它会改变试验结果。注水设备或装置应符合该处安全操作的要求。

A3.3.4　利用流量与原油的类型来评估管线的正常工作条件。选择最常用和最恶劣的条件来试验取样系统。最恶劣条件一般指在通常接收或发送高API重度原油时，流量达到最小。

A3.3.5　单个取样器验收试验中，油中恒定水含量的水源必须完全一致。若有可能，建议将油分离出来，因为水含量基准的变化，会使试验结果无法得出结论。

A3.4　单个取样器：验收试验

A3.4.1　用足够高的流速清扫系统，将可能存在于自动取样系统（见图A2）上游管线系统内的游离水排走。

A3.4.2　确定试验用的流速。

A3.4.3　采集最初的基准试样。基准试样可以是在一单独样品接受器中所采集的组合试样，或直接与试样抽吸器有一定间隔处采集的几个测点的试样。

A3.4.4　用油罐的量油尺或仪表读数记下油的初始体积　同时在试样接受器中开始采集试样。

A3.4.5　记下水表的初始读数。再接通水并调节注水速率。

A3.4.6　建议注水至少1 h。

A3.4.7　将水切断并记下水表的读数。

A3.4.8　继续将试样采集到接受器中，直至按计划的注水量已通过取样器。

A3.4.9　停止采集试样，并同时用油罐的量油尺或仪表读数记下油的体积。

A3.4.10　采集第二个基准试样。

A3.4.11　分析基准试样。

A3.4.12　分析试样。

A3.4.13　利用式(A17)，计算试样中的水减去校正至试验条件下基准试验中的水之间的差值，再与所注水量加以比较，得其误差：

$$Dev = (W_{test} - W_{bi}) - W_{ing} \qquad \text{(A17)}$$

式中：Dev——误差，体积%；

W_{test}——试样中的水量，体积%；

W_{bi}——校正至试验条件下的基准水量，体积%；

W_{ing}——试验中的注水量，体积%。

$$W_{bi} = W_{avg} \times \frac{TOV - V}{TOV} \qquad \cdots\cdots (A18)$$

$$W_{ing} = \frac{V}{TOV} \times 100 \qquad \cdots\cdots (A19)$$

W_{avg}——测试所得基准水量的平均值,体积%;

TOV——通过取样器(桶)的全部测试体积(即油量加注水量);

V——在桶中注人的水的体积。

A3.4.14 重复由 A3.4.3 至 A3.4.13 各项,直至连续两个试验达到 A3.6 的要求为止。

A3.4.15 采用生产用水时,应对溶解于其中的固体进行校正。

A3.5 双取样品:验证性试验

A3.5.1 取样器的试验为两个部分的试验。在第一部分中,在基准含水量之下,对两个取样器加以比较。试验的第二部分为将水在两个取样器之间注入,以确定基准水加上注入水是否为主取样器所检测。见 A6。

A3.5.2 基准试验方法

A3.5.2.1 清扫系统,以清除游离水。

A3.5.2.2 在管线中建立稳定的液流。

A3.5.2.3 启动基准取样器。记下量油尺或仪表的读数。

A3.5.2.4 当取样器之间的管线内的液体被排走后,启动主取样器。

A3.5.2.5 当采集到所需体积的试样后,关闭基准取样器。建议不少于 1 h。记下量油尺或仪表的读数。

A3.5.2.6 当基准与主取样器之间的管线内液体已被排走,关闭主取样器。

A3.5.2.7 分析试样。

A3.5.2.8 在继续进行下去以前,比较试验结果,并确信它们在表 A6 所列的允许偏差之内。

A3.5.3 注水试验

A3.5.3.1 记下水表读数。

A3.5.3.2 启动基准取样器,注水并陆续记录量油尺或仪表的读数。

A3.5.3.3 在注入水到来之前,立即启动主取样器。

A3.5.3.4 用基准取样器采集所需的试样量。

A3.5.3.5 关闭基准取样器,陆续记录量油尺或仪表的读数,切断注入水。

A3.5.3.6 记下水表读数。

A3.5.3.7 当基准取样器与主取样器之间的管线中的流体排完后,关闭主取样器。

A3.5.3.8 分析试样。

A3.5.3.9 重复 A3.5.2.2 至 A3.5.3.6 的步骤,直至试验的两个部分其连续两次试验均符合 A3.6 的要求。

A3.6 原油输送的认可

A3.6.1 在原油输送中,若连续两次试验符合下述要求,则验收试验认为有效,且自动取样系统被认可。

A3.6.2 单个取样器测试

A3.6.2.1 在初始与终了的基准中,水的百分数相差小于或等于 0.1%,且

A3.6.2.2 试样与已知的基准加注水之偏差值,在表 A6 所列的限度内。

A3.6.3 双取样器测试

A3.6.3.1 在基准试验中,两个取样器之间的差值必须在 0.1%以内,且

A3.6.3.2 第二个取样器(测试的取样器)与基准取样器加上注入的水之差值,必须在表 A6 所列限度以内。

A3.6.4 验收试验失败时采取的措施

A3.6.4.1 确保正确计算及记录油的体积。

A3.6.4.2 确保正确计算及记录水的体积。确保换算因子是正确的,或已采用仪表的系数来求得正确的体积,或两者均已考虑到。

A3.6.4.3 若怀疑管线中的液流调整不合适,可采用下述方法之一来确证取样点:

a) 由 A2 来估算水在油中的分散情况。

b) 进行在 A3.7.1 中所述的多点分布测试。

A3.7 部件性能测试

A3.7.1 确定液流调整的分布测试:浓度的分层现象或不均匀性,可同时沿管子直径的几个测点,采集并分析试样来加以确定。图 A2 所示的多点探头是分布探头设计的一个例子。测试应在装有取样探头的同一横截面中进行。

A3.7.1.1 均匀分散与分布的判据:符合 A3.8.2 中的判据要进行至少 5 个分布测试。若其中有 3 个分布测试显示出分层现象,则在管线中的混合不能满足要求。

A3.7.1.2 分布探头:对≥30 cm(12 in)的管子,推荐使用至少有 5 个取样点的探头。对≤30 cm(12 in)的管子,可使用有 3 个取样点的探头。

A3.7.1.3 取样频度:沿截面取样的频度不应多于每 2 min 一次。

A3.7.1.4 探头方位:水平方向内的截面应垂直选取,而垂直方向的截面应水平选取。

A3.7.1.5 测试条件:应以测试最坏的情况,其中包括最小流速及最低流动粘度与密度或商定的其他条件来确定试验。

A3.7.1.6 注水:推荐采用自动取样系统测试(见 A3.2 与 A3.3.3)中所述的注水方法。

A3.7.1.7 取样:应当在计算的注水到达时间之前 2 min 开始取样,并持续到至少有 10 个分布已取样完毕。

注:探头的安装与运作在 A3.9 中叙述。作为安全预防措施,探头应在低压条件下进行安装与拆卸。在运作过程中如需拆卸,为防止液喷,探头应装有安全链及断流阀。

A3.8 分散性判据的应用

A3.8.1 从一典型的分布测试中收集到的数据列于表 A7 上,其单位为所检测的水的体积百分率。将大约 1 000 桶海水加至载重 76 000 t 油轮的中央舱内。加水量则通过在装油开始前一刻,将进水切断,加以计量得到。

A3.8.2 应用分散性判据时,最好删除所有水分少于 0.5%的分布,以及水分的前缘(最高的)分布(出现在表 A7 的分布 3)。通常,对水的分散性而言,前缘分布是不稳定的。虽然它是验证到达时间的一项有用方法,但它会妨碍对分布数据的评估,并可能引起不必要地减少对分布试验的评定。对水分≤1%的所有其他分布,计算其测点的平均值及偏差(见表 A8)。

A3.9 水分分布测试方法:参考图 A2,遵循此法的各项步骤

A3.9.1 在管线上装设分布探头,核实探头已正确定位并可靠地紧固。

A3.9.2 在针形阀下面安装一溢出罐,打开截流阀和针形阀,吹扫探头 1 min(或用足够时间来吹扫 10 倍于探头管线的体积)。

A3.9.3 调节针形阀,使所有试样容器以相同流速充注。

A3.9.4 关闭截流阀。

A3.9.5 打开截流阀,吹扫探头管线,将 5 个试样容器快速地放置于针形阀下面。关闭截流阀。

A3.9.6 在时间间隔不少于 2 min 内,重复 A3.9.5 的步骤,直至至少获得 10 个分布为止。

A3.10 试样探头/抽吸器测试

A3.10.1 在整个操作条件范围内,探头取样量的重复性应在±5%以内。能影响探头取样量的操作参数有试样的粘度、管线压力、取样频度以及在抽吸器上的背压。

A3.10.2 试样探头/抽吸器的试验可如下进行：在一有刻度的圆筒中收集100次探头的取样量，计算平均的取样量。试验在最高与最低的油的粘度，压力及取样频度下进行。

A3.10.3 当预期的取样数将超过试样接受器正常的液面时，即可确定平均的取样量。平均取样量也用于确定取样器的效能(见A4与A5)。

A3.11 特殊流量计的测试

A3.11.1 如果使用监测输油仪，则不需再做流量计标定的验证。

A3.11.2 特殊型号的仪表，如在12.2中所述者，亦可用油罐量油尺或监测输油仪，来比较仪表对抽吸器的控制而加以验证。测试条件为

A3.11.2.1 测试应在正常操作的平均流量条件下进行。

A3.11.2.2 流量计必须在其正常的工作地点作测试，以确定管线的配置对其精确度的影响。

A3.11.2.3 当使用油罐量油尺作为一参考体积时，油罐液面变化必须足够大，以给出精确的体积读数。

A3.11.3 用于控制试样抽吸器的流量计，其精确度应在用油罐量油尺或监测输油仪所测体积±10%范围以内。

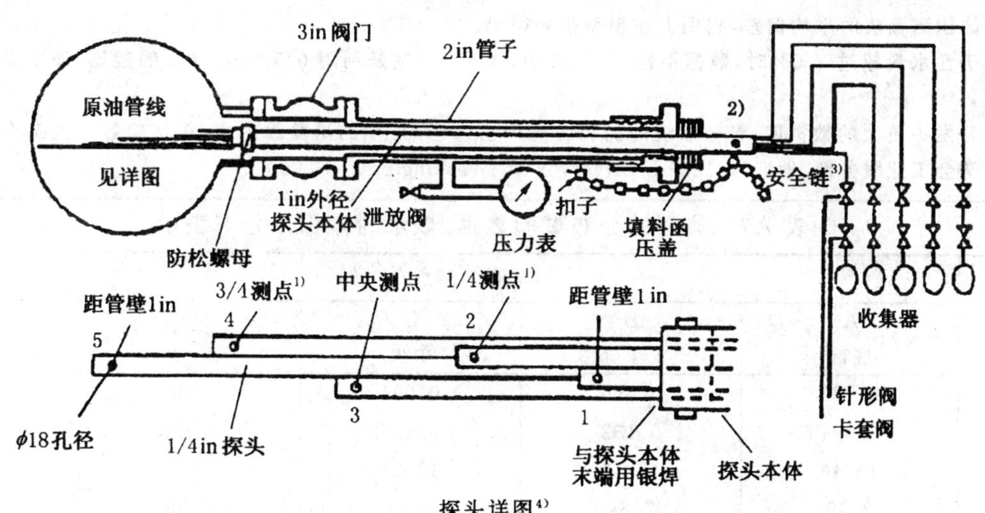

注

1 对直径小于30 cm(12 in)的管子，删去1/4与3/4测点。

2 在探头套子上冲出的标记，可识别出探头开孔的方位。

3 当探头完全伸入时，提起安全链的下垂部分并将安全链牢靠固定。

4 探头是可以伸缩的，在此表示其伸入的位置。

图 A2 分布测试中的多点探头

表 A6 注水验收试验中，单个与多个取样器的允许误差(体积%)

总含水量	允许误差	
	使用油罐量油尺	使用仪表
0.5	0.13	0.09
1.0	0.15	0.11
1.5	0.16	0.12
2.0	0.17	0.13
2.5	0.18	0.14
3.0	0.19	0.15
3.5	0.20	0.16
4.0	0.21	0.17
4.5	0.22	0.18
5.0	0.23	0.19

表 A6(完)

总含水量	允许误差	
	使用油罐量油尺	使用仪表

注

1 所谓油罐或仪表,系指在试验中,用于测定原油或石油体积的方法。

2 所列的误差系使用在 D4928 中所述的 Karl Fischer 试验法。

3 含水量在表中所列的数值中间时,可使用插入法。例如,若全部含水量为 2.25%,使用油罐量油尺的允许偏差为 0.175%,而使用仪表则为 0.135%。

4 本表的部分数据系基于 19 个装置 36 次试验,其数据库的统计分析。由于受数据量的限制,在此不可能建立用体积确定法即用油罐或仪表进行分析的单独的数据库。因此,有必要将数据作为总体分析处理。当含水量在 0.5%~2.0%范围内,此数据库是有效的。

5 在含水量为 0.5%~2.0%范围内,对本表所列的仪表数值,已经按 95%置信度,计算出数据的复验性标准误差。赋予仪表的数值系基于一个计算油罐与仪表体积测量法的标准误差的模型。含水量为 0.5%~2.0%时,本表所列油罐的数值系在相同含水量范围内,在仪表数值之上加以 0.04%而得到。0.04%值是油罐与仪表两个体积测量法的平均偏差,它用上述模型推导得出。

6 由于含水量超过 2.0%时,数据不足,在本表中,大于 2.0%是利用 0.5%~2.0%的数据,外推成一条直线偏差。

7 为开发一更大的数据库,希望系统的拥有者使用在 A6 中所示的试验数据表,将试验数据的副本送交美国石油学会工业服务部,地址为:1220 L Street, NW, Washington, DC20005。

表 A7 典型的分布试验数据,以水的体积百分率表示

分布	测点 (%)				
	A 底部	B 1/4 处	C 中央	D 3/4 处	E 顶部
1	0.185	0.096	0.094	0.096	0.096
2	0.094	0.182	0.135	0.135	0.135
3	13.46	13.72	13.21	12.50	12.26
4	8.49	7.84	8.65	8.65	8.33
5	6.60	7.69	7.69	6.60	8.00
6	6.73	7.02	6.48	6.73	5.38
7	7.88	6.73	6.73	7.27	5.96
8	2.78	3.40	3.27	3.08	2.88
9	1.15	1.36	1.54	1.48	1.32
10	0.58	0.40	0.48	0.05	0.47

注:对无效的试样或遗漏数据的测点,此测点应作为遗漏数据加以表示,对其余的数据则取平均值

表 A8 测点平均值及偏差的计算,以水的体积百分率表示

	测点 (%)					
	A	B	C	D	E	平均值 $E\%$
分布 4 至 9 的平均值 与全部分布平均值的偏差[1](%)	5.61 +0.02	5.67 +0.08	5.73 +0.14	5.64 +0.05	5.31 −0.28	5.59
允许偏差[2]	(5.59×0.05)%=±0.28%					

注

1 本系统是就测试中,最差的测点平均值进行评估的。测点 E 的偏差最大(−0.28)。

2 在代表性试样中,对全部分布平均值中的每 1%水分,其允许偏差为 0.5%水量。本实例的允许偏差为(5.69×0.05)%=±0.28%。

A4 固定式装置的运行指标

A4.1 运行前的计算

$$n=\frac{SV_e}{b} \quad\cdots\cdots(A20)$$

式中：b——抽吸器探头的预期抽吸量，mL；

SV_e——预期的试样量，mL（通常为80%的接受器体积）；

n——预期的试样抽吸次数。

$$B=\frac{PV_e}{n} \quad\cdots\cdots(A21)$$

式中：B——取样频度，m^3/次（控制器输入）；

PV_e——取样后的预期油量，m^3。

A4.2 取样操作数据

N——由控制器设定的总的抽吸次数；

SV——采集的试样量，mL；

SV_c——计算的试样量，mL；

PV_s——由取样器流量传感器测量得到的取样段的油量，m^3；

PV_{co}——外输流量计油量，或装载的油量，m^3。

A4.3 操作报告的计算：以下计算有助于评定试样有无代表性

A4.3.1 抽吸系数(GF)：

$$GF=\frac{SV}{N\times b}=1\pm 0.05 \quad\cdots\cdots(A22)$$

A4.3.1.1 部件与变量有：

a）平均的抽吸量；

b）控制器与探头的联接；

c）探头的操作。

A4.3.2 操作系数(PF)：

$$PF=\frac{SV}{SV_c}=1\pm 0.10 \quad\cdots\cdots(A23)$$

$$=\frac{SV}{\frac{PV_s}{B}\times b}=1\pm 0.10 \quad\cdots\cdots(A24)$$

A4.3.3 流量传感器的精度(SA)：

$$SA=\frac{PV_{co}}{PV_s}=1\pm 0.10 \quad\cdots\cdots(A25)$$

A4.3.4 取样时间系数(SF)：

$$\text{采样时间系数}=\frac{\text{总采样时间}}{\text{总输油时间}}=1\pm 0.05 \quad\cdots\cdots(A26)$$

输油开始时间 ______________

输油结束时间 ______________

总的输油时间 ______________

取样器开始操作时间 ______________

中途停机时间 ______________

取样器停止操作时间 ______________

总的取样时间 ______________

注：记下取样器不工作的实际时间。

A4.3.5 按照标准 D4177 进行了取样器装置的测试

是____________________ 否____________________ 测试日期____________________

A4.3.5.1 有关部件与变量为：

a) 平均的取样探头取样量；

b) 流量传感器与控制器的连接；

c) 控制器；

d) 控制器与探头的联接；

e) 传感器的操作；

f) 流量传感器的精度。

A5 便携式取样装置的运行指标

A5.1 采用便携式取样器时，要验证所采试样是否有代表性更为困难，此因流量传感装置在精度与调节上受到限制。而液流改善通常受到管件与流速的制约。取样器控制器的数据记录一般是有限的。但操作人员采取一些特殊的预防措施与带有附带记录的操作方法，可以克服这些限制。

A5.2 运行前的计算：

$$n = \frac{SV_e}{b} \qquad \cdots\cdots(A20)$$

式中：b——抽吸器探头的预期抽吸量，m^3；

SV_e——预期的试样量，mL（通常为 80% 的接受器体积）；

n——预期的试样抽吸次数。

$$B = \frac{PV_e}{n} \qquad \cdots\cdots(A21)$$

式中：B——取样频度，m^3/次（控制器输入）；

PV_e——取样段的预期油量，m^3。

A5.3 取样操作数据：

N——由控制器设定的总的抽吸次数；

SV——采集的试样量，mL；

PV_s——由取样器流量传感器测量得到的取样段的油量，m^3；

PV_{co}——外输流量计所测油量，或装卸的油量，m^3。

A5.4 操作报告的计算：以下计算有助于评定试样有无代表性

A5.4.1 抽吸系数(GF)：

$$GF = \frac{SV}{N \times b} = 1 \pm 0.05 \qquad \cdots\cdots(A22)$$

A5.4.2 修正的操作系数(PF_m)

$$PF_m = \frac{SV}{\frac{PV_s}{B} \times b} = 1 \pm 0.01 \qquad \cdots\cdots(A27)$$

通常，PV_s 为未知。在此情形下，采用 PV_{co}，它排除了流量传感器发生故障或不精确对 PF_m 的影响。若从控制器得知 PV_s，按 A4 来计算 PF。

A5.4.3 流量传感器的精度(SA)：在一般情况下，得不到由取样器的流量传感器测量的油量。由流量传感器所测油量可由控制器所设定的抽吸次数算出。

$$SA = \frac{N \times B}{PV_{co}} = 1 \pm 0.10 \qquad \cdots\cdots(A28)$$

A5.4.4 取样系数(SF)

$$采样系数 = \frac{总采样时间}{总输油时间} = 1 \pm 0.05 \qquad \cdots\cdots(A29)$$

船名____________________位置

装油________卸油________开始泵送时间________结束时间

泵送开始日期____________________

日期	时间	探头		管线编号[1]		采油段	计算[2]	
		进入工作	退出工作	进入工作	退出工作	流速	在探头处流速	通过管线流速

1）管线编号为图A3或图A4的字母或数字。

2）若主要流速发生改变，以及在操作中增加或减少悬臂/软管的数目，则应计算图A3中管线A至D的流速。对油轮上的两端带法兰短管Ⅰ至Ⅳ同样适用。对图A4中的Ⅰ至Ⅳ管线与两端带法兰短管同样适用。

图 A3　便携式取样器混合与流速传感器流速操作数据的确认

A5.4.5　液流改善

A5.4.5.1　对95%取样段油量，在管线内取样器前的流速最小为2 m/s(6.6 ft/s)，是____否____。

A5.4.5.2　在油罐/船舱中的游离水总量不超过10%，以不小于2 m/s的流速被泵送，是____否____。

如果上述两个答案均为“是”，则液流改善符合要求。

A5.5　管线与集合管的数据：对每个试样，填好图A3至图A6所列的表格

船名____________________位置____________________日期____________________

油罐或船舱编号	初始游离水		泵送开始		在取样器处管中流速	泵送开始时，取样器处管线流速的计算
	水量	%	时间	时间		
总　计						

注

1　假定游离水与开始泵出的5%油量一起自油罐或船舱中泵出。

2　如果在操作完成后，在整个货油中有多于10%的水作为游离水出现；并且在泵送时，取样器前管线的流速小于2.44 m/s(8 ft/s)，则该试样不能判定为具有代表性

图 A4　便携式取样器游离水试样操作数据的确认

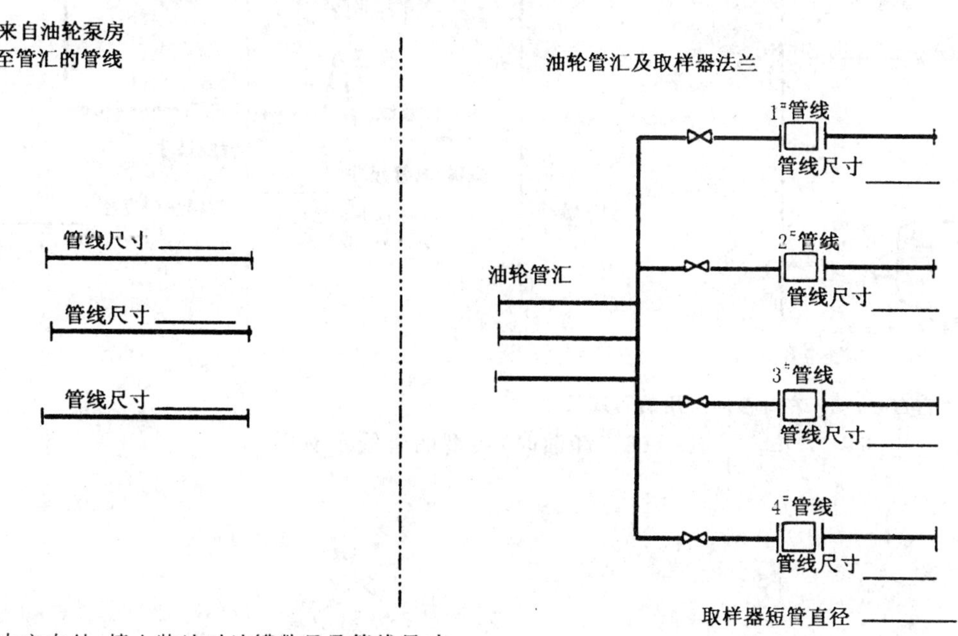

注：在表中空白处，填入装油时油罐数目及管线尺寸

图 A5　装油时，典型的管线示意图

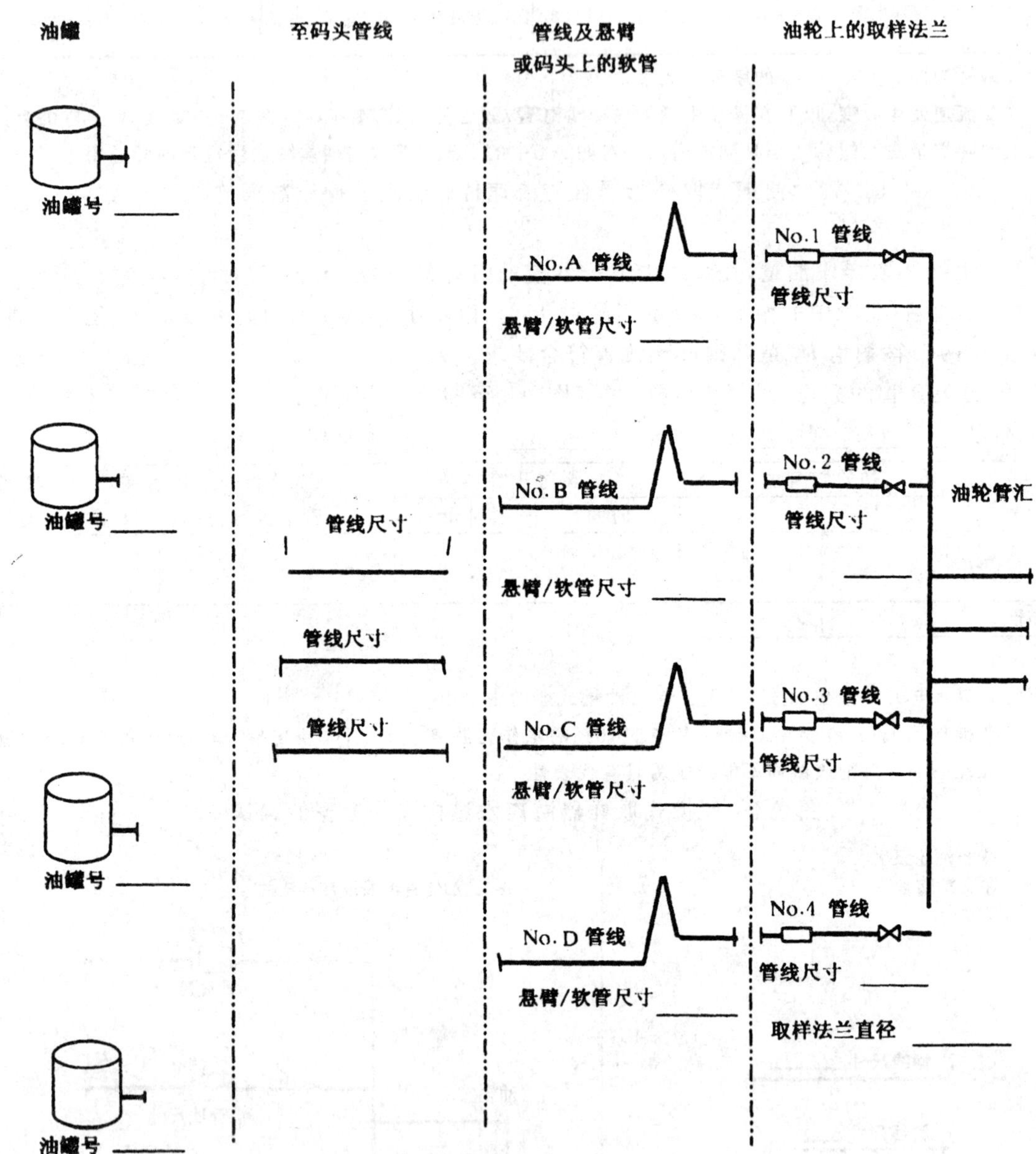

注：在表中空白处，填入在卸油时所用的管线尺寸

图 A6 卸油时，典型的管线示意图

A6 取样器验收试验数据

A6.1 图 A7 是取样器验收数据表的一个例子

公司：________ 地点：________ 取样器号码：________ 试验# ______ 的 ______

日期：________ 公司证明人：________ 其他证明人：________

系统数据 原油等级：______ ______	粘度：______ cSt@40 C	API：______	流率：__ bph/m^3 流动温度__ F/C	速度：____ fps/mps	管线尺寸______ m

原油量测定 ____仪表____油罐量油尺 油罐增加量____ bbls/m^3 试样接受器容量____ gal/L 试样量______ gal/L	探头设计 ____等动力学 ____L 型短管 ____斜口 ____平口 ____其他 ____抽吸器尺寸(mL)	探头方位 ____顶部 ____边缘 ____底部 ____试样回路	液流改善 ____动力驱动混合器 ____静态混合器-立式 ____静态混合器-卧式 ____管件-垂直 ____管件-水平 ____无	实验室分析 ____离心分离 ____蒸馏 ____karl Fischer ____质量 ____体积

试验用水：______新鲜水；______微咸水；______海水；______生产水

试验数据

基准试验数据

1. 单个取样器的基准试验：
   Wavg=(第一次基准试验数据　　%+第二次基准试验数据　　%)/2 　=______%

2. 双取样器的基准试验数据：
   a. 注水前的对比试验：
   (基准取样器______%－原始取样器______%) 　=______%
   与表 A1 的最大偏差值 　=______%
   b. 在注水试验中：(W_{avg}) 　=______%

注水及原油量

3. 注水(V)
   仪表累加器停止测量______ gal/L
   仪表累加器开始测量______ gal/L
   V=　差值______ gal/L×______×______ 　=______ bbls/m^3
   (仪表系数)　(0.023 8 gal/bbl 或 0.001/m^3)

4. 原油量
   停止量油尺或仪表累加器测量______ bbl/m^3
   开始量油尺或仪表累加器测量______ bbl/m^3
   差值______ bbl/m^3×______ 　=______ bbl/m^3
   (仪表系数)

5. TOV(第 3 项+第 4 项) 　=______%

计算：

$D_{ev}=(W_{test}-W_{bl})-W_{ing}$

此处：W_{test}=试样中的含水百分比

6. $W_{bl}=W_{avg}\times[(TOV-V)/TOV]$=______×[(______－______)/______] 　=______%
   (第 1 或第 2 项)　(第 5 项)　(第 3 项)　(第 5 项)

7. $W_{ing}=(V/TOV)\times 100$=(______/______)×100 　=______%
   (第 3 项)(第 5 项)

D_{ev}=(______－______)－______ 　=______%
(W_{test})　(第 6 项)　(第 7 项)

与表 1 的最大差值 　=______%

注

1 表中所有的百分比均为体积百分比。
2 如果使用生产水，水中的固体物质含量应在注水中加以修正。
3 偏差值必须在 MPMS 第 8.2 章图 A1 的限度内。
4 在下面注明，在连续试验中所作的，任何实质性或程序上的改变。
5 附上取样器、接受器和混合器试验报告的副本，见 MPMS 第 8.3 章

评论：________________________

图 A7 取样器验收试验数据表

前　　言

本标准主要规定了焦化石油焦及焦粒的采制样和水分、固定碳、灰分、挥发分、硫、真相对密度及粒度的测定方法。

本标准由中华人民共和国国家认证认可监督管理委员会提出并归口。

起草单位：中华人民共和国镇江出入境检验检疫局。

主要起草人：吴永炯、闫素娟、李丙祥、许顺。

本标准系首次发布的检验检疫行业标准。

中华人民共和国出入境检验检疫行业标准

出口焦化石油焦及焦粒检验规程

SN/T 0992—2001

Rules for the inspection of burned petroleum coke and granule for export

1 范围

本规程规定了出口焦化石油焦及焦粒(粒度小于 10 mm)的采制样、试验方法和检验结果的判定。

本规程适用于以石油焦为主要原料,经焦化等工艺加工的焦化石油焦及由焦化石油焦经干燥、粉碎、筛分等工艺加工而成的焦化石油焦焦粒的出口检验。

2 引用标准

下列标准所包含的条文,通过在本标准中引用而构成为本标准的条文。本标准出版时,所示版本均为有效。所有标准都会被修订,使用本标准的各方应探讨使用下列标准最新版本的可能性。

GB/T 1997—1989 焦炭试样的采取和制备

GB/T 2001—1991 焦炭工业分析测定方法

GB/T 2005—1994 冶金焦炭的焦末含量及筛分组成的测定方法

GB/T 2286—1991 焦炭全硫含量的测定方法

GB/T 4511.4—1984 焦炭真相对密度测定方法

GB/T 6678—1986 化工产品采样总则

GB/T 6679—1986 固体化工产品采样通则

SN/T 0836—1999 出口石油焦装船水分取样与测定方法

3 采样与制样

3.1 焦化石油焦的采制样

3.1.1 焦化石油焦的分析试样和粒度试样原则上应在焦流中采取,在条件不允许时也可在货车上或焦堆上采取。

3.1.1.1 焦流采样:按 GB/T 1997 规定进行。

一批焦炭基本批量应采取的最少份样数,见表 1。

表 1

样　　别	工业分析	粒度测定
份样数/个	12	15

批量大于 500 t 的份样数,应在基本采样份样(表 1)的基础上,乘以试验因数〔见式(1)〕,份样质量保持不变,亦可将大批量的焦炭划分成若干部分,从中按规定采出份样数。

$$\text{试验因数为:}\sqrt{\frac{\text{实际交货批量}}{\text{基本批量}}} \qquad \cdots\cdots(1)$$

式中,基本批量为 500 t。

中华人民共和国国家质量监督检验检疫总局 2001-12-30 批准　　2002-06-01 实施

从焦炭中应采取的最少份样质量见表2。

表 2

最大粒度/mm	<25	≥25,<40	≥40,<80	≥80
最少份样质量/kg	1	2	5	15

3.1.1.2 货车采样法:份样的采取原则上从货车装卸过程中新露出的面上随机定点采取。整批的采样,份样数、份样量和总量均不得低于GB/T 1997的规定。

当组成一批货车数少于规定份样数时,每车应取最少份样数 n_0 以式(2)计算(如有小数则进为整数):

$$n_0 = n/m \qquad \cdots\cdots(2)$$

式中:n_0——为应取最小份样数;

n——为GB/T 1997规定的份样数;

m——为交货批所装的货车数。

当规定的份样数少于货车数时,每个货车至少取一个份样,货车装载量不同时,份样数的分配与装载量成正比。

3.1.1.3 焦堆采样:焦堆的采样点分布在焦堆表面各距离底和顶0.5 m和焦堆半高处的一个圆周线上,并分别等距地布置,按上:中:下=3:5:8的比例采取样品(见图1)。整批的采样,份样数和总量不得低于GB/T 1997规定的要求。

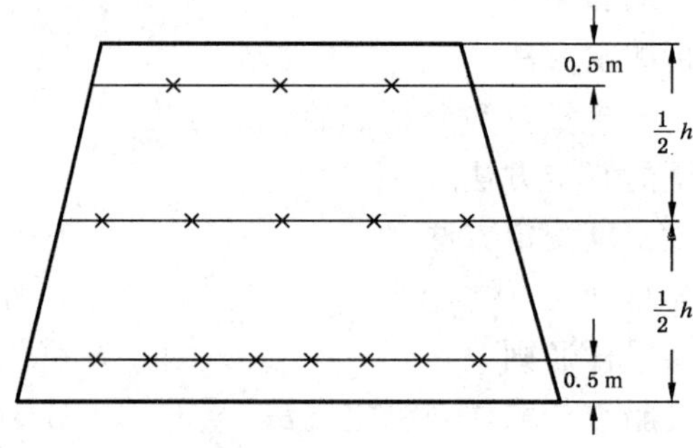

图1 采取样品比例示意图

3.1.2 焦化石油焦的分析试样和粒度试样的制备,按GB/T 1997的规定进行。

3.1.3 焦化石油焦的装船水份试样的采取与测定方法按SN/T 0836的规定执行。

3.2 焦化石油焦焦粒的采、制样

3.2.1 焦化石油焦焦粒为袋装。试样的采取按GB/T 6678、GB/T 6679规定,确定份样数,份样量每袋不少于100 g,试样总量不少于5 000 g。

3.2.2 试样采取后经二分器混合缩分后,先取两份约各1 000 g试样进行粒度试验。所余样品按GB/T 1997规定制备分析用试样。

4 试验方法

4.1 水分的测定按GB/T 2001—1991中3的规定进行。

4.2 灰分的测定按GB/T 2001—1991中4的规定进行。

4.3 挥发分的测定按GB/T 2001—1991中5的规定进行。

注:挥发分测定也可按买卖双方约定的条件进行。

4.4 固定碳的测定

用已测出的水分含量、灰分含量、挥发分含量进行计算，求出焦炭固定碳含量，其计算式如式(3)：

$$FC_{ad}=100-M_{ad}-A_{ad}-V_{ad} \qquad \cdots\cdots(3)$$

式中：FC_{ad}——分析试样的固定碳含量，%；

M_{ad}——分析试样的水分含量，%；

A_{ad}——分析试样的灰分含量，%；

V_{ad}——分析试样的挥发分含量，%。

4.5 全硫含量的测定按 GB/T 2286 规定执行。

4.6 真相对密度的测定

4.6.1 方法一(仲裁法)，按 GB/T 4511.4 的规定执行。

4.6.2 方法二，抽真空快速测定法。

4.6.2.1 仪器

密度瓶：容量 50 mL

真空泵：抽速≥0.5 L/s，极限压力 6×10^{-2} Pa(配真空活塞油，真空压力表 1.5 级，T 形三通真空活塞)

真空干燥器：240 mm

气体干燥器：500 mL

4.6.2.2 试验步骤

将试样在 105℃下干燥 1 h，称取试样 5.000 0 g，称准至 0.000 2 g，将试样倒入密度瓶内，注入蒸馏水约容积 1/2 处，在室温中放置 10 min，使试样润湿后都沉至瓶底。将瓶和盛有蒸馏水的烧杯一起放入干燥器中开动真空泵(实验装置如图 2)，抽真空至不低于－0.098 MPa，在实验过程中可用手轻敲干燥器壁，帮助气体排出，抽真空 45 min，将瓶和烧杯从干燥器中取出，然后将烧杯中蒸馏水加入瓶内至毛细管全部被注满为止，擦净水迹，准确称取瓶加水加试样的质量，洗净密度瓶，加入抽气后的蒸馏水，称出瓶和水的质量。

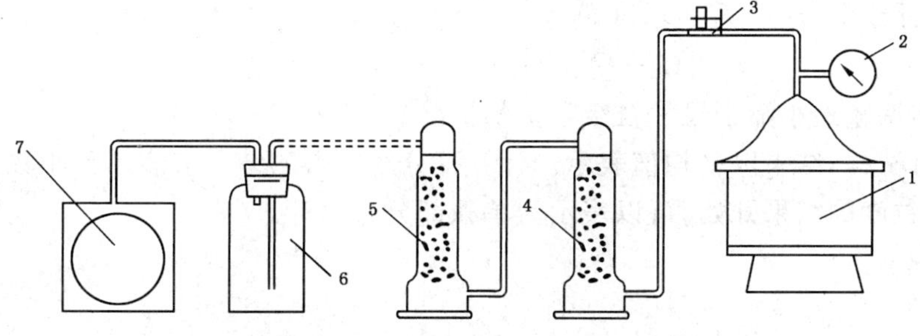

1—真空干燥器；2—真空表；3—T 形三通真空活塞；4、5—干燥器；6—缓冲瓶；7—真空泵

图 2 实验装置

4.6.2.3 试验结果的计算

$$d=\frac{m_1}{m_1+m_2-m_3} \qquad \cdots\cdots(4)$$

式中：d——真相对密度；

m_1——干基焦样质量，g；

m_2——密度瓶盛满水时质量，g；

m_3——密度瓶、焦样和盛满水时的质量，g。

4.6.2.4 试验误差

同一化验室两次平行试验结果间相差不得超过 0.03，不同化验室相差不得超过 0.06。

4.7 粒度的测定

4.7.1 焦化石油焦粒度测定按GB/T 2005规定执行。

4.7.2 焦化石油焦焦粒粒度的测定方法。

4.7.2.1 仪器

a）标准筛：3 mm方孔筛；1 mm方孔筛。

筛网及孔径可视合同要求而选定。

b）天平：称量为2 000 g，感量0.1 g。

4.7.2.2 测定步骤

将已经混合缩分的试料(3.2.2)，分数次装入3 mm筛内振筛，振筛时盖紧顶盖和底盖，人工左右往复运动，每分钟约60次～120次，略有振动，筛至无粒子下落为止。将筛上物集中称量(G_1)，其为粒度大于3 mm部分。

将筛下物分数次装入1 mm筛内振筛，振筛时盖紧顶盖和底盖，人工左右往复运动，每分钟约60次～120次，略有振动，筛至无粒子下落为止。每次筛后应将筛上物倒出，然后装入新样再筛，将筛下物称量(G_2)，其为粒度小于1 mm部分。

注：操作时，每次加样量为100 g左右(视细粒的含量而定)。这样容易判定停筛时刻。

将1 mm～3 mm间的粒子集中称量(G_3)，其为粒度在1 mm～3 mm之间部分。

本试验筛分之前称量总量(G)应等于全部粒度分级称量之和，即等于($G_1+G_2+G_3$)。要小心操作，它们之差不应超过0.5%。如全部粒度的累计重量与开始总量之差为总量的0.5%或更少，可以调整通过最小筛子尺寸粒级(G_2)的重量。

本试验也可用符合上述要求的机械进行振筛分级。

4.7.2.3 各级粒度百分率计算

大于3 mm粒度的百分率(%)$=G_1/G\times100$

1 mm～3 mm间粒度的百分率(%)$=G_3/G\times100$

小于1 mm间粒度的百分率(%)$=G_2/G\times100$

$$或=[G_2+G-(G_1+G_2+G_3)]/G\times100$$

(后一个公式适用于需调整最小筛子尺寸粒级重量的情况)

4.7.2.4 每次做两个平行试样，结果以平均值表示。计算百分率所得的结果应表示至小数后一位。

试验报告从最大筛级粒度的结果开始，可以表示为单独部分或累计。

5 检验结果判定

各项技术指标经分析试验后的结果均符合合同要求，判本批商品合格；若有一项指标不符合，则须扩大一倍取样后重新检验，若符合要求可判为合格，若仍不符合要求，则判本批商品不合格。

中华人民共和国出入境检验检疫行业标准

SN/T 1410—2004

石脑油中铅含量的测定 石墨炉原子吸收光谱法

Determination of lead content in naphtha—
Graphite furnace atomic absorption spectrometric method

2004-06-01 发布　　　　2004-12-01 实施

中华人民共和国
国家质量监督检验检疫总局 发布

前 言

本标准附录 A 为资料性附录。

本标准由国家认证认可监督管理委员会提出并归口。

本标准起草单位:中华人民共和国辽宁出入境检验检疫局。

本标准主要起草人:陈信悦、孙延伟、吴建国、满庆祥。

本标准系首次发布的检验检疫行业标准。

石脑油中铅含量的测定 石墨炉原子吸收光谱法

1 范围

本标准规定了用石墨炉原子吸收光谱法测定石脑油中微量铅的方法。

本标准适用于石脑油中铅含量为 5 ng/g～80 ng/g 的测定。

2 规范性引用文件

下列文件中的条款通过本标准的引用而成为本标准的条款。凡是注日期的引用文件，其随后所有的修改单(不包括勘误的内容)或修订版均不适用于本标准，然而，鼓励根据本标准达成协议的各方研究是否可使用这些文件的最新版本。凡是不注日期的引用文件，其最新版本适用于本标准。

GB/T 1884 原油和液体石油产品密度实验室测定法(密度计法)

GB/T 4756 石油液体手工取样法

GB 6682 分析实验室用水规格和试验方法

3 方法概要

试样用四氢呋喃稀释，加入适量碘，将各种形态的铅转化为碘化铅，以硝酸镍为基体改进剂，采用石墨炉原子吸收光谱法直接进样测定。

4 仪器

原子吸收光谱仪(配有石墨炉的原子吸收光谱仪)，在仪器正常的工作条件下，凡能达到下列指标者均可使用。

灵敏度：测定镉的特征量不大于 2 pg。

精密度：测定镉的精密度不大于 7%。

5 试剂

5.1 硝酸铅：高纯试剂(≥99.99%)。

5.2 硝酸：高纯试剂。

5.3 碘：分析纯。

5.4 镍：高纯试剂(≥99.99%)。

5.5 四氢呋喃：分析纯。

5.6 碘溶液(50 mg/mL)：称取 5 g 碘，溶解于 100 mL 四氢呋喃中。

5.7 镍溶液(20 mg/mL)：称取 2 g 镍，溶解于 10 mL 硝酸(1∶1)中，加热至干涸，经冷却后溶解于 100 mL四氢呋喃中。

5.8 氩气：纯度≥99.9%。

5.9 水：符合 GB 6682 中二级水规定。

5.10 铅标准储备液(1 mg/mL)：称取 1.598 4 g 硝酸铅溶解于 1%硝酸中，并用 1%硝酸定容至 1 L。

5.11 铅标准工作溶液(1 μg/mL)：用四氢呋喃逐级稀释铅标准储备液，使用当日配制。

6 取样

按照 GB/T 4756 规定取出有代表性石脑油样品。

7 分析步骤

7.1 试样

准确吸取 50 mL 样品(铅含量较高时可适当减少试样量),置于 100 mL 容量瓶中,加入 10 mL 四氢呋喃(5.5),摇匀,再加入 1 mL 碘溶液(5.6)和 2 mL 镍溶液(5.7),用四氢呋喃定容,摇匀。

7.2 测定

将试样(7.1)倒入自动进样器的样品杯中(聚四氟乙烯塑料杯),将仪器调整到工作状态,工作条件参数参见附录 A,进行测定。从工作曲线上得出相应的铅含量。

7.3 工作曲线的绘制

用分度吸量管准确移取 0.00、1.00、2.00、4.00、8.00 mL 铅标准工作溶液(5.11),分别置于100 mL 容量瓶中,加入 10 mL 四氢呋喃(5.5),摇匀。再加入 1 mL 碘溶液(5.6)和 2 mL 镍溶液(5.7),用四氢呋喃定容,摇匀。此标准系列相当于 0、10、20、40、80 ng/mL 铅。按 7.2 进行测定。以铅含量(ng/mL)为横坐标,吸光度为纵坐标,绘制工作曲线。

8 结果计算

铅含量以质量分数 $w(\mathrm{Pb})$ 表示,按式(1)计算:

$$w(\mathrm{Pb}) = \frac{C \cdot V}{V_0 \cdot \rho_{20}} \qquad \cdots\cdots(1)$$

式中:

$w(\mathrm{Pb})$——试样中铅含量,ng/g;

V——样品稀释后的总体积,mL;

V_0——样品的体积,mL;

C——自工作曲线上查得的铅含量,ng/mL;

ρ_{20}——20℃试样密度,g/mL。

9 精密度

按下述规定判断试验结果的可靠性(95%置信水平):

——重复性:同一操作者重复测定两个结果之差不应大于表 1 数值;

——再现性:两个不同实验室所测结果之差不应大于表 1 数值。

表 1

范围/(ng/g)	重复性(r)	再现性(R)
<10	0.5	2.0
10～30	1.0	2.5
>30～60	1.5	3.0
>60～80	2.0	4.0

10 报告

取重复测定两个结果的算术平均值作为本标准的测定结果。

附 录 A
(资料性附录)
工作条件参数

不同型号的仪器性能有差异,SpectrAA-800 型石墨炉原子吸收分光光度计的工作条件参数如表 A.1所示。

表 A.1 SpectrAA—800 型石墨炉原子吸收分光光度计的工作条件参数

仪器参数	工作条件
波长/nm	283.3
光谱通带/nm	0.5
灯电流/mA	12
背景校正	氘灯
测定方法	峰高测量
进样量/μL	10
干燥温度/℃	85～120
干燥时间/s	20
灰化温度/℃	400
灰化时间/s	20
原子化温度/℃	2 000
原子化时间/s	5
热处理温度/℃	2 800
热处理时间/s	3

中华人民共和国出入境检验检疫行业标准

SN/T 1651—2005

进出口液化石油气采样方法 手工法

Method of sampling for import and export liquified petroleum gases—Manual method

2005-09-30 发布　　2006-05-01 实施

中华人民共和国国家质量监督检验检疫总局 发布

前　言

本标准与美国 ASTM D 1265—1997《液化石油气手工采样标准操作》的一致性程度为非等效，其主要区别在于：

——在采样设备中引入了简易采样管、单阀非预留容积管型采样器、单阀预留容积管型采样器和双阀非预留容积管型采样器；

——提出加压式和半冷式液化石油气运输船在采样前应检测游离水；

——描述了液化石油气船舱采样；

——描述了输送管线采样；

——附录中增加了采样安全注意事项。

本标准的附录 B 为规范性附录，附录 A 为资料性附录。

本标准由国家认证认可监督管理委员会提出并归口。

本标准起草单位：中华人民共和国浙江出入境检验检疫局、浙江华电能源有限公司。

本标准主要起草人：沈宣铭、俞旭峰、蒋元森、毛岳周、刘铁权、祝土富。

本标准系首次发布的出入境检验检疫行业标准。

进出口液化石油气采样方法　手工法

1　范围

本标准规定了采取产品源中进出口液化石油气代表性样品的手工操作方法。

本标准适用于采取液化石油气液相部位的样品，不适用于采取液化石油气气相部位的样品。

2　规范性引用文件

下列文件中的条款通过本标准的引用而成为本标准的条款。凡是注日期的引用文件，其随后所有的修改单(不包括勘误的内容)或修订版均不适用于本标准，然而，鼓励根据本标准达成协议的各方研究是否可使用这些文件的最新版本。凡是不注日期的引用文件，其最新版本适用于本标准。

GB 6680—1986　液体化工产品采样通则

SH/T 0233—1992　液化石油气采样法

3　术语和定义

下列术语和定义适用于本标准。

3.1

加压式液化石油气运输船　pressure type LPG ship

储存或装运通过常温下加压方式进行液化的石油气体的船舶。

3.2

冷冻式液化石油气运输船　freezing type LPG ship

储存或装运通过常压下冷冻方式进行液化的石油气体的船舶。

3.3

半冷式液化石油气运输船　semi-freezing type LPG ship

储存或装运通过加压和冷冻两种方式进行液化的石油气体的船舶。

3.4

标准采样管　standard sample transfer line

连接采样器与产品源之间的导管，导管上装有控制阀和排出阀。

3.5

简易采样管　simple sample transfer line

连接采样器与产品源之间的导管，导管两端带有螺帽，导管上没有阀门。

3.6

滑管式液位计　slip tube gauge

固定在加压式或半冷式液化石油气船舱上，用于测量船舱内液化石油气液位高度的一组可上下滑动的并带刻度的金属管。

3.7

产品源　product source

储存液化石油气的各类容器和输送管线。

4 采样设备

4.1 采样器

采样器应用不锈钢制作而成，有单阀型、双阀型、非预留容积管型和预留容积管型。根据检验需要的试样量，选择不同规格型号的采样器。非预留容积管型采样器应在采样前称定皮重，单阀型采样器应在采样前适当抽真空，双阀预留容积管型采样器应允许排出占采样器容积20%的样品，预留容积管一端应有明显的标记。每只采样器应只用于采取产品源中某一部位的点样。

采样器应定期进行气密性试验。

常见的液化石油气采样器见GB 6680—1986附录A中图A.13、图A.14，参见附录A。

4.2 采样管

有简易采样管和标准采样管两种，采用尼龙、不锈钢管或其他耐腐蚀弹性金属管制作而成。采样结束后应及时拆卸采样管并妥善保管，保持清洁干燥，必要时两端可用塞子或帽盖封好，防止杂质或污物进入。

5 采样安全注意事项

液化石油气系易燃易爆危险品，采样安全应遵照附录B的规定。

6 采样一般原则

6.1 产品源中的液化石油气存在气液两相，采样时应仅采取液相部位的样品。

6.2 如果液化石油气主要由一种成分组成，则可以从产品源的任何部位采样。

6.3 如果液化石油气已经呈均匀状态，则可从产品源的任何部位采样。

6.4 加压式和半冷式液化石油气运输船在采样前应使用滑管式液位计检测游离水。

6.5 加压式和半冷式液化石油气船舱采样前，应先把滑管式液位计拉到指定的高度，排空滑管式液位计中滞留的液化石油气。不符合6.2和6.3的，应分别采取每个舱的上部样品、中部样品和下部样品。

6.6 不符合6.2和6.3的冷冻式液化石油气运输船，应在装卸过程中，从船舱或输送管线上采样，根据液化石油气的总数量、输送速度和装卸时间，确定采样时间间隔和每次应采取的样品量，采样应不少于三次。

6.7 液化石油气船舱采样时，应逐舱采样。

注意：受采样条件的限制，本标准不可能规定适合所有储存条件的液化石油气样品的采样方法，需要现场采样人员具备较丰富的采样经验和技巧，并尽可能在船舱或者输送管线上采样。

7 采样准备

7.1 采样连接

7.1.1 加压式或半冷式液化石油气运输船采样，将采样管的一端连接滑管式液位计的喷嘴，另一端与采样器连接。

7.1.2 冷冻式液化石油气运输船采样，将采样管的一端连接船上的采样口，另一端与采样器连接。

7.1.3 输送管线上采样，将采样管一端与输送管线上的采样口连接，另一端与采样器连接。

7.1.4 其他储存或装运条件下采样，将采样管的一端与产品源连接，另一端与采样器连接。

7.2 冲洗简易采样管

按7.1的要求连接后，小心开启产品源阀门，用拟采样品冲洗。

7.3 冲洗标准采样管

如附录A中图A.1所示，将标准采样管两端分别与产品源和采样器入口阀C连接。关闭控制阀A、排出阀B和入口阀C，开启产品源阀门，接着开启控制阀A和排出阀B，用拟采样品冲洗。

7.4 冲洗双阀型采样器

7.4.1 如果采样器装过未知样品，或可能残留会影响分析结果的样品，或两者都有，按以下步骤冲洗：

a) 如附录A中图A.2所示，将采样管与采样器出口阀D连接，采样器垂直放置，保持入口阀C端朝上；

b) 关闭排出阀B、入口阀C和出口阀D，开启控制阀A，接着开启入口阀C和出口阀D，使样品注满采样器，当液体样品从入口阀C流出时，关闭入口阀C和出口阀D，接着关闭控制阀A；

c) 松开采样器与采样管的连接，将采样器旋转180°，使出口阀D朝上，开启入口阀C和出口阀D，排出液相样品；

d) 重新翻转采样器使入口阀C端朝上，重复上述冲洗步骤至少3次。

7.4.2 如果采样器装过已知样品，并且样品不影响分析结果，按照下面的步骤冲洗：如附录A中图A.1所示，将采样器垂直放置，保持出口阀D端朝上，当采样管冲洗完毕后，关闭排出阀B和入口阀C，开启控制阀A，接着开启入口阀C，然后慢慢开启出口阀D，使部分液相样品进入采样器。关闭控制阀A，从出口阀D中排出部分气相样品。关闭出口阀D，开启排出阀B，排出残余液相样品。重复上述冲洗操作至少三次。

7.5 冲洗单阀型采样器

单阀型采样器的冲洗按照SH/T 0233—1992中6.3.1的规定进行。

8 采样

8.1 使用简易采样管采样

当采样设备冲洗结束后，立即开启产品源阀门，接着慢慢开启采样器入口阀C，直到样品充满整个采样器，关闭采样器入口阀C，再关闭产品源阀门。小心松开采样管两端连接，排尽液相样品，卸下采样器，按照8.3的要求调节采样量。

8.2 使用标准采样管采样

当采样设备冲洗结束后，开启产品源阀门和控制阀A，接着慢慢开启采样器入口阀C，直到样品充满整个采样器，关闭采样器入口阀C，再关闭产品源阀门，开启采样管上的控制阀A和排出阀B，排尽液相样品，卸下采样器，按8.3的要求调节采样量。

8.3 调节采样量

8.3.1 采样结束后应尽快调节采样量，对于非预留容积管型采样器，可放出多余的液体，用称重法调整液体样品约为采样器容积的80%。

8.3.2 对于预留容积管型采样器，将采样器垂直竖立，使有预留容积管一端朝上，慢慢打开连通预留容积管的阀门，排出多余的液体样品，当排出量达到规定的预留容积量，观察到排出的液体变成气体时，立即关闭阀门。

8.4 重新采样

如果在上述采样过程发生泄漏，或在卸下采样器之后按8.3的要求调节采样量前发现采样器上阀门被打开，或者按8.3.2的要求调节采样量时，发现预留容积管一端无液态样品排出，应废弃该样品，并重新安排采样。

9 样品的检漏

当剩余的液体样品大约占采样器容积的80%时，把采样器浸入水浴中进行检漏。如果发现泄漏，应废弃该样品，维修或者更换新的采样器重新采样。

10 样品标签

对满足要求的样品应加贴样品标签，必要时写出采样报告，随样品一起提供。样品标签应包括下列内容：

——样品编号和/或报检号；

——样品名称；

——委托单位；

——采样地点；

——储罐的名称和编号；

——采样部位；

——采样人；

——采样日期。

11 样品的保管

样品尽可能在阴凉、干燥和避光的房间内保存，房间通风条件良好，样品在保存期间应保持标签完整无损。为了防止泄漏或被意外开启，可在采样器的阀门上安装一个盖帽或者在阀门的旋扭上装一个架子以固定阀门。

附 录 A
（资料性附录）
采样设备冲洗及采样过程

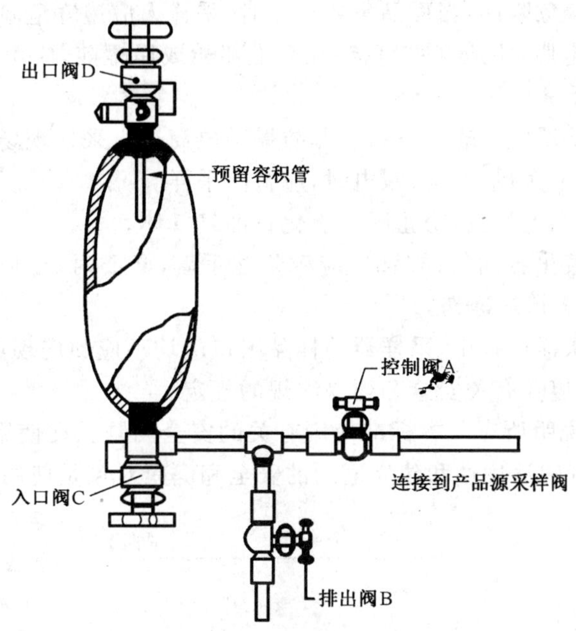

图 A.1 典型采样器和采样连接
［ASTM D 1265—1997：图 1］

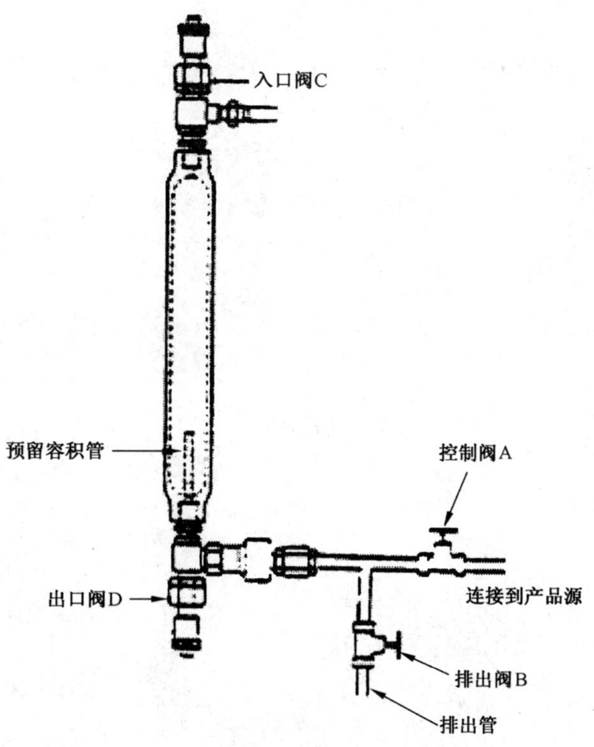

图 A.2 典型采样器和交互冲洗连接
［ASTM D 1265—1997：图 2］

附　录　B
（规范性附录）
采样安全注意事项

B.1　液化石油气系易燃易爆危险品，当样品需要运输时，采样人应遵守危险品运输有关法规的规定。

B.2　采样人员应穿着防静电服，不应穿带钉鞋；在登上船舱或岸罐前，应用手触摸金属物如铁梯扶手，消除随身所带的静电。

B.3　采样人员不得携带非防爆电子通讯设备和非防爆手电筒进入采样现场。

B.4　遇恶劣天气，如7级以上大风、暴雨、雷电时，应暂停采样。

B.5　采样时，工作人员应站在上风头，防止吸入液化石油气气体。

B.6　抽取低温冷冻状态的液化石油气样品时，应戴防冻手套，必要时，还应戴防护镜、穿防护服，防止低温样品飞溅到手上或眼睛里造成冻伤。

B.7　采样器的冲洗或具体采样过程中，采样器的样品出口端均不应朝向现场任何人员。

B.8　当样品需要排放时，应遵守有关安全和环保法规的规定。

B.9　本标准没有也不可能说明所有与本标准使用有关的安全问题。在使用本标准前应考虑有关安全和健康条例，确定受规章限制的适用性和建立适用的安全和健康对策是使用者的责任。

中华人民共和国出入境检验检疫行业标准

SN/T 1652—2005

进出口燃气轮机和柴油发动机燃料油污染物检测方法　旋转盘电极原子发射光谱法

Determination of contaminants in gas turbine and diesel engine fuel for import and export—Rotating disc electrode atomic emission spectrometry method

2005-09-30 发布　　　　2006-05-01 实施

中华人民共和国
国家质量监督检验检疫总局　发布

前 言

本标准修改采用 ASTM D6728—2001《旋转盘电极原子发射光谱法测定燃气轮机和柴油发动机燃料油污染物的标准测试方法》。

本标准与 ASTM D6728—2001 相比,存在如下技术性差异:

——本标准增加了测量 13 个金属元素的规定,ASTM D6728—2001 对测量的金属元素数目没有明确规定;

——本标准用 0.1 mg/kg 至 700 mg/kg 代替 ASTM D6728—2001 中对测量范围的规定;

——本标准删除了 ASTM D6728—2001 表 1 中的锰和锂元素,只列出测量的 13 个金属元素;

——本标准用我国 SH/T 0047—1991(1998)《燃气轮机液体燃料》中 0,1,2,3,4 号级别相对应的产品代替 ASTM D6728—2001 标准的测试适用对象 ASTM 级别的 0-GT,1-GT,2-GT,3-GT 和 4-GT 燃气轮机燃料油;

为了便于使用,本标准还对 ASTM D6728—2001 做了下列编辑性修改:

——删除了 ASTM 指定标准号的说明;

——删除了 ASTM D6728—2001 中不是旨在说明所有有关安全事项的说明;

——简化了 ASTM D6728—2001 中对本方法意义和用途的说明;

——增加了资料性附录"ASTM D975—2003 柴油机燃料油详细要求和级别说明";

——将 ASTM D6728—2001 中非强制性附录 X1 作为本标准的资料性附录。

本标准的附录 A 和附录 B 为资料性附录。

本标准由国家认证认可监督管理委员会提出并归口。

本标准起草单位:中华人民共和国浙江出入境检验检疫局。

本标准主要起草人:贺新安、屠卡滨、何明。

本标准系首次发布的出入境检验检疫行业标准。

进出口燃气轮机和柴油发动机燃料油污染物检测方法　旋转盘电极原子发射光谱法

1　范围

本标准规定了使用旋转盘电极原子发射光谱仪测定燃气轮机和柴油发动机燃料油中铝、钙、铬、铜、铁、铅、镁、镍、钾、硅、钠、钒、锌元素含量的方法。

本标准适用于测定我国 SH/T 0047—1991(1998)《燃气轮机液体燃料》中规定的 0,1,2,3,4 号燃料油和 ASTM D975—2003《柴油机燃料油规格标准》规定的低硫 No. 1-D,低硫 No. 2-D,No. 1-D,No. 2-D,No. 4-D 燃料油,测量范围在 0.1 mg/kg 至 700 mg/kg 之间。

本标准使用油溶性金属进行校准,不适合测定不溶性粒子。

2　规范性引用文件

下列文件中的条款通过本标准的引用而成为本标准的条款。凡是注日期的引用文件,其随后所有的修改单(不包括勘误的内容)或修订版均不适用于本标准,然而,鼓励根据本标准达成协议的各方研究是否可使用这些文件的最新版本。凡是不注日期的引用文件,其最新版本适用于本标准。

SH/T 0047—1991(1998)　燃气轮机液体燃料

ASTM D975—2003　柴油机燃料油规格

ASTM D4057　石油及石油产品手工取样法

ASTM D5854　石油及石油产品液体样品混合和处理方法

ASTM D6299　应用统计质量保证技术评估分析测量体系运行方法

3　术语和定义

下列术语和定义适用于本标准。

3.1

燃烧　burn

在发射光谱法中,用足够的能量汽化并激发样品产生光谱射线。

3.2

校准　calibration

通过与一系列参考标准值的比较确定重要参数的值。

3.3

校准曲线　calibration curve

用图表或函数表示已知标准值与测量体系中测量结果的关系。

3.4

校准标准　calibration standard

用于校准测量仪器或系统的具有一个可接受(参考)值的标准样品。

3.5

检出限　detection limit

在特定分析条件和数据收集阶段所能测量的元素的最低浓度。

3.6

发射光谱法　emission spectroscopy

在某种能量激发下，对被测物体的发射光谱能量的测量。

3.7

弧放电　arc discharge

当两电极电位差几乎等于存在电极之间的气体或蒸汽的电离电压时，产生一种高电荷密度的高温放电。

3.8

检查样品　check sample

通常由实验室内部制备的用来作为测量控制标准或作为测量方法限定条件的参考物质。

3.9

污染物　contaminant

在燃料油中会引起灰份沉积或高温腐蚀的物质。

3.10

石墨盘电极　graphite disc electrode

软形态碳元素被制成盘片状作为光谱分析仪中的电极。

3.11

石墨棒电极　graphite rod electrode

软形态碳元素被制成棒状作为光谱分析仪中与盘电极对应的电极。

3.12

描迹　profiling

设置实际入射狭缝的位置，产生最佳测量强度。

3.13

标准化　standardization

通过分析至少二个已知浓度的校准标准重新建立和纠正校准曲线的过程。

3.14

带入率　uptake rate

由旋转盘电极带入分析电弧的燃料油样品的量。

4　方法概要

利用旋转盘电极的技术，控制弧放电激发燃料油样品，通过光电倍增管、电感耦合装置或合适的检测器收集和储存所激发的发射光谱强度，并将测得的燃料油测试样品中元素发射强度与校准标准的值作比较，计算并显示燃料油测试样品中元素的浓度。

5　意义和用途

燃料油中存在的形成灰分物质会引起高温腐蚀，灰分沉积，燃料油系统结垢。形成灰分的物质可以是燃料油中油溶性金属有机化合物、水溶性盐类或外界固体污染物。它们的存在和浓度根据原油产地地理位置的不同而不同，在提炼的过程中浓缩在残留部分。尽管燃料油的蒸馏产品不含污染物，但是形成灰分的物质可能会在以后的运输或储存过程中与其他石油产品相接触而带入。因此有必要对燃气轮机和柴油发动机使用的重燃料油和轻馏分燃料油进行预处理。分析确定燃料油的污染程度是燃料油质量管理的一个重要部分，它可以确定燃料油需要处理的程度和效果。

6 干扰

6.1 光谱干扰

大部分的光谱干扰可以通过选择光谱线来避免，某些高浓度的元素会对测定痕量污染物的光谱线产生干扰，通常仪器生产商会在工厂校准时利用仪器的背景修正系统消除多余光谱强度来补偿光谱干扰。如果谱线选择和背景修正不能避免光谱干扰，可用软件来进行必要的校正。

6.2 黏度效应

燃料油样品的不同黏度会导致不同的样品带入率。仪器内部通过比较会补偿一部分因黏度不同而引起的差异。如果没有内部比较，测试样品的黏度和校准标准不同，会对分析产生不利影响。氢486.10 nm谱线用于轻燃料油分析，碳 387.10 nm 谱线用于重燃料油分析作为仪器内部比较补偿黏度影响。

6.3 微粒效应

当有大小超过 10 μm 的粒子存在时，分析结果就会比实际的浓度要低。因为大粒子可能不能有效地通过旋转盘电极带到电弧，大粒子也不能充分地被汽化。

7 仪器

7.1 电极削磨器

削除前次测试棒电极上污染的部分，并且在棒电极的末端形成一个新的 160°角。

7.2 旋转盘电极原子发射光谱仪

一种多元素同时分析光谱仪，由激发源、光学多色仪、读出系统组成。推荐波长见表 1，当有多种波长时，按次序优先选择或选择需要的分析波长。

表 1 元素和推荐波长

元　素	波长/nm	元　素	波长/nm
铝	308.21	镍	341.48
钙	393.37	钾	766.49
铬	425.43	硅	251.60
铜	324.75	钠	588.99
铁	259.94	钒	290.88;437.92
铅	283.31	锌	213.86
镁	280.20;518.36	—	—

7.3 超声波浴

加热和均匀燃料油样品并把颗粒悬浮起来。对含有大量碎片，经过运输或储存超过 48 h 的样品，为减少重残馏燃料油黏度的影响应使用超声波浴。

7.4 电动搅拌器

样品从一个容器转移到另一个容器的过程中应使用电动搅拌器，使样品均匀，直到转移完毕。在混合和处理液体样品时应遵循 ASTM D5854 的规则。

8 试剂和材料

8.1 基础油

黏度 75cSt(40℃)的基础油，不含分析物，用作空白校准或稀释校准标准。

8.2 检查和质量控制样品

可以用校准标准，或已知浓度的样品作为检查和质量控制样品，通过周期性地分析这些样品，并根据事先确定的允许精度范围,决定是否需要进行标准化。

8.3 清洗液

一种无污染、不含氯、能快速蒸发的、无薄膜效应的溶剂,用来清除溢出或溅射到光谱仪样品台上的燃料油样品。

8.4 棒电极

由高纯度(光谱纯)石墨制成。电极的尺寸如图 1 所示。

单位为毫米

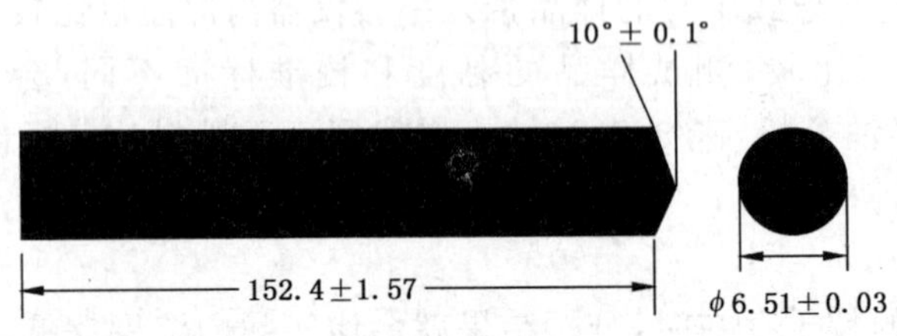

图 1 石墨棒电极

8.5 盘电极

由高纯度(光谱纯)石墨制成,尺寸如图 2 所示。

单位为毫米

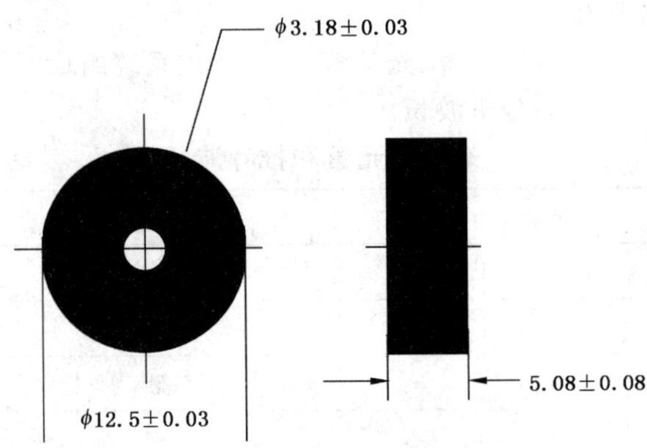

图 2 石墨盘电极

8.6 镜头清洗液

去除在石英窗口上的油污,保护入射透镜和光纤。可以是氨水为主要成分的清洗液或 70% 的异丙醇酒精溶液。

8.7 有机金属标样

8.7.1 一般是由多个元素混合的标样,作为仪器标准化时的标准,或作为确定校准状况的检查样品。多元素混合的标样应用于燃料油分析,镁与其他金属元素含量的浓度比为 3∶1。在分析 SH/T 0047—1991(1998)0、1、2 号和 ASTM D975—2003 No. 1-D,No. 2-D、No. 4-D 轻质燃料油样品时,通常上端校准点浓度为 10 mg/kg。在分析 SH/T 0047—1991(1998)3 号和 4 号重燃料油样品时,通常上端校准点浓度为 100 mg/kg。

8.7.2 标样如超过有效期就不能用来对仪器进行标准化。

8.8 样品盒

有多种样品盒可以用来分析燃料油,一次性样品盒应在每次使用后丢弃,可重复使用的样品盒应在每次分析后清洗干净。所有样品盒都要避免污染,储存时也应注意这一点。对分析中会引起着火的样品应使用样品盒盖。

9 取样

应遵循 ASTM D4057 的规则进行。燃油的分级见 SH/T 0047—1991(1998)和 ASTM D975—2003,ASTM D975—2003 燃油分级及要求参见附录 A。

10 测试样品的准备

10.1 均化

样品可能含有颗粒物质和游离水,在倒出测试样品分析前,应充分振摇以保证其具有代表性。

10.2 超声波均化

如果样品经过 48 h 以上运输或储存,或黏度很大,应放置在超声波加热浴中,打碎颗粒簇,使其重新悬浮。在完成超声波浴加热后,倒出分析测试样品前应充分搅匀。高黏性燃料油超声波浴温度为 60℃,低黏性燃料油超声波浴温度应保持在其闪点以下。样品搅拌的总时间至少为 2 min。

10.3 样品盒

在分析前应将燃料油样品或标油倒入容量至少 1 mL 的样品盒中,尽可能使每次倒入的油样在样品盒中达到同一高度。

10.4 样品台

样品台的位置应可以调节,升起样品到位后,使至少三分之一的盘电极浸入测试油样中。

11 仪器的准备

11.1 预热燃烧

仪器若被闲置数小时,应进行预热燃烧稳定激发源。预热操作可以使用任意的油样或标样。预热具体要求可参考生产厂商的说明书。

11.2 描迹

按仪器操作手册进行描迹。如果仪器较长时间没有使用或环境温度与上次校准检查时相差超过 10℃应进行描迹。

11.3 确认检查

在进行常规分析前用一个或多个检查样品或质量控制样品进行检查,以确定是否进行标准化。若确认检查结果与事先确定的任意一个元素的精度要求不吻合,应进行仪器标准化。

12 校准

12.1 校准曲线

通过对有机金属标样的分析确定每种元素的测量范围,从而确立每种元素的校准曲线,并设定修正因子,建立线性关系。对样品的分析应在线性范围内进行。

12.2 标准化

如果仪器确认检查结果不符合要求或在每次描迹后,应至少进行两点以上的标准化,每个校准标准至少测试 3 次。

13 试验步骤

13.1 燃料油样品的分析

将已注入样品的样品盒置于样品台上,固定好电极,进行测试操作。每一次分析应使用新的盘电极和重新削过的棒电极。操作时应使用实验室擦镜纸或安装工具来装盘电极,确保不受污染。测试后应按制造厂商的清洗程序清洁仪器,避免交叉污染和溅出样品的积聚。

13.2 每个样品分析的次数

每个样品按照13.1步骤至少分析3次。当其中1个分析结果超过了其他两个平均值的20%时，剔除该结果；浓度低于1 mg/kg时，剔除差异大于0.3 mg/kg的结果。重复13.1步骤，直到获得3个满意的分析结果为止。

13.3 易燃样品的分析

分析在测试过程中会着火的燃料油样品时，应使用非塑料的样品盒盖阻止着火，以避免火焰减弱分析的信号。

13.4 用检查样品进行质量控制

13.4.1 在持续测试1 h或间断性测试25个样品后，应进行检查样品的分析来验证仪器的工作状况。

13.4.2 建立质量控制体系后，检查样品就可以用来确认测试可靠性。

13.4.3 若没有建立质量控制体系，可以参照附录B建立。

14 报告

以3次测试结果的平均值报告燃料油样品金属元素的测试结果，单位为mg/kg，当浓度小于99.9 mg/kg时保留小数点后1位，超过100 mg/kg时保留整数。

15 精密度

15.1 重复性

在同一实验室，由同一操作者使用相同设备，按相同的测试方法，在短时间内对同一被测对象相互独立进行测试获得的两次独立测试结果的绝对差值，超过表2至表5中值的概率为二十分之一。表2和表3适用于轻质燃料油[SH/T 0047—1991(1998)规定的0、1、2号和ASTM D975—2003 No. 1-D、No. 2-D、No. 4-D燃料油]；表4和表5适用于重质燃料油[SH/T 0047—1991(1998)规定的3号和4号燃料油]。

15.2 再现性

在不同实验室，由不同操作者使用不同的设备，按相同的测试方法，对同一被测对象相互独立进行测试获得的两次独立测试结果的绝对差值，超过表6至表9中值的概率为二十分之一。表6和表7适用于轻质燃料油[SH/T 0047—1991(1998)规定的0、1、2号和ASTM D975—2003 No. 1-D、No. 2-D、No. 4-D燃料油]，表8和表9适用于重质燃料油[SH/T 0047—1991(1998)规定的3号和4号燃料油]。

表2 轻质燃料油的重复性

元　素	水平范围/(mg/kg)	重复性/(mg/kg)
铝	0.44～10.18	$0.43(X)^{0.33}$
钙	0.002～10.2	$0.33(X)^{0.43}$
铬	0.34～5.0	$0.31(X)^{0.30}$
铜	0.05～9.5	$0.36(X)^{0.40}$
铁	0.14～9.7	$0.53(X)^{0.27}$
铅	0.18～10.7	$0.74(X+0.02)^{0.33}$
镁	0.021～31.4	$0.29(X+0.01)^{0.61}$
镍	0.01～10.0	$0.35(X)^{0.44}$
钾	0.02～9.9	$0.38(X)^{0.35}$
硅	0.002～9.7	$0.52(X)^{0.48}$
钠	0.39～10.4	$0.24(X)^{0.43}$
钒	0.01～16	$0.44(X)^{0.53}$
锌	0.07～9.6	$0.34(X)^{0.41}$

注：X——平均浓度(mg/kg)。

表 3 所选浓度下轻质燃料油计算重复性

单位为 mg/kg

元　素	水平范围	X		
		0.1	1	10
铝	0.44～10.18	—	0.4	0.9
钙	0.002～10.2	0.1	0.3	0.9
铬	0.34～5.0	0.2	0.3	—
铜	0.05～9.5	0.1	0.4	—
铁	0.14～9.7	—	0.5	—
铅	0.18～10.7	—	0.7	1.6
镁	0.021～31.4	—	0.3	1.2
镍	0.01～10.0	0.1	0.4	1.0
钾	0.02～9.9	0.2	0.4	0.8
硅	0.002～9.7	0.2	0.5	—
钠	0.39～10.4	0.1	0.4	1.5
钒	0.01～16	0.1	0.4	1.5
锌	0.07～9.6	0.1	0.3	—

表 4 重质燃料油的重复性

元　　素	水平范围/(mg/kg)	重复性/(mg/kg)
铝	0.95～241.0	$0.24(X+0.1)^{0.76}$
钙	1.08～241.8	$0.16(X+0.18)^{0.88}$
铬	0.34～226.6	$0.17(X+0.58)^{0.92}$
铜	0.02～253.0	$0.19(X+0.32)^{0.93}$
铁	1.04～227.8	$0.34(X)^{0.72}$
铅	0.30～232.2	$0.72(X+0.32)^{0.54}$
镁	0.86～674.4	$0.16(X)^{0.88}$
镍	0.99～235.4	$0.19(X+0.13)^{0.82}$
钾	0.37～96.1	$0.33(X)^{0.45}$
硅	0.16～228.9	$0.53(X+0.09)^{0.54}$
钠	1.14～238.6	$0.14(X)^{0.94}$
钒	1.09～234.4	$0.19(X+0.05)^{0.85}$
锌	0.17～166.1	$0.23(X)^{0.87}$
注：X——平均浓度(mg/kg)。		

表5 所选浓度下重质燃料油计算重复性

单位为mg/kg

元 素	水平范围	X		
		1	10	100
铝	0.95～241.0	0.3	1.4	7.9
钙	1.08～241.8	0.2	1.2	9.3
铬	0.34～226.6	0.3	1.5	12.1
铜	0.02～253.0	0.2	1.7	14.0
铁	1.04～227.8	0.3	1.8	9.6
铅	0.30～232.2	0.8	2.6	8.8
镁	0.86～674.4	0.2	1.2	9.3
镍	0.99～235.4	0.2	1.3	8.4
钾	0.37～96.1	0.3	0.9	—
硅	0.16～228.9	0.6	1.8	6.3
钠	1.14～238.6	—	1.2	11.5
钒	1.09～234.4	0.2	1.3	9.3
锌	0.17～166.1	0.2	1.7	12.7

表6 轻质燃料的再现性

元 素	水平范围/(mg/kg)	再现性/(mg/kg)
铝	0.44～10.18	$0.75(X)^{0.33}$
钙	0.002～10.2	$0.49(X)^{0.43}$
铬	0.34～5.0	$0.48(X)^{0.30}$
铜	0.05～9.5	$0.66(X)^{0.40}$
铁	0.14～9.7	$1.16(X)^{0.27}$
铅	0.18～10.7	$1.50(X+0.02)^{0.33}$
镁	0.021～31.4	$0.77(X+0.01)^{0.61}$
镍	0.01～10.0	$0.92(X)^{0.44}$
钾	0.02～9.9	$0.61(X)^{0.35}$
硅	0.002～9.7	$0.6754(X)^{0.48}$
钠	0.39～10.4	$0.48(X)^{0.43}$
钒	0.01～16	$0.70(X+0.01)^{0.53}$
锌	0.07～9.6	$0.51(X)^{0.41}$
注：X——平均浓度(mg/kg)。		

表 7 所选浓度下轻质燃料油计算再现性

单位为 mg/kg

元 素	水平范围	X		
		0.1	1	10
铝	0.44～10.18	—	0.7	1.6
钙	0.002～10.2	0.2	0.5	1.3
铬	0.34～5.0	0.2	0.5	—
铜	0.05～9.5	0.3	0.7	—
铁	0.14～9.7	0.6		—
铅	0.18～10.7	—	1.5	3.2
镁	0.021～31.4	—	0.8	3.1
镍	0.01～10.0	0.3	0.9	2.5
钾	0.02～9.9	0.3	0.8	1.9
硅	0.002～9.7	0.2	0.7	—
钠	0.39～10.4	—	0.5	1.3
钒	0.01～16	0.2	0.7	2.4
锌	0.07～9.6	0.2	0.5	—

表 8 重质燃料油再现性

元 素	水平范围/(mg/kg)	再现性/(mg/kg)
铝	0.95～241.0	$0.40(X+0.7)^{0.767}$
钙	1.08～241.8	$0.2958(X+0.18)^{0.88}$
铬	0.34～226.6	$0.31(X+0.58)^{0.92}$
铜	0.02～253.0	$0.285(X+0.32)^{0.93}$
铁	1.04～227.8	$0.67(X)^{0.723}$
铅	0.30～232.2	$1.33(X+0.32)^{0.54}$
镁	0.86～674.4	$0.31(X)^{0.88}$
镍	0.99～235.4	$0.52(X+0.13)^{0.82}$
钾	0.37～96.1	$0.65(X)^{0.45}$
硅	0.16～228.9	$0.88(X+0.1)^{0.54}$
钠	1.14～238.6	$0.32(X)^{0.94}$
钒	1.09～234.4	$0.55(X+0.05)^{0.85}$
锌	0.17～166.1	$0.41(X+0)^{0.87}$

注：X——平均浓度(mg/kg)。

表 9　所选浓度下重质燃料油计算再现性

单位为 mg/kg

元　素	水平范围	X		
		1	10	100
铝	0.95～241.0	0.4	2.3	13.1
钙	1.08～241.8	0.3	2.3	17.2
铬	0.34～226.6	0.5	2.7	21.6
铜	0.02～253.0	0.4	2.5	20.7
铁	1.04～227.8	0.7	3.5	18.7
铅	0.30～232.2	1.5	4.7	16.2
镁	0.86～674.4	0.3	2.4	17.9
镍	0.99～235.4	0.6	3.5	23.2
钾	0.37～96.1	0.7	1.8	—
硅	0.16～228.6	0.9	3.1	10.5
钠	1.14～238.6	—	2.8	24.2
钒	1.09～234.4	0.6	3.9	27.6
锌	0.17～166.1	0.4	3.0	22.5

附　录　A
（资料性附录）
ASTM D975—2003　柴油机燃料油详细要求和级别说明

特　　性		ASTM 测试方法	低硫 No. 1-D 级	低硫 No. 2-D 级	No. 1-D 级	No. 2-D 级	No. 4-D 级
闪点/℃	不小于	D93	38	52	38	52	55
水杂（体积分数）/%	不大于	D2709	0.05	0.05	0.05	0.05	—
		D1796	—	—	—	—	0.50
蒸馏温度（90%回收体积）/℃		D86					
	不小于		—	282	—	282	—
	不大于		288	338	288	338	—
运动黏度（40℃）/(mm²/s)		D445					
	不小于		1.3	1.9	1.3	1.9	5.5
	不大于		2.4	4.1	2.4	4.1	24.0
灰份/%	不大于	D482	0.01	0.01	0.01	0.01	0.10
硫含量/%	不大于	D2622	0.05	0.05	—	—	—
		D129	—	—	0.50	0.50	2.00
铜片腐蚀（3h，50℃）	不大于	D130	No. 3	No. 3	No. 3	No. 3	No. 3
十六烷值	不小于	D613	40′	40′	40′	40′	30′
必须满足以下一个特性：							
1）十六烷指数	不小于	D976	40	40	—	—	—
2）芳香物/%	不大于	D1319	35	35	—	—	—
运转性能要求							
浊点/℃	不大于	D2500	√	√	√	√	√
或							
冷滤点/℃	不大于	D4539					
		D6371					
10%蒸余物兰氏残碳（质量分数）/%，	不大于	D524	0.15	0.35	0.15	0.35	—

注：低硫 No. 1-D 级，一种专用于要求低硫燃料的汽车柴油发动机轻馏分燃料，比低硫 No. 2-D 级具有更高挥发性；

低硫 No. 2-D 级，一种广泛使用于要求低硫燃料的汽车柴油发动机馏分燃料，也适用于其他柴油发动机，尤其是需要频繁变速和负载的发动机；

No. 1-D 级，一种专用于汽车柴油发动机的轻馏分燃料，要求比 No. 2-D 级具有更高挥发性的燃料；

No. 2-D 级，一种广泛使用于汽车柴油发动机的中馏分燃料，也适用其他柴油发动机，尤其是需要频繁变速和负载的发动机；

No. 4-D 级，一种重馏分燃料或蒸馏和残馏混合燃料，适用于固定转速和负载的其他中低速柴油发动机。

附　录　B
（资料性附录）
质　量　控　制

B.1　分析控制样品检查仪器的性能或测试程序。

B.2　在监控测量过程前，用户应该先确定控制样品的平均值和控制限。控制限也可参考仪器用户手册或参考 ASTM D6299 和 ASTM MNL。

B.3　记录质量控制的结果，用监控图分析或其他等同的统计方法来确认测试过程总的质量控制状况，参考 ASTM D6299 和 ASTM MNL。任何超出控制范围的数据应调查根本原因，并可能会需要对仪器进行校准。

B.4　在本测试方法中缺少明确要求的情况下，质量控制测试的频率取决于测试质量的风险、测试过程的稳定性和顾客的要求。总的说来，控制样品和日常测试样品在每个测试日都要分析。如果有大量的日常样品分析，质量控制的频率也要增加。然而当测试表明在统计的质量控制内，其测试频率可以减少。应根据方法精密度要求，周期性地检查控制样品的精密度以确保数据质量。

B.5　尽可能使定期分析的质量控制样品与日常测试样品的性质相同。在计划使用的时间内应有足够的控制样品量，在预期的储存条件下须是均匀和稳定的。

B.6　可参考 ASTM D6299 和 ASTM MNL 进一步了解质量控制和监控图表技术。

中华人民共和国出入境检验检疫行业标准

SN/T 1788—2006

醌茜的测定　萃取分光光度法

Determination of quinizarin—Extraction spectrophotometric method

2006-04-25 发布　　　　2006-11-15 实施

中华人民共和国
国家质量监督检验检疫总局　发布

前　言

本标准修改采用 IP298/92(1998)(Determination of quinizarin-extraction spectrophotometric method)《醌茜的测定　萃取分光光度法》。与原标准仅存在编辑上的差别。

本标准附录 A 为资料性附录。

本标准由国家认证认可监督管理委员会提出并归口。

本标准起草单位:广东出入境检验检疫局。

本标准主要起草人:梁美琼、梁妙玲、郑建国、关迪峰。

本标准系首次发布的出入境检验检疫行业标准。

醌茜的测定　萃取分光光度法

1　范围

本标准规定了标识柴油中醌茜的测定方法。

本标准适用于柴油中醌茜含量为 0.04 mg/L～3.00 mg/L 的测定。

2　规范性引用文件

下列文件中的条款通过本标准的引用而成为本标准的条款。凡是注日期的引用文件，其随后所有的修改单（不包括勘误的内容）或修订版均不适用于本标准，然而，鼓励根据本标准达成协议的各方研究是否可使用这些文件的最新版本。凡是不注日期的引用文件，其最新版本适用于本标准。

GB/T 4756　石油液体手工取样法

GB/T 6682　分析实验室用水规格和试验方法

ASTM D4057　石油和石油产品手工取样方法

3　原理

醌茜在碱性萃取液中完全被分离和浓缩，然后用十氢化萘进行反萃取。采用分光光度计分别测定标准溶液和萃取液的吸光度，即可鉴别和测定醌茜含量。

4　试剂

本标准所用试剂和水，在没有注明其他要求时，均使用符合现行标准的分析纯试剂和符合 GB/T 6682的实验室用三级水。

4.1　盐酸(ρ1.18 g/mL)。

4.2　甲苯。

4.3　十氢化萘。

4.4　正丁醇。

4.5　石油溶剂油。

4.6　盐酸溶液(1+1)。

4.7　氢氧化钠溶液(50 g/L)。

4.8　醌茜标准样品：将 1,4-二羟基蒽醌试剂用甲苯(4.2)重结晶后，在 110℃下干燥 2 h。

4.9　醌茜标准溶液 A：称取 1 g(精确到 1 mg)醌茜标准样品(4.8)溶于甲苯中，定容到 1 L。取 10 mL 该溶液用十氢化萘(4.3)稀释，定容到 1 L，此溶液浓度为 10 mg/L。

4.10　醌茜标准溶液 B：吸取 10 mL 醌茜标准溶液 A(4.9)加入到 40 mL 不含醌茜的柴油中，此溶液浓度为 2 mg/L。

5　仪器

分光光度计。

6　取样

按 GB/T 4756 或 ASTM D4057 抽取样品，并将样品置于合适的密闭容器中保存。样品不能在塑料容器中保存。

7 分析步骤

7.1 按7.2～7.7和8.1步骤测定醌茜标准溶液B(4.10)的回收因子R_f，回收率至少在96%以上。

注：回收率小于96%(回收系数0.96)，则认为该结果是可疑的。如将碱液放置在日光中，将会发生这种情况。

7.2 操作应在没有强光或紫外光的环境中完成。

7.3 在100 mL分液漏斗中加入50 mL柴油样品、5 mL氢氧化钠溶液(4.7)、5 mL正丁醇(4.4)，摇动45 s±5 s。静止10 min，使两相完全分离[1]。将已变成蓝色的水层放至第二个已装有6 mL稀盐酸(4.6)的分液漏斗中，并充分摇动，使蓝色消失[2]。再用约2 mL水洗涤油相，并将洗涤液合并至第二个分液漏斗中。

注1：在油-碱液层的界面偶尔会出现悬浮物。这时可按以下方法来改善对醌茜的萃取。按正常的步骤直到第3次碱液萃取完毕，然后弃去大部分的油，留下悬浮物。加入20 mL石油溶剂油(4.5)，几毫升水及一小片石蕊试纸和足够的盐酸，使溶液呈酸性，摇动溶液后使其分层。滴加氢氧化钠溶液至水层刚刚呈碱性。再次摇动并让其分层和澄清。将水层放入第二个分液漏斗中，并按正常程序完成试验。

注2：蓝色被认为是阴离子形式的醌茜。它不稳定，并随时间和在紫外光的照射下产生不可逆转的分解。所以必须在每次加入碱性萃取液后，通过震荡直到醌茜完全分散在过量盐酸中，以此来保证没有任何蓝色物存在于第二个分液漏斗中。

7.4 另取5 mL氢氧化钠溶液萃取柴油，摇动45 s。静止使其分层，将水层放至第二个分液漏斗中，如前一样用2 mL水洗涤油层。

7.5 再用5 mL氢氧化钠溶液重复进行萃取，直至碱性水溶液层不呈现蓝色为止。如有必要可在第二个分液漏斗中加入更多的盐酸，以保持酸性状态。弃去油相。

注：正常情况下，三次萃取已足够。除非萃取次数超过5次，否则不需要再往第二个分液漏斗中加入盐酸。

7.6 加入10 mL十氢化萘(4.3)至酸性萃取液中，摇动漏斗30 s，静止10 min，使其分层，弃去水相。十氢化萘必须清澈，不夹带水粒。否则应用脱脂棉过滤。

7.7 用10 mm比色皿(用十氢化萘作参比)分别在560 nm～420 nm范围中的521 nm、508 nm、487 nm、476 nm、461 nm处测出溶液的5个特征光谱峰。在519 nm～521 nm范围内最大峰高处测定醌茜含量，将样品测得的光谱与醌茜在十氢化萘中的标准溶液(10 mg/L)测得的光谱直接比较，并用回收因子R_f(见8.1)校正。

注：如果没有记录式分光光度计，醌茜的含量可直接通过测量吸光度来测定。首先通过改变波长，找出512 nm处的主峰直至记录下最大的吸光度。这一步非常重要，因为由于仪器间的差异，所记录的最大峰可在稍微不同的波长处出现。

8 结果的计算

8.1 用式(1)计算回收因子R_f：

$$R_f = A_1/A \quad \cdots\cdots(1)$$

式中：

A_1——醌茜标准溶液B(4.10)萃取后回收至10 mL十氢化萘中(2 mg/L)标准溶液的净吸光度；

A——醌茜标准溶液A(4.9)的净吸光度。

8.2 用式(2)计算醌茜含量m(mg/L)：

$$m = 2A_2/AR_f \quad \cdots\cdots(2)$$

式中：

A_2——样品萃取后回收到10 mL十氢化萘中的净吸光度；

A——在十氢化萘中标准溶液(10 mg/L)的净吸光度；

R_f——根据8.1测定的回收因子。

计算结果精确至0.01 mg/L。

9 精密度

该方法的精密度如下：

重复性　$r=0.05(x+0.75)$

再现性　$R=0.19(x+0.75)$

x 是平行测定结果的平均值。表 1 给出了典型的 x 值精密度值。这些符合 ISO 4259 所规定的精密度值，是经多个实验室结果的统计测试所获得。

注 1：在精密度试验中，原使用环己烷作为溶剂。后用十氢化萘代替环己烷更可取，经一定范围的测试，没有发现精密度有明显的差异。

注 2：7 个实验室参与了 8 个样品的试验，数值范围在 0.08 mg/L～3.00 mg/L。

注 3：本实验室对红油中醌茜的测定参见附录 A。

表 1　精密度试验结果　　mg/L

平均值 x	重复性 r	再现性 R
0.09	0.04	0.16
0.15	0.04	0.17
0.30	0.05	0.20
0.75	0.07	0.28
1.50	0.11	0.42
2.25	0.15	0.57
3.00	0.18	0.71

附　录　A
（资料性附录）
红油醌茜的测定

依照 IP298 标准，对香港“红油”进行定量分析，结果如下：

A.1　醌茜标液的配制

称取 0.1 g（精确至 1 mg）经甲苯重结晶的醌茜溶于 100 mL 甲苯中，取 1 mL 该溶液用十氢化萘稀释至 100 mL（此为 A 溶液，含醌茜 10 mg/L）。

A.2　回收因子标液配制

吸 10 mL 溶液（A），加 40 mL 不含醌茜的柴油（此为 B 溶液，醌茜含量 2 mg/L）。

A.3　回收因子测定方法及结果

A.3.1　取 A 液分别在 521 nm、508 nm、487 nm、476 nm、461 nm 下用 724-1 型分光光度计测定其最大吸收波长，结果如表 A.1：

表 A.1

吸收波长(nm)	521	508	487	476	461
吸光度	0.248	0.273	0.354	0.341	0.317
结　果	选用 521 nm 下测定醌茜含量				

A.3.2　吸 50 mL 溶液（B），萃取后回收到 10 mL 十氢化萘中，测其吸光度，结果如表 A.2：

表 A.2

样品号	1＃	2＃
吸光度	0.241	0.239

A.3.3　结果计算

回收因子＝A_1/A

1＃：$R_f=0.241/0.248=0.97$；2＃：$R_f=0.239/0.248=0.96$

取其平均值，$R_f=0.96$

醌茜含量 m(mg/L)＝$2A_2/AR_f$（A_2 为 1＃、2＃样品的吸光度）

1＃：醌茜含量 $m(\text{mg/L})=\dfrac{0.241\times 2}{0.248\times 0.96}=2.02$

2＃：醌茜含量 $m(\text{mg/L})=\dfrac{0.239\times 2}{0.248\times 0.96}=2.01$

平均：醌茜含量 m(mg/L)＝2.02

回收率$=\dfrac{2.02}{2.00}\times 100\%=101\%$

A.4　重复性试验

各样品依 IP298-92(1998)方法萃取后，萃取液在 521 nm 下测定其吸光度，结果如表 A.3：

表 A.3

样品	吸光度(521 nm)	醌茜含量/(mg/L)	平均值/(mg/L)
1-1	0.176	1.48	1.50
1-2	0.179	1.50	
1-3	0.180	1.51	
2-1	0.274	2.30	2.31
2-2	0.265	2.23	
2-3	0.284	2.39	

A.5 结论

醌茜含量的测定,其回收率达 101%,达到方法要求(96%以上)。

中华人民共和国出入境检验检疫行业标准

SN/T 1792—2006

电气绝缘油中多氯联苯含量的测定 气相色谱法

Determination of polychlorinated biphenyls in electrical insulating oil—Gas chromatography

2006-08-28 发布　　2007-03-01 实施

中华人民共和国
国家质量监督检验检疫总局　发布

前　言

本标准等同采用美国试验与材料协会标准 ASTM D4059-00《绝缘液中多氯联苯测定法(气相色谱法)》。

本标准的技术性要求完全等同于 ASTM D4059-00。

为了使用方便,本标准对 ASTM D4059-00 作了如下编辑性修改:

——删除与技术性要求无关的内容(章条号 1.4;5;16;注 1;附录 X1～X3;附录 X5)。

——第 2 章根据 SN 编写要求改为规范性引用文件。

本标准的附录 A、附录 B、附录 C 为规范性附录,附录 D 为资料性附录。

本标准由国家认证认可监督管理委员会提出并归口。

本标准由中华人民共和国宁波出入境检验检疫局负责起草。

本标准主要起草人:邬蓓蕾、金进照、林振兴、俞雄飞、袁丽凤。

本标准系首次发布的出入境检验检疫行业标准。

电气绝缘油中多氯联苯含量的测定　气相色谱法

1　范围

1.1　本标准规定了电绝缘液中多氯联苯(PCBs)含量的气相色谱测定方法。本标准还适用于 askarels 电绝缘液混合物中 PCB 的测定。

1.2　Aroclors 是 PCB 混合物，被用于含 PCB 的电绝缘液中。本标准可用于测定被单一 Aroclor 或 Aroclors 混合物污染的电绝缘液中的 PCBs，但不能用于检测来自其他污染源的 PCBs。

1.3　本标准仅对电绝缘矿物油和硅油中的 PCB 浓度测定建立了精密度和偏差。本标准并不适用于所有的电绝缘液，如含卤化烃之类的电绝缘液体，会干扰 PCB 的检测，因此在没有进行预处理前不能采用本标准。

2　规范性引用文件

下列文件中的条款通过本标准的引用而成为本标准的条款。凡是注日期的引用文件，其随后所有的修改单(不包括勘误的内容)或修订版均不适用于本标准，然而，鼓励根据本标准达成协议的各方研究是否可使用这些文件的最新版本。凡是不注日期的引用文件，其最新版本适用于本标准。

ASTM D 923　电绝缘液抽样的试验方法

3　符号

下列符号适用于本标准。

C——电绝缘液样品中 PCB 的质量分数，单位为毫克每千克(mg/kg)；

C_i——电绝缘液试样色谱图中色谱峰 i 对应的 PCB 的质量分数，单位为毫克每千克(mg/kg)；

d——试样在 25℃时的密度，单位为克每毫升(g/mL)；

f_i——标准 Aroclor 溶液色谱图中各峰 i 对应的 PCB 类的相应质量分数，单位为%；

M——注入色谱仪的标准试液中的 PCB 总量，单位为克(g)；

M_i——标准 Aroclor 样品的色谱图中由峰 i 代表的 PCB 的量，单位为克(g)；

R_i^s——检测器对标准溶液的色谱图中相对保留时间 i 的 PCB 成分的响应，响应可以表达为峰高、峰面积或积分器计数；

R_i^x——检测器对未知样品的色谱图中相对保留时间 i 的 PCB 成分的响应，响应可以表达为峰高、峰面积或积分器计数；

R_p^s——检测器对标准溶液的色谱图中最大或分离最好的峰 p 中的 PCB 成分的响应，响应可以表达为峰高、峰面积或积分器计数；

R_p^x——检测器对被单一 Aroclor 污染的未知样品的色谱图中最大或分离最清楚的峰 p 中的 PCB 成分的响应，响应可以表达为峰高、峰面积或积分器计数；

v^s——标准样品的进样量，单位为微升(μL)；

v^x——试样的进样量，单位为微升(μL)；

V——分析样品的初始体积，单位为毫升(mL)；

V^s——稀释后标准样品的总体积，单位为毫升(mL)；

V^x——稀释后试样的总体积，单位为毫升(mL)；

W^s——标准样品的初始质量，单位为克(g)；

W^x——试样的质量，单位为克(g)。

4 方法提要

试样用适当的溶剂稀释后，对溶液进行预处理以除去干扰物质，然后取少量试料注入色谱柱。各组分通过色谱柱被分离，随载气流出后经电子捕获检测器(ECD)检测，记录色谱图。将获得的试料的色谱峰与相同分析条件下得到的已知浓度的标准 Aroclors 样品的色谱峰进行比较，可得到定量分析结果。

5 干扰

5.1 电子捕获检测器(ECD)对其他含氯化合物以及对包含其他卤素、氮、氧以及硫等亲电子元素的化合物都有响应。这些物质可能给出与 PCBs 具有相近保留时间的峰而干扰测定，但这些干扰一般可以用本标准中描述的前处理方法去除。因此，每个分析样品的色谱峰必须和标样的色谱峰仔细对比，如果有较多的外来峰或异常峰的话，分析结果值得怀疑。

通过数字积分或其他仪器获取数据并对数据进行处理时，很容易把一些未知峰包括干扰峰计算在定量结果中。因此，采用本标准时必须进行熟练的色谱图目测以获得最大的准确度。

5.2 矿物油会降低 ECD 检测器的灵敏度。为保证定量对比有意义，在配制试样和标准液时，必须使用相同量的矿物油以消除基体效应。因此，应仔细选择样品、标准品稀释液、以及进样量，使矿物油的干扰一致。

硅油对 ECD 检测器的灵敏度影响较小。在实验之前要评估分析方案中对基体匹配的需要。标准品及用于硅油样品分析的稀释溶剂中不应存在矿物油。

5.3 载气中残留的氧气会和样品反应生成在 ECD 检测器上有响应的氧化物而影响检测，因此要确保载气的纯度。

建议对载气和检测器尾吹气进行去氧、除湿处理，以利于延长柱子和检测器的使用寿命。

5.4 三氯代苯(TCBs)常和 PCB 共存于绝缘油中，在 ECD 检测器上产生信号。大多情况下，三氯代苯出峰早于第一个氯代联苯峰($i=11$)，在分析中可以略去。但当存在大量 TCBs 时，会掩蔽低分子量的 PCB 峰。

5.5 高分子量的矿物油组分在色谱柱中的保留时间可能较长，从而导致有“鬼”峰或拖尾峰的出现，这种情况会影响在检测限附近数据处理的精确性。在进行下一次分析前，可以注入空白溶剂，直至色谱基线回复正常。

6 试剂和材料

6.1 溶剂：正己烷、正庚烷或 2,2,4-三甲基戊烷(异辛烷)，色谱纯。

6.2 浓硫酸：分析纯。

6.3 异氯磷[硫代磷酸-O-(2-氯-4-硝基苯)-O,O-二甲基乙酯]：用以检验检测器的灵敏度。

6.4 p,p′-DDE[1,1′-二-(4-氯苯基)-乙烷]：用于建立相对保留时间。

注：Aroclors 1242,1254 和 1260 的混合物可以方便地用作标准品。

6.5 绝缘油，新鲜未曾使用过且不含 PCB。

注：多家石油公司生产的 40℃时的粘度约为 10 mm^2/s 的矿物绝缘油适用于此。

6.6 标准品：已知浓度的样品或 Aroclors1242、1254 和 1260 分析溶液。

6.7 吸附剂：用于吸附极性的、亲电子杂质。

注：硅酸镁载体(60 目/100 目)是合适的吸附剂。使用前要活化，将所需量置于箔封盖的玻璃容器里于 130℃加热过夜。加热到稍高些温度硅酸镁载体便能吸附一些 PCB。活化效果可用 Aroclor 溶液来测试。

7 仪器与设备

7.1 仪器

7.1.1 气相色谱仪：进样口能加热，柱室温度可以控制至1℃。

7.1.2 谱图记录仪：如笔式记录仪，最好包含电子积分仪以测定峰面积，可以使用自动进样器。

7.1.3 进样器：不锈钢结构，装有合适的进样口，可以用于直接柱上进样、填充柱进样或分流/不分流毛细管柱进样，所有金属面应有玻璃内衬。

大口径毛细管柱通过一锥形毛细管内衬替代标准的玻璃内衬管，可在填充柱进样口上得到有效的利用。

7.1.4 检测器：高温镍^{63}电子捕获检测器(ECD)具有足够的灵敏度，能在记录器行程满刻度的50%上记录到含有0.6 ng或低于0.6 ng的硫代磷酸O-(2-氯-4-硝基苯基)O,O-二甲基酯("异氯磷")的样品。检测器必须在线性响应范围内工作，检测器的噪音水平应低于满刻度的2%。

7.2 色谱柱：玻璃或熔融石英制，填充合适的材料。前置柱(预柱)通常用来延长分析柱的使用寿命。

7.2.1 采用1.83 m长，6.35 mm外径，2 mm～4 mm内径，内填涂渍了3%OV1的80目/100目Chromosorb的玻璃柱。其他的柱长也可用，只要PCB成分能被充分分离。填充涂渍了OV101和DC200的Chromosorb WAW也能分离，见附录A中表A.1、表A.2及表A.3。

7.2.2 熔融大口径石英毛细管柱：如聚二甲基硅氧烷膜毛细管柱，长15 m、内径0.53 mm、膜厚1.5 μm，产生相似分离的色谱图，因而允许应用Webb & McCall校正数据。

7.3 容量瓶和移液管：用于稀释。

7.4 精密玻璃注射器：刻度为0.1 μL。

7.5 玻璃进样瓶：带有聚四氟乙烯衬里的铝盖。

7.6 分析天平或液体密度计：能测量大约0.9 g/mL的密度。

8 色谱仪操作条件

8.1 概要：不同的色谱仪和柱子的特性是不同的。要选择各自的操作条件以得到如Aroclors 1242、1254、1260在附录B中图B.1、图B.2及图B.3中的分离。测定1,1′-二(4-氯苯基)-乙烷的峰保留时间以辨别色谱图与表中的各个峰。列出温度和流速的正常范围，在这些范围内可获得满意的分离。

8.2 柱温：使用填充柱时，恒温，温度在165℃～200℃合适(见附录B)。使用大口径毛细管柱时从165℃～300℃程序升温可以提高分离度和缩短分析时间，并可获得与填充柱GC/MS数据相对应的色谱图(见附录C)。

8.3 检测器温度：保持检测器恒温并高于分析时的最高温度，合适的温度通常在280℃～400℃之间。遵循生产厂商的建议，不要超过放射箔的最高允许使用温度。

8.4 进样口温度：恒温，温度不低于250℃。

8.5 载气：填充柱法需用超高纯的5%甲烷-95%氩气混合气(P-5)或氮气。大口径毛细管柱的最佳性能通过使用高纯氢气或氦气为载气，P-5或氮气为尾吹气来实现。一个去除载气中氧和水蒸气的装置可以提高检测器的灵敏度。

8.6 流量：柱流量为8 mL/min～60 mL/min，检测器尾吹流量(假如使用)为15 mL/min～30 mL/min可得到满意结果。以氢气或氦气为载气时，尾吹气流量必须是载气流量的(2～3)倍以得到足够的检测器灵敏度。

9 校准

9.1 正常情况下Aroclors 1242、1254、1260色谱图共同包含了所有在Aroclors混合物中的色谱峰。因此，这三种物质可以作为绝缘液中PCB污染物的定量分析的标准品。其他Aroclors标准品(如

Aroclor 1016、1248 等)可用于定性分析,不用于定量分析。

9.2 实际上 Aroclor 1242 不包含七个氯或八个氯取代的 PCB,Aroclor 1260 不包含单、双、三氯或四氯联苯。从单取代到八取代联苯整个范围的多氯联苯化合物的分析,都需要基于 Aroclor 1242、1254、1260 的标准样品的校正。

9.3 将已准确称量的 Aroclor 标准品溶解于一定量的溶剂里(9.3.1 和 9.3.2),配成浓度大约为 1 mg/mL的溶液。该溶液再稀释后可作为配制标准品的母液。Aroclor 的质量和最终溶液的体积分别记录为(W^s,g)和(V^s,mL)。

9.3.1 矿物油绝缘液样品:使用溶解的矿物油母液制备标准矿物油分析样品,即取 10 g～20 g 矿物绝缘油溶解于 1 L 色谱纯溶剂中。油量要精确,确保标准品和分析用稀释样品具有相同的溶剂与油比例(11.3),且二者比例不应低于 50∶1。

9.3.2 硅油绝缘液样品:单独使用色谱纯溶剂制备标准硅油分析样品。最方便的配制标准液的方法是稀释购买来的已知浓度的溶液,否则,需要通过渐进的稀释来配制标准液。如果购买的标准液浓度很低,原液中的油量可能需要调整。

9.4 将一定体积(v^s,μL)已经稀释的 Aroclor 标准液注入色谱仪,根据不同的检测器响应和预期的进样容量,推荐进样容量范围为 1 μL～5 μL(11.5),注入的 PCB 质量以 M 表示,单位为 g,按式(1)计算:

$$M = \frac{W^s}{V^s} \times v^s \times 10^{-3}(\mathrm{g}) \qquad \cdots\cdots(1)$$

通过比对附录 A 中表 A.1、表 A.2 及表 A.3 中给出的相对保留时间或比对附录 B 中图 B.1、图 B.2及图 B.3 中的色谱图辨别各个峰,各个峰所代表的 PCB 的质量以 M_i 表示,单位为 g,按式(2)计算:

$$M_i = M \times f_i \times 10^{-2} \qquad \cdots\cdots(2)$$

9.4.1 f_i 值见附录 A 中表 A.1、表 A.2 及表 A.3。

9.4.2 M 值应低于 10 ng,以免检测器过载降低其灵敏度。

10 取样

按照 ASTM D923 标准抽取实验室样品。

11 分析步骤

11.1 准备:使色谱仪符合第 8 章(色谱仪操作条件)推荐的条件。用色谱纯溶剂反复清洗所有的玻璃器具和注射器。通过将部分清洗溶剂注入色谱仪,以确保达到令人满意的洁净水平。溶剂峰将被记录,但是色谱图不应该含有任何保留时间超过 1 min 的峰。

11.2 标准化:使用按 9.3 配制的标准 Aroclor(s)溶液得到标准色谱图,测定和记录检测器响应值,R_i^s 并计算 M_i 值(9.4)。

11.3 样品配制:称取 0.1 g～0.2 g 样品到容量瓶,用溶剂(6.1)稀释至一定容量。按 50∶1 的最小溶剂与样品比例稀释样品,记录样品质量(W^x,g)及稀释后样品的总体积(V^x,mL)。

11.3.1 有必要时,进一步稀释含大量 PCB 的样品以确保 ECD 检测器的响应在其线性范围内。调整试样的溶剂与油比例至与标准品的溶剂与油比例相称。可通过对油-溶剂母液的进一步稀释完成这个步骤。

11.3.2 通过预先分析来大致估计 PCB 含量有助于确定合适的稀释比例。

11.3.3 待测样品的体积(V,mL)和密度(d,g/mL)能被测定和记录。用校准过的移液管或注射器测定体积,常规分析中室温下通常使用矿物油的密度可以假定为 0.89 g/mL,最多会带来 2%～3%的误差,硅油绝缘液典型的密度为 0.96 g/mL。

11.4 除去干扰

11.4.1 吸附处理:将大约 0.25 g 的吸附剂放入干净的玻璃瓶中,再倒入 11.3 配制的溶液,用螺纹盖密封瓶子，充分摇动，静置，吸附剂沉淀后将上清液轻轻倒出，对清液进行分析。

11.4.2 酸处理：将约为稀释样品体积一半的浓硫酸小心地倒入干净的玻璃瓶中，再倒入 11.3 配制的溶液中，用螺纹盖密封瓶子，充分摇动，静置，硫酸相分离、沉淀后将上层相轻移入另一瓶中，对该溶液进行分析。

11.4.3 单独的酸处理对硅油样品和大多数矿物油样品是有效的。震摇 10 min，然后静置 15 min 可使两相得到充分的分离。离心可使酸和样品得到更好的分离。单独吸附剂处理或再用酸处理，都可有效地除去某些矿物油样品中的干扰。

11.5 GC 分析：将 1 μL～5 μL(v^x)的稀释后样品注入色谱仪，以和标准程序相同的方法来记录色谱图。为了使谱图在比例范围内，必要时进行进一步稀释。

矿物油样品的进样量应与 9.4 中校准时使用的进样量一致，以便 ECD 检测器对两次相同进样量作出一致的响应。

12 计算

12.1 测量各色谱峰的响应因子 R_i^x（峰高、峰面积或积分仪计数），通常包括分析样品的色谱图和相同色谱条件下得到的相关标准物的色谱图。按式(3)计算被分析样品的色谱图中每个峰 i 对应的 PCB 的浓度：

$$C_i = M_i \times \frac{R_i^x}{R_i^s} \times \frac{1}{v^x} \times \frac{V^x}{W^x} \times 10^6 (\text{mg/kg}) \quad \cdots\cdots(3)$$

通过加和色谱图中每个峰的 PCB 浓度，式(4)计算出总的 PCB 浓度：

$$C = \sum_i C_i \quad \cdots\cdots(4)$$

在 12.2 和 12.3 中描述了标准的和合适的峰保留时间范围($a \leqslant i \leqslant b$)。

注：$(V \times d)$可代替 W^x 使用，见 11.3.3。

12.2 当分析样品的色谱图清楚地表明只含有单个 Aroclor(1242、1254 或 1260)时，发现可比较的单个 Aroclor 标准物的色谱图上和 PCB 含量值对应着标准物图谱中相同的峰，因此可用响应因子 R_i^s 计算 PCB 含量（附录 A 中表 A.1、表 A.2 及表 A.3）。Aroclor 1242 的关联峰对应的响应时间为 $11 \leqslant i \leqslant 146$，Aroclor1254 为 $47 \leqslant i \leqslant 232$，Aroclor 1260 为 $70 \leqslant i \leqslant 528$。

12.2.1 大口径柱子的高分辨能力可导致一些额外峰超出 Webb & Mccall 论文中的辨别范围，除了一些特殊例子如一个可识别的峰很明显的分裂成二个相同大小的峰需要进行整体计算外，假如对最终计算值没有太大影响，子峰或卫星峰可以忽略不计。这种假设建立在将整个确定为主峰或母峰而忽略小峰的基础上，多水平校正可产生更一致的结果。

12.2.2 当待测样品只含有单个 Aroclor 时，计算 PCB 含量可以使用一种简单但更为近似的方法，见式(5)：

$$C = M \times \frac{R_p^x}{R_p^s} \times \frac{1}{v^x} \times \frac{V^x}{W^x} \times 10^6 (\text{mg/kg}) \quad \cdots\cdots(5)$$

式中：

R_p^x,R_p^s——试样和标准品的色谱图中较大的或分离更清晰的色谱峰的响应因子。

用这种方法计算 PCB 总含量可能并不正确，因为任何个别的峰所反映的 PCB 含量可能由于特殊的 PCB 除去过程被减少或相对增加了。某些峰的响应可能由于未除去的杂质而增强，某些峰的响应因仪器的异常而受影响。报告的结果应该是检测样品色谱图中至少三个峰的计算的平均值。这种简化的计算在高精确度要求时不能使用。

12.3 含有 Aroclor 混合物的试样中的 PCB 含量应使用全部三种 Aroclor 标准品来计算。通过峰 i=11～78来测定的 PCB 浓度应根据 12.2 中使用的 M_i 和 R_i^s 值来计算，这两个值来自 Aroclor 1242 标准品；而峰 i=84～174 的，应使用来自 Aroclor 1254标准品的值；峰 i=203～528 的，应使用来自

Aroclor 1260标准品的值。总 PCB 含量是所有色谱峰测得的 PCB 浓度的总和,见式(6):

$$C = \sum_{i} C_i \quad \cdots\cdots(6)$$

式中:

i=11～78+84～174+203～528。

12.3.1 保留时间窗口用于混合物中总 PCB 的定量是方便的。未知样品的色谱峰与多数可比的对应标准品色谱峰进行比较。然而,窗口 i=11～78 中的 PCB 含量并不是 Aroclor 1242 的所有含量,因为 Aroclor 1242 也包含有更长保留时间的 PCBs。同样地,Aroclor 1254 和 1260 的浓度是不能由缘自两个保留时间更长的窗口的 PCB 含量来确定的。计算包含混和物的检测样品中的单个 Aroclor 的浓度需要更为复杂的合适程序。此方法用于直接测定总的 PCB 含量。

12.3.2 一个有经验的分析者可能会容易地辨认试样中 Acroclor 混合物的成分,然而,因为几个 Aroclor色谱峰的重叠难以准确计算各个成分的浓度。推荐计算总 PCB 含量精确到百万分之一,注意各个 Aroclor 的相对比(1∶1,3∶1,1∶2 等),避免测定各个 Acroclor 时追求不适当的精确度。

注 1:谱图中在 i=117,146 和 174 的 Aroclor 1254 和 1260 的响应因子(M_i/R_i^s)是不同的。当 Aroclor 1254 含量明显很小(即如果峰(或肩峰)117 是明显的;峰 98 是不明显的;峰 104 的高度明显小于峰 84 等),并且需要最好的精确度时,计算 84≤i≤174 峰的浓度需要用 Aroclor 1260 做标准。

注 2:测定含有 1254 和 1260 混合样(9.2)中的 PCB 含量时,采用混合标样是有用的,这样可以降低了由于不同响应因子引起的差别。

13 报告

需报告如下信息:

13.1 绝缘液中 PCB 的质量分数以 mg/kg 计。

13.2 用作标准品的 Aroclor。

13.3 如果可能,说明 Aroclor 的类型。

14 精密度和偏差

14.1 由实验室内及实验室间测定矿物油和硅油的试验结果的统计,检验评价该标准的精密度、偏差和最低检测限。数据是在恒温条件下用填充柱法检测矿物油和硅油,附加数据来源于大口径毛细管柱的程序升温法检测矿物油的结果。

14.2 重复性:由相同操作者用相同的设备和相同的操作条件,采用正常和正确的操作方法测定结果的差异随不同 PCB 水平而改变,在 95%置信水平 $I(r)_{0.95}$,可表示为式(7):

$$I(r)_{0.95} = k(r) \times (X_{\text{mean}})^{0.75} \quad \cdots\cdots(7)$$

式中:

$k(r)$的值——用填充柱法测定矿物油时为 0.32,用大口径毛细管柱法测定矿物油时为 0.35;用填充柱法测定硅油时为 0.64。

试验结果的重复性见表 1。

表 1 重复性

PCB 水平 mg/kg	重复性 mg/kg		
	矿物油(填充柱)	矿物油(大口径毛细管柱)	硅油(填充柱)
5	1	1	2
50	6	7	12
500	34	37	68

14.3 再现性：不同操作者在不同实验室使用正常和正确的试验方法，对同一样品测得结果的差异随不同 PCB 水平而改变，在 95％置信水平 $I(R)_{0.95}$，可表示为式(8)：

$$I(R)_{0.95} = k(R) \times (X_{mean})^{0.75} \qquad (8)$$

式中：

$k(R)$的值——用填充柱法测定矿物油时为 1.03，用大口径毛细管柱法测定矿物油时为 0.79；用填充柱法测定硅油时为 1.34。

试验结果的再现性见表 2。

表 2 再 现 性

PCB 水平 mg/kg	再 现 性 mg/kg		
	矿物油(填充柱)	矿物油(大口径毛细管柱)	硅油(填充柱)
5	3	3	4
50	19	15	25
500	109	84	142

14.4 偏差：本标准的偏差通过将来自不同实验室的各个样品的平均值与添加到该样品中的已知量作比较来评价。

14.4.1 使用填充柱，测定矿物油时的平均偏差见表 3。

表 3 使用填充柱测定矿物油时的平均偏差

PCB 水平 mg/kg	偏 差 mg/kg
0～10	0
35～75	−1
380～500	−4

14.4.2 使用填充柱，测定硅油时的平均偏差见表 4。

表 4 使用填充柱测定硅油时的平均偏差

PCB 水平 mg/kg	偏 差 mg/kg
0～10	1
35～100	2
440	8

14.4.3 使用大口径毛细管柱时的偏差不能来源于对实验室间一系列的数据评价，因为这种添加的标准物质“真值”值得怀疑。

14.5 检测限(MDL)：MDL 定义为 95％置信水平时，被分析样品的最低检测浓度，其值大于零。当使用填充柱时，矿物油和硅油的 PCB 的 MDL 为 2 mg/kg；当使用大口径毛细管柱时，矿物油中的 PCB 的 MDL 为 1 mg/kg。

低于 10 mg/kg PCB 的检测样品的 MDL 通过多个实验室间的再现性结果得到确定。值得注意的是个别实验室的 MDL 值，可以通过大约含 5 mg/kg PCB 的样品多次(n)的分析结果来计算，见式(9)：

$$MDL = t_{(n-1,0.95)} \times S \qquad (9)$$

式中：

$t_{(n-1,0.95)}$——自由度为 $n-1$、置信水平为 95％的 t 检验；

n——重复次数；

S——n 次测定的标准偏差，单个实验室的 MDL 值可不同于多个实验室协同试验的 MDL 值。

附 录 A
（规范性附录）
标准多氯联苯组成

表 A.1 Aroclor 1242 组成

相对保留时间[a]	平均质量分数/%	相对标准偏差[b]/%	氯的数量[c]
11	1.1	35.7	1
16	2.9	4.2	2
21	11.3	3.0	2
28	11.0	5.0	2} 25% 3} 75%
32	6.1	4.7	3
37	11.5	5.7	3
40	11.1	6.2	3
47	8.8	4.3	4
54	6.8	2.9	3} 33% 4} 67%
58	5.6	3.3	4
70	10.3	2.8	4} 90% 5} 10%
78	3.6	4.2	4
84	2.7	9.7	5
98	1.5	9.4	5
104	2.3	16.4	5
125	1.6	20.4	5} 85% 6} 15%
146	1.0	19.9	5} 75% 6} 25%
总计	98.5		

a 相对于 p,p′-DDE=100 的保留时间，从首先出现溶剂时测量。

b 六次测量数据的相对标准偏差（变异系数）。

c 由 GC-MS 获得的数据，括号中表示包含不同氯数异构体混合物的峰量。

表 A.2　Aroclor 1254 组成

相对保留时间[a]	平均质量分数/%	相对标准偏差[b]/%	氯的数量[c]
47	6.2	3.7	4
54	2.9	2.6	4
58	1.4	2.8	4
70	13.2	2.7	4 } 25% 5 } 75%
84	17.3	1.9	5
98	7.5	5.3	5
104	13.6	3.8	5
125	15.0	2.4	5 } 70% 6 } 30%
146	10.4	2.7	5 } 30% 6 } 70%
160	1.3	8.4	6
174	8.4	5.5	6
203	1.8	18.6	6
232	1.0	26.1	7
总计	100.0		

a　相对于 p,p′-DDE=100 的保留时间,从首先出现溶剂时测量。

b　六次测量数据的相对标准偏差(变异系数)。

c　由 GC-MS 获得的数据,括号中表示包含不同氯数异构体混合物的峰量。

表 A.3 Aroclor1260 组成

相对保留时间[a]	平均质量分数/%	相对标准偏差[b]/%	氯的数量[c]
70	2.7	6.3	5
84	4.7	1.6	5
98 104	3.8	3.5	5 } 60%[d]
117	3.3	6.7	6
125	12.3	3.3	5 15% 6 85%
146	14.1	3.6	6
160	4.9	2.2	6 50% 7 50%
174	12.4	2.7	6
203	9.3	4.0	6 10% 7 90%
232 244	9.8	3.4	6 10%[e] 7 90%
280	11.0	2.4	8
332	4.2	5.0	8
372	4.0	8.6	8
448	0.6	25.3	
528	1.5	10.2	
总计	98.6		

a 相对于 p,p′-DDE=100 的保留时间，从首先出现溶剂时测量。

b 六测数量数据的相对标准偏差(变异系数)。

c 由 GC-MS 获得的数据，括号中表示包含不同氯数异构体混合物的峰量。

d 在峰 104 中心测定的组分。

e 在峰 232 中心测定的组分。

附 录 B
（规范性附录）
标准多氯联苯气相色谱图

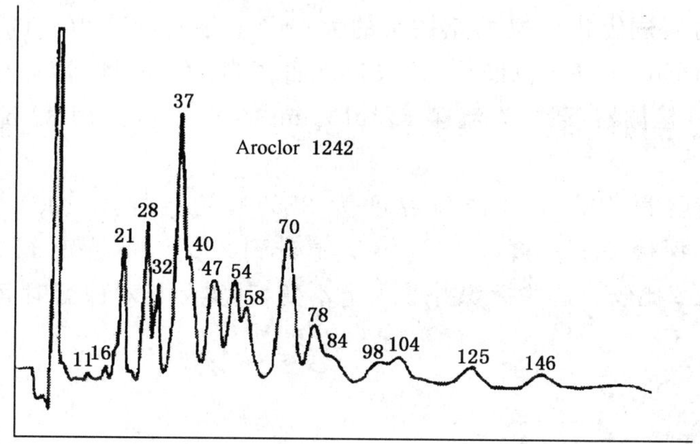

固定液：3%OV-1；载气：N_2（60 mL/min）；柱温：170℃；检测器：ECD

图 B.1 Aroclor 1242 填充柱法气相色谱图

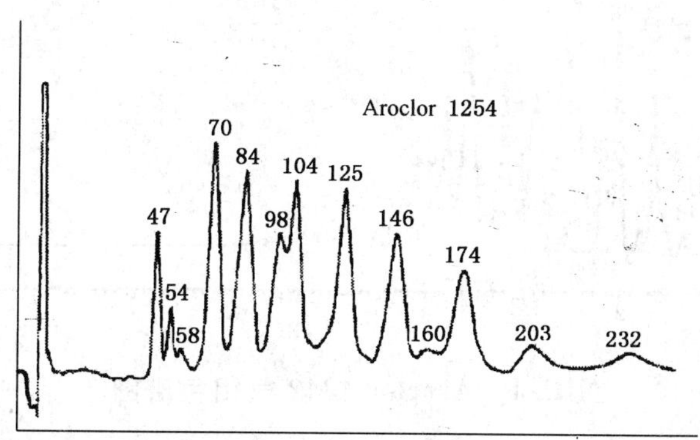

固定液：3%OV-1；载气：N_2（60 mL/min）；柱温：170℃；检测器：ECD

图 B.2 Aroclor 1254 填充柱法气相色谱图

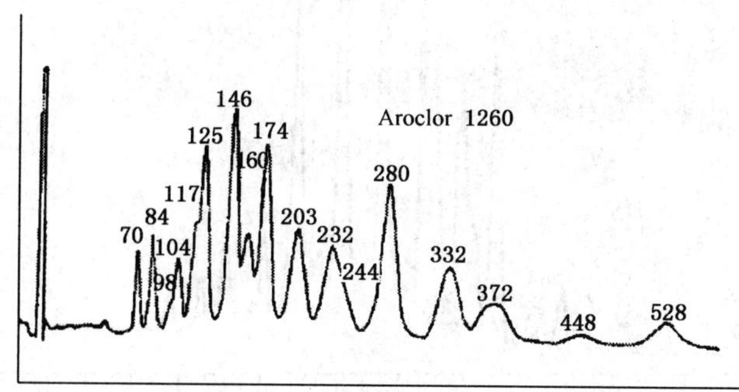

固定液：3%OV-1；载气：N_2（60 mL/min）；柱温：170℃；检测器：ECD

图 B.3 Aroclor 1260 填充柱法气相色谱图

附 录 C
（规范性附录）
大口径毛细管柱法多氯联苯标准气相色谱图

C.1 图 C.1～图 C.3 为通过优化模拟填充柱法的大口径毛细管柱法得到的标准多氯联苯气相色谱图，使用的仪器为 Perkin Elmer 气相色谱仪，该仪器配置了自动进样器、填充柱进样口、大口径柱适配器、大口径柱内衬和 ECD 检测器，载气为流速 12 mL/min 的氦气，并采用 32 mL/min 的氮气作为 ECD 检测器的补充气。

C.2 设置的检测器温度为 400℃，进样口温度为 275℃，初始柱温 190℃（保持 1 min），然后以 11 ℃/min上升至 225℃，保持 1 min，再以 17℃/min 上升到 290℃，保持 1 min。各峰位已标识于色谱图中，有助于与参考文献[1]比较。这些标识并非固定不变，其实际相对保留时间会随着仪器条件改变而改变。

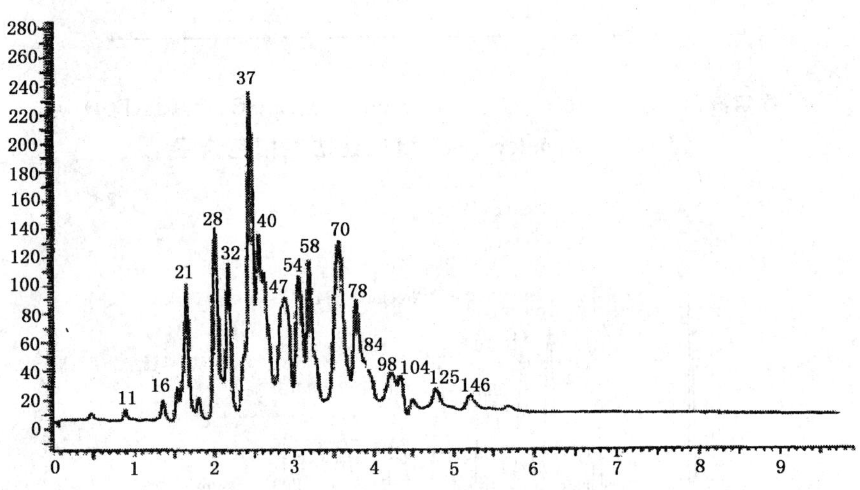

图 C.1 Aroclor 1242 气相色谱图

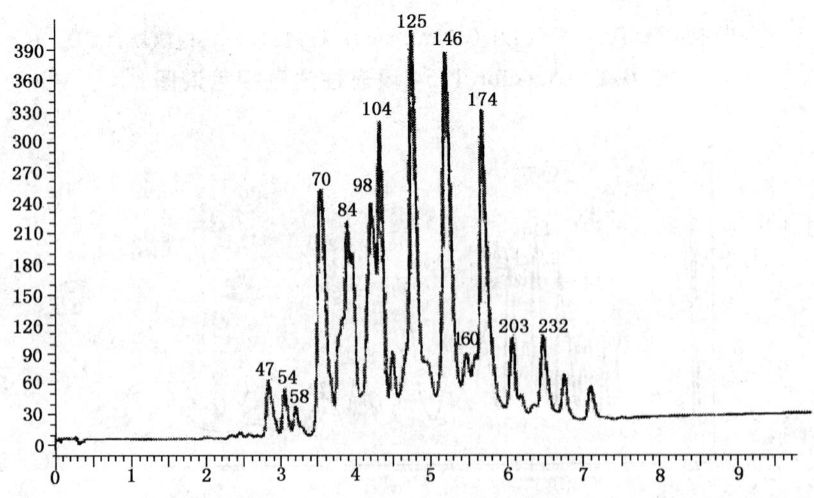

图 C.2 Aroclor 1254 气相色谱图

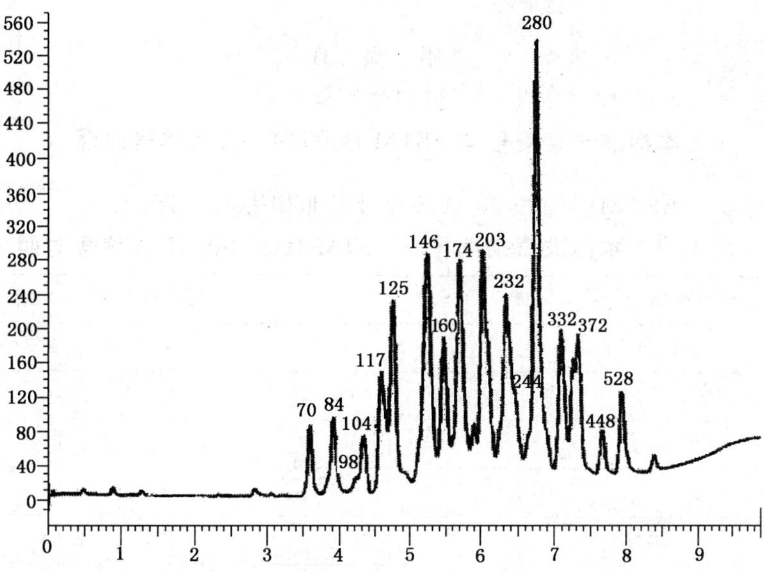

图 C.3 **Aroclor** 1260 气相色谱图

附　录　D
（资料性附录）
本标准章条编号与 ASTM D4059-00 章条编号对照

本标准中章条编号与 ASTM D4059-00 章条编号对照如表 D.1 所示。

表 D.1　本标准章条编号与 ASTM D4059-00 章条编号对照

本标准中章条编号	ASTM D4059-00 章条编号
1.1～1.3	1.1～1.3
—	1.4
2	2.1
3	3.1
4	4.1
—	5.1～5.4
5.1～5.5	6.1～6.5
6.1 6.2 6.3 6.4 6.5 6.6 6.7	9.3 9.4 9.6 9.7 9.2 9.1 9.5
7.1～7.6	7.1～7.6
8.1～8.6	8.1～8.6
9.1～9.4	11.1～11.4
10	10.1
11.1～11.5	12.1～12.5
12.1～12.3	13.1～13.3
13.1～13.3	14.1
14.1～14.5	15.1～15.5
—	16.1
—	附录 X1～X3
附录 A	5 中表 1,表 2,表 3
附录 B	5 中图 1,图 2,图 3
附录 C	附录 X4
附录 D	—

参 考 文 献

[1] Webb. R. G. and McCall. A. C. ,journal of Chromatographic Science,Vol 11,1973,P. 366.

[2] Reproduced from the Journal of Chromatographic Science by permission of Preston Publications. Inc.

中华人民共和国出入境检验检疫行业标准

SN/T 1829—2006

石油焦炭中铝、钡、钙、铁、镁、锰、镍、硅、钠、钛、钒、锌含量测定 电感耦合等离子体原子发射光谱(ICP-AES)法

Determination of aluminum, barium, calcium, iron, magnesium, manganese, nickel, silicon, sodium, titanium, vanadium, zinc in petroleum coke—Inductively coupled plasma atomic emission spectrometric method(ICP-AES)

2006-11-10 发布　　　　2007-05-16 实施

中华人民共和国国家质量监督检验检疫总局 发布

前　言

本标准的附录 A 为资料性附录。

本标准参照 ASTM D 5600:1998《电感耦合等离子体原子发射光谱法(ICP-AES)测定石油焦炭中痕量金属元素含量标准方法》制定。

本标准由国家认证认可监督管理委员会提出并归口。

本标准起草单位:中华人民共和国新疆出入境检验检疫局。

本标准主要起草人:杨立、胡晓民、王成、张旭龙。

本标准系首次发布的出入境检验检疫行业标准。

石油焦炭中铝、钡、钙、铁、镁、锰、镍、硅、钠、钛、钒、锌含量测定　电感耦合等离子体原子发射光谱(ICP-AES)法

1　范围

本标准规定了未煅烧或已煅烧石油焦炭中铝、钡、钙、铁、镁、锰、镍、硅、钠、钛、钒、锌含量电感耦合等离子体原子发射光谱测定方法。

本标准适用于灰分含量小于1%的未煅烧或已煅烧石油焦炭中铝、钡、钙、铁、镁、锰、镍、硅、钠、钛、钒、锌含量电感耦合等离子体原子发射光谱法的测定。测定范围见表1。

表1　元素测定范围

单位为毫克每千克

元素	测定范围	元素	测定范围	元素	测定范围
铝	15～110	镁	5～50	钠	30～160
钡	1～65	锰	1～7	钛	1～7
钙	10～140	镍	3～220	钒	2～480
铁	40～700	硅	60～290	锌	1～20

2　规范性引用文件

下列文件中的条款通过本标准的引用而成为本标准的条款。凡是注日期的引用文件，其随后所有的修改单(不包括勘误的内容)或修订版均不适用于本标准，然而，鼓励根据本标准达成协议的各方研究是否可使用这些文件的最新版本。凡是不注日期的引用文件，其最新版本适用于本标准。

GB/T 6003　试验筛

GB/T 6682　分析实验室用水的规格和试验方法

SH/T 0313　石油焦检验法

3　方法提要

试料在700℃灰化，灰分用四硼酸锂熔融，盐酸提取熔融物，稀释定容，将试料溶液引入等离子体焰中，以此作为激发光源，在光谱仪相应元素波长处，测量其光谱强度。

4　试剂

除另有说明外，所用试剂均为优级纯，水为GB/T 6682中二级水。

4.1　四硼酸锂。

4.2　盐酸(1+4)。

4.3　稀释液：称20.0 g±0.1 g四硼酸锂(4.1)于100 mL铂金皿中，放入温度升至1 000℃马弗炉中5 min至熔融，取出冷却。将盛有四硼酸锂熔融结晶体的铂金皿放入2 L聚四氟乙烯烧杯中，加入磁力搅拌子和1 000 mL盐酸(4.2)，放在带有加热装置的磁力搅拌器上加热搅拌，直至熔融物完全溶解。溶解后用塑料棒将铂金皿取出。用水洗涤铂金皿和塑料棒，洗涤液加入溶液中。立刻将热溶液转入2 L容量瓶中。为避免结晶，加水稀释至1 800 mL，摇匀，冷却至室温，定容摇匀，转移至聚乙烯瓶中储存。

4.4　标准储备液(1 000 mg/L)：用高纯金属、氧化物或盐制备标准储备液，也可使用有证标准溶液。

4.5　混合标准溶液：吸取适量的标准储备液(4.4)，加入 50 mL 稀释液(4.3)，用水稀释，定容 100 mL。

5　仪器

5.1　分析天平：感量 0.1 mg。
5.2　干燥器。
5.3　马弗炉：温度可控制 700℃±10℃和 1 000℃±10℃，允许燃烧气体和空气交换。
5.4　磁力搅拌子：外套聚四氟乙烯膜，长度约 12 mm。
5.5　带加热的磁力搅拌器。
5.6　铂金皿：50 mL～100 mL。
5.7　铂金坩埚钳。
5.8　聚四氟乙烯烧杯。
5.9　试验筛：孔径 0.15 mm，规格符合 GB/T 6003 标准。
5.10　碳化钨研磨机。
5.11　电感耦合等离子体原子发射光谱仪。

6　试样

使用碳化钨研磨机，按标准 SH/T 0313 规定制备样品，试样应全部通过 0.15 mm 孔径试验筛。在 110℃～115℃烘干样品，置于干燥器中，冷却备用。

7　分析步骤

7.1　试料

称取 5 g 干燥石油焦炭试样(6)，精确至 0.1 mg。

称取两份试料进行平行测定，结果取其平均值。

7.2　随同试料做空白试验。

7.3　测定

7.3.1　试料的处理

7.3.1.1　将试料置于 50 mL～100 mL 铂金皿中，将铂金皿放入马弗炉中，升温至 700℃±10℃，使试料灰化，取出铂金皿放入干燥器中冷却至室温。

7.3.1.2　称取 0.5 g(±0.000 5 g)四硼酸锂(4.1)，均匀洒在灰分表面，塑料棒搅拌混匀，放入 1 000℃±10℃马弗炉中 2 min，轻轻摇动铂金皿，熔融灰分，继续加热 2 min～3 min 直至清亮透明的熔融体形成。理想的熔融状态是冷却后铂金皿中是清亮的玻璃体，若不透明说明样品未熔尽，需进一步熔融。

7.3.1.3　将盛有熔融物的铂金皿冷却 5 min～10 min，放入聚四氟乙烯烧杯中，加入磁力搅拌子和 25 mL盐酸(4.2)，立即放在加热搅拌器上，在恰低于沸点下的温度加热搅拌保持 30 min，直到熔融物完全溶解。若不持续搅拌，由于加热的是强酸性溶液，灰分中的组分易生成硅酸沉淀，如果发生此现象，重新进行实验。

7.3.1.4　取出铂金皿，用水洗涤，溶液转入 100 mL 容量瓶，加水定容至刻度，混匀后待测。

7.4　仪器的工作条件

仪器的工作条件参见附录 A。

7.5　工作曲线的制作

按照仪器操作指南，使用 4.5 配制的混合标准溶液校准 ICP-AES 仪器。

7.6　试料溶液的测定

按 7.4 设定的仪器工作条件，测定空白溶液和试料溶液中各被测元素的光谱强度，从工作曲线(7.5)上计算出各被测元素的浓度。

8 结果计算

按式(1)计算各被测元素的质量分数。

$$w_i = \frac{(\rho_i - \rho_0) \times V}{m} \quad \cdots\cdots(1)$$

式中：

w_i——被测元素的质量分数,单位为毫克每千克(mg/kg)；

ρ_i——试料溶液中被测元素的质量浓度,单位为毫克每升(mg/L)；

ρ_0——空白溶液中被测元素的质量浓度,单位为毫克每升(mg/L)；

V——试料溶液体积,单位为毫升(mL)；

m——试料的质量,单位为克(g)。

计算结果表示到小数点后两位。

9 精密度

精密度数据见表2。

表2 方法精密度

元素	重复性 r	再现性 R
铝	$0.32X^{2/3}$	$0.92X^{2/3}$
钡	$0.19X^{2/3}$	$0.71X^{2/3}$
钙	7.2	20.8
铁	$1.66X^{1/2}$	$3.77X^{1/2}$
镁	$0.21X^{2/3}$	$0.61X^{2/3}$
锰	0.042(X+2.55)	0.34(X+2.55)
镍	$0.52X^{2/3}$	$0.96X^{2/3}$
硅	0.71(X+4.80)	0.20(X+4.80)
钠	$1.04X^{1/2}$	$3.52X^{1/2}$
钛	0.75	1.16
钒	$0.20X^{3/4}$	$0.35X^{3/4}$
锌	$1.07X^{1/3}$	$2.20X^{1/3}$
注：X为两次测定结果的平均值,单位为mg/kg。		

附 录 A
（资料性附录）
仪器工作条件

表 A.1 仪器工作条件

输出功率/W	雾化器压力/psi[a]	辅助气/(L/min)	进样清洗时间/s	积分时间		蠕动泵转速/(r/min)	提升量/(mL/min)
				短波长/s	长波长/s		
1 150	30.06	0.5	30	10	5	100	1.85

注：上述是典型的工作条件，可根据不同仪器特性，对给定工作条件作适当调整，以获得最佳结果。

a psi 为英制压力计量单位，1 psi=6.894 76 kPa。

表 A.2 分析谱线波长

单位为纳米

元素	谱线波长	元素	谱线波长	元素	谱线波长
铝	237.313 256.799 308.216 396.152	镁	279.079 279.553	钠	588.995 589.300 589.592
钡	455.403 493.410	锰	257.610 294.920	钛	334.941 337.280
钙	317.933 393.367 396.847	镍	231.604 241.476 352.454	钒	292.402
铁	259.940	硅	212.412 251.611 288.159	锌	202.548 206.200 213.856

注：表中列出了高灵敏度的波长，其他波长如果达到所需灵敏度也可使用，并且按同样的光谱干扰校准操作，同时为得到更多有用信息，可以根据需要增加其他测定元素。

中华人民共和国出入境检验检疫行业标准

SN/T 1830—2006

石油焦炭中钙、铁、镍、钠含量测定 原子吸收光谱法(AAS)

Determination of calcium, iron, nickel, sodium in petroleum coke — Atomic absorption spectrometry (AAS)

2006-11-10 发布　　2007-05-16 实施

中华人民共和国
国家质量监督检验检疫总局　发布

前　　言

本标准的附录 A 为资料性附录。

本标准参照 ASTM D 5056：2004《原子吸收光谱法(AAS)测定石油焦炭中痕量金属含量》制定。

本标准由国家认证认可监督管理委员会提出并归口。

本标准起草单位：中华人民共和国新疆出入境检验检疫局。

本标准主要起草人：王成、张旭龙、杨立、胡晓民。

本标准系首次发布的出入境检验检疫行业标准。

石油焦炭中钙、铁、镍、钠含量测定 原子吸收光谱法(AAS)

1 范围

本标准适用于未煅烧或已煅烧石油焦炭中钙、铁、镍、钠含量的测定。

本标准规定了原子吸收光谱法测定未煅烧或已煅烧石油焦炭中钙、铁、镍、钠含量的方法。

本标准测定范围和检出限见表1。

表1 元素测定范围和检出限

单位为毫克每千克

元素	含量范围	检出限
钙	20～225	1.0
铁	150～500	1.5
镍	5～200	1.5
钠	15～115	0.2

2 规范性引用文件

下列文件中的条款通过本标准的引用而成为本标准的条款。凡是注日期的引用文件，其随后所有的修改单(不包括勘误的内容)或修订版均不适用于本标准，然而，鼓励根据本标准达成协议的各方研究是否可使用这些文件的最新版本。凡是不注日期的引用文件，其最新版本适用于本标准。

GB/T 6003 试验筛

GB/T 6682 分析实验室用水的规格和试验方法

SH/T 0313 石油焦检验法

3 方法提要

试样于700℃灰化，灰分用四硼酸锂熔融，盐酸提取熔融物，制备的溶液用原子吸收光谱仪测定钙、铁、镍、钠含量。

4 试剂

除另有说明外，所用试剂均为优级纯，水为GB/T 6682规定的二级水。

4.1 盐酸(1+4)。

4.2 四硼酸锂。

4.3 氯化镧。

4.4 镧系添加溶液(100 g/L)：175 g氯化镧溶于1 L水中。

4.5 稀释液：称20.0 g±0.1 g四硼酸锂于100 mL铂金皿中，放入温度升至1 000℃±10℃的马弗炉中5 min或直至透明熔融体形成，取出冷却。在盛有四硼酸锂熔融结晶体的铂金皿中放入搅拌磁子后，将铂金皿放入2 L聚四氟乙烯烧杯中。在铂金皿中加入50 mL盐酸溶液(4.1)。在可控温磁力搅拌器上搅拌、加热，直至熔融物完全溶解。溶解后用塑料棒将铂金皿取出。用水洗涤铂金皿和塑料棒，洗涤液加入溶液中。迅速将热溶液全部转入2 L容量瓶中。加入1 000 mL盐酸溶液(4.1)，摇匀冷却至室温。加入400 mL镧系添加溶液(4.4)摇匀，用水洗至刻度。

4.6 标准储备液(1 000 mg/L):用高纯金属、氧化物或盐制备标准储备液,也可使用有证标准溶液。

4.7 工作标准溶液:1.0 mg/L~50.0 mg/L。

5 仪器

5.1 马弗炉:温度可控制 1 000℃±10℃。

5.2 天平:精度 0.000 1 g。

5.3 可控温磁力搅拌器。

5.4 铂金皿:50 mL~100 mL。

5.5 铂金坩埚钳。

5.6 原子吸收光谱仪:具备背景校准功能,配备钙、铁、镍、钠元素空心阴极灯。

5.7 碳化钨研磨机。

5.8 试验筛:孔径 0.15 mm,规格符合 GB/T 6003 标准。

6 试样制备

使用碳化钨研磨机,按 SH/T 0313 制得通过 0.150 mm 筛的分析样品。在 110℃~115℃下烘干试样,放入干燥器中冷却备用。

7 分析步骤

7.1 试样

准确称取 5 g(精确到 0.000 1 g)焦炭试样(6)。

7.2 空白试验

随同试样做空白试验。

7.3 测定

7.3.1 试样的处理

7.3.1.1 试样置于 50 mL~100 mL 铂金皿后,将铂金皿放入马弗炉中,从室温升温至 700℃,炉门打开约 7 mm 使得燃烧气体和空气能够循环,直至烧尽所有的炭化物。将铂金皿取出冷却至室温。

7.3.1.2 称取 0.5 g(±0.000 5 g)四硼酸锂粉末,均匀洒在已灰化好的试样表面,混匀,将铂金皿放入已升温至 1 000℃±10℃的马弗炉中加热 2 min~3 min 或直至试样全部熔融清亮。理想的熔融状态是冷却后铂金皿中是清亮透明的玻璃体,若不透明说明试样未熔尽。

7.3.1.3 熔融物冷却 5 min~10 min,连同铂金皿一起放入聚四氟乙烯烧杯中,在铂金皿中放入长度约为 25 mm 的搅拌磁子,加入 25 mL 盐酸(4.1),将烧杯立即放在加热的搅拌器上,在温度约 80℃搅拌保持 30 min,直到熔融物完全溶解。若不持续搅拌,在热酸性溶液中易析出硅酸,如果发生此现象,重新进行实验。

7.3.1.4 取出铂金皿,用水洗涤铂金皿及烧杯,定量转入 100 mL 容量瓶,加 10 mL 镧系添加溶液(4.4),混匀,用水洗至刻度。

7.3.2 仪器的工作条件

仪器的工作条件参见附录 A。

7.3.3 工作曲线的测定

根据不同元素的检测含量范围及检出限,依次取一定量元素标准储备液于 100 mL 容量瓶中,加入 50 mL 稀释液(4.5),用水洗至刻度,配制成不同元素的标准系列溶液。

7.3.4 试样测定

采用原子吸收光谱仪,工作曲线法测定试样中各元素的浓度,试样的试液浓度应在工作曲线的线性范围内,若超出其范围,可用稀释液(4.5)进行适当稀释。

8 结果计算

8.1 结果的表示

按式(1)计算各元素的质量分数。

$$w_i = \frac{(\rho_i - \rho_0) \times V}{m} \qquad \cdots\cdots (1)$$

式中：

w_i——被测元素的质量分数，单位为毫克每千克(mg/kg)；

ρ_i——试料溶液中被测元素的质量浓度，单位为毫克每升(mg/L)；

ρ_0——空白溶液中被测元素的质量浓度，单位为毫克每升(mg/L)；

V——试料溶液体积，单位为毫升(mL)；

m——试料的质量，单位为克(g)。

8.2 计算和结果报告以干态试样计。

8.3 计算结果表示到小数点后两位。

9 精密度

精密度数据见表2。

表2 重复性和再现性

元　　素	含量范围/(mg/kg)	重复性 r	再现性 R
钙	20～225	21	36
铁	150～500	$0.39\ X^{3/4}$	$1.18\ X^{3/4}$
镍	5～200	$1.27\ X^{1/2}$	$1.69\ X^{1/2}$
钠	15～115	0.91 X	0.61 X
注：X为两次结果的平均值，单位为mg/kg。			

附 录 A
（资料性附录）
仪器的工作条件参数

按表 A.1 选择原子吸收分光光度计仪器条件。

表 A.1 仪器的工作条件

元 素	火 焰	波长/nm	狭缝宽度/nm	灯电流/mA	燃烧器高度/mm
钙	C_2H_2-空气	422.7	1.3	7.5	12.5
铁	C_2H_2-空气	248.3	0.2	15	7.5
镍	C_2H_2-空气	232.0	0.2	15	10.5
钠	C_2H_2-空气	589.0	0.4	10	7.5
注：上述工作条件是典型的，可根据不同仪器特点，对给定工作条件作适当调整，以获得最佳效果。					

中华人民共和国出入境检验检疫行业标准

SN/T 1877.3—2007

矿物油中多环芳烃的测定方法

Determination of polycyclic aromatic hydrocarbons in mineral oils

2007-04-06 发布　　　　2007-10-16 实施

中华人民共和国
国家质量监督检验检疫总局　发布

前　言

SN/T 1877 共分为 4 个部分：

——脱模剂中多环芳烃的测定方法；

——塑料原料及其制品中多环芳烃的测定方法；

——矿物油中多环芳烃的测定方法；

——橡胶及其制品中多环芳烃的测定方法。

本部分为 SN/T 1877 的第 3 部分。

本部分的附录 A、附录 B、附录 C、附录 D、附录 E 和附录 F 为资料性附录。

本部分由国家认证认可监督管理委员会提出并归口。

本部分由中华人民共和国深圳出入境检验检疫局负责起草。

本部分参与起草单位：中华人民共和国吉林出入境检验检疫局、中华人民共和国湖北出入境检验检疫局和中华人民共和国广东出入境检验检疫局。

本部分主要起草人：王楼明、李英、杨左军、刘志红、顾浩飞、张昱、刘志勇、刘丽、陈国峰、陈麒宇、牟峻、林雁飞、周明辉。

本部分系首次发布的出入境检验检疫行业标准。

矿物油中多环芳烃的测定方法

1 范围

SN/T 1877的本部分规定了矿物油中多环芳烃的气相色谱-质谱、高效液相色谱和气相色谱测定方法。

本部分适用于矿物油中多环芳烃的测定。

2 术语和定义

下列术语和定义适用于SN/T 1877的本部分。

2.1

多环芳烃 polycyclic aromatic hydrocarbons

简称PAHs,是指含两个或两个以上稠合芳香环的芳香烃。环上也可有短的烷基或环烷基取代基。本标准中的多环芳烃是指表1中所列的16种多环芳烃。

表1 16种多环芳烃

序号	中文名称	英文名称	CAS No.
1	萘	Naphthalene	91-20-3
2	苊烯	Acenaphthylene	208-96-8
3	苊	Acenaphthene	83-32-9
4	芴	Fluorene	86-73-7
5	菲	Phenanthrene	85-01-8
6	蒽	Anthracene	120-12-7
7	荧蒽	Fluoranthene	206-44-0
8	芘	Pyrene	129-00-0
9	苯并[a]蒽	Benzo[a]anthracene	56-55-3
10	䓛	Chrysene	218-01-9
11	苯并[b]荧蒽	Benzo[b]fluoranthene	205-99-2
12	苯并[k]荧蒽	Benzo[k]fluoranthene	207-08-9
13	苯并[a]芘	Benzo[a]pyrene	50-32-8
14	二苯并[a,h]蒽	Dibenzo[a,h]anthracene	53-70-3
15	苯并[g,h,i]苝(二萘嵌苯)	Benzo[g,h,i]perylene	191-24-2
16	茚并[1,2,3-cd]芘	Indeno[1,2,3-cd]pyrene	193-39-5

第一法 气相色谱-质谱联用法

3 方法提要

样品先用环己烷溶解,用二甲基亚砜萃取后,加入氯化钠溶液,再用环己烷反萃取。环己烷萃取液经洗涤后，用氮气吹至近干，用正己烷溶解后，再用硅胶固相萃取柱净化，经浓缩定容后，用气相色谱-质谱联用仪(GC/MS)测定，内标法定量。

4 试剂和材料

除另有说明外，在分析中使用蒸馏水或去离子水或相当纯度的水。

4.1 正己烷：色谱纯。

4.2 环己烷：色谱纯。

4.3 二甲基亚砜：色谱纯，并用环己烷(4.2)饱和。

4.4 二氯甲烷：色谱纯。

4.5 正己烷＋二氯甲烷(3＋2)。

4.6 氯化钠：分析纯。

4.7 4%氯化钠溶液：4 g 氯化钠(4.6)溶于 100 mL 水中。

4.8 氮气：纯度≥99.99%。

4.9 PAHs 标准品：纯度≥96%。

4.10 PAHs 混合标准溶液：准确称取适量 PAHs 标准品(4.9)，用正己烷(4.1)稀释，配制成所需浓度的标准溶液。

4.11 内标物：十二氘代苝(Peryline-d_{12})，纯度≥99%。

4.12 内标物溶液：准确称取适量内标物(4.11)，用正己烷(4.1)溶解，配制成所需浓度的内标物溶液。

4.13 硅胶固相萃取柱：6 mL，2 g，或相当者，使用前用 5 mL 正己烷(4.1)洗涤，使之保持润湿。

5 仪器和设备

5.1 气相色谱-质谱联用仪。

5.2 固相萃取装置。

5.3 水浴装置。

5.4 分析天平：感量 0.1 mg。

6 分析步骤

6.1 萃取

称取矿物油试样 1 g～2 g(准确至 0.001 g)于烧杯中，加入 5 mL 环己烷(4.2)溶解，移入分液漏斗中，烧杯用约 5 mL 环己烷(4.2)洗涤后，也转移至该分液漏斗中。加入 8 mL 二甲基亚砜(4.3)，剧烈摇动约 1 min 后，静置分层。将下层二甲基亚砜相转移到另一分液漏斗中。残液再用 8 mL 二甲基亚砜(4.3)重复提取一次，合并提取液，弃去环己烷层。

向二甲基亚砜提取液中加入 5 mL 环己烷(4.2)和 80 mL 氯化钠溶液(4.7)，剧烈摇动约 2 min，静置分层。将下层水相放入另一分液漏斗中，用 5 mL 环己烷(4.2)重复提取一次，合并提取液，弃去水相。

将提取液连续用 5 mL 用水浴装置(5.3)加热至 70℃的氯化钠溶液(4.7)洗涤两次，弃掉水层，将环己烷层转移至具塞的定量试管中，用氮气吹或用其他方法浓缩至近干，加入 1 mL 正己烷(4.1)，振荡溶解，按 6.2 进行净化处理。

6.2 净化

将按 6.1 处理后的样品溶液过硅胶固相萃取柱(4.13)，控制流速为 0.5 滴/s，用 2 mL 正己烷(4.1)洗涤容器后，溶液过硅胶固相萃取柱(4.13)，弃掉以上过柱液，用 5 mL 正己烷＋二氯甲烷(3＋2)(4.5)淋洗硅胶固相萃取柱(4.13)，收集该淋洗液，用氮气吹或用其他方法浓缩至近干，移取 1.00 mL 与待测物浓度相近的内标物溶液(4.12)溶解后，供气相色谱-质谱分析。

注：氮吹时应控制流速和时间。

6.3 测定

6.3.1 参考气相色谱-质谱条件

a) 色谱柱:30 m×0.25 mm(内径)×0.10 μm(膜厚)DB-5 MS 石英毛细管柱或相当者;

b) 色谱柱温度程序:50℃保持 1 min,然后以 25℃/min 程序升温至 200℃,再以 8℃/min 程序升温至 315℃,保持 5 min;

c) 进样口温度:280℃;

d) 色谱-质谱接口温度:280℃;

e) 四极杆温度:150℃

f) 离子源温度:300℃;

g) 载气:氦气,纯度≥99.999%,1.0 mL/min;

h) 电离方式:EI;

i) 电离能量:70 eV;

j) 质量扫描范围:(50~450) amu;

k) 测定方式:选择离子检测方式;

l) 进样方式:脉冲无分流进样,1.0 min 后开阀;

m) 进样量:1.0 μL;

n) 溶剂延迟:3 min。

6.3.2 气相色谱-质谱定性及定量分析

按上述分析条件(6.3.1)对 PAHs 混合标准溶液(4.10)及待测液进行分析,根据色谱峰的保留时间并参照附录 A 的多环芳烃的定性离子进行定性分析。参考附录 A 中的定量离子,用内标法进行定量。典型气相色谱-质谱选择离子色谱图参见附录 B。

6.3.3 空白试验

随同试样进行空白试验。

7 结果计算

按式(1)计算校正因子:

$$F_i = \frac{A_i \times m_s}{A_s \times m_i} \qquad \cdots\cdots(1)$$

式中:

F_i——各多环芳烃对内标物的校正因子;

A_i——内标物峰面积;

m_i——内标物质量,单位为毫克(mg);

A_s——标准品峰面积;

m_s——标准品质量,单位为毫克(mg)。

按式(2)计算试样中多环芳烃的含量:

$$X_i = \frac{F_i \times (A_2 - A_0) \times m_1}{A_1 \times m_2} \times 1\,000 \qquad \cdots\cdots(2)$$

式中:

X_i——试样中各多环芳烃的含量,mg/kg;

F_i——校正因子;

A_1——样液中内标物峰面积;

A_0——空白峰面积;

A_2——样液中各多环芳烃峰面积;

m_1——样液中内标物质量，mg；

m_2——样品质量，g。

8 检测低限

16 种多环芳烃的检测低限见表 2。

表 2 16 种多环芳烃的检测低限

序号	化合物名称	检测限/(mg/kg)	序号	化合物名称	检测限/(mg/kg)
1	萘	0.05	9	苯并[a]蒽	0.05
2	苊烯	0.05	10	䓛	0.05
3	苊	0.05	11	苯并[b]荧蒽	0.05
4	芴	0.05	12	苯并[k]荧蒽	0.05
5	菲	0.01	13	苯并[a]芘	0.05
6	蒽	0.05	14	茚并[1,2,3-cd]芘	0.05
7	荧蒽	0.01	15	二苯并[a,h]蒽	0.05
8	芘	0.01	16	苯并[g,h,i]苝(二萘嵌苯)	0.05

9 精密度

由 5 个实验室对两个水平的矿物油试样进行方法精密度试验，结果见表 3。

表 3 方法精密度

序号	化合物名称	添加水平/(mg/kg)	重复性限 r/(mg/kg)	再现性限 R/(mg/kg)
1	萘	1.00	0.020 57	0.090 29
		2.50	0.119 60	0.187 23
2	苊烯	1.00	0.020 50	0.183 00
		2.50	0.063 90	0.226 70
3	苊	1.00	0.045 70	0.139 00
		2.50	0.155 00	0.274 00
4	芴	1.00	0.034 40	0.218 00
		2.50	0.020 00	0.179 00
5	菲	1.00	0.032 30	0.113 00
		2.50	0.081 90	0.367 90
6	蒽	1.00	0.040 20	0.192 80
		2.50	0.124 13	0.261 49
7	荧蒽	1.00	0.060 37	0.161 34
		2.50	0.123 43	0.325 79
8	芘	1.00	0.049 82	0.146 43
		2.50	0.082 22	0.378 62
9	苯并[a]蒽	1.00	0.058 56	0.144 40
		2.50	0.034 86	0.345 51

表 3（续）

序号	化合物名称	添加水平/(mg/kg)	重复性限 r/(mg/kg)	再现性限 R/(mg/kg)
10	䓛	1.00	0.118 78	0.112 84
		2.50	0.129 29	0.453 93
11	苯并[b]荧蒽	1.00	0.020 79	0.216 15
		2.50	0.068 73	0.273 45
12	苯并[k]荧蒽	1.00	0.084 68	0.236 02
		2.50	0.149 81	0.486 50
13	苯并[a]芘	1.00	0.051 30	0.199 14
		2.50	0.061 06	0.534 80
14	茚并[1,2,3-cd]芘	1.00	0.072 14	0.180 80
		2.50	0.070 92	0.322 96
15	二苯并[a,h]蒽	1.00	0.050 02	0.173 49
		2.50	0.122 17	0.348 01
16	苯并[g,h,i]苝(二萘嵌苯)	1.00	0.053 50	0.181 73
		2.50	0.062 02	0.549 70

第二法　高效液相色谱法

10　方法提要

样品先用环己烷溶解，用二甲基亚砜萃取后，加入氯化钠溶液，用环己烷反萃取。环己烷萃取液经洗涤后，用氮气吹至近干，用正己烷溶解后，再用硅胶固相萃取柱净化，经浓缩定容后，高效液相色谱测定，外标法定量。

11　试剂和材料

除另有说明外，在分析中使用蒸馏水或去离子水或相当纯度的水。

11.1　乙腈：色谱纯。

11.2　其余同 4.1～4.13。

12　仪器和设备

12.1　高效液相色谱仪：配紫外-可见检测器。

12.2　其余同 5.2～5.4。

13　分析步骤

13.1　萃取和净化

同 6.1 和 6.2 的操作步骤，净化后，采用正己烷定容。

13.2　测定

13.2.1　参考高效液相色谱条件

a)　色谱柱：LC-PAH 色谱柱，250 mm×4.6 mm(内径)×5.0 μm(粒径)或相当者。

b)　柱温：35℃。

c)　流动相及流速见表 4。

d) 检测波长:210 nm。

e) 进样量:20 μL。

表 4 流动相及流速

时间/min	流速/(mL/min)	乙腈/%	水/%
0	1.5	40	60
28	1.5	82	18
48	1.5	100	0
56	1.5	100	0
57	1.5	40	60

13.2.2 高效液相色谱测定

按上述分析条件(13.2.1),根据样液中待测物 PAHs 含量,选定浓度相近的标准溶液(4.10),分别测定样液和标准溶液(4.10)。采用色谱峰的保留时间进行定性,用外标法定量,必要时用 GC/MS 确证。多环芳烃的保留时间参见附录 C,典型高效液相色谱图参见附录 D。

13.2.3 空白试验

随同试样进行空白试验。

14 结果计算

按式(3)计算试样中 PAHs 含量:

$$X_i = \frac{(A_i - A_0) \times C_s \times V}{A_s \times m} \qquad \cdots\cdots(3)$$

式中:

X_i——试样中 PAHs 含量,mg/kg;

A_i——样液中 PAHs 的色谱峰面积;

A_0——空白样品的色谱峰面积;

A_s——标准工作液中 PAHs 的色谱峰面积;

C_s——标准工作液中 PAHs 的浓度,mg/L;

V——样液最终定容体积,mL;

m——最终样液所代表的试样量,g。

15 检测低限

16 种多环芳烃的检测低限见表 5。

表 5 16 种多环芳烃的检测低限

序号	化合物名称	检测限/(mg/kg)	序号	化合物名称	检测限/(mg/kg)
1	萘	0.5	9	苯并[a]蒽	0.8
2	苊烯	0.5	10	䓛	0.8
3	苊	0.5	11	苯并[b]荧蒽	0.8
4	芴	0.5	12	苯并[k]荧蒽	0.8
5	菲	0.8	13	苯并[a]芘	0.5
6	蒽	0.8	14	茚并[1,2,3-cd]芘	0.8
7	荧蒽	0.8	15	二苯并[a,h]蒽	0.8
8	芘	0.8	16	苯并[g,h,i]苝(二萘嵌苯)	0.5

16 精密度

由5个实验室对两个水平的矿物油试样进行方法精密度试验,结果见表6。

表6 方法精密度

序号	化合物名称	添加水平/(mg/kg)	重复性限 r/(mg/kg)	再现性限 R/(mg/kg)
1	萘	1.00	0.024 94	0.060 35
		2.50	0.012 37	0.141 64
2	苊烯	1.00	0.081 00	0.206 40
		2.50	0.056 29	0.218 90
3	苊	1.00	0.024 03	0.157 60
		2.50	0.176 07	0.276 88
4	芴	1.00	0.107 09	0.120 43
		2.50	0.212 83	0.307 99
5	菲	1.00	0.062 07	0.189 91
		2.50	0.137 90	0.390 27
6	蒽	1.00	0.119 50	0.148 70
		2.50	0.077 11	0.337 86
7	荧蒽	1.00	0.156 32	0.172 04
		2.50	0.187 11	0.512 19
8	芘	1.00	0.102 30	0.160 95
		2.50	0.386 16	0.622 52
9	苯并[a]蒽	1.00	0.093 38	0.138 73
		2.50	0.088 11	0.331 85
10	䓛	1.00	0.135 53	0.189 30
		2.50	0.145 81	0.531 69
11	苯并[b]荧蒽	1.00	0.110 61	0.107 93
		2.50	0.111 34	0.413 13
12	苯并[k]荧蒽	1.00	0.085 16	0.187 36
		2.50	0.071 39	0.648 84
13	苯并[a]芘	1.00	0.110 72	0.142 92
		2.50	0.241 86	0.559 66
14	茚并[1,2,3-cd]芘	1.00	0.062 94	0.107 10
		2.50	0.130 31	0.539 20
15	二苯并[a,h]蒽	1.00	0.125 87	0.202 08
		2.50	0.185 63	0.483 24
16	苯并[g,h,i]苝(二萘嵌苯)	1.00	0.025 56	0.148 68
		2.50	0.021 43	0.469 75

第三法　气相色谱法

17　方法提要

样品先用环己烷溶解，用二甲基亚砜萃取后，加入氯化钠溶液，再用环己烷反萃取。环己烷萃取液经洗涤后，用氮气吹至近干，用正己烷溶解后，再用硅胶固相萃取柱净化，经浓缩定容后，气相色谱测定，外标法定量。

18　试剂和材料

除另有说明外，在分析中使用蒸馏水或去离子水或相当纯度的水。

其余同 4.1～4.13。

19　仪器和设备

19.1　气相色谱仪：配有火焰离子化检测器(FID)。

19.2　其余同 5.2～5.4。

20　分析步骤

20.1　萃取和净化

同 6.1 和 6.2 的操作步骤，净化后，采用正己烷定容。

20.2　测定

20.2.1　参考气相色谱条件

a)　色谱柱：30 m×0.32 mm(内径)×0.25 μm(膜厚)，DB-5 石英毛细管柱或相当者；

b)　色谱柱温度程序：60℃保持 3 min，然后以 15℃/min 程序升温至 110℃，保持 3 min，再以 15℃/min 程序升温至 250℃，保持 10 min，以 10℃/min 程序升温至 310℃，保持 5 min；

c)　进样口温度：280℃；

d)　检测器温度：310℃；

e)　载气：氮气，纯度≥99.99%，1.4 mL/min；

f)　进样方式：无分流进样，0.75 min 后开阀；

g)　进样量：1.0 μL；

20.2.2　气相色谱测定

按上述分析条件(20.2.1)，根据样液中待测物 PAHs 含量，选定浓度相近的标准溶液(4.10)，分别测定样液和标准溶液(4.10)。采用色谱峰的保留时间进行定性，用外标法定量，必要时用 GC/MS 确证。多环芳烃的保留时间参见附录 E，典型气相色谱图参见附录 F。

20.2.3　空白试验

随同试样进行空白试验。

21　结果计算

计算同第 14 章。

22　检测低限

16 种多环芳烃的检测低限见表 7。

表 7 16 种多环芳烃的检测低限

序号	名 称	检测低限/(mg/kg)	序号	名 称	检测限/(mg/kg)
1	萘	1.0	9	苯并[a]蒽	1.0
2	苊烯	0.5	10	䓛	1.0
3	苊	0.5	11	苯并[b]荧蒽	0.5
4	芴	1.0	12	苯并[k]荧蒽	1.0
5	菲	1.0	13	苯并[a]芘	1.0
6	蒽	0.5	14	茚并[1,2,3-cd]芘	1.0
7	荧蒽	1.0	15	二苯并[a,h]蒽	1.0
8	芘	0.5	16	苯并[g,h,i]苝(二萘嵌苯)	1.0

23 精密度

由 5 个实验室对两个水平的矿物油试样进行方法精密度试验,结果见表 8。

表 8 方法精密度

序号	化合物名称	添加水平/(mg/kg)	重复性限 r/(mg/kg)	再现性限 R/(mg/kg)
1	萘	2.50	0.111 92	0.322 57
		5.00	0.054 12	0.560 12
2	苊烯	2.50	0.133 80	0.244 30
		5.00	0.094 90	0.630 90
3	苊	2.50	0.082 30	0.297 02
		5.00	0.072 00	0.583 17
4	芴	2.50	0.080 04	0.373 55
		5.00	0.145 98	0.698 05
5	菲	2.50	0.183 13	0.160 83
		5.00	0.231 76	0.727 81
6	蒽	2.50	0.099 40	0.658 00
		5.00	0.114 63	0.736 83
7	荧蒽	2.50	0.064 76	0.479 10
		5.00	0.213 87	1.130 86
8	芘	2.50	0.151 11	0.338 28
		5.00	0.136 08	0.722 80
9	苯并[a]蒽	2.50	0.131 94	0.476 62
		5.00	0.214 46	1.107 29
10	䓛	2.50	0.214 19	0.322 20
		5.00	0.185 30	1.220 57
11	苯并[b]荧蒽	2.50	0.082 97	0.385 25
		5.00	0.100 85	0.630 70

表 8（续）

序号	化合物名称	添加水平/(mg/kg)	重复性限 r/(mg/kg)	再现性限 R/(mg/kg)
12	苯并[k]荧蒽	2.50	0.141 56	0.502 17
		5.00	0.153 85	0.718 49
13	苯并[a]芘	2.50	0.110 29	0.502 42
		5.00	0.213 71	0.784 90
14	二苯并[a,h]蒽	2.50	0.443 13	0.329 80
		5.00	0.119 30	0.854 37
15	苯并[g,h,i]苝(二萘嵌苯)	2.50	0.049 78	0.579 30
		5.00	0.093 47	0.885 78
16	茚并[1,2,3-cd]芘	2.50	0.094 30	0.428 13
		5.00	0.130 21	0.677 54

附 录 A
（资料性附录）
16 种多环芳烃及内标物的分子量、定性离子和选择离子

表 A.1 16 种多环芳烃及内标物的分子量、定性离子和定量选择离子

序号	化合物名称	化学分子式	分子量	特征离子	定量离子
1	萘 Naphthalene	$C_{10}H_8$	128	129,128,127	128
2	苊烯 Acenaphthylene	$C_{12}H_8$	152	153,152,151	152
3	苊 Acenaphthene	$C_{12}H_{10}$	154	154,153,152	153
4	芴 Fluorene	$C_{13}H_{10}$	166	167,166,165	165
5	菲 Phenanthrene	$C_{14}H_{10}$	178	179,178,176	178
6	蒽 Anthracene	$C_{14}H_{10}$	178	179,178,176	178
7	荧蒽 Fluoranthene	$C_{16}H_{10}$	202	203,202,101	202
8	芘 Pyrene	$C_{16}H_{10}$	202	203,202,101	202
9	苯并[a]蒽 Benz[a]anthracene	$C_{18}H_{12}$	228	229,228,226	228
10	䓛 Chrysene	$C_{18}H_{12}$	228	229,228,226	228
11	苯并[b]荧蒽 Benzo[b]fluoranthene	$C_{20}H_{12}$	252	253,252,126	252
12	苯并[k]荧蒽 Benzo[k]fluoranthene	$C_{20}H_{12}$	252	253,252,126	252
13	苯并[a]芘 Benzo[a]pyrene	$C_{20}H_{12}$	252	253,252,126	252
14	苝-d_{12}（内标物） Perylene-d_{12}	$C_{20}D_{12}$	264	265,264,260	264
15	茚并[1,2,3-cd]芘 Indeno[1,2,3-cd]pyrene	$C_{22}H_{12}$	276	276,227,138	276
16	二苯并[a,h]蒽 Dibenz[a,h]anthracene	$C_{22}H_{14}$	278	279,278,139	278
17	苯并[g,h,i]苝（二萘嵌苯） Benzo[g,h,i]perylene	$C_{22}H_{12}$	276	277,276,138	276

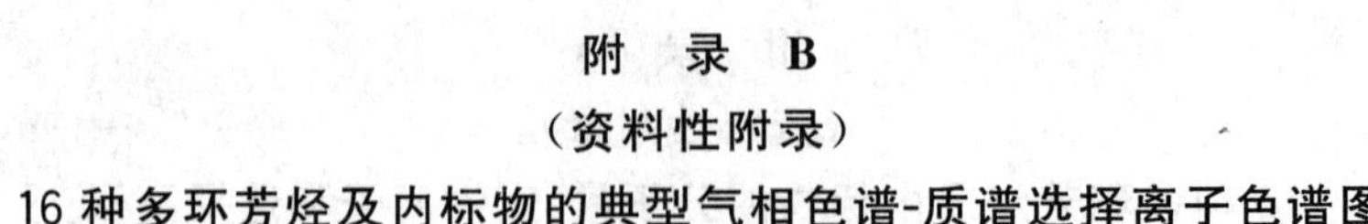

附 录 B
(资料性附录)
16种多环芳烃及内标物的典型气相色谱-质谱选择离子色谱图

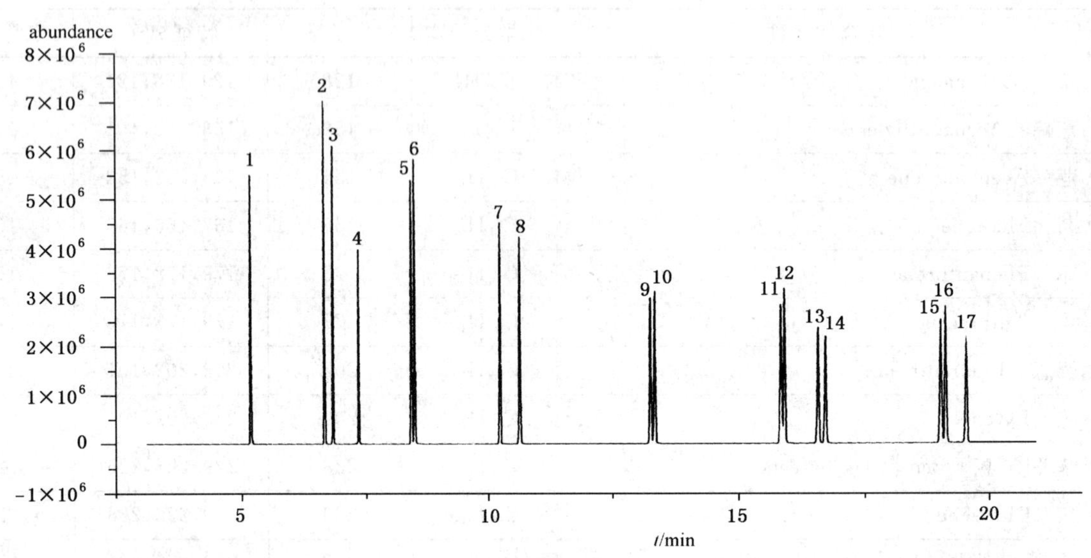

1——萘(Naphthalene);
2——苊烯(Acenaphthylene);
3——苊(Acenaphthene);
4——芴(Fluorine);
5——菲(Phenanthrene);
6——蒽(Anthracene);
7——荧蒽(Fluoranthene);
8——芘(Pyrene);
9——苯并[a]蒽(Benzo[a]anthracene);
10——䓛(Chrysene);
11——苯并[b]荧蒽(Benzo[b]fluoranthene);
12——苯并[k]荧蒽(Benzo[k]fluoranthene);
13——苯并[a]芘(Benzo[a]pyrene);
14——内标物 (Perylene-d_{12});
15——茚并[1,2,3-cd]芘(Indeno[1,2,3-cd]pyrene);
16——二苯并[a,h]蒽(Dibenzo[a,h]anthracene);
17——苯并[g,h,i]苝(二萘嵌苯)(Benzo[g,h,i]perylene)。

图 B.1 16种多环芳烃及内标物的典型气相色谱-质谱选择离子色谱图

附 录 C
(资料性附录)
16 种多环芳烃的高效液相色谱保留时间

表 C.1 16 种多环芳烃的高效液相色谱保留时间

序号	化合物名称	保留时间/min
1	萘 Naphthalene	12.07
2	苊烯 Acenaphthylene	13.74
3	苊 Acenaphthene	16.16
4	芴 Fluorene	16.63
5	菲 Phenanthrene	17.66
6	蒽 Anthracene	18.78
7	荧蒽 Fluoranthene	19.73
8	芘 Pyrene	21.87
9	苯并[a]蒽 Benz[a]anthracene	27.49
10	䓛 Chrysene	28.55
11	苯并[b]荧蒽 Benzo[b]fluoranthene	32.31
12	苯并[k]荧蒽 Benzo[k]fluoranthene	34.26
13	苯并[a]芘 Benzo[a]pyrene	36.22
14	二苯并[a,h]蒽 Dibenz[a,h]anthracene	39.48
15	苯并[g,h,i]苝(二萘嵌苯) Benzo[g,h,i]perylene	41.17
16	茚并[1,2,3-cd]芘 Indeno[1,2,3-cd]pyrene	42.43

附 录 D
（资料性附录）
16 种多环芳烃的典型高效液相色谱图

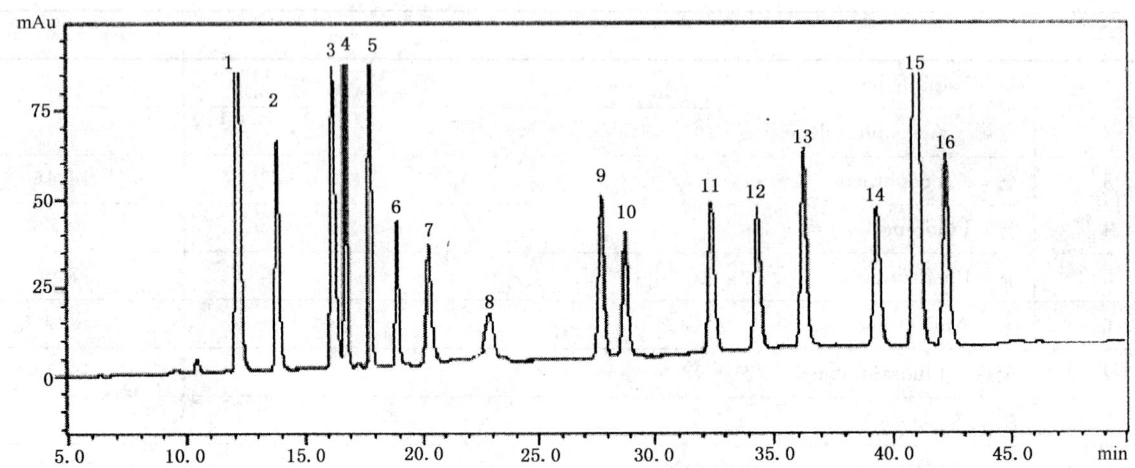

1——萘(Naphthalene)；
2——苊烯(Acenaphthylene)；
3——苊(Acenaphthene)；
4——芴(Fluorine)；
5——菲(Phenanthrene)；
6——蒽(Anthracene)；
7——荧蒽(Fluoranthene)；
8——芘(Pyrene)；
9——苯并[a]蒽(Benzo[a]anthracene)；
10——䓛(Chrysene)；
11——苯并[b]荧蒽(Benzo[b]fluoranthene)；
12——苯并[k]荧蒽(Benzo[k]fluoranthene)；
13——苯并[a]芘(Benzo[a]pyrene)；
14——二苯并[a,h]蒽(Dibenzo[a,h]anthracene)；
15——苯并[g,h,i]苝(二萘嵌苯)(Benzo[g,h,i]perylene)；
16——茚并[1,2,3-cd]芘(Indeno[1,2,3-cd]pyrene)。

图 D.1 16 种多环芳烃的典型高效液相色谱图

附 录 E
（资料性附录）
16 种多环芳烃的气相色谱保留时间

表 E.1 16 种多环芳烃的气相色谱保留时间

序号	化合物名称	保留时间/min
1	萘 Naphthalene	11.206
2	苊烯 Acenaphthylene	14.632
3	苊 Acenaphthene	14.983
4	芴 Fluorene	15.877
5	菲 Phenanthrene	17.461
6	蒽 Anthracene	17.536
7	荧蒽 Fluoranthene	19.444
8	芘 Pyrene	19.882
9	苯并[a]蒽 Benz[a]anthracene	23.392
10	䓛 Chrysene	23.562
11	苯并[b]荧蒽 Benzo[b]fluoranthene	29.454
12	苯并[k]荧蒽 Benzo[k]fluoranthene	29.608
13	苯并[a]芘 Benzo[a]pyrene	31.026
14	茚并[1,2,3-cd]芘 Indeno[1,2,3-cd]pyrene	34.854
15	二苯并[a,h]蒽 Dibenz[a,h]anthracene	34.963
16	苯并[g,h,i]苝(二萘嵌苯) Benzo[g,h,i]perylene	35.555

附 录 F
（资料性附录）
16种多环芳烃的典型气相色谱图

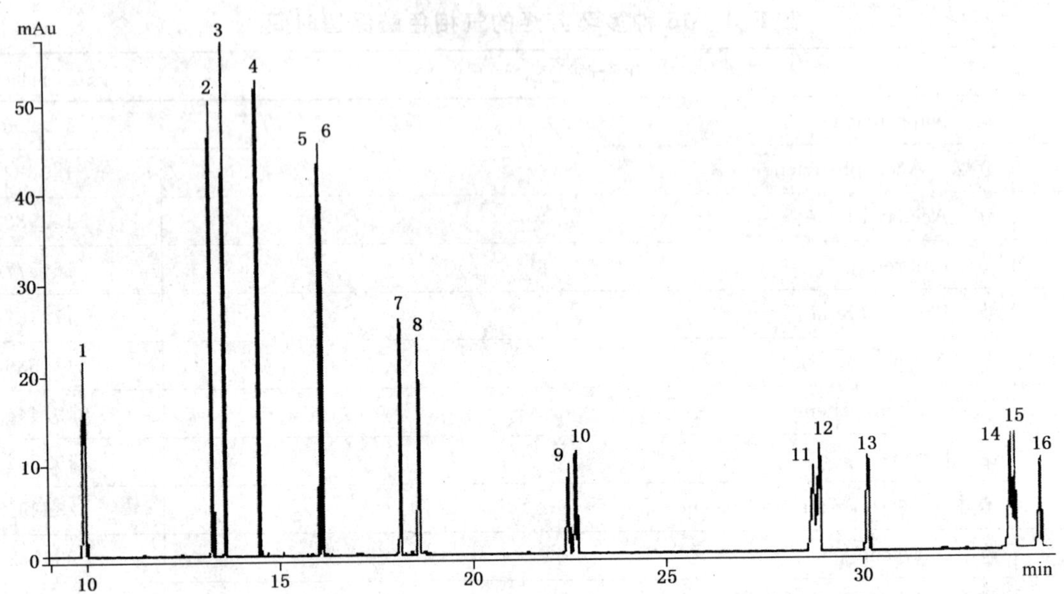

1——萘（Naphthalene）；
2——苊烯（Acenaphthylene）；
3——苊（Acenaphthene）；
4——芴（Fluorine）；
5——菲（Phenanthrene）；
6——蒽（Anthracene）；
7——荧蒽（Fluoranthene）；
8——芘（Pyrene）；
9——苯并[a]蒽（Benzo[a]anthracene）；
10——䓛（Chrysene）；
11——苯并[b]荧蒽（Benzo[b]fluoranthene）；
12——苯并[k]荧蒽（Benzo[k]fluoranthene）；
13——苯并[a]芘（Benzo[a]pyrene）；
14——茚并[1,2,3-cd]芘（Indeno[1,2,3-cd]pyrene）；
15——二苯并[a,h]蒽（Dibenzo[a,h]anthracene）；
16——苯并[g,h,i]苝（二萘嵌苯）（Benzo[g,h,i]perylene）。

图 F.1 16种多环芳烃的典型气相色谱图

中华人民共和国出入境检验检疫行业标准

SN/T 2045—2008

进出口燃料油产品技术规范

The technical regulations of fuel oil for import and export

2008-04-29 发布　　　　2008-11-01 实施

中华人民共和国
国家质量监督检验检疫总局 发布

前　言

本标准的附录 A、附录 B 均为资料性附录。

本标准由国家认证认可监督管理委员会提出并归口。

本标准由中华人民共和国上海出入境检验检疫局负责起草。

参加起草单位:中华人民共和国广东出入境检验检疫局、中华人民共和国宁波出入境检验检疫局、中华人民共和国山东出入境检验检疫局、中华人民共和国辽宁出入境检验检疫局。

本标准主要起草人:吴晓红、费旭东、邵敏、梁妙玲、林振兴、郭兵、牟明仁。

本标准系首次发布的出入境检验检疫行业标准。

引　言

本标准是在对国内外现行有效涉及各种用途燃料油产品标准如ISO、ASTM、EN、BS、JIS、GB、SH、Q/SH等充分调查研究的基础上，结合我国国情和当前技术法规要求，对各种用途的燃料油产品制定统一的产品技术规范，确保进出口燃料油产品既符合广大用户和相关行业的使用要求，又符合环保安全技术法规的要求。为实现此目的，本标准首次协调统一有关燃料油的科学定义，编制《进出口燃料油产品分类体系一览表》，并在此基础上，制定各种类型和用途的燃料油产品技术规范，为广大用户和相关行业正确选择燃料油品种，签订进出口合同规格提供指导，为进出口燃料油的检验监管提供依据。

本标准仅针对燃料油主要的基本特征规范其产品规格，并不包括进出口合同中所有必须的规定。广大用户和相关行业有根据实际需要充实、完善进出口合同规格的责任。

本标准考虑到现行技术法规的实施有地域性、阶段性、行业性的差异，技术标准不能及时跟踪技术法规的动态变化，广大用户和相关行业对技术法规提出的附加要求或更严格的技术要求负有具体落实的义务，不能以执行本标准为由豁免自身应该承担的法律责任。

本标准着重考虑燃料油产品的通用规格，未包括某些特定的专门应用。这种由于技术或其他原因需要给定与本标准不同的技术要求或者附加要求的情况，应由买卖双方在进出口合同规格中协商解决。如有必要，以后修订时将其纳入本标准的分类体系中。

对于我国炼油行业以“燃料油”名义进口但不作燃料油使用，而是进厂重新加工的石油产品，本标准不适用。应按照石油加工原料商品要求，另定石油原料产品技术规范。

进出口燃料油产品技术规范

1 范围

本标准规定了汽油发动机用车用汽油、喷气发动机用喷气燃料、高速柴油发动机用车用柴油、其他柴油发动机用燃料、非航空燃气轮机用燃料、船用燃料油、燃烧炉用燃料油等进出口燃料油的产品技术要求。

本标准适用于各口岸对进出口燃料油的合同规格是否符合相应产品类型和用途的规范要求，进行检验监管，并为广大用户和相关行业正确选择燃料油品种签订进出口合同规格提供指导。

2 规范性引用文件

下列文件中的条款通过本标准的引用而成为本标准的条款。凡是注日期的引用文件，其随后所有的修改单(不包括勘误的内容)或修订版均不适用于本标准。然而，鼓励根据本标准达成协议的各方研究是否可使用这些文件的最新版本。凡是不注日期的引用文件，其最新版本适用于本标准。

GB/T 257 发动机燃料饱和蒸汽压测定法(雷德法)
GB/T 260 石油产品水分测定法
GB/T 261 石油产品闪点测定法(闭口杯法)
GB/T 268 石油产品残炭测定法(康氏法)
GB/T 380 石油产品硫含量测定法(燃灯法)
GB/T 386 柴油着火性质测定法(十六烷值法)
GB/T 387 深色石油产品硫含量测定法(管式炉法)
GB/T 508 石油产品灰分测定法
GB/T 1884 原油和液体石油产品密度实验室测定法(密度计法)
GB/T 2430 喷气燃料冰点测定法
GB/T 3535 石油产品倾点测定法
GB/T 4756 石油液体手工取样法
GB/T 5487 汽油辛烷值测定法(研究法)
GB/T 6536 石油产品蒸馏测定法
GB/T 8020 汽油铅含量测定法(原子吸收光谱法)
GB/T 11137 深色石油产品运动黏度测定法(逆流法)和动力黏度计算法
GB/T 11139 馏分燃料十六烷指数计算法
GB/T 12575 液体燃料油钒含量测定法(无火焰原子吸收光谱法)
GB/T 17144 石油产品残炭测定法(微量法)
SH/T 0020 汽油中磷含量测定法(分光光度法)
SH/T 0160 石油产品残炭测定法(兰氏法)
SH/T 0248 馏分燃料冷虑点测定法
ISO 2719 石油产品和润滑剂——闪点测定——Pensky-Martens 闭口杯法
ISO 3016 石油产品——倾点测定
ISO 3104 石油产品——透明和不透明液体——运动黏度测定和动力黏度计算
ISO 3675 原油和液体石油产品——密度或相对密度实验室测定——密度计法
ISO 3733 石油产品和沥青材料——水分测定——蒸馏法

ISO 3735　原油和燃料油——沉淀物测定——抽提法

ISO 5164　石油产品——汽车燃料抗震性的测定——研究法

ISO 5165　柴油燃料——着火性能测定——十六烷值法

ISO 8691　石油产品——液体燃料中微量钒——灰化后火焰原子吸收光谱测定法

ISO 10307-1　石油产品——残渣燃料油总沉淀物——第1部分:热滤测定法

ISO 10307-2　石油产品——残渣燃料油总沉淀物——第2部分:老化标准程序测定法

ISO 10478　石油产品——燃料油铝和硅测定——感应耦合等离子体原子发射光谱和原子吸收光谱法

ISO 14597　石油产品——钒和镍含量测定——波长色散X-射线荧光光谱法

ASTM D86　石油产品常压蒸馏试验法

ASTM D93　闪点测定法(Pensky-Martens 闭口杯法)

ASTM D95　石油产品和沥青材料水分测定法(蒸馏法)

ASTM D97　石油产品倾点测试法

ASTM D130　石油产品铜腐蚀检测试验法(铜片腐蚀试验法)

ASTM D189　石油产品康氏残炭测定法

ASTM D445　透明和不透明液体运动黏度测定法(动力黏度计算法)

ASTM D473　原油和燃料油沉淀物测定法(抽提法)

ASTM D482　石油产品灰分测定法

ASTM D524　石油产品兰氏残炭测定法

ASTM D613　柴油十六烷值试验法

ASTM D974　用颜色指示剂滴定法测定酸值和碱值的试验方法

ASTM D976　馏分燃料十六烷指数计算法

ASTM D1298　原油和液体石油产品密度、相对密度(比重)或API重度测定法(密度计法)

ASTM D1318　残渣燃料油钠含量测定法(分光光度法)

ASTM D1319　液体石油产品烃类型测定法(荧光指示剂吸附法)

ASTM D1322　煤油和喷气发动机燃料烟点测定法

ASTM D1796　燃料油水和沉淀物离心测定法(试验室程序)

ASTM D2425　中间馏分烃类型测定法(质谱法)

ASTM D2622　石油产品硫含量测定法(波长色散X-射线荧光光谱法)

ASTM D2699　点燃式发动机燃料研究法辛烷值标准测定方法

ASTM D2709　中间馏分燃料水和沉淀物测定法(离心法)

ASTM D3231　汽油磷含量测定法

ASTM D3237　汽油铅含量测定法(原子吸收光谱法)

ASTM D3831　汽油锰含量测定方法(原子吸收光谱法)

ASTM D4053　车用汽油和航空汽油产品苯含量测定法(红外光谱法)

ASTM D4294　石油和石油产品硫含量测定法(能量-色散X-荧光光谱法)

ASTM D4530　石油产品残炭测定法(微量法)

ASTM D4815　汽油中MTBE、ETBE、TAME、DIPE、特-戊醇和C_1-C_4醇测定法(气相色谱法)

ASTM D4868　燃烧炉燃料和柴油发动机燃料燃烧净热量和总热量估算测定法

ASTM D4870　残渣燃料油总沉淀物测定法

ASTM D5184　用灰化、熔化、电感耦合等离子体原子发射光谱测定法和原子吸收光谱测定法测定燃料油中铝(Al)和硅(Si)的含量

ASTM D5186　柴油燃料和喷气发动机燃料芳烃含量和多环芳烃含量测定法(超临界流体色谱法)

ASTM D5191　石油产品蒸汽压标准测定方法(微型法)

ASTM D5453　使用紫外荧光测定轻质烃、发动机燃料和油中总硫含量的试验方法

ASTM D5580　汽油产品中苯、甲苯、乙苯、对间二甲苯、邻二甲苯、碳九和更重芳烃、总芳烃含量测定法(气相色谱法)

ASTM D5708　用 ICP-AES 法测定石油和残渣燃料中镍、钒和铁含量

ASTM D6728　用转盘式电极原子发射光谱法测定燃气轮机和柴油发动机燃料污染物方法

3　定义

下列术语和定义适用于本标准。

3.1

石油燃料　petroleum fuel

作为燃料以产生热和动力的各种石油产品的统称。通常分为气体燃料(gases fuels)、液化气燃料(liquefied petroleum gases)、馏分燃料(distillate fuels)、残渣燃料(residual fuels)和石油焦(petroleum coke)五个类型。其中气体燃料和液化气燃料是常态下呈气态的石油燃料,馏分燃料和残渣燃料是常态下呈液态的石油燃料,石油焦为固体石油燃料。

3.2

燃料油　fuel oil

常态下呈液态的石油燃料,包括馏分燃料和残渣燃料两种类型。

3.3

馏分燃料　distillate fuel

基本上源自原油炼制或天然气分离得到的石油液体燃料。可分为轻馏分(light distillate)如汽油;中馏分(middle distillate)如煤油、柴油;重馏分(heavy distillate)如减压瓦斯油(VGO)、闪蒸馏分、溶剂提取得到的某些船用燃料和材料等。

3.4

残渣燃料　residual fuel

含有来自石油炼制的残渣液体燃料。

4　采样

采样按照 GB/T 4756 操作。其中汽油、煤油、柴油等馏分燃料油取样量不少于 4 L。

5　一般要求

5.1　本标准规定的各种用途各种牌号燃料油应是从石油炼制得到的烃类混合物,不得含有可能干扰燃烧设备正常操作的成分或者外来物质。其中允许加入少量改进性能或改善排放的添加剂,允许加入少量用于商品牌号识别的着色染料。其燃烧设备系指本标准分类体系表指定用途的燃烧设备。如将指定用途燃料用于其他目的,建议向有关设备制造商咨询。

5.2　各种燃料油都应是同质均相的。即使是馏分燃料油和残渣燃料油的调和产品,在正常储运条件下不得被重力作用分离出超过该牌号黏度限值的轻组分或重组分。

5.3　所有燃料不得含有下列添加物质或化学废料:

1)　危及燃烧设备安全或对操作有不利影响的。

2)　危害人体健康安全的。

3)　对空气环境造成更多污染的。

6　具体要求

本标准进出口燃料油产品分类体系见表 1。按表 1 中七种产品用途分别制定相应类型或类型系列

的产品技术规范。具体要求如下：

a） 进出口燃料油汽油发动机用车用汽油技术规范见表2；

b） 进出口燃料油喷气发动机用喷气燃料技术规范见表3；

c） 进出口燃料油高速柴油发动机用车用柴油技术规范见表4；

d） 进出口燃料油其他柴油发动机用燃料技术规范见表5；

e） 进出口燃料油非航空燃气轮机用燃料技术规范见表6；

f） 进出口燃料油船用燃料技术规范见表7；

g） 进出口燃料油燃烧炉用燃料技术规范见表8。

h） 有关燃料油类型、用途、牌号等详细信息参见附录A和附录B。

7 测试方法

进出口燃料油各项质量指标测定方法见表9，测定结果如有争议时，仲裁试验以ASTM方法测定结果为准。

表1 进出口燃料油产品分类体系一览表

类型	用途						
	非船用						船用
	发动机用					燃烧炉用	
	汽油发动机用 G[a]	喷气发动机用 J	高速柴油发动机用 D	其他柴油发动机用 E	非航空燃气轮机用 T	B	M
轻馏分汽油型 00[b]	G00	×	×	×	×	×	×
中间馏分煤油(轻)型 0	×	J0[c]	×	E0	T0，DST0[d]	B0	×
中间馏分煤油(重)型 1	×	×	D1-2	E1-2	T1-2，DST1 T1-2，DMT1	B1-1 B1-2	×
中间馏分柴油(轻)型 2	×	×	D2-2	E 2-2	T2-2	B2-1	×
中间馏分柴油(重)型 3	×	×	×	E3-1	T3-1，DST2 T3-1，DMT2	B3-1 B3-2	M3-1，DMX[e] M3-2，DMA
重馏分 4	×	×	×	E4-2	T4-1，DST3 T4-1，DMT3	B4-2	M4-1，DMB M4-2，DMC

表 1（续）

<table>
<tr><td rowspan="4">类型</td><td colspan="8">用　　途</td></tr>
<tr><td colspan="7">非船用</td><td rowspan="3">船用

M</td></tr>
<tr><td colspan="6">发动机用</td><td rowspan="2">燃烧炉用

B</td></tr>
<tr><td>汽油发动机用
G[a]</td><td>喷气发动机用
J</td><td>高速柴油发动机用
D</td><td>其他柴油发动机用
E</td><td>非航空燃气轮机用
T</td></tr>
<tr><td>残渣油
中黏度型
5</td><td>×</td><td>×</td><td>×</td><td>E5-1</td><td>T5-1,RMT3
T5-1,RST3</td><td>B5-1

B5-2</td><td>M5-1,RMA10,RMA30
M5-1,RMB10,RMB30
M5-1,RMC10
M5-2,RMD15,RMD80</td></tr>
<tr><td>残渣油
较高黏度型
6</td><td>×</td><td>×</td><td>×</td><td>E6-1

E6-3</td><td>

T6-4</td><td>B6-1

B6-3

B6-4</td><td>M6-1,RME25,RME180
M6-1,RMF25,RMF180
M6-2,RMG35,RMG380
M6-2,RMK35,RMK380
M6-2,RMH35,RMH380
M6-3,RMH45
M6-3,RMK45
M6-4,RMH700
M6-4,RMK700</td></tr>
<tr><td>残渣油
高黏度型
7</td><td>×</td><td>×</td><td>×</td><td>×</td><td>T7-1,RST4
T7-1,RMT4</td><td>B7-1
B7-2
B7-3</td><td>M7-1,RMH55
M7-1,RMK55
M7-1,RML55</td></tr>
<tr><td>残渣油
特高黏度型
8</td><td>×</td><td>×</td><td>×</td><td>×</td><td>×</td><td>B8-1
B8-2
B8-3</td><td>×</td></tr>
<tr><td colspan="9">a 燃料油用途代号，取用途特征英文名词首字母表示。如汽油发动机用取汽油 gasoline 之 G 表示。余类推。
b 燃料油类型编号，十个类型按 00,0,1,2,3,4,5,6,7,8 数字顺序排列。
c 燃料油产品分类编码，由用途代号和类型编号组成。如 J0 代表喷气燃料。
d DST0 等是 ISO 对非航空燃气轮机燃料系列产品设置的品种代号。参见 ISO 8216-2。
e DMX 等是 ISO 对船用燃料油系列产品设置的品种代号。参见 ISO 8216-1。</td></tr>
</table>

表 2　进出口燃料油汽油发动机用车用汽油（分类编号 G00）技术规范

项　　目	单　　位	质量指标[a]
密度（15℃）	g/cm^3	0.720～0.775
馏程 　10%蒸发温度	℃	≤70
50%蒸发温度	℃	77～110
90%蒸发温度	℃	130～190
终馏点	℃	≤205

表 2（续）

项　　目	单　　位	质量指标[a]
硫含量(质量分数)	%	≤0.015
铅含量	g/L	≤0.013
磷含量	g/L	≤0.001 3
锰含量	g/L	≤0.018
氧含量(质量分数)	%	≤2.7
烯烃含量(体积分数)	%	≤18.0
芳烃含量(体积分数)	%	≤35.0
苯含量(体积分数)	%	≤1.0
铜片腐蚀(50℃,3h)	级	≤1
蒸汽压 9 月 16 日～次年 3 月 15 日 3 月 16 日～9 月 15 日	 kPa kPa	 ≤88 ≤74
研究法辛烷值(RON)		≥95

[a] 本标准质量指标由 GB 17930、EN 228 和世界汽车燃油规范(2000.4 版本)车用汽油第 2 级别产品规格协调统一而成。

表 3　进出口燃料油喷气发动机用喷气燃料(分类编号 J0)技术规范

项　　目	单　　位	质量指标[a]
密度(15℃)	g/cm^3	0.775～0.840
运动黏度(20℃)	mm^2/s	≥1.25
(−20℃)	mm^2/s	≤8
馏程　初馏点	℃	实测值
10%回收温度	℃	≤205
50%回收温度	℃	≤232
90%回收温度	℃	实测值
终馏点	℃	≤300
残留量(体积分数)	%	≤1.5
冰点	℃	≤47
烟点	mm	≥25
闪点(闭口)	℃	≥38
硫含量(质量分数)	%	≤0.2
芳烃含量(体积分数)	%	≤20.0
烯烃含量(体积分数)	%	≤5.0
铜片腐蚀(100℃,2h)	级	≤1

[a] 本标准质量指标由 ASTM D 1655 和 JIS K 2209、GB 6537 标准规格协调统一而成。

表 4 进出口燃料油高速柴油发动机用车用柴油技术规范

项目	单位	分类编号和质量指标	
		D1-2[a]	D2-2[b]
密度(15℃)	g/cm^3		≤0.850
运动黏度(40℃)	mm^2/s	1.3～2.4	2.0～4.5
馏程 90%回收温度	℃	≤288	≤340
95%回收温度	℃		≤360
终馏点	℃		≤365
闪点(闭口)	℃	≥38	≥55
十六烷值	—	≥40	≥51
十六烷指数		≥38	≥48
硫含量(质量分数)	%	≤0.035	≤0.035
灰分(质量分数)	%	≤0.01	≤0.01
10%蒸余物残炭(质量分数)	%	≤0.15	≤0.2
水分(体积分数)	%		≤0.02
水＋沉淀物(体积分数)	%		≤0.05
总芳烃含量(质量分数)	%		≤15
多环芳烃含量(质量分数)	%		≤2.0
铜片腐蚀(100℃,3 h)	级		≤1
冷滤点	℃		≤4

[a] 本标准质量指标参照采用 ASTM D 975 之 No. 1-D 有良好低温性能的煤油型柴油燃料油产品规格，其中硫含量按欧Ⅲ水平设置。

[b] 本标准质量指标由 EN 590、GB/T 19147 和世界汽车燃油规范(2004.4 版本)车用柴油 2 级产品规格协调统一而成。

表 5 进出口燃料油其他柴油发动机用燃料技术规范

项目	单位	分类编号及质量指标[a]							
		E0	E1-2	E2-2 No. 2-D	E3-1 A2	E4-2 No. 4-D	E5-1 E	E6-1 F	E6-3 G
密度 (15℃)	g/cm^3	≥0.775							
运动黏度 (20℃)	mm^2/s	<1.7	1.7～7.0						
(40℃)	mm^2/s			1.9～4.1	1.5～5.5	>5.5～24.0			
(100℃)	mm^2/s						≤8.2	≤20	≤40
馏程 初馏点	℃	≤160							
10%回收温度	℃	≤175	≤225						
50%回收温度	℃	≤195							
90%回收温度	℃	≤225		282～338					
终馏点	℃	≤250	≤310						
250℃回收率(体积分数)	%				≤65				
350℃回收率(体积分数)	%				≥85				
闪点(闭口)	℃	≥40	≥45	≥50	≥55	≥55	≥66	≥66	≥66
十六烷值			≥45	≥45	≥45	≥30			
十六烷指数			≥43	≥43	≥43	≥29			
硫含量(质量分数)	%		≤0.5	≤0.5	≤0.5	≤1	≤2	≤2	≤2
灰分(质量分数)	%		≤0.01	≤0.01	≤0.01	≤0.1	≤0.1	≤0.1	≤0.15
10%蒸余物残炭(质量分数)	%		≤0.3	≤0.3	≤0.3	≤0.3	—	—	—
残炭(质量分数)	%		—	—	—	—	≤15	≤18	≤20
水分(体积分数)	%	无	无				≤0.5	≤0.75	≤1
沉淀物	%	无	无				≤0.1	≤0.15	≤0.15
水+沉淀物	%	无	无	≤0.05	≤0.05	≤0.5			
铜片腐蚀(50℃,3 h)	级	≤1	≤1	≤1					
冷滤点	℃			≤4					

[a] 本标准质量指标由 Q/SH 006.1.66、Q/SH 003.01.003、ASTM D 975 之 No. 2-D 和 No. 4-D、GB 252、BS 2869 之 A_2、E、F、G 等产品标准规格协调统一而成。

表 6 进出口燃料油非航空燃气轮机用燃料技术规范

项 目	单位	分类编号及质量指标[a]											
		T0 DST0 No. 0-GT	T1-2 DST1 No. 1-GT	T1-2 DMT1	T2-2 No. 2-GT	T3-1 DST2	T3-1 DMT2	T4-1 DST3	T4-1 DMT3	T5-1 RST3/RMT3	T6-4 No. 3-GT	T6-4 No. 4-GT	T7-1 RST4/RMT4
密度 (15℃)	g/cm³	实测值	实测值	实测值	≤0.876	≤880	≤0.880	≤0.900	≤0.900	≤0.920			≤0.996
运动黏度(40℃)	mm²/s	>1.3	1.3～2.4	1.3～2.4	1.9～4.1	1.3～5.5	1.3～5.5	1.3～11.0	1.3～11.0	1.3～20.0	≥5.5	≥5.5	—
(100℃)	mm²/s	—	—	—	—	—	—	—	—	—	≤50.0	≤50.0	≤55
馏程 90%回收温度	℃	≤288	≤288	≤288	282～338	≤365	≤365	—	—	—	—		—
闪点(闭口)	℃		≥38	≥43	≥38	≥56	≥60	≥56	≥60	≥60	≥55	≥66	≥60
硫含量(质量分数)	%	≤0.5	≤0.5	≤0.5	≤1	≤1.3	≤1.3	≤2	≤2	≤2	≤3	≤3	≤3.5
灰分(质量分数)	%	≤0.01	≤0.01	≤0.01	≤0.01	≤0.01	≤0.01	≤0.01	≤0.01	≤0.03	≤0.03	≤0.03	≤0.15
10%蒸余物残炭(质量分数)	%	0.15	0.15	0.15	0.15	0.15	0.15	—	—	—	—	—	—
残炭(质量分数)	%	—	—	—	—	—	—	≤0.25	≤0.25	≤1.5			实测值
水分(体积分数)	%	≤0.05	≤0.05	≤0.05	—	≤0.05	≤0.05	≤0.3	≤0.3	≤0.5			≤1
沉淀物(质量分数)	%	≤0.01	≤0.01	≤0.01	—	≤0.01	≤0.01	≤0.05	≤0.05	≤0.05			≤0.25
水＋沉淀物(体积分数)	%				≤0.05						≤1.0	≤1.0	
铜片腐蚀(50℃,3 h)	级	≤1	≤1	≤1	≤1	≤1	≤1	—	—	—			—
类型说明		低闪点石脑油型	中闪点喷气燃料煤油型		瓦斯油型			低灰分重馏分		低灰分残渣或重质组分	含重质组分		

a 本标准质量指标由 ISO 4261 和 ASTM D 2880 标准规格协调统一而成。

表 7 进出口燃料油船用燃料技术规范

项目	单位	分类编号及质量指标[a]																			
		M3-1	M3-2	M4-1	M4-2	M5-1	M5-1	M5-1	M5-2	M6-1	M6-1	M6-2	M6-2	M6-2	M6-3	M6-3	M6-3	M6-4	M6-4	M7-1	M7-1	M7-1
		DMX	DMA[b]	DMB	DMC	RMA30 RMA10	RMB30 RMB10	RMC10	RMD80 RMD15	RME180 RME25	RMF180 RMF25	RMG380 RMG35	RMH380 RMH35	RMK380 RMK35	RMH45	RMK45	RML45	RMH700	RMK700	RMH55	RMK55	RML55
密度(15℃)	g/cm³	≤0.870	≤0.880	≤0.900	≤0.920	≤0.960	≤0.975	≤0.980	≤0.980	≤0.990	≤0.990	≤0.990	≤0.990	≤1.010	≤0.990	≤1.010	—	≤0.990	≤0.990	≤0.990	≤1.010	—
运动黏度(40℃)	mm²/s	1.4~5.5	1.5~6.0	≤11.0	≤14.0	—	—	—	—	—	—	—	—	—	—	—	—	—	—	—	—	—
(50℃)	mm²/s	—	—	—	—	≤30	≤30	—	≤80	≤180	≤180	≤380	≤380	≤380	—	—	—	≤700	≤700	—	—	—
(100℃)	mm²/s	—	—	—	—	≤10	≤10	≤10	≤15	≤25	≤25	≤35	≤35	≤35	≤45	≤45	≤45	≤50	≤50	≤55	≤55	≤55
闪点(闭口)	℃	≥45	≥60	≥60	≥60	≥66	≥66	≥66	≥66	≥66	≥66	≥66	≥66	≥66	≥66	≥66	≥66	≥66	≥66	≥66	≥66	≥66
倾点	℃	0	0	0	0	0(冬) 6(夏)	≤24	≤24	≤24	≤24	≤24	≤24	≤30	≤30	≤30	≤30	≤30	≤30	≤30	≤30	≤30	≤30
硫含量(质量分数)	%	≤0.5	≤0.5	≤1	≤1	≤1.5	≤1.5	≤2	≤2.5	≤3.5	≤3.5	≤3.5	≤3.5	≤3.5	≤3.5	≤3.5	≤3.5	≤3.5	≤3.5	≤3.5	≤3.5	≤3.5
灰分(质量分数)	%	≤0.01	≤0.01	≤0.01	≤0.05	≤0.1	≤0.1	≤0.1	≤0.1	≤0.1	≤0.1	≤0.1	≤0.15	≤0.15	≤0.15	≤0.15	≤0.15	≤0.15	≤0.15	≤0.15	≤0.15	≤0.15
10%蒸余物残炭(质量分数)	%	0.3	0.3	0.3	2.5	—	—	—	—	—	—	—	—	—	—	—	—	—	—	—	—	—
残炭(质量分数)	%	—	—	—	—	≤10	≤10	≤14	≤14	≤15	≤18	≤18	≤20	≤22	≤20	≤22	≤22	≤22	≤22	≤22	≤22	≤22
水分(体积分数)	%	≤0.05	≤0.05	≤0.3	≤0.3	≤0.5	≤0.5	≤0.5	≤0.5	≤0.5	≤0.5	≤0.5	≤0.5	≤0.5	≤0.5	≤0.5	≤0.5	≤0.5	≤0.5	≤0.5	≤0.5	≤0.5
沉淀物(质量分数)	%	≤0.01	≤0.01	≤0.07	≤0.1	≤0.1	≤0.1	≤0.1	≤0.1	≤0.1	≤0.1	≤0.1	≤0.1	≤0.1	≤0.1	≤0.1	≤0.1	≤0.1	≤0.1	≤0.1	≤0.1	≤0.1
V	mg/kg	—	—	—	≤50	≤100	≤100	≤100	≤150	≤150	≤150	≤150	≤200	≤600	≤200	≤600	≤600	≤600	≤600	≤600	≤600	≤600
Al+Si	mg/kg	—	—	—	≤25	≤80	≤80	≤80	≤80	≤80	≤80	≤80	≤80	≤80	≤80	≤80	≤80	≤80	≤80	≤80	≤80	≤80
十六烷值	—	≥45	≥45	≥35	—	—	—	—	—	—	—	—	—	—	—	—	—	—	—	—	—	—
十六烷指数	—	≥43	≥43	≥33	—	—	—	—	—	—	—	—	—	—	—	—	—	—	—	—	—	—

a 本标准质量指标由 ISO 8217 和 BS MA100 标准规格，结合我国实际要求协调统一规范而成。其中 ISO 标准以 50℃运动黏度划分牌号，BS MA 以 100℃运动黏度划分牌号，出现同一产品有两个不同牌号的情况。

b Gasoil 进口船用馏分燃料油落在 M3-2 DMA 牌号范围内，合同规格应与该技术规范无显著差异。

表 8 进出口燃料油燃烧炉用燃料技术规范

项目	单位	分类编号及质量指标[a]																	
		B0 C1	B1-1 C2	B1-2 NO.1	B2-1 NO.2	B3-1 D	B3-2 NO.4(轻)	B4-2 NO.4	B5-1 NO.5(轻);E	B5-2 NO.5(重)	B6-1 F[b]	B6-3 G	B6-4 NO.6	B7-1 H	B7-2	B7-3 NO.7	B8-1	B8-2	B8-3
密度(15℃)	g/cm³	0.775～0.840	≤0.840	≤0.850	≤0.876	≥0.820	>0.876	≤0.920											
运动黏度(20℃)	mm²/s	≥1.25																	
(40℃)	mm²/s		1.0～2.0	1.3～2.1	1.9～3.4	1.5～5.5	1.9～5.5	>5.5～24.0											
(100℃)	mm²/s								5.0～8.9	9.0～14.9	≤20.0	≤40.0	15.0～50.0	≤56	≤130	≤185	≤400	≤650	≤1 000
馏程 10%回收温度	℃		≤205	≤215															
90%回收温度	℃			≤288	282～338														
终馏点	℃	≤280	≤300																
200℃回收率(体积分数)	%	15～60	≥15																
250℃回收率(体积分数)	%					≤65													
350℃回收率(体积分数)	%					≥85													
闪点(闭口)	℃	≥43[d]	≥38	≥38	≥38	≥56	≥38	≥55	≥60	≥60	≥66	≥66	≥66	≥66	120 开口	130 开口	130 开口	130 开口	150 开口
倾点	℃			≤-18	≤-6			≤-6											
硫含量(质量分数)	%	≤0.04	≤0.05	≤0.05	≤0.05	≤0.2	≤1	≤1	≤2	≤2	≤2	≤2	≤2	≤2	≤2	≤2	≤2	≤2	≤2
灰分(质量分数)	%					≤0.01	≤0.05	≤0.1	≤0.15	≤0.15	≤0.15	≤0.15	≤0.15	≤0.15	≤0.3	≤0.3	≤0.5	≤1	
10%蒸余物残炭(质量分数)	%			≤0.15	≤0.3	≤0.3	≤0.3	≤0.3											
残炭(质量分数)	%								≤15	≤15	≤18	≤20	≤20	≤22					
水分(体积分数)	%					≤0.02			≤0.5		≤0.75	≤1	≤1	≤1	≤2	≤2	≤2	≤2	≤2
沉淀物(质量分数)	%					≤0.01			≤0.1		≤0.15	≤0.15		≤0.15	≤0.5	≤1	≤1.5	≤1.5	≤1.5
水+沉淀物(体积分数)	%			≤0.05	≤0.05	≤0.05	≤0.5	≤0.5	≤1	≤1	≤1	≤1.5	≤2.5	≤2	≤2.5	≤3	≤3.5	≤3.5	≤3.5
铜片腐蚀(50℃,3h)	级			≤3	≤3														

[a] 本标准质量指标由 BS 2869 之 C_1、C_2、D、E、F、G、H 产品规格;ASTM D396 之 No. 1、No. 2、No. 4(轻)、No. 4、No. 5(轻)、No. 5(重)、No. 6 产品规格;SH/T 0356 之 7 号燃料油;十多份 Q/SH 炉用燃料油产品规格协调统一而成。

[b] 180 号进口炉用残渣燃料油落在 M6-1 F 牌号范围内,合同规格应与该技术规范无显著差异。

[c] 380 号进口炉用残渣燃料油落在 M6-3 G 牌号范围内,合同规格应与该技术规范无显著差异。

[d] 该牌号燃料油为民用无烟道小型气化炉用,需要较高闪点,确保家庭安全。

表 9 进出口燃料油产品特性测定方法

项目	测试方法标准				适用对象	
					馏分燃料	残渣燃料
密度	ASTM D1298	ISO 3675	GB/T 1884		√	√
运动黏度	ASTM D445	ISO 3104	GB/T 11137		√	√
馏程	ASTM D86		GB/T 6536		√	
闪点	ASTM D93	ISO 2719	GB/T 261		√	√
倾点	ASTM D97	ISO 3016	GB/T 3535			√
灰分	ASTM D482		GB/T 508		√	√
残炭	ASTM D4530		GB/T 17144		√	√
残炭	ASTM D189			SH/T 0160		√
	ASTM D524		GB/T 268			√
水分	ASTM D95	ISO 3733	GB/T 260			√
沉淀物	ASTM D473	ISO 3735				√
总沉淀物	ASTM D4870	ISO 10307-1 ISO 10307-2				√
水+沉淀物	ASTM D2709				√	
水+沉淀物	ASTM D1796					√
硫含量	ASTM D4294		GB/T 380		√	√
	ASTM D2622		GB/T 387		√	√
	ASTM D5453				√	
微量元素如V、Al、Si、Ni、Na等	ASTM D5708	ISO 8691 ISO 14597	GB/T 12575			√
	ASTM D5184	ISO 10478				√
	ASTM D6728					√
	ASTM D1318					
十六烷值	ASTM D613	ISO 5165	GB/T 386		√	
十六烷指数	ASTM D976		GB/T 11139		√	
烃类型	ASTM D1319				√	
	ASTM D2425				√	
铜片腐蚀	ASTM D130				√	√
酸值	ASTM D974				√	√
热值	ASTM D4868				√	√
烟点	ASTM D1322				√	
氧含量	ASTM D4815				√	
苯,总芳烃	ASTM D5580				√	
芳烃和多环芳烃	ASTM D5186				√	
苯	ASTM D4053				√	
铅 Pb	ASTM D3237		GB/T 8020		√	
锰 Mn	ASTM D3831				√	
磷 P	ASTM D3231			SH/T 0020	√	
辛烷值(研究法)	ASTM D2699	ISO 5164	GB/T 5487		√	
饱和蒸汽压	ASTM D5191		GB/T 257		√	
冷滤点				SH/T 0248	√	
冰点			GB/T 2430		√	

附　录　A
（资料性附录）
石油产品类型分类

A.1　石油一次加工馏分切割和ISO石油产品类型划分见表A.1。

A.2　燃料油产品类型特征、演变趋势和划分示意见表A.2。

表 A.1　石油一次加工馏分切割和ISO石油产品类型划分

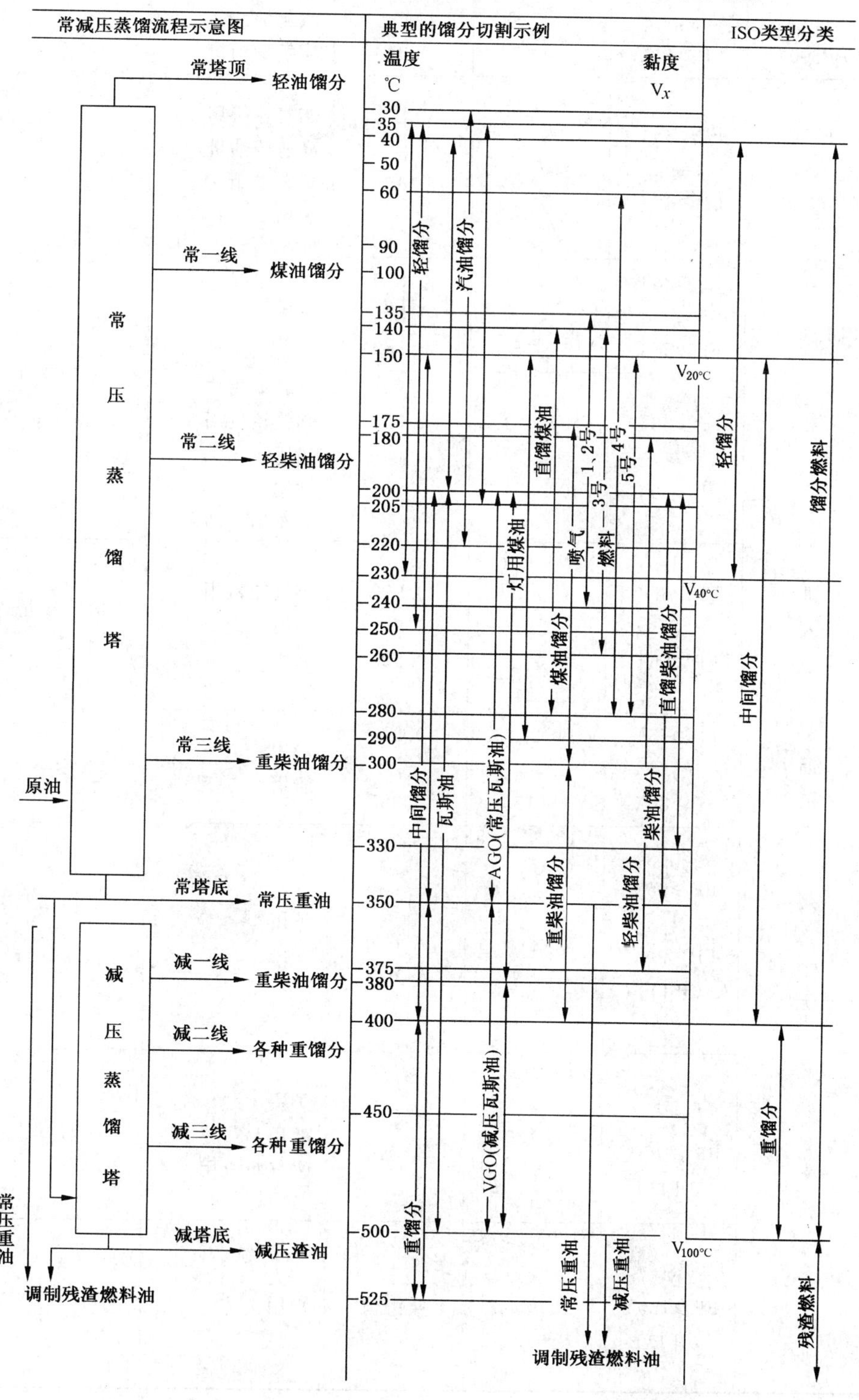

表 A.2 燃料油产品类型特征、演变趋势和划分示意

类型	馏程	闪点	黏度	密度	用途	备注
轻馏分汽油型	FBP195℃ ↓ FBP220℃	X	X	0.715 ↓ 0.780	车用	闪点－20℃～41℃极易挥发，产品无闪点、黏度、残炭、灰分、水分、机械杂质或沉淀物等指标
中间馏分煤油(轻)型	FBP250℃ ↓ FBP300℃	FP≥28℃ ↓ FP≥43℃	V20℃≥1.25 ↓	0.750 ↓ 0.840	鱼雷 汽化炉 喷气发动机	
中间馏分煤油(重)型	FBP250℃ ↓ FBP310℃	FP≥38℃ ↓ FP≥45℃	V40℃≥1.0 ↓ ≤2.0 ↓ ≤2.4	↓ 0.850	燃气轮机用 高速柴油机用 机车专用 炉用	
中间馏分柴油(轻)型	↓ FBP365℃	FP≥38℃ ↓ FP≥55℃	V40℃≥1.9 ↓ ≤4.5	0.820 ↓ 0.880	车用	
中间馏分柴油(重)型)	进入减压蒸馏范围，规格中无馏程指标↓	FP≥38℃ ↓ FP≥60℃	V40℃≥1.3 ↓ V40℃≤6.0	0.820 ↓ 0.890	化肥专用 燃气轮机用 船用 炉用 非车用发动机	
重馏分		FP≥55℃ ↓ FP≥65℃	V40℃≥1.3 ↓ ≤14 ↓ ≤24	0.900 ↓ 0.920	燃气轮机用 炉用 船用	密度一般0.900～0.960范围
残渣油中等黏度型		FP≥55℃ ↓ FP≥80℃	V100℃≥8.2 ↓ ≤15	0.970 ↓ 0.985	炉用 船用	
残渣油较高黏度型		FP≥66℃ ↓ FP≥90℃ (开口)	V100℃≥15 ↓ ≤35 ↓ ≤45 ↓ ≤50	↓ 0.990	炉用 船用	
残渣油高黏度型		↓ FP≥130℃ (开口)	V100℃≥50 ↓ ≤130 ↓ ≤185	↓ 1.010	炉用 船用 燃气轮机用	
残渣油特高黏度型		↓ FP≥150℃ (开口)	V100℃≥185 ↓ ≤400↓ ≤650↓ ≤1 000	实测值	炉用	

附 录 B
（资料性附录）
残渣燃料油黏度换算及其应用

B.1 问题的提出

ISO、ASTM、BS 等涉及残渣燃料油的产品标准通常规定在 100℃时的运动黏度限值，并按此划分残渣燃料油的产品牌号。但在一些标准的制定中，和燃料油市场成交合同等场合，产品运动黏度可能在其他温度条件下测定并标示，甚至按此获得的运动黏度限值划分产品牌号。这种不统一的做法为产品类型分类带来困难。为此，ISO 和 BS 均在标准文本的附录中提供了将在 100℃下运动黏度的测定值换算到其他温度下运动黏度大致估计值的黏度-温度关系图表和曲线。为用户正确识别、选择、比较燃料油产品的类型、牌号提供参考。

B.2 ISO 标准黏度-温度关系换算表

表 B.1 以 100℃时测定黏度估计其他温度下的大致黏度

运动黏度/(mm^2/s)[a]				
在 100℃时的测定值	在其他温度下的大致估计值			
	40℃	50℃	80℃	130℃
10.0	80	50	17	5.5
15.0	170	100	28	7.5
25.0	425	225	50	11.0
35.0	780	390	75	14.5
45.0	1 240	585	105	17.5
55.0	1 790	810	130	20.5

注 1：同一残渣燃料油产品在 100℃下测定的运动黏度数据和在其他温度条件下测得的数据，其精密度是不同的。

注 2：同一牌号的残渣燃料油产品不可能有完全相同的组成(轻组分和重组分的类型、调和比例不同)，因而不可能有完全相同的黏度-温度变化关系。本换算表给定的数据是大致的估计数据。这些数据用于划分产品牌号、类型是足够了，但评定具体产品规格还应以买卖双方成交的在规定温度下的限值为准。

[a] $1\ mm^2/s=1\ cSt$。

表 B.2 以 50℃时测定黏度估计其他温度下的大致黏度

运动黏度/(mm^2/s)[a]				
在 50℃时的测定值	在其他温度下的大致估计值			
	40℃	100℃	125℃	150℃
30	45	7	4	3
80	135	13	7	4
180	330	22	11	7
380	750	35	16	9
700	1 500	50	22	11

[a] $1\ mm^2/s=1\ cSt$。

B.3 BS 标准黏度-温度关系换算图

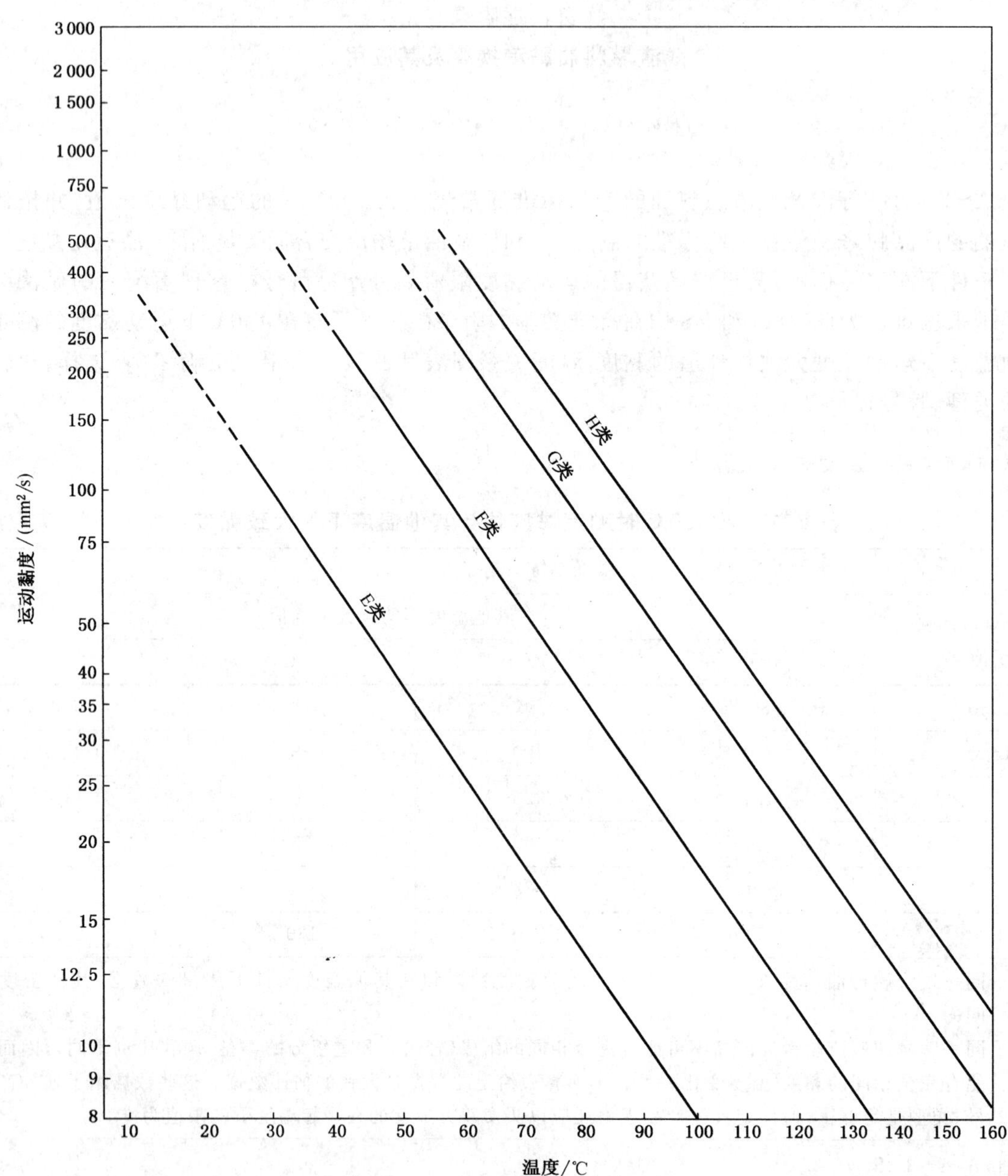

图 B.1 黏度-温度关系换算图

注:使用说明

图 B.1 中图表上的四条斜线是 BS 2869 标准中有关工业锅炉用燃料油 E、F、G 和 H 4 个牌号残渣燃料样品给出的平均黏度-温度关系曲线。在这些类型中的任何一个具体的燃料产品,如果在某温度下的黏度是已知的,那么通过该已知的黏度温度坐标点画一个平行于该类型燃料平均黏度-温度关系曲线的平行线。从该平行线上任何黏度的大致温度或者任何温度下的大致黏度能被估计。

注意事项:

1) 在图表上的虚线区间,任何燃料的黏度-温度关系不能准确确定;

2) 关于低温下的黏度推导请咨询有关燃料供应商。

B.4 应用示例

B.4.1 进口船用燃料油 180 号燃料

该牌号燃料是规定在 50℃下测定的运动黏度≤180，相当于本标准船用燃料油技术规范哪一个牌号？

从 ISO 换算表可知：50℃时的 180 界于 225～100 之间，相当于 100℃下的 25.0～15.0 之间，从本标准表 7 可知，180 号燃料落在 M6-1 RME25 和 M6-1 RMF25 两个牌号范围内，这两个牌号的差异是残炭指标的差异，一个为 15，另一个为 18。故可根据合同规格中残炭指标进一步确定该批燃料油属于哪一个牌号。

B.4.2 进口船用燃料油 380 号燃料

该牌号燃料是规定在 50℃下测定的运动黏度限值≤380，相当于本标准船用燃料油技术规范哪一个牌号？

从 ISO 换算表可知：50℃时的 380 界于 390～225 之间，相当于 100℃下测定的 35.0～25.0 之间，从本标准表 7 可知，380 号燃料落在 M6-2 RMG35、RMH35、RMK35 范围内。再从密度、残炭、灰分、倾点、钒含量等指标的差异进一步区分。只有所有差异指标都落在某牌号如 RMG35 范围内时，才能落入该牌号。如有一项落在 RMH35 或 RMK35 范围内，就划入 RMH35 或 RMK35 牌号。

B.4.3 进口燃料油炉用燃料油 280 号燃料

该牌号燃料是规定在 50℃下测定的运动黏度限值≤280，相当于本标准炉用燃料油技术规范哪一个牌号？

从 BS 黏度-温度换算图可知，50℃时的 280 坐标点落在 G、F 平行线之间靠近 F 线，从此点作平行于 G 点的直线，即为该燃料的黏度-温度曲线。其在 100℃的运动黏度约 32，落在燃料 G≤40 范围内，故应属于炉用燃料油 B6-3 G 牌号。

B.4.4 进口燃料油炉用燃料油 150 号燃料

该牌号燃料是规定在 50℃下测定的运动黏度限值≤150，相当于本标准炉用燃料油技术规范哪一个牌号？

从 BS 黏度-温度换算图可知，50℃时的 150 坐标点落在 G、F 平行线之间靠近 F 线，从此点作平行于 G 点的直线，即为该燃料的黏度-温度关系曲线。在该曲线上查得 100℃的黏度约 22，落在燃料 G≤40范围内，属于炉用燃料油 M6-3 G 牌号。

由此可知，合同规格中的 150、280 号燃料均落在 M6-3 G 牌号范围内，在燃料使用性能上应无显著差异。

B.4.5 某进口燃料油 180 号燃料

某进口燃料油合同规格运动黏度 50℃≤180，密度(15℃)≤0.92，水分含量≤5、≤10 不等，沉淀物≤1.0，倾点≤20，硫含量≤2.5，无其他技术指标。

该 180 号燃料油用途不详，属于 6 号燃料油范围，但和本标准表 5、表 6、表 7、表 8 中各种用途残渣燃料油的技术规范比较，存在明显的差异，不符合相关的使用要求，可以认为该种燃料油是不规范的，应严加监管。

中华人民共和国出入境检验检疫行业标准

SN/T 2185—2008

汽油研究法辛烷值测定的压缩压力快速检索方法

Standard practice for convenient compression pressure indexing in determination of gasoline research octane number

2008-09-04 发布 2009-03-16 实施

中华人民共和国国家质量监督检验检疫总局 发布

前　言

本标准的附录 A 为规范性附录。

本标准由国家认证认可监督管理委员会提出并归口。

本标准起草单位：中华人民共和国辽宁出入境检验检疫局、大连市产品质量监督检验所、云南省产品质量监督检验中心、中国人民解放军后勤工程学院油料测试评定中心。

本标准主要起草人：王斗文、穆春、孙稚菁、戴斌、于孝展、孙延伟、张学忠、宋世远。

本标准系首次发布的检验检疫行业标准。

汽油研究法辛烷值测定的压缩压力快速检索方法

1 范围

1.1 本标准规定了美国ASTM单缸爆震试验机的使用，还界定了甲苯标定燃料(TSF)与基准参比燃料(PRF)的压缩比和计数器读数之间关系曲线。

1.2 本标准适用于汽油研究法辛烷值的测定。

2 规范性引用文件

下列文件中的条款通过本标准的引用而成为本标准的条款。凡是注日期的引用文件，其随后所有的修改单(不包括勘误的内容)或修订版均不适用于本标准，然而，鼓励根据本标准达成协议的各方研究是否可使用这些文件的最新版本。凡是不注日期的引用文件，其最新版本适用于本标准。

GB/T 5487 汽油辛烷值测定法(研究法)

3 术语和定义

GB/T 5487的术语和定义适用于本标准。

4 参比燃料

4.1 异辛烷(2,2,4-三甲基戊烷)，纯度≥99.75%，其中：正庚烷≤0.10%，铅≤0.000 5 g/L。

4.2 正庚烷，纯度≥99.75%，其中：异辛烷≤0.10%，铅≤0.000 5 g/L。

4.3 甲苯，纯度>99.5%，水<200 mg/kg，过氧化物值<200 mg/kg。

4.4 PRF与异辛烷的掺配比例及其相应的辛烷值见表1。

表1 80辛烷值PRF与异辛烷的掺配比例及其相应的辛烷值

辛烷值	80辛烷值PRF(体积分数)/%	异辛烷(体积分数)/%
90.0	50	50
93.0	35	65
97.0	15	85

4.5 TSF的掺配比例见表2。

表2 TSF标定检查

TSF基准辛烷值及评定允差	TSF组成与PRF掺配比例(体积分数)/%			试样燃料辛烷值的适用范围
	甲苯	异辛烷	正庚烷	
89.3±0.3	70	0	30	87.1～91.5
93.4±0.3	74	0	26	91.2～95.3
96.9±0.3	74	5	21	95.0～98.5

5 试验条件

满足GB/T 5487的要求，其中进气温度按表3确定，展宽幅度调整为(12～15)分度/辛烷值。

表 3　不同大气压下达到标准爆震强度的进气温度和计数器读数修正

项目	大气压/kPa	大气压/kPa 0.0	0.3	0.7	1.0	1.4	1.7	2.0	2.4	2.7	3.1
修正值 进气/℃	81.0	166 15.6	163 15.6	160 15.6	157 15.6	155 15.6	152 15.6	149 15.6	146 15.6	143 15.6	141 15.6
修正值 进气/℃	84.4	138 15.6	135 15.6	132 15.6	129 15.6	127 15.6	124 15.6	121 16.1	118 17.2	115 17.8	113 18.9
修正值 进气/℃	87.8	110 19.4	107 20.6	104 21.1	101 22.2	99 22.8	96 23.9	93 24.4	90 25.6	87 26.1	85 27.2
修正值 进气/℃	91.2	82 27.8	79 28.9	76 29.4	73 30.0	71 31.1	68 31.7	65 32.8	62 33.3	59 34.4	57 36.0
修正值 进气/℃	94.8	54 36.1	51 36.7	48 37.8	45 38.3	43 39.4	40 40.0	37 41.1	34 41.7	31 42.8	29 43.3
修正值 进气/℃	98.2	26 43.9	23 45.0	20 45.6	17 46.7	15 47.2	12 48.3	9 48.9	6 50.0	3 50.6	1 51.7
修正值 进气/℃	101.6	2 52.2	5 52.8	8 53.9	11 54.4	13 55.6	16 56.1	19 57.2	22 57.8	25 58.9	27 59.4

注：调整计数器指示器，使底部读数按实际气压补偿如下：当大气压小于 101.3 kPa 时，顶部计数器读数必须大于底部计数器读数。当大气压大于 101.3 kPa 时，顶部计数器读数必须小于底部计数器读数。

6　操作步骤

6.1　基础气缸高度调整

6.1.1　按表 3 对实验室的实际气压进行补偿。

6.1.2　对试验机进行暖机，达到试验条件时停机，关闭燃料阀、点火和电动机，尽快卸下传感器，换装 ASTM 压缩压力测量表。

6.1.3　卸开计数器软轴，手动调整上部(未补偿)和下部(补偿)计数器的读数同时为 930(基础气压为 101.3 kPa)。

6.1.4　在不进燃料和不点火的情况下启动试验机。

6.1.5　根据当时当地的大气压，压缩压力测量应符合图 1 中对应的压缩压力值要求(补偿计数器读数见附录 A)。

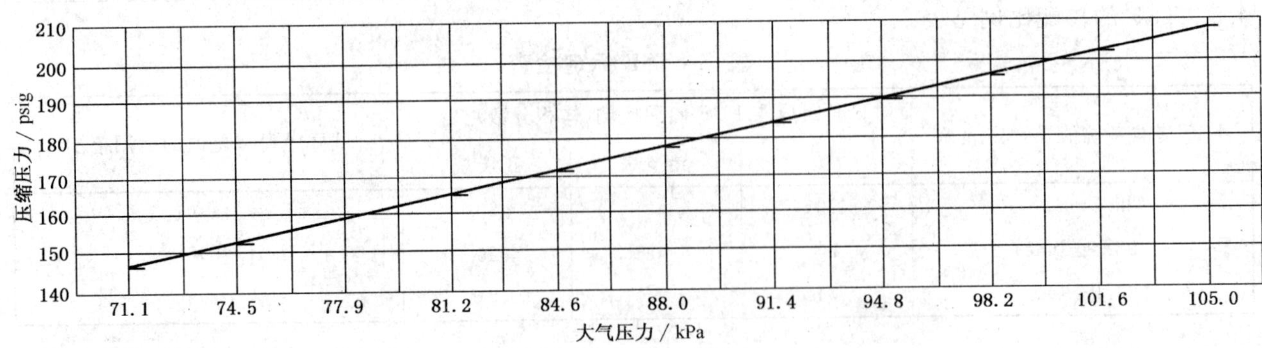

注：psig 为非法定计量单位，1 psig＝6 894.76 Pa。

图 1　不同大气压力与压缩压力关系曲线图(计数器 930 的基础气缸高度调整)

6.1.6 停机,重新按上计数器软轴和传感器。

6.2 压缩压力对应检索

6.2.1 对试验机进行暖机,达到试验条件时停机,再次尽快卸下传感器,换装ASTM压缩压力测量表。

6.2.2 在不进燃料和不点火的情况下启动试验机。

6.2.3 依次重复检查100辛烷值、95辛烷值和90辛烷值各水平下的压缩压力(补偿计数器读数见附录A,压缩压力标准值分别为1 380 kPa、1 201 kPa和1 104 kPa),直至逐次平均读数均在各自标准值的±13.8 kPa偏差内。

6.2.4 要求压缩压力对应检索的整个操作时间不应超出5 min。

6.3 TSF标定检查

6.3.1 取下ASTM压缩压力测量表,重新装回传感器,对试验机进行暖机。

6.3.2 按照表1和表2,相应选配TSF和PRF的基准标定水平点。

6.3.3 当试验机达到试验条件时,可根据GB/T 5487测定技术来进行TSF的标定试验。

注:国产试验机若满足表2中的评定允差要求,可以进行辛烷值检测。

7 精密度

重复性和再现性的TSF基准辛烷值的标定数据,均不得超出表2中±0.3的评定允差范围。

附 录 A
（规范性附录）
标准爆震强度计数器读数与辛烷值对照

表 A.1 标准爆震强度计数器读数与辛烷值对照表

RON	0.0	0.1	0.2	0.3	0.4	0.5	0.6	0.7	0.8	0.9	*RON*
	计数器读数										
89	712	713	715	716	718	719	721	722	723	725	89
90	726	728	729	730	732	733	735	736	737	739	90
91	740	742	743	744	746	747	749	750	752	753	91
92	756	757	759	760	761	763	764	766	767	768	92
93	770	772	774	776	778	780	781	783	784	785	93
94	787	789	791	793	795	797	799	801	802	804	94
95	805	807	809	811	812	814	816	818	820	822	95
96	824	826	828	830	832	835	837	839	841	843	96
97	845	847	849	852	854	856	858	860	862	864	97
98	867	870	873	875	877	880	883	885	888	891	98

中华人民共和国出入境检验检疫行业标准

SN/T 2254—2009

残渣燃料油中铝、硅、钒的测定 电感耦合等离子体原子发射光谱法

Determination of aluminum, silicon, vanadium in residual fuel oils—Inductively coupled plasma atomic emission spectrometry

2009-02-20 发布　　　　2009-09-01 实施

中华人民共和国国家质量监督检验检疫总局 发布

前　言

本标准附录 A 为资料性附录。

本标准由国家认证认可监督管理委员会提出并归口。

本标准起草单位:中华人民共和国广东出入境检验检疫局。

本标准主要起草人:张海峰、梁妙玲、钟志光、萧达辉、谭智毅、翟翠萍、郑建国。

本标准系首次发布的出入境检验检疫行业标准。

残渣燃料油中铝、硅、钒的测定 电感耦合等离子体原子发射光谱法

1 范围

本标准规定了电感耦合等离子体原子发射光谱法测定残渣燃料油中铝、硅、钒含量的方法。

本标准适用于残渣燃料油中铝、硅、钒含量的测定，测定下限如下：

铝：0.1 mg/kg；硅：0.2 mg/kg；钒：0.1 mg/kg。

2 规范性引用文件

下列文件中的条款通过本标准的引用而成为本标准的条款。凡是注日期的引用文件，其随后所有的修改单（不包括勘误的内容）或修订版均不适用于本标准，然而，鼓励根据本标准达成协议的各方研究是否可使用这些文件的最新版本。凡是不注日期的引用文件，其最新版本适用于本标准。

GB/T 6682 分析实验室用水规格和试验方法

3 方法提要

样品经微波灰化处理后，加入助熔剂并在马弗炉中灼烧。冷却后，用酒石酸-盐酸溶液溶解熔融物，试液用电感耦合等离子体原子发射光谱仪测定。

4 试剂

除另有说明，在分析中仅使用确认为分析纯的试剂和符合 GB/T 6682 中的二级水要求。

4.1 四硼酸二锂。

4.2 氟化锂。

4.3 酒石酸。

4.4 助熔剂：90%（质量分数）四硼酸二锂与 10%（质量分数）氟化锂的混合物。

4.5 硝酸（ρ=1.42 g/mL）。

4.6 盐酸（ρ=1.19 g/mL）。

4.7 酒石酸-盐酸溶液：5 g 酒石酸溶解在 40 mL 浓盐酸中，用水定容至 1 000 mL。

4.8 标准储备液（购自国家标准物质中心）：

4.8.1 铝标准储备液（1 000 μg/mL）。

4.8.2 钒标准储备液（1 000 μg/mL）。

4.8.3 硅标准储备液（500 μg/mL）。

5 仪器设备

5.1 电感耦合等离子体原子发射光谱仪。

5.2 微波灰化炉：可进行程序升温，使用温度范围为室温～1 200 ℃，温度感量±1 ℃。

5.3 马弗炉：能加热到并恒定于 925 ℃±25 ℃。

5.4 铂金坩埚：容量 30 mL～50 mL。

6 分析步骤

6.1 试样制备

加热成流质的试样，摇匀，取 100 mL 于烧杯中，稍冷却至仍保持流质状态下用于称量。

6.2 试料

准确称取 20 g～30 g 试料，精确至 0.1 g。

6.3 空白试验

随同试料做空白试验。

6.4 试料前处理

6.4.1 微波灰化

将准确称取的试料(6.2)放入铂金坩埚中，放入微波灰化炉中，按照表 1 微波灰化程序进行灰化。

表 1 样品微波灰化程序升温条件

温度范围/℃	室温～110	110	110～210	210～250	250～300	775
保持时间/min	10	10	20	20	20	120

6.4.2 样品熔融

试料经微波灰化处理后，加入约 0.4 g 助熔剂(4.4)到铂金坩埚中，放入预先升温至 925 ℃的马弗炉中 5 min。取出铂金坩埚使助熔剂与灰分充分接触。再次将铂金坩埚放入 925 ℃的马弗炉中10 min。取出铂金坩埚冷却至室温，向铂金坩埚中加入 50 mL 酒石酸-盐酸溶液(4.7)，适当加热(不得煮沸)使熔融物全部溶解，冷却后溶液转移到 100 mL 塑料容量瓶中，用水定容。试液用于 ICP-AES 测定。

6.5 光谱测定

6.5.1 标准曲线的绘制

准确吸取相应体积标准储备溶液(4.8.1、4.8.2、4.8.3)，分别移入 5 只 100 mL 容量瓶中，加入酒石酸-盐酸溶液(4.7)50 mL，用水定容。使各元素浓度如表 2 所列。

将标准溶液系列依次导入等离子体，测量各分析波长的光谱信号强度，以强度为 Y 轴，每个标准溶液中各被测元素的浓度(μg/mL)为 X 轴，得到各元素的工作曲线，并作线性回归，计算相关系数。

各被测元素工作曲线的相关系数应大于 0.995。

表 2 工作曲线标准溶液中各元素浓度

Al/(μg/mL)	Si/(μg/mL)	V/(μg/mL)
0.0	0.0	0.0
1.0	1.0	5.0
5.0	5.0	10.0
10.0	10.0	20.0
20.0	20.0	40.0

6.5.2 测定

启动 ICP-AES，调整仪器的工作条件和测量参数至最佳状态(参见附录 A)。

将试样溶液(6.4.2)导入等离子体，分别测量其各待测元素的光谱强度，依据工作曲线，可得出各相应元素的浓度。

7 结果计算

按式(1)计算各元素的含量，以质量分数表示：

$$w = \frac{(c - c_0) \times V}{m} \times F \qquad \cdots\cdots(1)$$

式中：

w——铝、硅或钒的含量，单位为毫克每千克(mg/kg)；

c——试样溶液中铝、硅或钒的浓度，单位为微克每毫升(μg/mL)；

c_0——空白溶液中铝、硅或钒的浓度，单位为微克每毫升(μg/mL)；

V——试样溶液的体积，单位为毫升(mL)；

m——样品的质量，单位为克(g)；

F——溶液稀释因子。

结果取两次测定结果的算术平均值。

8 精密度

两次平行测定的绝对差值与其算术平均值的比值不大于10%。

附 录 A
（资料性附录）
仪器工作条件和检测限

A.1 ICP-AES 测定残渣燃料油中铝、硅、钒含量的仪器参数和工作条件见表 A.1。

表 A.1 仪器参数和工作条件

仪器参数	工作条件
高频发生器频率:27.12 MHz 波长范围:165 nm～800 nm 光栅刻线:2 400 条/mm 炬管:可拆式	工作功率:1 150 W 氩气纯度:99.99% 载气流量:0.3 L/min 冷却气流量:12 L/min

注：不同型号仪器根据实际情况而定，上述仪器参数和工作条件仅供参考。

A.2 使用 ICP-AES 测定残渣燃料油中铝、硅、钒的含量，计算仅含分析元素的溶液中分析波长的检测限(DL)，所测值见表 A.2。

表 A.2 元素的检测限

分析元素	分析波长/nm	检测限(DL)/(μg/mL)
Al	396.152	0.005
Si	251.611	0.050
V	311.071	0.005

A.3 元素推荐分析波长见表 A.3。

表 A.3 元素推荐分析波长

分析元素	Al	Si	V
分析波长/nm	396.152 308.215 256.798	251.611	311.071 309.311 310.230

注：考虑到不同厂家、不同型号的仪器存在个体差异，具体参数可根据仪器的实际情况选择而定。

中华人民共和国出入境检验检疫行业标准

SN/T 2255—2009

液化石油气组分的测定 毛细管气相色谱法

Determination of composition of liquefied petroleum gases—Capillary gas chromatography

2009-02-20 发布　　2009-09-01 实施

中华人民共和国国家质量监督检验检疫总局 发布

前　言

本标准的附录A和附录B为资料性附录。

本标准由国家认证认可监督管理委员会提出并归口。

本标准起草单位：中华人民共和国深圳出入境检验检疫局、中华人民共和国江苏出入境检验检疫局。

本标准主要起草人：王楼明、刘丽、叶锐钧、杨俊凡、陈国峰、陈惊波、王华、王红卫、江涛。

本标准系首次发布的出入境检验检疫行业标准。

液化石油气组分的测定 毛细管气相色谱法

1 范围

本标准规定了液化石油气组分的毛细管气相色谱测定方法。

本标准适用于丙烷液化石油气、丁烷液化石油气和丙烷丁烷混合液化石油气组分的测定。

2 规范性引用文件

下列文件中的条款通过本标准的引用而成为本标准的条款。凡是注日期的引用文件，其随后所有的修改单(不包括勘误的内容)或修订版均不适用于本标准，然而，鼓励根据本标准达成协议的各方研究是否可使用这些文件的最新版本。凡是不注日期的引用文件，其最新版本适用于本标准。

GB 11174　液化石油气

3 术语和定义

下列术语和定义适用于本标准。

3.1

液化石油气　liquefied petroleum gas，简称 LPG

LPG 通常是指 C_3 到 C_4 烃类混合物，其中包含 C_1、C_2、C_5 及以上的烃类。本标准中的液化石油气特指符合 GB 11174 中液化石油气范围的液化石油气。

4 原理

气体样品和已知组成的标准混合气，在相同的操作条件下，用毛细管气相色谱法进行分离、定性。将两者相应的组分进行比较。用标气的组成数据计算气体样品相应的组成。计算时采用峰面积定量。

5 试剂和材料

5.1　载气：氮气，纯度不低于 99.999%。

5.2　标准气体：从经国家认证的生产单位购买。标气的所有组分必须处于均匀的气态。标气中组分的浓度，与未知样相当，使未归一化各组分测定值之总和在 100%±1%范围内。

6 仪器

6.1　气相色谱仪：带氢火焰离子化检测器。

6.2　水浴装置：温度精确到±1 ℃。

7 分析步骤

7.1　连接

用适当的连接管线将 LPG 取样瓶与气相色谱进样口相连接，部分管线盘成螺旋状浸泡于 80 ℃水浴中使液样气化，然后经进样阀进样进行毛细管气相色谱分析。

7.2 测定

7.2.1 参考气相色谱条件

a) 色谱柱：30 m×0.53 mm(内径)HP PLOT/Al_2O_3 石英毛细管柱或相当者；

b) 色谱柱温度：60 ℃$\xrightarrow{15\ ℃/min}$170 ℃(1 min)；

c) 进样口温度：175 ℃；

d) 检测器温度：200 ℃；

e) 载气：氮气(5.1)，5 mL/min；

f) 氢气流速：30 mL/min；

g) 空气流速：300 mL/min；

h) 进样方式：分流进样，分流比 30：1；

i) 进样量：0.25 mL；

j) 阀箱温度：80 ℃。

7.3 气相色谱定性及定量分析

按上述分析条件(7.2.1)对标气(5.2)及样气进行分析。根据标气色谱峰的保留时间进行定性。按各组分峰面积和标气的摩尔含量，计算相应的相对校正因子。采用相同的色谱条件和测定程序测定样品，根据所计算的相对校正因子按面积归一化法计算各组分含量。液化石油气各组分的保留时间参见附录 A 中的表 A.1，典型标准气体气相色谱图参见附录 B 中的图 B.1。

7.4 结果计算

7.4.1 组分的摩尔百分含量计算：按式(1)计算液化石油气样品中 i 组分的摩尔百分含量：

$$X_i = \frac{A_s}{A_i} \times m_i \qquad \cdots\cdots(1)$$

式中：

X_i——液化石油气样品中 i 组分的摩尔百分含量，%；

A_s——液化石油气样品中 i 组分峰面积；

A_i——标气中 i 组分峰面积；

m_i——标气中 i 组分摩尔百分含量，%。

7.4.2 组分的归一化摩尔百分含量计算：按式(2)计算液化石油气样品中 i 组分的归一化摩尔百分含量：

$$X_{i,n} = \frac{X_i}{\sum_{i=1}^{n} X_i} \times 100 \qquad \cdots\cdots(2)$$

式中：

$X_{i,n}$——液化石油气样品中 i 组分的归一化摩尔百分含量；

X_i——按式(1)计算得到的液化石油气样品中 i 组分的未归一化摩尔百分含量；

n——参与归一化计算的组分数。

8 方法精密度

按下述规定判断试验结果的可靠性。

a) 重复性：同一操作者重复测定的两个结果之差不应大于表 1 数值。

b) 再现性:两个实验室各自提出的两个结果之差不应大于表1数值。

表 1 精密度

单位为摩尔百分含量

浓度	重复性	再现性
＜0.5	0.05	0.06
0.5～5	0.1	0.3
＞5	0.3	0.5

附 录 A
（资料性附录）
液化石油气各组分的相对分子质量和保留时间

表 A.1 液化石油气各组分的相对分子质量和保留时间

化合物	化学分子式	相对分子质量	保留时间/min
甲烷	CH_4	16.04	1.261
乙烷	C_2H_6	30.07	1.434
乙烯	C_2H_4	28.05	1.676
丙烷	C_3H_8	44.10	2.056
环丙烷	C_3H_6	42.08	2.923
丙烯	C_3H_6	42.08	3.022
异丁烷	C_4H_{10}	58.12	3.366
正丁烷	C_4H_{10}	58.12	3.559
丙二烯	C_3H_4	39.06	3.954
乙炔	C_2H_2	26.04	4.202
反丁烯	C_4H_8	56.11	4.790
正丁烯	C_4H_8	56.11	4.942
异丁烯	C_4H_8	56.11	5.110
顺丁烯	C_4H_8	56.11	5.279
异戊烷	C_5H_{12}	72.15	5.601
正戊烷	C_5H_{12}	72.15	5.823
1,3-丁二烯	C_4H_6	54.09	6.260
丙炔	C_3H_4	39.06	6.461

附　录　B
（资料性附录）
液化石油气标准气体典型气相色谱图

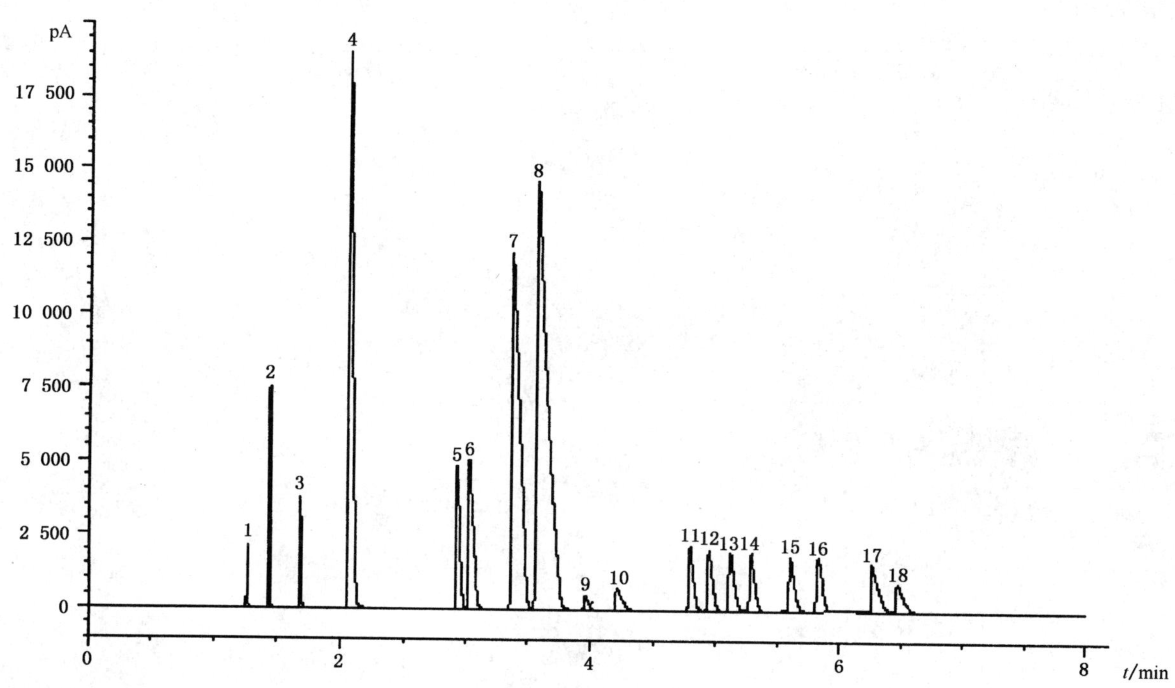

1——甲烷；
2——乙烷；
3——乙烯；
4——丙烷；
5——环丙烷；
6——丙烯；
7——异丁烷；
8——正丁烷；
9——丙二烯；
10——乙炔；
11——反丁烯；
12——正丁烯；
13——异丁烯；
14——顺丁烯；
15——异戊烷；
16——正戊烷；
17——1,3-丁二烯；
18——丙炔。

图 B.1　液化石油气标准气体典型气相色谱图

中华人民共和国出入境检验检疫行业标准

SN/T 2270—2009

气轮机燃料中钙、铅、钠、钒的测定
原子吸收光谱法

Determination of calcium、lead、sodium、vanadium in gas turbine fuels—Atomic absorption spectrometry

2009-02-20 发布　　　　2009-09-01 实施

中华人民共和国国家质量监督检验检疫总局　发布

前　言

本标准修改采用美国材料与试验协会 ASTM D3605-00(2005)《气轮机燃料中痕量金属的测定　原子吸收和火焰发射光谱法》。

本标准对 ASTM D3605-00(2005)《气轮机燃料中痕量金属的测定　原子吸收和火焰发射光谱法》做了如下修改：

——本标准按照汉语习惯对编排格式进行了修改；

——本标准将 ASTM 标准的表述改为适用于我国标准的表述；

——本标准将标题改为《气轮机燃料中钙、铅、钠、钒的测定　原子吸收光谱法》；

——本标准在标准引用中 GB/T 4756 代替 ASTM D4057 标准；

——本标准删去了 ASTM D3605-00(2005)中的原子发射光谱法的内容；

——本标准删除了 ASTM D3605-00(2005)中旨在说明所有安全事项的说明；

——本标准删除了 ASTM D3605-00(2005)中对本方法意义和用途的说明；

——本标准将 ASTM D3605-00(2005)中 1,2,3,4-四氢化萘的试剂级别修改为适合我国试剂级别标准中的化学纯级试剂。但仍需按注释中的方法进行检查；

——本标准删除了 ASTM D3605-00(2005)中的质量控制和检查的内容；

——本标准删除了 ASTM D3605-00(2005)中的关键词；

——本标准将 ASTM D3605-00(2005)中仪器和工作条件的内容移到新增的附录 A。

本标准的附录 A 为资料性附录。

本标准由国家认证认可监督管理委员会提出并归口。

本标准负责起草单位：中华人民共和国深圳出入境检验检疫局。

本标准主要起草人：张其芳、王楼明、叶锐钧、杨俊凡。

本标准系首次发布的出入境检验检疫行业标准。

气轮机燃料中钙、铅、钠、钒的测定 原子吸收光谱法

1 范围

本标准规定了气轮机燃料中钙、铅、钠和钒原子吸收光谱法测定的方法。

本标准适用于气轮机燃料中钙、铅、钠和钒的原子吸收光谱测定法。测定范围为 0.1 mg/L～2.0 mg/L。

本标准适用于油溶性金属及油水混合物中非水源性污染物中钙、铅、钠和钒原子吸收光谱法的测定。

2 规范性引用文件

下列文件中的条款通过本标准的引用而成为本标准的条款。凡是注日期的引用文件，其随后所有的修改单(不包括勘误的内容)或修订版不适用于本标准，然而，鼓励根据本标准达成协议的各方研究是否可使用这些文件的最新版本。凡是不注日期的引用文件，其最新版本适用于本标准。

GB/T 4756 石油及石油产品手工取样法(GB/T 4756—1998 eqv ISO 3170:1988 Petroleum liquids—Manual samplings)

3 方法提要

3.1 按加标法的要求准备试样，避免选择在直接分析过程中物理性质存在明显差异的样品。分析试样和两个分别不同加标的试样采用火焰原子吸收分光光度法测定其吸收，通过对上述加标试样计算出未加标的分析试样的金属含量。

3.2 铅的测定采用混合空气-乙炔火焰原子吸收分光光度法，钠可采用混合空气-乙炔火焰原子吸收光谱法，钙和钒的测定采用混合笑气(N_2O)-乙炔火焰原子吸收光谱法。

注 1：某些透平燃料用户可能需要检测除本方法包括的金属外，还包含钾。钾的测定可使用钾元素的空心阴极灯，并使用类似于钠的检测方式进行检测(除非使用火焰发射法)，其波长 776.4 nm，并用合适的有机钾标准物。但未能提供有关精密度的数据。

4 试剂和材料

4.1 测试中应使用试剂级化学试剂。除非有特殊说明，所有试剂应符合国家标准中相关试剂规格要求。若使用其他级别的试剂，必须确认试剂的纯度不会影响测试的准确性。

4.2 1,2,3,4-四氢化萘，化学纯，不含待测物。

注 2：四氢化萘检查方法：取一定量的四氢化萘至一带旋盖的玻璃瓶中，用相同量的盐酸萃取。在蒸气浴中加热 1 h，摇动 1 h。若经过盐酸萃取的四氢化萘和未经萃取的四氢化萘，在最佳的实验条件下，两者的检测信号没有明显的差异，那么该未经萃取的四氢化萘才可用于本实验中。

4.3 有机金属标准物，已知浓度的油溶性盐(包括钙、铅、钠和钒)。

4.4 混合标准物，适量的有机金属标准物用四氢化萘定容，使其中钠、铅、钙和钒的浓度均为 250 mg/L。

5 仪器和设备

5.1 原子吸收光谱仪，仪器工作条件参见附录 A。

5.2 容量瓶，25 mL。

5.3 玻璃瓶，40 mL，旋盖式，聚乙烯瓶盖。

5.4 取样器，100 μL。

6 取样

按 GB/T 4756 扦取样品。

7 分析步骤

7.1 取两个 25 mL 容量瓶，用微量取样器分别加入 50 μL 和 100 μL 混合标样，用试样定容至刻线处并摇匀。（现在这两个容量瓶中分别加标 0.5 mg/L 和 1.0 mg/L 的钠、铅、钙和钒）。另外，也可用两个玻璃瓶分别称取 25.0 g 试样并分别加入 50 μL 和 100 μL 混合标样。（这两个瓶中分别加标 0.5 mg/kg 和 1.0 mg/kg 的钠、铅、钙和钒）。

7.2 将约 1 mL 混合样标样加入约 25 mL 试样混匀，作为第三个加标样，用以建立原子吸收仪器的最佳操作条件。

7.3 参见表 A.1 所选列方法建立最佳的测试条件。

7.4 测试按以下步骤进行：

a) 在确定的仪器工作条件下，调整铅的吸收，用 1,2,3,4-四氢化萘冲洗，使仪器调零。吸入 7.2 中所述的第三个加标样，并记下铅的净吸收信号值，调整燃烧头的位置（与空心阴极管光束相对应）、燃料气的流速、氧化剂的流速和样品的吸入速率等，使铅的净吸收信号达到最大，此时的实验条件为最佳的工作条件，用 1,2,3,4-四氢化萘重新调零仪器，依次吸入未加标样品和两个加标样品，每个样品之间需四氢化萘冲洗，记录每个样品和样品之间空白的吸收信号值。在最佳的工作条件下，每 1 mg/L 的分析物估计应有 1%吸收。

b) 换上钒灯，用四氢化萘作雾化剂，仪器调零。吸入 7.2 中所述的加标样并记录下钒的净吸收信号。按 a)的操作优化工作条件。用四氢化萘调零，依次吸入未加标样品和两个加标样品，记录每个样品的吸收信号值和每个样品之间四氢化萘的空白吸收信号值。

c) 换上钠灯，按 a)中所述操作进行实验并记录结果。

注 3：对于检测钠、钙来说，吸收或发射信号的最大值并不是必须的。

d) 换上钙灯，按 a)中所述操作进行测定并记录结果。

8 计算

8.1 对于每一个吸收信号值，按式(1)计算其净吸收信号值：

$$a = A - [(b_1 + b_2)/2] \quad \cdots\cdots(1)$$

式中：

a——净吸收信号值；

A——观测吸收信号值；

b_1——做样前的空白值；

b_2——做样后的空白值。

空白的校正通常是很小的，如果在检测过程中出现较大的空白型号变化，说明实验参数超出控制范围，需要修正引起这些变动的因素，再重新进行实验。

8.2 对于每一个元素，按式(2)～式(4)计算其灵敏度：

$$S_{0.5} = 2(a_1 - a_2) \quad \cdots\cdots(2)$$

$$S_{1.0} = (a_3 - a_2) \quad \cdots\cdots(3)$$

$$S = (S_{0.5} + S_{1.0})/2 \quad \cdots\cdots(4)$$

式中：

$S_{0.5}$——加了 0.5 mg/L 标的样品的灵敏度；

$S_{1.0}$——加了 1.0 mg/L 标的样品的灵敏度；

S——平均灵敏度；

a_1——加了 0.5 mg/L 标的样品的净吸收信号值；

a_2——未加标的样品的净吸收信号值；

a_3——加了 1.0 mg/L 标的样品的净吸收信号值。

8.3 按式(5)计算灵敏度的比率，R

$$R = S_{1.0}/S_{0.5} \qquad (5)$$

如果 R 值超出 $0.90 \leqslant R \leqslant 1.10$ 的范围，实验数据是非线性的，重新调整实验条件，重新分析。

8.4 按式(6)和式(7)计算各元素的浓度

$$\text{mg/L} = a_2/S \qquad (6)$$

$$\text{mg/kg} = a_2/(S \times d) \qquad (7)$$

式中：

d——样品的密度单位为克每毫升，(g/mL)。

报告结果精确至 0.1 mg/L。

9 精密度和偏差

9.1 通过统计分析实验室间应用本方法所得的数据得到本测试方法的精密度表述如下：

a) 重复性：同一实验室同一操作者应用同一仪器在恒定操作条件下对同一样品按本方法正确操作进行测试，比较所得两次有效结果，二十次中只有一次结果超出表 1 范围。

表 1 重复性

元素	重复性
V	$0.452 \times \sqrt{浓度}$
Pb	$0.244 \times \sqrt{浓度}$
Ca	$0.202 \times \sqrt{浓度}$
Na	$0.232 \times \sqrt{浓度}$

b) 再现性：不同实验室不同操作者正确应用本方法对同一试样进行分析，比较各自所得的有效结果，二十次中只有一次结果超出表 2 范围。

表 2 再现性

元素	再现性
V	$0.616 \times \sqrt{浓度}$
Pb	$0.900 \times \sqrt{浓度}$
Ca	$0.402 \times \sqrt{浓度}$
Na	$0.738 \times \sqrt{浓度}$

注 4：上述的重复性和再现性数据是基于元素的浓度 0.1 mg/L～0.5 mg/L，且仅仅应用于原子吸收法。

9.2 偏差，由于没能提供含有钙、铅、钒和钠的有效标准样，本方法未能提供有效偏差数据统计。

附　录　A
（资料性附录）
仪器工作条件

A.1　原子吸收光谱仪

A.1.1　波长范围 280 nm～600 nm。仪器应具备对元素钒每 mg/L 浓度有不低于 0.004 吸光度或 1% 吸收，仪器应带有下列配置。

A.1.2　燃烧器，带可调节的雾化器和可提供辅助的氧化剂来减少未完全燃烧的碳氢化合物所带来的非原子化吸收，避免干扰。

A.1.2.1　燃烧头，N_2O-乙炔燃烧头。

A.1.2.2　燃烧头，单峰或多缝空气-乙炔燃烧头。

A.1.3　电子检测系统，有不低于 0.1%吸收或 0.000 4 吸光度的分辨率。测试的测量吸收信号可分别用或吸光度表达。当用百分吸收表示时，吸收信号应有 0.1%分辨率，当以吸光度表达时，信号的分辨率应不低于 0.000 4 吸光度。

A.1.4　空心阴极灯。

A.1.5　单色仪，能把钒的 318.34 nm～318.40 nm 双重线与钒的 318.54 nm 光谱线分开。

A.1.6　空心阴极灯，钙、钠、铅、钒各一。

注 A：也可使用无极放电灯，但本方法的精密度是仅适用于空心阴极灯。

A.2　工作条件

按表 A.1 所选列方法建立最佳的测试条件。

表 A.1　试验条件

原子	模式	波长/nm	燃料	氧化剂
钠	吸收	589.6	C_2H_2	空气
铅	吸收	283.3	C_2H_2	空气
钙	吸收	422.7	C_2H_2	N_2O
钒	吸收	318.34～318.40	C_2H_2	N_2O

中华人民共和国出入境检验检疫行业标准

SN/T 2378.1—2009

进口天然气检验规程 第1部分：管线检验

Rules for inspection of imported natural gas—Part 1: Pipeline inspection

2009-09-02 发布 2010-03-16 实施

中华人民共和国国家质量监督检验检疫总局 发布

前　言

SN/T 2378《进口天然气检验规程》系列标准共分为2部分：

——第1部分：管线检验；

——第2部分：船舱检验。

本部分为SN/T 2378《进口天然气检验规程》系列标准的第1部分。

本部分的附录A为规范性附录。

本部分由国家认证认可监督管理委员会提出并归口。

本部分负责起草单位：中华人民共和国宁波出入境检验检疫局。

本部分主要起草人：金进照、王博、吴宗涛、俞雄飞、张其芳、林振兴。

本部分系首次发布的出入境检验检疫行业标准。

进口天然气检验规程
第1部分:管线检验

警告——本部分没有也不可能说明所有与本部分使用有关的安全问题。在使用本部分前应考虑有关安全和健康条例,确定受规章限制的适用性和建立适用的安全和健康对策是使用者的责任。

1 范围

本部分规定了进口天然气的检验方法。

本部分规定了进口天然气检验的管线取样方法。

2 规范性引用文件

下列文件中的条款通过SN/T 2378的本部分的引用而成为本部分的条款。凡是注日期的引用文件,其随后所有修改单(不包括勘误内容)或修订版均不适用于本部分,然而,鼓励根据本部分达成协议的各方研究是否可使用这些文件的最新版本。凡是不注日期的引用文件,其最新版本适用于本部分。

GB/T 11060.1 天然气中硫化氢含量的测定 碘量法

GB/T 11061 天然气中总硫量的测定 氧化微库仑法

GB/T 11062 天然气发热量、密度、相对密度和沃泊指数的计算方法

GB/T 13610 天然气的组成分析 气相色谱法

GB/T 17283 天然气水露点的测定 冷却镜面凝析湿度计法

GB/T 20604 天然气词汇

GB 50183 石油天然气工程设计防火规范

GB 50251 输气管道工程设计规范

JTJ 304 液化天然气码头设计规程(试行)

SY/T 5922 天然气管道运行规范

SY/T 0076 天然气脱水设计规范

3 术语和定义

GB/T 20604确立的以及下列术语和定义适用于本部分。

3.1

天然气 natural gas

天然蕴藏于地层中的烃类和非烃类气体混合物经过分离加工得到的主要成分为甲烷的液体或气体混合物。

3.2

检验批 inspection lot

为实施检验而汇集的同一产地、同一船次、同一合同、同一品名、同一车次的单位产品,简称批。

3.3

完整样品 integrity of the sample

样品处于没有被改变的完整状态,即所保存的样品和从散装高压液体或气体中取得时具有相同的组成。

3.4

不合格　nonconformity

不满足规范(或合同)的要求。

3.5

管线　pipeline

用于输送液体的管道的任意一段。无障碍管道没有任何内部附件,例如静力混合器或孔板。

3.6

管线取样　pipeline sampling

为获得检验用样品而在输送天然气过程中于输送天然气管道中人工或通过自动机械取得样品的过程。

3.7

样品准备　sample conditioning

制备分析样品,并对其进行均化,使之成为稳定样品的过程。

3.8

样品处理　sample handling

样品进行准备、转移、划分和运输的过程。它包括从取样器(接受器)中将样品转移到容器和从容器中将样品转移到进行分析的实验室仪器中。

3.9

代表性样品　representative sample

样品的物理或化学特性与被取样的总体积的体积平均特性相同的样品。

3.10

游离水　free water

与油分开存在的一层水,其典型是位于油层下面。

4 管线检验条件

4.1 天然气码头的港址选择、作业条件、平面设计、水工建筑物结构设计和码头安全设施应符合JTJ 304规定,并通过验收,性能良好。

4.2 天然气管道的投产验收、试运投产、运行管理和维护方面的技术要求应符合SY/T 5922规定,并通过验收,性能良好。

4.3 天然气工艺管道和输气管道的设计、建造、使用、管理、检验、修理和改造等安全管理的基本要求应符合SY/T 0076规定,并通过验收,性能良好。

4.4 进口天然气管线检验机构应具有样品接收、转移和检测的能力,具备检测仪器和设施。

5 操作安全

5.1 基本要求

5.1.1 取样及样品处理应遵循国家和企业的各种安全法规。

5.1.2 操作人员应接受必要培训,使之能胜任相关操作工作。

5.2 人员

5.2.1 负责取样的部门和班组人员应保证在安全规程之内完成取样。

5.2.2 取样和安装取样设备的人员应经过培训,使之能估计出潜在危险。

5.2.3 以上人员有权制止不适当或不安全的取样或取样设备的安装。

5.3 设备

5.3.1 取样设备的设计应满足取样条件,如压力、温度、腐蚀性、流量、化学相容性、振动、热膨胀与收缩等取样条件。高压设备应定期进行检查和检定,玻璃容器不能在高压下使用。

5.3.2 气瓶应标明容积、工作和试验压力,且试验压力至少是工作压力的1.5倍。在运输和存放中,应按气瓶类型设计运输箱,瓶上应装有盖帽和配有不易磨损和脱落的信息标签。气瓶及附件应定期进行检查并试漏。

5.3.3 固定的传输和取样导管应正确保管,连接处应便于试漏。气体出口应安装双重的截止阀和泄压阀。气瓶不用时,应装好盖帽。应限制高压软管的使用,严格按照产品说明操作。传输导管可能被污染物堵塞,在管线取样时应采取特别保护措施且操作只能由具有资质的人员进行。传输导管的切断阀应尽可能靠近气源安装。取样探头应配备一个切断阀。

5.3.4 取样使用的电气设备应获得批准。

5.4 易燃性

为防止火灾或爆炸,在气体处于可燃烧浓度(天然气约为4%~16%)的区域内,应遵循下列限制:

——禁用明火;
——禁止吸烟;
——禁止可能产生静电和火花的设备与工具;
——禁止操作温度高于气体混合物自燃点的设备,天然气自燃点一般高于400 ℃;
——禁止能与气体剧烈反应的化学试剂;
——禁止发动火花点火式马达;
——应充分通风,防止可燃性气体大量聚积;
——传输导管的吹扫直接引向“安全区”(如开阔地带);
——与取样点相关要害地点应使用气体检测器;
——应备有便于得到的手动或自动灭火设备;
——取样人员应经过培训,保证在火灾时做出正确反应。

5.5 个人防护装备

操作中应配备个人防护装备且应考虑到以下因素:

——气体中含有毒或刺激性组分(如硫化氢、汞、芳香烃等)时,应使用防毒面罩,供应新鲜空气,配备防护手套及有害组分监测器。
——对高压气取样,可能需要使用护目镜和面罩,使用压力表显示系统压力,使用泄漏检测器检查系统是否泄漏。
——为防火,操作人员应穿戴防火服(围裙、连衣裤、实验服)和配备烟雾防护面罩。

5.6 运输

5.6.1 运输含有带压气样的取样瓶时应遵循有关法规。气瓶应装入运输箱内,避免损坏气瓶本身及阀、压力表等。运输过程中还应防止气瓶温度剧烈变化,避免超压或样品凝析。

5.6.2 装运箱应按规定配有适当标记。

6 操作设备

6.1 样品容器

6.1.1 一般要求

样品容器使用的材质、阀门、密封圈和其他部件应符合不改变气体组成,或影响样品的正确采集要求。

取样容器由玻璃(用于低压,总压小于0.2 MPa)、不锈钢、钛合金或铝合金制成。金属容器内涂层应保证与含硫化合物的反应性最小。容器除非已被抽真空且密封好,否则至少应配备两个阀,以便样品气吹扫。容器与气体接触的表面应清除干净,避免吸附现象的发生。推荐软座阀,它优于金属对金属座的阀。

6.1.2 移动活塞气瓶

容器由金属管构成，内表面被磨光并抛光。气瓶最好用可拆卸的管端盖帽密封，以便活塞的移动和维护。在盖帽上钻孔并攻出螺纹，以安装阀、压力表及泄压阀。图1给出了一个移动活塞气瓶的示例。

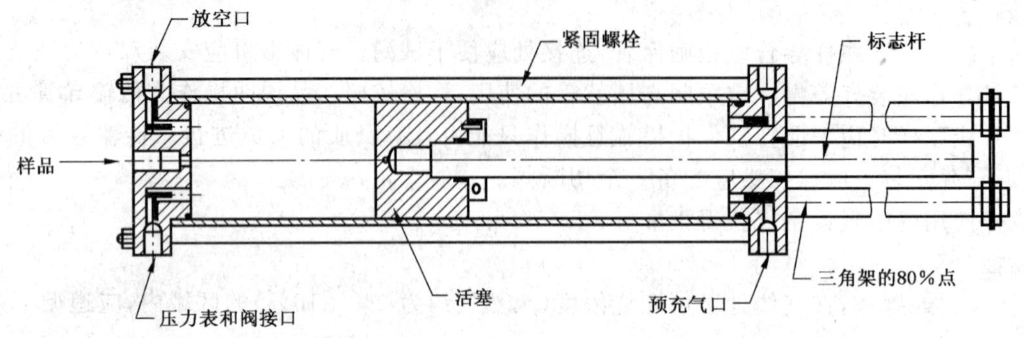

图1 移动活塞气瓶

6.2 累积取样器

6.2.1 调压取样器

一种特殊设计的压力调节器，在取样过程中使样品容器内被采集的气体压力从零增加到管道的最大压力。当管道压力低或流量变化大时不推荐使用。

6.2.2 置换式取样器

在取样周期内和恒定的管道压力下，移动活塞气瓶内预先充入的气体被逐步地由泵入的样品所置换。图2是置换式取样器的示例。

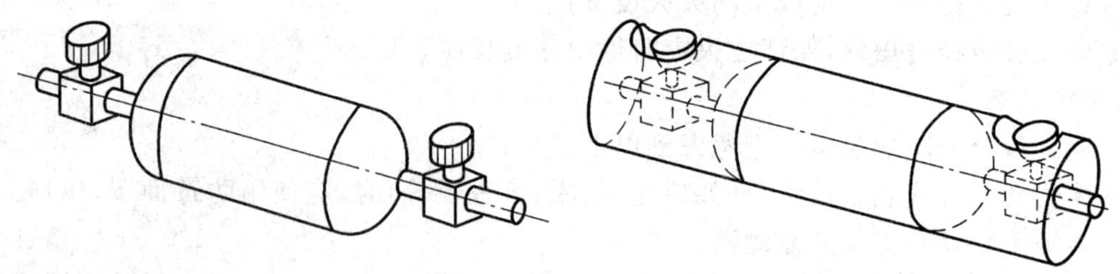

图2 置换式取样器

6.3 传输导管

为减小停留时间，取样导管应尽可能短，管直径应尽可能小(不小于3 mm)。

取样点和样品容器之间的连接处不应发生样品污染。在必需和允许用丝扣连接处，应使用PTFE(聚四氟乙烯)带。

7 检验准备

7.1 单证审核

施检前，应对报检单证完整性进行认真审核。

7.2 人员联络

与代理机构或收货人等联系，确认进口天然气检验检疫要求。

7.3 施检时间和地点确认

与客户及港口工作人员联系，确定施检的时间和地点。

7.4 操作设备准备

针对进口天然气施检批的相关要求，确定样品容器、取样器、传输导管等的种类、规格及数量，选择适合的操作设备，保证所取样品满足检测的需要。

8 检验程序

8.1 取样方法

8.1.1 取样是为了获取代表性的气体样品。

8.1.2 取样分为直接取样和间接取样。直接取样方法中，样品直接从气源输送到分析单元；间接取样方法中，样品在转移到分析单元之前被贮存在容器内。

8.1.3 本部分采用间接取样方法中的一种——连续法，在进口天然气从船舱输送到储气罐的管线上进行采样。

8.2 现场操作

8.2.1 设备检查

施检人员到达取样现场，首先应仔细检查现场所有相关设备（管道、阀门、各种仪表、压缩机、储气罐等），保证所有设备状态良好、工作正常。

8.2.2 连接取样系统

施检人员连接现场设备与取样容器，组成完整的取样系统。系统应满足如下条件：

——取样探头在输送管线上采集到的样品应先在样品气化器中气化。

——气化后的天然气的压力足够高时，靠其自身的压力由样品气化器出口连续输往气体样品储气罐；当压力不够时，由压缩机增压输送气化后的天然气。在这个过程中，取样管线中的气体压力由压力调节器控制，储气罐入口阀用来保持流入储气罐的气体流量，多余的气体从系统中排出。

——气体样品储气罐中的样品由气体样品压缩机输入气体样品容器。

取样系统流程示例见图 3。

8.2.3 取样前准备

8.2.3.1 取样系统清洁

8.2.3.1.1 取样和传输导管中与气体接触的所有部分均应保持洁净。样品容器在每次采集样品前都应清洗和吹扫（见附录 A），除非样品容器是特别钝化的气瓶。用来采集含很活泼组分样品的导管，应采用合适的挥发性溶剂清洗、干燥，以避免吸附现象特别是由含硫化合物和重烃引起的吸附现象的发生。干燥后没有残留的丙酮等溶剂，尽管在有些情况下易燃或有毒，但一般还是可用来清除最后残存的重污染物。只有在蒸汽本身洁净时，才使用蒸汽除污。

8.2.3.1.2 有沉积物的气瓶清洗时应特别注意。

8.2.3.1.3 需要分析含硫组分时，不能用蒸汽清洁不锈钢瓶，因为此时含硫物质易被气瓶吸附，分析结果会显著低于预期的硫含量水平。为此，应将欲分析硫含量的样品采集到有特殊衬里的气瓶或钝化的气瓶内，应对样品容器及其附属配件的全部润湿表面进行涂层。如果只对容器本身，而不对阀、接头、卸压装置等进行涂层，则不能获得满意的保护效果。含有硫化氢的气体宜用聚四氟乙烯进行涂层。

8.2.3.2 取样设备稳定处理

先用样品气吹扫，直至顺序采得的气样的分析浓度趋于一致。吹扫前，抽空取样设备能减少稳定时间。多次抽空和吹扫有利于缩短稳定时间和达到平衡。最后通过分析已知标准气来确定是否达到平衡和取样设备是否稳定。

8.2.3.3 预充气

可用氮气、氦气、氢气和仪器用干空气来干燥或吹扫已除尽沉积物和重污染物的气瓶，干燥气或吹扫气应不含待测组分。多数样品容器中都充有空白气，如氮气、氦气、氢气或其他气体以防止被空气污染。应谨慎选择预充或回压的空白气，避免在样品容器发生泄漏或样品被污染时，分析系统将这些气体作为被测样品的一部分。

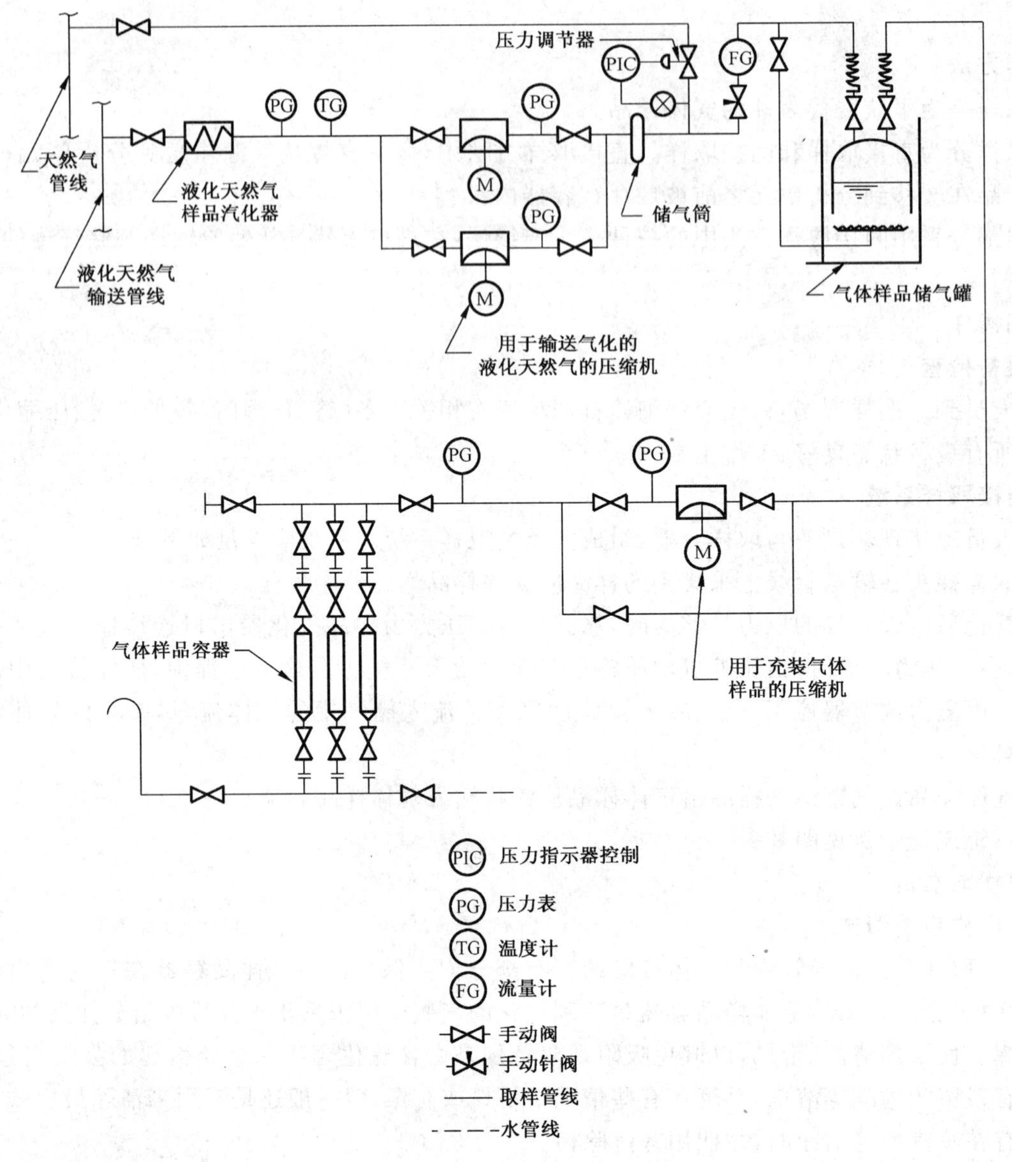

图3 取样系统

8.2.4 取样注意事项

8.2.4.1 取样危险性

天然气的沸点很低，与皮肤接触将引起冻伤；如果气体扩散到空气中，会降低氧气含量导致窒息，遇火将发生燃烧。针对这些危险应采取适当的预防措施。

8.2.4.2 样品部分气化

天然气通常以接近其沸点的状态存在，微小热量或压力变化时，就容易发生部分气化，取样时应确保样品具有代表性。

8.2.4.3 连续取样监测

应连续监测天然气输送管线和取样系统中的压力、温度和流量。经常检查整个系统，特别要注意泄漏和隔热层的故障，发现故障立即修理。

8.2.5 取样步骤

8.2.5.1 取样期间

8.2.5.1.1 天然气的取样期间（见图4）仅是流量充分稳定的一段时间。不包括最初开始时流量急剧增大和停止前流量降低的时间。

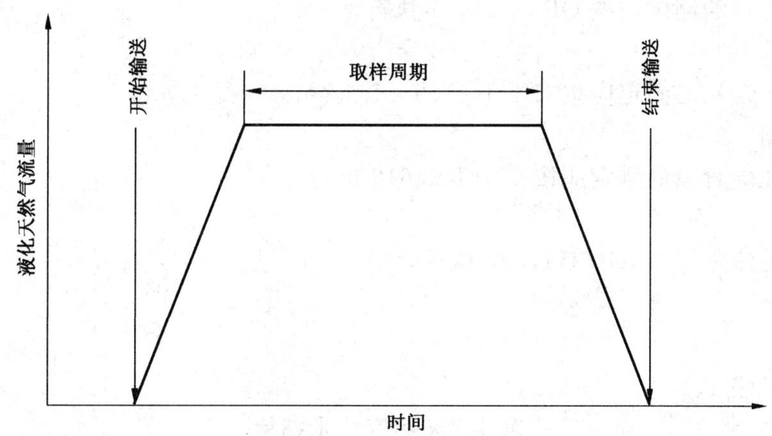

图4 取样阶段

8.2.5.1.2 如果排出的流量基本稳定,与时间成比例的样品流量是允许的。

8.2.5.1.3 天然气的取样应在天然气输送流量稳定的取样期间内连续进行。

8.2.5.1.4 如果在取样期间内由于货船泵跳闸或紧急关断阀的起动,造成天然气输送管线的流量和压力发生突然变化时,则收集气化后的天然气进入样品储气罐的操作应暂时停止,直到天然气的流量恢复正常。

8.2.5.2 将气化天然气充入气体样品储气罐

8.2.5.2.1 使用密封水式气样储气罐时,取样前应将内罐浸没在水中,排出全部残留气体。使用非密封水式气体储气罐时,取样前应排净以前操作中的残余气体。

8.2.5.2.2 在取样前,应将密封水用气化后的天然气鼓泡。

8.2.5.2.3 气化天然气充入样品储气罐的操作应在稳定的流量下进行。

8.2.5.2.4 使用密封水式气体样品储气罐时,取样完成后应尽快将样品转入样品容器,尽量减少大气对样品的污染。

8.2.5.3 将气体样品充入样品容器

8.2.5.3.1 通过用水置换、抽空(真空泵排出)或用样品储气罐中的气体进行吹扫,排出样品容器中的残留气体。

8.2.5.3.2 气体储气罐中的气体用作吹扫介质时,应先用气体吹扫容器足够时间,以置换残余气体。随后,关闭出口阀,压力增加到500 kPa～700 kPa后,再将气体排出。

8.2.5.3.3 重复上述步骤8.2.5.3.2三次或更多次,然后,将气体样品充装入容器至给定压力值。

8.2.5.3.4 达到需要的压力时,关闭容器入口阀,将容器从充气管线上卸下。

8.2.5.3.5 容器的针阀应用肥皂液或浸入水中进行泄漏检查。

9 样品转移

9.1 在交接点的压力和温度条件下,天然气中应不存在液态烃。

9.2 天然气中固体颗粒含量应不影响天然气的输送和利用。

9.3 天然气在输送和储存的过程中,应符合GB 50183和GB 50251的相关规定。

10 检测

10.1 高位发热量

天然气高位发热量的计算应按GB/T 11062执行,其所依据的天然气组成的测定应按GB/T 13610执行。

10.2 总硫含量

天然气中总硫含量的测定应按 GB/T 11061 执行。

10.3 硫化氢含量

天然气中硫化氢含量的测定应按 GB/T 11060.1 执行。

10.4 二氧化碳含量

天然气中二氧化碳含量的测定应按 GB/T 13610 执行。

10.5 水露点

天然气水露点的测定应按 GB/T 17283 执行。

11 检验结果判定

检验结果判定见表 1。

表 1 天然气技术指标

项　　目	一　　类	二　　类	三　　类
高位发热量/(MJ/m^3)	>31.4		
总硫(以硫计)/(mg/m^3)	≤100	≤200	≤460
硫化氢/(mg/m^3)	≤6	≤20	≤460
二氧化碳(体积分数)/%	≤3.0		
水露点/℃	在天然气交接点的压力和温度条件下,天然气的水露点应比最低环境温度低 5 ℃		

12 结果报告

取样报告应包含以下信息:

a) 取样依据的标准,即本部分。

b) 完全标识样品应包含的所有细节:

——取样人姓名;

——气体样品容器编号;

——样品源;

——取样日期;

——气体样品容器容积、类型和材质;

——取样期间;

——取样点天然气的温度和压力;

——所有货船泵的稳定操作时间;

——气体样品流量;

——鼓泡时间。

c) 取样期间内任何异常情况。

d) 本部分未涉及的其他事项。

检测结果不合格的样品应出具不合格通知书。

因安全问题不合格的样品应出具禁止进口通知书或退运通知书,并按国家相关要求进行后继处理。

附　录　A
（规范性附录）
取样钢瓶的清洁处理

A.1　以下给出一个完整的清洁步骤：

a)　将残留的样品气放空。

b)　抽空或用氮气吹扫。

c)　在气瓶内加入清洁剂，如丙酮(加入丙酮的体积约为气瓶容积的20%)。

d)　在摇动机上将气瓶摇动2 h。

e)　将丙酮转移至合适的容器中。

f)　重新装入新鲜丙酮，放在摇动机上摇动2 h。

g)　倒出丙酮，用氮气或干空气干燥。

h)　在90 ℃的热风炉中进一步干燥气瓶。如果气瓶只配备一只阀，在干燥过程中应将其抽空。如果配备两只阀，干燥过程中用氮气吹扫。干燥过程约需12 h。

i)　冷却后，将氮气充入气瓶并抽空，反复三次。

j)　将氮气充入气瓶，压力为1 MPa。

k)　等待2 h后，用色谱检测残留的丙酮或其他杂质。

l)　保存相应的色谱图作为气瓶的记录之一。

注：可采用统计的方法来减少用色谱检测的次数。

警告：丙酮是易燃液体，处理时应谨慎。

中华人民共和国出入境检验检疫行业标准

SN/T 2378.2—2010

进口液化天然气检验规程 第2部分:船舱检验

Rules for inspection of import liquefied natural gas—Part 2:Board ship

(ISO 13398:1997,Refrigerated light hydrocarbon fluids—Liquefied natural gas—Procedure for custody transfer on board ship,MOD)

2010-01-10 发布　　　　2010-07-16 实施

中华人民共和国国家质量监督检验检疫总局 发布

前言

SN/T 2378《进口液化天然气检验规程》系列标准共分为2部分：

——第1部分：管线检验；

——第2部分：船舱检验；

本部分为SN/T 2378《进口液化天然气检验规程》系列标准的第2部分。

本部分修改采用国际标准ISO 13398:1997《冷藏轻质烃液体——液化天然气——船上密闭输送程序》；

本部分根据ISO 13398:1997重新起草。在附录A中列出了本部分章条编号与ISO 13398:1997章条编号的对照一览表。

本部分与ISO 13398:1997相比，主要差异如下：

——增加了标准的适用范围。

——删除已作废的ISO 6568:1981，增加ISO 6974:2000《在一定不确定度下用气相色谱法测定天然气的组成》(第2章)。

——删除已作废的ISO 8309:1991《冷藏轻质烃液体　液化气体储液舱内液位的测量　电容式液位计》。

——删除已作废的ISO 10574:1993《冷藏轻质烃液体　液化气体储液舱内液位的测量　浮子式液位计》。

——按照GB/T 1.1—2000标准对文本进行编辑性修改。

——将标题改为《进口液化天然气检验规程　第2部分：船舱检验》。

——删去了ISO 13398:1997(E)中的序言和简介。

——删去了ISO 13398:1997(E)中资料性附录B。

本部分的附录B是规范性附录，附录A是资料性附录。

本部分由国家认证认可监督管理委员会提出并归口。

本部分由中华人民共和国深圳出入境检验检疫局、中华人民共和国宁波出入境检验检疫局负责起草。

本部分主要起草人：张其芳、杨梭凡、陈国峰、叶锐钧、金进照。

本部分系首次发布的出入境检验检疫行业标准。

进口液化天然气检验规程 第2部分：船舱检验

1 范围

本部分规定了在液化天然气(LNG)船舶上进行密闭输送的方法。利用液位计测量液位，利用温度计测量液体和蒸汽的温度，以及利用压力表测量载货舱内蒸汽压力的方法。

本部分适用于船载液化天然气的船舱检验鉴定。

2 规范性引用文件

下列文件中的条款通过SN/T 2378的本部分的引用而成为本部分的条款。凡是注日期的引用文件，其随后所有的修改单(不包括勘误的内容)或修订版不适用于本部分。然而，鼓励根据本部分达成协议的各方研究是否可使用这些文件的最新版本。凡是不注日期的引用文件，其最新版本适用于本部分。

ISO 6578：1991 冷藏轻质烃液体 静态测量 计算程序

ISO 6974 在一定不确定度下用气相色谱法测定天然气的组成

ISO 8311：1991 冷藏轻质烃液体 船舶内薄膜和独立棱柱形液舱的标定 物理测量

ISO 8943 冷藏轻质烃液体 液化天然气的取样 连续和间歇取样方法

3 术语和定义

下列术语和定义适用于本部分。

3.1

"沸腾"气体 BOG

储存于低温状态下接近常压条件下的液化天然气(LNG)所产生的蒸汽(受热传导的影响，一定量的液化天然气(LNG)将会蒸发或"沸腾")。

3.2

封闭式密闭输送 closing custody transfer

在装载和卸载液化天然气(LNG)之后，分别在装载和卸载端口进行的密闭输送。

3.3

密闭输送 custody transfer

液体液位、液体和蒸汽的温度、蒸汽压力的测量，以及对输送或卸载货舱的液化天然气(LNG)组份的分析，通过这种方式确定体积和其他数据，作为费用支付的依据或关税评估的依据。

3.4

船舶上的密闭输送系统 custody transfer system on board ship

由液位计、温度计和压力表构成的一个系统，出于进行密闭输送的目的，用来测量船舱内货物的液位、温度和压力。

3.5

开放式密闭输送 opening custody transfer

在装载和卸载液化天然气(LNG)之前，分别在装载和卸载港口进行的密闭输送。

3.6

热校正系数 thermal correction factor

用于将载货舱内任意温度下液化天然气(LNG)的体积校正到其参考温度下的体积的系数。

4 测量仪器

4.1 液位计

4.1.1 液位计的数量

每个载货舱都应装配两套液位计，最好是采用不同的测量原理。例如：一个采用浮子式液位计，另一个采用电容式液位计。

4.1.2 安装

液位计的应安装在不受液化天然气(LNG)液动影响的位置，还应被标定以显示距离储货舱最低点的液体深度(不考虑载货舱的形状)。计量参考点应设置在尽可能低的位置，以便于测量在从卸货口进行卸载之后以及在从装货口装载之前的液体液位。

4.2 温度传感器

4.2.1 温度传感器的数量

为了测量液化天然气(LNG)的液体和蒸汽温度，每个载货舱都应装配5个或更多的温度传感器。这些温度传感器应有备用传感器提供支持，以供紧急情况下使用。这些备用温度传感器应安装在温度传感器的附近。

4.2.2 安装

包括备件在内的两个传感器应被安装在货舱底部和货舱项部，以便分别持续测量液体和蒸汽的温度。包括备件在内的其余传感器将被按相等的空间距离安装在底部到顶部之间。所有的传感器都应进行正确的安装，以便在喷射泵进行操作时不会受喷射的液化天然气(LNG)的影响。

4.3 压力表

用于在载货舱内测量蒸汽压力的压力表应当采用带有变送器和接受器的类型，或者采用带有就地显示的类型。

4.3.1 压力表的数量

每个载货舱都应装配有变送器类型的压力表或者是就地显示类型的压力表。

如果任意类型的压力表已经被安装到蒸汽集管上，则该类型的压力表也可以用于密闭输送。

4.3.2 安装

压力表应被安置在货舱蒸汽穹顶和(或)蒸汽集管上的一个适当位置，以便准确地测量载货舱内的蒸汽压力。

就地显示类型的压力表或压力变送器类型压力表应安装在适当的容器内，以避免其遭受海水的直接喷射。

5 预防措施

5.1 维护

为了以预期的精确度进行密闭输送，应始终将密闭输送系统维持在一个良好的状态和工况。

5.2 初步功能测试

应通过适当的措施，诸如在开始进行密闭输送之前的试运行，来对密闭输送系统进行功能测试。

5.3 操作

密闭输送系统应由熟练的船员进行操作。

5.4 使用VHF无线电通讯设备

除非是密闭输送系统控制盘受到了阻挡层的保护，否则就存在引起系统故障的电气干扰的危险。在这种情况下，当系统控制盘处于运行之中时，不可在靠近系统控制盘的地方使用VHF无线电通讯设备。

5.5 防止浮子液位计发生故障的预防措施

对于在航行过程中被缠绕在其外壳顶部的浮子，应通过将浮子降低到液面将其投入到可服务的状态，以便在开始进行密闭输送之前实现热稳定性。

5.6 进行密闭输送时船舶的条件

5.6.1 管线

5.6.1.1 用于装载或卸载的输送管线应在打开和关闭密闭输送时处于相同的体积条件。

5.6.1.2 连接到蒸汽集管的蒸汽管线应被打开，以便使整个载货舱内的蒸汽压力相同。

5.6.2 货船设施

在进行密闭输送之前，所有会影响密闭输送结果的各种货船设施，诸如载货舱内的喷射泵、BOG 压缩机等，都应停止下来。

5.6.3 船舶的纵倾度和横倾度

在进行密闭输送期间，应尽量保持船舶的纵倾度和横倾度不变。

6 密闭输送

6.1 方法

本章将描述采用电容式液位计或浮子式液位计用于密闭输送的方法。

原则上，建议打开和关闭密闭输送时都采用相同的方法，如果在打开密闭输送时通常使用的液位计不能正常工作，则需要使用替代的液位计。即使该常用的液位计已经修复，在关闭密闭输送时仍然应使用该替代的液位计。

6.2 液位的测量

在进行液位测量之前，应先观察船舶状态，通过观察船首、船尾、左舷、右舷上的吃水标志或其他适当的方式。以确认船舶的纵倾度和横倾度，以及是否需要进行船舶的纵倾度和横倾度的修正；确保从船舶到锅炉和岸上储罐的蒸汽管线已经关闭。

6.2.1 电容式液位计

每个载货舱内的液位应以适当的时间间隔至少被测量 5 次。这种程序在处理器装置内已设置，或者，如该系统没有自动扫描程序时，则用手动操作。

6.2.2 浮子式液位计

6.2.2.1 每个载货舱内的液位应至少测量 5 次。

6.2.2.2 在装载港口进行打开密闭输送时以及在卸载港口进行关闭密闭输送时，在该载货舱内的液位应保持在比浮子式液位计的浮点更高的位置。

6.2.2.3 在进行测量之前，该浮子将卷起达到最高储存位置，以及处于相对于最近一次确认浮子液位计正常工作时所标注的位置的最大位置。

6.2.3 液位的修正

6.2.3.1 如果采用电容式液位计来测量载货舱内的液位，则应按照算术平均值的要求进行纵倾度修正和横倾度修正，以便获得真实的液位。

6.2.3.2 如果采用浮子式液位计，除了上述修正之外，还应采用热修正系数来修正由于浮子悬挂带或索的收缩所产生的测量误差。

如果测量的液化天然气的液体密度不同于已经调整的浮子浸入液位的密度，则应采用经修正的浸入液位来修正由于浮子浸入液位的变化引起的测量误差。见附录 B。

船货的特定液体密度在打开和关闭密闭输送时是未知的。为临时确定真实液位，可以按照统计方法估计密度，如果估计的密度不适当，则应在通过实验室分析船货样品可以确定密度之时进行修正。

6.3 温度的测量

6.3.1 测量的时间

液体和蒸汽的温度应在完成液位测量之后立即进行测量。

6.3.2 温度传感器的选择

6.3.2.1 液体的温度应通过采用相对于在测量时液位而言肯定会浸入到液化石油气内的温度传感器来进行测量。应计算出全部载货舱的算术平均值。

对于一个实测的温度是在液体中还是在气相条件下获得,应根据载货舱内的液位和温度传感器之间的相对位置进行确定。

6.3.2.2 蒸汽的温度应该通过采用相对于在测量时液位而言肯定会处于气相空间内的温度传感器来进行测量。应计算出全部载货舱的算术平均值。

对于一个实测的温度是在液体中还是在气相条件下获得,应根据载货舱内的液位和温度传感器之间的相对位置进行确定。

当在测量蒸汽温度时,如果一个实测值的差异相对于载货舱内的温度梯度显得非常不合理或特别异常,则应忽略该不满意的温度,重新计算一个算术平均值。

6.3.2.3 如果采用浮子式液位计确定载货舱内的液位,则应计算在该载货舱内的蒸汽温度的算术平均值,以便修正由于在蒸汽温度和浮子液位计的标定温度之间的差异而引起的吊带或吊索的热收缩。

6.4 载货舱的压力测量

6.4.1 测量的时间

载货舱的压力应在完成温度测量之后立即进行测量。

6.4.2 计算方法

若在载货舱内各个测点分别测量压力,则应计算出全部载货舱压力的算术平均值。尽管这些测点按照第5.6.1.2节的规定进行布置,但是每个压力可能不会始终相同。

7 计算

7.1 本章规定了按照装载到载货舱或从船舶载货舱上卸载的液化天然气的体积、质量和热量单位进行液化天然气计算的方法。该计算应按照船舱内具有代表性的样品进行气相色谱分析所获得的组份来进行。

7.2 根据在油罐计量(换算)表所标注的说明,获取经校正的单位为毫米的液位,对表观液位进行必要修正。计算在装载和/或卸载之前和之后对应于以上经修正后的液位的载货舱内液化天然气的体积,单位为立方米,精确到小数点后第三位数。

如果该载货舱为刚性结构、采用独立类型、以及液化天然气的温度不等于油罐计量[换算]表所指示的温度,在打开和关闭密闭输送之时,按照油罐计量(换算)表所计算的液化天然气的体积将经过修正达到实际的温度,其修正的方法是将平均液体温度下的体积与在热修正系数表上所列的一个适当的系数相乘。

根据从打开和关闭密闭输送测量值输出中所获得的体积差,计算出被装载或被排放的液化天然气的体积(立方米)。

7.3 应根据ISO 6578:1991的第3、5、6、8章以及附录来计算被装载或被排放的液化天然气的热值。

7.4 应根据ISO 6578:1991的附录计算被装载或被排放的液化天然气的密度。

7.5 应根据ISO 6578:1991的第5、7章以及附录来计算被装载或被排放的液化天然气的密度。为进行简单计算,可以采用式(1):

$$m = \frac{Q}{Q_m} \qquad \cdots\cdots (1)$$

式中：

m——经过蒸汽修正之后被输送产品的质量，单位为 kg；

Q——经过蒸汽修正之后被输送产品的总热值，单位为 MJ；

Q_m——该液体的以质量为基础的总热值，单位为 MJ/kg。

8 取样

液化天然气的取样按照 ISO 8943 进行。

9 分析

液化天然气的组分分析按照 ISO 6974 进行。

附　录　A
（资料性附录）
本部分章条编号与 ISO 13398:1997 章条编号对照

本部分章条编号与 ISO 13398:1997 章条对照表 A.1 所示。

表 A.1　本部分章条编号与 ISO 13398:1997 章条编号对照

本部分中章条编号	ISO 13398:1997 章条编号
—	前言
—	简介
1	1
2	2
3.1～3.5	3.1～3.5
4.1～4.3	4.1～4.3
5.1～5.6	5.1～5.6
6.1～6.4	6.1～6.4
7.2～7.5	7.1～7.4
8	8
9	9
附录 A	—
附录 B	附录 A
—	附录 B

附 录 B
（规范性附录）
修正表的计算程序

B.1 棱柱形载货舱的纵倾修正

纵倾修正被用来修正在船舶纵倾状态下测得的表观液位，将其修正到平载条件下的液位。这种修正要么是对表观液位进行增加，要么是从表观液位中减除，这取决于纵倾的程度。纵倾修正应从平载条件和纵倾状态之间的体积差异来进行计算，而不是简单地根据纵向液位计安装在舱内的几何尺寸来进行计算。

B.1.1 计算程序

B.1.1.1 当船舶处于平载状态时，计算液体在舱内的部分充注体积与每 1 cm 间隔的液位之间的函数变化关系，并将它们对照液位制作成表格。

B.1.1.2 当船舶处于纵倾状态时，采用相同的方式计算液体在舱内的部分充注体积与每 1 cm 间隔的液位之间的函数变化关系，并将它们对照液位制作成表格。

B.1.1.3 以平载表格上每 0.1 m 的液位间隔，将液体体积与在纵倾表格上的体积进行比较，并在其体积等于平载表格内液位的纵倾表格上确定一个液位。所确定的这两个液位之间的差（单位为 mm）就是修正值。

B.1.1.4 对所有要求的纵倾状态按照上述方法重复进行比较体积计算，并将相对于纵倾修正表内所要求的纵倾状态的液位差编制成表格。

B.2 棱柱形载货舱的横倾修正

横倾修正被用来修正在船舶横倾状态下测得的表观液位，将其修正到平载状态下的液位。这种修正要么是对表观液位进行增加，要么是从表观液位中减除，这取决于横倾的程度。横倾的修正应从平载状态和横倾状态之间的体积差异来进行计算，而不是简单地根据横向液位计安装在舱内的几何尺寸来进行计算。

B.2.1 计算程序

B.2.1.1 当船舶处于平载状态时，计算液体在舱内的部分充注体积与每 1 cm 间隔的液位之间的函数变化关系，并将它们对照液位制作成表格。

B.2.1.2 当船舶处于横倾状态时，采用相同的方式计算液体在舱内的部分充注体积与每 1 cm 间隔的液位之间的函数变化关系，并将它们对照液位制作成表格。

B.2.1.3 以平载状态表格上每 0.1 m 的液位间隔，将液体体积与在横倾表格上的体积进行比较，并在其体积等于平载状态表格内液位的横倾表格上确定一个液位。所确定的这两个液位之间的差（单位为 mm）就是修正值。

B.2.1.4 针对所有要求的横倾状态按照上述方法重复进行比较体积计算，并将相对于横倾修正表内所要求的横倾状态的液位差编制成表格。

B.3 球形载货舱的纵倾修正

B.3.1 计算程序

参见图 B.1。

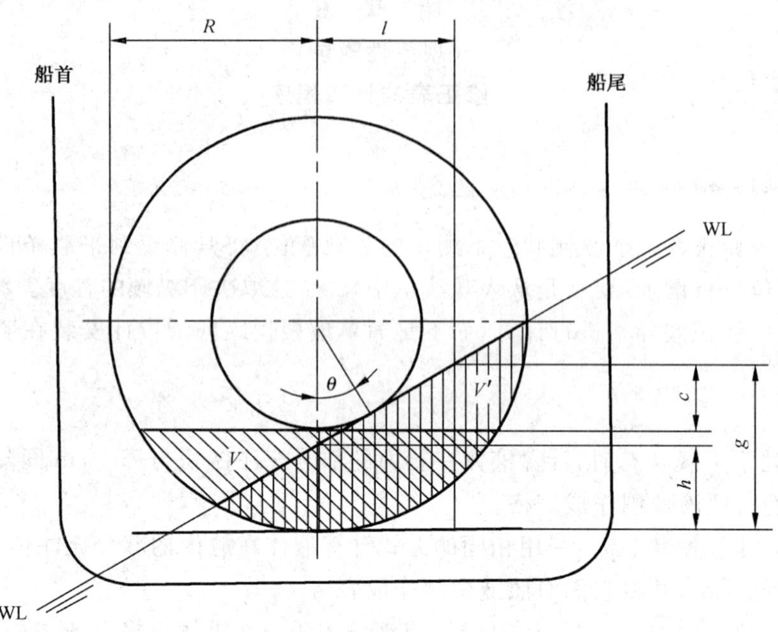

图 B.1

图中：

V——在平载条件下的液体体积，其液位由 $g-c$ 表示；

V'——在纵倾状态下的液体体积，其液位由 g 表示；

c——由船舶纵倾引起的表观液位的修正值，可以采用式(B.1)进行计算：

$$c = R-(R-h)\cos\theta - g \quad \cdots\cdots\cdots\cdots (B.1)$$

式中：

c——为修正值，单位为 mm；

R——球形舱的半径，单位为 mm；

g——在纵倾状态下观察到的液位，单位为 mm；

h——由 $g-l\tan\theta$ 所给出的值；

l——在载货舱垂直轴线与液位计之间的纵向距离，单位为 mm；

θ——倾斜角。

B.4 球形载货舱的横倾修正

B.4.1 计算程序

参见图 B.2。

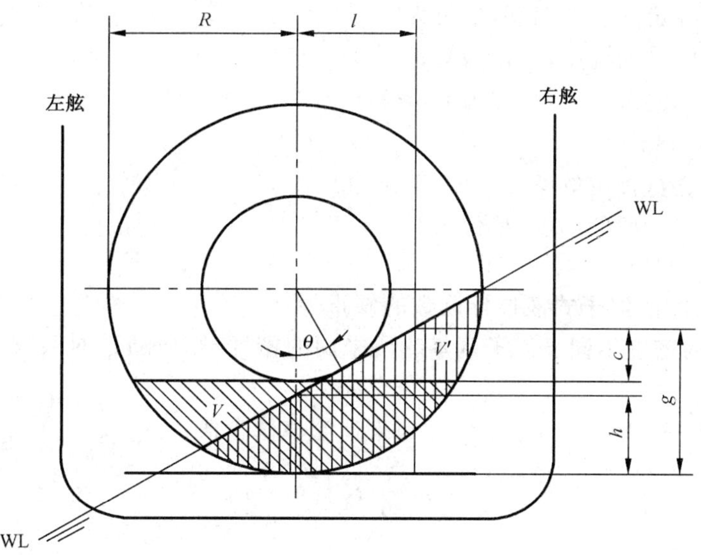

图 B.2

图中：

V——在平载状态下的液体体积，其液位由 $g-c$ 表示；

V'——在横倾状态下的液体体积，其液位由 g 表示；

c——由船舶横倾引起的表观液位的修正值，可以采用公式(B.2)进行计算：

$$c = R-(R-h)\cos\theta - g \qquad \cdots\cdots(B.2)$$

式中：

c——为修正值，单位为 mm；

R——球形舱的半径，单位为 mm；

g——在横倾状态下观察到的液位，单位为 mm；

h——由 $g-l\tan\theta$ 所给出的值；

l——在载货舱垂直轴线与液位计之间的横向距离，单位为 mm；

θ——倾斜角。

B.5 货舱壳体膨胀或收缩的修正

该修正应按照 ISO 8311:1989 中 7.7 和 8.5 的规定进行。

B.6 浮子式液位计的修正

该修正应按照 ISO 8311:1989 中 8.6 的规定进行。

B.6.1 吊带或吊索的热修正

在一般情况下，悬挂浮子的吊带或吊索在 20 ℃的温度条件下进行标定。如果货舱内的平均蒸汽温度不同于该参考温度，则应通过对表观液位进行加减来实现其修正值。该修正值将允许吊带或吊索进行膨胀以及货舱材料进行膨胀。

以毫米为单位的修正值可以采用式(B.3)进行计算：

$$c = [\beta(T'-t') - \alpha(T'-t')](L-d) + \alpha(T-T_0)L \qquad \cdots\cdots(B.3)$$

式中：

c——修正值，单位为 mm；

β——吊带或吊索的线性膨胀系数；

α——货舱壳体的线性膨胀系数；

T'——液位计进行标定的参考温度，单位为℃；

t'——货舱内蒸汽的平均温度，单位为℃；

L——货舱内液位计的总长度，单位为 mm；

d——液位，单位为 mm；

T——货舱测量表进行标定的参考温度，单位为℃；

T_0——在进行标定时货舱的温度，单位为℃。

注：如果需要标定的是薄膜式货舱，则可以忽略 α。

B.6.2 受液体密度影响的浮子式液位计读数的修正

如果液化天然气的密度不同于浮子调零时所采用的密度，则应通过对表观液位进行加减来给出其修正值。

如果采用了盘式浮子，则可以采用式(B.4)来计算该修正值：

$$c = \frac{V}{A} \times \left(\frac{\rho_1}{\rho_2} - 1\right) \qquad \text{(B.4)}$$

式中：

c——修正值，单位为 mm；

V——浮子在 ρ_1 密度下的位移，单位为 mm^3；

A——浮子的横截面积，单位为 mm^2；

ρ_1——用于调零的参考密度，单位为 kg/L；

ρ_2——货舱内液化天然气的密度，单位为 kg/L。

中华人民共和国出入境检验检疫行业标准

SN/T 2380—2009

石油产品中芳烃含量的测定 高效液相色谱法

Determination of aromatic hydrocarbon in petroleum products—High performance liquid chromatography

2009-09-02 发布

2010-03-16 实施

中华人民共和国国家质量监督检验检疫总局 发布

前　言

本标准修改采用美国材料与试验协会标准 ASTM D6591-2006《中间馏分芳烃含量的测定　示差折光检测器高效液相色谱法》和 ASTM D6379-2004《航空煤油和石油馏分芳烃化合物的测定　示差折光检测器高效液相色谱法》，与原标准仅存在编辑上差别。

本标准中，对于终馏点大于 300 ℃的石油产品，检测原理和技术性要求与 ASTM D6591-2006 完全一致；对于终馏点小于或等于 300 ℃的石油产品，检测原理和技术性要求与 ASTM D6379-2004 完全一致；并将 ASTM D6591-2006 和 ASTM D6379-2004 中相应的章条进行了合并。

本标准的附录 A、附录 B、附录 C、附录 D 和附录 E 均为资料性附录。

本标准由国家认证认可监督管理委员会提出并归口。

本标准起草单位：中华人民共和国宁波出入境检验检疫局检验检疫技术中心、中华人民共和国北京出入境检验检疫局。

本标准主要起草人：林振兴、袁丽凤、刘来福、杨文潮、邬蓓蕾、俞雄飞、王豪。

本标准系首次发布的出入境检验检疫行业标准。

石油产品中芳烃含量的测定 高效液相色谱法

1 范围

本标准规定了航空煤油、柴油和其调和组分中芳烃含量的测定。

本标准适用于单环芳烃含量为10%～25%、双环芳烃含量为0%～7%的航空煤油和单环芳烃含量为4%～40%、双环芳烃含量为0%～20%、三环$^{+}$芳烃含量为0%～6%、多环芳烃含量为0%～26%、总芳烃含量为4%～65%的柴油和其调和组分中芳烃含量的测定。

2 规范性引用文件

下列文件中的条款通过本标准的引用而成为本标准的条款。凡是注日期的引用文件，其随后所有的修改单(不包括勘误的内容)或修订版均不适用于本标准，然而，鼓励根据本标准达成协议的各方研究是否可使用这些文件的最新版本。凡是不注日期的引用文件，其最新版本适用于本标准。

GB/T 4756　石油液体手工取样法

3 术语和定义

下列术语和定义适用于本标准。

3.1

双环芳烃　di-aromatic hydrocarbons

DAHs

在特定的极性柱上，保留时间比大多数单环芳烃长而比大多数三环$^{+}$芳烃短的化合物。

3.2

单环芳烃　mono-aromatic hydrocarbons

MAHs

在特定的极性柱上，保留时间比非芳烃长但比双环芳烃短的化合物。

3.3

非芳烃　non-aromatic hydrocarbons

在特定的极性柱上，保留时间比单环芳烃短的化合物。

3.4

三环$^{+}$芳烃　tri-aromatic hydrocarbons

T+AHs

指在特定的极性柱上，保留时间比大多数双环芳烃长的化合物。

注：本标准未对芳烃和非芳烃在特定的极性柱上的洗脱性质进行专门测定。已发表和未发表的数据表明各种类型的烃类主要组成如下：(1)非芳烃包括链烷烃、环烷烃、单烯烃。(2)单环芳烃包括苯、四氢萘、二氢茚、噻吩和共轭多烯烃。(3)双环芳烃包括萘、联苯、茚、芴、苊、苯并噻吩、二苯并噻吩。(4)三环$^{+}$芳烃包括菲、芘、荧蒽、屈、苯并菲、苯并蒽。

3.5

多环芳烃　polycyclic aromatic hydrocarbons

POLY-AHs

双环芳烃(DAHs)和三环$^{+}$芳烃(T+AHs)之和。

3.6

总芳烃 total aromatic hydrocarbons

对于终馏点小于或等于300℃的石油馏分指单环芳烃(MAHs)和双环芳烃(DAHs)之和;对于终馏点大于300℃的石油馏分指单环芳烃(MAHs)、双环芳烃(DAHs)、三环$^{+}$芳烃(T+AHs)之和。

4 原理

试样用流动相稀释后,用装有极性柱的高效液相色谱进行分析,芳烃与非芳烃被分开。将芳烃进行进一步分离,对终馏点小于或等于300℃的试样,分离成单环芳烃和双环芳烃;对于终馏点大于300℃的试样,在双环芳烃流出后,继续在预先测定的时间点上反吹柱子,把三环$^{+}$芳烃洗脱成一尖锐的峰。将试样溶液中芳烃产生的信号大小与预先测定的标准溶液的信号进行对比,计算出单环芳烃、双环芳烃和三环$^{+}$芳烃含量。

5 试剂

5.1 环己烷:纯度大于99%。

5.2 正庚烷:HPLC级,作为HPLC流动相。

5.3 邻二甲苯:纯度大于98%。

5.4 1-甲基萘:纯度大于98%。

5.5 菲:纯度大于98%。

5.6 二苯并噻吩:纯度大于95%。

5.7 9-甲基蒽:纯度大于95%。

6 仪器

6.1 高效液相色谱仪(HPLC):在第8章规定的条件下,流动相流速控制在0.5 mL/min~1.5 mL/min、流量精密度优于0.5%、流量波动小于满刻度1%的高效液相色谱仪都可以使用。

6.2 进样系统:进10 μL(标称)试样溶液时,重复性优于1%的进样系统都可以使用。

6.2.1 试样溶液和标准溶液的进样量要保持一致。只要操作正确,满足6.2要求的手动和自动进样系统(可以是部分充满进样环,也可以是全部充满进样环)都可以使用。当采用部分充满进样环方式时,推荐进样量应小于环体积的一半。对于全部充满进样方式时,要至少充满进样环6次才能获得好的结果。

注:进行系统的重复性可以通过比较注射不少于4次系统性能验证标准溶液(8.3)的峰面积来进行测定。

6.2.2 进样量不一定采用10 μL,如3 μL~20 μL也可以采用,但必须满足进样重复性(6.2)、示差折光检测器的灵敏度和线性(8.4.2和9.1.5)及柱分辨率的要求(8.4.3)。

6.3 试样过滤器:如果需要,推荐采用对烃类溶剂有惰性并且孔径等于或小于0.45 μm的微孔过滤器以除去试样溶液中的颗粒物质。

6.4 柱系统:只要满足8.4.3规定的分辨率要求,任何填充有胺基键合(或者极性胺基/氰基键合)硅胶固定相的高效液相色谱不锈钢柱都可以使用。参见附录A来选用合适的柱子。

6.5 高效液相色谱柱温箱:能够在20℃~40℃范围内保持恒温(±1℃)的任何柱温箱(局部加热或空气循环模式)都可以使用。

6.6 反冲洗阀:任何为高效液相色谱仪设计的能够在2×10^{4} kPa压力下正常运转的手动或自动的流向转换阀(空气或者电驱动)都可以使用。

6.7 示差折光检测器:任何折光指数检测范围在1.3~1.6内、满足8.4.2灵敏度要求、在规定范围内呈线性响应并输出合适的信号到数据系统的示差折光检测器都可以使用。

6.8 计算机或积分仪:任何与示差折光检测器相匹配、最小采集速率为1 Hz、能测量峰面积和保留时间的数据系统都可以使用。数据系统要能进行如基线校正和重新积分等后处理基本功能。推荐采用能进行自动峰检测和鉴别,并可以通过峰面积计算试样浓度的数据系统。

6.9 容量瓶：B级或更高，容量为10 mL和100 mL。

6.10 分析天平：感量为0.1 mg。

7 取样

除非另有说明，应根据GB/T 4756或等同的方法进行取样。

8 仪器准备

8.1 根据相应的仪器手册安装色谱、进样系统、色谱柱、反吹阀、柱温箱、示差折光检测器和积分仪。将色谱柱和反吹阀安装在柱温箱中。反吹阀的安装要使示差折光检测器总是连接于色谱柱内流动相的方向，液相色谱装置示意图参见图B.1。保持进样阀与试样溶液的温度相同，通常是室温。

8.2 调节流动相的流速为1.0 mL/min±0.2 mL/min，确保示差折光检测器的参比池内充满流动相。保持柱温箱温度稳定(如果示差折光检测器有单独的温控装置，也使其温度稳定)。

a) 为了使漂移最小，要确保参比池内充满流动相。最好的方法是：(1)在分析开始前使流动相通过参比池，然后隔绝以防止流动相挥发；(2)通过设定一个持续的流动相通过参比池，持续向参比池补充流动相。补充流动相流速要优化以便使由液体挥发、温度和压力变化引起的参比池和分析池的不匹配最小。通常可以把补充流动相流速设置为分析流动相流速的十分之一。

b) 流速要调到最佳值(通常在0.8 mL/min～1.2 mL/min)以满足8.4.3的分辨率要求。

8.3 配制系统性能验证标准溶液(SPS)：称量环己烷1.0 g±0.1 g、邻二甲苯0.5 g±0.05 g、二苯并噻吩0.05 g±0.005 g、1-甲基萘0.05 g±0.005 g、9-甲基蒽0.05 g±0.005 g，置于100 mL容量瓶中，使二苯并噻吩、9-甲基蒽溶于环己烷、邻二甲苯和1-甲基萘中(可以用超声波等方法)，再用正庚烷稀释到刻度。

注：如果瓶子密封较好，且在5 ℃～25 ℃下暗处保存，SPS保存一年仍可以使用。

8.4 操作条件稳定后，进10 μL SPS(8.3)，记录谱图，确保在分析周期内，基线漂移不超过环己烷峰高的0.5%。

8.4.1 确保SPS中5个组分达到基线分离，系统性能验证标准溶液色谱图参见图C.1。

8.4.2 确保数据系统能准确测量1-甲基萘、二苯并噻吩和9-甲基蒽峰面积。

注：1-甲基萘、二苯并噻吩和9-甲基蒽峰面积的信噪比(S/N)不小于3∶1。

8.4.3 确保环己烷和邻二甲苯的分辨率不小于5.0，环己烷和邻二甲苯的分辨率用式(1)计算：

$$\text{分辨率} = \frac{2 \times (t_2 - t_1)}{1.669 \times (y_1 + y_2)} \quad \cdots\cdots (1)$$

式中：

t_1——环己烷的保留时间，单位为秒(s)；

t_2——邻二甲苯的保留时间，单位为秒(s)；

y_1——环己烷的半峰宽，单位为秒(s)；

y_2——邻二甲苯的半峰宽，单位为秒(s)。

如果分辨率小于5.0，要检查系统各组件是否运转正常，色谱的死体积是否达到最小。调节流速看分辨率是否能够提高，否则就要检查流动相质量是否满足要求。若仍未解决，更换色谱柱。

8.5 用数据处理系统测定二苯并噻吩和9-甲基蒽的保留时间。

8.6 反冲洗时间点B用式(2)计算：

$$B = t_A + 0.4(t_B - t_A) \quad \cdots\cdots (2)$$

式中：

t_A——二苯并噻吩的保留时间，单位为秒(s)；

t_B——9-甲基蒽的保留时间，单位为秒(s)。

8.7 操作条件稳定后，进 10 μL 的 SPS(8.3)，记录谱图。在预先测定的时间点 B(8.6)上使反吹阀反冲洗以便把三环$^+$芳烃洗脱成一尖锐的窄峰，标准溶液 A_2 的色谱图参见图 D.1。分析完成后，改变流动相的流向，返回到向前流动的方向，使基线在下次分析前稳定。

8.8 重复上述操作，确保环己烷，邻二甲苯、1-甲基萘、二苯并噻吩、9-甲基蒽峰面积的重复性在方法规定范围之内。

9 分析步骤

9.1 工作曲线制作

9.1.1 称取适量的标准物质，准确到 0.000 1 g，置于 100 mL 容量瓶中，用正庚烷制稀释至刻度：对于终馏点小于或等于 300 ℃的试样测定，按照表 1 给出的浓度配制标准溶液 A_1、B_1、C_1、D_1；对于终馏点大于 300 ℃的试样测定，按照表 1 给出的浓度配制标准溶液 A_2、B_2、C_2、D_2。

注 1：表 1 推荐的浓度范围覆盖了大多数的柴油馏程范围内的试样和大多数的航空煤油馏程范围内的试样。只要满足方法的要求(如线性、检测器灵敏度、柱分辨率)，也可以使用其他浓度的标准溶液。

注 2：标准溶液应保存在密封较好的瓶子(如 10 mL 容量瓶)中，且在 5 ℃～25 ℃于暗处保存。在此条件下，标准溶液在半年内可以使用。

9.1.2 对于终馏点小于或等于 300 ℃试样的测定，操作条件稳定后(8.4)，进 10 μL 表 1 中标准溶液 A_1，记录谱图，测量各个标准物质的峰面积，确保各种芳烃化合物达到基线分离，不需进行反吹；对于终馏点大于 300 ℃的试样测定，操作条件稳定后，进 10 μL 表 1 中的标准溶液 A_2，记录谱图，测量各个标准物质的峰面积(图 D.1)，在预先测定的时间点 B 将反吹阀反吹以便把三环$^+$芳烃标样洗脱成一尖锐的峰，分析完成后，改变流动相的流向，返回到向前流动的方向，使基线在下次分析前稳定。

表 1 标准溶液的浓度

样品类型	标准物质	环己烷/(g/100 mL)	邻二甲苯/(g/100 mL)	1-甲基萘/(g/100 mL)	菲/(g/100 mL)
终馏点小于或等于 300 ℃	A_1	5.0	15.0	5.0	—
	B_1	2.0	5.0	1.0	—
	C_1	0.5	1.0	0.2	—
	D_1	0.1	0.1	0.05	—
终馏点大于 300 ℃	A_2	5.0	4.0	4.0	0.4
	B_2	2.0	1.0	1.0	0.2
	C_2	0.5	0.25	0.25	0.05
	D_2	0.1	0.05	0.02	0.01

9.1.3 继续用表 1 中的标准溶液 B_1、C_1、D_1 或者 B_2、C_2、D_2 重复 9.1.2。

9.1.4 如果表 1 中标准溶液 D_2 中菲的面积太小而不能准确测定，按照 9.1.1 重新配制菲含量较高的标准溶液 D_2(如 0.02 g/100 mL)。

9.1.5 用各个芳烃标准物质(邻二甲苯、1-甲基萘、菲)的浓度对峰面积作图。工作曲线必须是相关系数大于 0.999 的直线，并且截矩小于±0.01 g/100 mL。

9.2 试样分析

9.2.1 对于终馏点小于或等于 300 ℃的试样，称取 4.9 g～5.1 g，精确至 0.001 g；对于终馏点大于 300 ℃的试样，称取 0.9 g～1.1 g，精确至 0.001 g，置于 10 mL 容量瓶中，用正庚烷稀释至刻度。用力摇动使试样溶液混合均匀后，静置 10 min，如果有必要，过滤除去试样溶液中的颗粒物。

对于一种或多种芳烃含量浓度超出工作曲线的范围的试样，要根据实际情况，配制浓度更高(如 20 g/10 mL)或更低(如 0.5 g/10 mL)的样品溶液。

9.2.2　当操作条件稳定，且与制作工作曲线的条件相同时，进 10 μL 试样溶液(9.2.1)，采集数据。对于终馏点小于或等于 300 ℃的试样，确保各种芳烃化合物达到基线分离，不需进行反冲洗；对于终馏点大于 300 ℃的试样，在预先测定的时间点 B(8.6)使反吹阀反冲洗以便把三环$^+$芳烃洗脱成一尖锐的峰。柴油试样的典型色谱图参见图 E.1，分析完成后，改变流动相的流向，返回到向前流动的方向，使基线在下次分析前稳定。

9.2.3　用于确定峰和基线的航空煤油色谱图参见图 E.2，对于终馏点小于或等于 300 ℃的试样，采用合适的方法找出单环芳烃峰、双环芳烃峰。从非芳烃的开始处到所有化合物都流出，基线稳定处(图 E.2 中 C)作基线。从非芳烃和单环芳烃的峰谷处(图 E.2 中 A)作垂线，再从单环芳烃和双环芳烃的峰谷处(图 E.2 中 B)作垂线，测量单环芳烃和双环芳烃的峰面积。

9.2.4　用于确定峰和基线的柴油色谱图见图 E.3，对于终馏点大于 300 ℃的试样，采用合适的方法找出单环芳烃峰、双环芳烃峰和三环$^+$芳烃峰。

9.2.5　从非芳烃的开始处(图 E.3 中 A)到反吹阀将要动作处(图 E.3 中 D)作基线。

9.2.6　从非芳烃和单环芳烃的峰谷处(图 E.3 中 B)作垂线。

9.2.7　从单环芳烃和双环芳烃的峰谷处(图 E.3 中 C)作垂线。

9.2.8　从三环$^+$芳烃峰的开始处(图 E.3 中 E)到三环$^+$芳烃峰的结束处(图 E.3 中 F)作基线。可以预见，随着反吹阀的动作基线会发生波动，因此，在反吹阀动作后，需要等基线稳定后再作基线。

9.2.9　从图 E.3 中 B 到 C 点进行积分得到单环芳烃色谱峰。

9.2.10　从图 E.3 中 C 点到 D 点进行积分得到双环芳烃色谱峰。

9.2.11　从图 E.3 中 E 点到 F 点进行积分得到三环$^+$芳烃色谱峰。

10　计算

10.1　单环芳烃、双环芳烃或三环$^+$芳烃的含量

单环芳烃、双环芳烃或三环$^+$芳烃的含量 X_i(%)计算如式(3)所示：

$$X_i = \frac{C_i \times V}{m} \quad \cdots\cdots(3)$$

式中：

C_i——从工作曲线上查得的单环芳烃、双环芳烃或三环$^+$芳烃的含量，g/100 mL；

V——试样的总体积，单位为毫升(mL)；

m——试样的质量，单位为克(g)。

取两次测定结果的平均值，结果保留到 0.1%。

10.2　多环芳烃的含量

对于终馏点大于 300 ℃的试样，由式(4)计算多环芳烃含量 X_2(%)：

$$X_2 = X_{\text{双环芳烃}} + X_{\text{三环}^+\text{芳烃}} \quad \cdots\cdots(4)$$

取两次测定结果的平均值，结果保留到 0.1%。

10.3　总芳烃的含量

对于终馏点大于 300 ℃的试样，总芳烃的含量为单环芳烃、双环芳烃和三环$^+$芳烃含量之和；对于终馏点小于或等于 300 ℃的试样，总芳烃的含量为单环芳烃和双环芳烃含量之和。

取两次测定结果的平均值，结果保留到 0.1%。

11　精密度

用下述规定判断测定结果的可靠性(95%置信水平)。

a)　重复性

对于终馏点小于或等于 300 ℃的试样，同一操作者用同一仪器对同一试样重复测定的两次结

果之差不应大于表2中的值；对于终馏点大于300℃的试样，同一操作者用同一仪器对同一试样重复测定的两次结果之差不应大于表3中的值。

b） 再现性

对于终馏点小于或等于300℃的试样，不同操作者在不同的实验室对同一试样各自测定，所得两个独立结果之差不应大于表2中的值；对于终馏点大于300℃的试样，不同操作者在不同的实验室对同一试样各自测定，所得两个独立结果之差不应大于表3中的值。

表2 终馏点小于或等于300℃试样的精密度

芳烃类型	含量/%	重复性/%	再现性/%
单环芳烃	10.5～24.1	$0.129X^{0.667}$	$0.261X^{0.667}$
双环芳烃	0.10～6.64	$0.337X^{0.333}$	$0.514X^{0.333}$
注：X 表示两个平行测定结果的平均值。			

表3 终馏点大于300℃试样的精密度

芳烃类型	含量/%	重复性/%	再现性/%
单环芳烃	4～40	$0.026(X+14.7)$	$0.063(X+17.3)$
双环芳烃	0～20	$0.100(X+2.6)$	$0.320(X+1.8)$
三环$^{+}$芳烃	0～6	$0.120(X+0.6)$	$0.640(X+0.3)$
多环芳烃	0～26	$0.130(X+2.5)$	$0.290(X+2.5)$
总芳烃	4～65	$0.036(X+1.5)$	$0.116(X+6.3)$
注：X 表示两个平行测定结果的平均值。			

附 录 A
（资料性附录）
色谱柱的选择和使用

A.1 色谱柱的柱长 150 mm～300 mm，内径 4 mm～5 mm 比较合适。最好采用硅胶或者氨基键合硅胶的保护柱，并定期更换。

A.2 一些商品固定相由于批次之间的差别，会使分辨率和芳烃选择性有差别。因此在购买柱子前要对每根柱子进行测试，确保满足分辨率和选择性的最低要求。

A.3 新柱子里流动相可能与本标准不同，因此应该用本标准中的流动相进行冲洗老化。推荐最少要在 1 mL/min 的流速下冲洗 2 h，但是有时需要冲洗 2 天。也可以在 0.25 mL/min 的流速下至少冲洗12 h。

A.4 在进行精密度测试时采用的柱子都能够在长时间内保持稳定，柱子寿命可达到 2 年甚至更长。但在缺乏相应质控手段的情况下，柱子性能的微小变化是很难察觉的。推荐日常记录柱前压和标准样品的保留时间作为系统和柱子性能检测的手段。

A.5 使用过的柱子，如果不能满足本标准的要求，可以采用极性溶剂反复冲洗（如二氯甲烷，1 mL/min 的流速下冲洗 2 h），然后像新柱子一样老化。

A.6 推荐以下柱子作为本标准的分析柱：

1） Waters Spherisorb 3 NH_2；

2） Waters Spherisorb 5 NH_2；

3） UBondapak 10 μm NH_2；

4） Whatman 5 PAC；

5） Lichrosphere 100 NH_2，5 μm。

附 录 B
（资料性附录）
液相色谱装置示意图

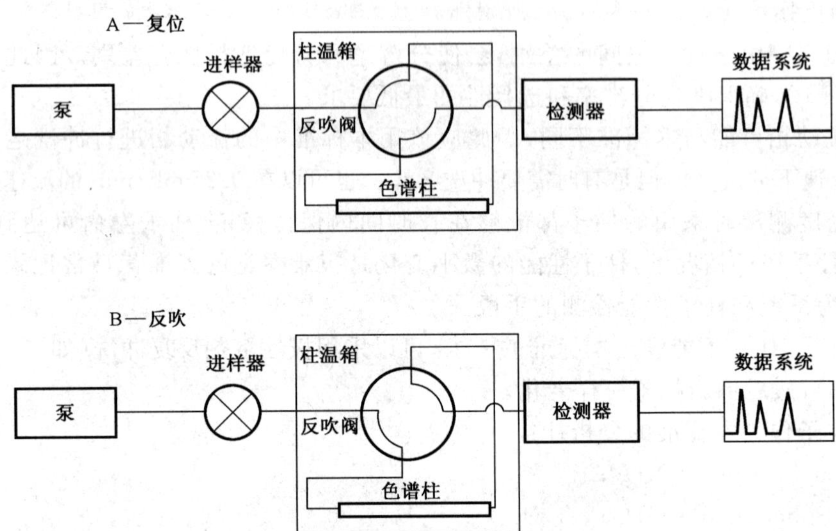

图 B.1 液相色谱装置示意图

附　录　C
（资料性附录）
系统性能验证标准溶液色谱图

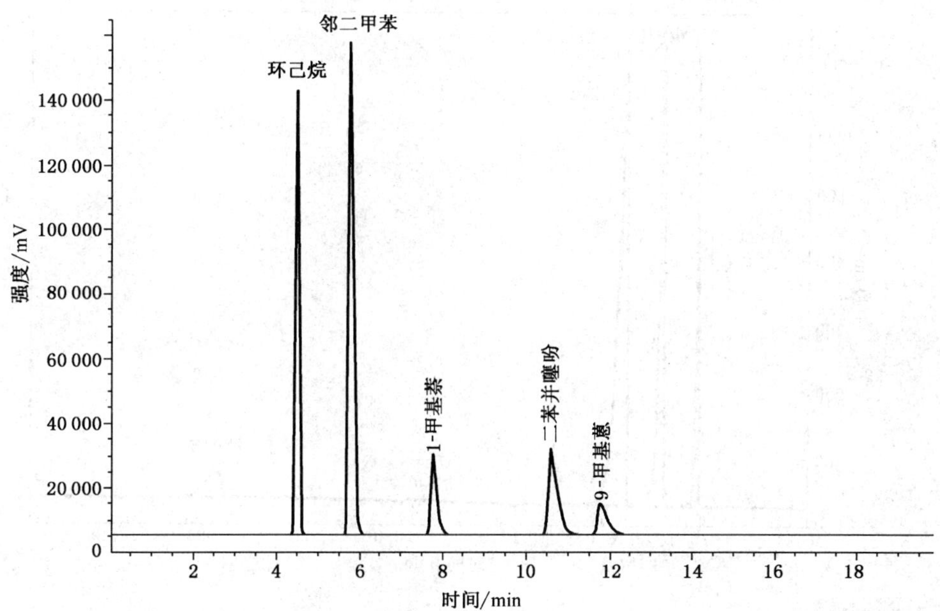

图 C.1　系统性能验证标准溶液色谱图

附　录　D
（资料性附录）
标准溶液 A_2 色谱图

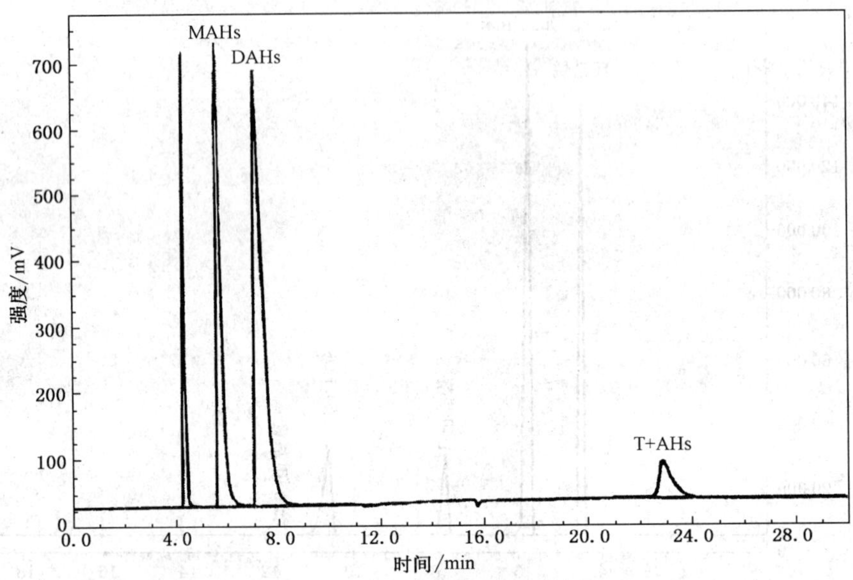

图 D.1　标准溶液 A_2 色谱图

附 录 E
（资料性附录）
柴油和航空煤油色谱图

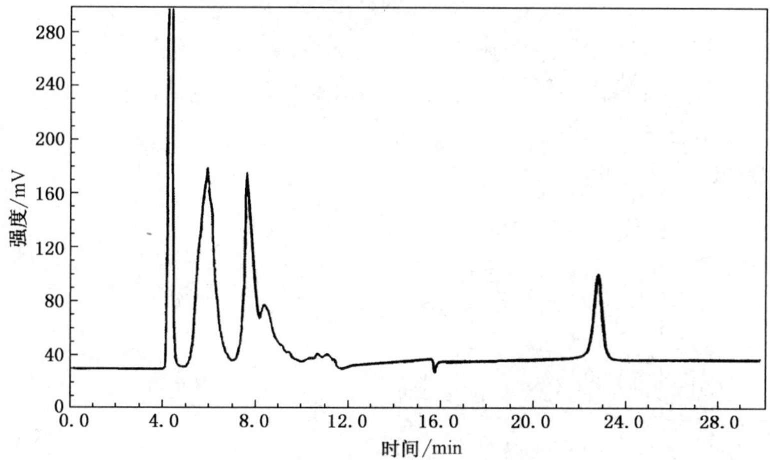

图 E.1 柴油试样的色谱图

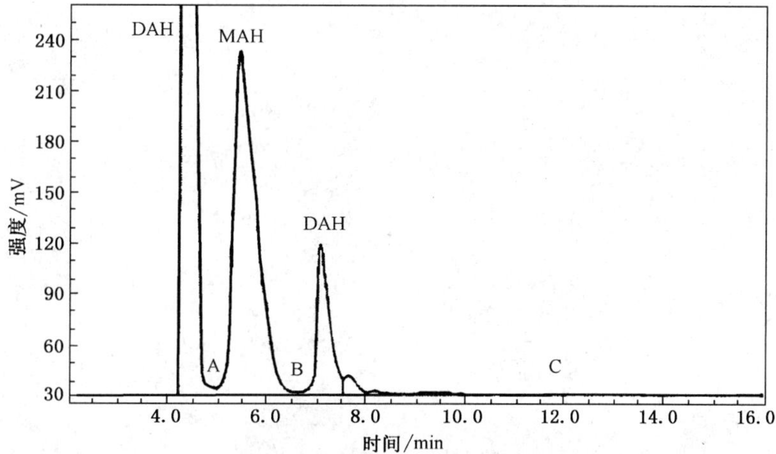

图 E.2 用于确定峰和基线的航空煤油色谱图

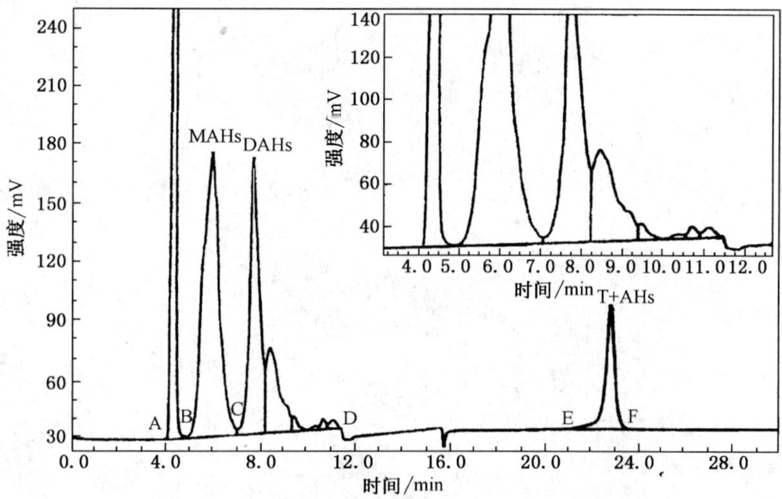

图 E.3 用于确定峰和基线的柴油色谱图

中华人民共和国出入境检验检疫行业标准

SN/T 2382—2009

液化石油气中微量水分的测定
卡尔·费休法

Determination of water in liquid petroleum gas—
Karl Fischer method

(ISO 10101-3:1993, Natural gas—Determination of water by the Karl Fischer method—Part 3:Coulometric procedure, MOD)

2009-09-02 发布　　　　2010-03-16 实施

中华人民共和国国家质量监督检验检疫总局 发布

前　言

本标准修改采用 ISO 10101-3:1993《天然气中水含量的测定　卡尔·费休法　第3部分:库仑法》(英文版)。

本标准根据 ISO 10101-3:1993 重新起草。为了方便比较,在附录 A 中列出了本标准章条编号与 ISO 10101-3:1993 章条编号的对照一览表。

本标准与 ISO 10101-3:1993 的主要差异如下:

——适用范围由天然气水含量的测定改为液化石油气中微量水分的测定;

——第2章中根据 GB/T 1.1—2000《标准化工作导则　第1部分:标准的结构和编写规则》的要求改为规范性引用文件,将部分引用标准改为我国相应的国家标准和行业标准;

——增加了第4章"反应和干扰";

——考虑到液化石油气和天然气的差异,根据实验室间协同试验结果规定了本标准的精密度。

本标准的附录 A 为资料性附录。

本标准由国家认证认可监督管理委员会提出并归口。

本标准起草单位:中华人民共和国宁波出入境检验检疫局检验检疫技术中心。

本标准主要起草人:邬蓓蕾、袁丽凤、杨文潮、林振兴、叶海雷、俞雄飞、王豪。

本标准系首次发布的出入境检验检疫行业标准。

液化石油气中微量水分的测定 卡尔·费休法

1 范围

本标准规定了卡尔·费休法(库仑法)直接测定液化石油气中微量水分的标准方法。

本标准适用于液化石油气中水分含量范围为 5 mg/m³～5 000 mg/m³ 的测定。

本标准中体积计量的标准参比条件为 273.15 K(0 ℃),101.325 kPa(1 atm)。

本标准不适用于硫化氢和硫醇含量大于水含量的 20%的液化天然气中水分的测定。

2 规范性引用文件

下列文件中的条款通过本标准的引用而成为本标准的条款。凡是注日期的引用文件,其随后所有的修改单(不包括勘误的内容)或修订版均不适用于本标准,然而,鼓励根据本标准达成协议的各方研究是否可使用这些文件的最新版本。凡是不注日期的引用文件,其最新版本适用于本标准。

GB/T 6379.2 测量方法与结果的准确度(正确度与精密度) 第 2 部分:确定标准测量方法重复性与再现性的基本方法

SH/T 0233 液化石油气采样法

ISO 10101-1:1993 天然气-水含量的测定 卡尔·费休法 第 1 部分:导则

BS 2000-272:2000 石油和石油产品的试验方法 液化石油气(LPG)的硫醇性硫和硫化氢含量的测定 电位滴定法

3 原理

一定体积的液化石油气通入到卡尔·费休滴定池中,气体中的水分被卡尔·费休试剂吸收。与水反应所需要的碘单质,通过碘离子在阳极氧化产生,消耗的电量与产生的碘单质的量及与之反应的水量成正比。

4 反应和干扰

4.1 根据 ISO 10101-1:1993 卡尔·费休反应和电极反应式如下:

$$ROH + SO_2 + RN \longrightarrow (RNH)\cdot SO_3R$$

$$(RNH)\cdot SO_3R + 2RN + I_2 + H_2O \longrightarrow (RNH)\cdot SO_4R + 2(RNH)I$$

$$2I^- \longrightarrow I_2$$

注:ROH 一般为甲醇,也可以用乙醇、异丙醇、2-甲氧基乙醇(乙二醇单甲基醚)替代,RN 一般为吡啶,也可用其他合适的碱性含氮化合物替代。

4.2 液化石油气中含有的硫化氢和硫醇同样会与卡尔·费休试剂发生反应,引起结果的偏差。当液化气中含有的硫化氢和硫醇的浓度低于水含量的 20%时,可按 9.2 进行校正。

液化石油气中硫化氢和硫醇的浓度按 BS 2000-272:2000 进行测定。

5 试剂和材料

除非另有说明,在分析中仅使用确认为分析纯的试剂和蒸馏水或去离子水或相当纯度的水。

5.1 卡尔·费休试剂

卡尔·费休试剂的典型组成(质量分数):34%三氯甲烷,3%四氯甲烷,22%的甲醇,其余为二硫化碳和吡啶。

其他专用于卡尔·费休库仑法的试剂也可使用。

5.2 参比溶液

水和甲醇的混合物,其中水含量为:5.0 mg/L(±4%)或 10.0 mg/L(±4%)。将此溶液贮存于密封瓶中。

5.3 五氧化二磷,带指示剂。

注:五氧化二磷中均匀混入少量变色硅胶起指示剂作用,另外,为防止五氧化二磷吸水后结块和便于装置的拆装,可以均匀混入少量洁净干燥的石英砂。

5.4 注射器:10 μL。

6 仪器

液化石油气微量水分测定的卡尔·费休库仑仪的典型装配见图1。所有与气体接触的部件应当用玻璃或不锈钢材料。活动连接部件应当采用氯丁橡胶或氟橡胶材料。

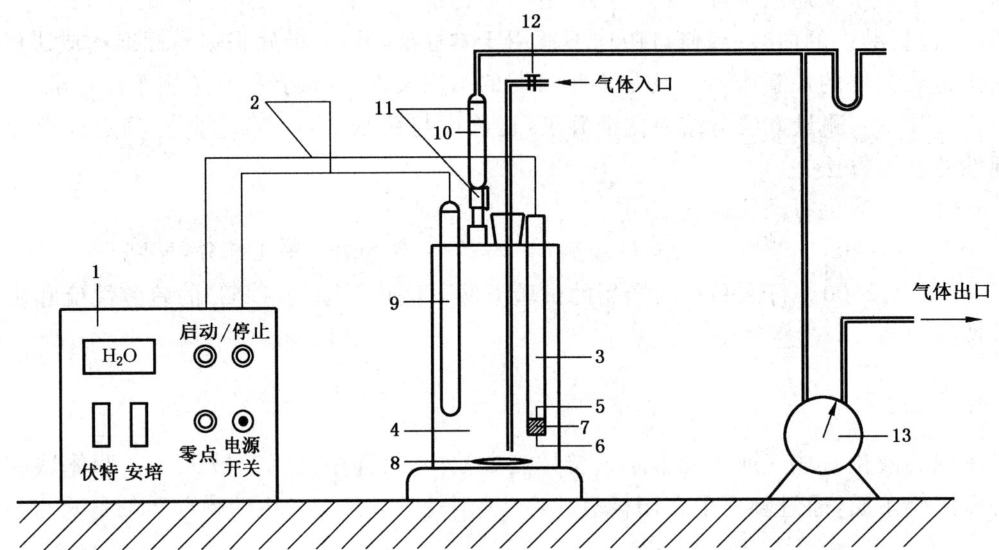

1——控制箱;
2——连接电缆;
3——阴极池;
4——阳极池;
5——阴极;
6——阳极;
7——隔膜;
8——磁性搅拌子;
9——铂电极对;
10——气体出口干燥管;
11——锥形磨口接头;
12——针型阀;
13——气体流量计。

图1 卡尔·费休仪(库仑法)典型装置图

7 取样

按 SH/T 0233 取样。取样过程中，应保证气流温度高于露点温度。如有必要，可加热取样装置。

8 分析步骤

8.1 预滴定

向阳极池和阴极池中加入卡尔·费休试剂(5.1)，接通电源，开启仪器进行预滴定，等待仪器稳定，预滴定完成。

8.2 仪器检查

待仪器稳定后，用参比溶液(5.2)冲洗注射器(5.4)两次后，向阳极池中注入一定量的参比溶液，约 10 μL，打开搅拌器，开始测定。在预期的重复性范围之内，测定结果应与参比溶液中水的实际结果相符合。如果结果不在重复性范围内，应该查找仪器的技术缺陷和操作方面的问题，并在使用以前加以解决。

8.3 样品测定

打开搅拌器，设置合适的搅拌速度。通过进样管将液化石油气直接导入滴定池约 1 min，关闭针形阀，进行预滴定，待预滴定完成以后，将气体流速调节到 500 mL/min 到 700 mL/min 之间，用湿式气体流量计在滴定池出口测量气体流速和通过滴定池的气体体积，气体的进样体积取决于其水含量。当预定体积的气体通过滴定池后，关闭针形阀。

当水含量较低时，以延迟到通入所需的气体体积后再测定或许更好，只有当库仑仪具备程序设定的功能时，才可以采用延迟测定。延迟测定时，在设定时间内仪器连续对本底进行补偿。如果使用了延迟测定，操作者应确保零点漂移自动校正功能正常。

8.4 空白测定

当水含量低于 100 mg/m^3 时，应进行空白测定以校正液化气样品通入过程中碘的挥发损失引起的结果偏差。在尽可能靠近滴定池的入口处，安装一个五氧化二磷吸收管，在与实际样品测定相同的条件(流速、时间、压力和温度)下，通入一定量的干燥气体进行空白测定。重复空白测定，直至达到一个稳定水平。

注：与五氧化二磷相平衡时的水蒸气含量可达 0.2 mg/m^3，在环境条件下，碘挥发造成相当于 1 mg/m^3 至 4 mg/m^3 的水含量。

当吸收管的变色长度超过其长度的一半时，应更换其中的五氧化二磷。

9 结果计算

9.1 结果计算

用式(1)计算在本标准参比条件下的水含量 ρ_{H_2O}。

$$\rho_{H_2O} = \frac{(m_1 - m_0) \times (273.15 + t) \times 101.325}{V(p - p_W) \times 273.15} \quad \cdots\cdots(1)$$

式中：

ρ_{H_2O}——水含量，单位为毫克每立方米(mg/m^3)；

m_0——空白测定所得水的质量，单位为毫克(mg)；

m_1——样品测定所得水的质量，单位为毫克(mg)；

t——湿式气体流量计所计量的气体温度，单位为摄氏度(℃)；

V——通过滴定池的气体体积，单位为立方米(m^3)；

p——湿式气体流量计所计量的气体的绝对压力，单位为千帕(kPa)；

p_W——在温度 t 下水的蒸汽压，单位为千帕(kPa)。

结果取两次测定结果的平均值，保留至整数位。

9.2 干扰校正

液化石油气中含有的硫化氢和硫醇同样会与卡尔·费休试剂发生反应，引起结果的偏差。当液化石油气中含有的硫化氢和硫醇的浓度低于水含量的20％时，可用式(2)对结果进行校正：

$$\rho_{H_2O}^{o} = \rho_{H_2O} - \frac{9\rho_{H_2S(S)}}{16} - \frac{9\rho_{RSH(S)}}{32} \qquad \cdots\cdots(2)$$

式中：

$\rho_{H_2O}^{o}$——实际水含量，单位为毫克每立方米(mg/m³)；

ρ_{H_2O}——检测得到的水含量，单位为毫克每立方米(mg/m³)；

$\rho_{H_2S(S)}$——气体中以硫计的硫化氢的含量，单位为毫克每立方米(mg/m³)；

$\rho_{RSH(S)}$——气体中以硫计的硫醇含量，单位为毫克每立方米(mg/m³)。

10 精密度

根据GB/T 6379.2按以下规定判断结果的可靠性(95％置信水平)：

a) 重复性

在同一实验室，由同一操作者使用相同设备，按相同的测试方法，并在短时间内对同一被测对象相互独立进行测试获得的两次独立测试结果的绝对差值不大于这两个测定值的算术平均值的5％。

b) 再现性

在不同的实验室，由不同操作者使用不同设备，按相同的测试方法，对同一被测对象相互独立进行测试获得的两次独立测试结果的绝对差值不大于这两个测定值的算术平均值的10％。

11 报告

报告至少应包括以下信息：

a) 依据标准；

b) 取样或测定的日期、时间；

c) 取样或测定的地点；

d) 现场分析或取样后到实验室分析；

e) 取样或分析时气体的温度和压力；

f) 气体中干扰物的浓度及校正；

g) 任何与规定方法偏离的情况。

附 录 A
（资料性附录）
本标准章条编号与 ISO 10101-3：1993 章条编号对照

本标准中章条编号与 ISO 10101-3：1993 章条编号对照一览表如表 A.1 所示。

表 A.1 本标准章条编号与 ISO 10101-3：1993 章条编号对照

本标准中章条编号	ISO 10101-3：1993 章条编号
1	1
2	2
3	3
4	—
5.1～5.3	4.1～4.3
5.4	—
6	5
7	6
8.1～8.4	7.1～7.4
9.1～9.2	8.1
10	8.2
11	9
附录 A	—

中华人民共和国出入境检验检疫行业标准

SN/T 2417.1—2010

进口凝析油检验规程
第1部分:岸罐检验

Rules for inspection of imported condensate—Part 1:Shore tank inspection

2010-01-10 发布　　2010-07-16 实施

中华人民共和国国家质量监督检验检疫总局 发布

前　言

SN/T 2417《进口凝析油检验规程》系列标准共分为2部分：

——第1部分：岸罐检验；

——第2部分：船舱检验；

本部分为SN/T 2417系列标准的第1部分。

本部分的附录A为规范性附录。

本部分由国家认证认可监督管理委员会提出并归口。

本部分起草单位：中华人民共和国广东出入境检验检疫局。

本部分主要起草人：吴序锋、梁妙玲、郑建国、郭汉城、叶庆赟、郭武。

本部分系首次发布的出入境检验检疫行业标准。

进口凝析油检验规程
第1部分:岸罐检验

警告:本部分没有提出与其应用时有关的全部安全问题。在使用前,本标准的使用者有责任制定相应的安全和卫生规程,并明确其受限制的适用范围。

1 范围

SN/T 2417的本部分规定了进口凝析油的检验规程。

本部分适用于进口凝析油的岸罐检验。

2 规范性引用文件

下列文件中的条款通过SN/T 2417的本部分的引用而成为本部分的条款。凡是注日期的引用文件,其随后所有的修改单(不包括勘误的内容)或修订版均不适用于本部分,然而,鼓励根据本部分达成协议的各方研究是否可使用这些文件的最新版本。凡是不注日期的引用文件,其最新版本适用于本部分。

GB/T 1884 原油和液体石油产品密度实验室测定法(密度计法)

GB/T 3555 石油产品赛波特颜色测定法(赛波特比色计法)

GB/T 4016 石油产品名词术语

GB/T 4756 石油液体手工取样法

GB/T 6531 原油和燃料油中沉淀物测定法(抽提法)

GB/T 6533 原油中水和沉淀物测定法(离心法)

GB/T 6536 石油产品蒸馏测定法

GB/T 7304 石油产品和润滑剂酸值测定法

GB/T 8020 汽油铅含量测定法(原子吸收光谱法)

GB 8789 职业性急性硫化氢中毒诊断标准及处理原则

GB/T 8929 原油水含量的测定 蒸馏法

GB/T 17040 石油和石油产品硫含量的测定 能量色散X射线荧光光谱法

GB/T 17144 石油产品残炭测定法(微量法)

SH/T 0604 原油和石油产品密度实验法(U型震动管法)

SH/T 0714 石脑油中单体烃组成测定法(毛细管气相色谱法)

ASTM D 86 石油产品常压蒸馏测定法

ASTM D 156 石油产品赛波特颜色测定法(赛波特颜色比色计法)

ASTM D 323 石油产品蒸气压测定法(雷德法)

ASTM D 1298 原油和液体石油产品密度、相对密度(比重)、API重度测定法(液体比重计)

ASTM D 3230 原油中盐含量测定法(电量法)

ASTM D 4006 原油中水含量测定法(蒸馏法)

ASTM D 4007 原油中水和沉淀物测定法(离心分离法)

ASTM D 4057 石油和石油产品手工采样规程

ASTM D 4294 石油及石油产品硫含量测定法(能量色散X射线荧光光谱法)

ASTM D 4928 原油中水含量测定法(库伦卡尔·费休滴定法)

ASTM D 5002　原油密度和相对密度测定法(数字密度分析仪法)
ASTM D 5134　石脑油至正壬烷详细分析测定法(气相色谱法)
ASTM D 5191　石油产品蒸气压测定法(微量法)
ASTM D 5443　石油馏分至 200 ℃中烷烃、环烷烃、和芳烃的烃类型分析方法(多维气相色谱法)
ASTM D 5453　轻烃、发动机燃料和发动机油品种中硫含量测定法(紫外荧光法)
ASTM D 6378　石油产品、烃类及烃含氧化合物蒸气压(VPX)测定法(三级膨胀法)
ASTM D 6470　原油中盐含量测定法(电位滴定法)
UOP 938　液态烃中总汞和汞元素含量测定

3　术语和定义

GB/T 4016 确立的以及下列术语和定义适用于本部分。

3.1

检验人员　inspection person

经过培训,有一定的理论基础、一定的实际工作经验,熟悉相关的检验检疫法律法规和标准,能够发现储油装备的故障或缺点、能够判别实验仪器是否符合实验要求,并能对储油装备或仪器设备的故障或缺点对是否进一步使用的可能性与对油品性能和检验结果的潜在影响做出正确估计与判断的人员。

3.2

凝析油　condensate

即凝析原油,开采原油或湿天然气时,集输的油田伴生气或天然气经压缩冷却后,其中部分轻质烃类凝缩成液态烃,在我国称凝析油,在国外称天然汽油。

3.3

检验批　inspection lot

为实施检验而根据合同汇集的同一产地或不同产地、同一批交付或不同批次交付、进口后存放在同一储油罐内或不同储油罐内的单位产品称为检验批,简称批。

3.4

完整样品　integrity of the sample

样品处于没有被改变的完整状态,即所保存的样品和从散装液体中取得时具有相同的组成。

3.5

岸罐取样　sampling from shore tank

为获得检验用样品,用取样器在装油岸罐抽取代表性样品的方法。

3.6

样品准备　samlpe conditioning

在制备分析样品时,必须进行匀化,并成为稳定样品。

3.7

样品处理　sample handling

指样品准备、转移、划分和运输。它包括从取样器(接收器)中将样品转移到容器和从容器中将样品转移到进行分析的实验室仪器中。

3.8

代表性样品　representative sample

样品的物理或化学特性与被取样的总体积的体积平均特性相同的样品。

3.9

不合格　nonconformity

不满足规范(或合同)的要求。

4 取样

4.1 制定取样计划及准备

4.1.1 在取样之前，必须先了解如下资料：

a) 报检资料。如收发货人的资料、提单、品质报告、物料安全数据单(MSDS)、数重量报告、积载图、空距报告等；

b) 油罐检定表和油罐检定证书；

c) 油罐使用记录；

d) 油品品质和数量记录。

4.1.2 根据上述材料制定取样计划，确定取样单元、取样方法、取样工具和取样安全措施。

4.1.3 确定检验批。一般以一个罐为一个检验批。

4.1.4 满罐凝析油取样必须考虑前次残油的影响：

a) 如果两次装载的是同一种油，按照油面下 1/6、1/2、5/6 三点位置取样。

b) 如果两次装载的不是同一种油，两种油密度相差在 1.2‰以上，按照油深从上到下每米取样。

4.1.5 当油罐里油层的深度小于 3 m，只取油层的中部样，即油面下 1/2 的位置。

4.1.6 样品容器可用马口铁罐或玻璃瓶。使用马口铁罐，内壁应涂过涂料，用配有耐油材料垫片的金属螺旋帽，或者一次性塑料盖密封，确保密封性能良好。

4.2 安全防护

取样前应采取必要的安全防护措施，见附录 A。

4.3 取样

4.3.1 取样器应用气体闭锁装置，取样操作过程中，气体闭锁装置应接地。

4.3.2 取第一个点样时，取样器应在取样位置上下往复几次，利用油品对取样器的冲刷达到清洗目的。如果取第二种油，也必须按此方法清洗取样器。取样按照从上至下的顺序进行，避免在取样过程中污染油料。

4.3.3 第一个点取两次样品，第一次所取样品用于清洗样品容器。样品容器放在装有冰块的箱中，取两个平行样，一个作为检测样，一个作为留样。

4.3.4 每个点样取进容器后，容器盖要盖上，以减少样品的挥发；取样完成后，样品容器应留 20%左右用于膨胀的无油空间，盖紧瓶盖摇匀，然后封识，倒置样品容器，冷藏，样随人走。

4.3.5 样品到实验室时应置于 0 ℃～1 ℃的防爆冰箱中。

5 检测

5.1 蒸气压的测定

蒸气压的测定应是第一个试验，测定可按 ASTM D6378、ASTM D5191、ASTM D323 之一进行。在所有情况下，在打开容器之前，盛试样的容器和在容器中的试样均应冷却到 0 ℃～1 ℃。取样后应尽快检测。

5.2 馏程的测定

馏程的测定按 ASTM D86 或 GB/T 6536 进行，取样瓶和试样温度 0 ℃～1 ℃。取样后应尽快检测。

5.3 单体烃组成和烷烃、烯烃、环烷烃、芳香烃组成的测定

单体烃(DHA)组成和烷烃、烯烃、环烷烃、芳香烃(PONA)组成的测定按照 ASTM D5134、SH/T 0714 或者 ASTM D5443 多维气相色谱法进行，试样保存温度 0 ℃～1 ℃。取样后应尽快检测。

5.4 密度的测定

密度的测定，自动仪器按 ASTM D5002 或者 SH/T 0604 进行，密度计法按 ASTM D1298 或

GB/T 1884 进行，试样保存温度 0 ℃～1 ℃。取样后应尽快检测。

5.5 颜色的测定

颜色的测定按 ASTM D156 或者 GB/T 3555 进行。

5.6 水分和沉淀物的测定

5.6.1 目视法。将样品注入 100 mL 玻璃量筒中，在室温下观察，若透明，没有悬浮和沉降的水分及沉淀物，可认为凝析油部不含水和沉淀物。

5.6.2 离心法。按 GB/T 6533 或 ASTM D4007 测定水分和沉淀物。有异议时，按 5.6.3 要求测定水分，按 5.6.4 要求测定沉淀物。

5.6.3 按 GB/T 8929、ASTM D4006 或 ASTM D4928 测定水分，ASTM D4928 测定应考虑硫醇的干扰。当测定精密度要求较高时，水分测定按 GB/T 8929 进行。

5.6.4 按 GB/T 6531 测定沉淀物。

5.7 盐含量的测定

盐含量的测定按 ASTM D3230 或 ASTM D6470 进行。

5.8 总酸值的测定

总酸值的测定按 GB/T 7304 进行。

5.9 硫含量的测定

总硫含量的测定按 GB/T 17040、ASTM D4294、ASTM D5453 进行。

5.10 10%蒸余物残炭的测定

10%蒸余物残炭的测定按 GB/T 17144 进行。

5.11 汞含量的测定

汞含量的测定按 UOP 938 进行，取样当天检测。

5.12 铅含量的测定

铅含量的测定按 GB/T 8020 进行，取样当天检测。

6 检验结果的判定

6.1 在检验中发现一项或一项以上不合格时，判定该批货物不合格。

6.2 如果没有限量值，则不做合格判定，仅出具实测结果。

7 报告

报告至少应包括以下信息：

a) 依据标准；
b) 取样或测定的日期、时间；
c) 取样或测定的地点；
d) 现场分析或取样后到实验室分析；
e) 任何与规定方法偏离的情况。

8 样品保管

样品应保存在密闭的容器内，此容器不与凝析油发生反应。样品应放置在防爆冰箱中，保存温度为 0 ℃～1 ℃。

样品保存期为 60 d。法律、标准或客户有要求时可另行规定，但必须以样品品质的完整性和稳定性为前提。可能的话，进口索赔样品应保存至结案。

附 录 A
（规范性附录）
安 全 措 施

A.1 综述

A.1.1 下述安全注意事项都是应该遵守，并应与相应的国家安全规程或石油工业认可的规则一起应用，在执行这些注意事项时都不应与必须遵守的国家或地方的安全规程相冲突。

操作人员应充分研究被取凝析油的性质与其危险性相应需要遵守的安全注意事项是否有影响，如有影相应采取预防措施加以解决。

A.1.2 应对取样人员进行遵守安全注意事项的教育，使取样人员了解和知道取样工作中的潜在的危险。

A.1.3 应严格遵守包括进入危险区域的全部安全规程。

A.1.4 在取样期间应注意避免吸入凝析油蒸气，戴上不溶于烃类的防护手套。在有飞溅危险的地方，应戴上眼罩和面罩。在处理含硫凝析油时，应附加必要的注意事项。

A.2 取样人的防护

A.2.1 取样前必须了解硫化氢等毒害气体浓度，毒害气体浓度高时必须做好相应的安全防护措施。急性硫化氢中毒的诊断、中毒分级、治疗原则、劳动能力鉴定、健康检查的要求等，按照 GB 8789 执行。

A.2.2 取样前先接触距离取样口至少 1 m 远的接地导电部件，使人体的静电荷接地。取样时站在上风口避免吸入油气，在大气电干扰或冰雹暴风雨期间不进行取样。

A.2.3 取样时应穿防静电服，站在上风口，带便携式硫化氢气体检测器，当硫化氢气体浓度超过 5 mg/L 时，必须戴防毒面具或呼吸器，当硫化氢气体浓度超过 10 mg/L 时，必须进行取样安全评估。取样器应用气体闭锁装置，取样操作过程中，气体闭锁装置应接地。

A.2.4 两个人在顶部平台取样，一个人在地面观察，防止意外发生。

A.3 设备

A.3.1 关于设备的机械性能，应根据有关国家标准或国际标准适当的设计接收器或容器。

A.3.2 压力试验和其他检验工作应由主管人员按照当地的规程进行，试验结果应作记录。应定期进行清洗和渗漏检验。

A.3.3 用在可燃性气氛中的便携式金属取样器具应用不打火花的材料制造。

A.3.4 取样者应有运载取样器具的托架，以便至少有一只手是自由状态。

A.3.5 用于电分级区域的照明灯和手电筒应是被批准的形式。

A.3.6 为了防护与被取样物料有关的全部已知危险，取样者应穿戴上适当的衣服和装备。

A.3.7 如果被取样品的雷德蒸气压（RVP）在 100 kPa（1.0 bar）和 180 kPa（1.8 bar）之间，样品瓶应用一个金属盒保护起来，直到样品废弃为止。如果超过了 180 kPa，只应使用制造时包括所设计压力的金属取样器。

A.3.8 不应在气密性容器中加热挥发性样品。

A.4 取样点

A.4.1 取样点应能够以安全的方法取得。与取样有关的任何潜在危险都应能够清楚的注明，并建议安装压力表。

A.4.2　应由主管人员经常保养和定期检查取样点和取样设备，并记录检查结果。

A.4.3　到取样点的安全通路应有充足的光线。保持通路体、楼梯、平台和栏杆在结构上的安全状态，并由主管人员定期检查。

A.4.4　为了排放和冲洗的需要，应装有足够的和安全的预防设施。

A.4.5　设备上的任何泄漏或故障都应立即向主管人员报告。

A.4.6　取样时，应注意避免吸入石油蒸气。

A.5　静电

为了避免静电危险，应遵循下列注意事项：

A.5.1　取样时，为防止打火花，在整个取样过程中，应保持取样导线牢固的接地，接地方法一是直接接地，以示与取样口保持牢固的接触。

A.5.2　在可能存在易燃气体的区域不得穿能打火花的鞋。建议在干燥区域不要穿胶鞋。

A.5.3　应穿防静电的衣服，不得穿人造纤维制品的衣服。

A.5.4　在大气电干扰或冰雹暴雨风雨期间不得进行取样。

A.5.5　为了使人体上的静电荷接地，在取样前，取样者应接触距离取样口至少 1 m 的油罐上的某个导电部件。

中华人民共和国出入境检验检疫行业标准

SN/T 2417.2—2010

进口凝析油检验规程 第2部分:船舱检验

Rules for inspection of imported condensate—
Part 2:Ship tank inspection

2010-01-10 发布　　2010-07-16 实施

中华人民共和国
国家质量监督检验检疫总局 发布

前　言

SN/T 2417《进口凝析油检验规程》系列标准共分为2部分：

——第1部分：岸罐检验；

——第2部分：船舱检验；

本部分为SN/T 2417系列标准的第2部分。

本部分的附录A为规范性附录。

本部分由国家认证认可监督管理委员会提出并归口。

本部分起草单位：中华人民共和国广东出入境检验检疫局。

本部分主要起草人：吴序锋、梁妙玲、郑建国、郭汉城、陈育平、张承琛。

本部分系首次发布的出入境检验检疫行业标准。

进口凝析油检验规程
第2部分:船舱检验

警告:本部分没有提出与其应用时有关的全部安全问题。在使用前,本标准的使用者有责任制定相应的安全和卫生规程,并明确其受限制的适用范围。

1 范围

SN/T 2417的本部分规定了进口凝析油的检验规程。

本部分适用于进口凝析油的船舱检验。

2 规范性引用文件

下列文件中的条款通过SN/T 2417的本部分的引用而成为本部分的条款。凡是注日期的引用文件,其随后所有的修改单(不包括勘误的内容)或修订版均不适用于本部分,然而,鼓励根据本部分达成协议的各方研究是否可使用这些文件的最新版本。凡是不注日期的引用文件,其最新版本适用于本部分。

GB/T 1884 原油和液体石油产品密度实验室测定法(密度计法)

GB/T 3555 石油产品赛波特颜色测定法(赛波特比色计法)

GB/T 4016 石油产品名词术语

GB/T 4756 石油液体手工取样法

GB/T 6531 原油和燃料油中沉淀物测定法(抽提法)

GB/T 6533 原油中水和沉淀物测定法(离心法)

GB/T 6536 石油产品蒸馏测定法

GB/T 7304 石油产品和润滑剂酸值测定法(电位滴定法)

GB/T 8020 汽油铅含量测定法(原子吸收光谱法)

GB 8789 职业性急性硫化氢中毒诊断标准及处理原则

GB/T 8929 原油水含量的测定 蒸馏法

GB/T 17040 石油和石油产品硫含量的测定 能量色散X射线荧光光谱法

GB/T 17144 石油产品残炭测定法(微量法)

SH/T 0604 原油和石油产品密度实验法(U型震动管法)

SH/T 0714 石脑油中单体烃组成测定法(毛细管气相色谱法)

ASTM D 86 石油产品常压蒸馏测定法

ASTM D 156 石油产品赛波特颜色测定法(赛波特颜色比色计法)

ASTM D 323 石油产品蒸气压测定法(雷德法)

ASTM D 1298 原油和液体石油产品密度、相对密度(比重)、API重度测定法(液体比重计)

ASTM D 3230 原油中盐含量测定法(电量法)

ASTM D 4006 原油中水含量测定法(蒸馏法)

ASTM D 4007 原油中水和沉淀物测定法(离心分离法)

ASTM D 4057 石油和石油产品手工采样规程

ASTM D 4294 石油及石油产品硫含量测定法(能量色散X射线荧光光谱法)

ASTM D 4928 原油中水含量测定法(库伦卡尔·费休滴定法)

ASTM D 5002 原油密度和相对密度测定法(数字密度分析仪法)
ASTM D 5134 石脑油至正壬烷详细分析测定法(气相色谱法)
ASTM D 5191 石油产品蒸气压测定法(微量法)
ASTM D 5443 石油馏分至 200 ℃中烷烃、环烷烃和芳烃的烃类型分析方法(多维气相色谱法)
ASTM D 5453 轻烃、发动机燃料和发动机油品种中硫含量测定法(紫外荧光法)
ASTM D 6378 石油产品、烃类及烃 含氧化合物蒸气压(VPX)测定法(三级膨胀法)
ASTM D 6470 原油中盐含量测定法(电位滴定法)
UOP 938 液态烃中总汞和汞元素含量测定

3 术语和定义

GB/T 4016 确立的以及下列术语和定义适用于本部分。

3.1

检验人员 inspection person

经过培训,有一定的理论基础、一定的实际工作经验,熟悉相关的检验检疫法律法规和标准,能够发现储油装备的故障或缺点、能够判别实验仪器是否符合实验要求,并能对储油装备或仪器设备的故障或缺点对是否进一步使用的可能性与对油品性能和检验结果的潜在影响做出正确估计与判断的人员。

3.2

凝析油 condensate

即凝析原油,开采原油或湿天然气时,集输的油田伴生气或天然气经压缩冷却后,其中部分轻质烃类凝缩成液态烃,在我国称凝析油,在国外称天然汽油。

3.3

检验批 inspection lot

为实施检验而根据合同汇集的同一产地或不同产地,同一船次,同一品名的单位产品称为检验批,简称批。

3.4

完整样品 integrity of the sample

样品处于没有被改变的完整状态,即所保存的样品和从散装液体中取得时具有相同的组成。

3.5

船舱取样 sampling from ship tank

为获得检验用样品,用取样器在装油船舱抽取代表性样品的方法。

3.6

样品准备 sample conditioning

在制备分析样品时,必须进行匀化,并成为稳定样品。

3.7

样品处理 sample handling

样品准备、转移、划分和运输。它包括从取样器(接收器)中将样品转移到容器和从容器中将样品转移到进行分析的实验室仪器中。

3.8

代表性样品 representative sample

样品的物理或化学特性与被取样的总体积的体积平均特性相同的样品。

3.9

不合格 nonconformity

不满足规范(或合同)的要求。

4 取样操作程序

4.1 制定取样计划及准备

4.1.1 在取样之前，必须先了解如下资料：

a) 报检资料。如收发货人的资料、提单、品质报告、物料安全数据单(MSDS)、数重量报告、积载图、空距报告、船舱加温记录等；

b) 油品品质和数量记录。

4.1.2 根据上述材料制定取样计划，确定取样单元、取样方法、取样工具和取样安全措施：

a) 确定检验批。一般以一个合同或一份提单为一个检验批，如果批内油品品质特性明显不一致，则先进行区分然后才分别进行取样；有两份或以上提单，若油品品质相同，如来自同一岸罐，或从同一大船过舱，可以当一个检验批取样；来自二个或以上岸罐的凝析油，装在不同舱，密度差别不大于1.2‰，可以按一个检验批取样。

b) 确定取样舱。一个检验批通常随机抽取4个舱，少于四个舱的全部抽取。

c) 确定取样位置。根据船上货舱液位测量系统显示或用UTI、MMC油水界面测定仪测量出的船舱空距和底水高度，按照船方的仓容表计算出上部样、中部样和下部样的位置，即液面下1/6、3/6、5/6三个位置的高度。取样位置按式(1)算：

$$H = h_y + h_k \tag{1}$$

式中：

H——取样高度；

h_y——从油面到采样点高度；

h_k——从油面到取样孔高度。

4.1.3 样品容器可用马口铁罐或玻璃瓶。使用马口铁罐，内壁应涂过涂料，用配有耐油材料垫片的金属螺旋帽，或者一次性塑料盖密封，确保密封性能良好。

4.2 安全防护

取样前应采取必要的安全防护措施，见附录A。

4.3 取样

4.3.1 取样器应用气体闭锁装置，取样操作过程中，气体闭锁装置应接地。

4.3.2 取第一个点样时，取样器应在取样位置上下往复几次，利用油品对取样器的冲刷达到清洗目的。如果取第二种油，也必须按此方法清洗取样器。取样按照从上到下的顺序进行，避免在取样过程中污染油料。

4.3.3 第一个点取两次样品，第一次所取样品用于清洗样品容器。样品容器置于装有冰块的箱中，取两个平行样，一个作为留样，一个作为检测样。如果不同船舱内油量差别较大，应按油量加权平均取样量。

4.3.4 每个点样取进容器后，容器盖要盖上，以减少样品的挥发；取样完成后，样品容器应留20%左右用于膨胀的无油空间，盖紧瓶盖摇匀，然后封识，倒置样品容器，冷藏，样随人走。

4.3.5 样品到实验室时应置于0 ℃～1 ℃的防爆冰箱中。

5 检测

5.1 蒸气压的测定

蒸气压的测定应是第一个试验，测定可按ASTM D 6378、ASTM D 5191、ASTM D 323之一进行。在所有情况下，在打开容器之前，盛试样的容器和在容器中的试样均应冷却到0 ℃～1 ℃。取样后应尽快检测。

5.2 馏程的测定

馏程的测定按 ASTM D 86 或 GB/T 6536 进行，取样瓶和试样温度 0 ℃～1 ℃。取样后应尽快检测。

5.3 单体烃组成和烷烃、烯烃、环烷烃、芳香烃组成的测定

单体烃（DHA）组成和烷烃、烯烃、环烷烃、芳香烃（PONA）组成的测定按照 ASTM D 5134、SH/T 0714或者 ASTM D 5443 多维气相色谱法进行，试样保存温度 0 ℃～1 ℃。取样后应尽快检测。

5.4 密度的测定

密度的测定，自动仪器按 ASTM D 5002 或者 SH/T 0604 进行，密度计法按 ASTM D 1298 或 GB/T 1884进行，试样保存温度 0 ℃～1 ℃。取样后应尽快检测。

5.5 颜色的测定

颜色的测定按 ASTM D 156 或者 GB/T 3555 进行。

5.6 水分和沉淀物的测定

5.6.1 目视法。将凝析油样品注入 100 mL 玻璃量筒中，在室温下观察，若透明，没有悬浮和沉降的水分及机械杂质，可认为凝析油部不含水和沉淀物。

5.6.2 离心法。按 GB/T 6533 或 ASTM D 4007 测定水分和沉淀物。有异议时，按 5.6.3 要求测定水分，按 5.6.4 要求测定沉淀物。

5.6.3 按 GB/T 8929、ASTM D 4006 或 ASTM D 4928 测定水分，按 ASTM D 4928 测定应考虑硫醇的干扰。当测定精密度要求较高时，水分测定按 GB/T 8929 进行。

5.6.4 按 GB/T 6531 测定沉淀物。

5.7 盐含量的测定

盐含量的测定按 ASTM D 3230 或 ASTM D 6470 进行。

5.8 总酸值的测定

总酸值的测定按 GB/T 7304 进行。

5.9 硫含量的测定

总硫含量的测定按 GB/T 17040、ASTM D 4294 或 ASTM D 5453 进行。

5.10 10%蒸余物残炭的测定

10%蒸余物残炭的测定按 GB/T 17144 进行。

5.11 汞含量的测定

汞含量的测定按 UOP 938 进行，取样当天检测。

5.12 铅含量的测定

铅含量的测定按 GB/T 8020 进行，取样当天检测。

6 检验结果的判定

6.1 在检验中发现一项或一项以上不合格时，判定该批货物不合格。

6.2 如果没有限量值，则不做合格判定，仅出具实测结果。

7 报告

报告至少应包括以下信息：

a) 依据标准；

b) 取样或测定的日期、时间；

c) 取样或测定的地点；

d) 现场分析或取样后到实验室分析；

e) 任何与规定方法偏离的情况。

8 样品保管

样品应保存在密闭的容器内，此容器不与凝析油发生反应。样品应放置在防爆冰箱中，保存温度为0 ℃～1 ℃。

样品保存期为60 d。法律、标准或客户有要求时可另行规定，但必须以样品品质的完整性和稳定性为前提。可能的话，进口索赔样品应保存至结案。

附 录 A
（规范性附录）
安全措施

A.1 综述

A.1.1 下述安全注意事项都是应该遵守，并应与相应的国家安全规程或石油工业认可的规则一起应用，在执行这些注意事项时都不应与必须遵守的国家或地方的安全规程相冲突。

操作人员应充分研究被取凝析油的性质与其危险性相应需要遵守的安全注意事项是否有影响，如有影相应采取预防措施加以解决。

A.1.2 应对取样人员进行遵守安全注意事项的教育，使取样人员了解和知道取样工作中的潜在的危险。

A.1.3 应严格遵守包括进入危险区域的全部安全规程。

A.1.4 在取样期间应注意避免吸入凝析油蒸气，戴上不溶于烃类的防护手套。在有飞溅危险的地方，应戴上眼罩和面罩。在处理含硫凝析油时，应附加必要的注意事项。

A.2 取样人的防护

A.2.1 取样前必须了解硫化氢等毒害气体浓度，毒害气体浓度高时必须做好相应的安全防护措施。急性硫化氢中毒的诊断、中毒分级、治疗原则、劳动能力鉴定、健康检查的要求等，按照 GB 8789 执行。

A.2.2 取样前先接触距离取样口至少 1 m 远的接地导电部件，使人体的静电荷接地。取样时站在上风口避免吸入油气，在大气电干扰或冰雹暴风雨期间不进行取样。

A.2.3 取样时应穿防静电服，站在上风口，带便携式硫化氢气体检测器，当硫化氢气体浓度超过 5 mg/L 时，必须戴防毒面具或呼吸器，当硫化氢气体浓度超过 10 mg/L 时，必须进行取样安全评估。

A.3 设备

A.3.1 关于设备的机械性能，应根据有关国家标准或国际标准适当的设计接收器或容器。

A.3.2 压力试验和其他检验工作应由主管人员按照当地的规程进行，试验结果应作记录。应定期进行清洗和渗漏检验。

A.3.3 用在可燃性气氛中的便携式金属取样器具应用不打火花的材料制造。

A.3.4 取样者应有运载取样器具的托架，以便至少有一只手是自由状态。

A.3.5 用于电分级区域的照明灯和手电筒应是被批准的形式。

A.3.6 为了防护与被取样物料有关的全部已知危险，取样者应穿戴上适当的衣服和装备。

A.3.7 如果被取样品的雷德蒸气压（RVP）在 100 kPa（1.0 bar）和 180 kPa（1.8 bar）之间，样品瓶应用一个金属盒保护起来，直到样品废弃为止。如果超过了 180 kPa，只应使用制造时包括所设计压力的金属取样器。

A.3.8 不应在气密性容器中加热挥发性样品。

A.4 取样点

A.4.1 取样点应能够以安全的方法取得。与取样有关的任何潜在危险都应能够清楚的注明，并建议安装压力表。

A.4.2 应由主管人员经常保养和定期检查取样点和取样设备，并记录检查结果。

A.4.3 到取样点的安全通路应有充足的光线。保持通路体、楼梯、平台和栏杆在结构上的安全状态，并由主管人员定期检查。

A.4.4 为了排放和冲洗的需要，应装有足够的和安全的预防设施。

A.4.5 设备上的任何泄漏或故障都应立即向主管人员报告。

A.5.6 取样时，应注意避免吸入凝析油蒸气。

A.5 静电

为了避免静电危险，应遵循下列注意事项：

A.5.1 取样时，为防止打火花，在整个取样过程中，应保持取样导线牢固的接地，接地方法一是直接接地，以示与取样口保持牢固的接触。

A.5.2 在可能存在易燃气体的区域不得穿能打火花的鞋。建议在干燥区域不要穿胶鞋。

A.5.3 应穿防静电的衣服，不得穿人造纤维制品的衣服。

A.5.4 在大气电干扰或冰雹暴雨风雨期间不得进行取样。

A.5.5 为了使人体上的静电荷接地，在取样前，取样者应接触距离取样口至少 1 m 的油罐上的某个导电部件。

A.5.6 油船静止 30 min 后，才能进行采样工作。采样时采样器下落速度不得大于 1 m/s，上提速度不得大于 0.5 m/s。

中华人民共和国出入境检验检疫行业标准

SN/T 2418.1—2010

进口原油检验规程 第1部分:岸罐检验

Rules for inspection of imported crude oil—Part 1:Shore tank inspection

2010-03-02 发布　　2010-09-16 实施

中华人民共和国国家质量监督检验检疫总局 发布

前　言

SN/T 2418《进口原油检验规程》系列标准共分为2部分：

——第1部分：岸罐检验；

——第2部分：管线检验。

本部分为SN/T 2418系列标准的第1部分。

本部分的附录A、附录B和附录C为规范性附录。

本部分由国家认证认可监督管理委员会提出并归口。

本部分由中华人民共和国辽宁出入境检验检疫局、中华人民共和国浙江出入境检验检疫局负责起草。

本部分主要起草人：牟明仁、贺新安、欧阳昌俊、刘卫东、刘名扬、张明、孙延伟、蒋晓光、屠卡滨、隋学勇。

本部分系首次发布的出入境检验检疫行业标准。

进口原油检验规程
第1部分:岸罐检验

警告——本部分没有也不可能说明所有与本部分使用有关的安全问题。在使用本部分前应考虑有关安全和健康条例,确定受规章限制的适用性和建立适用的安全和健康对策是使用者的责任。

1 范围

SN/T 2418的本部分规定了进口原油的岸罐取样、品质检验、重量检验、检验结果判定、检验报告及安全注意事项。

本部分适用于进口原油岸罐检验。

2 规范性引用文件

下列文件中的条款通过SN/T 2418的本部分的引用而成为本部分的条款。凡是注日期的引用文件,其随后所有的修改单(不包括勘误的内容)或修订版均不适用于本部分,然而,鼓励根据本部分达成协议的各方研究是否可使用这些文件的最新版本。凡是不注日期的引用文件,其最新版本适用于本部分。

GB/T 255 石油产品馏程测定法

GB/T 261 石油产品闪点测定法(闭口杯法)

GB/T 387 深色石油产品硫含量测定法(管式炉法)

GB/T 388 石油产品硫含量测定法(氧弹法)

GB/T 508 石油产品灰分测定法

GB/T 510 石油产品凝点测定法

GB/T 1884 原油和液体石油产品密度实验室测定法(密度计法)

GB/T 3535 石油产品倾点测定法

GB/T 3536 石油产品闪点和燃点测定法(克利夫兰开口杯法)

GB/T 4016 石油产品名词术语

GB/T 4756 石油和液体石油产品取样法(手工法)

GB/T 6531 原油和燃料油中沉淀物测定法(抽提法)

GB/T 6532 原油及其产品的盐含量测定法

GB/T 6533 原油中水和沉淀物测定法(离心法)

GB/T 8929 原油水含量测定法(蒸馏法)

GB/T 9110 原油立式金属罐计量油量计算方法

GB/T 11137 深色石油产品运动粘度测定法(逆流法)和动力粘度计算法

GB/T 11146 原油水含量测定法(卡尔·费休法)

GB/T 17606 原油中硫含量的测定 能量色散X-射线荧光光谱法

GB/T 18608 原油中铁、镍、钠、钒含量的测定 原子吸收光谱法

GB/T 18609 原油酸值的测定 电位滴定法

GB/T 18610 原油残炭的测定 康氏法

SH/T 0604 原油和石油产品密度测定法(U型振动管法)

SN/T 0993—2001 进出口商品重量鉴定规程液体产品静态计重

SY/T 5920 原油及轻烃站(库)运行管理规范

3 术语和定义

GB/T 4016 确立的以及下列术语和定义适用于本部分。

3.1

检验人员 inspection person

经过培训,有一定的理论基础、一定的实际工作经验,熟悉检验检疫法律法规与相关的检验标准,能够发现储油装备的故障或缺点、能够判别实验仪器是否符合实验要求,并能对储油装备或仪器设备的故障或缺点对是否进一步使用的可能性与对油品性能和检验结果的潜在影响做出正确估计与判断的人员。

3.2

完整样品 integrity of the sample

样品处于没有被改变的完整状态,即所保存的样品和从散装液体中取得时具有相同的组成。

3.3

岸罐 shore tank

用于存储液体原油的任意一储油罐。

3.4

岸罐取样 tank sampling

为获得检验用样品而在储罐中人工取得样品的过程。

3.5

样品准备 sample conditioning

在制备分析样品时,必须进行均化,并成为稳定样品。

3.6

样品处理 sample handing

样品准备、转移、划分和运输。它包括从取样器(接受器)中将样品转移到容器和从容器中将样品转移到进行分析的实验室仪器中。

3.7

代表性样品 representative sample

样品的物理或化学特性与被取样的总体积的体积平均特性相同的样品。

3.8

样品类型 sample types

3.8.1

点样 spot sample

在油罐内规定的位置上取得的样品。

3.8.2

例行样 running sample

将一个容器从油品顶部降落到底部,然后再以相同的速度提升到油品顶部,提出液面时容器应充满约四分之三,这样取得的样品即为例行样。

3.8.3

全层样 all-levels sample

取样器在一个方向上通过整个液层,使其充满约四分之三(最大 85%)流体时所取得的样品。

3.9

水 water

3.9.1

游离水 free water

与油分开存在的一层水,通常位于油层下面。

3.9.2

溶解水　dissolved water

在常态下与油形成溶液而存在于油中的水。

3.9.3

悬浮水　suspended water

以细小水滴的形式悬浮在石油中的水，在一定时间内，它可以聚集成为游离水或成为溶解水，这种变化取决于当时的温度和压力。

3.10

总水　total water

岸罐所储原油中的溶解水、悬浮水和游离水的总和。

3.11

检验批　inspection lot

批

为实施检验而根据合同汇集的同一产地或不同产地、同一批交付或不同批次交付、进口后存放在同一储油罐内或不同储油罐内的单位产品。

4　取样

4.1　取样原则

4.1.1　保证所取样品应与报检单证所述进口原油品名、产地、数量及质量相一致；并且该代表性样品的检验结果可作为判定进口原油是否符合合同质量要求或有关规定要求的依据。

4.1.2　从岸罐储存的进口原油中扦取样品，其罐内压力应为常压或接近常压，被取样的进口原油从常温到100 ℃时均应为液态。

4.1.3　无论所储原油，输入储油灌前、后原油品名、产地、数量及质量与合同规定进口原油是否相一致，报验人、收货人或代理机构在进口原油输入储油罐前应对施检主管部门提出书面申请，对拟装进口原油储油罐中的剩余油或底油(也称前尺油)进行输入前取样；进口原油输入储油罐后(也称后尺油)应进行输入后再取样。

4.1.4　在放出罐内底部游离水，并且罐内油品静止后方能进行取样，静止时间不少于半小时。

4.1.5　为了保证用于评价的样品尽可能地代表被取进口原油的性质，根据进口原油的特性、所取样品油罐对样品试验的性质避免产生影响，应当规定必须遵守的注意事项。

4.2　进口原油储油罐使用条件

进口原油储油灌应符合SY/T 5920的规定，经有关主管部门验收批准，当地检验检疫局确认并备案方可使用。

4.3　仪器

4.3.1　综述

取样器或样品容器的设计和结构应确保其可以保持进口原油最初的特性。应有足够的强度、外部保护，并耐一定的温度，以承受所产生的正常内、外部压力及耐适当的温度。使用前应确认取样器或样品容器的清洁度。

4.3.2　仪器分类

岸罐取样器根据被取进口原油样品分类为：

a)　点样；

b)　例行样；

c)　全层样。

为了在岸罐储油罐中降落和提升取样器具，应使用导电的、不打火花的材料制成的绳或链。

4.3.3 点取样器

4.3.3.1 取样笼

取样笼是一个金属或塑料的保持架或笼子，能固定适当的容器。装配好后应加重，以便能在被取样的进口原油中迅速下沉，并在任一个要求的液面充满容器(见图1)。

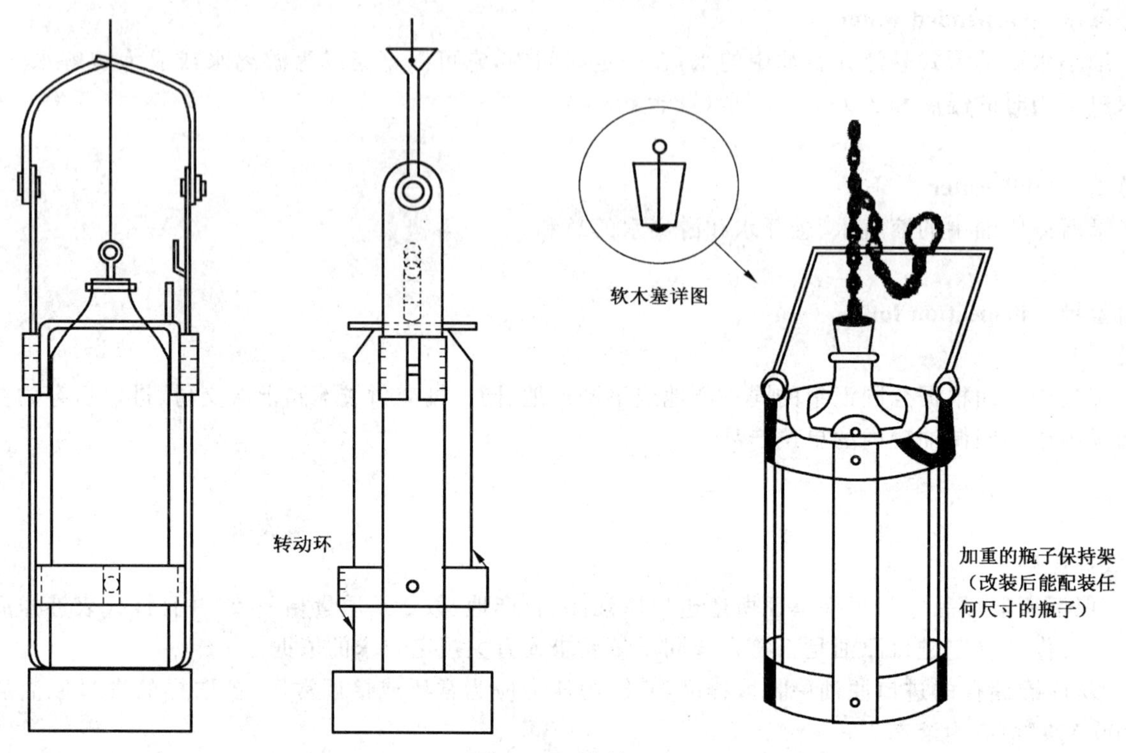

图1 取样笼示例

4.3.3.2 加重的取样器

取样器应加重(见图2)，以便使它能迅速地沉降到被取样的进口原油中。如果用取样器采取点样时，应将取样器拴到降落装置上，并通过突然拉动降落装置来打开取样器的塞子。

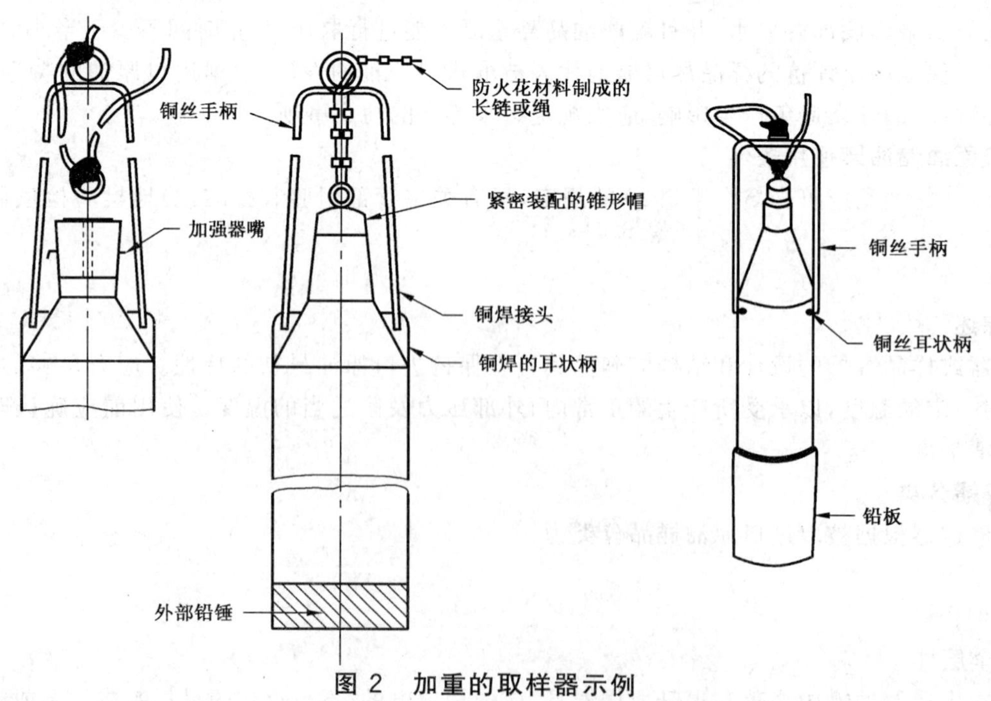

图2 加重的取样器示例

如果用于采取例行样时，应使用图3所示的特殊塞子。

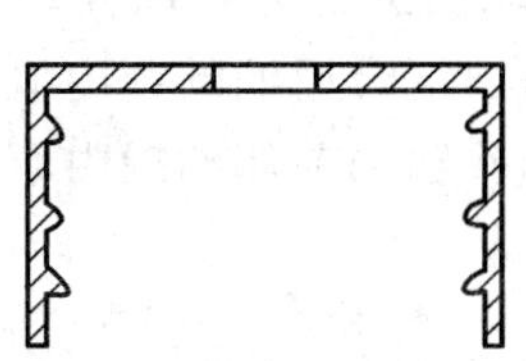

a）有开口的螺纹帽

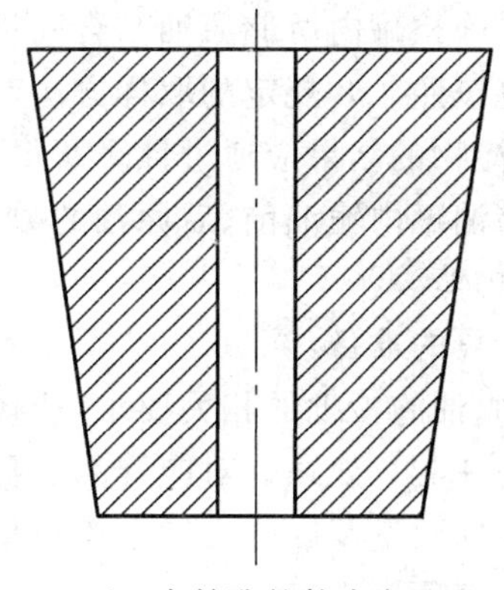

b）有钻孔的软木塞

注：开口的尺寸取决于液体的黏度、液体的深度和容器的尺寸。

图3 例行样取样器的限制充油配件

某些取样器有特殊的开启装置，例如有一个能在如何要求的液面处起闭阀的装置，这个装置是由悬挂钢绳导向，并由重物降落，或者是一个能在取样器开始向上运动时关闭的翼阀或瓣阀。

4.3.4 例行取样器

例行取样器是一个加重的或放在加重的取样笼中的容器，如需要时，可装有一个限制充油配件，在通过进口原油降落和提升时取得样品，但不能确定它是在均匀速率下充满的。

4.3.5 全层取样器

全层取样器有液体进口和气体出口，在通过油品降落和提升时取得样品，但不能确定它是在均匀速率下充满的。

4.3.6 容器

盛装进口原油的样品容器应是玻璃瓶、塑料瓶或桶、金属桶或听。容器的容积一般为1 L～5 L，但当特殊试验、大量样品或进一步细分样品等需要时，也可以使用更大的容器。需要指出的是，塑料容器不能用于储存样品，因为扩散作用使它不能保持样品的完整性。

4.4 安全注意事项

安全注意事项见附录A。

4.5 取样准备

4.5.1 单证审核

取样前，应对报检单证完整性进行认真仔细审核（包括合同、产地、进口原油的品名、数量、质量要求），合同内如有特殊检验项目要求，应做好相应取样准备工作。

4.5.2 人员联络

与报验人、收货人或代理机构等联系，确认进口原油取样与相关检验要求。

4.5.3 施检时间和地点确认

与报验人、收货人或代理机构及进口原油储油灌区工作人员联系，确定施检的时间、地点及罐号。

4.5.4 进口原油储油罐号及数量的确认

与报验人、收货人或代理机构及相关进口原油储油罐区工作人员联系，确认施检进口原油所储罐号及储油罐内所储进口原油的数量确认。

4.5.5 进口原油输入储油罐前、后原油一致性的确认

与报验人、收货人或代理机构及进口原油储油罐区工作人员联系，确认施检储油罐内进口原油输入储油罐前、后所储原油是否与合同规定的进口原油为同批原油。

4.5.5.1 如果施检罐内所储原油与合同规定进口原油是同批或进口原油输入储油罐前、后原油一致性相同，则按照4.8规定的取样方法进行取样。

4.5.5.2 如果施检罐内所储原油与合同规定进口原油不是同批或进口原油输入储油罐前、后原油一致性不相同，则应按照4.8规定的取样方法对储油罐输油前、后的原油进行分别取样。其进口原油密度、水分或水和沉淀物的结果应通过计算所得；即根据输油后储油罐内混合原油的密度值、水分值或水和沉淀物值，按照储油罐内输油前、后原油的数量，采用加权平均法扣除输油前储油罐内原油的密度值、水分值或水和沉淀物值。

4.5.6 取样工具的准备

针对进口原油施检批的相关要求，选择清洁、干净、合适的取样器或取样操作设备，确定样品盛样容器(如桶、瓶，并在醒目处贴有对应样品名称、报验号、取样时间、取样地点、取样罐号、取样类型、取样数量、样品所代表的数量及取样人姓名等项目要求的标签)，以保证所取样品满足各项检验的需要。

4.6 取样注意事项

取样注意事项见附录B。

4.7 进口原油储油罐号及数量的现场确认

检验人员取样时与报验人、收货人或代理机构及进口原油储油罐区工作人员一起，根据储油罐号内进口原油存储前后输入时间、输入前后数量变化记录，查看、核对施检储油罐内所储原油是否与合同规定的进口原油为同批、同数量原油。经现场核对并确认施检罐内所储原油与合同规定进口原油是同批、同数量原油后方可进行扦样。

4.8 取样方法

4.8.1 综述

取样方法按GB/T 4756中的原油和其他非均匀石油液体的手工取样方法进行。取样类型包括取点样、取例行样和取全层样。

4.8.2 取点样

将取样器降到其口部达到要求的深度，用适当的方法打开塞子，在要求的液面处保持取样器具直到充满为止。当采取顶部样品时，要小心地降落不带塞子的取样器，直到其颈部刚刚高于液体表面，然后，突然地把取样器降到液面下150 mm处，当气泡停止冒出表明取样器充满时，将其提出。

当在不同液面取样时，要从顶部到底部依次取样，这样可避免扰动下部液面。

4.8.3 取例行样

取例行样时要使用一个加重取样器或配有加重取样笼的瓶子(见图1、图2)，如需要时，还要装一个限制充油速率的配件(见图2)。以匀速将取样器或取样瓶和笼子从原油表面降到罐底，并再提出原油表面，不能在任何点停留。当从油中抽出取样器或取样瓶时也不能确保取样器的自由下降或有规律的提升是有效的，以及取样器或取样瓶从原油中提出时而没有完全充满。

由于不能确定取样器是在均匀的速率下充满的，因此该方法不是最好的取样方法。

4.8.4 取全层样

由于不能确定取样器是在均匀的速率下充满的，也不能确保取样器的自由下降或有规律的提升是有效的，以及取样器从原油中提出时而没有完全充满，因此该方法不是最好的取样方法。

4.9 进口原油样品处理

进口原油样品处理见附录C。

4.10 取样记录

在整个进口原油取样准备与工作的同时，检验人员均应在专门记录本上做好上述各项工作的记录，以备核对。记录内容包括：

进口原油品名、报验号、罐号、数量、取样人、取样方法、取样类型、取样数量、时间、地点、上述各项工作时的实际情况及出现的问题。

5 品质检验

5.1 综述

进口原油的品质检验项目是依据合同条款进行。如果合同条款没有规定具体品质检验项目,通常只对进口原油的密度、水分或水和沉淀物项目进行检验,其结果为计量进口原油的数量或重量之用。

本标准未涉及有关操作的安全事宜,使用者有责任在使用本标准前采取适当的安全防护措施并制定适用的管理制度。

本标准规定的进口原油品质检验项目见5.2～5.16。

5.2 密度的测定

进口原油密度的测定是按照GB/T 1884或SH/T 0604的方法进行。由于某些进口原油在常温下的黏稠性。通常多采用GB/T 1884方法对进口原油的密度进行测定。

5.3 水分的测定

进口原油水分的测定按GB/T 8929或GB/T 11146试验方法进行。通常情况下多采用GB/T 8929试验方法,GB/T 11146比较适合于测定水分含量很低的进口原油。

5.4 水和沉淀物的测定

进口原油中水和沉淀物的测定按GB/T 6533原油中水和沉淀物测定(离心法)方法进行。

该方法测得的原油中水含量一般低于实际的水含量。当测定精度要求较高时,水分测定必须使用GB/T 8929原油水含量测定法(蒸馏法),沉淀物测定必须使用GB/T 6531原油和燃料油中沉淀物测定法(抽提法)。

5.5 硫含量的测定

进口原油硫含量的测定按GB/T 387深色石油产品硫含量测定法(管式炉法)、GB/T 388石油产品硫含量测定法(氧弹法)或GB/T 17606原油中硫含量的测定能量色散X射线荧光光谱法的方法进行。

注:以上几种方法均适用于硫含量的测定,可以依据试验条件选择一种方法进行。

5.6 盐含量的测定

进口原油盐含量的测定按GB/T 6532原油及其产品的盐含量测定法进行。

适用于测定进口原油中浓度(质量分数)为0.002%～0.02%的卤化物总量。

5.7 沉淀物的测定

进口原油沉淀物的测定按GB/T 6531原油和燃料油中沉淀物测定法(抽提法)进行。

5.8 酸值的测定

进口原油酸值的测定按GB/T 18609原油酸值的测定电位滴定法进行。

适用于测定进口原油中水的质量分数小于1%、离解常数大于10^{-9}的酸性组分。酸值的测定范围大于0.05 mg/g。

5.9 闪点的测定

进口原油闪点分为开口闪点和闭口闪点两个衡量指标;开口闪点按GB/T 3536规定的方法进行,闭口闪点按GB/T 261规定的方法进行。

由于原油为多种烃组成的混合物,成分复杂,一般测定多采用闭口闪点。

克利夫兰开口杯仪器不适用于测定开口闪点低于79 ℃的进口原油闪点。

5.10 运动黏度的测定

进口原油运动黏度的测定按GB/T 11137深色石油产品运动粘度测定法(逆流法)和动力粘度计算法进行。

5.11 倾点的测定

进口原油倾点的测定按GB/T 3535石油产品倾点测定法进行。

5.12 凝点的测定

进口原油凝点的测定按 GB/T 510 石油产品凝点测定法进行。

5.13 灰分的测定

进口原油灰分的测定按 GB/T 508 石油产品灰分测定法进行。

5.14 残炭的测定

进口原油残炭的测定按 GB/T 18610 原油残炭的测定(康氏法)进行。

适用于水的质量分数不大于 0.5%的进口原油。

5.15 微量金属的测定

采用 GB/T 18608 原油中铁、镍、钠、钒含量的测定原子吸收光谱法测定进口原油中的微量金属元素。

适用于测定进口原油中铁、镍、钠、钒的含量。

5.16 馏程的测定

采用 GB/T 255 石油产品馏程测定法测定进口原油的馏程。

6 重量检验

6.1 计量原则

6.1.1 进口原油的重量检验仅包括对进口原油静态时的岸罐计量。

6.1.2 保证所计量进口原油应与报检单证所述进口原油品名、产地、装货港口或装货地、数量相一致;并且该计量结果可作为进口原油合同中买卖双方数量结算的依据。

6.1.3 从岸罐储存的进口原油中,其罐内压力应为常压或接近常压,被计量的进口原油均应为液态。

6.1.4 报验人、收货人或代理机构在进口原油输入储油灌前应对施检主管部门提出书面申请,对拟装进口原油储油灌中的剩余油或底油(也称前尺油)进行输入前计量;并对进口原油输入储油罐后(也称后尺油)必须进行输入后的计量。

如果施检罐内输油前、后所储原油与合同规定进口原油的性质一致相同,则应按本标准 4.5.5.1 中规定进行;如果施检罐内输油前、后所储原油与合同规定进口原油的性质不一致相同,则应按本标准 4.5.5.2 中规定进行。并对原油的密度、水分或水和沉淀物进行测定,其结果以供进口原油计量之用。

6.2 进口原油岸罐计量使用条件

6.2.1 进口原油储油罐在符合 SY/T 5920 的规定、经有关主管部门验收批准的前提下,还应经国家有资质的计量检定单位对进口原油储油罐进行定期的容积检定,并在检定有效期内所用于进口原油岸灌计量的罐容表,需经当地检验检疫局确认并备案方可使用。

6.2.2 同时满足 SN/T 0993—2001 中 7.1.2 规定的条件。

6.3 进口原油岸罐计量安全注意事项

进口原油岸罐计量安全注意事项按照 SN/T 0993—2001 中 7.1.1 的规定进行。

6.4 计量准备

6.4.1 单证审核

计量前,应对报检单证完整性进行认真仔细审核(包括合同、产地、进口原油的品名、装货港口或装货地、数量、质量要求),合同内如有特殊计量项目要求,应做好相应计量准备工作。

6.4.2 人员联络

与报验人、收货人或代理机构等联系,确认进口原油计量要求。

6.4.3 计量时间和地点确认

与报验人、收货人或代理机构及进口原油储油罐区工作人员联系,确认计量的时间与地点。

6.4.4 进口原油储油罐号及数量的确认

与报验人、收货人或代理机构及相关进口原油储油罐区工作人员联系,对要计量进口原油所储油罐的罐号及储油罐内所储进口原油的输入时间及数量进行确认。

6.4.5 进口原油输入储油罐前、后原油一致性的确认

与报验人、收货人或代理机构及进口原油储油灌区工作人员联系,确定所要计量的储油罐内进口原油输入储油罐前、后所储原油是否与合同规定的进口原油为同批原油。

6.5 进口原油储油罐号及数量的现场确认

检验人员对进口原油进行现场计量时,与报验人、收货人或代理机构及进口原油储油罐区工作人员一起,根据储油罐号内进口原油存储前后输入时间、输入前后数量变化记录,查看、核对计量储油罐内所储原油是否与合同规定的进口原油为同批、同数量原油。经现场核对并确认计量罐内所储原油与合同规定进口原油是同批原油后方可进行计量。

6.6 进口原油岸灌计量方法

进口原油岸灌计量按 GB/T 9110 或 SN/T 0993—2001 方法进行。

6.7 计量记录

在整个进口原油计量准备与工作的同时,检验人员均应在专门计算记录表上做好上述各项工作的记录,以备核对。记录内容包括:

进口原油品名、报验号、计量人、时间、地点、罐号、计量方法、液深/空距测量数据、原油温度、罐容表数据、密度、水分或水和沉淀物、计算结果、上述各项工作时的实际情况及出现的问题。

6.8 计算结果

根据计量检测数据计算结果。

7 检验结果的判定

7.1 在检验中发现 1 项或 1 项以上不合格时,判定该批进口原油货物不合格。

7.2 如果没有限量值,不做进口原油货物合格判定。

8 检验报告

按照合同要求,根据实际检验结果,出具品质检验报告与重量检验报告。

9 样品保管

9.1 样品应保存在不与进口原油发生反应的密闭容器内。

9.2 样品应放置在温度、湿度适宜且避光的地方。

9.3 样品保存期以合同为准,如果合同没有约定,则样品保存期不得少于 60 d。

附　录　A
（规范性附录）
安全注意事项

A.1　综述

A.1.1　取样检验人员应严格遵守下述安全注意事项，并应与相应的国家、行业或地方的安全规程或规则一起应用，在执行这些注意事项时都不应与必须遵守的国家、行业或地方的安全规程相冲突。

取样检验人员应充分研究被取进口原油的性质与其危险性对相应需要遵守的安全注意事项是否有影响，如有影响应采取预防措施加以解决。

A.1.2　应对取样人员进行遵守安全注意事项的教育，使取样人员了解并知道取样工作中的潜在的危险。

A.1.3　取样检验人员应严格遵守储油罐区、包括进入危险区域的全部安全规程。

A.1.4　取样检验人员在取样期间应注意避免吸入石油蒸汽，戴上不溶于烃类的防护手套。在有飞溅危险的地方，应戴上眼罩或面罩。在处理含硫原油时，应附加必要的注意事项。

A.2　设备

A.2.1　应根据国家有关标准适当的设计接收器或容器，其压力试验及其他检验工作应由检验人员按照有关的规程进行，试验结果应做记录。应定期对接收器或容器进行清洗和渗漏检验。

A.2.2　连接取样器所用绳子应使用导电的、不打火花的天然纤维等材料制成。

A.2.3　用在可燃性气氛中的便携式金属取样器具应用不打火花的材料制造。

A.2.4　取样者应有运载取样器具的托架，以便至少有一只手是自由状态。

A.2.5　用于进口原油储罐区照明灯和手电筒应是防暴的。

A.2.6　取样者在进入进口原油储罐区或在储罐上工作时应穿防静电的工作服。

A.2.7　不应在气密性容器中加热挥发性样品。

A.3　取样点

A.3.1　取样检验人员在进口原油储罐取样点取样时应能够在安全的条件下、采取安全的方法取得样品。与取样有关的任何潜在危险都应清楚地注明在取样点明显地方，并建议安装压力表。

A.3.2　进口原油储罐的取样点和取样设备，应由专职人员经常保养和定期检查，并记录检查结果。

A.3.3　到取样点的相关路线应有充足的光线，安有防暴的照明灯。取样检验人员所走的路径、登罐扶梯、工作平台和栏杆在结构与性能上始终保持安全的状态，并由专职人员定期检查。

A.3.4　进口原油储罐区应设有足够的和安全的排放设施，以满足排放和冲洗的需要。

A.3.5　发现设备上的任何泄漏或故障，取样人员都应立即向有关主管人员报告。

A.3.6　取样时，应注意避免吸入进口原油蒸发出来的气体。

A.3.7　在浮顶油罐扦取进口原油样品时，原则上应从油罐顶部工作平台取样。当必须到浮顶取样时，在判断和检验证明浮顶上方的大气对取样人员的身体是安全的情况下，至少有两名戴有防毒面具的取样检验人员在现场，一个人站在扶梯入口端处观察、瞭望下到浮顶取样的人员工作情况，以防不测；而下到浮顶的取样人员在取完样品后应尽快返回到扶梯入口端的安全处。

A.4　静电

为了避免静电危险，应遵循下列注意事项：

——取样时,为防止打火花,在整个取样过程中,应保持取样导线牢固的接地,接地方法一是直接接地,一是与取样口保持牢固的接触。

——在进口原油储油区域内不应穿带有钉子或能擦出火花的鞋。

——应穿防静电的衣服,不应穿人造纤维制品的衣服。

——在雷电干扰或冰雹暴风雨期间不应进行取样。

——为了使人体上的静电荷接地,再取样前,取样者应接触距离取样口至少 1 m 的油罐上的某个导电部件。

附 录 B
（规范性附录）
取样注意事项

B.1 一般注意事项

B.1.1 样品不应包括不是被取的进口原油或相关原油，样品从取样器转移到容器中时，应遵守相关的注意事项，以保持样品的完整性。

注：转移样品一般会有下列影响：

a) 轻组分损失，从而影响进口原油的密度和蒸气压；

b) 改变进口原油有关性质和污染物，例如水和沉淀物。

B.1.2 取样的检验人员应完全了解进口原油的取样方法。为了保证样品尽可能地代表进口原油，并适用于进口原油有关项目的试验要求，应正确而清楚地确定取样及样品处理方法，以保证样品的完整性并确保试验结果有意义。

B.1.3 不应从未打孔的静止管、导向柱或立管中取样，因为未打孔的静止管、导向柱或立管中的原油与油罐中相同深度管外原油性质不尽相同，所取样品不具有代表性。

B.1.4 严格检查取样器具和样品容器，所使用的取样器具、容器都应是不渗透的，并能抗溶解作用，同时确保所使用的取样器具、容器都清洁与干燥。

B.1.5 样品容器中应留有至少10%用于膨胀的无油空间。尽量避免或减少用倾倒的办法来获得10%用于膨胀的无油空间，因为这样会使样品失去代表性，特别是有游离水或乳化层存在时。如果在油罐中扦取点样时，应从样品容器中倒出一些样品，其操作应在从油罐中提出样品容器时立即进行。

B.1.6 在充装样品之后，立即封闭样品容器，并检验其是否渗漏。

B.2 挥发性进口原油

B.2.1 在扦取挥发性进口原油样品中，所取样品用于密度、蒸气压或蒸馏测定等检验项目时，不能从初始的样品容器转移或合并油品以避免轻组分的损失。同时在运输和储存样品时，应将样品容器倒置，避免通过封闭容器损失轻组分。

B.2.2 根据液体的性质和温度、环境温度和所需样品的目的，应注意下列事项：

a) 在取样点通过样品冷却器输出样品；

b) 将样品容器冷却到适当温度；

c) 保持样品容器冷却，直到密封好为止；

d) 如果需要可将样品容器浸没在冷却介质（例如碎冰）中冷却。

B.3 高倾点进口原油

B.3.1 如果被扦取的进口原油样品是高倾点原油，原油储罐必须有保温与加热设施，保证油品在储罐内为液态。

B.3.2 当扦取高倾点进口原油时，迅速将扦取的油品倒入容器中，防止油品凝固在取样器中。

B.4 贴标签

应在样品容器明显处贴上清楚的标签。标签应包括下列各项内容：

a) 样品名称；

b) 报验号；

c) 取样时间；

d) 取样地点；

e) 取样罐号；

f) 取样类型；

g) 取样数量；

h) 样品所代表的数量；

i) 取样人姓名。

附　录　C
（规范性附录）
样品处理方法

C.1　样品处理原则

C.1.1　无论所取进口原油样品在取样地点、实验室或样品储存处被处理时，样品的处理方法都应该保证样品的完整性。

C.1.2　针对不同应用目的，要根据使用要求分别扦取进口原油的样品，并按照不同方法要求对所取进口原油样品进行处理。

C.1.3　扦取进口原油样品时应特别注意下列各项要求：

a）　注意含有挥发性组分进口原油轻组分的蒸发损失；

b）　注意含有水和沉淀物的进口原油在样品容器中的分离倾向；

c）　注意保持含蜡进口原油具有一定的温度，以防蜡析出。

C.1.4　制备组合样时，特别注意不能损失挥发性液体中的轻组分，也不能改变样品中水和沉淀物的原有含量。

C.1.5　要特别注意并小心处理含有挥发性组分和游离水进口原油的样品；不能在取样地点把含有挥发性液体的样品转移到其他容器中，而应在初始的样品容器中把样品运输到实验室中；如果确需要转移含有挥发性液体进口原油的样品，则需要冷却所采用的取样器具与样品容器。

C.2　样品的均化

C.2.1　样品均化原则

C.2.1.1　从样品容器转移到更小的容器或实验室仪器之前，含有水和沉淀物或其他任何方式的不均匀进口原油样品都应当进行均化。C.3 给出了转移前检验样品是否被混合好的方法。

C.2.1.2　在转移或细分样品之前均化进口原油样品，必须使用剧烈地机械混合或液力混合。手工搅拌含有水和沉淀物的进口原油样品，是不能充分地分散进口原油样品中的水和沉淀物的。

C.2.1.3　均化可以使用不同方法。但不论使用哪种方法，都建议均化系统要使水滴小于 50 μm，而又不能小于 1 μm。因为小于 1 μm 的水滴会形成稳定的乳化液，从而不能使用离心法测定水分含量。

C.2.2　均化进口原油样品的方法

C.2.2.1　用高剪切机械混合器均化

把一个高剪切力的机械搅拌器插进样品容器中，使旋转元件距离容器底不超过 30 mm。把搅拌器的旋转叶片控制在大约 3 000 r/min 通常是适宜的，其他的装置，如果性能良好，也可以使用。

为了减少含有挥发性化合物的进口原油轻组分损失，要通过装在样品容器上的密封压盖操纵搅拌器，把进口原油样品搅拌到完全均匀为止。一般搅拌 5 min 就足够了，但由于容器的大小和进口原油样品的性质都影响均化时间，因此要对均化后的样品进行均匀性检验，以判定样品是否已均匀，检验方法见 C.3。

在混合进口原油样品期间要避免进口原油样品的温度显著升高。

注：高剪切混合器常常产生稳定的乳化液，使得离心法（GB/T 6533）难以测定搅拌后的水含量。

C.2.2.2　用外部搅拌器循环

本方法可用于固定安装的样品容器和便携式容器。对于后者，要使用一个快速拆卸的连接器。使用一个小泵，通过安装在小内径管道上的静力混合器，在外部循环内含物。外部混合器可以有不同型式的设计，但要遵循制造厂的操作说明。

样品通常典型的混合时间是 15 min,但这将根据进口原油中水含量、烃的类型和系统的设计而改变。同时使用的循环流速要足以使内含物每分钟至少循环一次。当全部样品被完全混合时,不停泵,从循环管线上的阀放出要求数量的样品。然后抽空容器,泵入溶剂并彻底清洗整个系统,直到除净烃的全部痕迹为止。

C.3 混合时间的检验

C.3.1 无论选择什么方法从非均匀进口原油混合物中取得子样,既要检查混合方法的适用性,同时也要得到合适的混合进口原油样品所需要的时间。

C.3.2 应不间断的混合经均化后的进口原油样品,以继续保持混合后进口原油样品的均匀性和稳定性,直到从均化混合样品主体相继抽出的样品得出相同的试验结果时为止。并确定最短的样品混合时间。

注:当样品在这个时间以后是均匀的,并保持这种状况,不用进一步混合,就可以进行从主体转移。

C.3.3 如果进口原油样品混合后在短时间内不能保持均匀时(例如进口原油样品中的水和沉淀物),就要使用特殊的方法按 C.3.4 所述检验混合时间。由于进口原油样品的特性,细分样品时应在不断混合下进行。

C.3.4 将确保装到容器中约四分之三的抽出样品,按已知的时间对样品进行均化,并做好均化记录。在均化时间内抽出一小部分试验用样,用标准方法立即试验每小份样品中的水含量(见 C.3.5)。当每小份样品试验结果恒定时,记录得到的值作为均化样品空白水含量。

加入 1%~2%准确测量过数量的水,用与空白均化时间相同的时间进行均化,然后取样。如果所测定的水含量之间能较好的吻合(在标准方法的重复性范围之内),就再加入 1%~2%准确测量过数量的水,重复这个操作。如果试验结果仍然有较好的吻合,就认为这个混合时间足够了。

如果试验结果未能较好吻合,则废弃它们。回到方法开始,并使用更长的混合时间。

C.3.5 当离心法(GB/T 6533)不能可信地给出总水含量时,对于混合系统的这个检验,不能用其测定水含量。应采用蒸馏法(GB/T 8939)测定其水含量。

C.4 样品的转移

C.4.1 如果样品接受器不是便携式的,或者不能方便地把所扦进口原油样品直接从接受器中移入或取进实验室试验仪器中时,为了方便将进口原油样品运输到实验室,要把代表性进口原油样品转移到便携式容器中。

C.4.2 在转移进口原油样品各操作步骤中,采用 C.2 中规定的方法之一,保证容器中所取进口原油的内含物达到均化是最重要的。

C.4.3 对于容器和混合器的每一次结合,都要使用 C.3 中规定的方法之一检验混合时间。

C.4.4 要在已知混合物是均匀和稳定的期间内完成进口原油样品转移。由于这个期间很短,因此要求在不超过 20 min 的时间内完成进口原油样品转移。

中华人民共和国出入境检验检疫行业标准

SN/T 2418.2—2010

进口原油检验规程
第2部分：管线检验

Rules for inspection of imported crude oil—
Part 2: Pipeline inspection

2010-03-02 发布　　2010-09-16 实施

中华人民共和国国家质量监督检验检疫总局　发布

前　言

SN/T 2418《进口原油检验规程》系列标准共分为 2 部分：

——第 1 部分：岸罐检验；

——第 2 部分：管线检验。

本部分为 SN/T 2418 系列标准的第 2 部分。

本部分的附录 A、附录 C、附录 D 为规范性附录，附录 B 为资料性附录。

本部分由国家认证认可监督管理委员会提出并归口。

本部分起草单位：中华人民共和国天津出入境检验检疫局、中华人民共和国辽宁出入境检验检疫局、中华人民共和国宁波出入境检验检疫局。

本部分主要起草人：王晶、王虹、王向东、牟明仁、金进照、王长文、胡晓静、李德华。

本部分系首次发布的出入境检验检疫行业标准。

进口原油检验规程
第2部分:管线检验

警告:本部分没有提出与其应用时有关的全部安全问题。在使用前,本部分的使用者有责任制定相应的安全和卫生规程并明确受限制的使用范围。

1 范围

SN/T 2418 的本部分规定了进口原油的取样、样品处理、品质检验、检验结果的判定。

本部分适用于进口原油管线取样的检验。

2 规范性引用文件

下列文件中的条款通过 SN/T 2418 的本部分的引用而成为本部分的条款。凡是注日期的引用文件,其随后所有的修改单(不包括勘误的内容)或修订版均不适用于本部分,然而,鼓励根据本部分达成协议的各方研究是否可使用这些文件的最新版本。凡是不注日期的引用文件,其最新版本适用于本部分。

GB/T 255 石油产品馏程测定法

GB/T 261 石油产品闪点测定法(闭口杯法)

GB/T 265 石油产品运动粘度测定法和动力粘度计算法

GB/T 387 深色石油产品硫含量测定法(管式炉法)

GB/T 388 石油产品硫含量测定法(氧弹法)

GB/T 508 石油产品灰分测定法

GB/T 510 石油产品凝点测定法

GB/T 514 石油产品试验用液体温度计技术条件

GB/T 1884 原油和液体石油产品密度实验室测定法(密度计法)

GB/T 1885 石油计量表 原油部分

GB/T 3535 石油倾点测定法

GB/T 3536 石油产品闪点和燃点测定法(克利夫兰开口杯法)

GB/T 4016 石油产品名词术语

GB/T 4756—1998 石油和液体石油产品取样法(手工法)

GB/T 6531 原油和燃料油中沉淀物测定法(抽提法)

GB/T 6532 原油及其产品的盐含量测定法

GB/T 6533 原油中水和沉淀物测定法(离心法)

GB/T 8929 原油水含量测定法(蒸馏法)

GB/T 11137 深色石油产品运动粘度测定法(逆流法)和动力粘度计算法

GB/T 11146 原油水含量测定法(卡尔·费休法)

GB/T 17040 石油产品硫含量测定法(能量色散 X-射线荧光光谱法)

GB/T 17606 原油中硫含量的测定(能量色散 X-射线荧光光谱法)

GB/T 18609 原油酸值的测定电位滴定法

GB/T 18610 原油残炭的测定 康氏法

SH/T 0121 石油产品馏程测定装置技术条件

SH/T 0604　原油和石油产品密度测定法(U型振动管法)

SN/T 0975　进出口石油及液体石油产品取样法(自动取样)

ASTM D 3230　原油中盐含量的试验方法(电导率法)

3　术语和定义

GB/T 4016确立的以及下列术语和定义适用于本部分。

3.1

检验人员　inspectior

经过培训,有一定的理论基础、一定的实际工作经验,具有相关的检验检疫法规知识,能够发现储油装备的故障或缺点、能够判别实验仪器是否符合实验要求,并能对储油装备或仪器设备的故障或缺点对是否进一步使用的可能性与对油品性能和检验结果的潜在影响做出正确估计与判断的人员。

3.2

检验批　inspection lot

批

为实施检验而汇集的同一产地、同一船次、同一合同,同一品名,同一车次的单位产品。对于连续输送的原油,可选取固定的时间、数量间隔作为一个检验批,如一天汇集的样品。

3.3

完整样品　integrity of the sample

样品处于没有被改变的完整状态,即所保存的样品和从散装液体中取得时具有相同的组成。

3.4

管线　pipeline

用于输送液体的管道的任意一段。无障碍管道没有任何内部附件,例如静力混合器或孔板。

3.5

管线取样　pipeling sampling

为获得检验用样品而在输油过程中于输油管线中人工或通过自动机械取得样品的方法。

3.6

样品准备　sample conditioning

在制备分析样品时,必须进行均化,并成为稳定样品。

3.7

样品处理　sample handling

样品准备、转移、划分和运输。它包括从取样器(接受器)中将样品转移到容器和从容器中将样品转移到进行分析的实验室仪器中。

3.8

代表性样品　representative sample

样品的物理或化学特性与被取样的总体积的体积平均特性相同的样品。

3.9

游离水　free water

与油分开存在的一层水,通常是位于油层下面。

3.10

溶解水　dissolved water

在常态下与油形成溶液而存在于油中的水。

3.11

悬浮水 suspended water

以细小水滴的形式悬浮在石油中的水，在一定时间内，它可以聚集成为游离水或成为溶解水，这种变化取决于当时的温度和压力。

4 取样

4.1 仪器

4.1.1 综述

取样设备的设计和结构应确保其可以保持油品最初的特性。设备应有足够的强度和外部保护，以承受所产生的正常内部压力。使用前，应确认设备清洁。

在取样环节以及下面所述的样品处理和品质检验过程中应遵守必要的安全事项，详细内容见附录A。

4.1.2 手工管线取样器

手工管线取样器是由一个适当的管线取样头与一个隔离阀组成。取样头应安装在竖直管线中，开口直径不小于6 mm，取样头的开口朝向液流方向，样品进入点到管线内壁的距离大于管线内径的1/4。取样头的位置距离上游弯管的距离大于3倍管线内径小于5倍管线内径，距离下游弯管距离大于0.5倍内径。如果安装在水平管线中，要安装在泵输出侧，取样头到泵出口距离为(0.8～8)倍管线内径。取样器要有一个输油管，长度应能达到容器的底部。

4.1.3 容器

样品容器可以是玻璃瓶、塑料瓶、金属瓶等，取决于被取样原油的性质和便利操作。塑料容器不能用于贮存样品，金属容器只允许在外表有焊缝。样品容器必须绝对清洁。

4.1.4 容器封闭

可以使用软木塞、磨砂玻璃塞、塑料或金属的螺旋帽，不使用橡胶塞。软木塞应质量良好，不能有松散的碎木渣屑。

4.2 取样综述

管线取样一般与管线计量联合应用，如果单独采用管线取样，可能引起计量(纯油量)误差，应提请相关各方注意。

4.3 取样条件

对于油与水的非均匀混合物，其游离水及夹带的水应均匀分散在取样点。

4.4 手工取样

手工取样按GB/T 4756—1998中“7.5 管线取样”规定的方法进行。典型的取样方案参见附录B所示。

注：自动取样是最准确的取样方式，特别在油品不均匀的状态下。采取手工方法的各方应探讨采用自动取样的可能性，只有确认无法自动取样时才采用手工取样。

4.5 自动取样

自动取样按SN/T 0975规定的方法进行。

4.6 特殊试验样品的取样

为了某些特定项目的检验需利用手工取样，典型的如为原油评价而进行的取样，见附录B所示。

5 样品处理

5.1 综述

在样品提取或抽出点和实验室试验台之间或和样品储存点之间的处理样品的方法都应保证保持样品的性质和完整性，并要求在液态下保持油品的组成物，并应有处理油品至均匀混合物的功能。

5.2 样品处理方法

附录C给出了样品处理的详细方法。

6 品质检验

6.1 检验的一般规则

某一产地的原油性质已经确定，不受加工方式的影响，检验项目依据合同约定进行。为了确定原油数量的检验一般检验水分含量、沉淀物、密度。

常规的原油检验需检验水分含量、沉淀物、密度、硫含量以及盐含量等。

6.2 密度的测定

原油密度的测定按照 GB/T 1884 或 SH/T 0604 规定的方法进行。

注 1：采用 U 型振动管法测定，样品的处理需特别加以注意，保证样品混合均匀。

注 2：因我国规定的标准密度为 20 ℃的密度，国际贸易经常需要 15 ℃密度和 API 值，需通过查 GB/T 1885 密度表附录得到。

6.3 水分的测定

原油水分的测定按 GB/T 8929 或 GB/T 11146 规定的方法进行。

注：GB/T 11146 比较适合于水分含量很低的情况，如水分含量较高，样品的处理需特别加以注意。

6.4 水和沉淀物的测定

原油水和沉淀物的测定按 GB/T 6533 规定的方法进行。

当测定精度要求较高时，水分测定应使用 GB/T 8929，沉淀物测定应使用 GB/T 6531 两种方法分别测定。

6.5 硫含量的测定

原油硫含量的测定按 GB/T 387、GB/T 388、GB/T 17040 或 GB/T 17606 规定的方法进行。

注：以上几种方法均适用于硫含量的测定，可以依据试验条件选择一种方法进行，GB/T 387 为仲裁法。

6.6 盐含量的测定

原油盐含量的测定按 GB/T 6532 或 ASTM D 3230 规定的方法进行。

注：两种方法为完全不同的方法，且无直接的对应关系，需根据申请人的需要选择对应的方法。

6.7 沉淀物的测定

原油沉淀物的测定按 GB/T 6531 规定的方法进行。

6.8 酸值的测定

原油酸值的测定按 GB/T 18609 规定的方法进行。

6.9 闪点的测定

原油闪点分为开口闪点和闭口闪点两个衡量指标：

——开口闪点按 GB/T 3536 规定的方法进行；

——闭口闪点按 GB/T 261 规定的方法进行。

注：原油为多种烃组成的混合物，成分复杂，一般测定闭口闪点。

6.10 运动黏度的测定

原油运动黏度的测定按 GB/T 265 或 GB/T 11137 规定的方法进行。测定温度为 20 ℃，50 ℃或 80 ℃，也可根据要求测定几个温度下的运动黏度。采用 GB/T 11137 测定时，重复测定的两个结果之差不应大于其算术平均值的 2%，否则应重新测定。

6.11 原油倾点的测定

原油倾点的测定按 GB/T 3535 规定的方法进行，对于经加热脱水后的原油，需放置不少于 48 h 才能测定倾点。

6.12 原油凝点的测定

原油凝点的测定按 GB/T 510 规定的方法，并补充下列事项进行：

——原油经加热脱水后，需放置不少于 48 h 才能测定凝点。

——测定原油凝点时，应控制浴温低于预计凝点 10 ℃的条件下进行。

——原油凝点高于 40 ℃时，预热温度可高于预计凝点 10 ℃。

注：预热对凝点影响较大的原油，允许不经预热进行凝点的测定，但实验报告应注明。

——重复测定两个结果之差不应大于 4 ℃。

6.13 灰分的测定

原油灰分的测定按 GB/T 508 规定的方法进行。

6.14 原油脱水

原油脱水允许使用高压釜、加热沉降、热化学、高压直流电等脱水方法。本标准为原油蒸馏脱水。附录 D 给出了原油蒸馏脱水的详细方法。

6.15 残炭的测定

原油残炭的测定按 GB/T 18610 规定的方法进行。

6.16 原油馏程的测定

原油馏程的测定按 GB/T 255 规定的方法进行。

7 检验结果的判定

7.1 在检验中发现一个或一个以上项目不合格时，判定该批货物不合格。

7.2 如果没有限量值，不做合格判定，出具实测结果。

8 检验报告

按照合同要求，根据实际检验结果，出具品质检验报告。

9 样品保管

样品应保存在密闭的容器内，此容器不与原油发生反应。样品应放置在温度、湿度适宜且避光的地方。样品保存时必须有样品标签，上面注明有关信息，例如船名、品名、取样时间、地点等。

样品保存期以合同为准，如果合同没有约定，则样品保存期不得少于 60 d。

附　录　A
（规范性附录）
安全注意事项

A.1　综述

A.1.1　下述安全注意事项都应该遵守，并应与相应的国家安全规程或石油工业认可的规则一起应用，在执行这些注意事项时都不应与必须遵守的国家或地方的安全规程相冲突。

操作人员应充分研究被取原油的性质与其危险性对相应需要遵守的安全注意事项是否有影响，如有影响应采取预防措施加以解决。

A.1.2　应对取样人员进行遵守安全注意事项的教育，使取样人员了解和知道取样工作中的潜在的危险。

A.1.3　应严格遵守包括进入危险区域的全部安全规程。

A.1.4　在取样期间应注意避免吸入石油蒸气，戴上不溶于烃类的防护手套。在有飞溅危险的地方，应戴上眼罩或面罩。在处理含硫原油时，应附加必要的注意事项。

A.2　设备

A.2.1　关于设备的机械性能，应根据有关国家标准或国际标准设计接收器或容器。

A.2.2　压力试验和其他检验工作应由主管人员按照当地的规程进行，试验结果应做记录。应定期进行清洗和渗漏检验。

A.2.3　用在可燃性气氛中的便携式金属取样器具应用不打火花的材料制造。

A.2.4　取样者应有运载取样器具的托架，以便至少有一只手是自由状态。

A.2.5　用于电分级区域的照明灯和手电筒应是被批准的形式。

A.2.6　为了防护与被取样物料有关的全部已知危险，取样者应穿戴上适当的衣服和装备。

A.2.7　如果被取样产品的雷德蒸气压(RVP)在 100 kPa(1.0 bar)和 180 kPa(1.8 bar)之间，样品瓶应用一个金属盒保护起来，直到样品废弃为止。如果超过了 180 kPa，只应适用制造时包括所涉及压力的金属取样器。

A.2.8　不应在气密性容器中加热挥发性样品。

A.3　取样点

A.3.1　取样点应能够以安全的方法取得样品。与取样有关的任何潜在危险都应清楚地注明，并建议安装压力表。

A.3.2　应由主管人员经常保养和定期检查取样点和取样设备，并记录检查结果。

A.3.3　到取样点的安全通路应有充足的光线。保持通路梯、楼梯、平台和栏杆在结构上的安全状态，并由主管人员定期检查。

A.3.4　为了排放和冲洗的需要，应装有足够的和安全的排放设施。

A.3.5　设备上的任何泄漏或故障都应立即向主管人员报告。

A.3.6　取样时，应注意避免吸入石油蒸气。

A.4　静电

为了避免静电危险，应遵循下列注意事项：

——取样时，为防止打火花，在整个取样过程中，应保持取样导线牢固的接地，接地方法有两个，一是直接接地，一是与取样口保持牢固的接触。

——在可能存在易燃气体的区域不应穿能打火花的鞋。建议在干燥地区不要穿胶鞋。

——应穿防静电的衣服，不应穿人造纤维制品的衣服。

——在大气电干扰或冰雹暴风雨期间不应进行取样。

——为了使人体上的静电荷接地，在取样前，取样者应接触距离取样口至少 1 m 的某个导电部件。

附　录　B
（资料性附录）
手工管线取样示例

B.1　综述

手工管线取样包括卸船过程、管线连续输油及特殊情况下几种取样方式。对于进口原油经过长途长时间运输，可能产生分层，特别是出现游离水，此种情况需特别注意。

B.2　卸船过程中管线取样

B.2.1　引言

由于卸船开始及结束时输油速率低，且原油性质（特别是水分含量）与整个货物可能有差别，所以利用手工取样需加以注意。

B.2.2　游离水的测量

卸船前，应使用量油尺测定船舱中游离水的情况，卸货开始与结束应使用无游离水的船舱。如果所有船舱都存在游离水，因为游离水一般存于船舱的底部，应要求船方首先将一舱的底部货物转到其他船舱，确认无游离水的情况下由此舱开始外输，流速正常后再开始其他舱的外输。

B.2.3　输油开始时的取样

开始输油时，应取第一个样品，一般取 500 mL，然后每输 500 m^3 取一个样品直至流速正常，将流速正常前所取的样品混合均匀后，按照比例混入全部样品中。

B.2.4　输油过程中的取样

流速正常后，按照预定的流量或时间间隔取样，推荐每次取 500 mL，每输油 2 000 m^3 取一次样品。取的样品混入同一容器内。如果油轮过大或过小，根据情况适当调整，建议最终样品总量 10 L～20 L。

B.2.5　输油结束时的取样

输油接近结束，流速开始降低，每输油 500 m^3 取一个样品直至输油结束，将所取的样品混合均匀，按照比例混入全部样品中。

B.3　管线连续输油的取样

B.3.1　引言

如果利用管线长期连续输送原油，需要约定一个检验批的间隔，一般根据时间的间隔，例如 1 d；或者根据计量需要，例如输满一个油罐。

B.3.2　取样

连续输送原油，推荐每两个小时取一个样品约 500 mL，一个检验批内的样品全部混合作为一个样品。

B.4　特殊需要的取样

有时为了进行原油评价，需要取得大量的样品。一般不少于 50 L，此时不需要频繁的取样，推荐在流速正常后，分三次取得足够的样品，混合作为原油评价所需要的样品。

附 录 C
（规范性附录）
样品处理方法

C.1 综述

C.1.1 在样品提取或抽出点和实验室实验台之间或和样品储存点之间的处理样品的方法都应保证保持样品的性质和完整性。

C.1.2 处理样品的方法应取决于取样的目的，要使用的实验室分析方法常常会要求一个要同它结合的特殊的处理方法。由于这个原因，参考适当的实验方法并把涉及样品处理的必要说明交给取样者。如果要应用的分析方法有不一致的要求，就要分开抽取样品，并对每个样品采用合适的取样方法。

C.1.3 对于下列各项要特别注意：

a) 含有挥发性物质，因为会出现蒸发损失。

b) 含有水和（或）沉淀物的液体，因为水和（或）沉淀物在样品容器中有分离的倾向；

c) 具有潜在蜡沉淀的液体，如不保持足够温度，可能出现沉淀物。

C.1.4 制备组合样时，要特别注意，挥发性液体不能损失轻组分，也不能改变水和沉淀物的含量。这是一个很难的操作，如有可能，应尽量避免进行这一操作。

C.1.5 不能在取样地点把挥发性液体的样品转移到其他容器中，而应在初始的样品容器中把样品运输到实验室后转移。如果必须就地转移，则要冷却和倒置样品容器，样品含有挥发性组分和游离水时，必须特别小心。

C.2 样品的均化

C.2.1 引言

本条叙述了含有水和沉淀物或其他任何方式的不均匀样品，从样品容器转移到更小的容器或实验室仪器之前，进行均化的方法。C.3 给出了转移前检验样品是否被混合好的方法。

手工搅拌含有水和沉淀物的液体样品，是不能充分地分散样品中的水和沉淀物的。为了在转移或细分样品之前均化样品，必须使用剧烈地机械混合或液力混合。

均化可以使用不同方法。但不论使用哪种方法，都建议均化系统要使水滴小于 50 μm，而又不能小于 1 μm。因为小于 1 μm 的水滴会形成稳定的乳化液，从而不能使用离心法测定水分含量。

C.2.2 用高剪切机械混合器均化

把 个高剪切力的机械搅拌器插进样品容器中，使旋转元件距离容器底不超过 30 mm。把搅拌器的旋转叶片控制在大约 3 000 r/min 通常是适宜的，其他的装置，如果性能良好，也可以使用。

为了减少原油或含有挥发性化合物的其他样品的轻组分损失，要通过装在样品容器上的密封压盖操纵搅拌器，把样品搅拌到完全均匀为止。一般搅拌 5 min 就足够了，但是容器的大小和样品的性质影响均化时间，因此需要检验样品是否已均匀（见 C.3）。

注：高剪切混合器常产生稳定的乳化液，而使得不能用离心法（GB/T 6533）测定搅拌后的水含量。

在混合期间要避免温度显著升高。

C.2.3 用外部搅拌器循环

本方法可用于固定安装的样品容器和便携式容器。对于后者，要使用一个快速拆卸的连接器。使用一个小泵，通过安装在小内径管道上的静力混合器，在外部循环内含物。外部混合器可以有不同型式的设计，但要遵循制造厂的操作说明。

使用的循环流速要足以使内含物每分钟至少循环一次。典型的混合时间是15 min,但这将根据水含量、烃的类型和系统的设计而改变。当全部样品被完全混合时,不停泵,从循环管线上的阀放出要求数量的样品。然后抽空容器,泵入溶剂并彻底清洗整个系统,直到除净烃的全部痕迹为止。

C.3 混合时间的检验

C.3.1 无论选择什么方法从非均匀混合物中取得子样,都要检查混合方法的适用性和得到合适的混合样品所需要的时间。

C.3.2 如果样品在混合后保持均匀和稳定(例如掺合了添加剂的润滑油各组分是完全可溶的),应继续进行混合,直到从样品主体相继抽出的样品得出相同的试验结果时为止。这样确定最短的混合时间。

注:当样品在这个时间以后是均匀的,并保持这种状况,不用进一步混合,就可以进行从主体转移。

C.3.3 如果样品混合后在短时间内不能保持均匀时(例如,水和沉淀物是混合物的一部分),就要使用特殊的方法按C.3.4所述检验混合时间。由于烃的特性,细分样品时应在不断混合下进行。

C.3.4 要确保抽出的样品装到容器中约四分之三,按一已知的时间均化样品,做好均化记录。

在这个时间内,按时抽出一小部分,立即用标谁方法试验每小份的水含量(见C.3.5)。当试验结果恒定时,记录得到的值作为空白水含量。

加入1%~2%准确测量过数量的水,用于空白均化时间相同的时间进行均化,然后取样。如果所测定的水含量之间能较好的吻合(在标准方法的重复性范围之内),就再加入1%~2%准确测量过数量的水,重复这个操作。如果试验结果仍然有较好的吻合,就认为这个混合时间足够了。

如果试验结果未能较好吻合,则废弃它们。回到方法开始,并使用更长的混合时间。

C.3.5 当离心法(GB/T 6533)不能可信地给出总水含量时,对于混合系统的这个检验,不能用其测定水含量。

C.4 样品的转移

C.4.1 如果样品接受器不是便携式的,或者不能方便地把样品直接从接受器取进实验室试验仪器中时,为了运输到实验室,要把代表性样品转移到便携式容器中。

C.4.2 在转移样品每一步,重要的是要使用C.2中规定的方法之一均化被取样的容器中的内含物。

C.4.3 对于容器和混合器的每一次结合,都要使用C.3中规定的方法之一检验混合时间。

C.4.4 要在已知混合物是均匀和稳定的期间内完成样品转移,这个期间很短,要在不超过20 min的时间内完成转移。

附 录 D
（规范性附录）
原油蒸馏脱水

D.1 仪器

D.1.1 蒸馏烧瓶：500 mL。

D.1.2 烧杯：1 000 mL。

D.1.3 分液漏斗：250 mL。

D.1.4 石油产品馏程测定器：符合 SH/T 0121 技术要求。

D.1.5 蒸馏用温度计：符合 GB/T 514 技术要求。

D.1.6 凹型电炉或电加热套。

D.1.7 红外线灯：500 W。

D.2 准备工作

D.2.1 将试样加热至 40 ℃～50 ℃，并仔细搅拌。

D.2.2 称取试样约 250 g，注入清洁、干燥的蒸馏烧瓶（500 mL）中，放入一些瓷片，然后用插有温度计的软木塞将瓶口塞严，使水银球的上边缘恰恰位于蒸馏烧瓶支管的下边缘处。

D.2.3 将盛有试样的蒸馏烧瓶安放在凹型电炉上，并使蒸馏烧瓶支管与馏程测定器的冷凝管严密连接，冷凝管内壁先用缠在金属丝上的软布擦拭，以便清除上次蒸馏时遗留下来的液体。

D.2.4 将分液漏斗放在冷凝管的末端，使冷凝管伸入漏斗内约 25 mm，并将分液漏斗置于装有冰水混合物的烧杯中。

注：对于轻质原油应加冷阱。

D.2.5 向冷凝器水槽中注入冰水混合物，保持温度在 0 ℃～5 ℃。

D.3 试验步骤

D.3.1 装好仪器后，开始缓慢加热，调整加热强度，使蒸馏烧瓶内液体不产生突沸，如遇突沸或剧烈响声时，应及时降低加热强度。

D.3.2 控制油水冷凝液的馏出速度为每分钟 1 mL～2 mL。

D.3.3 为使冷凝在蒸馏烧瓶颈上的水珠迅速蒸发，需用红外线灯加热瓶颈。

D.3.4 当蒸馏烧瓶内液体泡沫逐渐减少时，可适当增加加热强度，直到温度为 200 ℃，则认为脱水完毕。

D.3.5 停止加热 10 min～15 min 后，取下蒸馏烧瓶，放置于阴凉处，冷却至 40 ℃～50 ℃。

D.3.6 将分液漏斗取下静止片刻，待油、水分层清楚后，小心地放出水层，然后将蒸出的轻质油完全倒回至 40 ℃～50 ℃的原油中（注意不要损失），并仔细混合均匀，以备进行试验用。

中华人民共和国出入境检验检疫行业标准

SN/T 2418.3—2011

进口原油检验规程 第3部分:船舱检验

Rules for inspection of imported crude oil—Part 3:Ship tank inspection

2011-02-25 发布

2011-07-01 实施

中华人民共和国国家质量监督检验检疫总局 发布

前　言

SN/T 2418《进口原油检验规程》共分为3部分：

——第1部分：岸罐检验；

——第2部分：管线检验；

——第3部分：船舱检验。

本部分为SN/T 2418《进口原油检验规程》的第3部分。

本部分按照GB/T 1.1—2009给出的规则起草。

请注意本文件的某些内容可能涉及专利。本文件的发布机构不承担识别这些专利的责任。本标准由国家认证认可监督管理委员会提出并归口。

本部分起草单位：中华人民共和国山东出入境检验检疫局。

本部分主要起草人：郭武、郭兵、管嵩、岳春雷、亓秉哲。

本部分系首次发布的出入境检验检疫行业标准。

进口原油检验规程
第3部分：船舱检验

1 范围

本部分规定了进口原油船舱取样、样品检验、结果判定、样品保管等的要求和程序。

本部分适用于进口原油船舱取样的检验。

2 规范性引用文件

下列文件对于本文件的应用是必不可少的。凡是注日期的引用文件，仅注日期的版本适用于本文件。凡是不注日期的引用文件，其最新版本（包括所有的修改单）适用于本文件。

GB/T 387 深色石油产品硫含量测定法（管式炉法）

GB/T 1884 原油和液体石油产品密度实验室测定法（密度计法）

GB/T 3535—2006 石油产品倾点测定法

GB/T 4016 石油产品名词术语

GB/T 4756 石油液体手工取样法

GB/T 6531 原油和燃料油中沉淀物测定法（抽提法）

GB/T 6532 原油及其产品的盐含量测定法

GB/T 6533 原油中水和沉淀物测定法（离心法）

GB/T 8929 原油水含量的测定（蒸馏法）

GB/T 11146 原油水含量测定法（卡尔·费休法）

GB/T 17606 原油中硫含量的测定 能量色散X射线荧光光谱法

GB/T 18609 原油酸值的测定 电位滴定法

SH/T 0604 原油和石油产品密度测定法（U型振动管法）

ASTM D 473 原油和燃料油沉淀物测定法（抽提法）（Standard test method for sediment in crude oils and fuel oils by the extraction method）

ASTM D 664 石油产品酸值测定法（电位滴定法）（Standard test method for acid number of petroleum products by potentiometric titration）

ASTM D 1298 原油和液体石油产品密度、相对密度（比重）、API重度测定法（密度计法）（Standard test method for density, relative density (specific gravity), or API gravity of crude petroleum and liquid petroleum products by hydrometer method）

ASTM D 3230 原油中盐含量测定法（电测法）[Standard test method for salts in crude oil (electrometric method)]

ASTM D 4006 原油水分测定法（蒸馏法）（Standard test method for water in crude oil by distillation）

ASTM D 4007 原油水和沉淀物测定法（离心法）[Standard test method for water and sediment in crude oil by the centrifuge method (laboratory procedure)]

ASTM D 4057 石油和石油产品手工取样法（Standard practice for manual sampling of petroleum and petroleum products）

ASTM D 4294 石油和石油产品硫含量测定法（能量色散X射线荧光光谱法）（Standard test

method for sulfur in petroleum and petroleum products by energy-dispersive X-ray Fluorescence Spectrometry)

ASTM D 4377 原油水分测定法(卡尔·费休法)(Standard test method for water in crude oils by potentiometric Karl Fischer Titration)

ASTM D 5002 原油密度和相对密度测定法(数字密度仪法)(Standard test method for density and relative density of crude oils by Digital Density Analyzer)

ASTM D 5853 原油倾点标准试验法(Standard test method for pour point of crude oils)

ASTM D 5854 石油及石油产品液体样品的混合和处理方法(Standard practice for mixing and handling of liquid samples of petroleum and petroleum products)

3 术语和定义

GB/T 4016 以及 ASTM D 4057 中确立的下列术语和定义适用于本文件。

3.1

检验批 inspection lot

为实施检验而汇集的同一产地,同一船次,同一合同,同一品名的产品称为检验批,简称批。

3.2

完整样品 integrity of the sample

样品处于没有被改变的完整状态,即所保存的样品和从散装液体中取得时具有相同的组成。

3.3

点样 spot sample

在船舱内规定的位置上取得的样品。

3.4

上部样 upper sample

在石油液体的顶表面下其深度的六分之一液面处所取得的点样。

3.5

中部样 middle sample

在石油液体的顶表面下其深度的二分之一液面处所取得的点样。

3.6

下部样 lower sample

在石油液体的顶表面下其深度的六分之五液面处所取得的点样。

3.7

组合样 composite sample

按规定的比例合并若干个点样得到的代表整体物料的样品。一般类型的组合样是按照下列之一合并而成。

3.7.1

单舱组合样 tank composite sample

将单一船舱中的上部样、中部样和下部样按等比例合并而成。从非均匀油品中,在单一船舱中多于3个液面上所取得的一系列点样,按其所代表的油品数量成比例合并而成。

3.7.2

多舱组合样 multiple tank composite sample

从油船的几个船舱中所取得的单个样品或者单舱组合样合并而成,每个样品都与其中盛装的油品总量成比例。

3.8

样品处理　sample handling

指样品准备、转移、划分和运输。它包括从取样器中将样品转移到容器和从容器中将样品转移到进行分析的实验室仪器中。

3.9

代表性样品　representative sample

样品的物理或化学特性与被取样的总体积的体积平均特性相同的样品。

3.10

水　water

3.10.1

游离水　free water

与油分开存在的一层水，其典型是位于油层下面。

3.10.2

溶解水　dissolved water

在常温下与油形成溶液而存在于油中的水。

3.10.3

悬浮水　suspended water

以细小水滴的形式悬浮在油中的水。

4　安全注意事项

安全注意事项见附录A。

5　取样

5.1　取样标准

5.1.1　对于原油，连续自动管线取样是最好的方法。但是，在不具备自动管线取样或者自动管线取样出现故障时，在贸易各方同意的情况下，从船舱取得的样品也可以用于贸易结算。

5.1.2　船舱检验时，按照GB/T 4756、ASTM D 4057规定的方法进行取样。

5.2　设备

5.2.1　取样器

船舱取样常用到的取样设备有取样笼（见图1）、加重的取样器（见图2）或者气体闭锁装置取样器（见图3）。

5.2.2　容器

盛装进口原油的样品容器应是玻璃瓶、塑料瓶或桶、金属桶或听。容器的容积一般为(1～5)L，但当特殊试验、大量样品或进一步细分样品等需要时，也可以使用更大的容器。需要指出的是，塑料容器不能用于储存样品，因为扩散作用使它不能保持样品的完整性。

5.3　取样注意事项

取样注意事项见附录B。

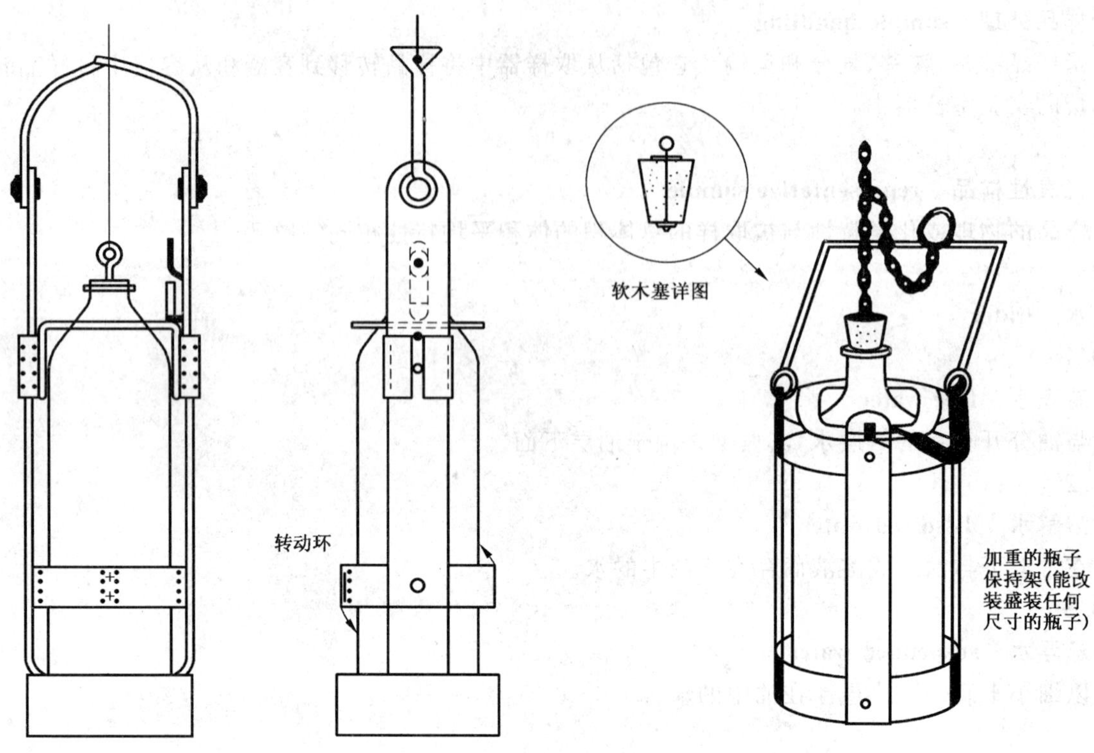

图 1　取样笼示例

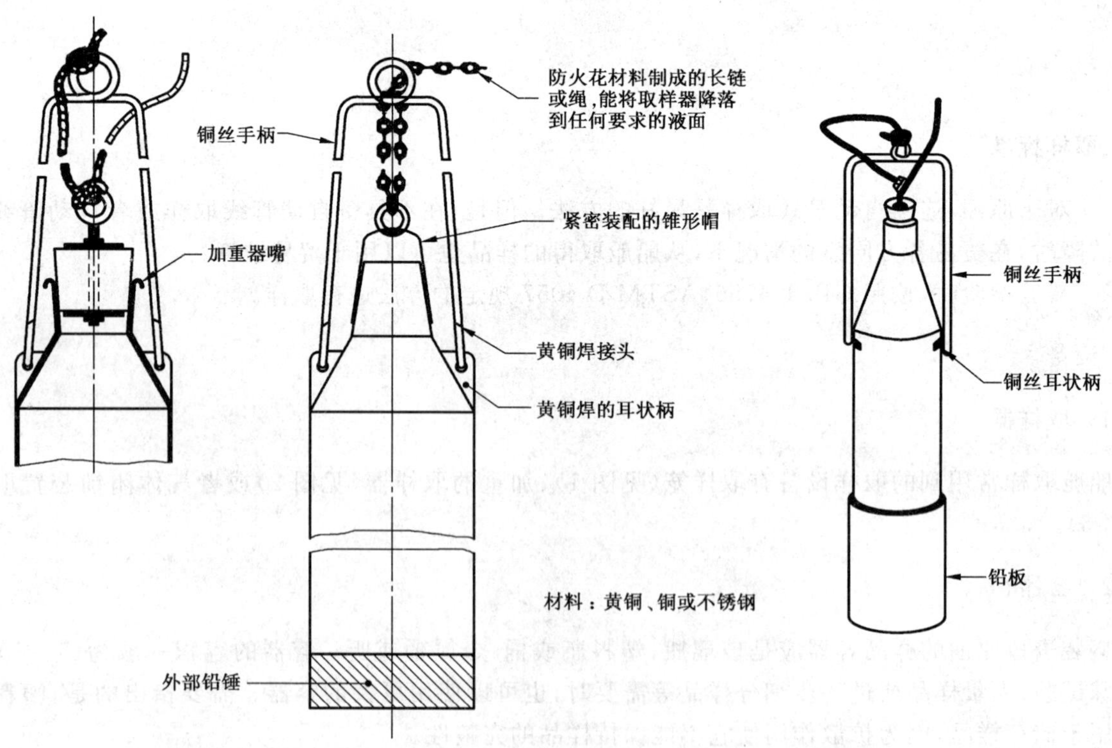

图 2　加重的取样器

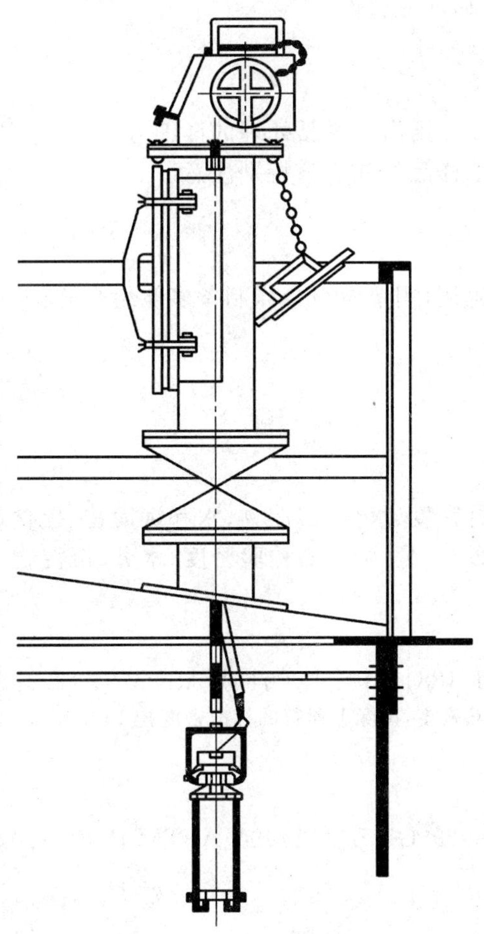

图 3 气体闭锁装置示例

5.4 取样操作

5.4.1 油船的总装载容积，一般划分成若干个不同大小的船舱。从每个船舱采取样品进行检验。

通常对同一检验批的原油从船舱中取上部样、中部样和下部样，如果对这些样品的试验表明船舱内原油是均匀的，就可以将这些样品等比例地合并，并进行下一步的试验；如果对这些样品的试验表明船舱内原油是不均匀的，就必须以每米间隔抽取样品，并制备用于分析的组合样。如果掺合会损害样品的完整性，就单独分析每个样品，然后按照每个样品所代表原油的比例计算原油的品质。

5.4.2 对于不充惰性气体的非增压油船，可使用立式圆筒形油罐的取样方法，打开舱口盖取样，也可按照5.4.3方法取样。

5.4.3 对于充入惰性气体的增压油船，取样时，需要使用气体闭锁装置取样器（见图3）。进口原油油船通常为充入惰性气体的增压油船。

5.5 标识

在样品容器上贴上清楚的标签。

6 样品处理

6.1 综述

为了减少轻组分的损失和避免转移样品造成污染，应尽可能减少样品转移的次数。在每次进行样品转移时,应保证保持样品的性质和完整性。

6.2 样品处理方法

GB/T 4756 和 ASTM D 5854 给出了样品处理的详细方法。

对于含有水和沉淀物的原油样品处理应该特别注意。

6.3 制备多舱组合样

按照每舱所装载原油数量比例,用单舱组合样制备多舱组合样。

7 检验

7.1 检验的一般规则

进口原油的常规检验项目有密度、水分、沉淀物、水和沉淀物、硫含量、盐含量、倾点、酸值等。

如果只是为了确定原油的数/重量,则只需检验密度、水分、沉淀物或者密度、水和沉淀物。

7.2 密度的测定

原油密度的测定按照 GB/T 1884、SH/T 0604 或 ASTM D 1298、ASTM D 5002 规定的方法进行。

注:我国规定的标准密度为 20 ℃密度,国际上通行的标准密度是 15 ℃密度。

7.3 水分的测定

原油水分的测定按 GB/T 8929、GB/T 11146 或 ASTM D 4006、ASTM D 4377 规定的方法进行。

7.4 硫含量的测定

原油硫含量的测定按 GB/T 17606、GB/T 387 或者 ASTM D 4294 规定的方法进行。

7.5 盐含量的测定

原油盐含量的测定按 GB/T 6532 或 ASTM D 3230 规定的方法进行。

注:两种方法为完全不同的方法,且无直接的对应关系,需根据申请人的需要选择对应的方法。

7.6 水和沉淀物的测定

原油水和沉淀物的测定按 GB/T 6533 或 ASTM D 4007 规定的方法进行。

7.7 沉淀物的测定

原油沉淀物的测定按 GB/T 6531 或 ASTM D 473 规定的方法进行。

7.8 倾点的测定

原油倾点的测定按 GB/T 3535—2006 或 ASTM D 5853 规定的方法进行。

7.9 酸值的测定

原油酸值的测定按 GB/T 18609 或 ASTM D 664 规定的方法进行。

8 检验结果的判定

8.1 在检验中发现一个或一个以上项目不符合合同要求时,判定该批货物不合格。

8.2 如果合同没有限量指标,不做合格判定,出具实测结果。

9 样品保管

9.1 样品应保存在密闭的容器内,此容器不与原油发生反应。

9.2 样品应放置在凉爽干燥、避免光照、通风良好、远离火源的地方。

9.3 样品保存期以合同为准,如果合同没有约定,则样品保存期一般为三个月。

附 录 A
（规范性附录）
安全注意事项

A.1 综述

A.1.1 本标准没有提出与其应用时有关的全部安全问题。在使用前，本标准的使用者有责任制定相应的安全保障措施。

A.1.2 下述安全注意事项都应该遵守，并应与相应的国家安全规程或石油工业认可的规则一起应用，在执行这些注意事项时都不应与必须遵守的国家或地方的安全规程相冲突。

A.1.3 对于原油的性质和已知危险都应给予仔细地考虑，因为它会影响需要遵守的安全注意事项的细节。

A.1.4 应对取样和检验人员进行遵守安全注意事项的教育，使其了解和知道取样、检验工作中的潜在危险。危险主要来自四个方面：

——一是原油和一些试剂的易燃性，在取样和检验期间应注意避免静电和明火引起火灾；

——二是原油和一些试剂中含有有毒成分，如原油中有毒并有恶臭气味的硫化氢气体、芳烃等；

——三是油轮船舱一般为增压舱，取样时可能会出现油品飞溅的危险，戴上眼罩或面罩，戴上不溶于烃类的防护手套，避免吸入石油蒸汽，避免油品接触皮肤和误入口鼻；

——四是原油样品的强挥发性，原油一般有较高的蒸气压，遇热膨胀，不应在气密性容器中加热样品，样品容器中应留有至少10%用于膨胀的无油空间。

A.2 设备

A.2.1 降落取样器具用的绳子应是导电体。它不得完全用人造纤维制造，最好用天然纤维，例如马尼拉麻或剑麻制造。

A.2.2 用在可燃性气氛中的便携式金属取样器具应用不打火花的材料制造。

A.3 静电

为了避免静电危险，应遵循下列注意事项：

——在油轮上不得穿能打火花的鞋；

——应穿防静电的衣服，不得穿人造纤维制品的衣服；

——在整个取样过程中，为防止打火花，应保持取样导线与取样口金属保持牢固的接触；

——在大气电干扰或冰雹暴风雨期间不得进行取样。

附 录 B
（规范性附录）
取样注意事项

B.1 一般注意事项

B.1.1 严格检查取样器具和样品容器，确保所使用的取样器具和容器都清洁、干燥。

B.1.2 样品容器中应留有至少10%用于膨胀的无油空间。尽量避免或减少用倾倒的办法来获得10%用于膨胀的无油空间，因为这样会使样品失去代表性，特别是有游离水或乳化层存在时。

B.1.3 在充装样品之后，立即封闭样品容器，并检验样品容器不得有渗漏。在运输和贮存样品时，应将样品容器倒置，避免通过封闭器损失轻组分。

B.2 挥发性原油

B.2.1 在扦取挥发性原油样品时，所取样品用于密度、蒸气压或蒸馏测定等检验项目时，不能从初始的样品容器转移或合并油品以避免轻组分的损失。

B.2.2 根据液体的性质和温度、环境温度和所需样品的目的，必须注意下列事项：

——将样品容器冷却到适当温度；

——保持样品容器冷却，直到密封好为止；

——如果需要可将样品容器侵没在冷却介质等(例如碎冰)中冷却。

B.3 高倾点原油

当扦取高倾点原油时，迅速将扦取的样品倒入容器中，防止样品凝固在取样器中。

中华人民共和国出入境检验检疫行业标准

SN/T 2422—2010

进出口石油焦中氮的测定　热导法

Determination of nitrogen in petroleum coke for import and export—Thermal conductivity method

2010-01-10 发布　　　　2010-07-16 实施

中华人民共和国
国家质量监督检验检疫总局　发布

前　言

本标准由国家认证认可监督管理委员会提出并归口。

本标准起草单位：中华人民共和国天津出入境检验检疫局、中华人民共和国山东出入境检验检疫局。

本标准主要起草人：李权斌、侯英涛、周洛、王素梅、岳春雷、管嵩。

本标准系首次发布的出入境检验检疫行业标准。

进出口石油焦中氮的测定　热导法

1　范围

本标准规定了进出口石油焦中氮含量的热导测定方法。

本标准适用于进出口石油焦中氮含量的测定。

2　规范性引用文件

下列文件中的条款通过本标准的引用而成为本标准的条款。凡是注日期的引用文件，其随后所有的修改单(不包括勘误的内容)或修订版均不适用于本标准，然而，鼓励根据本标准达成协议的各方研究是否可使用这些文件的最新版本。凡是不注日期的引用文件，其最新版本适用于本标准。

SH/T 0313　石油焦检验法

3　方法提要

在高纯氧气存在下，通过高温燃烧使氮以游离氮和氮氧化物的形式从石油焦中释放出来，滤除燃烧产生的硫氧化物和卤化物后，生成的氮及其氧化物经催化炉还原成 N_2，再经二氧化碳吸收剂及干燥剂分别将 CO_2 及 H_2O 除掉，利用 N_2 与 He 热导系数的差异使用热导检测器定量检测 N_2 含量，经运算处理后得出石油焦中的氮含量。

4　试剂和材料

4.1　蔗糖：分析纯。

4.2　氦气：载气，纯度 99.999%或满足仪器制造商规定。

4.3　氧气：燃烧气，纯度 99.999%或满足仪器制造商规定。

4.4　氮气或压缩空气：动力气。

4.5　煤标准物质：氮含量在 1%～3%之间。

4.6　EDTA 标准品：高纯。

4.7　锡箔。

5　仪器设备

5.1　热导法氮测定仪：附燃烧炉、过滤系统、催化加热管、热导检测器、微处理器。

本标准建议使用仪器制造商提供的仪器耗材如：炉试剂、过滤材料、催化剂、还原剂、干燥剂等。

5.2　天平：感量 0.1 mg。

6　取制样

样品的采取按照 SH/T 0313 的规定进行。用于分析的试验样品，按照 SH/T 0313 的规定制备成粒度小于 75 μm 的空干基或干基样品。

7　分析步骤

7.1　仪器准备

设定燃烧温度为 950 ℃±20 ℃，通过观察样品燃烧情况，调整氧气流量、燃烧时间等仪器参数，以保证样品能完全燃烧。

7.2 标准曲线的制作

依次称取 0.00 g、0.02 g、0.04 g、0.06 g、0.08 g、0.10 g(精确到 0.000 1 g)的 EDTA 标准品(4.6)于锡箔内,紧密包裹锡箔包,每个水平至少连续重复测定 5 次,其极差不超出本标准重复性限(r)的 1.4 倍,使用各水平的测定平均值制作标准曲线。使用煤标准物质(4.5)在仪器上对标准曲线进行漂移校正以修正样品基体差异。

7.3 空白试验

不加样品进行空白测定,得到稳定的空白值后,以当前空白值进行空白校正。

7.4 样品测定

称取 0.05 g～0.2 g(精确到 0.000 1 g)空气干燥基或干基样品于锡箔内,紧密包裹锡箔包,平行试验两次。如果样品不易充分燃烧,可称取 0.05 g(精确到 0.000 1 g)试样并加入 0.05 g 蔗糖于锡箔包内混匀后测定。用干基样品进行测定时,应尽量避免在操作过程中使样品吸收空气中的水分。

8 结果计算

石油焦中氮含量分析结果由仪器自动计算得出。数值取到小数点后第二位。

分析结果可以以空干基或干基计,干基结果可以由干基样品直接测得或根据空干基样品中氮的质量分数和水分的质量分数按式(1)计算:

$$N_{\mathrm{d}} = \frac{N_{\mathrm{ad}}}{100 - M_{\mathrm{ad}}} \times 100 \qquad \cdots\cdots (1)$$

式中:

N_{d}——干基样品中氮的质量分数,%;

N_{ad}——空干基样品中氮的质量分数,%;

M_{ad}——按 SH/T 0313 测得的空干基样品中水分的质量分数,%。

9 精密度

由 8 个实验室对 5 个水平的试样进行方法精密度试验,结果见表 1。

表 1 精密度

%

水平范围(干基)	重复性标准差 S_r	再现性标准差 S_R	重复性限 r	再现性限 R
1.18～2.46	0.010	0.035	0.03	0.10

中华人民共和国出入境检验检疫行业标准

SN/T 2490—2010

进出口液化石油气质量评价标准

Quality evaluation standard for import and export liquefied petroleum gas

2010-03-02 发布　　2010-09-16 实施

中华人民共和国国家质量监督检验检疫总局 发布

前　言

本标准由国家认证认可监督管理委员会提出并归口。

本标准由中华人民共和国广东出入境检验检疫局、中华人民共和国深圳出入境检验检疫局、中华人民共和国宁波出入境检验检疫局负责起草。

本标准主要起草人：赵涛、郭志坚、甘力文、张海峰、梁妙玲、郑建国、王楼明。

本标准系首次发布的出入境检验检疫行业标准。

进出口液化石油气质量评价标准

警告——本标准没有也不可能说明所有与本标准使用有关的安全问题。在使用本标准前应考虑有关安全和健康条例，确定受规章限制的适用性和建立适用的安全和健康对策是使用者的责任。

1 范围

本标准规定了进出口液化石油气的技术要求和质量评价方法。

本标准适用于作为民用、工业及车用燃料的进出口液化石油气。

2 规范性引用文件

下列文件中的条款通过本标准的引用而成为本标准的条款。凡是注日期的引用文件，其随后所有的修改单(不包括勘误的内容)或修改版均不适用于本标准，然而，鼓励根据本标准达成协议的各方研究是否可使用这些文件的最新版本。凡是不注日期的引用文件，其最新版本适用于本标准。

GB/T 6602 液化石油气蒸气压测定法(LPG 法)

GB 11518 车间空气中液化石油气卫生标准

GB/T 12576 液化石油气蒸气压和相对密度及辛烷值计算法

SH/T 0125 液化石油气硫化氢试验法(乙酸铅法)

SH/T 0221 液化石油气密度或相对密度测定法(压力密度计法)

SH/T 0222 液化石油气总硫含量测定法(电量法)

SH/T 0232 液化石油气铜片腐蚀试验法

SN/T 1651 进出口液化石油气采样方法 手工法

SN/T 2255 液化石油气组分的测定 毛细管气相色谱法

SY 5985 液化石油气安全管理规定

SY/T 7508 油气田液化石油气中总硫的测定 氧化微库仑法

SY/T 7509 液化石油气残留物测定法

3 术语和定义

下列术语和定义适用于本标准。

3.1

液化石油气 liquefied petroleum gas;LPG

主要成分是含有三个碳原子和四个碳原子的碳氢化合物。一般有商品丙烷、商品丁烷和商品丙、丁烷混合物。

3.2

商品丙烷 commercial propane

主要成分为丙烷，含有丙烯及少量的乙烷和丁烷。

3.3

商品丁烷 commercial butane

主要成分为丁烷，含有丁烯及少量的丙烷和戊烷。

3.4

商品丙、丁烷混合物 commercial PB mixture

主要成分为丙烷、丁烷，含有丙烯、丁烯及少量的乙烷和戊烷。

4 技术要求

液化石油气技术要求应符合表1的规定。

表1 液化石油气技术要求

项目	质量指标			试验方法
	商品丙烷	商品丁烷	商品丙、丁烷混合物	
组分(体积分数)/%				SN/T 2255
丁烷及以上组分 ≤	2.5	—	—	
戊烷及以上组分 ≤	—	2.0	2.0	
总烯烃 ≤	10	10	10	
二烯(包含1,3-丁二烯) ≤	0.5	0.5	0.5	
蒸气压(37.8 ℃)/kPa ≤	1 430	485	1 430	GB/T 6602 或 GB/T 12576[a]
密度(20 ℃或15 ℃)/(kg/m³)	实测	实测	实测	SH/T 0221 或 GB/T 12576[b]
残留物				SY/T 7509
蒸发残留物/(mL/100 mL)	0.05	0.05	0.05	
油渍观察	通过	通过	通过	
铜片腐蚀,级 ≤	1	1	1	SH/T 0232
总硫含量/(mg/kg) ≤	50	50	50	SY/T 7508 或 SH/T 0222[c]
硫化氢	无	无	无	SH/T 0125
游离水	无	无	无	目测

[a] 在仲裁时,蒸气压应用GB/T 6602测定。

[b] 在仲裁时,密度应用SH/T 0221测定。

[c] 在仲裁时,总硫含量应用SY/T 7508测定。

5 取样

液化石油气取样按SN/T 1651进行。

6 质量评价

6.1 进出口液化石油气用作民用、工业燃料,需要满足表1中蒸气压、残留物、铜片腐蚀、总硫含量、硫化氢、游离水以及组分中丁烷及以上组分、戊烷及以上组分的技术要求。

6.2 进出口液化石油气用作车用燃料,除满足6.1要求外,还需满足表1组分中总烯烃和二烯(包含1,3-丁二烯)的技术要求。

7 安全与健康要求

液化石油气在取样、储存、运输及使用的整个过程中,除应执行本标准的规定外,还应遵守GB 11518、SN/T 1651、SY 5985的规定。

中华人民共和国出入境检验检疫行业标准

SN/T 2491—2010

进出口液化天然气质量评价标准

Quality evaluation standard for import and export liquefied natural gas

2010-03-02 发布　　2010-09-16 实施

中华人民共和国国家质量监督检验检疫总局　发布

前　言

本标准由国家认证认可监督管理委员会提出并归口。

本标准起草单位:中华人民共和国深圳出入境检验检疫局、中华人民共和国广东出入境检验检疫局、中华人民共和国宁波出入境检验检疫局、中华人民共和国莆田出入境检验检疫局。

本标准主要起草人:王楼明、方红、张其芳、陈惊波、叶锐均、杨俊凡、陈国峰、林原龙、童玉贵、袁丽凤、张海峰、梁妙玲。

本标准系首次发布的出入境检验检疫行业标准。

进出口液化天然气质量评价标准

1 范围

本标准规定了进出口液化天然气的技术要求、检验规则和质量评价方法。

本标准适用于进出口液化天然气的质量评价。

2 规范性引用文件

下列文件中的条款通过本标准的引用而成为本标准的条款。凡是注日期的引用文件，其随后所有的修改单(不包括勘误的内容)或修订版均不适用于本标准，然而，鼓励根据本标准达成协议的各方研究是否可使用这些文件的最新版本。凡是不注日期的引用文件，其最新版本适用于本标准。

GB/T 11060.1 天然气中硫化氢的测定 碘量法

GB/T 11060.2 天然气中硫化氢的测定 亚甲兰法

GB/T 11061 天然气总硫的测定 氧化库仑法

GB/T 11062 天然气发热量、密度、相对密度和沃泊指数的计算方法

GB/T 13610 天然气组成分析 气相色谱法

GB/T 18605.1 天然气中硫化氢含量的测定 醋酸铅反应速率双光路检测法

GB/T 18605.2 天然气中硫化氢含量的测定 醋酸铅反应速率单光路检测法

GB/T 19207 天然气总硫的测定 氢解速率计比色法

GB/T 20368 液化天然气(LNG)生产、储存和装运

GB/T 20603 冷冻轻烃流体 液化天然气的取样 连续法

3 术语和定义

下列术语和定义适用于本标准。

3.1

天然气 natural gas;NG

以甲烷为主的复杂烃类混合物，通常也会有乙烷、丙烷和很少量更重的烃类，以及若干不可燃气体，如氮气和二氧化碳。

3.2

液化天然气 liquefied natural gas;LNG

以贮存或运输为目的，经加工后被液化的天然气。

4 技术指标

液化天然气技术指标见表1。

表1 液化天然气技术指标

项目		质量指标		试验方法
		一级	二级	
组分(摩尔分数)/%				GB/T 13610
甲烷	≥	83	75	
C_4 烷烃	≤	1.5	2.0	
C_5^+ 烷烃	≤	0.1	0.5	
二氧化碳	≤	0.1	0.1	
氧	≤	0.01	0.01	
氮	≤	1	1	
总硫(以硫计)/(mg/m^3)	≤	5	30	GB/T 11061 GB/T 19207
硫化氢/(mg/m^3)	≤	1	5	GB/T 11060.1 GB/T 11060.2 GB/T 18605.1 GB/T 18605.2
高热值/(MJ/m^3)	≥	39.0	38.0	GB/T 11062
相对密度		0.555～0.7		GB/T 11062
注1:参比条件:15 ℃/15 ℃/101.325 kPa。 注2:试验方法也可采用贸易合同指定的方法。				

5 取样

液化天然气的取样应按 GB/T 20603 执行,或按贸易合同指定的标准执行。

6 质量评价

6.1 按照表1所列的质量指标对进出口液化天然气进行分级评价。

6.2 对达不到表1所列二级液化天然气质量指标的,评定为三级液化天然气。

6.3 贸易合同中对进出口液化天然气质量有规定的,应满足贸易合同中规定的质量要求。

7 安全与健康要求

7.1 液化天然气的储存和装运应按 GB/T 20368 执行。

7.2 本标准没有也不可能说明所有与本标准使用有关的安全问题。在使用本标准前应考虑有关安全和健康条例,确定受规章限制的适用性和建立适用的安全和健康对策是使用者的责任。

中华人民共和国出入境检验检疫行业标准

SN/T 2492—2010

液化石油气分子量的测定　气相色谱法

Determination of molecular weight of liquefied petroleum gas—Gas chromatography

2010-03-02 发布　　　　2010-09-16 实施

中华人民共和国国家质量监督检验检疫总局　发布

前　言

本标准的附录 A 为资料性附录。

本标准由国家认证认可监督管理委员会提出并归口。

本标准起草单位：中华人民共和国江苏出入境检验检疫局、中华人民共和国浙江出入境检验检疫局、中华人民共和国广东出入境检验检疫局。

本标准主要起草人：王红卫、王华、侯晋、郑建国、章晓氡、张爱平、王匀、王爱国。

本标准系首次发布的出入境检验检疫行业标准。

液化石油气分子量的测定　气相色谱法

1　范围

本标准规定了液化石油气平均分子量的气相色谱测定方法。

本标准适用于液化石油气 C_5 以下烃类平均分子量的测定。

2　规范性引用文件

下列文件中的条款通过本标准的引用而成为本标准的条款。凡是注日期的引用文件，其随后所有的修改单(不包括勘误的内容)或修订版均不适用于本标准，然而，鼓励根据本标准达成协议的各方研究是否可使用这些文件的最新版本。凡是不注日期的引用文件，其最新版本适用于本标准。

GB/T 9722　化学试剂　气相色谱法通则

3　术语和定义

下列术语和定义适用于本标准。

3.1

平均分子量　average molecular weight

混合物的平均分子量等于各组分的分子量与其所占的物质的摩尔分数的乘积之和。

4　方法提要

用带有氢火焰检测器的气相色谱仪，由色谱柱将试样中的各组分分离，用面积归一化法计算各组分的质量分数，根据各组分的质量分数和相应的分子量，计算出液化石油气的平均分子量。

5　试剂和材料

5.1　标准混合气：组分为甲烷、乙烷、乙烯、丙烷、丙烯、异丁烷、正丁烷、乙炔、异戊烷、正戊烷。

5.2　气体样品袋或聚乙烯密封塑料袋。

6　仪器和设备

气相色谱仪：配有氢火焰离子化检测器和六通阀，其性能参数符合 GB/T 9722 的规定要求。

7　制样

将气体样品袋(或聚乙烯密封塑料袋)抽真空，充入适量液化的样品，样品充分气化后，待用。

8　分析步骤

8.1　气相色谱条件

8.1.1　色谱柱：Alumina/KCl 50 m×0.53 mm(i.d.)或相当者。柱流量：3 mL/min；柱温：初温 50 ℃保持 5 min，以 10 ℃/min 的升温速率升温至 150 ℃，保持 1 min。

8.1.2　进样口：温度 180 ℃，分流比 50∶1。

8.1.3　检测器：氢火焰离子化检测器(FID)，温度 220 ℃。

8.1.4　进样方式：气体六通阀自动进样，进样量 0.5 mL。

8.2 测定

8.2.1 校正因子的测定：气相色谱仪开机稳定后，按 8.1 设定仪器参数，用标准混合气(5.1)进样进行测定。标准混合气的色谱图参见附录 A 中图 A.1。

8.2.2 样品的测定：气相色谱仪开机稳定后，按 8.1 设定仪器参数，将制备的液化石油气样品进样进行测定。样品的色谱图参见附录 A 中图 A.2。

9 结果计算

9.1 按式(1)计算液化石油气中各组分的相对质量校正因子：

$$f_i = \frac{m_i \times A_p}{m_p \times A_i} \qquad (1)$$

式中：

f_i——试样中组分 i 的相对校正因子；

m_i——试样中组分 i 的质量，单位为克(g)；

A_i——试样中组分 i 的峰面积；

m_p——试样中丙烷的质量，单位为克(g)；

A_p——试样中丙烷的峰面积。

9.2 按式(2)计算液化石油气中各组分的含量，以质量分数表示：

$$W_i = \frac{f_i \times A_i}{\sum f_i \times A_i} \times 100 \qquad (2)$$

式中：

W_i——试样中组分 i 的质量分数，%；

f_i——组分 i 的校正因子(见表 1)；

A_i——组分 i 的峰面积。

表 1 各组分的相对校正因子

组分	甲烷	乙烷	丙烷	异丁烷	正丁烷	异戊烷	正戊烷
校正因子 f_i	1.07	1.03	1.00	0.98	0.98	0.97	0.95

9.3 按式(3)计算液化石油气平均分子量：

$$M = \frac{1}{\sum \frac{W_i}{M_i}} \qquad (3)$$

式中：

M——液化石油气平均分子量；

W_i——试样中组分 i 的质量分数，%；

M_i——试样中组分 i 的分子量。

10 精密度

由 5 个实验室对 6 个水平的试样进行方法精密度试验，结果见表 2。

表 2 精密度

水平范围(分子量)	重复性(r)	再现性(R)
44.18～57.96	0.04	0.05

附　录　A
（资料性附录）
液化石油气气相色谱图

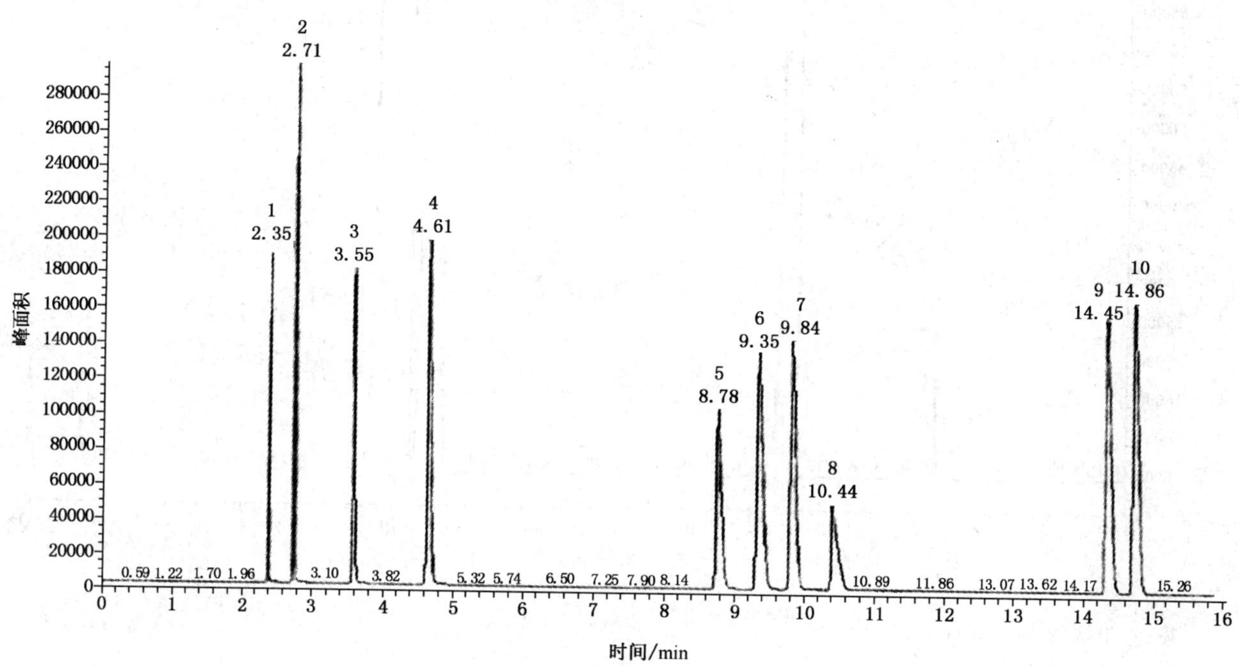

1——甲烷(2.35 min)；
2——乙烷(2.71 min)；
3——乙烯(3.55 min)；
4——丙烷(4.61 min)；
5——丙烯(8.78 min)；
6——异丁烷(9.35 min)；
7——正丁烷(9.84 min)；
8——乙炔(10.44 min)；
9——异戊烷(14.45 min)；
10——正戊烷(14.86 min)。

图 A.1　液化石油气标准混合气的色谱图

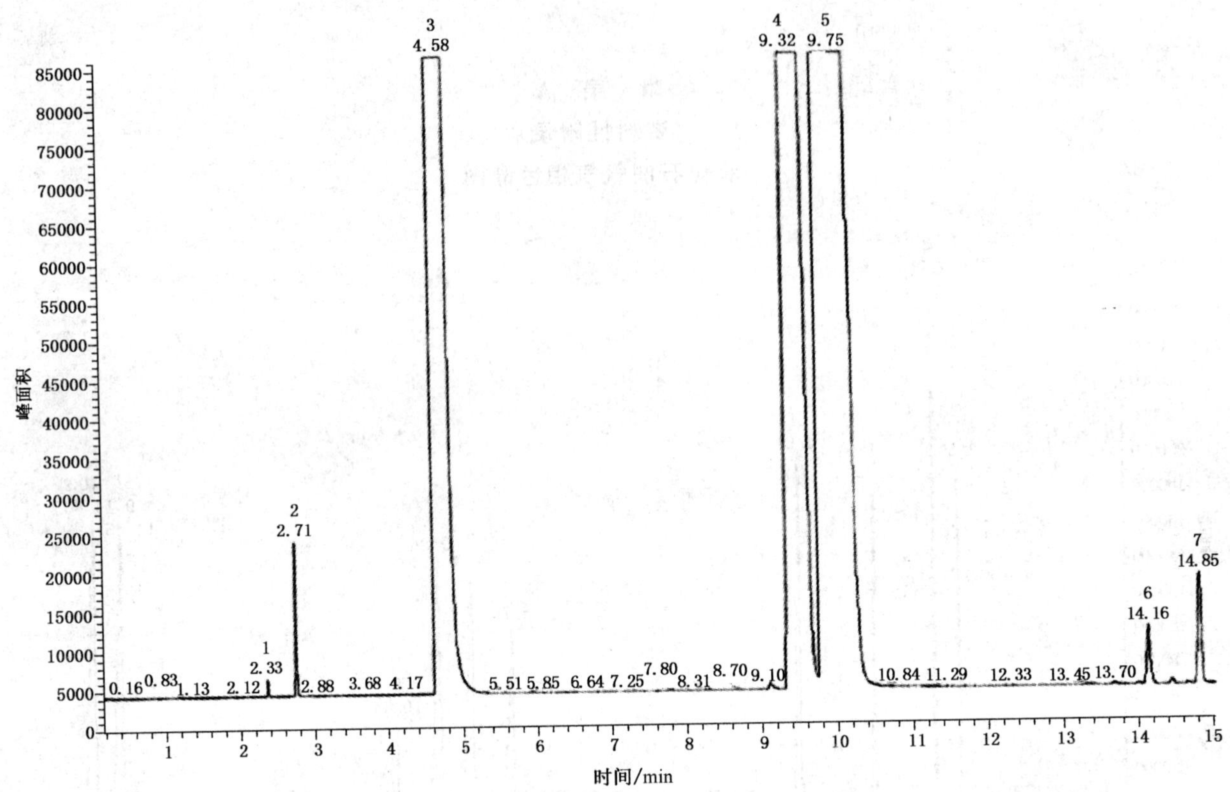

1——甲烷(2.33 min)；

2——乙烷(2.71 min)；

3——丙烷(4.58 min)；

4——异丁烷(9.32 min)；

5——正丁烷(9.75 min)；

6——异戊烷(14.16 min)；

7——正戊烷(14.85 min)。

图 A.2 液化石油气样品的色谱图

中华人民共和国出入境检验检疫行业标准

SN/T 2639—2010

运动黏度换算至赛波特通用黏度标准方法

Standard practice for conversion of kinematic viscosity to saybolt universal viscosity

2010-05-27 发布

2010-12-01 实施

中华人民共和国
国家质量监督检验检疫总局 发布

前言

本标准等同采用美国试验与材料协会标准 ASTM D2161-05《运动黏度换算至赛波特通用黏度或赛波特重油黏度标准方法》中运动黏度换算至赛波特通用黏度部分内容。

为便于使用本标准，做了下列编辑性修改：

——采用运动黏度换算至赛波特通用黏度部分内容；

——根据我国国情加入华氏温度与摄氏温度换算公式；

——式(2)将厘沲改成运动黏度值(mm^2/s)；

——删除第 4 章意义和用途部分。

本标准由国家认证认可监督管理委员会提出并归口。

本标准起草单位：中华人民共和国辽宁出入境检验检疫局。

本标准主要起草人：满庆祥、于孝展、徐宏伟、吴建国、于一茫。

本标准系首次发布的出入境检验检疫行业标准。

运动黏度换算至赛波特通用黏度标准方法

1 范围

本标准规定了石油及石油产品在任一温度下运动黏度(mm^2/s),利用表和方程式换算至相应温度下赛波特通用黏度(SUS)的换算方法。运动黏度值以20 ℃水的运动黏度值1.003 4 mm^2/s(cSt)为基准。

注:测定运动黏度可采用GB/T 265或GB/T 11137。建议报告采用运动黏度mm^2/s(cSt)代替赛波特通用黏度(SUS)。

本标准适用于赛波特通用黏度(SUS)与运动黏度国际单位制之间互换计算。

本标准中运动黏度采用国际单位制mm^2/s,温度为℉。

2 规范性引用文件

下列文件对于本文件的应用是必不可少的。凡是注日期的引用文件,仅注日期的版本适用于本文件。凡是不注日期的引用文件,其最新版本(包括所有的修改单)适用于本文件。

GB/T 265 石油产品运动黏度测定法和动力黏度计算法

GB/T 11137 深色石油产品运动黏度测定法(逆流法)和动力黏度计算法

3 方法提要

3.1 测定温度下赛波特通用黏度等同于该温度下运动黏度。表1中给出在100 ℉和210 ℉条件下由赛波特通用黏度换算成运动黏度的基本换算值。任一温度下的黏度换算可按公式计算。其换算值采用国际单位制。

3.2 使用表格示例参见附录A。

注:华氏温度与摄氏温度换算关系式为:$\frac{t_C}{℃}=\frac{5}{9}\left(\frac{t_F}{℉}-32\right)$

4 赛波特通用黏度的换算步骤

4.1 100 ℉条件下的运动黏度在1.81 mm^2/s~500 mm^2/s(cSt)之间相对应的赛波特通用黏度的换算以及210 ℉条件下的运动黏度在1.77 mm^2/s~139.9 mm^2/s之间相对应的赛波特通用黏度的换算,查表1(参见A.1)。

注:在表1范围内对未列入的数值可通过线性内插法求得。

4.2 对于在100 ℉或210 ℉条件下的运行黏度超过表1上限,其对应的赛波特通用黏度可按式(1)进行计算(参见A.3):

$$S=\nu\times B \qquad (1)$$

式中:

S——赛波特通用黏度(SUS),单位为秒(s);

ν——运动黏度,单位为平方毫米每秒(mm^2/s)。

在 100 ℉条件下　$B=4.632$

在 210 ℉条件下　$B=4.664$

4.3 对于非 100 ℉或 210 ℉温度条件下的运动黏度换算成赛波特通用黏度按式(2)计算(参见 A.4)：

$$U_t = U_{100\ ^\circ\mathrm{F}}[1+0.000\ 061(t-100)] \quad \cdots\cdots(2)$$

式中：

U_t——t ℉下的赛波特通用黏度，单位为秒(s)；

$U_{100\ ^\circ\mathrm{F}}$——相当于表 1 中用 100 ℉温度条件下运动黏度(mm^2/s)查得的赛波特通用黏度，单位为秒(s)。

注：在一定温度范围内，式(2)中赛波特通用秒的系数$[1+0.000\ 061(t-100)]$，在表 2 中以系数 A 给出。

4.4 因为在 75 mm^2/s(cSt)以上时赛波特通用黏度与运动黏度呈线性关系，所以在 0 ℉～350 ℉之间运动黏度与赛波特通用黏度的换算可以从表 2 中选择合适的系数 B 通过式(1)来计算(参见 A.5)。

5 计算机换算步骤

5.1 表 1 是圆滑曲线连接原始数据点所计算出来的。式(3)为愿意使用计算机进行换算的人提供了便利。

$$U_{100\ ^\circ\mathrm{F}} = 4.632\ 4\nu + \frac{1.0+0.032\ 64\nu}{(3\ 930.2+262.7\nu+23.97\nu^2+1.646\nu^3)\times 10^{-5}} \quad \cdots\cdots(3)$$

$$U_t = [1.0+0.000\ 061(t-100)]\left[4.632\ 4\nu + \frac{1.0+0.032\ 64\nu}{(3\ 930.2+262.7\nu+23.97\nu^2+1.646\nu^3)\times 10^{-5}}\right] \quad \cdots\cdots(4)$$

式中：

ν——t ℉下的运动黏度，单位为平方毫米每秒(mm^2/s)(cSt)。

5.2 式(3)、式(4)和表 1 适用于赛波特通用黏度为 32.0 s 及以上。

6 补充

在黏度换算过程中常用以下单位及关系式：

泊(P)：厘米－克－秒制绝对黏度单位。

1 cP＝0.01 P

斯(St)：厘米－克－秒制运动黏度单位。

1 cSt＝0.01 St

1 cP＝1 cSt×1 g/cm^3(该温度条件下的密度)

7 报告

赛波特通用黏度(SUS)低于 200 s 时，报告准确至 0.1 s；赛波特通用黏度(SUS)200 s 或以上时，报告准确至整数 s。

表 1 运动黏度换算成赛波特通用黏度

(1.77～500.0)mm^2/s(cSt)

运动黏度 mm^2/s (cSt)	等同于赛波特通用黏度(SUS) s		运动黏度 mm^2/s (cSt)	等同于赛波特通用黏度(SUS) s		运动黏度 mm^2/s (cSt)	等同于赛波特通用黏度(SUS) s		运动黏度 mm^2/s (cSt)	等同于赛波特通用黏度(SUS) s	
	100 ℉	210 ℉		100 ℉	210 ℉		100 ℉	210 ℉		100 ℉	210 ℉
			2.26	33.5	33.7	2.75	35.1	35.4	3.25	36.8	37.0
			2.26	33.5	33.7	2.76	35.2	35.4	3.26	36.8	37.0
1.77	…	32.0	2.27	33.5	33.7	2.77	35.2	35.4	3.27	36.8	37.1
1.78	…	32.1	2.28	33.6	33.8	2.78	35.2	35.5	3.28	36.9	37.1
1.79	…	32.1	2.29	33.6	33.8	2.79	35.3	35.5	3.29	36.9	37.1
1.80	…	32.1	2.30	33.6	33.8	2.80	35.3	35.5	3.30	36.9	37.2
1.81	32.0	32.2	2.31	33.7	33.9	2.81	35.3	35.6	3.31	37.0	37.2
1.82	32.0	32.2	2.32	33.7	33.9	2.82	35.4	35.6	3.32	37.0	37.2
1.83	32.0	32.2	2.33	33.7	33.9	2.83	35.4	35.6	3.33	37.0	37.3
1.84	32.1	32.3	2.34	33.8	34.0	2.84	35.4	35.7	3.34	37.1	37.3
1.85	32.1	32.3	2.35	33.8	34.0	2.85	35.5	35.7	3.35	37.1	37.3
1.86	32.1	32.3	2.36	33.8	34.0	2.86	35.5	35.7	3.36	37.1	37.4
1.87	32.2	32.4	2.37	33.9	34.1	2.87	35.5	35.8	3.37	37.2	37.4
1.88	32.2	32.4	2.38	33.9	34.1	2.88	35.6	35.8	3.38	37.2	37.4
1.89	32.2	32.4	2.39	33.9	34.2	2.89	35.6	35.8	3.39	37.2	37.5
1.90	32.3	32.5	2.40	34.0	34.2	2.90	35.6	35.9	3.40	37.3	37.5
1.91	32.3	32.5	2.41	34.0	34.2	2.91	35.7	35.9	3.41	37.3	37.5
1.92	32.3	32.5	2.42	34.0	34.3	2.92	35.7	35.9	3.42	37.3	37.6
1.93	32.4	32.6	2.43	34.1	34.3	2.93	35.7	36.0	3.43	37.4	37.6
1.94	32.4	32.6	2.44	34.1	34.3	2.94	35.8	36.0	3.44	37.4	37.6
1.95	32.4	32.6	2.45	34.1	34.4	2.95	35.8	36.0	3.45	37.4	37.7
1.96	32.5	32.7	2.46	34.2	34.4	2.96	35.8	36.1	3.46	37.5	37.7
1.97	32.5	32.7	2.47	34.2	34.4	2.97	35.9	36.1	3.47	37.5	37.7
1.98	32.5	32.8	2.48	34.2	34.5	2.98	35.9	36.1	3.48	37.5	37.8
1.99	32.6	32.8	2.49	34.3	34.5	2.99	35.9	36.2	3.49	37.6	37.8
2.00	32.6	32.8	2.50	34.3	34.5	3.00	36.0	36.2	3.50	37.6	37.8
2.01	32.6	32.9	2.51	34.3	34.6	3.01	36.0	36.2	3.51	37.6	37.9
2.02	32.7	32.9	2.52	34.4	34.6	3.02	36.0	36.3	3.52	37.6	37.9
2.03	32.7	32.9	2.53	34.4	34.6	3.03	36.0	36.3	3.53	37.7	37.9
2.04	32.7	33.0	2.54	34.4	34.7	3.04	36.1	36.3	3.54	37.7	38.0
2.05	32.8	33.0	2.55	34.5	34.7	3.05	36.1	36.4	3.55	37.7	38.0
2.06	32.8	33.0	2.56	34.5	34.7	3.06	36.1	36.4	3.56	37.8	38.0
2.07	32.8	33.1	2.57	34.5	34.8	3.07	36.2	36.4	3.57	37.8	38.1
2.08	32.9	33.1	2.58	34.6	34.8	3.08	36.2	36.5	3.58	37.8	38.1
2.09	32.9	33.1	2.59	34.6	34.8	3.09	36.2	36.5	3.59	37.9	38.1
2.10	32.9	33.2	2.60	34.6	34.9	3.10	36.3	36.5	3.60	37.9	38.2
2.11	33.0	33.2	2.61	34.7	34.9	3.11	36.3	36.6	3.61	37.9	38.2
2.12	33.0	33.2	2.62	34.7	34.9	3.12	36.3	36.6	3.62	38.0	38.2
2.13	33.0	33.3	2.63	34.7	35.0	3.13	36.4	35.6	3.63	38.0	38.3
2.14	33.1	33.3	2.64	34.8	35.0	3.14	36.4	36.7	3.64	38.0	38.3
2.15	33.1	33.3	2.65	34.8	35.0	3.15	36.4	36.7	3.65	38.1	38.3
2.16	33.1	33.4	2.66	34.8	35.1	3.16	36.5	36.7	3.66	38.1	38.4
2.17	33.2	33.4	2.67	34.9	35.1	3.17	36.5	36.8	3.67	38.1	38.4
2.18	33.2	33.4	2.68	34.9	35.1	3.18	36.5	36.8	3.68	38.2	38.4
2.19	33.2	33.5	2.69	34.9	35.2	3.19	36.6	36.8	3.69	38.2	38.5
2.20	33.3	33.5	2.70	35.0	35.2	3.20	36.6	36.9	3.70	38.2	38.5
2.21	33.3	33.5	2.71	35.0	35.2	3.21	36.6	36.9	3.71	38.3	38.5
2.22	33.3	33.6	2.72	35.0	35.3	3.22	36.7	36.9	3.72	38.3	38.6
2.23	33.4	33.6	2.73	35.1	35.3	3.23	36.7	37.0	3.73	38.3	38.6
2.24	33.4	33.6	2.74	35.1	35.3	3.24	36.7	37.0	3.74	38.4	38.6

表 1（续）

运动黏度 mm²/s (cSt)	等同于赛波特通用黏度(SUS) s		运动黏度 mm²/s (cSt)	等同于赛波特通用黏度(SUS) s		运动黏度 mm²/s (cSt)	等同于赛波特通用黏度(SUS) s		运动黏度 mm²/s (cSt)	等同于赛波特通用黏度(SUS) s	
	100 ℉	210 ℉		100 ℉	210 ℉		100 ℉	210 ℉		100 ℉	210 ℉
3.75	38.4	38.7	4.25	40.0	40.3	4.75	41.6	41.9	5.25	43.2	43.5
3.76	38.4	38.7	4.26	40.0	40.3	4.76	41.6	41.9	5.26	43.2	43.5
3.77	38.5	38.7	4.27	40.1	40.3	4.77	41.7	41.9	5.27	43.3	43.6
3.78	38.5	38.7	4.28	40.1	40.4	4.78	41.7	42.0	5.28	43.3	43.6
3.79	38.5	38.8	4.29	40.1	40.4	4.79	41.7	42.0	5.29	43.3	43.6
3.80	38.6	38.8	4.30	40.2	40.4	4.80	41.8	42.0	5.30	43.3	43.6
3.81	38.6	38.8	4.31	40.2	40.5	4.81	41.8	42.1	5.31	43.4	43.7
3.82	38.6	38.9	4.32	40.2	40.5	4.82	41.8	42.1	5.32	43.4	43.7
3.83	38.7	38.9	4.33	40.3	40.5	4.83	41.9	42.1	5.33	43.4	43.7
3.84	38.7	38.9	4.34	40.3	40.6	4.84	41.9	42.2	5.34	43.5	43.8
3.85	38.7	39.0	4.35	40.3	40.6	4.85	41.9	42.2	5.35	43.5	43.8
3.86	38.7	39.0	4.36	40.4	40.6	4.86	41.9	42.2	5.36	43.5	43.8
3.87	38.8	39.0	4.37	40.4	40.7	4.87	42.0	42.3	5.37	43.6	43.9
3.88	38.8	39.1	4.38	40.4	40.7	4.88	42.0	42.3	5.38	43.6	43.9
3.89	38.8	39.1	4.39	40.4	40.7	4.89	42.0	42.3	5.39	43.6	43.9
3.90	38.9	39.1	4.40	40.5	40.8	4.90	42.1	42.4	5.40	43.7	44.0
3.91	38.9	39.2	4.41	40.5	40.8	4.91	42.1	42.4	5.41	43.7	44.0
3.92	38.9	39.2	4.42	40.5	40.8	4.92	42.1	42.4	5.42	43.7	44.0
3.93	39.0	39.2	4.43	40.6	40.8	4.93	42.2	42.5	5.43	43.8	44.1
3.94	39.0	39.3	4.44	40.6	40.9	4.94	42.2	42.5	5.44	43.8	44.1
3.95	39.0	39.3	4.45	40.6	40.9	4.95	42.2	42.5	5.45	43.8	44.1
3.96	39.1	39.3	4.46	40.7	40.9	4.96	42.3	42.5	5.46	43.9	44.2
3.97	39.1	39.4	4.47	40.7	41.0	4.97	42.3	42.6	5.47	43.9	44.2
3.98	39.1	39.4	4.48	40.7	41.0	4.98	42.3	42.6	5.48	43.9	44.2
3.99	39.2	39.4	4.49	40.8	41.0	4.99	42.4	42.6	5.49	44.0	44.2
4.00	39.2	39.5	4.50	40.8	41.1	5.00	42.4	42.7	5.50	44.0	44.3
4.01	39.2	39.5	4.51	40.8	41.1	5.01	42.4	42.7	5.51	44.0	44.3
4.02	39.3	39.5	4.52	40.9	41.1	5.02	42.5	42.7	5.52	44.0	44.3
4.03	39.3	39.6	4.53	40.9	41.2	5.03	42.5	42.8	5.53	44.1	44.4
4.04	39.3	39.6	4.54	40.9	41.2	5.04	42.5	42.8	5.54	44.1	44.4
4.05	39.4	39.6	4.55	41.0	41.2	5.05	42.6	42.8	5.55	44.1	44.4
4.06	39.4	39.7	4.56	41.0	41.3	5.06	42.6	42.9	5.56	44.2	44.5
4.07	39.4	39.7	4.57	41.0	41.3	5.07	42.6	42.9	5.57	44.2	44.5
4.08	39.5	39.7	4.58	41.1	41.3	5.08	42.6	42.9	5.58	44.2	44.5
4.09	39.5	39.8	4.59	41.1	41.4	5.09	42.7	43.0	5.59	44.3	44.6
4.10	39.5	39.8	4.60	41.1	41.4	5.10	42.7	43.0	5.60	44.3	44.6
4.11	39.6	39.8	4.61	41.2	41.4	5.11	42.7	43.0	5.61	44.3	44.6
4.12	39.6	39.8	4.62	41.2	41.5	5.12	42.8	43.1	5.62	44.4	44.7
4.13	39.6	39.9	4.63	41.2	41.5	5.13	42.8	43.1	5.63	44.4	44.7
4.14	39.6	39.9	4.64	41.2	41.5	5.14	42.8	43.1	5.64	44.4	44.7
4.15	39.7	39.9	4.65	41.3	41.6	5.15	42.9	43.2	5.65	44.5	44.8
4.16	39.7	40.0	4.66	41.3	41.6	5.16	42.9	43.2	5.66	44.5	44.8
4.17	39.7	40.0	4.67	41.3	41.6	5.17	42.9	43.2	5.67	44.5	44.8
4.18	39.8	40.0	4.68	41.4	41.7	5.18	43.0	43.3	5.68	44.6	44.9
4.19	39.8	40.1	4.69	41.4	41.7	5.19	43.0	43.3	5.69	44.6	44.9
4.20	39.8	40.1	4.70	41.4	41.7	5.20	43.0	43.3	5.70	44.6	44.9
4.21	39.9	40.1	4.71	41.5	41.7	5.21	43.1	43.3	5.71	44.7	45.0
4.22	39.9	40.2	4.72	41.5	41.8	5.22	43.1	43.4	5.72	44.7	45.0
4.23	39.9	40.2	4.73	41.5	41.8	5.23	43.1	43.4	5.73	44.7	45.0
4.24	40.0	40.2	4.74	41.6	41.8	5.24	43.2	43.4	5.74	44.7	45.0

表 1（续）

运动黏度 mm²/s (cSt)	等同于赛波特通用黏度(SUS) s		运动黏度 mm²/s (cSt)	等同于赛波特通用黏度(SUS) s		运动黏度 mm²/s (cSt)	等同于赛波特通用黏度(SUS) s		运动黏度 mm²/s (cSt)	等同于赛波特通用黏度(SUS) s	
	100 ℉	210 ℉		100 ℉	210 ℉		100 ℉	210 ℉		100 ℉	210 ℉
5.75	44.8	45.1	6.25	46.4	46.7	6.75	48.0	48.3	7.25	49.6	49.9
5.76	44.8	45.1	6.26	46.4	46.7	6.76	48.0	48.3	7.26	49.6	50.0
5.77	44.8	45.1	6.27	46.4	46.8	6.77	48.0	48.4	7.27	49.7	50.0
5.78	44.9	45.2	6.28	46.5	46.8	6.78	48.1	48.4	7.28	49.7	50.0
5.79	44.9	45.2	6.29	46.5	46.8	6.79	48.1	48.4	7.29	49.7	50.1
5.80	44.9	45.2	6.30	46.5	46.8	6.80	48.1	48.5	7.30	49.8	50.1
5.81	45.0	45.3	6.31	46.6	46.9	6.81	48.2	48.5	7.31	49.8	50.1
5.82	45.0	45.3	6.32	46.6	46.9	6.82	48.2	48.5	7.32	49.8	50.2
5.83	45.0	45.3	6.33	46.6	46.9	6.83	48.2	48.6	7.33	49.9	50.2
5.84	45.1	45.4	6.34	46.7	47.0	6.84	48.3	48.6	7.34	49.9	50.2
5.85	45.1	45.4	6.35	46.7	47.0	6.85	48.3	48.6	7.35	49.9	50.3
5.86	45.1	45.4	6.36	46.7	47.0	6.86	48.3	48.7	7.36	50.0	50.3
5.87	45.2	45.5	6.37	46.8	47.1	6.87	48.4	48.7	7.37	50.0	50.3
5.88	45.2	45.5	6.38	46.8	47.1	6.88	48.4	48.7	7.38	50.0	50.4
5.89	45.2	45.5	6.39	46.8	47.1	6.89	48.4	48.8	7.39	50.1	50.4
5.90	45.3	45.6	6.40	46.9	47.2	6.90	48.5	48.8	7.40	50.1	50.4
5.91	45.3	45.6	6.41	46.9	47.2	6.91	48.5	48.8	7.41	50.1	50.5
5.92	45.3	45.6	6.42	46.9	47.2	6.92	48.5	48.9	7.42	50.2	50.5
5.93	45.4	45.7	6.43	47.0	47.3	6.93	48.6	48.9	7.43	50.2	50.5
5.94	45.4	45.7	6.44	47.0	47.3	6.94	48.6	48.9	7.44	50.2	50.6
5.95	45.4	45.7	6.45	47.0	47.3	6.95	48.6	49.0	7.45	50.3	50.6
5.96	45.4	45.8	6.46	47.0	47.4	6.96	48.7	49.0	7.46	50.3	50.6
5.97	45.5	45.8	6.47	47.1	47.4	6.97	48.7	49.0	7.47	50.3	50.7
5.98	45.5	45.8	6.48	47.1	47.4	6.98	48.7	49.1	7.48	50.3	50.7
5.99	45.5	45.9	6.49	47.1	47.5	6.99	48.8	49.1	7.49	50.4	50.7
6.00	45.6	45.9	6.50	47.2	47.5	7.00	48.8	49.1	7.50	50.4	50.8
6.01	45.6	45.9	6.51	47.2	47.5	7.01	48.8	49.1	7.51	50.4	50.8
6.02	45.6	45.9	6.52	47.2	47.6	7.02	48.9	49.2	7.52	50.5	50.8
6.03	45.7	46.0	6.53	47.3	47.6	7.03	48.9	49.2	7.53	50.5	50.9
6.04	45.7	46.0	6.54	47.3	47.6	7.04	48.9	49.2	7.54	50.5	50.9
6.05	45.7	46.0	6.55	47.3	47.7	7.05	49.0	49.3	7.55	50.6	50.9
6.06	45.8	46.1	6.56	47.4	47.7	7.06	49.0	49.3	7.56	50.6	51.0
6.07	45.8	46.1	6.57	47.4	47.7	7.07	49.0	49.3	7.57	50.6	51.0
6.08	45.8	46.1	6.58	47.4	47.8	7.08	49.0	49.4	7.58	50.7	51.0
6.09	45.9	46.2	6.59	47.5	47.8	7.09	49.1	49.4	7.59	50.7	51.0
6.10	45.9	46.2	6.60	47.5	47.8	7.10	49.1	49.4	7.60	50.7	51.1
6.11	45.9	46.2	6.61	47.5	47.8	7.11	49.1	49.5	7.61	50.8	51.1
6.12	46.0	46.3	6.62	47.6	47.9	7.12	49.2	49.5	7.62	50.8	51.1
6.13	46.0	46.3	6.63	47.6	47.9	7.13	49.2	49.5	7.63	50.8	51.2
6.14	46.0	46.3	6.64	47.6	47.9	7.14	49.2	49.6	7.64	50.9	51.2
6.15	46.1	46.4	6.65	47.7	48.0	7.15	49.3	49.6	7.65	50.9	51.2
6.16	46.1	46.4	6.66	47.7	48.0	7.16	49.3	49.6	7.66	50.9	51.3
6.17	46.1	46.4	6.67	47.7	48.0	7.17	49.3	49.7	7.67	51.0	51.3
6.18	46.2	46.5	6.68	47.8	48.1	7.18	49.4	49.7	7.68	51.0	51.3
6.19	46.2	46.5	6.69	47.8	48.1	7.19	49.4	49.7	7.69	51.0	51.4
6.20	46.2	46.5	6.70	47.8	48.1	7.20	49.4	49.8	7.70	51.1	51.4
6.21	46.2	46.6	6.71	47.9	48.2	7.21	49.5	49.8	7.71	51.1	51.4
6.22	46.3	46.6	6.72	47.9	48.2	7.22	49.5	49.8	7.72	51.1	51.5
6.23	46.3	46.6	6.73	47.9	48.2	7.23	49.5	49.9	7.73	51.2	51.5
6.24	46.3	46.7	6.74	47.9	48.3	7.24	49.6	49.9	7.74	51.2	51.5

表 1（续）

运动黏度 mm²/s (cSt)	等同于赛波特通用黏度(SUS) s		运动黏度 mm²/s (cSt)	等同于赛波特通用黏度(SUS) s		运动黏度 mm²/s (cSt)	等同于赛波特通用黏度(SUS) s		运动黏度 mm²/s (cSt)	等同于赛波特通用黏度(SUS) s	
	100 ℉	210 ℉		100 ℉	210 ℉		100 ℉	210 ℉		100 ℉	210 ℉
7.75	51.2	51.6	8.25	52.9	53.2	8.75	54.6	54.9	9.25	56.3	56.6
7.76	51.3	51.6	8.26	52.9	53.3	8.76	54.6	55.0	9.26	56.3	56.7
7.77	51.3	51.6	8.27	53.0	53.3	8.77	54.6	55.0	9.27	56.3	56.7
7.78	51.3	51.7	8.28	53.0	53.3	8.78	54.7	55.0	9.28	56.4	56.7
7.79	51.4	51.7	8.29	53.0	53.4	8.79	54.7	55.1	9.29	56.4	56.8
7.80	51.4	51.7	8.30	53.1	53.4	8.80	54.7	55.1	9.30	56.4	56.8
7.81	51.4	51.8	8.31	53.1	53.4	8.81	54.8	55.1	9.31	56.5	56.8
7.82	51.5	51.8	8.32	53.1	53.5	8.82	54.8	55.2	9.32	56.5	56.9
7.83	51.5	51.8	8.33	53.2	53.5	8.83	54.8	55.2	9.33	56.5	56.9
7.84	51.5	51.9	8.34	53.2	53.5	8.84	54.9	55.2	9.34	56.6	56.9
7.85	51.6	51.9	8.35	53.2	53.6	8.85	54.9	55.3	9.35	56.6	57.0
7.86	51.6	51.9	8.36	53.3	53.6	8.86	54.9	55.3	9.36	56.6	57.0
7.87	51.6	52.0	8.37	53.3	53.6	8.87	55.0	55.3	9.37	56.7	57.0
7.88	51.7	52.0	8.38	53.3	53.7	8.88	55.0	55.4	9.38	56.7	57.1
7.89	51.7	52.0	8.39	53.4	53.7	8.89	55.0	55.4	9.39	56.7	57.1
7.90	51.7	52.1	8.40	53.4	53.7	8.90	55.1	55.4	9.40	56.8	57.1
7.91	51.8	52.1	8.41	53.4	53.8	8.91	55.1	55.5	9.41	56.8	57.2
7.92	51.8	52.1	8.42	53.5	53.8	8.92	55.1	55.5	9.42	56.8	57.2
7.93	51.8	52.2	8.43	53.5	53.8	8.93	55.2	55.5	9.43	56.9	57.2
7.94	51.9	52.2	8.44	53.5	53.9	8.94	55.2	55.6	9.44	56.9	57.3
7.95	51.9	52.2	8.45	53.6	53.9	8.95	55.2	55.6	9.45	56.9	57.3
7.96	51.9	52.3	8.46	53.6	53.9	8.96	55.3	55.6	9.46	57.0	57.4
7.97	52.0	52.3	8.47	53.6	54.0	8.97	55.3	55.7	9.47	57.0	57.4
7.98	52.0	52.3	8.48	53.7	54.0	8.98	55.3	55.7	9.48	57.0	57.4
7.99	52.0	52.4	8.49	53.7	54.0	8.99	55.4	55.7	9.49	57.1	57.5
8.00	52.1	52.4	8.50	53.7	54.1	9.00	55.4	55.8	9.50	57.1	57.5
8.01	52.1	52.4	8.51	53.8	54.1	9.01	55.4	55.8	9.52	57.2	57.6
8.02	52.1	52.5	8.52	53.8	54.1	9.02	55.5	55.8	9.54	57.2	57.6
8.03	52.2	52.5	8.53	53.8	54.2	9.03	55.5	55.9	9.56	57.3	57.7
8.04	52.2	52.5	8.54	53.9	54.2	9.04	55.5	55.9	9.58	57.4	57.8
8.05	52.2	52.6	8.55	53.9	54.2	9.05	55.6	55.9	9.60	57.5	57.8
8.06	52.3	52.6	8.56	53.9	54.3	9.06	55.6	56.0	9.62	57.5	57.9
8.07	52.3	52.6	8.57	54.0	54.3	9.07	55.6	56.0	9.64	57.6	58.0
8.08	52.3	52.7	8.58	54.0	54.3	9.08	55.7	56.0	9.66	57.7	58.0
8.09	52.4	52.7	8.59	54.0	54.4	9.09	55.7	56.1	9.68	57.7	58.1
8.10	52.4	52.7	8.60	54.1	54.4	9.10	55.7	56.1	9.70	57.8	58.2
8.11	52.4	52.8	8.61	54.1	54.5	9.11	55.8	56.1	9.72	57.9	58.3
8.12	52.5	52.8	8.62	54.1	54.5	9.12	55.8	56.2	9.74	57.9	58.3
8.13	52.5	52.8	8.63	54.2	54.5	9.13	55.8	56.2	9.76	58.0	58.4
8.14	52.5	52.9	8.64	54.2	54.6	9.14	55.9	56.3	9.78	58.1	58.5
8.15	52.6	52.9	8.65	54.2	54.6	9.15	55.9	56.3	9.80	58.1	58.5
8.16	52.6	52.9	8.66	54.3	54.6	9.16	55.9	56.3	9.82	58.2	58.6
8.17	52.6	53.0	8.67	54.3	54.7	9.17	56.0	56.4	9.84	58.3	58.7
8.18	52.7	53.0	8.68	54.3	54.7	9.18	56.0	56.4	9.86	58.4	58.7
8.19	52.7	53.0	8.69	54.4	54.7	9.19	56.0	56.4	9.88	58.4	58.8
8.20	52.7	53.1	8.70	54.4	54.8	9.20	56.1	56.5	9.90	58.5	58.9
8.21	52.8	53.1	8.71	54.4	54.8	9.21	56.1	56.5	9.92	58.6	59.0
8.22	52.8	53.1	8.72	54.5	54.8	9.22	56.2	56.5	9.94	58.6	59.0
8.23	52.8	53.2	8.73	54.5	54.9	9.23	56.2	56.6	9.96	58.7	59.1
8.24	52.9	53.2	8.74	54.5	54.9	9.24	56.2	56.6	9.98	58.8	59.2

表 1（续）

运动黏度 mm²/s (cSt)	等同于赛波特通用黏度(SUS) s		运动黏度 mm²/s (cSt)	等同于赛波特通用黏度(SUS) s		运动黏度 mm²/s (cSt)	等同于赛波特通用黏度(SUS) s		运动黏度 mm²/s (cSt)	等同于赛波特通用黏度(SUS) s	
	100 ℉	210 ℉		100 ℉	210 ℉		100 ℉	210 ℉		100 ℉	210 ℉
10.00	58.8	59.2	11.00	62.4	62.8	12.00	66.0	66.4	13.00	69.7	70.2
10.02	58.9	59.3	11.02	62.4	62.9	12.02	66.1	66.5	13.02	69.8	70.3
10.04	59.0	59.4	11.04	62.5	62.9	12.04	66.1	66.6	13.04	69.9	70.3
10.06	59.0	59.4	11.06	62.6	63.0	12.06	66.2	66.7	13.06	69.9	70.4
10.08	59.1	59.5	11.08	62.7	63.1	12.08	66.3	66.7	13.08	70.0	70.5
10.10	59.2	59.6	11.10	62.7	63.1	12.10	66.4	66.8	13.10	70.1	70.6
10.12	59.3	59.7	11.12	62.8	63.2	12.12	66.4	66.9	13.12	70.2	70.6
10.14	59.3	59.7	11.14	62.9	63.3	12.14	66.5	67.0	13.14	70.2	70.7
10.16	59.4	59.8	11.16	62.9	63.4	12.16	66.6	67.0	13.16	70.3	70.8
10.18	59.5	59.9	11.18	63.0	63.4	12.18	66.7	67.1	13.18	70.4	70.9
10.20	59.5	59.9	11.20	63.1	63.5	12.20	66.7	67.2	13.20	70.5	70.9
10.22	59.6	60.0	11.22	63.2	63.6	12.22	66.8	67.2	13.22	70.5	71.0
10.24	59.7	60.1	11.24	63.2	63.7	12.24	66.9	67.3	13.24	70.6	71.1
10.26	59.7	60.1	11.26	63.3	63.7	12.26	66.9	67.4	13.26	70.7	71.2
10.28	59.8	60.2	11.28	63.4	63.8	12.28	67.0	67.5	13.28	70.8	71.2
10.30	59.9	60.3	11.30	63.4	63.9	12.30	67.1	67.5	13.30	70.8	71.3
10.32	60.0	60.4	11.32	63.5	63.9	12.32	67.2	67.6	13.32	70.9	71.4
10.34	60.0	60.4	11.34	63.6	64.0	12.34	67.2	67.7	13.34	71.0	71.5
10.36	60.1	60.5	11.36	63.7	64.1	12.36	67.3	67.8	13.36	71.1	71.5
10.38	60.2	60.6	11.38	63.7	64.2	12.38	67.4	67.8	13.38	71.1	71.6
10.40	60.2	60.6	11.40	63.8	64.2	12.40	67.5	67.9	13.40	71.2	71.7
10.42	60.3	60.7	11.42	63.9	64.3	12.42	67.5	68.0	13.42	71.3	71.8
10.44	60.4	60.8	11.44	63.9	64.4	12.44	67.6	68.1	13.44	71.4	71.9
10.46	60.4	60.9	11.46	64.0	64.5	12.46	67.7	68.1	13.46	71.4	71.9
10.48	60.5	60.9	11.48	64.1	64.5	12.48	67.8	68.2	13.48	71.5	72.0
10.50	60.6	61.0	11.50	64.2	64.6	12.50	67.8	68.3	13.50	71.6	72.1
10.52	60.7	61.1	11.52	64.2	64.7	12.52	67.9	68.4	13.52	71.7	72.2
10.54	60.7	61.1	11.54	64.3	64.7	12.54	68.0	68.4	13.54	71.8	72.2
10.56	60.8	61.2	11.56	64.4	64.8	12.56	68.1	68.5	13.56	71.8	72.3
10.58	60.9	61.3	11.58	64.5	64.9	12.58	68.1	68.6	13.58	71.9	72.4
10.60	60.9	61.4	11.60	64.5	65.0	12.60	68.2	68.7	13.60	72.0	72.5
10.62	61.0	61.4	11.62	64.6	65.0	12.62	68.3	68.7	13.62	72.1	72.5
10.64	61.1	61.5	11.64	64.7	65.1	12.64	68.4	68.8	13.64	72.1	72.6
10.66	61.2	61.6	11.66	64.7	65.2	12.66	68.4	68.9	13.66	72.2	72.7
10.68	61.2	61.6	11.68	64.8	65.3	12.68	68.5	69.0	13.68	72.3	72.8
10.70	61.3	61.7	11.70	64.9	65.3	12.70	68.6	69.0	13.70	72.4	72.8
10.72	61.4	61.8	11.72	65.0	65.4	12.72	68.7	69.1	13.72	72.4	72.9
10.74	61.4	61.9	11.74	65.0	65.5	12.74	68.7	69.2	13.74	72.5	73.0
10.76	61.5	61.9	11.76	65.1	65.5	12.76	68.8	69.3	13.76	72.6	73.1
10.78	61.6	62.0	11.78	65.2	65.6	12.78	68.9	69.3	13.78	72.7	73.2
10.80	61.7	62.1	11.80	65.3	65.7	12.80	69.0	69.4	13.80	72.7	73.2
10.82	61.7	62.1	11.82	65.3	65.8	12.82	69.0	69.5	13.82	72.8	73.3
10.84	61.8	62.2	11.84	65.4	65.8	12.84	69.1	69.6	13.84	72.9	73.4
10.86	61.9	62.3	11.86	65.5	65.9	12.86	69.2	69.6	13.86	73.0	73.5
10.88	61.9	62.4	11.88	65.6	66.0	12.88	69.3	69.7	13.88	73.1	73.5
10.90	62.0	62.4	11.90	65.6	66.1	12.90	69.3	69.8	13.90	73.1	73.6
10.92	62.1	62.5	11.92	65.7	66.1	12.92	69.4	69.9	13.92	73.2	73.7
10.94	62.2	62.6	11.94	65.8	66.2	12.94	69.5	69.9	13.94	73.3	73.8
10.96	62.2	62.6	11.96	65.8	66.3	12.96	69.6	70.0	13.96	73.4	73.9
10.98	62.3	62.7	11.98	65.9	66.4	12.98	69.6	70.1	13.98	73.4	73.9

表 1（续）

运动黏度 mm²/s (cSt)	等同于赛波特通用黏度(SUS) s		运动黏度 mm²/s (cSt)	等同于赛波特通用黏度(SUS) s		运动黏度 mm²/s (cSt)	等同于赛波特通用黏度(SUS) s		运动黏度 mm²/s (cSt)	等同于赛波特通用黏度(SUS) s	
	100 ℉	210 ℉		100 ℉	210 ℉		100 ℉	210 ℉		100 ℉	210 ℉
14.00	73.5	74.0	15.00	77.4	77.9	16.00	81.4	81.9	17.00	85.4	86.0
14.02	73.6	74.1	15.02	77.5	78.0	16.02	81.4	82.0	17.02	85.5	86.0
14.04	73.7	74.2	15.04	77.6	78.1	16.04	81.5	82.1	17.04	85.6	86.1
14.06	73.7	74.2	15.06	77.6	78.2	16.06	81.6	82.2	17.06	85.6	86.2
14.08	73.8	74.3	15.08	77.7	78.2	16.08	81.7	82.2	17.08	85.7	86.3
14.10	73.9	74.4	15.10	77.8	78.3	16.10	81.8	82.3	17.10	85.8	86.4
14.12	74.0	74.5	15.12	77.9	78.4	16.12	81.8	82.4	17.12	85.9	86.5
14.14	74.1	74.6	15.14	78.0	78.5	16.14	81.9	82.5	17.14	86.0	86.5
14.16	74.1	74.6	15.16	78.0	78.6	16.16	82.0	82.6	17.16	86.0	86.6
14.18	74.2	74.7	15.18	78.1	78.6	16.18	82.1	82.6	17.18	86.1	86.7
14.20	74.3	74.8	15.20	78.2	78.7	16.20	82.2	82.7	17.20	86.2	86.8
14.22	74.4	74.9	15.22	78.3	78.8	16.22	82.2	82.8	17.22	86.3	86.9
14.24	74.4	74.9	15.24	78.3	78.9	16.24	82.3	82.9	17.24	86.4	86.9
14.26	74.5	75.0	15.26	78.4	79.0	16.26	82.4	83.0	17.26	86.5	87.0
14.28	74.6	75.1	15.28	78.5	79.0	16.28	82.5	83.0	17.28	86.5	87.1
14.30	74.7	75.2	15.30	78.6	79.1	16.30	82.6	83.1	17.30	86.6	87.2
14.32	74.7	75.3	15.32	78.7	79.2	16.32	82.6	83.2	17.32	86.7	87.3
14.34	74.8	75.3	15.34	78.7	79.3	16.34	82.7	83.3	17.34	86.8	87.4
14.36	74.9	75.4	15.36	78.8	79.3	16.36	82.8	83.4	17.36	86.9	87.4
14.38	75.0	75.5	15.38	78.9	79.4	16.38	82.9	83.4	17.38	86.9	87.5
14.40	75.1	75.6	15.40	79.0	79.5	16.40	83.0	83.5	17.40	87.0	87.6
14.42	75.1	75.6	15.42	79.1	79.6	16.42	83.0	83.6	17.42	87.1	87.7
14.44	75.2	75.7	15.44	79.1	79.7	16.44	83.1	83.7	17.44	87.2	87.8
14.46	75.3	75.8	15.46	79.2	79.7	16.46	83.2	83.8	17.46	87.3	87.9
14.48	75.4	75.9	15.48	79.3	79.8	16.48	83.3	83.8	17.48	87.3	87.9
14.50	75.4	76.0	15.50	79.4	79.9	16.50	83.4	83.9	17.50	87.4	88.0
14.52	75.5	76.0	15.52	79.5	80.0	16.52	83.5	84.0	17.52	87.5	88.1
14.54	75.6	76.1	15.54	79.5	80.1	16.54	83.5	84.1	17.54	87.6	88.2
14.56	75.7	76.2	15.56	79.6	80.1	16.56	83.6	84.2	17.56	87.7	88.3
14.58	75.8	76.3	15.58	79.7	80.2	16.58	83.7	84.3	17.58	87.8	88.3
14.60	75.8	76.3	15.60	79.8	80.3	16.60	83.8	84.3	17.60	87.8	88.4
14.62	75.9	76.4	15.62	79.8	80.4	16.62	83.9	84.4	17.62	87.9	88.5
14.64	76.0	76.5	15.64	79.9	80.5	16.64	83.9	84.5	17.64	88.0	88.6
14.66	76.1	76.6	15.66	80.0	80.5	16.66	84.0	84.6	17.66	88.1	88.7
14.68	76.1	76.7	15.68	80.1	80.6	16.68	84.1	84.7	17.68	88.2	88.8
14.70	76.2	76.7	15.70	80.2	80.7	16.70	84.2	84.7	17.70	88.3	88.8
14.72	76.3	76.8	15.72	80.2	80.8	16.72	84.3	84.8	17.72	88.3	88.9
14.74	76.4	76.9	15.74	80.3	80.9	16.74	84.3	84.9	17.74	88.4	89.0
14.76	76.5	77.0	15.76	80.4	80.9	16.76	84.4	85.0	17.76	88.5	89.1
14.78	76.5	77.1	15.78	80.5	81.0	16.78	84.5	85.1	17.78	88.6	89.2
14.80	76.6	77.1	15.80	80.6	81.1	16.80	84.6	85.1	17.80	88.7	89.3
14.82	76.7	77.2	15.82	80.6	81.2	16.82	84.7	85.2	17.82	88.7	89.3
14.84	76.8	77.3	15.84	80.7	81.3	16.84	84.7	85.3	17.84	88.8	89.4
14.86	76.9	77.4	15.86	80.8	81.3	16.86	84.8	85.4	17.86	88.9	89.5
14.88	76.9	77.4	15.88	80.9	81.4	16.88	84.9	85.5	17.88	89.0	89.6
14.90	77.0	77.5	15.90	81.0	81.5	16.90	85.0	85.6	17.90	89.1	89.7
14.92	77.1	77.6	15.92	81.0	81.6	16.92	85.1	85.6	17.92	89.2	89.8
14.94	77.2	77.7	15.94	81.1	81.7	16.94	85.1	85.7	17.94	89.2	89.8
14.96	77.2	77.8	15.96	81.2	81.7	16.96	85.2	85.8	17.96	89.3	89.9
14.98	77.3	77.8	15.98	81.3	81.8	16.98	85.3	85.9	17.98	89.4	90.0

表 1（续）

运动黏度 mm²/s (cSt)	等同于赛波特通用黏度(SUS) s		运动黏度 mm²/s (cSt)	等同于赛波特通用黏度(SUS) s		运动黏度 mm²/s (cSt)	等同于赛波特通用黏度(SUS) s		运动黏度 mm²/s (cSt)	等同于赛波特通用黏度(SUS) s	
	100 ℉	210 ℉		100 ℉	210 ℉		100 ℉	210 ℉		100 ℉	210 ℉
18.00	89.5	90.1	19.00	93.6	94.3	20.00	97.8	98.5	22.50	108.5	109.2
18.02	89.6	90.2	19.02	93.7	94.3	20.05	98.0	98.7	22.55	108.7	109.4
18.04	89.6	90.2	19.04	93.8	94.4	20.10	98.2	98.9	22.60	108.9	109.6
18.06	89.7	90.3	19.06	93.9	94.5	20.15	98.5	99.1	22.65	109.1	109.9
18.08	89.8	90.4	19.08	94.0	94.6	20.20	98.7	99.3	22.70	109.4	110.1
18.10	89.9	90.5	19.10	94.0	94.7	20.25	98.9	99.5	22.75	109.6	110.3
18.12	90.0	90.6	19.12	94.1	94.8	20.30	99.1	99.8	22.80	109.8	110.5
18.14	90.1	90.7	19.14	94.2	94.8	20.35	99.3	100.0	22.85	110.0	110.7
18.16	90.1	90.7	19.16	94.3	94.9	20.40	99.5	100.2	22.90	110.2	111.0
18.18	90.2	90.8	19.18	94.4	95.0	20.45	99.7	100.4	22.95	110.4	111.2
18.20	90.3	90.9	19.20	94.5	95.1	20.50	99.9	100.6	23.00	110.6	111.4
18.22	90.4	91.0	19.22	94.5	95.2	20.55	100.1	100.8	23.05	110.9	111.6
18.24	90.5	91.1	19.24	94.6	95.3	20.60	100.4	101.0	23.10	111.1	111.8
18.26	90.6	91.2	19.26	94.7	95.4	20.65	100.6	101.2	23.15	111.3	112.0
18.28	90.6	91.2	19.28	94.8	95.4	20.70	100.8	101.5	23.20	111.5	112.3
18.30	90.7	91.3	19.30	94.9	95.5	20.75	101.0	101.7	23.25	111.7	112.5
18.32	90.8	91.4	19.32	95.0	95.6	20.80	101.2	101.9	23.30	111.9	112.7
18.34	90.9	91.5	19.34	95.0	95.7	20.85	101.4	102.1	23.35	112.2	112.9
18.36	91.0	91.6	19.36	95.1	95.8	20.90	101.6	102.3	23.40	112.4	113.1
18.38	91.1	91.7	19.38	95.2	95.9	20.95	101.8	102.5	23.45	112.6	113.4
18.40	91.1	91.7	19.40	95.3	95.9	21.00	102.1	102.7	23.50	112.8	113.6
18.42	91.2	91.8	19.42	95.4	96.0	21.05	102.3	103.0	23.55	113.0	113.8
18.44	91.3	91.9	19.44	95.5	96.1	21.10	102.5	103.2	23.60	113.2	114.0
18.46	91.4	92.0	19.46	95.6	96.2	21.15	102.7	103.4	23.65	113.5	114.2
18.48	91.5	92.1	19.48	95.6	96.3	21.20	102.9	103.6	23.70	113.7	114.4
18.50	91.5	92.2	19.50	95.7	96.4	21.25	103.1	103.8	23.75	113.9	114.7
18.52	91.6	92.2	19.52	95.8	96.4	21.30	103.3	104.0	23.80	114.1	114.9
18.54	91.7	92.3	19.54	95.9	96.5	21.35	103.6	104.2	23.85	114.3	115.1
18.56	91.8	92.4	19.56	96.0	96.6	21.40	103.8	104.5	23.90	114.6	115.3
18.58	91.9	92.5	19.58	96.1	96.7	21.45	104.0	104.7	23.95	114.8	115.5
18.60	92.0	92.6	19.60	96.1	96.8	21.50	104.2	104.9	24.00	115.0	115.8
18.62	92.0	92.7	19.62	96.2	96.9	21.55	104.4	105.1	24.05	115.2	116.0
18.64	92.1	92.7	19.64	96.3	97.0	21.60	104.6	105.3	24.10	115.4	116.2
18.66	92.2	92.8	19.66	96.4	97.0	21.65	104.8	105.5	24.15	115.6	116.4
18.68	92.3	92.9	19.68	96.5	97.1	21.70	105.0	105.8	24.20	115.9	116.6
18.70	92.4	93.0	19.70	96.6	97.2	21.75	105.3	106.0	24.25	116.1	116.9
18.72	92.5	93.1	19.72	96.6	97.3	21.80	105.5	106.2	24.30	116.3	117.1
18.74	92.5	93.2	19.74	96.7	97.4	21.85	105.7	106.4	24.35	116.4	117.3
18.76	92.6	93.3	19.76	96.8	97.5	21.90	105.9	106.6	24.40	116.7	117.5
18.78	92.7	93.3	19.78	96.9	97.5	21.95	106.1	106.8	24.45	117.0	117.7
18.80	92.8	93.4	19.80	97.0	97.6	22.00	106.3	107.0	24.50	117.2	118.0
18.82	92.9	93.5	19.82	97.1	97.7	22.05	106.6	107.3	24.55	117.4	118.2
18.84	93.0	93.6	19.84	97.1	97.8	22.10	106.8	107.5	24.60	117.6	118.4
18.86	93.0	93.7	19.86	97.2	97.9	22.15	107.0	107.7	24.65	117.8	118.6
18.88	93.1	93.8	19.88	97.3	98.0	22.20	107.2	107.9	24.70	118.0	118.8
18.90	93.2	93.8	19.90	97.4	98.1	22.25	107.4	108.1	24.75	118.3	119.1
18.92	93.3	93.9	19.92	97.5	98.1	22.30	107.6	108.3	24.80	118.5	119.3
18.94	93.4	94.0	19.94	97.6	98.2	22.35	107.8	108.6	24.85	118.7	119.5
18.96	93.5	94.1	19.96	97.7	98.3	22.40	108.1	108.8	24.90	118.9	119.7
18.98	93.5	94.2	19.98	97.7	98.4	22.45	108.3	109.0	24.95	119.1	119.9

表 1（续）

运动黏度 mm²/s (cSt)	等同于赛波特通用黏度(SUS) s		运动黏度 mm²/s (cSt)	等同于赛波特通用黏度(SUS) s		运动黏度 mm²/s (cSt)	等同于赛波特通用黏度(SUS) s		运动黏度 mm²/s (cSt)	等同于赛波特通用黏度(SUS) s	
	100 ℉	210 ℉		100 ℉	210 ℉		100 ℉	210 ℉		100 ℉	210 ℉
25.00	119.4	120.2	27.50	130.4	131.3	30.00	141.5	142.5	32.50	152.7	153.8
25.05	119.6	120.4	27.55	130.6	131.5	30.05	141.7	142.7	32.55	153.0	154.0
25.10	119.8	120.6	27.60	130.8	131.7	30.10	142.0	142.9	32.60	153.2	154.2
25.15	120.0	120.8	27.65	131.0	131.9	30.15	142.2	143.1	32.65	153.4	154.4
25.20	120.2	121.0	27.70	131.3	132.1	30.20	142.4	143.4	32.70	153.6	154.7
25.25	120.5	121.3	27.75	131.5	132.4	30.25	142.6	143.6	32.75	153.9	154.9
25.30	120.7	121.5	27.80	131.7	132.6	30.30	142.9	143.8	32.80	154.1	155.1
25.35	120.9	121.7	27.85	131.9	132.8	30.35	143.1	144.0	32.85	154.3	155.4
25.40	121.1	121.9	27.90	132.2	133.0	30.40	143.3	144.3	32.90	154.5	155.6
25.45	121.3	122.1	27.95	132.4	133.3	30.45	143.5	144.5	32.95	154.8	155.8
25.50	121.6	122.4	28.00	132.6	133.5	30.50	143.8	144.7	33.00	155.0	156.0
25.55	121.8	122.6	28.05	132.8	133.7	30.55	144.0	144.9	33.05	155.2	156.3
25.60	122.0	122.8	28.10	133.0	133.9	30.60	144.2	145.2	33.10	155.4	156.5
25.65	122.2	123.0	28.15	133.3	134.2	30.65	144.4	145.4	33.15	155.7	156.7
25.70	122.4	123.3	28.20	133.5	134.4	30.70	144.6	145.6	33.20	155.9	156.9
25.75	122.6	123.5	28.25	133.7	134.6	30.75	144.9	145.8	33.25	156.1	157.2
25.80	122.9	123.7	28.30	133.9	134.8	30.80	145.1	146.1	33.30	156.3	157.4
25.85	123.1	123.9	28.35	134.2	135.1	30.85	145.3	146.3	33.35	156.6	157.6
25.90	123.3	124.1	28.40	134.4	135.3	30.90	145.5	146.5	33.40	156.8	157.8
25.95	123.5	124.4	28.45	134.6	135.5	30.95	145.8	146.7	33.45	157.0	158.1
26.00	123.7	124.6	28.50	134.8	135.7	31.00	146.0	147.0	33.50	157.2	158.3
26.05	124.0	124.8	28.55	135.0	135.9	31.05	146.2	147.2	33.55	157.5	158.5
26.10	124.2	125.0	28.60	135.3	136.2	31.10	146.4	147.4	33.60	157.7	158.8
26.15	124.4	125.2	28.65	135.5	136.4	31.15	146.7	147.7	33.65	157.9	159.0
26.20	124.6	125.5	28.70	135.7	136.6	31.20	146.9	147.9	33.70	158.2	159.2
26.25	124.9	125.7	28.75	135.9	136.8	31.25	147.1	148.1	33.75	158.4	159.4
26.30	125.1	125.9	28.80	136.2	137.1	31.30	147.3	148.3	33.80	158.6	159.7
26.35	125.3	126.1	28.85	136.4	137.3	31.35	147.6	148.6	33.85	158.8	159.9
26.40	125.5	126.4	28.90	136.6	137.5	31.40	147.8	148.8	33.90	159.1	160.1
26.45	125.7	126.6	28.95	136.8	137.7	31.45	148.0	149.0	33.95	159.3	160.3
26.50	126.0	126.8	29.00	137.0	138.0	31.50	148.2	149.2	34.00	159.5	160.6
26.55	126.2	127.0	29.05	137.3	138.2	31.55	148.5	149.5	34.05	159.7	160.8
26.60	126.4	127.2	29.10	137.5	138.4	31.60	148.7	149.7	34.10	160.0	161.0
26.65	126.6	127.5	29.15	137.7	138.6	31.65	148.9	149.9	34.15	160.2	161.3
26.70	126.8	127.7	29.20	137.9	138.9	31.70	149.1	150.1	34.20	160.4	161.5
26.75	127.1	127.9	29.25	138.2	139.1	31.75	149.4	150.4	34.25	160.6	161.7
26.80	127.3	128.1	29.30	138.4	139.3	31.80	149.6	150.6	34.30	160.9	161.9
26.85	127.5	128.4	29.35	138.6	139.5	31.85	149.8	150.8	34.35	161.1	162.2
26.90	127.7	128.6	29.40	138.8	139.8	31.90	150.0	151.0	34.40	161.3	162.4
26.95	127.9	128.8	29.45	139.1	140.0	31.95	150.3	151.3	34.45	161.5	162.6
27.00	128.2	129.0	29.50	139.3	140.2	32.00	150.5	151.5	34.50	161.8	162.9
27.05	128.4	129.2	29.55	139.5	140.4	32.05	150.7	151.7	34.55	162.0	163.1
27.10	128.6	129.5	29.60	139.7	140.7	32.10	150.9	152.0	34.60	162.2	163.3
27.15	128.8	129.7	29.65	140.0	140.9	32.15	151.2	152.2	34.65	162.4	163.5
27.20	129.0	129.9	29.70	140.2	141.1	32.20	151.4	152.4	34.70	162.7	163.8
27.25	129.3	130.1	29.75	140.4	141.3	32.25	151.6	152.6	34.75	162.9	164.0
27.30	129.5	130.4	29.80	140.6	141.6	32.30	151.8	152.9	34.80	163.1	164.2
27.35	129.7	130.6	29.85	140.8	141.8	32.35	152.1	153.1	34.85	163.3	164.4
27.40	129.9	130.8	29.90	141.1	142.0	32.40	152.3	153.3	34.90	163.6	164.7
27.45	130.2	131.0	29.95	141.3	142.2	32.45	152.5	153.5	34.95	163.8	164.9

表 1（续）

运动黏度 mm²/s (cSt)	等同于赛波特通用黏度(SUS) s		运动黏度 mm²/s (cSt)	等同于赛波特通用黏度(SUS) s		运动黏度 mm²/s (cSt)	等同于赛波特通用黏度(SUS) s		运动黏度 mm²/s (cSt)	等同于赛波特通用黏度(SUS) s	
	100 ℉	210 ℉		100 ℉	210 ℉		100 ℉	210 ℉		100 ℉	210 ℉
35.00	164.0	165.1	37.50	175.4	176.5	40.00	186.8	188.0	42.50	198.2	199.5
35.05	164.3	165.4	37.55	175.6	176.8	40.05	187.0	188.2	42.55	198.4	199.7
35.10	164.5	165.6	37.60	175.8	177.0	40.10	187.2	188.5	42.60	198.6	200
35.15	164.7	165.8	37.65	176.1	177.2	40.15	187.4	188.7	42.65	198.9	200
35.20	164.9	166.0	37.70	176.3	177.5	40.20	187.7	188.9	42.70	199.1	200
35.25	165.2	166.3	37.75	176.5	177.7	40.25	187.9	189.2	42.75	199.3	201
35.30	165.4	166.5	37.80	176.7	177.9	40.30	188.1	189.4	42.80	199.5	201
35.35	165.6	166.7	37.85	177.0	178.1	40.35	188.4	189.6	42.85	199.8	201
35.40	165.8	167.0	37.90	177.2	178.4	40.40	188.6	189.8	42.90	200	201
35.45	166.1	167.2	37.95	177.4	178.6	40.45	188.8	190.1	42.95	200	202
35.50	166.3	167.4	38.00	177.6	178.8	40.50	189.0	190.3	43.00	200	202
35.55	166.5	167.6	38.05	177.9	179.1	40.55	189.3	190.5	43.05	201	202
35.60	166.7	167.9	38.10	178.1	179.3	40.60	189.5	190.8	43.10	201	202
35.65	167.0	168.1	38.15	178.3	179.5	40.65	189.7	191.0	43.15	201	202
35.70	167.2	168.3	38.20	178.6	179.8	40.70	189.9	191.2	43.20	201	203
35.75	167.4	168.6	38.25	178.8	180.0	40.75	190.2	191.5	43.25	202	203
35.80	167.7	168.8	38.30	179.0	180.2	40.80	190.4	191.7	43.30	202	203
35.85	167.9	169.0	38.35	179.2	180.4	40.85	190.6	191.9	43.35	202	203
35.90	168.1	169.2	38.40	179.5	180.7	40.90	190.9	192.1	43.40	202	203
35.95	168.3	169.5	38.45	179.7	180.9	40.95	191.1	192.4	43.45	203	204
36.00	168.6	169.7	38.50	179.9	181.1	41.00	191.3	192.6	43.50	203	204
36.05	168.8	169.9	38.55	180.1	181.4	41.05	191.5	192.8	43.55	203	204
36.10	169.0	170.1	38.60	180.4	181.6	41.10	191.8	193.1	43.60	203	204
36.15	169.2	170.4	38.65	180.6	181.8	41.15	192.0	193.3	43.65	203	205
36.20	169.5	170.6	38.70	180.8	182.0	41.20	192.2	193.5	43.70	204	205
36.25	169.7	170.8	38.75	181.1	182.3	41.25	192.5	193.7	43.75	204	205
36.30	169.9	171.1	38.80	181.3	182.5	41.30	192.7	194.0	43.80	204	205
36.35	170.1	171.3	38.85	181.5	182.7	41.35	192.9	194.2	43.85	204	206
36.40	170.4	171.5	38.90	181.7	183.0	41.40	193.1	194.4	43.90	205	206
36.45	170.6	171.7	38.95	182.0	183.2	41.45	193.4	194.7	43.95	205	206
36.50	170.8	172.0	39.00	182.2	183.4	41.50	193.6	194.9	44.00	205	206
36.55	171.1	172.2	39.05	182.4	183.6	41.55	193.8	195.1	44.05	205	207
36.60	171.3	172.4	39.10	182.7	183.9	41.60	194.1	195.4	44.10	205	207
36.65	171.5	172.7	39.15	182.9	184.1	41.65	194.3	195.6	44.15	206	207
36.70	171.7	172.9	39.20	183.1	184.3	41.70	194.5	195.8	44.20	206	207
36.75	172.0	173.1	39.25	183.3	184.6	41.75	194.7	196.0	44.25	206	208
36.80	172.2	173.3	39.30	183.6	184.8	41.80	195.0	196.3	44.30	206	208
36.85	172.4	173.6	39.35	183.8	185.0	41.85	195.2	196.5	44.35	207	208
36.90	172.6	173.8	39.40	184.0	185.3	41.90	195.4	196.7	44.40	207	208
36.95	172.9	174.0	39.45	184.2	185.5	41.95	195.7	197.0	44.45	207	208
37.00	173.1	174.3	39.50	184.5	185.7	42.00	195.9	197.2	44.50	207	209
37.05	173.3	174.5	39.55	184.7	185.9	42.05	196.1	197.4	44.55	208	209
37.10	173.6	174.7	39.60	184.9	186.2	42.10	196.3	197.7	44.60	208	209
37.15	173.8	174.9	39.65	185.2	186.4	42.15	196.6	197.9	44.65	208	209
37.20	174.0	175.2	39.70	185.4	186.6	42.20	196.8	198.1	44.70	208	210
37.25	174.2	175.4	39.75	185.6	186.9	42.25	197.0	198.3	44.75	208	210
37.30	174.5	175.6	39.80	185.8	187.1	42.30	197.3	198.6	44.80	209	210
37.35	174.7	175.9	39.85	186.1	187.3	42.35	197.5	198.8	44.85	209	210
37.40	174.9	176.1	39.90	186.3	187.5	42.40	197.7	199.0	44.90	209	211
37.45	175.1	176.3	39.95	186.5	187.8	42.45	197.9	199.3	44.95	209	211

表 1（续）

运动黏度 mm²/s (cSt)	等同于赛波特通用黏度(SUS) s		运动黏度 mm²/s (cSt)	等同于赛波特通用黏度(SUS) s		运动黏度 mm²/s (cSt)	等同于赛波特通用黏度(SUS) s		运动黏度 mm²/s (cSt)	等同于赛波特通用黏度(SUS) s	
	100 ℉	210 ℉		100 ℉	210 ℉		100 ℉	210 ℉		100 ℉	210 ℉
45.00	210	211	47.50	221	223	50.0	233	234	55.0	256	257
45.05	210	211	47.55	221	223	50.1	233	235	55.1	256	258
45.10	210	211	47.60	222	223	50.2	233	235	55.2	256	258
45.15	210	212	47.65	222	223	50.3	234	235	55.3	257	259
45.20	211	212	47.70	222	223	50.4	234	236	55.4	257	259
45.25	211	212	47.75	222	224	50.5	235	236	55.5	258	260
45.30	211	212	47.80	222	224	50.6	235	237	55.6	258	260
45.35	211	213	47.85	223	224	50.7	236	237	55.7	259	261
45.40	211	213	47.90	223	224	50.8	236	238	55.8	259	261
45.45	212	213	47.95	223	225	50.9	237	238	55.9	260	261
45.50	212	213	48.00	223	225	51.0	237	239	56.0	260	262
45.55	212	214	48.05	224	225	51.1	238	239	56.1	261	262
45.60	212	214	48.10	224	225	51.2	238	240	56.2	261	263
45.65	213	214	48.15	224	226	51.3	239	240	56.3	262	263
45.70	213	214	48.20	224	226	51.4	239	241	56.4	262	264
45.75	213	214	48.25	225	226	51.5	239	241	56.5	262	264
45.80	213	215	48.30	225	226	51.6	240	242	56.6	263	265
45.85	214	215	48.35	225	226	51.7	240	242	56.7	263	265
45.90	214	215	48.40	225	227	51.8	241	242	56.8	264	266
45.95	214	215	48.45	225	227	51.9	241	243	56.9	264	266
46.00	214	216	48.50	226	227	52.0	242	243	57.0	265	267
46.05	214	216	48.55	226	227	52.1	242	244	57.1	265	267
46.10	215	216	48.60	226	228	52.2	243	244	57.2	266	267
46.15	215	216	48.65	226	228	52.3	243	245	57.3	266	268
46.20	215	217	48.70	227	228	52.4	244	245	57.4	267	268
46.25	215	217	48.75	227	228	52.5	244	246	57.5	267	269
46.30	216	217	48.80	227	229	52.6	245	246	57.6	268	269
46.35	216	217	48.85	227	229	52.7	245	247	57.7	268	270
46.40	216	217	48.90	227	229	52.8	245	247	57.8	268	270
46.45	216	218	48.95	228	229	52.9	246	248	57.9	269	271
46.50	216	218	49.00	228	229	53.0	246	248	58.0	269	271
46.55	217	218	49.05	228	230	53.1	247	248	58.1	270	272
46.60	217	218	49.10	228	230	53.2	247	249	58.2	270	272
46.65	217	219	49.15	229	230	53.3	248	249	58.3	271	273
46.70	217	219	49.20	229	230	53.4	248	250	58.4	271	273
46.75	218	219	49.25	229	231	53.5	249	250	58.5	272	273
46.80	218	219	49.30	229	231	53.6	249	251	58.6	272	274
46.85	218	220	49.35	230	231	53.7	250	251	58.7	273	274
46.90	218	220	49.40	230	231	53.8	250	252	58.8	273	275
46.95	219	220	49.45	230	232	53.9	250	252	58.9	274	275
47.00	219	220	49.50	230	232	54.0	251	253	59.0	274	276
47.05	219	220	49.55	230	232	54.1	251	253	59.1	274	276
47.10	219	221	49.60	231	232	54.2	252	254	59.2	275	277
47.15	219	221	49.65	231	232	54.3	252	254	59.3	275	277
47.20	220	221	49.70	231	233	54.4	253	254	59.4	276	278
47.25	220	221	49.75	231	233	54.5	253	255	59.5	276	278
47.30	220	222	49.80	232	233	54.6	254	255	59.6	277	279
47.35	220	222	49.85	232	233	54.7	254	256	59.7	277	279
47.40	221	222	49.90	232	234	54.8	255	256	59.8	278	280
47.45	221	222	49.95	232	234	54.9	255	257	59.9	278	280

表 1（续）

运动黏度 mm²/s (cSt)	等同于赛波特通用黏度(SUS) s		运动黏度 mm²/s (cSt)	等同于赛波特通用黏度(SUS) s		运动黏度 mm²/s (cSt)	等同于赛波特通用黏度(SUS) s		运动黏度 mm²/s (cSt)	等同于赛波特通用黏度(SUS) s	
	100 ℉	210 ℉		100 ℉	210 ℉		100 ℉	210 ℉		100 ℉	210 ℉
60.0	279	280	65.0	302	304	70.0	325	327	75.0	348	350
60.1	279	281	65.1	302	304	70.1	325	327	75.1	348	351
60.2	280	281	65.2	303	305	70.2	326	328	75.2	349	351
60.3	280	282	65.3	303	305	70.3	326	328	75.3	349	352
60.4	280	282	65.4	303	306	70.4	327	329	75.4	350	352
60.5	281	283	65.5	304	306	70.5	327	329	75.5	350	352
60.6	281	283	65.6	304	306	70.6	328	330	75.6	351	353
60.7	282	284	65.7	305	307	70.7	328	330	75.7	351	353
60.8	282	284	65.8	305	307	70.8	328	331	75.8	352	354
60.9	283	285	65.9	306	308	70.9	329	331	75.9	352	354
61.0	283	285	66.0	306	308	71.0	329	332	76.0	352	355
61.1	284	286	66.1	307	309	71.1	330	332	76.1	353	355
61.2	284	286	66.2	307	309	71.2	330	332	76.2	353	356
61.3	285	286	66.3	308	310	71.3	331	333	76.3	354	356
61.4	285	287	66.4	308	310	71.4	331	333	76.4	354	357
61.5	286	287	66.5	309	311	71.5	332	334	76.5	355	357
61.6	286	288	66.6	309	311	71.6	332	334	76.6	355	358
61.7	286	288	66.7	309	312	71.7	333	335	76.7	356	358
61.8	287	289	66.8	310	312	71.8	333	335	76.8	356	359
61.9	287	289	66.9	310	313	71.9	334	336	76.9	357	359
62.0	288	290	67.0	311	313	72.0	334	336	77.0	357	359
62.1	288	290	67.1	311	313	72.1	334	337	77.1	358	360
62.2	289	291	67.2	312	314	72.2	335	337	77.2	358	360
62.3	289	291	67.3	312	314	72.3	335	338	77.3	358	361
62.4	290	292	67.4	313	315	72.4	336	338	77.4	359	361
62.5	290	292	67.5	313	315	72.5	336	339	77.5	359	362
62.6	291	293	67.6	314	316	72.6	337	339	77.6	360	362
62.7	291	293	67.7	314	316	72.7	337	339	77.7	360	363
62.8	291	293	67.8	315	317	72.8	338	340	77.8	361	363
62.9	292	294	67.9	315	317	72.9	338	340	77.9	361	364
63.0	292	294	68.0	315	318	73.0	339	341	78.0	362	364
63.1	293	295	68.1	316	318	73.1	339	341	78.1	362	365
63.2	293	295	68.2	316	319	73.2	340	342	78.2	363	365
63.3	294	296	68.3	317	319	73.3	340	342	78.3	363	366
63.4	294	296	68.4	317	319	73.4	340	343	78.4	364	366
63.5	295	297	68.5	318	320	73.5	341	343	78.5	364	366
63.6	295	297	68.6	318	320	73.6	341	344	78.6	364	367
63.7	296	298	68.7	319	321	73.7	342	344	78.7	365	367
63.8	296	298	68.8	319	321	73.8	342	345	78.8	365	368
63.9	297	299	68.9	320	322	73.9	343	345	78.9	366	368
64.0	297	299	69.0	320	322	74.0	343	346	79.0	366	369
64.1	297	299	69.1	321	323	74.1	344	346	79.1	367	369
64.2	298	300	69.2	321	323	74.2	344	346	79.2	367	370
64.3	298	300	69.3	322	324	74.3	345	347	79.3	368	370
64.4	299	301	69.4	322	324	74.4	345	347	79.4	368	371
64.5	299	301	69.5	322	325	74.5	346	348	79.5	369	371
64.6	300	302	69.6	323	325	74.6	346	348	79.6	369	372
64.7	300	302	69.7	323	326	74.7	346	349	79.7	370	372
64.8	301	303	69.8	324	326	74.8	347	349	79.8	370	373
64.9	301	303	69.9	324	326	74.9	347	350	79.9	370	373

表 1（续）

运动黏度 mm²/s (cSt)	等同于赛波特通用黏度(SUS) s		运动黏度 mm²/s (cSt)	等同于赛波特通用黏度(SUS) s		运动黏度 mm²/s (cSt)	等同于赛波特通用黏度(SUS) s		运动黏度 mm²/s (cSt)	等同于赛波特通用黏度(SUS) s	
	100 ℉	210 ℉		100 ℉	210 ℉		100 ℉	210 ℉		100 ℉	210 ℉
80.0	371	373	85.0	394	397	90.0	417	420	95.0	440	443
80.1	371	374	85.1	395	397	90.1	418	420	95.1	441	444
80.2	372	374	85.2	395	398	90.2	418	421	95.2	441	444
80.3	372	375	85.3	395	398	90.3	419	421	95.3	442	445
80.4	373	375	85.4	396	399	90.4	419	422	95.4	442	445
80.5	373	376	85.5	396	399	90.5	420	422	95.5	443	446
80.6	374	376	85.6	397	400	90.6	420	423	95.6	443	446
80.7	374	377	85.7	397	400	90.7	420	423	95.7	444	447
80.8	375	377	85.8	398	400	90.8	421	424	95.8	444	447
80.9	375	378	85.9	398	401	90.9	421	424	95.9	444	447
81.0	376	378	86.0	399	401	91.0	422	425	96.0	445	448
81.1	376	379	86.1	399	402	91.1	422	425	96.1	445	448
81.2	376	379	86.2	400	402	91.2	423	426	96.2	446	449
81.3	377	379	86.3	400	403	91.3	423	426	96.3	446	449
81.4	377	380	86.4	401	403	91.4	424	427	96.4	447	450
81.5	378	380	86.5	401	404	91.5	424	427	96.5	447	450
81.6	378	381	86.6	401	404	91.6	425	427	96.6	448	451
81.7	379	381	86.7	402	405	91.7	425	428	96.7	448	451
81.8	379	382	86.8	402	405	91.8	426	428	96.8	449	452
81.9	380	382	86.9	403	406	91.9	426	429	96.9	449	452
82.0	380	383	87.0	403	406	92.0	426	429	97.0	450	453
82.1	381	383	87.1	404	406	92.1	427	430	97.1	450	453
82.2	381	384	87.2	404	407	92.2	427	430	97.2	451	454
82.3	382	384	87.3	405	407	92.3	428	431	97.3	451	454
82.4	382	385	87.4	405	408	92.4	428	431	97.4	451	454
82.5	383	385	87.5	406	408	92.5	429	432	97.5	452	455
82.6	383	386	87.6	406	409	92.6	429	432	97.6	452	455
82.7	383	386	87.7	407	409	92.7	430	433	97.7	453	456
82.8	384	386	87.8	407	410	92.8	430	433	97.8	453	456
82.9	384	387	87.9	407	410	92.9	431	433	97.9	454	457
83.0	385	387	88.0	408	411	93.0	431	434	98.0	454	457
83.1	385	388	88.1	408	411	93.1	432	434	98.1	455	458
83.2	386	388	88.2	409	412	93.2	432	435	98.2	455	458
83.3	386	389	88.3	409	412	93.3	432	435	98.3	456	459
83.4	387	389	88.4	410	413	93.4	433	436	98.4	456	459
83.5	387	390	88.5	410	413	93.5	433	436	98.5	457	460
83.6	388	390	88.6	411	413	93.6	434	437	98.6	457	460
83.7	388	391	88.7	411	414	93.7	434	437	98.7	457	461
83.8	389	391	88.8	412	414	93.8	435	438	98.8	458	461
83.9	389	392	88.9	412	415	93.9	435	438	98.9	458	461
84.0	389	392	89.0	413	415	94.0	436	439	99.0	459	462
84.1	390	392	89.1	413	416	94.1	436	439	99.1	459	462
84.2	390	393	89.2	413	416	94.2	437	440	99.2	460	463
84.3	391	393	89.3	414	417	94.3	437	440	99.3	460	463
84.4	391	394	89.4	414	417	94.4	438	440	99.4	461	464
84.5	392	394	89.5	415	418	94.5	438	441	99.5	461	464
84.6	392	395	89.6	415	418	94.6	438	441	99.6	462	465
84.7	393	395	89.7	416	419	94.7	439	442	99.7	462	465
84.8	393	396	89.8	416	419	94.8	439	442	99.8	463	466
84.9	394	396	89.9	417	420	94.9	440	443	99.9	463	466

表 1（续）

运动黏度 mm²/s (cSt)	等同于赛波特通用黏度(SUS) s		运动黏度 mm²/s (cSt)	等同于赛波特通用黏度(SUS) s		运动黏度 mm²/s (cSt)	等同于赛波特通用黏度(SUS) s		运动黏度 mm²/s (cSt)	等同于赛波特通用黏度(SUS) s	
	100 ℉	210 ℉		100 ℉	210 ℉		100 ℉	210 ℉		100 ℉	210 ℉
100.0	463	467	110.0	510	513	120.0	556	560	130.0	602	606
100.2	464	468	110.2	511	514	120.2	557	561	130.2	603	607
100.4	465	468	110.4	512	515	120.4	558	562	130.4	604	608
100.6	466	469	110.6	513	516	120.6	559	563	130.6	605	609
100.8	467	470	110.8	513	517	120.8	560	564	130.8	606	610
101.0	468	471	111.0	514	518	121.0	561	564	131.0	607	611
101.2	469	472	111.2	515	519	121.2	562	565	131.2	608	612
101.4	470	473	111.4	516	520	121.4	563	566	131.4	609	613
101.6	471	474	111.6	517	521	121.6	563	567	131.6	610	614
101.8	472	475	111.8	518	522	121.8	564	568	131.8	611	615
102.0	473	476	112.0	519	522	122.0	565	569	132.0	612	616
102.2	474	477	112.2	520	523	122.2	566	570	132.2	613	617
102.4	475	478	112.4	521	524	122.4	567	571	132.4	613	618
102.6	475	479	112.6	522	525	122.6	468	572	132.6	614	619
102.8	476	480	112.8	523	526	122.8	469	573	132.8	615	619
103.0	477	481	113.0	524	527	123.0	470	574	133.0	616	620
103.2	478	481	113.2	525	528	123.2	571	575	133.2	617	621
103.4	479	482	113.4	525	529	123.4	572	576	133.4	618	622
103.6	480	483	113.6	526	530	123.6	573	577	133.6	619	623
103.8	481	484	113.8	527	531	123.8	574	577	133.8	620	624
104.0	482	485	114.0	528	532	124.0	575	578	134.0	621	625
104.2	483	486	114.2	529	533	124.2	575	579	134.2	622	626
104.4	484	487	114.4	530	534	124.4	576	580	134.4	623	627
104.6	485	488	114.6	531	535	124.6	577	581	134.6	624	628
104.8	486	489	114.8	532	536	124.8	578	582	134.8	625	629
105.0	486	490	115.0	533	536	125.0	579	583	135.0	625	630
105.2	487	491	115.2	534	537	125.2	580	584	135.2	626	631
105.4	488	492	115.4	535	538	125.4	581	585	135.4	627	632
105.6	489	493	115.6	535	539	125.6	582	586	135.6	628	632
105.8	490	493	115.8	536	540	125.8	583	587	135.8	629	633
106.0	491	494	116.0	537	541	126.0	584	588	136.0	630	634
106.2	492	495	116.2	538	542	126.2	585	589	136.2	631	635
106.4	493	496	116.4	539	543	126.4	585	590	136.4	632	636
106.6	494	497	116.6	540	544	126.6	586	590	136.6	633	637
106.8	495	498	116.8	541	545	126.8	587	591	136.8	634	638
107.0	496	499	117.0	542	546	127.0	588	592	137.0	635	639
107.2	497	500	117.2	543	547	127.2	589	593	137.2	636	640
107.4	497	501	117.4	544	548	127.4	590	594	137.4	636	641
107.6	498	502	117.6	545	548	127.6	591	595	137.6	637	642
107.8	499	503	117.8	546	549	127.8	592	596	137.8	638	643
108.0	500	504	118.0	547	550	128.0	593	597	138.0	639	644
108.2	501	505	118.2	548	551	128.2	594	598	138.2	640	645
108.4	502	506	118.4	548	552	128.4	595	599	138.4	641	645
108.6	503	507	118.6	549	553	128.6	596	600	138.6	642	646
108.8	504	507	118.8	550	554	128.8	597	601	138.8	643	647
109.0	505	508	119.0	551	555	129.0	598	602	139.0	644	648
109.2	506	509	119.2	552	556	129.2	598	603	139.2	645	649
109.4	507	510	119.4	553	557	129.4	599	604	139.4	646	650
109.6	508	511	119.6	554	558	129.6	600	604	139.6	647	651
109.8	509	512	119.8	555	559	129.8	601	605	139.8	648	652

表 1（续）

运动黏度 mm^2/s (cSt)	等同于赛波特通用黏度(SUS) s		运动黏度 mm^2/s (cSt)	等同于赛波特通用黏度(SUS) s		运动黏度 mm^2/s (cSt)	等同于赛波特通用黏度(SUS) s		运动黏度 mm^2/s (cSt)	等同于赛波特通用黏度(SUS) s	
	100 ℉	210 ℉		100 ℉	210 ℉		100 ℉	210 ℉		100 ℉	210 ℉
140.0	648	653	150.0	695	700	160.0	741	746	170.0	787	793
140.2	649	654	150.2	696	701	160.2	742	747	170.2	788	794
140.4	650	655	150.4	697	701	160.4	743	748	170.4	789	795
140.6	651	656	150.6	698	702	160.6	744	749	170.6	790	796
140.8	652	657	150.8	699	703	160.8	745	750	170.8	791	797
141.0	653	658	151.0	699	704	161.0	746	751	171.0	792	798
141.2	654	659	151.2	700	705	161.2	747	752	171.2	793	798
141.4	655	659	151.4	701	706	161.4	748	753	171.4	794	799
141.6	656	660	151.6	702	707	161.6	749	754	171.6	795	800
141.8	657	661	151.8	703	708	161.8	749	755	171.8	796	801
142.0	658	662	152.0	704	709	162.0	750	756	172.0	797	802
142.2	659	663	152.2	705	710	162.2	751	757	172.2	798	803
142.4	660	664	152.4	706	711	162.4	752	757	172.4	799	804
142.6	661	665	152.6	707	712	162.6	753	758	172.6	799	805
142.8	661	666	152.8	708	713	162.8	754	759	172.8	800	806
143.0	662	667	153.0	709	714	163.0	755	760	173.0	801	807
143.2	663	668	153.2	710	715	163.2	756	761	173.2	802	808
143.4	664	669	153.4	711	715	163.4	757	762	173.4	803	809
143.6	665	670	153.6	711	716	163.6	758	763	173.6	804	810
143.8	666	671	153.8	712	717	163.8	759	764	173.8	805	811
144.0	667	672	154.0	713	718	164.0	760	765	174.0	806	812
144.2	668	673	154.2	714	719	164.2	761	766	174.2	807	812
144.4	669	673	154.4	715	720	164.4	762	767	174.4	808	813
144.6	670	674	154.6	716	721	164.6	762	768	174.6	809	814
144.8	671	675	154.8	717	722	164.8	763	769	174.8	810	815
145.0	672	676	155.0	718	723	165.0	764	770	175.0	811	816
145.2	673	677	155.2	719	724	165.2	765	770	175.2	812	817
145.4	673	678	155.4	720	725	165.4	766	771	175.4	812	818
145.6	674	679	155.6	721	726	165.6	767	772	175.6	813	819
145.8	675	680	155.8	722	727	165.8	768	773	175.8	814	820
146.0	676	681	156.0	723	728	166.0	769	774	176.0	815	821
146.2	677	682	156.2	724	729	166.2	770	775	176.2	816	822
146.4	678	683	156.4	724	729	166.4	771	776	176.4	817	823
146.6	679	684	156.6	725	730	166.6	772	777	176.6	818	824
146.8	680	685	156.8	726	731	166.8	773	778	176.8	819	825
147.0	681	686	157.0	727	732	167.0	774	779	177.0	820	826
147.2	682	687	157.2	728	733	167.2	774	780	177.2	821	826
147.4	683	687	157.4	729	734	167.4	775	781	177.4	822	827
147.6	684	688	157.6	730	735	167.6	776	782	177.6	823	828
147.8	685	689	157.8	731	736	167.8	777	783	177.8	824	829
148.0	686	690	158.0	732	737	168.0	778	784	178.0	824	830
148.2	686	691	158.2	733	738	168.2	779	784	178.2	825	831
148.4	687	692	158.4	734	739	168.4	780	785	178.4	826	832
148.6	688	693	158.6	735	740	168.6	781	786	178.6	827	833
148.8	689	694	158.8	736	741	168.8	782	787	178.8	828	834
149.0	690	695	159.0	736	742	169.0	783	788	179.0	829	835
149.2	691	696	159.2	737	743	169.2	784	789	179.2	830	836
149.4	692	697	159.4	738	743	169.4	785	790	179.4	831	837
149.6	693	698	159.6	739	744	169.6	786	791	179.6	832	838
149.8	694	699	159.8	740	745	169.8	787	792	179.8	833	839

表 1（续）

运动黏度 mm²/s (cSt)	等同于赛波特通用黏度(SUS) s		运动黏度 mm²/s (cSt)	等同于赛波特通用黏度(SUS) s		运动黏度 mm²/s (cSt)	等同于赛波特通用黏度(SUS) s		运动黏度 mm²/s (cSt)	等同于赛波特通用黏度(SUS) s	
	100 ℉	210 ℉		100 ℉	210 ℉		100 ℉	210 ℉		100 ℉	210 ℉
180.0	834	840	189.2	876	882	198.4	919	925	219.0	1 014	1 021
180.2	835	840	189.4	877	883	198.6	920	926	219.5	1 017	1 024
180.4	836	841	189.6	878	884	198.8	921	927	220.0	1 019	1 026
180.6	837	842	189.8	879	885	199.0	922	928	220.5	1 021	1 028
180.8	837	843	190.0	880	886	199.2	923	929	221.0	1 024	1 031
181.0	838	844	190.2	881	887	199.4	924	930	221.5	1 026	1 033
181.2	839	845	190.4	882	888	199.6	925	931	222.0	1 028	1 035
181.4	840	846	190.6	883	889	199.8	925	932	222.5	1 031	1 038
181.6	841	847	190.8	884	890	200.0	926	933	223.0	1 033	1 040
181.8	842	848	191.0	885	891	200.5	929	935	223.5	1 035	1 042
182.0	843	849	191.2	886	892	201.0	931	937	224.0	1 038	1 045
182.2	844	850	191.4	887	893	201.5	933	940	224.5	1 040	1 047
182.4	845	851	191.6	887	894	202.0	936	942	225.0	1 042	1 049
182.6	846	852	191.8	888	895	202.5	938	944	225.5	1 045	1 052
182.8	847	853	192.0	889	895	203.0	940	947	226.0	1 047	1 054
183.0	848	854	192.2	890	896	203.5	943	949	226.5	1 049	1 056
183.2	849	854	192.4	891	897	204.0	945	951	227.0	1 051	1 059
183.4	850	855	192.6	892	898	204.5	947	954	227.5	1 054	1 061
183.6	850	856	192.8	893	899	205.0	950	956	228.0	1 056	1 063
183.8	851	857	193.0	894	900	205.5	952	958	228.5	1 058	1 066
184.0	852	858	193.2	895	901	206.0	954	961	229.0	1 061	1 068
184.2	853	859	193.4	896	902	206.5	957	963	229.5	1 063	1 070
184.4	854	860	193.6	897	903	207.0	959	965	230.0	1 065	1 073
184.6	855	861	193.8	898	904	207.5	961	968	230.5	1 068	1 075
184.8	856	862	194.0	899	905	208.0	963	970	231.0	1 070	1 077
185.0	857	863	194.2	900	906	208.5	966	972	231.5	1 072	1 080
185.2	858	864	194.4	900	907	209.0	968	975	232.0	1 075	1 082
185.4	859	865	194.6	901	908	209.5	970	977	232.5	1 077	1 084
185.6	860	866	194.8	902	909	210.0	973	979	233.0	1 079	1 087
185.8	861	867	195.0	903	909	210.5	975	982	233.5	1 082	1 089
186.0	862	868	195.2	904	910	211.0	977	984	234.0	1 084	1 091
186.2	862	868	195.4	905	911	211.5	980	986	234.5	1 086	1 094
186.4	863	869	195.6	906	912	212.0	982	989	235.0	1 089	1 096
186.6	864	870	195.8	907	913	212.5	984	991	235.5	1 091	1 098
186.8	865	871	196.0	908	914	213.0	987	993	236.0	1 093	1 101
187.0	866	872	196.2	909	915	213.5	989	996	236.5	1 095	1 103
187.2	867	873	196.4	910	916	214.0	991	998	237.0	1 098	1 105
187.4	868	874	196.6	911	917	214.5	994	1 000	237.5	1 100	1 108
187.6	869	875	196.8	912	918	215.0	996	1 003	238.0	1 102	1 110
187.8	870	876	197.0	913	919	215.5	998	1 005	238.5	1 105	1 112
188.0	871	877	197.2	913	920	216.0	1 001	1 007	239.0	1 107	1 115
188.2	872	878	197.4	914	921	216.5	1 003	1 010	239.5	1 109	1 117
188.4	873	879	197.6	915	922	217.0	1 005	1 012	240.0	1 112	1 119
188.6	874	880	197.8	916	923	217.5	1 007	1 014	240.5	1 114	1 122
188.8	875	881	198.0	917	923	218.0	1 010	1 017	241.0	1 116	1 124
189.0	875	881	198.2	918	924	218.5	1 012	1 019	241.5	1 119	1 126

表 1（续）

运动黏度 mm²/s (cSt)	等同于赛波特通用黏度(SUS) s		运动黏度 mm²/s (cSt)	等同于赛波特通用黏度(SUS) s		运动黏度 mm²/s (cSt)	等同于赛波特通用黏度(SUS) s		运动黏度 mm²/s (cSt)	等同于赛波特通用黏度(SUS) s	
	100 ℉	210 ℉		100 ℉	210 ℉		100 ℉	210 ℉		100 ℉	210 ℉
242.0	1 121	1 129	267.0	1 237	1 245	292.0	1 353	1 362	317.0	1 468	1 478
242.5	1 123	1 131	267.5	1 239	1 248	292.5	1 355	1 364	317.5	1 471	1 481
243.0	1 126	1 133	268.0	1 241	1 250	293.0	1 357	1 367	318.0	1 473	1 483
243.5	1 128	1 136	268.5	1 244	1 252	293.5	1 359	1 369	318.5	1 475	1 485
244.0	1 130	1 138	269.0	1 246	1 255	294.0	1 362	1 371	319.0	1 478	1 488
244.5	1 133	1 140	269.5	1 248	1 257	294.5	1 364	1 374	319.5	1 480	1 490
245.0	1 135	1 143	270.0	1 251	1 259	295.0	1 366	1 376	320.0	1 482	1 492
245.5	1 137	1 145	270.5	1 253	1 262	295.5	1 369	1 378	320.5	1 485	1 495
246.0	1 139	1 147	271.0	1 255	1 264	296.0	1 371	1 381	321.0	1 487	1 497
246.5	1 142	1 150	271.5	1 258	1 266	296.5	1 373	1 383	321.5	1 489	1 499
247.0	1 144	1 152	272.0	1 260	1 269	297.0	1 376	1 385	322.0	1 492	1 502
247.5	1 146	1 154	272.5	1 262	1 271	297.5	1 378	1 388	322.5	1 494	1 504
248.0	1 149	1 157	273.0	1 265	1 273	298.0	1 380	1 390	323.0	1 496	1 506
248.5	1 151	1 159	273.5	1 267	1 276	298.5	1 383	1 392	323.5	1 498	1 509
249.0	1 153	1 161	274.0	1 269	1 278	299.0	1 385	1 395	324.0	1 501	1 511
249.5	1 156	1 164	274.5	1 271	1 280	299.5	1 387	1 397	324.5	1 503	1 513
250.0	1 158	1 166	275.0	1 274	1 283	300.0	1 390	1 399	325.0	1 505	1 516
250.5	1 160	1 168	275.5	1 276	1 285	300.5	1 392	1 402	325.5	1 508	1 518
251.0	1 163	1 171	276.0	1 278	1 287	301.0	1 394	1 404	326.0	1 510	1 520
251.5	1 165	1 173	276.5	1 281	1 290	301.5	1 397	1 406	326.5	1 512	1 523
252.0	1 167	1 175	277.0	1 283	1 292	302.0	1 399	1 409	327.0	1 515	1 525
252.5	1 170	1 178	277.5	1 285	1 294	302.5	1 401	1 411	327.5	1 517	1 527
253.0	1 172	1 180	278.0	1 288	1 297	303.0	1 403	1 413	328.0	1 519	1 530
253.5	1 174	1 182	278.5	1 290	1 299	303.5	1 406	1 416	328.5	1 522	1 532
254.0	1 177	1 185	279.0	1 292	1 301	304.0	1 408	1 418	329.0	1 524	1 534
254.5	1 179	1 187	279.5	1 295	1 304	304.5	1 410	1 420	329.5	1 526	1 537
255.0	1 181	1 189	280.0	1 297	1 306	305.0	1 413	1 423	330.0	1 529	1 539
255.5	1 183	1 192	280.5	1 299	1 308	305.5	1 415	1 425	330.5	1 531	1 541
256.0	1 186	1 194	281.0	1 302	1 311	306.0	1 417	1 427	331.0	1 533	1 544
256.5	1 188	1 196	281.5	1 304	1 313	306.5	1 420	1 430	331.5	1 536	1 546
257.0	1 190	1 199	282.0	1 306	1 315	307.0	1 422	1 432	332.0	1 538	1 548
257.5	1 193	1 201	282.5	1 309	1 318	307.5	1 424	1 434	332.5	1 540	1 551
258.0	1 195	1 203	283.0	1 311	1 320	308.0	1 427	1 437	333.0	1 542	1 553
258.5	1 197	1 206	283.5	1 313	1 322	308.5	1 429	1 439	333.5	1 545	1 555
259.0	1 200	1 208	284.0	1 315	1 325	309.0	1 431	1 441	334.0	1 547	1 558
259.5	1 202	1 210	284.5	1 318	1 327	309.5	1 434	1 444	334.5	1 549	1 560
260.0	1 204	1 213	285.0	1 320	1 329	310.0	1 436	1 446	335.0	1 552	1 562
260.5	1 207	1 215	285.5	1 322	1 332	310.5	1 438	1 448	335.5	1 554	1 565
261.0	1 209	1 217	286.0	1 325	1 334	311.0	1 441	1 451	336.0	1 556	1 567
261.5	1 211	1 220	286.5	1 327	1 336	311.5	1 443	1 453	336.5	1 559	1 569
262.0	1 214	1 222	287.0	1 329	1 339	312.0	1 445	1 455	337.0	1 561	1 572
262.5	1 216	1 224	287.5	1 332	1 341	312.5	1 448	1 458	337.5	1 563	1 574
263.0	1 218	1 227	288.0	1 334	1 343	313.0	1 450	1 460	338.0	1 566	1 576
263.5	1 221	1 229	288.5	1 336	1 346	313.5	1 452	1 462	338.5	1 568	1 579
264.0	1 223	1 231	289.0	1 339	1 348	314.0	1 454	1 464	339.0	1 570	1 581
264.5	1 225	1 234	289.5	1 341	1 350	314.5	1 457	1 467	339.5	1 573	1 583
265.0	1 227	1 236	290.0	1 343	1 353	315.0	1 459	1 469	340.0	1 575	1 586
265.5	1 230	1 238	290.5	1 346	1 355	315.5	1 461	1 471	340.5	1 577	1 588
266.0	1 232	1 241	291.0	1 348	1 357	316.0	1 464	1 474	341.0	1 580	1 590
266.5	1 234	1 243	291.5	1 350	1 360	316.5	1 466	1 476	341.5	1 582	1 593

表 1（续）

运动黏度 mm^2/s (cSt)	等同于赛波特通用黏度(SUS) s		运动黏度 mm^2/s (cSt)	等同于赛波特通用黏度(SUS) s		运动黏度 mm^2/s (cSt)	等同于赛波特通用黏度(SUS) s		运动黏度 mm^2/s (cSt)	等同于赛波特通用黏度(SUS) s	
	100 ℉	210 ℉		100 ℉	210 ℉		100 ℉	210 ℉		100 ℉	210 ℉
342.0	1 584	1 595	367.0	1 700	1 712	392.0	1 816	1 828	417.0	1 932	1 945
342.5	1 586	1 597	367.5	1 702	1 714	392.5	1 818	1 831	417.5	1 934	1 947
343.0	1 589	1 600	368.0	1 705	1 716	393.0	1 820	1 833	418.0	1 936	1 950
343.5	1 591	1 602	368.5	1 707	1 719	393.5	1 823	1 835	418.5	1 938	1 952
344.0	1 593	1 604	369.0	1 709	1 721	394.0	1 825	1 838	419.0	1 941	1 954
344.5	1 596	1 607	369.5	1 712	1 723	394.5	1 827	1 840	419.5	1 943	1 957
345.0	1 598	1 609	370.0	1 714	1 726	395.0	1 830	1 842	420.0	1 945	1 959
345.5	1 600	1 611	370.5	1 716	1 728	395.5	1 832	1 845	420.5	1 948	1 961
346.0	1 603	1 614	371.0	1 718	1 730	396.0	1 834	1 847	421.0	1 950	1 964
346.5	1 605	1 616	371.5	1 721	1 733	396.5	1 837	1 849	421.5	1 952	1 966
347.0	1 607	1 618	372.0	1 723	1 735	397.0	1 839	1 852	422.0	1 955	1 968
347.5	1 610	1 621	372.5	1 725	1 737	397.5	1 841	1 854	422.5	1 957	1 971
348.0	1 612	1 623	373.0	1 728	1 740	398.0	1 844	1 856	423.0	1 959	1 973
348.5	1 614	1 625	373.5	1 730	1 742	398.5	1 846	1 859	423.5	1 962	1 975
349.0	1 617	1 628	374.0	1 732	1 744	399.0	1 848	1 861	424.0	1 964	1 978
349.5	1 619	1 630	374.5	1 735	1 747	399.5	1 850	1 863	424.5	1 966	1 980
350.0	1 621	1 632	375.0	1 737	1 749	400.0	1 853	1 866	425.0	1 969	1 982
350.5	1 624	1 635	375.5	1 739	1 751	400.5	1 855	1 868	425.5	1 971	1 985
351.0	1 626	1 637	376.0	1 742	1 754	401.0	1 857	1 870	426.0	1 973	1 987
351.5	1 628	1 639	376.5	1 744	1 756	401.5	1 860	1 873	426.5	1 976	1 989
352.0	1 630	1 642	377.0	1 746	1 758	402.0	1 862	1 875	427.0	1 978	1 992
352.5	1 633	1 644	377.5	1 749	1 761	402.5	1 864	1 877	427.5	1 980	1 994
353.0	1 635	1 646	378.0	1 751	1 763	403.0	1 867	1 880	428.0	1 982	1 996
353.5	1 637	1 649	378.5	1 753	1 765	403.5	1 869	1 882	428.5	1 985	1 999
354.0	1 640	1 651	379.0	1 756	1 768	404.0	1 871	1 884	429.0	1 987	2 001
354.5	1 642	1 653	379.5	1 758	1 770	404.5	1 874	1 887	429.5	1 989	2 003
355.0	1 644	1 656	380.0	1 760	1 772	405.0	1 876	1 889	430.0	1 992	2 006
355.5	1 647	1 658	380.5	1 762	1 775	405.5	1 878	1 891	430.5	1 994	2 008
356.0	1 649	1 660	381.0	1 765	1 777	406.0	1 881	1 894	431.0	1 996	2 010
356.5	1 651	1 663	381.5	1 767	1 779	406.5	1 883	1 896	431.5	1 999	2 013
357.0	1 654	1 665	382.0	1 769	1 782	407.0	1 885	1 898	432.0	2 001	2 015
357.5	1 656	1 667	382.5	1 772	1 784	407.5	1 888	1 901	432.5	2 003	2 017
358.0	1 658	1 670	383.0	1 774	1 786	408.0	1 890	1 903	433.0	2 006	2 020
358.5	1 661	1 672	383.5	1 776	1 789	408.5	1 892	1 905	433.5	2 008	2 022
359.0	1 663	1 674	384.0	1 779	1 791	409.0	1 894	1 908	434.0	2 010	2 024
359.5	1 665	1 677	384.5	1 781	1 793	409.5	1 897	1 910	434.5	2 013	2 027
360.0	1 668	1 679	385.0	1 783	1 796	410.0	1 899	1 912	435.0	2 015	2 029
360.5	1 670	1 681	385.5	1 786	1 798	410.5	1 901	1 915	435.5	2 017	2 031
361.0	1 672	1 684	386.0	1 788	1 800	411.0	1 904	1 917	436.0	2 020	2 034
361.5	1 674	1 686	386.5	1 790	1 803	411.5	1 906	1 919	436.5	2 022	2 036
362.0	1 677	1 688	387.0	1 793	1 805	412.0	1 908	1 922	437.0	2 024	2 038
362.5	1 679	1 691	387.5	1 795	1 807	412.5	1 911	1 924	437.5	2 027	2 041
363.0	1 681	1 693	388.0	1 797	1 810	413.0	1 913	1 926	438.0	2 029	2 043
363.5	1 684	1 695	388.5	1 800	1 812	413.5	1 915	1 929	438.5	2 031	2 045
364.0	1 686	1 698	389.0	1 802	1 814	414.0	1 918	1 931	439.0	2 033	2 047
364.5	1 688	1 700	389.5	1 804	1 817	414.5	1 920	1 933	439.5	2 036	2 050
365.0	1 691	1 702	390.0	1 806	1 819	415.0	1 922	1 936	440.0	2 038	2 052
365.5	1 693	1 705	390.5	1 809	1 821	415.5	1 925	1 938	440.5	2 040	2 054
366.0	1 695	1 707	391.0	1 811	1 824	416.0	1 927	1 940	441.0	2 043	2 057
366.5	1 698	1 709	391.5	1 813	1 826	416.5	1 929	1 943	441.5	2 045	2 059

表 1（续）

运动黏度 mm²/s (cSt)	等同于赛波特通用黏度(SUS) s		运动黏度 mm²/s (cSt)	等同于赛波特通用黏度(SUS) s		运动黏度 mm²/s (cSt)	等同于赛波特通用黏度(SUS) s		运动黏度 mm²/s (cSt)	等同于赛波特通用黏度(SUS) s	
	100 ℉	210 ℉		100 ℉	210 ℉		100 ℉	210 ℉		100 ℉	210 ℉
443.0	2 052	2 066	457.5	2 119	2 134	472.0	2 186	2 201	486.5	2 253	2 269
443.5	2 054	2 068	458.0	2 121	2 136	472.5	2 189	2 204	487.0	2 256	2 271
444.0	2 057	2 071	458.5	2 124	2 138	473.0	2 191	2 206	487.5	2 258	2 274
444.5	2 059	2 073	459.0	2 126	2 141	473.5	2 193	2 208	488.0	2 260	2 276
445.0	2 061	2 075	459.5	2 128	2 143	474.0	2 196	2 211	488.5	2 263	2 278
445.5	2 064	2 078	460.0	2 131	2 145	474.5	2 198	2 213	489.0	2 265	2 281
446.0	2 066	2 080	460.5	2 133	2 148	475.0	2 200	2 215	489.5	2 267	2 283
446.5	2 068	2 082	461.0	2 135	2 150	475.5	2 203	2 218	490.0	2 270	2 285
447.0	2 071	2 085	461.5	2 138	2 152	476.0	2 205	2 220	490.5	2 272	2 288
447.5	2 073	2 087	462.0	2 140	2 155	476.5	2 207	2 222	491.0	2 274	2 290
448.0	2 075	2 089	462.5	2 142	2 157	477.0	2 209	2 225	491.5	2 277	2 292
448.5	2 077	2 092	463.0	2 145	2 159	477.5	2 212	2 227	492.0	2 279	2 295
449.0	2 080	2 094	463.5	2 147	2 162	478.0	2 214	2 229	492.5	2 281	2 297
449.5	2 082	2 096	464.0	2 149	2 164	478.5	2 216	2 232	493.0	2 284	2 299
450.0	2 084	2 099	464.5	2 152	2 166	479.0	2 219	2 234	493.5	2 286	2 302
450.5	2 087	2 101	465.0	2 154	2 169	479.5	2 221	2 236	494.0	2 288	2 304
451.0	2 089	2 103	465.5	2 156	2 171	480.0	2 223	2 239	494.5	2 291	2 306
451.5	2 091	2 106	466.0	2 159	2 173	480.5	2 226	2 241	495.0	2 293	2 309
452.0	2 094	2 108	466.5	2 161	2 176	481.0	2 228	2 243	495.5	2 295	2 311
452.5	2 096	2 110	467.0	2 163	2 178	481.5	2 230	2 246	496.0	2 297	2 313
453.0	2 098	2 113	467.5	2 165	2 180	482.0	2 233	2 248	496.5	2 300	2 316
453.5	2 101	2 115	468.0	2 168	2 183	482.5	2 235	2 250	497.0	2 302	2 318
454.0	2 103	2 117	468.5	2 170	2 185	483.0	2 237	2 253	497.5	2 304	2 320
454.5	2 105	2 120	469.0	2 172	2 187	483.5	2 240	2 255	498.0	2 307	2 323
455.0	2 108	2 122	469.5	2 175	2 190	484.0	2 242	2 257	498.5	2 309	2 325
455.5	2 110	2 124	470.0	2 177	2 192	484.5	2 244	2 260	499.0	2 311	2 327
456.0	2 112	2 127	470.5	2 179	2 194	485.0	2 247	2 262	499.5	2 314	2 330
456.5	2 115	2 129	471.0	2 182	2 197	485.5	2 249	2 264	500.0	2 316	2 332
457.0	2 117	2 131	471.5	2 184	2 199	486.0	2 251	2 267			

表 2 运动黏度换算至赛波特通用黏度换算系数

温度/℉	换算系数	
	系数 A[75 mm²/s(cSt)及以下]	系数 B[75 mm²/s(cSt)以上]
0	0.994	4.604
10	0.995	4.607
20	0.995	4.610
30	0.996	4.613
40	0.996	4.615
50	0.997	4.618
60	0.998	4.621
70	0.998	4.624
80	0.999	4.627
90	0.999	4.630

表 2（续）

温度/℉	换算系数	
	系数 A[75 mm^2/s(cSt)及以下]	系数 B[75 mm^2/s(cSt)以上]
100	1.000	4.632
110	1.001	4.635
120	1.001	4.638
130	1.002	4.641
140	1.002	4.644
150	1.003	4.647
160	1.004	4.649
170	1.004	4.652
180	1.005	4.655
190	1.005	4.658
200	1.006	4.661
210	1.007	4.664
220	1.007	4.666
230	1.008	4.669
240	1.009	4.672
250	1.009	4.675
260	1.010	4.678
270	1.010	4.680
280	1.011	4.683
290	1.012	4.686
300	1.012	4.689
310	1.013	4.692
320	1.013	4.695
330	1.014	4.697
340	1.015	4.700
350	1.015	4.703

附 录 A
（资料性附录）
黏度换算实例说明

A.1 示例1

在100 ℉,运动黏度为74.5 mm^2/s(cSt)时赛波特通用黏度是多少?

查表1,在100 ℉,运动黏度为74.5 mm^2/s(cSt)时的赛波特通用黏度是346 s。

A.2 示例2

在100 ℉,运动黏度为24.87 mm^2/s(cSt)时赛波特通用黏度是多少?

查表1,在100 ℉,运动黏度为24.85 mm^2/s(cSt)时的赛波特通用黏度是118.7 s。在100 ℉,运动黏度为24.90 mm^2/s(cSt)时的赛波特通用黏度是118.9 s。运动黏度增加0.05 mm^2/s(cSt),相应赛波特通用黏度增加0.2 s。当运动黏度增加0.02 mm^2/s(cSt)时,相应赛波特通用黏度增加值为$\frac{0.02}{0.05}\times 0.2=0.08$ s。因此,在100 ℉,运动黏度为24.87 mm^2/s(cSt)时的赛波特通用黏度是118.7+0.08=118.78,四舍五入等于118.8 s。

A.3 示例3

在100 ℉,运动黏度为745 mm^2/s(cSt)时赛波特通用黏度是多少?

745乘100 ℉条件下系数B=4.632得3 451 s。

A.4 示例4

在180 ℉,运动黏度为54.4 mm^2/s(cSt)时赛波特通用黏度是多少?

从表1查得在180 ℉运动黏度为54.4时,对应100 ℉的赛波特通用黏度是253 s。从表2查180 ℉对应系数A为1.005,乘253 s得到180 ℉时赛波特通用黏度为254 s。

A.5 示例5

在40 ℉,运动黏度为89.95 mm^2/s(cSt)时赛波特通用黏度是多少?

从表2查得在40 ℉时,对应系数B为4.615,乘89.95得40 ℉时赛波特通用黏度为415 s。

中华人民共和国出入境检验检疫行业标准

SN/T 2725—2010

煤焦油和蒽油中钠、钾和铁含量测定 原子吸收光谱法

Determination of sodium, potassium and iron content in coal tar oil and anthracene oil—Atomic absorption spectrometric method

2010-11-01 发布　　2011-05-01 实施

中华人民共和国
国家质量监督检验检疫总局 发布

前　言

本标准由国家认证认可监督管理委员会提出并归口。

本标准起草单位：中华人民共和国辽宁出入境检验检疫局。

本标准主要起草人：陈信悦、吴建国、孙延伟、于孝展。

煤焦油和蒽油中钠、钾和铁含量测定 原子吸收光谱法

1 范围

本标准规定了煤焦油和蒽油中钠、钾和铁含量用火焰原子吸收光谱法测定方法。

本标准适用于测定煤焦油和蒽油中钠、钾和铁含量。

2 规范性引用文件

下列文件中的条款通过本标准的引用而成为本标准的条款。凡是注日期的引用文件，其随后所有的修改单(不包括勘误的内容)或修订版均不适用于本标准，然而，鼓励根据本标准达成协议的各方研究是否可使用这些文件的最新版本。凡是不注日期的引用文件，其最新版本适用于本标准。

GB/T 1999　焦化油类产品取样方法

GB/T 6682　分析实验室用水规格和试验方法

GB 6819　溶解乙炔

3 方法提要

样品采用干法灰化，所得灰分用稀盐酸溶解，用水定容。用空气-乙炔火焰原子吸收光谱法测定钠、钾和铁含量。

4 试剂和材料

4.1　盐酸：优级纯，配成 1+1 溶液。

4.2　氯化钠：光谱纯。

4.3　氯化钾：光谱纯。

4.4　三氧化二铁(或铁粉)：光谱纯。

4.5　水：符合 GB/T 1999 二级水的技术要求。

4.6　乙炔：符合 GB 6819 的技术要求。

4.7　钠标准储备溶液(1 000 mg/L)：购买有证标准溶液。

4.8　钾标准储备溶液(1 000 mg/L)：购买有证标准溶液。

4.9　铁标准储备溶液(1 000 mg/L)：购买有证标准溶液。

4.10　钠工作标准溶液(50 mg/L)

取钠标准储备溶液(4.7)2.5 mL 于 50 mL 容量瓶中，加水稀释至刻度，摇匀。

4.11　钾工作标准溶液(50 mg/L)

取钾标准储备溶液(4.8)2.5 mL 于 50 mL 容量瓶中，加水稀释至刻度，摇匀。

4.12　铁工作标准溶液(50 mg/L)

取铁标准储备溶液(4.9)2.5 mL 于 50 mL 容量瓶中，加水稀释至刻度，摇匀。

5 仪器设备

5.1　火焰原子吸收光谱仪。

5.2　钠、钾和铁元素空心阴极灯。

5.3 高温炉：最高使用温度不低于1 000 ℃。

5.4 电炉：1 000 W～2 000 W，功率可调。

5.5 天平：感量0.01 g。

5.6 石英蒸发皿：90 mm。

6 样品

6.1 取样

按照GB/T 1999规定取出有代表性样品。样品应贮存于密闭干燥的容器内。

6.2 样品脱水

取混合均匀的样品，在60 ℃水浴中，边加热边搅拌，使其全部溶化，并用吸液管和过滤纸除去上部可见水。

6.3 混匀样品

在每次取得样品前，应将样品充分混合均匀。对于高凝点或高黏度样品，应以适当的加热方法把样品预热至流动状态，再进行混匀。

7 分析步骤

7.1 样品的预处理

称取已混匀的样品10 g(精确至0.01 g)，置于石英蒸发皿中，在电炉上加热，待油气出现时，用定量滤纸点火，并降低电炉温度，使样品缓慢燃烧，燃烧将要停止时，再逐渐提高电炉温度，继续炭化直至不冒烟为止。然后移入高温炉内于t ℃±25 ℃(蒽油750 ℃，煤焦油800 ℃)下灼烧除尽残炭(恒温时间约2.5 h)，关闭高温炉，待高温炉温度降到200 ℃以下时取出石英蒸发皿，冷却后加入5 mL盐酸溶液，在电炉上加热溶解灰分，并将酸液蒸发到1 mL左右，转移到100 mL容量瓶中，加水稀释至刻度，摇匀。

7.2 仪器工作条件

使用不同型号仪器，应按所用仪器选择最佳工作条件。原子吸收光谱仪的典型工作条件参见附录A。

7.3 工作曲线制作

分别移取50 mg/L的钠、钾和铁工作标准溶液于一系列50 mL容量瓶中，再加入适量的盐酸溶液，使其酸度与样品中酸度相当，加水稀释至刻度，摇匀。其中各元素的质量浓度如表1所示。在选定的仪器工作条件下，测定标准系列溶液中各元素在其选定波长处的吸光度，分别以各元素的吸光度为纵坐标，对应浓度为横坐标，绘制各元素工作曲线。

表1 标准系列溶液质量浓度

单位为毫克每升

元素	标空	标一	标二	标三	标四	标五
Na	0.00	0.20	0.40	0.60	0.80	1.00
K	0.00	0.20	0.40	0.60	0.80	1.00
Fe	0.00	0.50	1.00	2.00	4.00	8.00

7.4 样品的测定

7.4.1 按选定的仪器工作条件，在测定每个元素的标准系列溶液后，立即测定样品溶液(如样品中某待测元素的吸光度高于其工作曲线的上限，应将样品溶液定量稀释至该元素工作曲线范围内再进行测定，稀释倍数为a)。从各元素工作曲线上查出样品溶液中待测元素的浓度。

7.4.2 按7.1和7.4.1的步骤做试剂空白试验。

8 计算

按式(1)计算各金属元素的含量：

$$w=\frac{(c_1-c_0)\times V}{m}\times a \qquad \cdots\cdots(1)$$

式中：

w——样品中分析元素的质量分数，单位为毫克每千克(mg/kg)；

c_0——从工作曲线上查得的空白浓度，单位为毫克每升(mg/L)；

c_1——从工作曲线上查得的样品溶液浓度，单位为毫克每升(mg/L)；

m——称样量，单位为克(g)；

V——样品溶液的体积，单位为毫升(mL)；

a——稀释倍数。

取两个结果的算术平均值，作为测定结果。当结果大于或等于 10 mg/kg 时保留三位有效数字，当结果小于 10 mg/kg 时保留两位有效数字。

9 允许差

在重复性条件下获得的两次独立测定结果的绝对值不得超过算术平均值的 10%。

附 录 A
（资料性附录）
原子吸收光谱仪的工作条件参数

原子吸收光谱仪的工作条件参数见表A.1。

表 A.1 原子吸收光谱仪的工作条件参数

仪器参数	工 作 条 件		
	Na	K	Fe
波长/nm	589.0	766.5	248.3
光谱通带/nm	0.5	1.0	0.2
灯电流/mA	5.0	10.0	5.0
原子化类型	空气-乙炔火焰	空气-乙炔火焰	空气-乙炔火焰

ICS

中华人民共和国出入境检验检疫行业标准

SN/T 2782—2011

原油中盐含量的测定　电测法

Determination of salts in crude oil—Electrometric method

2011-02-25 发布　　　　2011-07-01 实施

中华人民共和国
国家质量监督检验检疫总局　发布

前　言

本标准按照GB/T 1.1—2009给出的规则起草。

本标准修改采用美国试验与材料协会标准ASTM D3230-09《原油中盐含量的标准试验方法(电测法)》。

本标准对ASTM D3230-09的部分内容作了下列修改:

——引用标准采用我国相对应的国家标准;

——删除原标准中与技术性要求无关的内容(章节号为5、15);

——删除原标准附录A中自制仪器部分。

请注意本文件的某些内容可能涉及专利。本文件的发布机构不承担识别这些专利的责任。

本标准由国家认证认可监督管理委员会提出并归口。

本标准起草单位:中华人民共和国山东出入境检验检疫局、中华人民共和国宁波出入境检验检疫局、中华人民共和国广东出入境检验检疫局。

本标准主要起草人:郭武、管嵩、邬蓓蕾、吴序锋。

本标准系首次发布的出入境检验检疫行业标准。

原油中盐含量的测定　电测法

1　范围

本标准规定了电测法测定原油中氯化物(盐)近似浓度的方法,测定范围为(0～500)mg/kg。

本标准适用于原油中氯化物(盐)浓度的测定。

2　规范性引用文件

下列文件对于本文件的应用是必不可少的。凡是注日期的引用文件,仅注日期的版本适用于本文件。凡是不注日期的引用文件,其最新版本(包括所有的修改单)适用于本文件。

GB 6682　分析实验室用水规格和试验方法

GB/T 8019　车用汽油和航空燃料实际胶质测定法(喷射蒸发法)

GB/T 8929—2006　原油水含量的测定　蒸馏法

3　术语和定义

下列术语和定义适用于本文件。

3.1

原油中的盐　salts in crude oil

溶解在原油中的氯化钠、氯化钙、氯化镁。其他无机氯化物也可能存在。

4　方法概要

把均质原油试样溶于混合醇溶剂,并置于由烧杯和一套电极组成的测试单元中。在电极上施加一定电压,测得电流,对照电流-盐含量标准曲线,得到试样中盐含量。建立标准曲线所用标准物质与待测原油中氯化物的类型和浓度要近似。

5　仪器

5.1　仪器由能够产生和显示几个电压水平的控制单元组成,此控制单元能对悬置于盛有试液的烧杯中的电极施加电压。该仪器应能够测定和显示每一电压水平下两电极间试液的电流(mA)。见附录A。

注:有些仪器能够测量电压和电流,并且在与内部存储的标准曲线比较后,直接显示盐含量。

5.2　测试用烧杯:见附录A。

5.3　移液管:10 mL(单刻度),在原油样品黏度合适的情况下,用于9.3和10.1步骤中移取中性油和原油样品。移液管应便于清洗,以确保试液完整转移。在原油样品黏度较大的情况下,难以用移液管移取样品,可用10 mL量筒量取样品。为了一致,中性油也用量筒量取。本标准的精密度是在使用移液管的情况下得到的。

5.4　量筒:100 mL,具塞。

5.5　其他体积和刻度的移液管和容量瓶。

6 试剂和材料

除非另有规定，仅使用分析纯试剂。

6.1 水，符合 GB 6682 二级水规格。

6.2 二甲苯。

6.3 混合醇溶剂：按照 63：37 的体积比将正丁醇和无水甲醇混合均匀，每升此混合液加 3 mL 水。

注：混合醇溶剂在 125 V 交流电下的电流小于 0.25 mA 才是适用的，电流高可能是由于溶剂中存在过量的水，意味着使用的甲醇不是无水的。

6.4 石脑油。

注：也可以用石油醚、溶剂油。

6.5 精制中性油：任何无氯化物的精制油，40 ℃运动黏度约为 20 mm^2/s，不含添加剂。

6.6 氯化钙溶液(10 g/L)：称取 1.00 g±0.01 g 氯化钙或等量含结晶水盐置于 100 mL 容量瓶中，加 25 mL 水溶解，用混合醇溶剂稀释到刻度。

6.7 氯化镁溶液(10 g/L)：称取 1.00 g±0.01 g 氯化镁或等量含结晶水盐置于 100 mL 容量瓶中，加 25 mL 水溶解，用混合醇溶剂稀释到刻度。

6.8 氯化钠溶液(10 g/L)：称取 1.00 g±0.01 g 氯化钠置于 100 mL 容量瓶，加 25 mL 水溶解，用混合醇溶剂稀释到刻度。

6.9 混合盐溶液(浓溶液)：分别移取 10.0 mL 氯化钙溶液、20.0 mL 氯化镁溶液、70.0 mL 氯化钠溶液，并充分混合。

注：10：20：70 代表了很多原油中存在的 $CaCl_2$、$MgCl_2$、NaCl 这些氯化物的含量比例。当某特定原油中 $CaCl_2$、$MgCl_2$、NaCl 的相对比例已知时，用已知比例会得到最准确的结果。

6.10 混合盐溶液(稀释液)：移取 10.0 mL 混合盐溶液(浓溶液)于 1 000 mL 容量瓶中，用混合醇溶剂稀释至刻度。

7 制样

7.1 根据 GB/T 8929—2006 的附录 A 进行样品处理，采用适当的搅拌器确保试样完全均匀。

7.2 对于很黏稠的样品，可以等加热到具有适度流动性后再制备样品；但是任何样品都不可以为了制样而过度加热。

7.3 含有水和沉淀物的原油样品本身是不均匀的，水和沉淀物的存在会影响样品的电导率，因此，要尤其注意制取均匀性的代表性样品。

8 仪器的准备

8.1 把仪器放在水平、稳固的台面上。

8.2 按照制造商提供的指导书校准、检查和操作仪器，完成仪器的操作准备。

8.3 测试前按照 9.4 充分清洗并干燥烧杯、电极，确保不粘附任何清洗仪器的溶剂。

9 校准

9.1 测试时试样的温度会影响电导率，试样温度应控制在建立标准曲线时温度的±3 ℃范围内。

9.2 按照 9.3 和 9.4 步骤，进行一次不加混合盐的空白溶液测试。在 125 V 电压下，若显示电极间电流大于0.25 mA,说明有水或者其他导电杂质存在,找出根源并消除,否则就无法完成校准。在每次更换二甲苯或者混合醇溶剂时,都要进行上述的空白溶液测试。

9.3 向干燥的100 mL具塞量筒中加入15 mL二甲苯,用移液管或量筒移入10 mL中性油,用二甲苯清洗移液管直到中性油全部转入具塞量筒中,然后用二甲苯补充至50 mL,盖上塞子,剧烈振荡量筒60 s,以达到互溶。按照表1,加入一定量的混合盐溶液(稀释液),标准溶液的盐含量范围要与待测样品盐含量范围接近。用混合醇溶剂稀释至100 mL,再次剧烈振荡量筒30 s,以达到互溶,将量筒静置约5 min后,把溶液倒入干燥的测试用烧杯中。

9.4 立即把电极插入烧杯溶液中,要确保电极的上沿低于液面,调节电极电压到一系列值,如25 V、50 V、125 V、200 V和250 V交流电,在每一电压下,观测电流读数,记录显示电压和电流(准确至0.01 mA)。从溶液中取出电极,先用二甲苯清洗,再用石脑油清洗,并干燥。

注:因为有些仪器内置自动调量程电子系统,无需进行电压等详细设置,测定标准溶液时会采用和空白溶液相同的测定条件。

9.5 重复9.3和9.4步骤,加入其他体积的混合盐溶液(稀释液),以覆盖所需的盐含量测定范围。

9.6 每个标准样品的净电流通过显示电流减去空白电流获得,对于每个电压,在双对数(或者其他合适的格式)坐标纸上分别建立以盐含量为纵坐标,净电流(mA)为横坐标的标准曲线。

注1:有些仪器本身可以在测量电压和电流后记录存储电压、电流、标准浓度和空白值,生成标准曲线并存储在仪器中。

注2:由于原油和盐水的混和物保持均匀状态极其困难,所以仪器校准采用中性油和混合盐溶液与二甲苯混合制成的标准溶液。如需要,校准可以通过反复用热水抽提原油样品中的盐,并对抽提液中的氯化物进行滴定来确认。

注3:在校准宽范围的氯化物浓度时,有必要施加不同电压以获得仪器限定电流范围内(0～10)mA的电流,低浓度采用高电压而高浓度采用低电压。

表1 标准样品

原油中盐含量 g/m³	混合盐溶液(稀释液)加入量 mL	原油中盐含量 g/m³	混合盐溶液(稀释液)加入量 mL
3	0.3	115	12.0
9	1.0	145	15.0
15	1.5	190	20.0
30	3.0	215	22.5
45	4.5	245	25.5
60	6.0	290	30.5
75	8.0	430	45.0
90	9.5		

10 测定

10.1 在干燥的100 mL具塞量筒中加入15 mL二甲苯,用移液管或量筒移入10 mL原油样品,用二甲苯清洗移液管直到原油全部转入具塞量筒中,然后用二甲苯补充至50 mL,盖上塞子,剧烈振荡量筒60 s,以达到互溶。用混合醇溶剂稀释至100 mL,再次剧烈振荡量筒30 s,以达到互溶,将量筒静置约5 min后,把溶液倒入干燥的测试用烧杯中。

10.2 按照9.4步骤得到电压和电流读数，记录电压、电流(电流准确至0.01 mA)。

10.3 从样品溶液中取出电极，按照9.4进行清洗并干燥。

11 计算

11.1 试样电流减去空白溶液电流，得到净电流。通过标准曲线，读取试样净电流(mA)对应的盐含量。

11.2 试样盐含量按式(1)计算：

$$X' = \frac{1\,000X}{d} \quad \cdots\cdots(1)$$

式中：

X'——盐含量的数值，单位为毫克每千克(mg/kg)；

X——盐含量的数值，单位为克每立方米(g/m^3)；

d——试样在15 ℃下的密度，单位为千克每立方米(kg/m^3)。

12 报告

采用mg/kg表示电测法测得的原油中盐含量，如需要，也可直接以g/m^3报告。

13 精密度

13.1 重复性 *r*

同一操作者使用同一仪器，在同样的操作条件下，对同一试样进行测定，所得的连续测定结果的差值，在正确操作条件下，20次中只有1次超过下列值：

$$r = 0.340\,1Y'^{0.75} \quad \cdots\cdots(2)$$

式中：

Y'——两次试验结果的平均值，单位为毫克每千克(mg/kg)。

13.2 再现性 *R*

不同的操作者在不同的实验室，对同样的试样进行的两个独立的试验结果的差值，在正确的操作条件下，20次中只有1次超过下列值：

$$R = 2.780\,3Y'^{0.75} \quad \cdots\cdots(3)$$

式中：

Y'——两次试验结果的平均值，单位为毫克每千克(mg/kg)。

附 录 A
（规范性附录）
仪 器

A.1 商品化仪器

仪器由能够产生和显示几个电压水平的控制单元组成，此控制单元能对悬置于盛有试液的烧杯中的电极施加电压。该仪器应能够测定和显示每一电压下两电极间试液的电流(mA)。

A.2 商品化测试单元组件

A.2.1 烧杯，通常使用如 GB/T 8019 中描述的 100 mL 无唇高型烧杯；但是不同生产厂家在大小尺寸上做出微小的变化也是可以接受的，如图 A.1。

A.2.2 电极，如图 A.1 和图 A.2 所示。

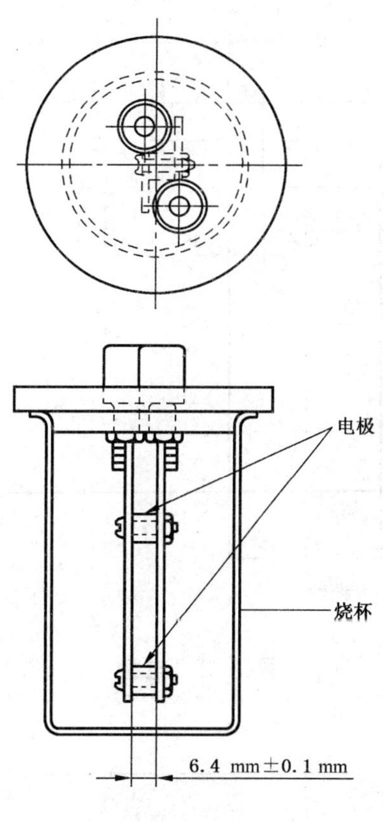

图 A.1 烧杯

单位为毫米

11.1
4.8
4.8
9.5
9.5
φ63.5
φ19
4.8
φ7.9
φ12.7×4.8
材质:尼龙或更好材质
6.35
6.35
6.35
6.35
65
50.8
38.1
φ3.6
约89
25.4
1.6
材质:不锈钢

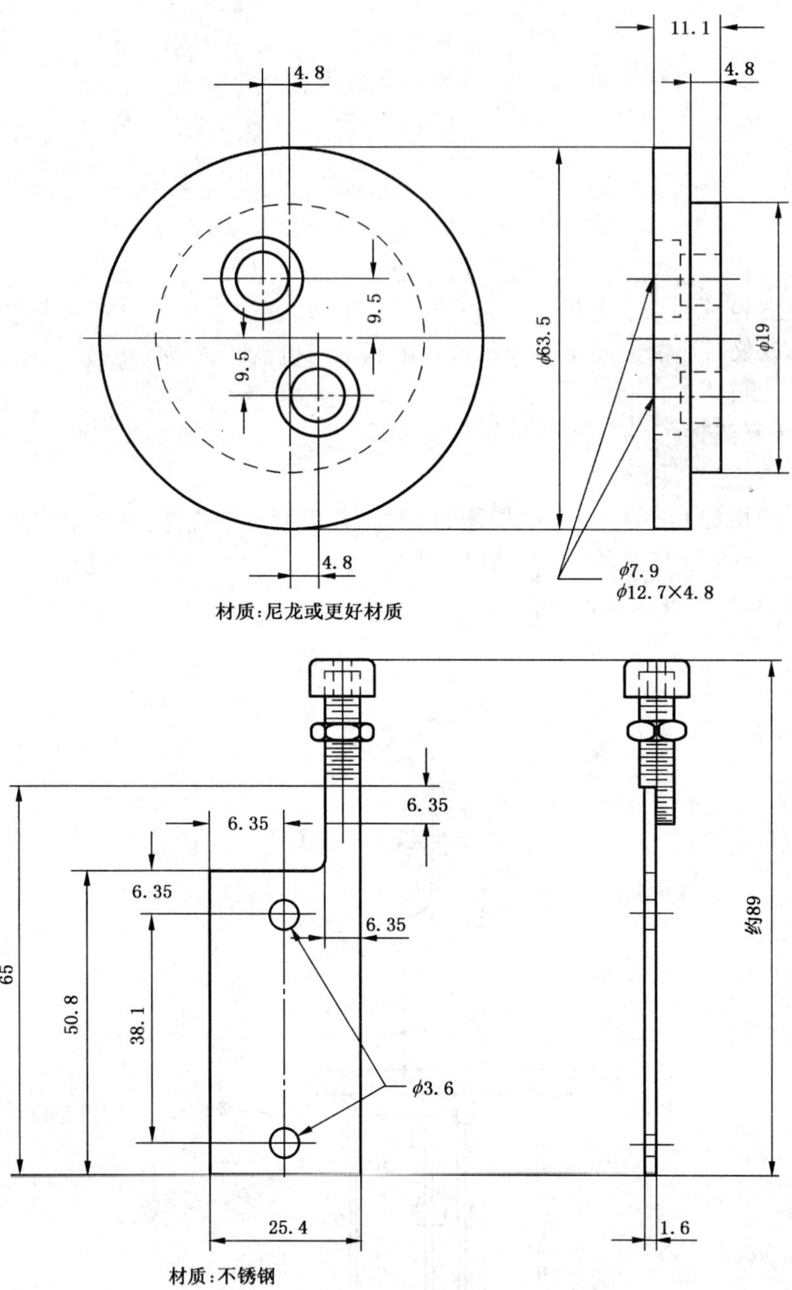

图 A.2 电极

中华人民共和国出入境检验检疫行业标准

SN/T 2790—2011

进口车用汽油质量评价要求

Requirements on quality evaluation of import gasoline for motor vehicles

2011-02-25 发布　　　　2011-07-01 实施

中华人民共和国国家质量监督检验检疫总局　发布

前　言

本标准按照 GB/T 1.1—2009 给出的规则起草。

本标准由国家认证认可监督管理委员会提出并归口。

本标准起草单位：中华人民共和国辽宁出入境检验检疫局、中国石油大连石化公司。

本标准主要起草人：牟明仁、刘名扬、刘卫东、李百舸、马永无、张颖焱、赵雪蓉、盛向军、蒋晓光、蒋维旗、隋学勇。

进口车用汽油质量评价要求

警告——本标准没有也不可能说明所有与本标准使用有关的安全问题。在使用本标准前应考虑有关安全和健康条例,确定受规章限制的适用性和建立适用的安全和健康对策是使用者的责任。

1 范围

本标准规定了由液体烃类和由液体烃类及改善使用性能的添加剂组成的进口车用汽油质量评价技术要求和试验方法、取样、合格判定及样品保存。

本标准适用于进口车用汽油的质量评价要求。

2 规范性引用文件

下列文件对于本文件的应用是必不可少的。凡是注日期的引用文件,仅所注日期的版本适用于本文件。凡是不注日期的引用文件,其最新版本(包括所有的修改单)适用于本文件。

GB/T 259 石油产品水溶性酸及碱测定法

GB/T 1884 原油和液体石油产品密度实验室测定法(密度计法)

GB/T 4016 石油产品名词术语

GB/T 4756 石油和液体石油产品取样法(手工法)

GB 17930 车用汽油

SH/T 0712 汽油中铁含量测定法(原子吸收光谱法)

ASTM D86 石油产品馏程测定法

ASTM D130 石油产品铜片腐蚀试验法

ASTM D323 石油产品蒸汽压测定法(雷德法)

ASTM D381 燃料中实际胶质测定法(喷射蒸发法)

ASTM D525 汽油氧化安定性测定法(诱导期法)

ASTM D1266 石油产品硫含量测定法(燃灯法)

ASTM D1298 原油及液体石油产品密度、相对密度与API度测定法(比重计法)

ASTM D1319 液体石油产品烃类测定法(荧光指示剂吸附法)

ASTM D2622 石油产品硫含量测定法(波长色散X射线荧光光谱法)

ASTM D2699 火花点火发动机燃料辛烷值测定法(研究法)

ASTM D2700 火花点火发动机燃料辛烷值测定法(马达法)

ASTM D2789 低烯烃汽油中烃类的测定(质谱法)

ASTM D3120 轻质液态石油烃中痕量硫含量测定法(氧化微库仑法)

ASTM D3227 汽油、煤油、航空涡轮燃料和馏分燃料中硫醇性硫含量测定法(电位滴定法)

ASTM D3231 汽油中磷含量测定法

ASTM D3237 汽油铅含量测定法(原子吸收光谱法)

ASTM D3341 汽油中铅含量测定法(一氯化碘法)

ASTM D3606 车用和航空用成品汽油中苯和甲苯含量测定法(气相色谱法)

ASTM D3831 汽油中锰含量测定法(原子吸收光谱法)

ASTM D4052　液体密度和相对密度测定法(数字密度计法)

ASTM D4053　车用汽油和航空汽油中苯含量测定法(红外光谱法)

ASTM D4057　石油和石油产品手工采样法

ASTM D4294　石油产品中硫含量测定法(能量色散 X 射线荧光光谱法)

ASTM D4815　汽油中 MTBE、ETBE、TAME、DIPE、叔戊醇及 C_1—C_4 醇类的含量测定(气相色谱法)

ASTM D4952　燃料与溶剂油中活性硫定性分析(博士试验法)

ASTM D4953　汽油和汽油含氧化合物混合物饱和蒸汽压测定法(干法)

ASTM D5059　汽油中铅含量测定法(X 射线光谱法)

ASTM D5190　石油产品蒸汽压测定法(自动法)

ASTM D5191　石油产品蒸汽压测定法(微量法)

ASTM D5443　石油馏分至 200 ℃烯烃、环烷烃和芳香烃类型分析法(多维气相色谱法)

ASTM D5453　轻质烃类和发动机燃料总硫含量测定法(紫外荧光法)

ASTM D5482　石油产品蒸汽压测定法(常压微量法)

ASTM D5580　成品汽油中苯、甲苯、乙基苯、邻间对二苯，C_9 或更重的芳烃以及总芳烃含量测定法

ASTM D5599　汽油中含氧化合物含量测定法(气相色谱法和氧选择性火焰离子化检测法)

ASTM D5845　汽油中 MTBE、ETBE、TAME、DIPE、甲醇、乙醇和叔丁基醇测定(红外光谱法)

ASTM D6334　汽油中硫含量测定法(波长色散 X-射线荧光法)

ASTM D6445　汽油中硫含量测定法(能量色散 X 荧光光谱法)

ASTM D6550　汽油中烯烃含量测定法(超临界流体色谱法)

ASTM D6920　用氧化燃烧及电化学探测法测定石脑油、馏出液、重整汽油、柴油、生物柴油及发动机燃料中总硫量的标准试验方法

ASTM D7039　用单色波长色散 X 射线荧光光谱法测定汽油和柴油燃料中硫的标准试验方法

ASTM D7111　电感耦合等离子体原子发射光谱法测定中间馏出燃料中痕量元素的标准试验方法(ICP-AES)

IP 30　硫醇、硫化氢、元素硫及过氧化物的测定(博士试验法)

3　术语和定义

GB/T 4016 界定的以及下列术语和定义适用于本文件。

3.1

取样　tank sampling

为获得检验用样品而在船舱、储罐、槽车中人工取得样品的过程。

3.2

检验批　inspection lot

为实施检验而根据合同汇集的同一产地或不同产地、同一批交付或不同批次交付、进口后承载在同一船舱或不同船舱、同一槽车或不同槽车、卸载后存放在同一储油罐内或不同储油罐内的单位产品称为检验批，简称批。

3.3

不合格　nonconformity

未满足质量评价要求。

4 产品分类

进口车用汽油按研究法辛烷值分为 90 号、93 号和 97 号三个牌号。

5 技术要求与试验方法

进口车用汽油技术要求与试验方法见表 1。

表 1 进口车用汽油技术要求与试验方法

项目		质量指标			试验方法
		90	93	97	
抗爆性：					
研究法辛烷值(RON)	不小于	90	93	97	ASTM D2699
马达法辛烷值(MON)		报告	报告	报告	ASTM D2700
抗暴指数(RON+MON)/2	不小于	85	88	报告	ASTM D2699、ASTM D2700
铅含量[a]/(g/L)	不大于	0.005			ASTM D3237、ASTM D3341、ASTM D5059
馏程：					ASTM D86
初始馏出温度/℃		报告			
10%馏出温度/℃	不高于	70			
50%馏出温度/℃	不高于	120			
90%馏出温度/℃	不高于	190			
终馏点温度/℃	不高于	205			
残馏量(体积分数)/%	不高于	2			
蒸气压(37.8 ℃)/kPa					ASTM D323、ASTM D4953、ASTM D5190、ASTM D5191、ASTM D5482
11 月 1 日至 4 月 30 日	不大于	88			
5 月 1 日至 10 月 31 日	不大于	72			
实际胶质/(mg/100 mL)	不大于	5			ASTM D381
诱导期/min	不小于	480			ASTM D525
硫含量(质量分数)/%	不大于	0.015			ASTM D1266、ASTM D2622、ASTM D3120、ASTM D4294、ASTM D5453、ASTM D6334、ASTM D6445、ASTM D6920、ASTM D7039
硫醇(需要满足下列要求之一)：					
博士试验		通过			ASTM D4952、IP30
硫醇硫含量(质量分数)/%	不大于	0.001			ASTM D3227
铜片腐蚀(50 ℃,3 h)/级	不大于	1			ASTM D130
水溶性酸或碱		无			GB/T 259
机械杂质及水分		无			目测[b]

表 1（续）

项　　目		质量指标			试验方法
		90	93	97	
苯含量(体积分数)/%	不大于	1.0			ASTM D3606、ASTM D4053、ASTM D5580
芳烃含量(体积分数)/%	不大于	40			ASTM D5443、ASTM D1319
烯烃含量(体积分数)/%	不大于	30			ASTM D2789、ASTM D1319、ASTM D4052、ASTM D5443、ASTM D6550
氧含量(质量分数)/%	不大于	2.7			ASTM D4815，ASTM D5599，ASTM D5845
甲醇含量[c](质量分数)/%	不大于	0.3			ASTM D4815，ASTM D5845
锰含量[d]/(g/L)	不大于	0.016			ASTM D3831
铁含量[e]/(g/L)	不大于	0.01			ASTM D7111、SH/T 0712
磷含量/(g/L)		实测			ASTM D3231
外观		浅黄、无染色			目测[f]
密度(20 ℃或15 ℃)/(kg/m³)		实测			ASTM D1298、ASTM D4052、GB/T 1884

[a] 进口车用汽油中，不得人为加入含铅的添加剂。

[b] 将进口车用汽油试样注入 100 mL 玻璃量筒中观察，试样应当透明且没有悬浮和沉降的机械杂质与水分。

[c] 进口车用汽油中，不得人为加入甲醇。

[d] 锰含量是指进口车用汽油中以甲基环戊二烯三羰基锰形式存在的总锰含量，不得加入其他类型的含锰添加剂。

[e] 进口车用汽油中，不得人为加入含铁的添加剂。

[f] 将进口车用汽油试样注入玻璃量筒或透明的玻璃瓶中以观察颜色，试样应为浅黄或低于浅黄色，并且汽油中不应有人为添加的颜色指示剂(苏丹红等)。

6 取样

进口车用汽油取样按 GB/T 4756 或 ASTM D4057 进行。如进口车用汽油中含锰，取样时应避光。

7 质量评价要求

7.1 进口车用汽油质量评价应满足 GB 17930 的技术要求。

7.2 进口车用汽油应满足合同的技术要求，合同中各项目的技术要求应不低于 GB 17930 对应牌号各项目的技术要求。

8 检验结果的判定

在检验中发现 1 项或 1 项以上不合格时，判定该批进口汽油货物不合格。

9 样品保管

9.1 样品应保存在不与进口车用汽油发生反应的密闭容器内。

9.2 样品应放置在通风、避光的地方。

9.3 样品保存期以合同为准，如果合同没有约定，则样品保存期不得少于 60 d。